JIANZHU
DIANQI GONGCHENG SHIGONG

最新规范
全国大学版协优秀畅销书

建筑电气工程施工（第4版）

主　编　杨光臣
副主编　杨　波　陶凤鸣

重庆大学出版社

内容提要

本书作为高等学校土木工程专业本科教学用书，全面介绍了建筑电气工程安装施工工艺，具有较强的针对性和实用性。全书共8章，内容包括建筑电气工程安装施工概述、室内配电线路安装、室外配电线路安装、电气照明装置安装、电动机及低压电器安装、变配电室安装、建筑物防雷工程安装及智能建筑工程施工。每个章末有复习题，文后附录内容有常用图形符号、常用电气设备基本文字符号以及相关图集和规范等。

本书既可作为高等学校土木工程、建筑电气技术、建筑电气工程、房屋设备安装工程专业及其他相近专业教学用书，也可作为高职高专同类专业教学用书和建筑安装工程技术管理人员培训用书。

图书在版编目(CIP)数据

建筑电气工程施工/杨光臣主编.—3版.—重庆：
重庆大学出版社，2012.4(2021.7重印)
土木工程专业本科系列教材
ISBN 978-7-5624-1117-8

Ⅰ.①建… Ⅱ.①杨… Ⅲ.①房屋建筑设备：电气设备—建筑安装工程—工程施工—高等学校—教材 Ⅳ.①TU85

中国版本图书馆CIP数据核字(2012)第050438号

建筑电气工程施工
(第4版)
主　编　杨光臣
副主编　杨　波　陶凤鸣
策划编辑：曾令维
责任编辑：李定群　高鸿宽　　版式设计：曾令维
责任校对：秦巴达　　责任印制：张　策
*
重庆大学出版社出版发行
出版人：饶帮华
社址：重庆市沙坪坝区大学城西路21号
邮编：401331
电话：(023) 88617190　88617185(中小学)
传真：(023) 88617186　88617166
网址：http://www.cqup.com.cn
邮箱：fxk@cqup.com.cn (营销中心)
全国新华书店经销
重庆市国丰印务有限责任公司印刷
*
开本：787mm×1092mm　1/16　印张：28.5　字数：711千　插页：8开1页
2016年7月第4版　2021年7月第14次印刷
印数：41 501—42 500
ISBN 978-7-5624-1117-8　定价：59.00元

土木工程专业本科系列教材
编审委员会

第4版前言

本书自1996年7月第1版面世之后,受到众多读者和高校同行专家的关爱,同时作为建筑电气技术专业的一门主要实践性课程,也一直受到众多建筑院校的重视。为保证教学能跟上建筑电气技术的发展,教材反映新技术、新工艺,尽管我们于2012年4月对本书进行修订出版了第3版,但时间又过了几年,随着我国建筑电气科学技术的迅速发展,国家建筑电气工程技术规范、标准不断更新,书中内容已不能完全反映现代建筑科学发展的现状,很多使用本书的老师也提出建议,希望再次修订本书。为感谢各位老师的厚爱,接受各位老师的建议,我们决定将本书再次修订出版。

本次修订对内容和结构都作了较大的调整:

1.《建筑工程施工质量验收统一标准》(GB 50300—2001)明确将建筑工程划分为9个分部工程,建筑电气工程则是9大分部工程之一,同时也第一次将人们习惯的“建筑弱电工程”改称为“智能建筑工程”,并同样作为9大分部工程之一,与“建筑电气工程”及其他分部工程并列。因此,本书章节的调整就是参照“建筑电气工程”和“智能建筑工程”分部分项工程的划分进行的。将电缆线路施工分别容入室内、外配电线路两章中,同时也将“建筑弱电工程安装”一章更改为“智能建筑工程施工”。考虑到“电梯安装”是一独立的分部工程,而且电梯属于特种设备,工程验收也是单独进行,加之教材篇幅的限制,所以本次修订减掉了“电梯安装”一章。全书内容根据现行建筑电气工程技术标准、规范进行修改,基本反映了当前的新技术、新工艺、新要求及新规定,使之更具针对性、实践性。

2.建筑电气工程安装施工的主要依据是施工图、技术标准、规范以及标准图集。因此,本次修订增加了“建筑电气工程施工图”一节,在其他各章中也加入了一些实际工程施工图,使整个教学过程真正成为看图学施工的过程,使教学更具针对性和实用性。同时,为给读者提供方便,本次修订增加了附录,将识图和施工常用到的图形符号、文字符号、标准图集和建筑电气技术标准、规范均放在附录中。

修订后的第4版内容包括建筑电气工程安装施工概述、室内配电线路安装、室外配电线路安装、电气照明装置安装、电动机及低压电器安装、变配电室安装、建筑物防雷工程安装及智能建筑工程施工。本书既可作为高等学校土木工程、建筑电气技术、建筑电气工程、房屋设备安装工程专业及其他相近专业教学用书,也可作为高职高专同类专业教学用书和建筑安装工程技术管理人员培训用书。

本书由杨光臣任主编,杨波、陶凤鸣任副主编。参加编写的人员有张永华、杨涛、冯悦旋、张成秀、杨淏雯。

由于时间紧迫,加之编者水平有限,书中难免存在缺点和错误,恳请广大读者和有关专业人员批评指正。

编　者

2016年5月

目　录

第1章 建筑电气工程安装施工概述

1.1 建筑电气工程简介

建筑电气工程是建筑安装工程的重要组成部分。从基本建设的角度来说，安装工作是设计与制造工作的补充，也可以说是基本建设的最后一道工序，无论工业或民用建筑，只有通过安装工作才能使科研、设计、制造的全过程形成完整的产品投入使用，以发挥经济效益。因此，安装工作应该以最少的消耗、最短的施工周期、最简便的技术手段和施工方法，创造出最佳产品。

建筑电气是以电能、电气设备和电气技术为手段，创造、维持与改善建筑环境实现某些功能的一门学问。它是随着建筑技术由初级向高级阶段发展的产物。特别是进入20世纪80年代以后，建筑电气再不仅仅是动力、照明、变配电等内容，而已开始形成以近代物理学、电磁学、电场、电子、机械电子等理论为基础应用于建筑领域内的一门新兴学科，并在此基础上又发展与应用了信息论、系统论、控制论，以及电子计算机技术，向着综合的方向发展。建筑电气技术的迅速扩展，使建筑电气工程在建筑工程中的应用也在迅速增加，地位和作用越来越显著。

2001年7月20日中华人民共和国建设部发布国家标准《建筑工程施工质量验收统一标准》(GB 50300—2001)，第一次明确将建筑工程划分为9大分部工程，建筑电气工程被列为9大分部工程之一。同时，也将原来人们所习惯称为"弱电工程"的部分划分出来，并统一命名为"智能建筑工程"。

建筑电气工程包括7个子分部工程和24个分项工程，如表1.1所示。智能建筑工程将在第8章介绍。

表1.1 建筑电气工程分部分项工程划分

分部工程	子分部工程	分项工程
建筑电气	室外电气	架空线路及杆上电气设备安装，变压器、箱式变电所安装，成套配电柜、控制柜(屏、台)和动力、照明配电箱(盘)及控制柜安装，电线、电缆导管和线槽敷设，电线、电缆穿管和线槽敷线，电缆头制作、导线连接和线路电气试验，建筑物外部装饰灯具、航空障碍标志灯和庭院路灯安装，建筑照明通电试运行，接地装置安装
	变配电室	变压器、箱式变电所安装，成套配电柜、控制柜(屏、台)和动力、照明配电箱(盘)安装，裸母线、封闭母线、插接式母线安装，电缆沟内和电缆竖井内电缆敷设，电缆头制作、导线连接和线路电气试验，接地装置安装，避雷引下线和变配电室接地干线敷设
	供电干线	裸母线、封闭母线、插接式母线安装，桥架安装和桥架内电缆敷设，电缆沟内和电缆竖井内电缆敷设，电线、电缆导管和线槽敷设，电线、电缆穿管和线槽敷线，电缆头制作、导线连接和线路电气试验

续表

分部工程	子分部工程	分项工程
建筑电气	电气动力	成套配电柜、控制柜(屏、台)和动力、照明配电箱(盘)安装,低压电动机、电加热器及电动执行机构检查、接线,低压电气动力设备检测、试验和空载试运行,桥架安装和桥架内电缆敷设,电线、电缆导管和线槽敷设,电线、电缆穿管和线槽敷线,电缆头制作、导线连接和线路电气试验,插座、开关、风扇安装
	电气照明安装	成套配电柜、控制柜(屏、台)和动力、照明配电箱(盘)安装,电线、电缆导管和线槽敷设,电线、电缆穿管和线槽敷线,槽板配线,钢索配线,电缆头制作、导线连接和线路电气试验,普通灯具安装,专用灯具安装,插座、开关、风扇安装,建筑照明通电试运行
	备用和不间断电源安装	成套配电柜、控制柜(屏、台)和动力、照明配电箱(盘)安装,柴油发电机组安装,不间断电源的其他功能单元安装,裸母线、封闭母线、插接式母线安装,电线、电缆导管和线槽敷设,电线、电缆穿管和线槽敷线,电缆头制作、导线连接和线路电气试验,接地装置安装
	防雷及接地安装	接地装置安装,避雷引下线和变配电室接地干线敷设,建筑物等电位连接,接闪器安装

1.2 建筑电气工程安装施工三大阶段

建筑电气工程安装是依据设计与生产工艺的要求,依照施工平面图、规程规范、设计文件、施工标准图集等技术文件的具体规定,按特定的线路保护和敷设方式将电能合理分配输送至已安装就绪的用电设备及用电器具上;通电前,经过元器件各种性能的测试、系统的调整试验,在试验合格的基础上,送电试运行,使之与生产工艺系统配套,使系统具备使用和投产条件。其安装质量必须符合设计要求、符合施工及质量验收规范。

建筑电气工程安装施工,通常可分为3大阶段,即施工准备阶段、安装施工阶段和竣工验收阶段。这3大阶段都是围绕质量控制在进行工作。

1.2.1 施工前的准备工作

施工准备工作是保证建设工程顺利地连续施工,全面完成各项经济技术指标的重要前提,是一项有计划、有步骤、有阶段性的工作,不仅体现在施工前,而且贯穿于施工的全过程。

施工准备工作的内容较多,但就其工作范围,一般可分为阶段性施工准备和作业条件的施工准备。所谓阶段性施工准备,是指工程开工之前针对工程所做的各项准备工作;所谓作业条件的施工准备,是为某一施工阶段,某一分项工程或某个施工环节所做的准备工作,它是局部性、经常性的施工准备工作。为保证工程的全面开工,在工程开工前起码应做好以下几方面的准备工作:

(1)做好主要技术准备工作

1)熟悉、会审图纸,做好读图纪要,邀请图纸设计单位做好设计交底。全面正确地了解设计内容及设计意图；明确工程所采用的设备和材料，明确图纸所提出的施工要求，明确电气工程和主体工程以及其他安装工程的交叉配合，以便及早采取措施，确保在施工过程中不破坏建筑物的结构，不破坏建筑物的美观，不与其他工程发生位置冲突。

2）熟悉和工程有关的其他技术资料，如施工质量验收规范、技术规程以及制造厂提供的随机文件，即设备安装使用说明书、产品合格证、试验记录数据表等，明确质量目标。

3）编制施工方案。在全面熟悉施工图纸的基础上，依据图纸并根据施工现场情况、技术力量及技术装备情况，综合做出合理的施工方案。

建筑电气工程施工方案的编制内容主要包括：

①工程概况及编制依据。

②施工总体安排或组织部署。

③施工进度计划及控制调整。

④主要施工方法和技术措施。

⑤质量保证措施。

⑥安全文明施工。

⑦各分项工程检验批的划分及工程验收。

⑧主要材料、劳动力、机具、加工件的组织及进场计划。

⑨工程档案和资料管理。

⑩工程竣工后服务。

4）编制工程预算。编制工程预算，就是根据批准的施工图纸，在既定的施工方法的前提下，按照现行的工程预算编制的有关规定，按分部、分项的内容，把各工程项目的工程量计算出来，再套用相应的现行定额，累计其全部直接费（材料、人工费）、施工管理费、独立费等，最后综合确定该单位工程的工程造价和其他经济技术指标等。

通过施工图预算编制，相当于对设计图纸再次进行严格审核，发现不合格的问题或无法购买到的器材等，可及时提请设计部门予以增减或变更。

（2）机具、材料的准备

根据施工方案和施工预算，组织机具的调配和材料的采购工作，并应有计划地组织机具和材料进场。

材料、器件及设备的采购订货应提出明确的质量要求，质量检测项目及标准，出厂合格证或产品质量证明文件的要求。质量应满足有关标准和设计的要求，交货日期应满足施工及安装进度安排的需要。

施工机械设备的选择，除应考虑施工机械的技术性能、工作效率、工作质量、可靠性及维修难易、能源消耗，以及安全、灵活等方面对施工质量的影响与保证外，还应考虑其数量配置对施工质量的影响与保证条件。

（3）组织施工

根据施工方案确定的进度及劳动力的需求，有计划地组织施工队伍进场。

（4）全面检查现场施工条件的具备情况

准备工作做得是否充分将直接影响工程的顺利进行，影响进度及质量。因此，必须十分重视，认真抓好。

1.2.2 施工过程质量控制

(1)施工程序及安全注意事项

在施工中,根据电气装置的特点,依据施工规范要求制订合理的施工程序及安全措施,是保证工程质量、严防发生事故、避免造成损失的一项重要工作。虽然各种电气装置的特点有所不同,安装方法也有所区别,但其基本程序都是相近的。一般分为施工准备、安装、调试、收尾、试运行及交工验收等几个步骤。各分项工程安装程序应按《建筑电气工程施工质量验收规范》(GB 50303—2002)的规定执行。这将在后面各章节中结合具体分项工程的施工作详细介绍。在此只提出安全施工这一共同性的问题,以引起重视,保证安全施工。

1)电气安装施工人员要持证上岗,必须严格按照操作规程进行施工,不准违章。

2)施工现场用火,以及进行气焊、使用喷灯、电炉等,均应有防火及防护措施。

3)施工现场临时供电线路的架设和电气设备的安装,应符合《施工现场临时用电安全技术规程》(JGJ 46—2005)的规定,所用导线应绝缘良好,电气设备的金属外壳应接地。户外临时配电盘(板)及开关装置应有防雨措施。电动设备或电气照明器具全部拆除后,应拆除带电导线。如果导线必须保留,则应切断电源,将裸露线头施以绝缘,并将导线提高到距地面2.5 m以上的高度。

4)在施工方案中,对高空作业必须提出详细的安全措施。对参加高空作业的人员应进行身体检查,患有精神病、癫痫病、高血压、心脏病、精神不振、酒后以及经医生鉴定患有不宜从事高空作业病症的人员,不许参加高空作业。高空作业时必须拴好安全带,并且在使用前应对安全带进行严格质量检查试验。高空作业时,严禁上下抛掷传递工具和材料。一般在遇到6级以上大风、暴雨、打雷及有雾时,应停止露天高空作业。

5)施工使用梯子时应先进行外观检查,确认坚实无损方能使用。梯子的顶端应与建筑物靠牢,立梯的倾斜角一般应与地面保持60°,并应做好必要的防滑措施。人字梯须有坚固的铰链和绳索。人在梯子上时不可移动梯子,梯子上只许站一人工作,并应备有工具袋,上下梯子时应将工具放在工具袋内,不可拿在手中,所用梯子不得缺档。

6)制作加工件使用机械钻孔时,严禁戴手套操作或用手端着工件进行钻孔。

7)进行吊装工作时,应根据负荷的大小选择吊装机具,所吊物件不准超过吊装机具的允许工作负荷。吊装前应对所用吊装机具严格检查,确认完好无损,方可使用。

8)雨季施工时,应对临时电源线路、配电盘及电气设备经常进行绝缘检查,绝缘不良者应立即进行修理和干燥。对施工安全用具,如安全带、安全网等也应经常检查,加强管理,防止霉烂变质,影响使用安全。

雨季施工还应注意对现场施工道路加强维护,防止人车滑跌造成事故。

9)进入现场施工的人员必须佩戴安全帽,应精力集中,切实做到时时想到安全,处处注意安全。

10)每个施工人员都应养成文明施工的良好习惯,工程完工和下班时,都要对施工现场进行清扫整理,切实做到工完场清。

(2)电气工程对土建工程的要求和配合

在施工过程中,既要注意安全,又要保证质量。各工种之间的紧密配合对工程进度、工程造价和工程质量等都有直接影响。

1)电气工程与主体工程的配合。在工业与民用建筑安装工程中,电气安装工程施工与主体建筑工程有着密切的关系。如配管、配线、开关电器及配电盘(箱)的安装等都应在土建施工过程中密切配合,做好预埋或预留孔洞的工作。这样既能加快施工进度又能提高施工质量,既安全可靠,又整齐美观。

对于钢筋混凝土建筑物的暗配管工程,应当在浇灌混凝土前将一切管路、接线盒和电机、电器、配电盘(箱)的基础安装部分等全部预埋好,其他工程则可以等混凝土干固后再施工。明设工程,若厂房内支架沿墙敷设时,也应在土建施工时装好,避免以后过多地凿洞破坏建筑物。其他室内明设工程,可在抹灰工作及表面装饰工作完成后再进行施工。

2)对提交进行电气安装的房屋一般应满足下列要求:

①应结束屋内顶面的工作。

②应结束粗制地面的工作,并在墙上标明最后抹光地面的标高。在蓄电池室及电容器室内,设备的构架及母线的构架安装后,应做好抹光地面的工作。

③设备的混凝土基础及构架应达到允许进行安装的强度。

④对需要进行修饰的墙壁、间壁、柱子及基础的表面,如在电气装置安装时或安装后,由于进行修饰而可能损坏已装好的装置,或安装后不能再进行修饰,则应在电气装置安装前结束修饰工作。

⑤对电气装置安装有影响的建筑部分的模板、脚手架应拆除,并清除废料。但对于电气装置安装可以利用的脚手架等应根据工作需要逐步加以拆除。

3)对于提交进行电气安装的户外土建工程一般应满足下列基本要求:

①安装电气装置所用的混凝土基础及构架,已达到允许进行安装的规定强度。

②模板与建筑废料等已清除,有足够的安装用场地,施工用道路畅通。

③基坑已回填夯实。

4)在电气装置安装过程中,一般可允许进行下列土建工作:

①电气装置所用的金属构架安装后,允许进行抹灰工作。

②电气装置安装后,允许进行建筑物部分表面的涂色及粉刷,但应注意不使已安装的装置受污损。

③蓄电池室内的金属构架及穿墙接线板安装后,允许进行涂刷耐酸涂料的工作。

5)电气装置安装后,投入运行之前应结束下列工作:

①清除电气装置及构架上的污垢及结束修饰工作(粉刷、涂漆、补洞、抹制地面、表面修饰等)。

②户外变电站区域的永久性围墙以及场地平整。

③拆除临时性设施,更换为永久设施(如永久性门窗、梯子、栏杆等)。

建筑电气安装工程除和土建工程有着密切关系需要协调配合外,还和其他安装工程,如给水排水工程、采暖、通风工程等有着密切关系。施工前应做好图纸会审工作,避免发生安装位置的冲突。管路互相平行或交叉安装时,要保证满足对安全距离的要求,不能满足时,应采取保护措施。

(3)施工过程工程质量控制的原则

施工单位是工程质量自控主体,是以工程合同、设计图纸和技术规范为依据,对工程质量进行控制,以达到合同文件规定的质量要求。

一般在工程质量控制过程中，应遵守以下5条原则：

1）坚持质量第一的原则。建设工程质量不仅关系工程的适用性和建设项目投资效果，而且关系到人民群众生命财产的安全。因此，施工单位项目负责人在进行投资、进度、质量3大目标控制时，在处理三者关系时，应坚持“百年大计，质量第一”，在工程建设中自始至终把“质量第一”作为对工程质量控制的基本原则。

2）坚持以人为核心的原则。人是工程建设的决策者、组织者、管理者和操作者。工程建设中各单位、各部门、各岗位人员的工作质量水平和完善程度，都直接和间接地影响工程质量。因此，在工程质量控制中，要以人为核心，重点控制人的素质和人的行为，充分发挥人的积极性和创造性，以人的工作质量保证工程质量。

3）坚持以预防为主的原则。工程质量控制应该是积极主动的，应事先对影响质量的各种因素加以控制，而不能是消极被动的，等出现质量问题再进行处理，已造成不必要的损失。因此，要重点做好质量的事先控制和事中控制，以预防为主，加强过程和中间产品的质量检查和控制。

4）坚持质量标准的原则。质量标准是评价产品质量的尺度，工程质量是否符合合同规定的质量标准要求，应通过质量检验并和质量标准对照，符合质量标准要求的才是合格，不符合质量标准要求的就是不合格，必须返工处理。

5）坚持科学、公正、守法的职业道德规范。

（4）施工过程工程质量控制的主要内容

1）作业技术准备的控制。做好作业技术准备状况的检查，是否按预先计划安排落实到位，避免计划与实际两张皮，防止在准备工作不到位的情况下贸然施工。一般应着重抓好以下环节的工作：

①质量控制点的设置。

②做好施工技术交底。

③材料、设备的采购、运输及进场检验。

④现场劳动组织控制。各项管理制度健全，管理人员到位，作业人员持证上岗。

2）作业技术活动运行过程中的控制。工程施工质量是在施工过程中形成的，施工过程是由一系列相互联系与制约的作业活动所构成，保证各项作业活动的效果与质量是施工过程质量控制的基础。为此，施工承包单位应做好以下5项工作：

①健全承包单位的自检体系，做到：作业活动的作业者在作业结束后必须自检；不同工序交接、转换必须进行交接检查；专职质检员的专检。

②做好技术复核工作。凡涉及施工作业技术活动基准和依据的技术工作，都应该严格进行专人负责的复核性检查，以避免基准失误给整个工程质量带来难以补救或全局性的危害。

③做好工程变更的控制工作。

④“见证点”的实施控制。凡是被列为见证点的质量控制对象，在规定的关键工序施工前，施工承包单位应提前通知监理人员在约定的时间内到现场进行见证。

⑤做好质量记录资料。这是施工单位进行工程施工期间，实施质量控制活动的记录。

3）作业技术活动结果的控制。这是对施工过程中间产品及最终产品质量控制的方式，主要是做好隐蔽工程验收，工序交接验收，检验批、分项、分部工程的验收，设备试运转或系统试运行，等等。

1.2.3 建筑电气工程的竣工验收

建筑电气安装工程施工结束,应进行全面质量检验,合格后办理竣工验收手续。质量检验和验收工作应依据现行《建筑电气工程施工质量验收规范》(GB 50303—2002)和《建筑工程施工质量验收统一标准》(GB 50300—2001)进行。

工程竣工验收是工程质量控制的最后一次检验,是对施工成果的一次综合性检查验收。在施工过程中,随着工程的进展要适时进行隐蔽工程验收,工序交接验收,以及检验批、分项工程、分部工程的验收。

建筑电气工程验收属于建筑工程的一个分部工程验收。分部工程验收是由项目总监理工程师(建设单位项目负责人)组织施工单位项目负责人和技术、质量负责人等,在检验批及分项工程验收的基础上进行的。

建筑电气工程验收除检验工程实物质量外,还应核查下列各项质量控制资料,且检查分项工程质量验收记录和子分部工程质量验收记录应正确,责任单位和责任人的签章应齐全。

①建筑电气工程施工图设计文件和图纸会审记录及洽商记录。

②主要设备、器具、材料的合格证和进场验收记录。

③隐蔽工程记录。

④电气设备交接试验记录。

⑤接地电阻、绝缘电阻测试记录。

⑥空载试运行和负荷试运行记录。

⑦建筑照明通电试运行记录。

⑧工序交接合格等施工安装记录。

当单位工程质量验收时,建筑电气分部工程只对重点部位实物质量进行抽检,且抽检结果应符合《建筑电气工程施工质量验收规范》(GB 50303—2002)的规定。抽检部位如下:

①大型公用建筑的变配电室,技术层的动力工程,供电干线的竖井,建筑顶部的防雷工程,重要的或大面积活动场所的照明工程,以及5%自然间的建筑电气动力、照明工程。

②一般民用建筑的配电室和5%自然间的建筑电气照明工程,以及建筑顶部的防雷工程。

③室外电气工程以变配电室为主,且抽检各类灯具的5%。

1.3 建筑电气工程安装常用材料

1.3.1 常用绝缘电线和电缆

(1)常用绝缘电线

常用绝缘导线按其绝缘材料,可分为橡皮绝缘和聚氯乙烯绝缘;按线芯材料,可分为铜线和铝线;按线芯性能,可分为软线和硬线。导线的这些特点都是通过其型号表示出来的。表1.2给出了常用聚氯乙烯绝缘电线的型号类型及特点。

表 1.2　聚氯乙烯绝缘电线型号类型及特点

类型		型号 铝芯	型号 铜芯	主要特点
聚氯乙烯绝缘电线	普通型	BLV,BLVV(圆型) BLVVB(扁型)	BV,BVV(圆型) BVVB(扁型)	这类普通电线的绝缘性能良好,制造工艺简便,价格较低。缺点是对气候适应性能差,低温时变硬发脆,高温或日光照射下增塑剂容易挥发而使绝缘老化加快。因此,在未具备有效隔热措施的高温环境、日光经常照射或严寒地方,宜选择相应的特殊型塑料电线
	绝缘软线		BVR,RV, RVB(扁型) RVS(绞型)	
	阻燃型		ZR-BV,ZR-BVV, ZR-RV, ZR-RVB(扁型) ZR-RVS(绞型)	
	耐热型	BLV_{105}	BV_{105},RV_{105}	
	耐火型		NH-BV,NH-BVV	

(2)常用电缆

在配电系统中,最常见的电缆有电力电缆和控制电缆。在智能建筑中,常使用的通信电缆、光缆、同轴电缆及网络电缆将在后面有关章节介绍。

电缆的型号是表示电缆名称种类及其结构特点的,由汉语拼音字母和数字组成。型号中各字母含义及排列次序如表 1.3、表 1.4 所示。

表 1.3　常用电缆型号字母含义及排列次序

类　别	绝缘种类	线芯材料	内护层	其他特征	外护层
电力电缆不表示 K—控制电缆 Y—移动式软电缆 P—信号电缆 H—市内电话电缆	Z—纸绝缘 X—橡皮 V—聚氯乙烯 Y—聚乙烯 YJ—交联聚乙烯	T—铜 (省略) L—铝	Q—铅护套 L—铝护套 H—橡套 (H)F—非燃性橡套 V—聚氯乙烯护套 Y—聚乙烯护套	D—不滴流 F—分相铅包 P—屏蔽 C—重型	2 个数字 (含义见表 1.4)

表 1.4　电缆外护层代号的含义

第一个数字		第二个数字	
代　号	铠装层类型	代　号	外被层类型
0	无	0	无
1	—	1	纤维绕包
2	双钢带	2	聚氯乙烯护套
3	细圆钢丝	3	聚乙烯护套
4	粗圆钢丝	4	—

当前在建筑电气工程中使用最广泛的是塑料绝缘电力电缆，即聚氯乙烯绝缘和交联聚乙烯绝缘，以及它们的派生产品：阻燃型的聚氯乙烯和交联聚乙烯。常用电缆型号如表1.5、表1.6所示。阻燃型电缆则在型号前加"ZR"表示。

表1.5　聚氯乙烯绝缘电力电缆型号

型号		名称
铜芯	铝芯	
VV	VLV	聚氯乙烯绝缘聚氯乙烯护套电力电缆
VY	VLY	聚氯乙烯绝缘聚乙烯护套电力电缆
VV_{22}	VLV_{22}	聚氯乙烯绝缘钢带铠装聚氯乙烯护套电力电缆
VV_{23}	VLV_{23}	聚氯乙烯绝缘钢带铠装聚乙烯护套电力电缆
VV_{32}	VLV_{32}	聚氯乙烯绝缘细钢丝铠装聚氯乙烯护套电力电缆
VV_{33}	VLV_{33}	聚氯乙烯绝缘细钢丝铠装聚乙烯护套电力电缆
VV_{42}	VLV_{42}	聚氯乙烯绝缘粗钢丝铠装聚氯乙烯护套电力电缆
VV_{43}	VLV_{43}	聚氯乙烯绝缘粗钢丝铠装聚乙烯护套电力电缆

表1.6　交联聚乙烯绝缘电力电缆型号

型号		名称	主要用途
铜芯	铝芯		
YJV	YJLV	交联聚乙烯绝缘聚氯乙烯护套电力电缆	敷设于室内、隧道、电缆沟及管道中，也可埋在松散的土壤中，电缆不能承受机械外力作用，但可承受一定敷设牵引
YJY	YJLY	交联聚乙烯绝缘聚乙烯护套电力电缆	
YJV_{22}	$YJLV_{22}$	交联聚乙烯绝缘钢带铠装聚氯乙烯护套电力电缆	适用于室内、隧道、电缆沟及地下直埋敷设，电缆能承受机械外力作用，但不能承受大的拉力
YJV_{23}	$YJLV_{23}$	交联聚乙烯绝缘钢带铠装聚乙烯护套电力电缆	
YJV_{32}	$YJLV_{32}$	交联聚乙烯绝缘细钢丝铠装聚氯乙烯护套电力电缆	敷设在竖井、水下及具有落差条件下的土壤中，电缆能承受机械外力作用的相当的拉力
YJV_{33}	$YJLV_{33}$	交联聚乙烯绝缘细钢丝铠装聚乙烯护套电力电缆	
YJV_{42}	$YJLV_{42}$	交联聚乙烯绝缘粗钢丝铠装聚氯乙烯护套电力电缆	适于水中、海底电缆能承受较大的正压力和拉力的作用
YJV_{43}	$YJLV_{43}$	交联聚乙烯绝缘粗钢丝铠装聚乙烯护套电力电缆	

1.3.2 常用配线导管

管子配线常用管材多为金属管和塑料管。

(1)金属管

配管工程中常使用的钢管有厚壁钢管、薄壁钢管和可挠性金属套管。厚壁钢管即低压流体输送用焊接钢管(水煤气管);薄壁钢管即电线管(如 KBG 管、JDG 管)。

电线管根据壁厚又分为可形成螺纹导管和不可形成螺纹导管,其规格尺寸必须符号国家标准《电气安装用导管特殊要求——金属导管》(GB/T 14823.1—1993)的规定,如表 1.7、表 1.8 所示。

表 1.7 不可形成螺纹导管的外径及壁厚/mm

导管外径尺寸	16	20	25	32	40	50	63
壁 厚	1.0±0.1		1.2±0.12				
外径公差	0 -0.3		0 -0.4			0 -0.5	0 -0.6

表 1.8 可形成螺纹导管的外径及壁厚/mm

导管外径尺寸	16	20	25	32	40	50	63
外径公差	0 -0.3		0 -0.4			0 -0.5	0 -0.6
最小壁厚	1.5±0.15	1.6±0.15					1.9±0.18

可挠性金属导管又称为普利卡管,其基本结构是由镀锌钢带卷绕成螺纹状,外层为镀锌钢带,中间层为冷轧钢带,里层为耐水电工纸。它具有可挠性,可自由弯曲,给施工带来诸多方便。

其型号表示为:LZ-4,结构如图 1.1 所示,规格如表 1.9 所示。

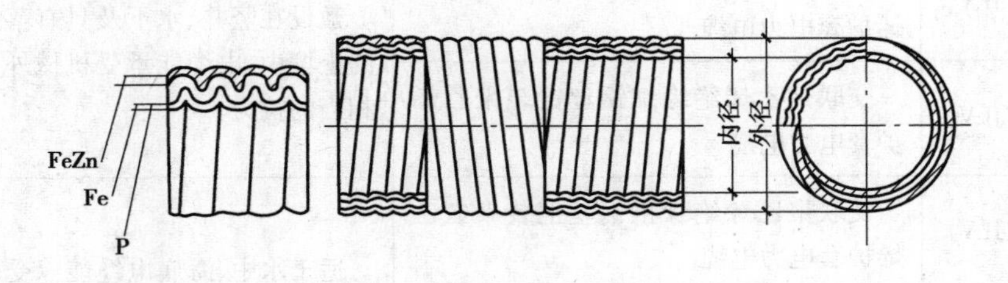

图 1.1 LZ-4 型普利卡金属套管构造图

表 1.9　LZ-4 型普利卡金属套管规格表

规格(号)	内径/mm	外径/mm	外径公差/mm	每卷长/m	螺距/mm	每卷质量/kg
10	9.2	13.3	±0.2	50	1.6±0.2	11.5
12	11.4	16.1	±0.2	50		15.5
15	14.1	19.0	±0.2	50		18.5
17	16.6	21.5	±0.2	50		22.0
24	23.8	28.8	±0.2	25	1.8±0.25	16.25
30	29.3	34.9	±0.2	25		21.8
38	37.1	42.9	±0.4	25		24.5
50	49.1	54.9	±0.4	20		28.2
63	62.6	69.1	±0.6	10	2.0±0.3	20.6
76	76.0	82.9	±0.6	10		25.4
83	81.0	88.1	±0.6	10		26.8
101	100.2	107.3	±0.6	6		18.72

还有一种 LV-5 型。此类型是在 LZ-4 型的外表面包覆一层聚氯乙烯(PVC)。此管除具有 LZ-4 型套管的特点外,还具有优良的耐水性、耐腐蚀性和耐化学稳定性。其结构如图 1.2 所示,规格如表 1.10 所示。

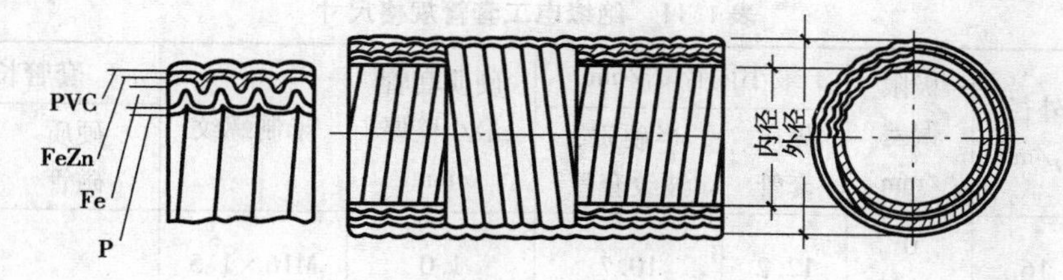

图 1.2　LV-5 型普利卡金属套管构造图

表 1.10　LV-5 型普利卡金属套管规格表

规格(号)	内径/mm	外径/mm	外径公差/mm	乙烯层厚度/mm	每卷长/m	质量/(kg·m^{-1})	每卷质量/kg
10	9.2	14.9	±0.2	0.8	50	0.31	15.5
12	11.4	17.7	±0.2	0.8	50	0.40	20.0
15	14.1	20.6	±0.2	0.8	50	0.45	22.5
17	16.6	23.1	±0.2	0.8	50	0.51	25.5
24	23.8	30.4	±0.2	0.8	25	0.80	20.0
30	29.3	36.5	±0.2	0.8	25	0.98	24.5
38	37.1	44.9	±0.4	0.8	25	1.26	31.5

续表

规格(号)	内径/mm	外径/mm	外径公差/mm	乙烯层厚度/mm	每卷长/m	质量/(kg·m⁻¹)	每卷质量/kg
50	49.1	56.9	±0.4	1.0	20	1.80	36.0
63	62.3	71.5	±0.6	1.0	10	2.38	23.8
76	76.0	85.3	±0.6	1.0	10	2.88	28.8
83	81.0	90.9	±0.8	2.0	10	3.41	34.1
101	100.2	110.1	±0.8	2.0	6	4.64	27.84

(2)塑料管

根据《建筑用绝缘电工套管及配件》(JG 3050—1998),套管有硬质套管(Y)、半硬质套管(B)和波纹套管(W)。

套管型号基本格式:

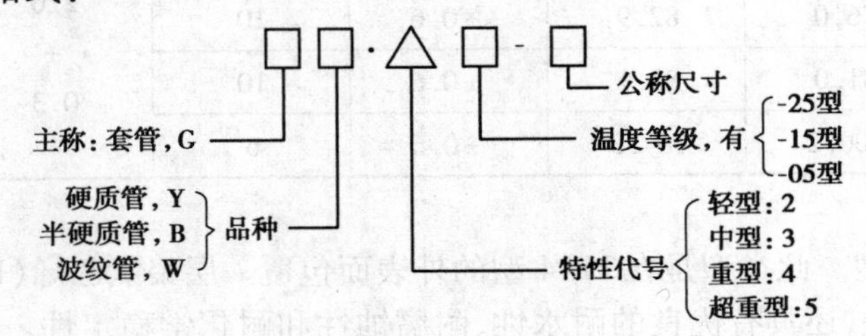

套管规格尺寸如表 1.11 所示。

表 1.11　绝缘电工套管规格尺寸

公称尺寸/mm	外径 d_2/mm	极限偏差/mm	最小内径 d_1/mm		硬质套管最小壁厚/mm	米制螺纹	套管长度 L/m	
			硬质套管	半硬质、波纹套管			硬质磁管	半硬质、波纹套管
16	16	0 −0.3	12.2	10.7	1.0	M16×1.5	$4^{+0.005}_{0}$ 也可根据运输及工程要求而定	25~100
20	20	0 −0.3	15.8	14.1	1.1	M20×1.5		
25	25	0 −0.4	20.6	18.3	1.3	M25×1.5		
32	32	0 −0.4	26.6	24.3	1.5	M32×1.5		
40	40	0 −0.4	34.4	31.2	1.9	M40×1.5		
50	50	0 −0.5	43.2	39.6	2.2	M50×1.5		
63	63	0 −0.6	57.0	52.6	2.7	M63×1.5		

1.3.3 常用型钢

(1)圆钢

建筑电气工程安装中,圆钢主要用于加工制作各种抱箍、螺栓、吊杆、吊钩等,也可制作避雷针、避雷带、接地体等。圆钢通常用其直径大小表示,如 $\phi12$,即表示直径为 12 mm 的圆钢。GB/T 702—2008 给出了圆钢的规格,部分如表 1.12 所示。工程中比较常用的 $\phi5.5 \sim \phi20$ 圆钢,其尺寸允许偏差 ±0.4 mm。

表 1.12 热轧圆钢(GB/T 702—2008)

直径/mm	理论质量/($kg \cdot m^{-1}$)	直径/mm	理论质量/($kg \cdot m^{-1}$)	直径/mm	理论质量/($kg \cdot m^{-1}$)	直径/mm	理论质量/($kg \cdot m^{-1}$)	直径/mm	理论质量/($kg \cdot m^{-1}$)
5.5	0.186	10	0.617	16	1.580	22	2.980	28	4.830
6.0	0.222	11	0.746	17	1.780	23	3.260	29	5.180
6.5	0.260	12	0.888	18	2.000	24	3.550	30	5.550
7.0	0.302	13	1.040	19	2.230	25	3.850	31	5.920
8.0	0.395	14	1.210	20	2.470	26	4.170	32	6.310
9.0	0.499	15	1.390	21	2.720	27	4.490	33	6.710

(2)扁钢

普通碳素钢的热轧扁钢,厚度分 3 ~60 mm,25 种等级,宽度分 10 ~200 mm,35 种等级,部分如表 1.13 所示。扁钢可用于制作抱箍、支架、吊架,也可用于制作避雷带、引下线、接地体等。扁钢的表示通常以宽度×厚度表示,如−20×4,即表示扁钢宽 20 mm,厚度为 4 mm。热轧扁钢的尺寸允许偏差应符合表 1.14 的规定。允许偏差组别应在订货合同中注明;未注明时,则按第 2 组允许偏差执行。

表 1.13 热轧扁钢(GB/T 702—2008)

厚度/mm	宽度/mm																	
	10	12	14	16	18	20	22	25	28	30	32	35	40	45	50	55	60	65
	理论质量/($kg \cdot m^{-1}$)																	
3	0.24	0.28	0.33	0.38	0.42	0.47	0.52	0.59	0.66	0.71	0.75	0.82	0.94	1.06	1.18			
4	0.31	0.38	0.44	0.50	0.57	0.63	0.69	0.78	0.88	0.94	1.00	1.10	1.26	1.41	1.57	1.73	1.88	2.04
5	0.39	0.47	0.55	0.63	0.71	0.78	0.86	0.98	1.10	1.18	1.26	1.37	1.57	1.77	1.96	2.16	2.36	2.55
6	0.47	0.57	0.66	0.75	0.85	0.94	1.04	1.18	1.32	1.41	1.51	1.65	1.88	2.12	2.36	2.59	2.83	3.06
7	0.55	0.66	0.77	0.88	0.99	1.10	1.21	1.37	1.54	1.65	1.76	1.92	2.20	2.47	2.75	3.02	3.30	3.57
8	0.63	0.75	0.88	1.00	1.23	1.26	1.38	1.57	1.76	1.88	2.01	2.20	2.51	2.83	3.14	3.45	3.77	4.08

续表

厚度/mm	宽度/mm																	
	10	12	14	16	18	20	22	25	28	30	32	35	40	45	50	55	60	65
	理论质量/(kg·m⁻¹)																	
9				1.15	1.27	1.41	1.55	1.77	1.98	2.12	2.26	2.47	2.83	3.18	3.53	3.89	4.24	4.59
10				1.26	1.41	1.57	1.73	1.96	2.20	2.36	2.55	2.75	3.14	3.53	3.93	4.32	4.71	5.10
11						1.73	1.90	2.16	2.42	2.59	2.76	3.02	3.45	3.89	4.32	4.75	5.18	5.61
12						1.88	2.07	2.36	2.64	2.83	3.01	3.30	3.77	4.24	4.71	5.18	5.65	6.12
14								2.75	3.08	3.30	3.52	3.85	4.40	4.95	5.50	6.04	6.59	7.14
16								3.14	3.53	3.77	4.02	4.40	5.02	5.65	6.28	6.91	7.54	8.16
18										4.24	4.52	4.95	5.65	6.36	7.06	7.77	8.48	9.18
20										4.71	5.02	5.50	6.28	7.07	7.85	8.64	9.42	10.20
22												6.04	6.91	7.77	8.64	9.50	10.36	11.23
25												6.87	7.85	8.83	9.81	10.79	11.78	12.76

表 1.14　热轧扁钢的尺寸允许偏差/mm

宽　度			厚　度		
公称尺寸	允许偏差 1组	允许偏差 2组	公称尺寸	允许偏差 1组	允许偏差 2组
10 ~ 50	+0.3 −0.9	+0.5 −1.0	3 ~ 16	+0.3 −0.5	+0.2 −0.4
>50 ~ 75	+0.4 −1.2	+0.6 −1.3			
>75 ~ 100	+0.7 −1.7	+0.9 −1.8	>16 ~ 60	+1.5% −3.0%	+1.0% −2.5%
>100 ~ 150	+0.8% −1.8%	+1.0% −2.0%			
>150 ~ 200	供需双方协商				

注:在同一截面任意两点测量的厚度差不得大于厚度公差的50%。

(3)**等边角钢**

普通碳素钢的热轧等边角钢,边宽分 20 ~ 200 mm,共 20 种宽度等级,其厚度分 3 ~ 24 mm,共 13 种厚度等级,部分如表 1.15 所示。等边角钢常用于制作各种支架、吊架,也可制作垂直接地体、吊车用滑触线等。角钢规格表示,通常以边宽×边宽×边厚来表示,如∟50×50×5即表示等边角钢,其两边宽均为50 mm,厚度为5 mm。一般边宽56 mm以下的等边角钢,边宽尺寸允许偏差为±0.8 mm,边厚尺寸允许偏差为±0.4 mm。

表1.15　热轧等边角钢(GB/T 706—2008)

边宽/mm	厚度/mm	理论质量/(kg·m^{-1})	边宽/mm	厚度/mm	理论质量/(kg·m^{-1})	边宽/mm	厚度/mm	理论质量/(kg·m^{-1})
20	3	0.889	50	4	3.059	75	5	5.818
20	4	1.145	50	5	3.770	75	6	6.905
25	3	1.124	50	6	4.465	75	7	7.976
25	4	1.459	56	3	2.624	75	8	9.030
30	3	1.373	56	4	3.446	75	10	11.089
30	4	1.786	56	5	4.251	80	5	6.211
36	3	1.656	56	8	6.568	80	6	7.376
36	4	2.163	63	4	3.907	80	7	8.525
36	5	2.654	63	5	4.822	80	8	9.658
40	3	1.852	63	6	5.721	80	10	11.874
40	4	2.422	63	8	7.469	90	6	8.350
40	5	2.976	63	10	9.151	90	7	9.656
45	3	2.088	70	4	4.372	90	8	10.946
45	4	2.736	70	5	5.397	90	10	13.476
45	5	3.369	70	6	6.406	90	12	15.940
45	6	3.985	70	7	7.398	100	6	9.366
50	3	2.332	70	8	8.373	100	7	10.830

(4)槽钢

槽钢分为普通槽钢和轻型槽钢两种。常用普通槽钢形式如图1.3所示。其规格、型号如表1.16所示。槽钢通常用于加工制作设备的支座、支架等。槽钢的规格通常以"号"表示。例如,10号槽钢,即表示高度h为100 mm的槽钢。热轧槽钢尺寸允许偏差如表1.17所示。

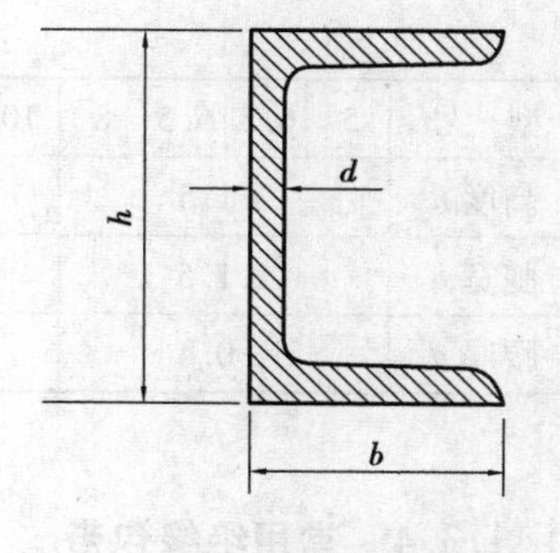

图1.3　普通槽钢

表 1.16　热轧槽钢(GB/T 707—2008)

型号	h	b	d	理论质量	型号	h	b	d	理论质量
	/mm			/(kg·m⁻¹)		/mm			/(kg·m⁻¹)
5	50	37	4.5	5.438	25b	250	80	9.0	31.335
6.3	63	40	4.8	6.634	25c	250	82	11.0	35.260
6.5	65	40	4.8	6.709	27a	270	82	7.5	30.838
8	80	43	5.0	8.045	27b	270	84	9.5	35.077
10	100	48	5.3	10.007	27c	270	86	11.5	39.316
12	120	53	5.5	12.059	28a	280	82	7.5	31.427
12.6	126	53	5.5	12.318	28b	280	84	9.5	35.823
14a	140	58	6.0	14.535	28c	280	86	11.5	40.219
14b	140	60	8.0	16.733	30a	300	85	7.5	34.463
16a	160	63	6.5	17.240	30b	300	87	9.5	39.173
16	160	65	8.5	19.752	30c	300	89	11.5	43.883
18a	180	68	7.0	20.174	32a	320	88	8.0	38.083
18	180	70	9.0	23.000	32b	320	90	10.0	43.107
20a	200	73	7.0	22.637	32c	320	92	12.0	48.131
20	200	75	9.0	25.777	36a	360	96	9.0	47.814
22a	220	77	7.0	24.999	36b	360	98	11.0	53.466
22	220	79	9.0	28.453	36c	360	100	13.0	59.118
24a	240	78	7.0	26.860	40a	400	100	10.5	58.928
24b	240	80	9.0	30.628	40b	400	102	12.5	65.204
24c	240	82	11.0	34.396	40c	400	104	14.5	71.488
25a	250	78	7.0	27.410	—	—	—	—	—

注:h—高度;b—腿宽;d—腰厚。

表 1.17　热轧槽钢的尺寸允许偏差/mm

<table>
<tr><td>型　号</td><td>5</td><td>6.3</td><td>6.5</td><td>8</td><td>10</td><td>12</td><td>12.6</td><td>14</td><td>16</td><td>18</td><td>20</td><td>22</td><td>24</td><td>25</td><td>27</td><td>28</td><td>30</td><td>32</td><td>36</td><td>40</td></tr>
<tr><td>高度 h</td><td colspan="4">±1.5</td><td colspan="4">±2.0</td><td colspan="2">±2.0</td><td colspan="7">±3.0</td><td colspan="3">±3.0</td></tr>
<tr><td>腿宽 b</td><td colspan="4">±1.5</td><td colspan="4">±2.0</td><td colspan="2">±2.5</td><td colspan="7">±3.0</td><td colspan="3">±3.5</td></tr>
<tr><td>腰厚 d</td><td colspan="4">±0.4</td><td colspan="4">±0.5</td><td colspan="2">±0.6</td><td colspan="7">±0.7</td><td colspan="3">±0.8</td></tr>
</table>

1.3.4　常用绝缘包带

在电气安装工程中,绝缘包带主要用于电线、电缆的接头恢复绝缘。绝缘包带的种类很

多,最常用的有如下 3 种:

(1)**黑胶布带**

黑胶布带又称黑胶布,用于电线接头时作为包缠用绝缘材料。它是用干燥的棉布,涂上有黏性、耐湿性的绝缘剂制成。绝缘剂是用 25% ~40% 绝缘胶和树脂、沥青漆等材料配制而成的。棉布与绝缘剂的质量比为 75% ~80% 与 25% ~20%。常用规格为厚 0.45 ~0.5 mm,宽 20 mm。

(2)**橡胶带**

橡胶带主要用于电线接头时作包缠绝缘材料,有生橡胶带和混合橡胶带两种。其规格一般为宽 20 mm,厚 0.1 ~1.0 mm,每盘长度 7.5 ~8 m。

(3)**塑料绝缘带**

采用聚乙烯或聚氯乙烯制成的绝缘胶粘带,均称为塑料绝缘胶带。在聚乙烯或聚氯乙烯薄膜上涂敷胶粘剂,卷切而成。它可以代替布绝缘胶带,还能作绝缘防腐密封保护层,一般可在 -15 ~ +60 ℃范围内使用。

1.4　安装电工常用工具及测量仪表

1.4.1　常用电工工具

(1)**验电笔**

验电笔是一种检验低压电线、电器和电气装置是否带电的工具,测量电压为 100 ~550 V。常见的验电笔有钢笔式和螺丝刀式两种。它是由氖管、电阻、弹簧和笔身组成的,结构如图1.4 所示。

用电笔验电应让笔尾的金属与手相接触,但手指不要触及笔尖的金属部分,为了安全,螺丝刀式电笔笔尖金属应套上塑料管保护。验电时应使氖管背光,窗口朝向自己。氖管发红光表明验电点有电,不发光时应多触划几下,看是否接触不良,仍不亮则是无电或测的是地线。测交流电氖管两极发光,测直流电氖管单极发光("+""-"不同极),电压高则亮度大。电笔氖管容易损坏,平时要注意检验。在测试未知电源时,先要在确有电源处检验试电笔完好。

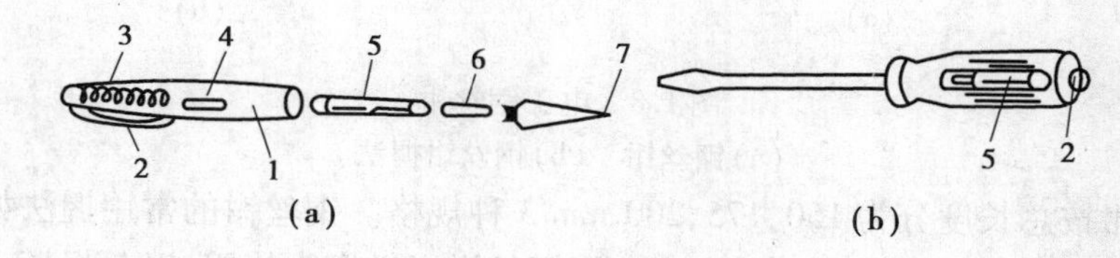

图 1.4　验电笔

(a)钢笔式　(b)螺丝刀式

1—笔杆;2—笔尾的金属物;3—弹簧;4—窗口;5—氖管;6—电阻;7—笔尖金属物

市场上还有一种液晶显示电压测试笔,如图 1.5 所示。这种测试笔可以用来测试交流电或直流电(AC/DC)的电压,测试范围为 12,36,55,110,220 V。它不仅能进行接触测试,还可以进行感应测试。进行直接测试时,用笔端直接接触带电体,手指接触按钮,液晶显示的最后位的电压数值,即是被测带电体电压。需要感应测试时,把笔端放在电线的绝缘层表面或保持适当距离,用手指接触按钮,液晶屏上可显示出电源信号,被测物则为相线。此笔还可用来检测带电导线断线位置。

(2)**电工刀**

电工刀常用来剖削电线线头和裁割绝缘带等,它有普通式和三用式两种。普通式电工刀按刀片长度分大、小两号,大号 112 mm,小号 88 mm,如图 1.6 所示。三用式电工刀增加了锯片和锥子,可以用来锯割电线槽板和锥钻木螺钉的底孔。电工刀在使用时刀口应向外,用完将刀身折进刀柄内。

(3)**螺丝刀(也称起子、改锥或旋凿)**

螺丝刀是一种旋紧或起松螺丝的工具,分木柄和塑料柄两种。刀头有一字形(见图 1.7)和十字形之分,规格按杆部长度分为 50 ~ 300 mm 8 种。使用时,不可用榔头敲击柄头,也不可把螺丝刀当做凿子使用。

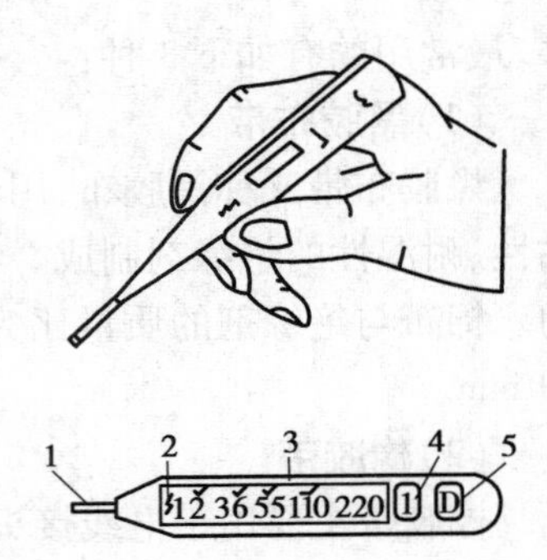

图 1.5　液晶显示测试笔

1—笔端金属体;2—电源信号;
3—电压显示;4—感应测试钮;
5—接触测试钮

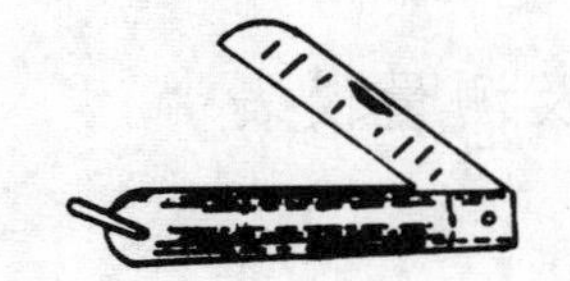

图 1.6　电工刀

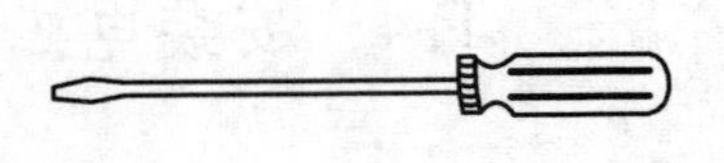

图 1.7　螺丝刀

(4)**电工钢丝钳**

钢丝钳是一种夹捏和剪切工具。电工钢丝钳的钳柄套有塑料套,有一定的绝缘性能,可用于低压带电作业。钢丝钳形状如图 1.8(a)所示。它的用处很多,钳口可钳夹物品或弯绞线头等,齿口可旋动有角螺丝,刀口可剪切电线、铁丝和拔铁钉,铡口用来铡切钢丝等。

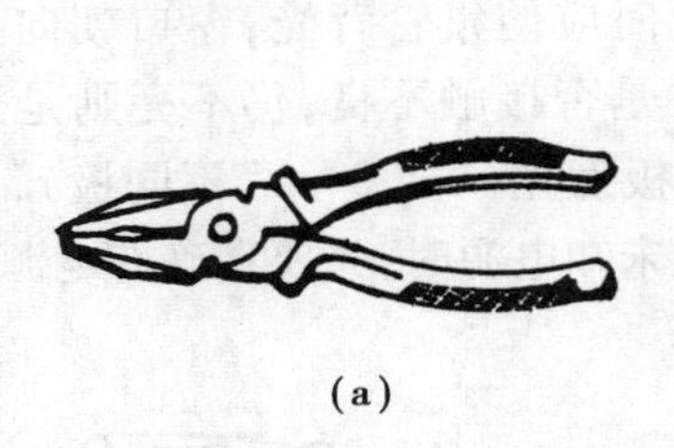

(a)

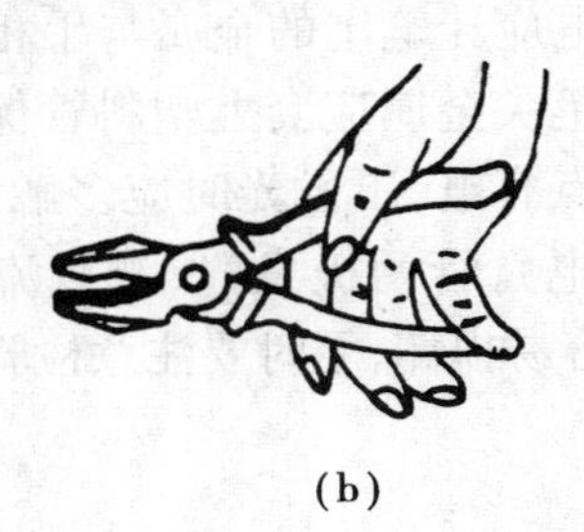

(b)

图 1.8　电工钢丝钳

(a)钢丝钳　(b)钢丝钳握法

常用钢丝钳按总长度分为 150,175,200 mm 3 种规格。钢丝钳的常用握法如图 1.8(b)所示。使用时,要使钳头的刀口朝向自己,不应用钢丝钳当做榔头使用,以免损坏。

(5)**尖嘴钳**

如图 1.9 所示,尖嘴钳的头部细而长,有细齿,能在狭小的地方工作,夹捏小零件,也可弯圈,带刃口者可剪切细小的铜、铝线。按总长度计量规格有 130,160,180,200 mm 4 种。

(6)**圆头钳**

如图 1.10 所示,圆头钳的钳头呈圆锥形,适宜于将金属线或薄金属片弯成圆形,如弯电线线头圆圈。按总长度计量有 110,130,160 mm 3 种规格。

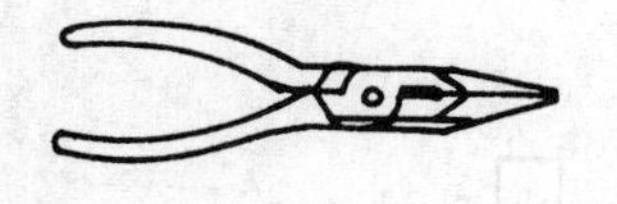

图1.9　尖嘴钳

图1.10　圆头钳

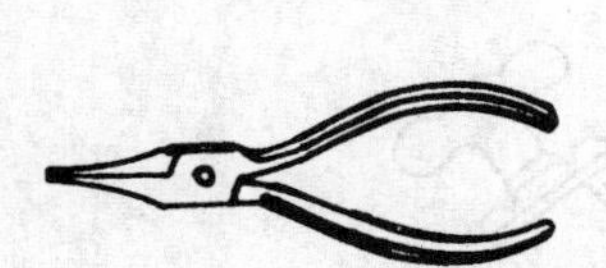

图1.11　扁嘴钳

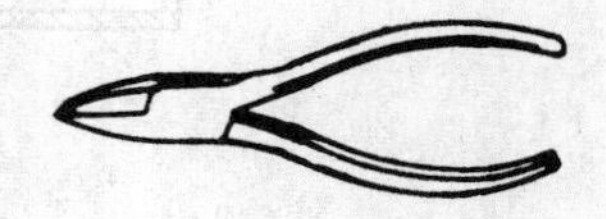

图1.12　斜口钳

(7)**扁嘴钳**

如图1.11所示,扁嘴钳钳头扁平狭长,用于夹捏、弯曲金属薄片及弯成所需形状,如用于打线卡等。用扁嘴钳夹绝缘导线,因钳头有齿易造成损伤,故应选用同类型但钳口无齿纹的扁嘴钳。扁嘴钳按总长度计量有110,130,160 mm 3种规格。

(8)**斜口钳**

如图1.12所示,斜口钳有圆弧形钳头和上翘的刃口,适宜于剪断细金属丝,如配二次线时剪线和剪去弯圆圈后的多余线芯。斜口钳按总长度计量有130,160,180,200 mm 4种规格。

(9)**剥线钳**

剥线钳是一种用来剥去电线线头绝缘层的专用工具,如图1.13所示。钳头左边一片作用是夹住导线,右边一片装有一副切刀,刀片上4对圆孔分别适应于剥切线芯直径为0.6,1.2,1.7,2.2 mm的导线。使用时,将导线放于合适的缺口内,手捏手柄,钳头一片夹住导线,另一片继之向下切割绝缘层,然后钳口张开把绝缘层推出,使用十分方便。不过如将粗线误放至小孔中时,便会将线芯剪断或剪伤,因此,必须注意将导线放于合适的缺口中以后,再捏紧手柄切剥导线绝缘层。

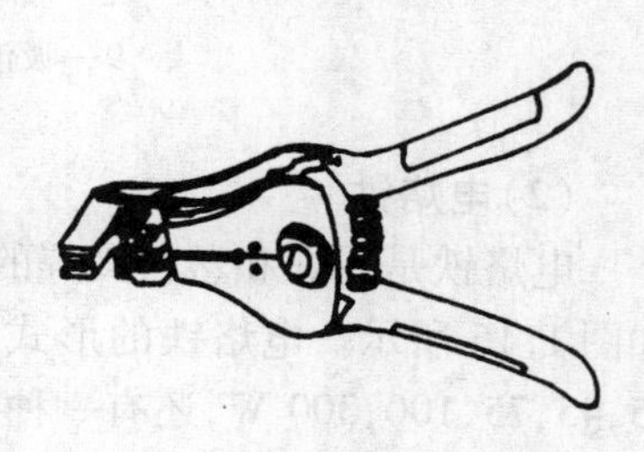

图1.13　剥线钳

1.4.2　其他常用工具

(1)**喷灯**

喷灯是一种加热工具,结构如图1.14所示。

喷灯燃料一般用汽油,油筒10中的汽油被压缩空气压入汽化管14汽化,经喷汽孔喷出与燃烧腔内空气混合,点燃成纯蓝色高温火焰。它用于加热、搪铅、搪锡、锡焊等。喷灯使用注意事项有以下5点:

1)汽油自加油孔注入,但只应装至油筒的3/4。

2)使用前,应先在点火碗中注2/3的汽油点燃,加热燃烧腔。

3)打几下气,稍开调节阀,继续加热。

4)多次打气加压,但不要打得太足,慢慢开大调节阀,火焰由黄红变蓝,即可使用。

5)停用时,先关闭调节阀,至火焰熄灭,然后慢慢旋松加油孔盖放气,空气放完后旋松调节阀。

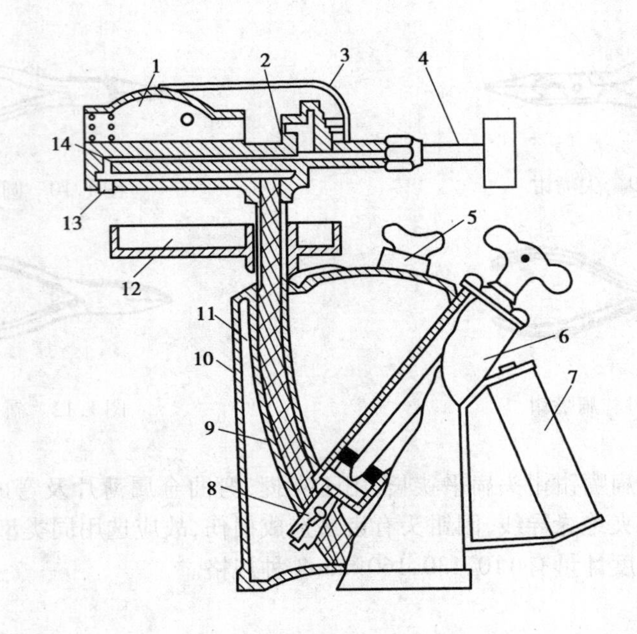

图 1.14　喷灯结构图

1—燃烧腔;2—喷汽孔(针形);3—挡火罩;4—调节阀;
5—加油孔盖;6—打气筒;7—手柄;8—出气口;
9—吸油管;10—油筒;11—铜辫子;12—点火碗;
13—疏通口螺钉;14—汽化管

(2)**电烙铁**

电烙铁是锡焊和塑料烫焊的常用电热工具。它一般由手柄、外管、电热元件和铜头组成,如图 1.15 所示。电烙铁的形式有内热式、外热式和快热式(也称感应式)3 种,常用规格有 25,45,75,100,300 W,还有一种 500 W 手枪式内热式电烙铁。内热式和外热式由发热元件在铜头内部或外围加热;而快热式则由变压器感应低压大电流进行加热,快热式电烙铁持续通电时间不可超过 2 min。

电烙铁用毕后,要随即拔去电源插头,以节约电能,并能延长其使用寿命。在导电地面(如混凝土和泥土地等)上使用时,电烙铁的金属外壳必须妥善接地,以防人身触电。

图 1.15　电烙铁

(a)小功率电烙铁　(b)大功率电烙铁

(3)**压接钳**

压接钳是连接导线的一种工具。一般在电线、电缆连接采用压接法时使用,压接可靠,施工方便、灵活。根据连接线路的不同,压接钳类型有户内线路用铝导线压接钳、户外线路用铝导线压接钳和钢芯铝导线用压接钳,如图 1.16 所示。

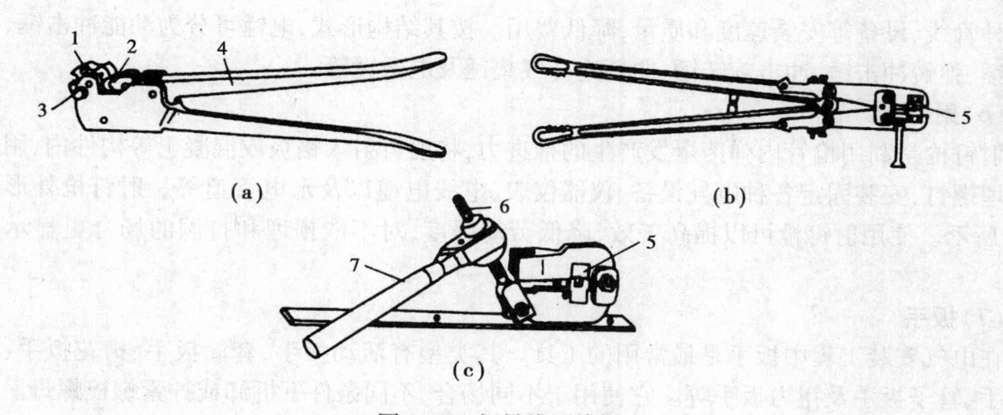

图1.16　铝导线压接钳

(a)户内线路用　(b)户外线路用　(c)钢芯铝导线用

1—阴模;2—阳模;3—定位螺钉;4—钳柄;5—压模;6—螺杆;7—摇柄

(4)电钻与冲击电钻

手提式电钻,由于体积小、重量轻、携带方便,在施工中得到广泛应用。电钻有J1Z系列(6,10,13,19型)单相串激电钻和J3Z系列(13,19,23,32,38,49型)三相工频电钻两类。单相串激电钻一般用50 Hz交流电,但也可用直流电源。电钻结构主要由电动机、外壳、减速箱、手柄、开关及钻夹头或锥孔套筒等组成。

冲击电钻是一种特殊的电钻,亦为手提式,具有可调节的冲击机构,使钻头能产生单一旋转或旋转带冲击运动。装上镶有硬质合金钢头的麻花钻便可用于在混凝土、岩石、砖瓦等脆性材料上钻孔。如图1.17所示为J1ZC-12型冲击电钻结构。一般的冲击电钻都能够冲打出6~16 mm的圆孔。

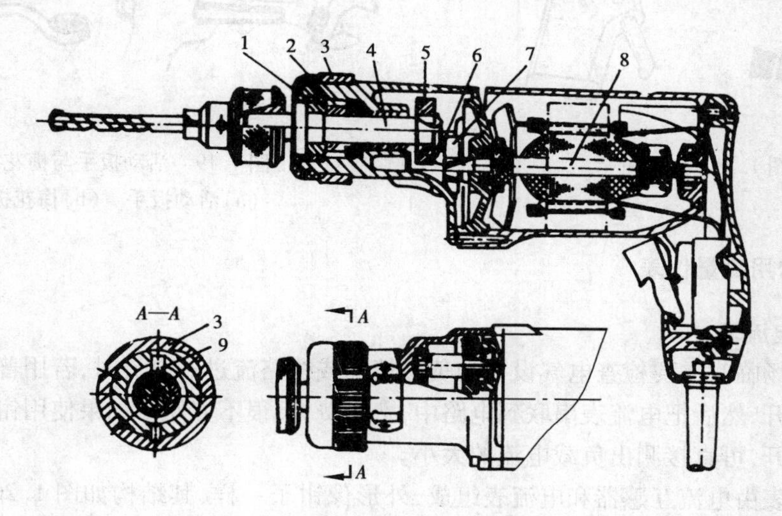

图1.17　J1ZC-12型冲击电钻结构原理

1—活动冲击子;2—固定冲击子;3—控制环;

4—输出轴;5,6,7—变速齿轮;8—电枢轴;9—定位销

(5)电锤

电锤主要用于混凝土结构的凿孔、开槽、打毛等作业。用电锤凿孔并使用膨胀螺栓,可提

高各种管线、设备等安装速度和质量,降低费用。按其结构形式,电锤可分为动能冲击锤、弹簧气垫锤、弹簧冲击锤、冲击旋转锤、曲柄连杆气垫锤及电磁锤等。

(6)**射钉枪**

射钉枪是利用枪管内弹药爆发产生的推进力,将射钉射入钢板或混凝土等构件内,用来代替预埋螺钉,安装固定各种电气设备、仪器仪表、电线电缆以及水电管道等。射钉枪外形如图1.18所示。使用射钉枪可以提高工效,降低劳动强度,对不能预埋和打洞的场合更显示其优越性。

(7)**扳手**

在电气安装工程中扳手是最常用的工具。其类型有活动扳手、套筒扳手、梅花扳手、双头呆扳手、管子扳手及扭力扳手等。它使用于不同场合、不同条件下拆卸或拧紧螺栓螺母。活动扳手如图1.19(a)所示。它的开口可以调节,按全长计有100~600 mm 8种规格;套筒扳手是整套装于铁盒内,有9件、12件、17件和28件套的,适用于螺母或螺栓头由于地位限制,普通扳手不能工作的场所;梅花扳手如图1.19(b)所示,当螺母和螺栓头周围空间狭小,不能容纳普通扳手时,则采用这种扳手,每套有6件或8件;内六角扳手有3~27 mm共13种规格,供紧固或拆卸内六角螺钉用;管子扳手又称管子钳,用于转动金属管或其他圆柱形工件,如安装滤油管则需用它,按全长计有150~1 200 mm共9种规格;扭力扳手配合套筒头,供紧固六角头螺栓、螺母用,在扭紧时可以表示出扭矩数值,按最大扭矩分有100,200,300 N·m共3种,方榫尺寸13 mm。

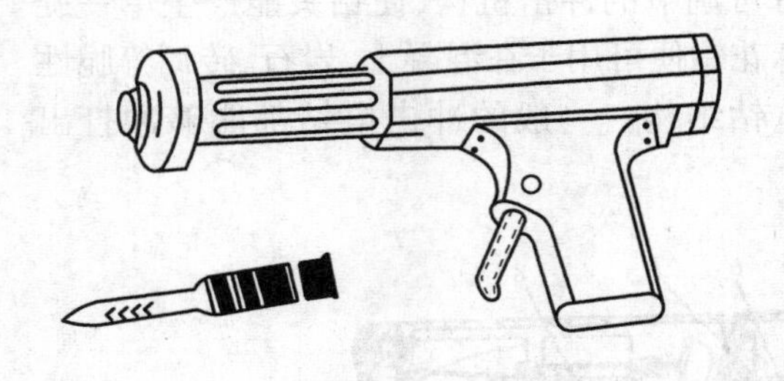

图1.18 射钉枪

图1.19 活动扳手与梅花扳手
(a)活动扳手 (b)梅花扳手

1.4.3 常用测量仪表

(1)**钳形电流表**

在施工现场临时需要检查电气设备的负载情况或线路流过的电流时,若用普通电流表,则应先把线路断开,然后把电流表串联到电路中,费时费力,很不方便。如果使用钳形电流表,则无须把线路断开,可直接测出负载电流的大小。

钳形电流表由电流互感器和电流表组成,外形像钳子一样,其结构如图1.20所示。图的上部是一穿心式电流互感器,其工作原理与一般电流互感器完全相同。当把被测载流导线卡入钳口时(此时载流导线就是电流互感器一次绕组),二次绕组中便将出现感应电流,与二次绕组相连的电流表的指针即发生偏转,从而指示出被测载流导线上电流的数值。

使用钳形电流表时,应注意以下问题:

1)测量时,被测载流导线的位置应处在钳形口的中央,以免产生误差。

2）测量前应估计被测电流大小和电压大小，选择合适量程；或者先放在最大量程挡上进行测量，然后根据测量值的大小再变换合适的量程。

3）钳口应紧密结合。如有杂声可重新开口一次。如仍有杂声应检查钳口是否有污垢，如有污垢，则应清除后再行测量。

4）测量完毕一定要注意把量程开关放置在最大量程位置上，以免下次使用时，由于疏忽未选择量程就进行测量而损坏电表。

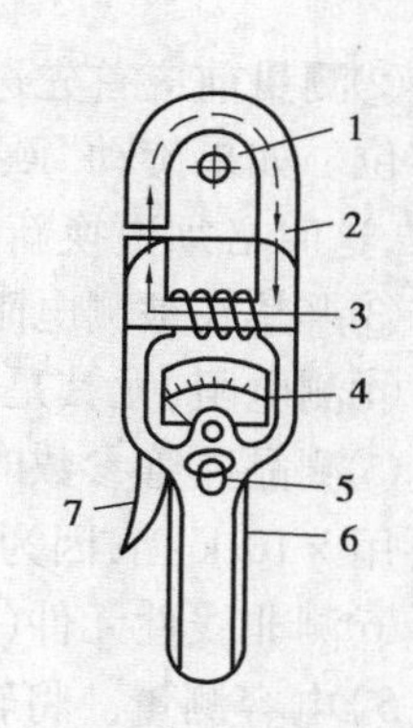

图 1.20　钳形电流表
1—被测导线；2—铁芯；3—二次绕组；4—表头；5—量程调节开关；6—胶木手柄；7—铁芯开关

（2）万用表

万用表是电工经常使用的一种多用途、多量程便携式仪表。它可以测量直流电流、直流电压、交流电压和电阻，有的还可以测量交流电流、电感、电容等，是电气安装工作中必不可少的测试工具。

万用表根据其读数盘的形式，可分为指针式和数字式两种。指针式万用表主要由表头（测量机构）、测量电路和转换开关组成。如图 1.21 所示为施工中常用的国产 MF25 型万用表的面板结构。表头用以指示被测量的数值；测量电路把各种被测量转换成适合其灵敏度要求的，表头所能接受的直流电流；转换开关用来实现表中各种测量种类及量限的选择。

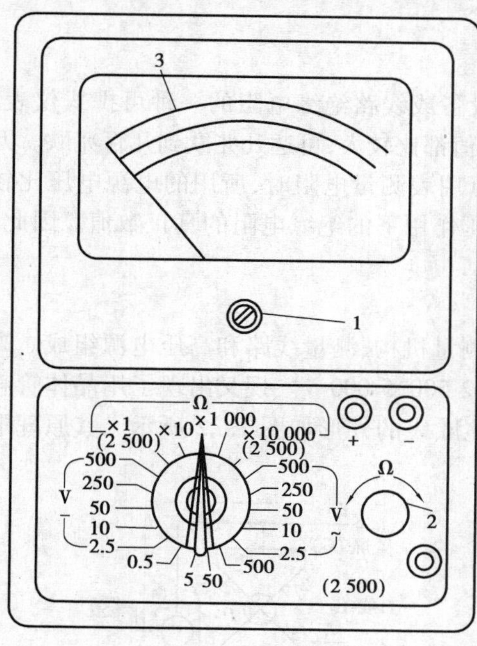

图 1.21　MF25 型万用表面板
1—调零螺钉；2—Ω 调零旋钮；3—表面刻度盘

指针式万用表的使用方法及注意事项如下：

1）测量前需检查转换开关是否处在所测挡位上，不能放错。如果被测的是电压而转换开关置于电流或电阻，将会导致仪表损坏。另外，还要检查指针是否在机械零位上，如不指零位上，可旋转表盖上的调零旋钮，使指针指示在零位上。

测量前，要检查表笔接的位置是否正确，应使表笔红、黑头分别插入“＋”“－”插孔中。如果测量交直流 2 500 V 电压或直流 5 A 电流，红表笔应分别插到标有“2 500 V”或“5 A”的插座中。将转换开关转至需要的量程位置上，当测量不详时，先用高挡量程试测，然后再改用合适的量程。测直流时，要注意正、负极性；测电流时，将表笔与电路串联；测电压时，表笔与电路并联。

2）测量直流电流。将选择开关旋至欲测量的直流电流挡，再将测试笔串联在电路中，读数看直流电流刻度。注意切勿跨接在电源两端，使电表过载而烧坏。

3）交直流电压测量。将选择开关转到所需电压挡，若测量未知交直流电压时，应先将选择开关转到最大量限的一挡，根据指示值的大约数，再选择适当的测量挡，使指示值得到最大偏转值，以免损坏电路。

4）直流电阻测量：

①选择倍率，使被测电阻接近该挡的欧姆中心值。将转换开关旋至欲测的“Ω”挡内。

②测量前应首先进行欧姆调零,即将表笔短接,调节欧姆调零器,使指针指在欧姆标尺上的零位。如果旋动"欧姆调零旋钮"也无法使指针到达零位,则说明电池电压太低,已不符合要求,这时必须更换新电池。

③严禁在被测电阻带电情况下测量,否则不但测量结果无效,而且有可能烧坏表头。

④测电阻,尤其是大电阻,不能用手接触表笔的导电部分,以防影响测量结果。

⑤测晶体管参数时,尽量不用×1,×10 挡,因为此时电池提供的电流较大,易烧管子;也不要用×10 k 挡,因为该挡电池电压较高,易使管子击穿。

⑥测非线性元件(如二极管)正向电阻时,若用不同倍率挡,其测量结果会不同。

5)电容测量。将转换开关旋至交流 25 V 挡,被测电容串接于一测试表笔,再跨接于 25 V 交流电压两端,在电容标度上读出电容值。

6)电感测量。将转换开关旋至交流 5 V 挡,被测电感串接于一测试棒,再跨接于 5 V 交流电压两端,读数见电感标度上的指示数值。

7)使用指针式万用表时,不能用手接触测试笔的金属部分,以保证安全。仪表在测试较高电压和较大电流时,不能带电转动转换旋钮。

8)使用万用表后,应将转换开关旋至"关"(OFF)的位置,没有这挡位置,则应置于交流电压的最高挡。这样防止转换开关在欧姆挡时表笔短路,更重要的是在下一次测量时,不注意转换开关的位置去测量电压,易损坏万用表。

(3)兆欧表

兆欧表俗称摇表,是专门用于检查和测量电气设备或线路绝缘电阻的一种可携式仪表。绝缘电阻是不能用万用表检查的,因为绝缘电阻的阻值都比较大,可达几兆欧到几百兆欧。万用表电阻挡对这个范围的刻度不准确,更主要的是万用表测量电阻时,所用的电源电压比较低,在低电压下呈现的绝缘电阻值,不能反映在高电压作用下的绝缘电阻的真正数值。因此,绝缘电阻必须用备有高压电源的兆欧表进行测量。

1)兆欧表的结构和工作原理

兆欧表的种类很多,但其基本结构相同,主要由测量机构、测量线路和高压电源组成。高压电源多采用手摇发电机,其输出电压有 500,1 000,2 500,5 000 V。现又出现了用晶体管直流变换器,代替手摇发电机的兆欧表,如 ZC30 型。兆欧表的外形如图 1.22 所示。其原理电路图如图 1.23 所示。

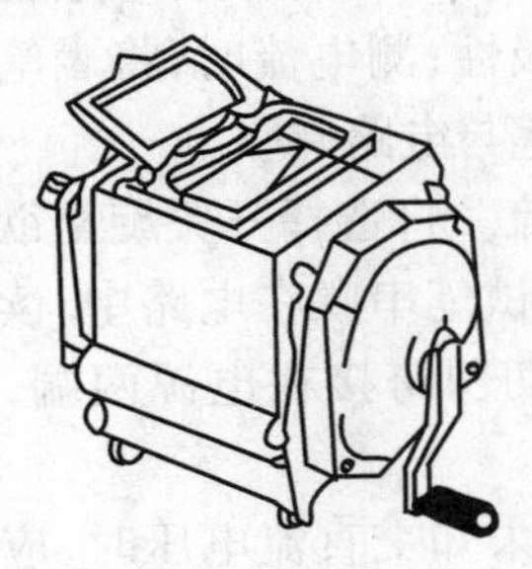

图 1.22　兆欧表外形

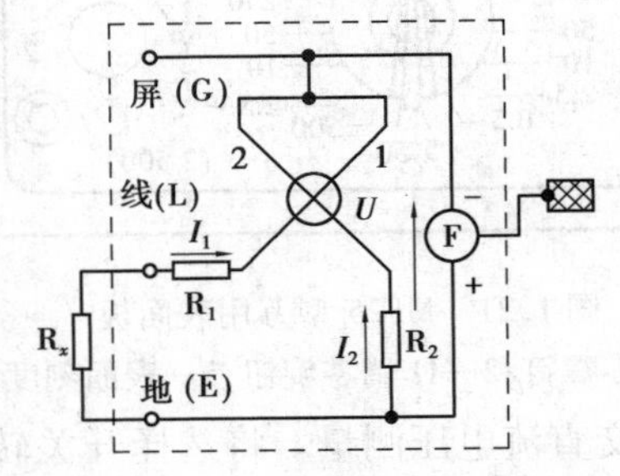

图 1.23　兆欧表原理电路图

从图 1.23 可知,被测绝缘电阻 R_x 接于兆欧表的"线"与"地"端钮之间,此外在"线"端钮外圈还有一个铜质圆环,叫保护环,又称屏蔽接线端钮,符号为"G",它与发电机的负极直接相连。

被测绝缘电阻 R_x 与附加电阻 R_1 及比率表中的动圈1串联，流过线圈1的电流 I_1 与 R_x 的大小有关。R_x 越小，I_1 就越大，磁场与 I_1 相互作用而产生的转动力矩 M_1 就越大，使指针向标度尺“0”的方向偏转。I_2 与 R_x 无关，它与磁场相互作用而产生的力矩 M_2 与 M_1 相反，相当于游丝的反作用力矩，使指针稳定。

2）兆欧表的选择

兆欧表的额定电压应与被测电气设备或线路的额定电压相对应，其测量范围也应与被测绝缘电阻的范围相吻合。根据《电气装置安装工程电气设备交接试验标准》（GB 50150—2006）规定，测量绝缘电阻时，选用兆欧表的电压等级如下：

①100 V以下的电气设备或回路，采用250 V 50 MΩ及以上兆欧表。

②500 V以下至100 V的电气设备或回路，采用500 V 100 MΩ及以上兆欧表。

③3 000 V以下至500 V的电气设备或回路，采用1 000 V 2 000 MΩ及以上兆欧表。

④10 000 V以下至3 000 V的电气设备或回路，采用2 500 V 10 000 MΩ及以上兆欧表。

⑤10 000 V及以上的电气设备或回路，采用2 500 V或5 000 V 10 000 MΩ及以上兆欧表。

3）兆欧表的使用：

①测量前应将被测设备的电源切断，并进行短路放电，以保安全。被测对象的表面应清洁干燥。

②兆欧表与被测设备间的连接线不能用双股绝缘线和绞线，而应用单根绝缘线分开连接。两根连线不可缠绞在一起，也不可与被测设备或地面接触，以免导线绝缘不良而产生测量误差。

③测量前应先将兆欧表进行一次开路和短路试验。将兆欧表上“线”和“地”端钮上的连接开路，摇动手柄达到额定转速，指针应指到“∞”处；然后将“线”和“地”端钮短接，指针应指在“0”处，否则应调修兆欧表。

④在测量线路绝缘电阻时，兆欧表“L”端接芯线，“E”端接大地，所测数值即为芯线与大地间的绝缘电阻。对于电缆线路，除了“E”端接电缆外皮，“L”端接缆芯外，还需将电缆的绝缘层接于保护环端钮“G”上，以消除因表面漏电而引起的误差。测量时，其接线方法如图1.24所示。

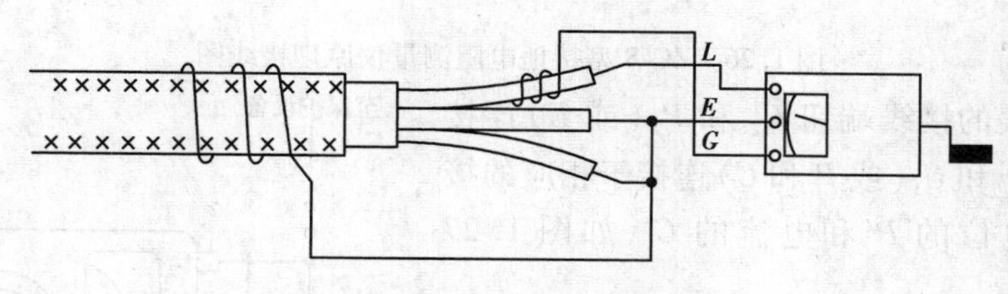

图1.24　兆欧表测量电缆绝缘电阻接线

⑤测量时，摇动手柄的速度由慢逐渐加快，并保持匀速（120 r/min），不得忽快忽慢。读数以1 min以后的读数为准。

⑥测量电容器或较长的电缆等设备绝缘电阻后，应将“L”的连接线断开，以免被测设备向兆欧表倒充电而损坏仪表。

⑦测量完毕后，在手柄未完全停止转动和被测对象没有放电之前，切不可用手触及被测对象的测量部分和进行拆线，以免触电。

(4)接地电阻测量仪

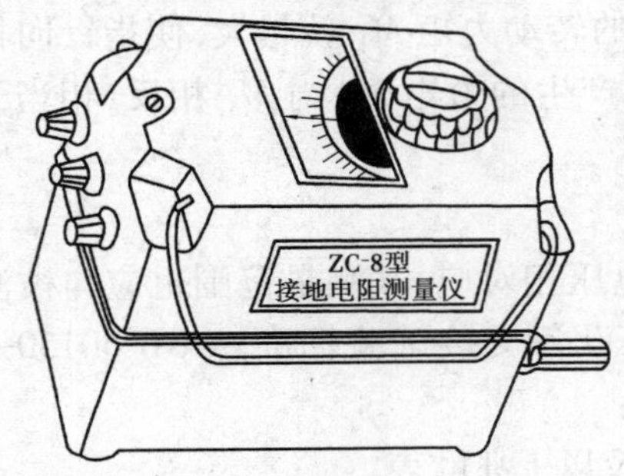

图 1.25　ZC-8 型接地电阻测量仪外形

接地电阻测量仪俗称接地摇表,图 1.25 即为 ZC-8 型接地电阻测量仪外形。它主要由手摇发电机、电流互感器、滑线电阻及零指示器等组成的。全部机构都装在铝合金铸造的携带式外壳内。测量仪还配带一个附件袋,装有接地探测针两支,导线 3 根,其中 5 m 长一根用于接地极,20 m 长一根用于电位探测针,40 m 长一根用于电流探测针。

这种仪表是根据电位计的工作原理而设计的,其原理接线图如图 1.26 所示。当发电机手柄以 120 r/min 的速度转动时,便产生频率为 110~115 周/s 的交流电源。在零指示器中采用由 V,V_1 和 V_2 等组成的相敏整流电路,用以避免工频的杂散电流干扰。在零指示器的电路中接入电容器 C_1,可使测试时不受土壤电解电流的影响。

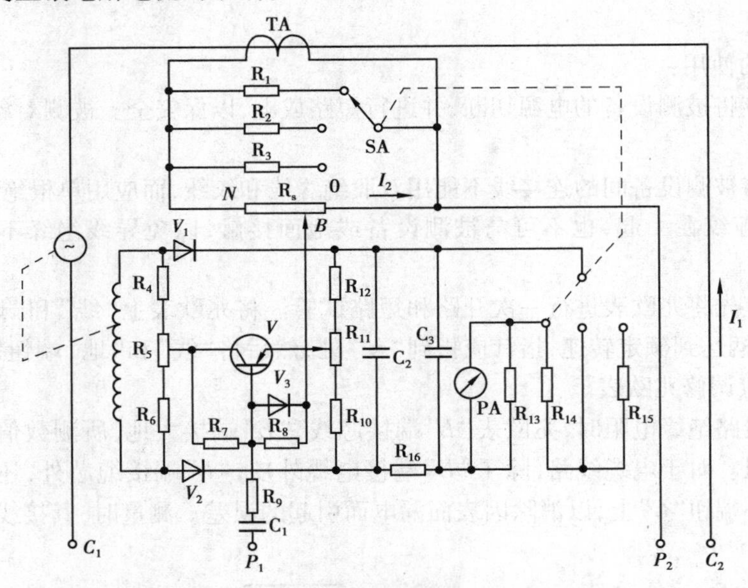

图 1.26　ZC-8 型接地电阻测量仪原理接线图

测量时仪表的接线端钮 C_2 和 P_2(或 E)连接于接地极 E',P_1 和 C_1(或 P 和 C)连接于相应的接地探测针,即电位的 P' 和电流的 C',如图 1.27 所示。

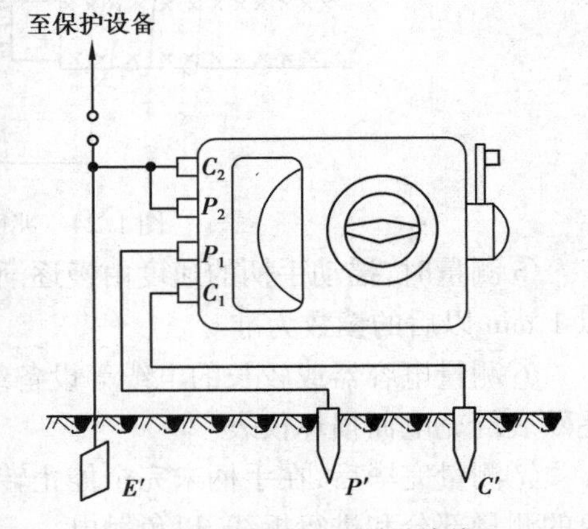

图 1.27　接地电阻测量接线

电流 I_1 从发电机流出经过电流互感器 TA 的一次线圈、接地极 E'、大地和电流探测针 C' 而回到发电机。由电流互感器二次线圈产生的 I_2 接于电位器 R_s。当由相敏整流电路和 PA 等组成的零指示器有指示时,应通过调节电位器 R_s 接触点 B 的位置,使其达到平衡。此时在 C_2,P_2 和 P_1(或 E 和

P)之间的电位差与电位器 R_s 的0和 B 之间的电位差相等。于是V截止,由 V_1 和 V_2 组成的整流桥不开通,检流计PA因无电压输入而指零。

具体测量方法如下:

1)如图1.27所示,沿被测接地极 E',使电位探测针 P' 和电流探测针 C' 依直线彼此相距20 m,插入地中,且电位探测针 P' 要插于接地极 E' 和电流探测针 C' 之间。

2)用导线将 E',P' 和 C' 分别接于仪表上相应的端钮 $E(P_2,C_2)$,$P(P_1)$,$C(C_1)$ 上。

3)将仪表放置于水平位置,检查零指示器的指针是否指于中心线上,否则可用零位调整器将其调整指于中心线。

4)将"倍率标度"置于最大倍数,慢慢转动发电机的手柄,同时旋动"测量标度盘",使零指示器的指针指于中心线。当零指示器指针接近平衡时,加快发电机手柄的转速,使其达到120 r/min以上,调整"测量标度盘",使指针指于中心线上。

5)如果"测量标度盘"的读数小于1时,应将"倍率标度"置于较小的倍数,再重新调整"测量标度盘",以得到正确的读数。

6)当指针完全平衡在中心线上以后,用"测量标度盘"的读数乘以倍率标度,即为所测的接地电阻值。

使用接地电阻测量仪(接地摇表)时,应注意以下4个问题:

①当"零指示器"的灵敏度过高时,可将电位探测针插入土壤中浅一些;若其灵敏度不够时,可沿电位探测针和电流探测针注水使其湿润。

②测量时,接地线路要与被保护的设备断开,以便得到准确的测量数据。

③当接地极 E' 和电流探测针 C' 之间的距离大于20 m时,电位探测针 P' 的位置插在 E',C' 之间的直线几米以外时,其测量时的误差可以不计,但 E',C' 间的距离小于20 m时,则应将电位探测针 P' 正确地插于 $E'C'$ 直线中间。

④当用0~1/10/100 Ω规格的接地电阻测量仪测量小于1 Ω的接地电阻时,应将 C_2,P_2 间的联接片打开,分别用导线连接到被测接地体上,以消除测量时连接导线电阻附加的误差。

1.5　建筑电气工程施工图

所谓施工图,就是能指导具体施工的图纸。它是组织安装施工的依据之一。建筑电气工程施工图属电气图的范畴,是电气工程图的重要组成部分。

1.5.1　建筑电气工程施工图的主要内容

成套的建筑电气工程施工图的内容随工程大小及复杂程度的不同有所差异,但其主要内容一般应包括:

(1)封面

犹如书的封面一样,要给出工程项目名称、分部工程名称、设计单位等内容。

(2)图纸目录

图纸内容的索引。由序号、图纸名称、图号、张数、张次等组成。便于有目的、有针对性的查找、阅读图纸。

(3)设计说明

主要阐述设计者应该集中说明的问题。例如,设计依据、建筑工程特点、等级、设计参数、安装施工要求和方法、图中所用非标准图形符号及文字符号等。它能帮助读图者了解设计者的设计意图和对整个工程施工的要求,提高读图效率。

(4)主要设备材料表

以表格的形式给出该工程设计所使用的设备及主要材料。其内容包括序号、设备材料名称、规格型号、单位、数量等主要内容,为编写工程概、预算及设备、材料的订货提供依据。

(5)系统图

系统图是用图形符号概略表示系统或分系统的基本组成、相互关系及其主要特征的一种简图。系统的组成有大有小,通过系统图能比较快地了解该系统或分系统的组成概况。

系统图是建筑电气和智能建筑工程施工图的主要内容之一,如变配电所供配电系统图、动力系统图、照明系统图、配电箱系统图、火灾自动报警系统图、有线电视系统图、防盗报警系统图等。

系统图的特点如下:

1)系统图是用图形符号和文字符号绘制的简图,且用单线表示法。

2)所反映的是某个系统的基本组成,即主要设备及其连接关系,不反映该系统的全貌及设备安装位置。

3)系统图所表示的系统或分系统可大可小。可以是整幢建筑的配电系统,也可以是某一房间、某一配电箱的配电系统。如图1.28所示为某小区变电所1#变压器低压配电系统图;如图1.29所示为住宅建筑某一户内的配电箱系统图。

(6)平面图

建筑电气与智能建筑工程施工平面图是在建筑平面图的基础上,用图形符号和文字符号给出电气设备、装置、灯具、配电线路、通信线路等的安装位置、敷设方法和部位的图纸,属于位置简图。它是安装施工和编制工程预算的主要依据,如电力平面图、照明平面图、综合布线系统平面图、火灾自动报警系统施工平面图等。因这类图纸是用图形符号绘制的,所以不能反映设备的外形大小和安装方法,施工时必须根据设计要求选择与其相对应的标准图集参照进行。如图2.4所示为某住宅室内照明平面图。

建筑电气工程中,变配电室平面图与其他平面图不同。它不是用图形符号和文字符号绘制,而是严格依设备外形,按照一定比例和投影关系绘制出的,用来表示设备安装位置的图纸。为了表示出设备的空间位置,这类平面图必须配有按三视图原理绘制出的立面图或剖面图。这类图一般称为位置图,而不能称为位置简图。如图1.30所示为某变配电所平剖面图。平面图1.30(a)只示出了设备的平面布置位置,却不能反映设备的空间位置,但配以剖面图1.30(b)、(c)后则能全面反映设备的空间位置,施工时就能对设备进行准确的定位。

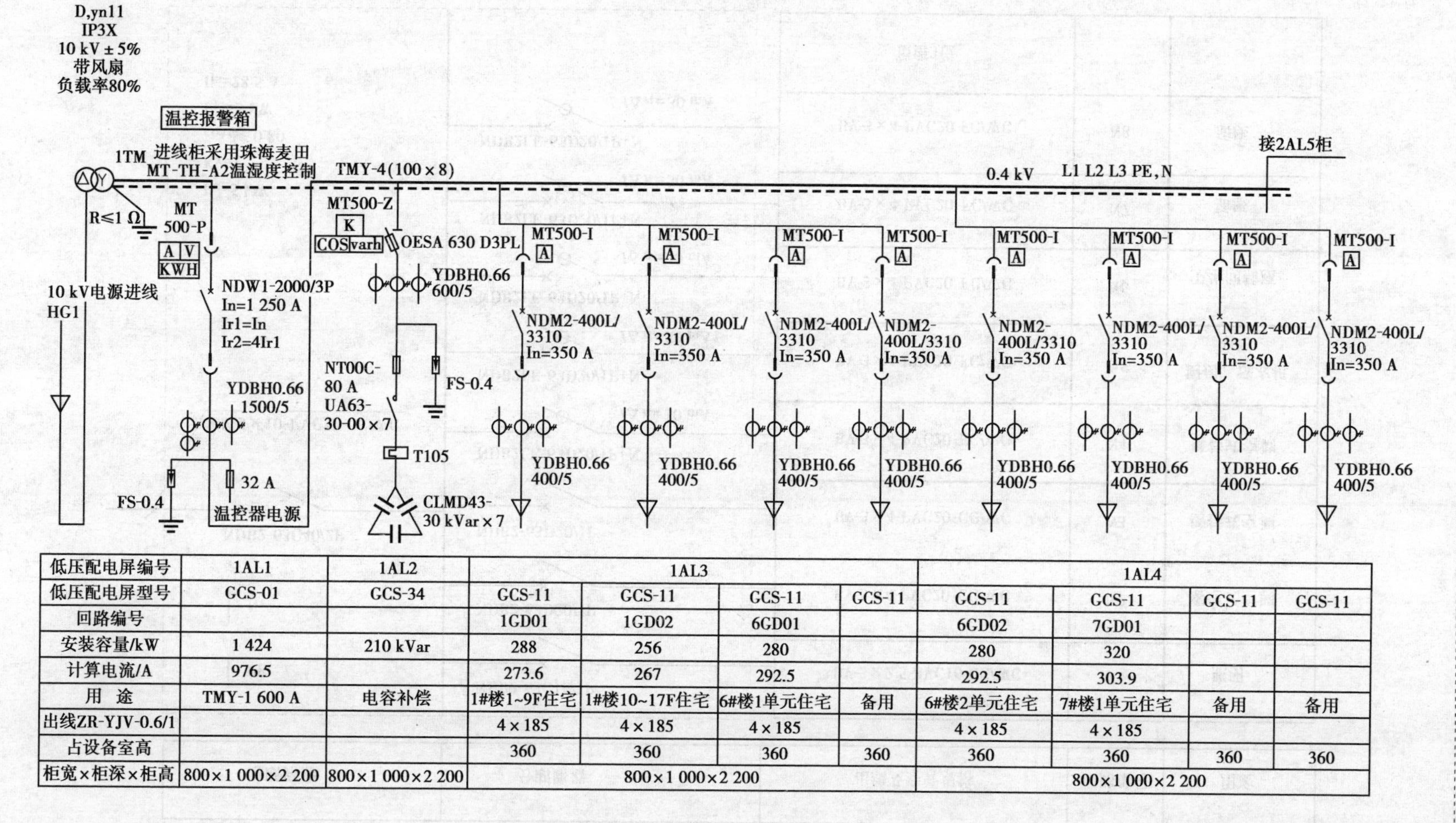

低压配电屏编号	1AL1	1AL2	1AL3				1AL4			
低压配电屏型号	GCS-01	GCS-34	GCS-11	GCS-11	GCS-11	GCS-11	GCS-11	GCS-11	GCS-11	GCS-11
回路编号			1GD01	1GD02	6GD01		6GD02	7GD01		
安装容量/kW	1 424	210 kVar	288	256	280		280	320		
计算电流/A	976.5		273.6	267	292.5		292.5	303.9		
用　途	TMY-1 600 A	电容补偿	1#楼1~9F住宅	1#楼10~17F住宅	6#楼1单元住宅	备用	6#楼2单元住宅	7#楼1单元住宅	备用	备用
出线ZR-YJV-0.6/1			4 × 185	4 × 185	4 × 185		4 × 185	4 × 185		
占设备室高			360	360	360	360	360	360	360	360
柜宽 × 柜深 × 柜高	800×1 000×2 200	800×1 000×2 200	800×1 000×2 200				800×1 000×2 200			

图1.28　1TM低压配电系统图

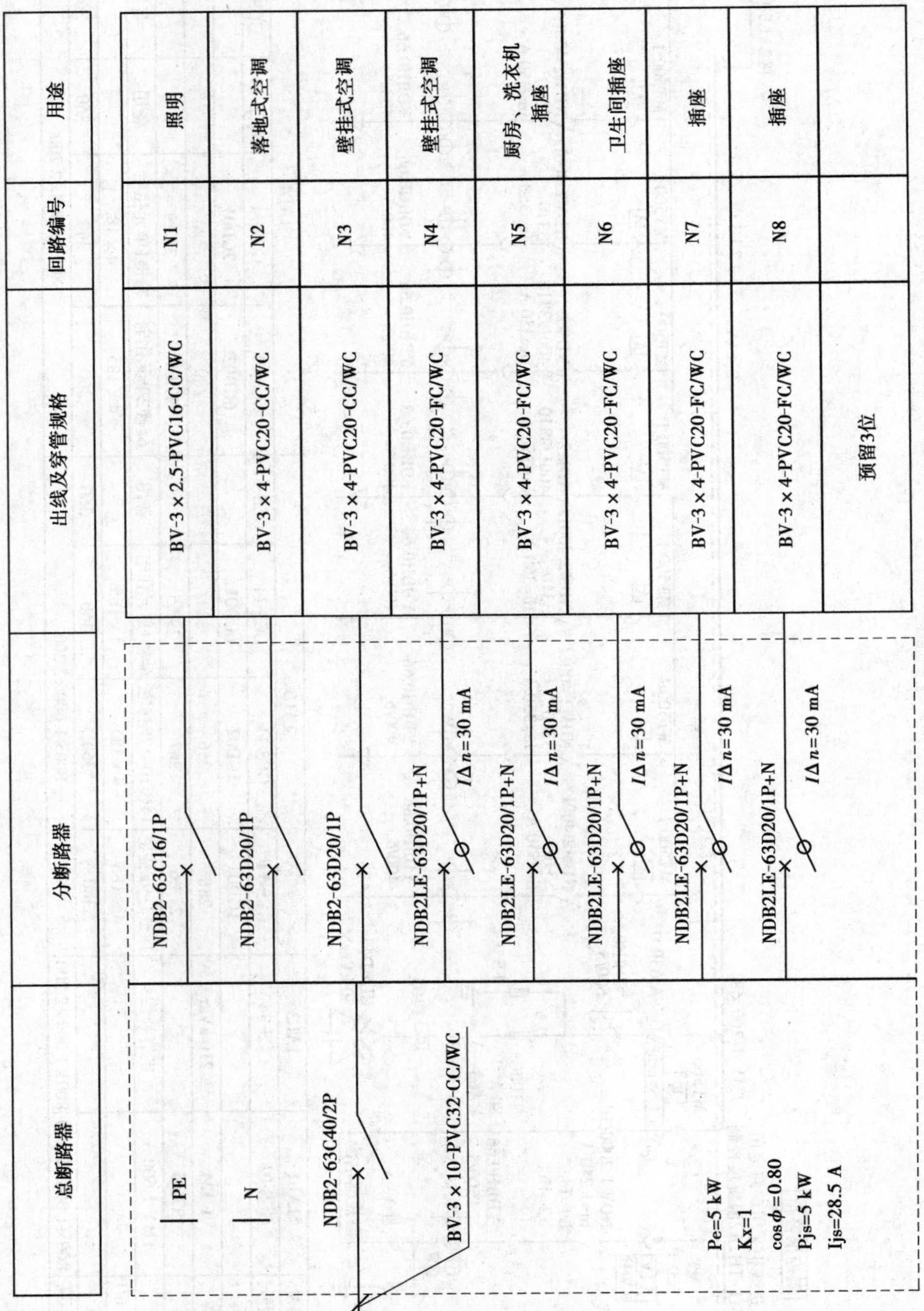

总断路器	分断路器	出线及穿管规格	回路编号	用途
PE N NDB2-63C40/2P BV-3×10-PVC32-CC/WC Pe=5 kW Kx=1 cosϕ=0.80 Pjs=5 kW Ijs=28.5 A	NDB2-63C16/1P	BV-3×2.5-PVC16-CC/WC	N1	照明
	NDB2-63D20/1P	BV-3×4-PVC20-CC/WC	N2	落地式空调
	NDB2-63D20/1P	BV-3×4-PVC20-CC/WC	N3	壁挂式空调
	NDB2LE-63D20/1P+N $I\Delta n$=30 mA	BV-3×4-PVC20-FC/WC	N4	壁挂式空调
	NDB2LE-63D20/1P+N $I\Delta n$=30 mA	BV-3×4-PVC20-FC/WC	N5	厨房、洗衣机插座
	NDB2LE-63D20/1P+N $I\Delta n$=30 mA	BV-3×4-PVC20-FC/WC	N6	卫生间插座
	NDB2LE-63D20/1P+N $I\Delta n$=30 mA	BV-3×4-PVC20-FC/WC	N7	插座
	NDB2LE-63D20/1P+N $I\Delta n$=30 mA	BV-3×4-PVC20-FC/WC	N8	插座
		预留3位		

图1.29　6#楼户内配电箱HX系统图

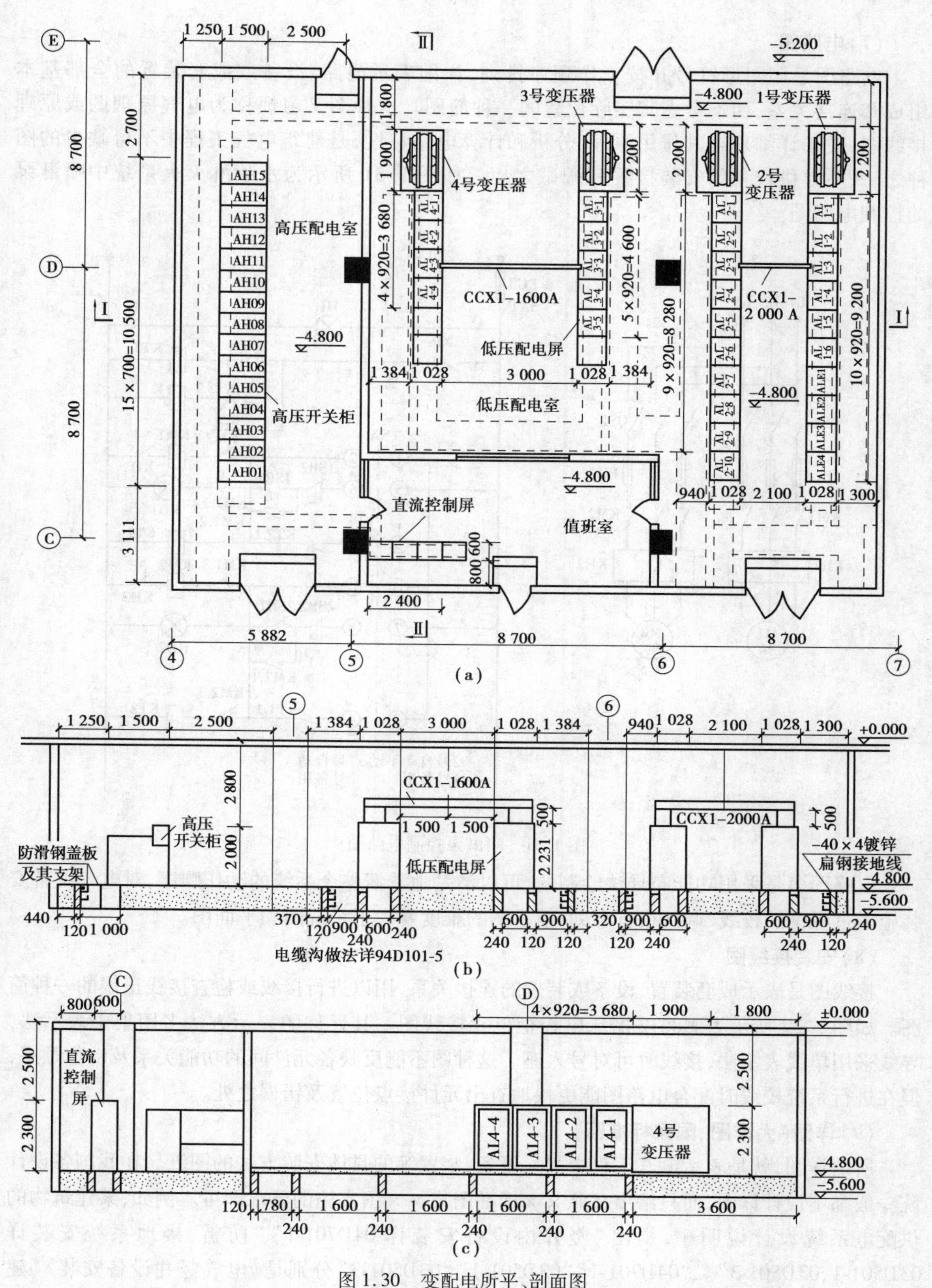

图1.30 变配电所平、剖面图

(a)平面图 (b)Ⅰ—Ⅰ剖面图 (c)Ⅱ—Ⅱ剖面图

(7)**电路图**

电路图是用图形符号并按工作顺序排列，详细表示电路、设备或成套装置的全部基本组成和连接关系，而不考虑其实际位置的一种简图。这种图又习惯称为电气原理图或原理接线图，便于详细理解其作用原理，分析和计算电路特性，是建筑电气工程中不可缺少的图种之一，主要供设备的安装接线和调试之用。如图 1.31 所示为水喷淋灭火系统中喷淋泵的控制电路图。

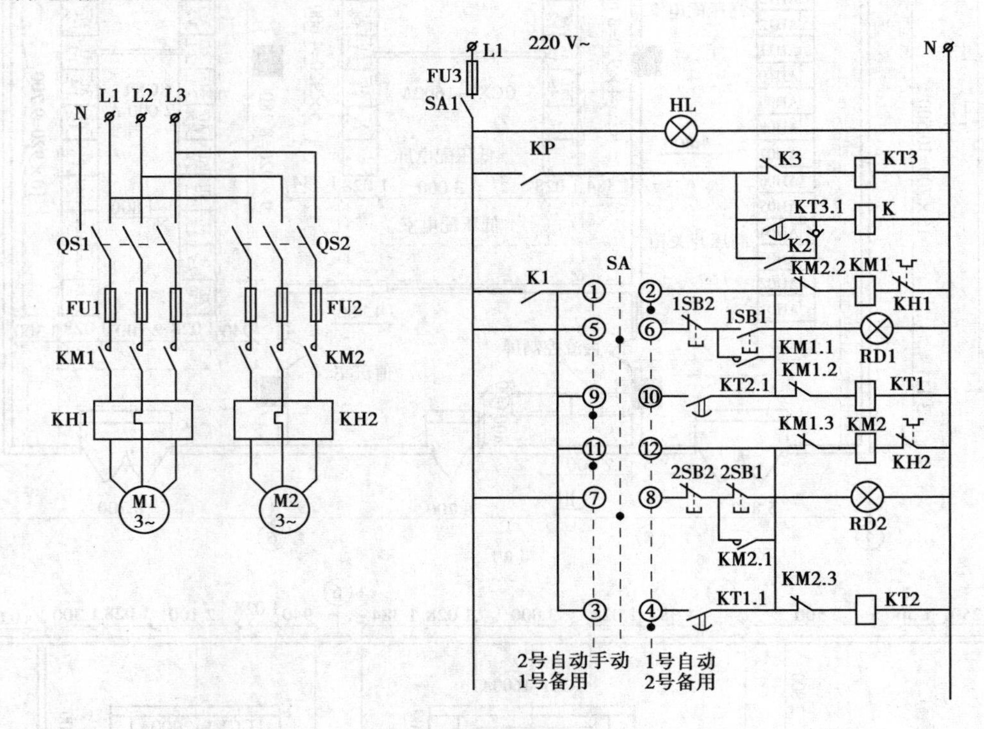

图 1.31　喷淋泵控制电路图

电路图多是采用功能布局法绘制的，可以清楚地看清整个系统的动作顺序，对电气设备安装施工过程中的校线、调试很有帮助，但看图的难度要大于系统图和平面图。

(8)**安装接线图**

接线图是表示成套装置、设备或装置的连接关系，用以进行接线或检查接线正误的一种简图。如图 1.32 所示为 M8612 磨床电控柜单元接线图。其元件的表示方法多用集中表示法，导线采用单线表示法，接线时可对号入座。这种图不能反映各元件间的功能关系及动作顺序，但在进行系统校线时配合电路图能更快地查出元件接点位置及错误之处。

(9)**详图(大样图、国家标准图)**

所谓详图，就是表示电气工程中某一设备、装置等的具体安装方法的图纸。在我国各设计院一般都不设计详图，而只给出参照××标准图集××图实施的要求即可。例如，某建筑物的供配电系统设计说明中，提出"竖井内设备安装详 04D701-1""防雷、接地系统安装详 03D501-1，03D501-3"。"04D701-1""03D501-1""03D501-3"分别是《电气竖井设备安装》《建筑物防雷设施安装》《利用建筑物金属体做防雷及接地装置安装》国家标准图集的编号。建筑

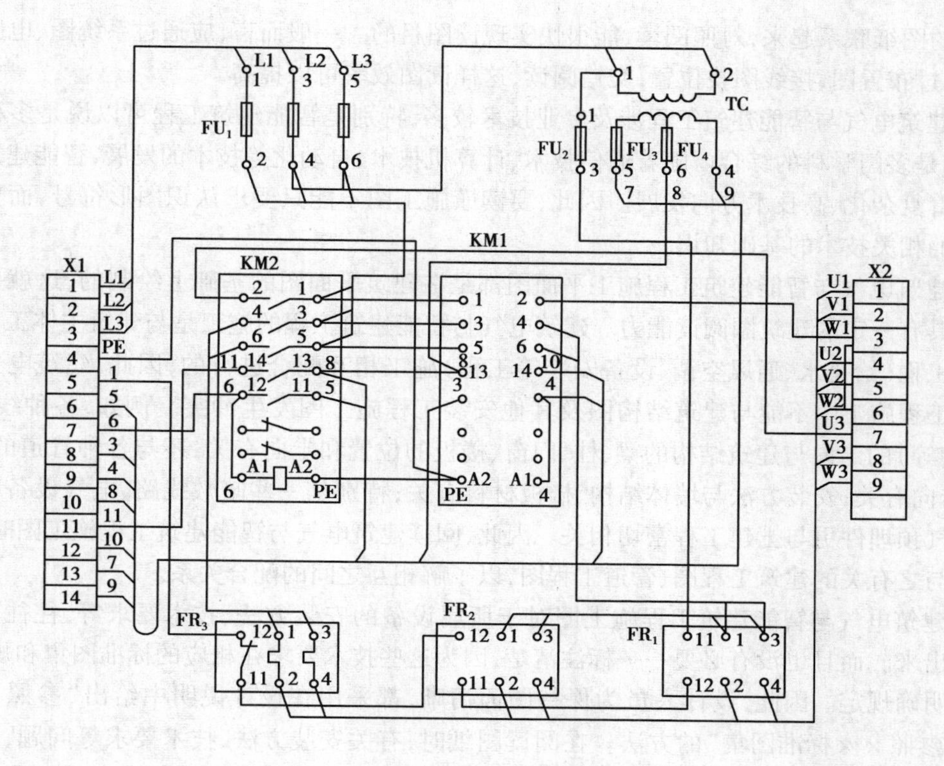

图1.32　M8612磨床电控拒接线图

电气与智能建筑工程常用国家标准图集可参见附录Ⅳ。

1.5.2　建筑电气与智能建筑工程施工图的特点

1)建筑电气与智能建筑工程施工图均是采用标准的图形符号及文字符号绘制出来的,属简图之列。因为构成建筑电气与智能建筑工程的设备、元件、线路很多,而且结构不一,安装方法各异,只有用统一的图形符号、文字符号来表达,才比较合适。所以要阅读建筑电气与智能建筑工程施工图,首先就必须认识和熟悉这些图形符号所代表的内容和含义,以及它们之间的相互关系。

2)电路是电流、信号的传输通道,任何电路都必须构成其闭合回路。只有构成闭合回路,电流才能流通,电气设备才能正常工作,这是判断电路图正误的首要条件。一个电路的组成包括4个基本要素,即电源、用电设备、导线及控制设备,如图1.33所示。

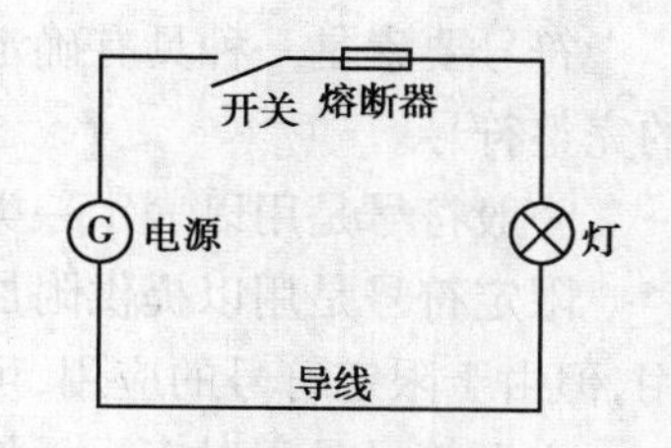

图1.33　电路的基本组成

当然要真正读懂图纸,还必须了解设备的基本结构、工作原理、工作程序、主要性能和用途等。

3)电路中的电气设备、元件等,彼此之间都是通过导线将其连接起来构成一个整体的。导线可长可短,能够比较方便地跨越较远的空间距离,因此,电气工程图有时就不像机械工程图或建筑工程图那样比较集中,比较直观。有时电气设备安装位置在 A 处,而控制设备的信号装置、操作开关则可以在很远的 B 处,而两者又不在同一张图纸上。了解这一特点,就可将各有关的图纸联系起来，对照阅读，能很快实现读图目的。一般而言，应通过系统图、电路图找联系；通过布置图，接线图找位置；交错阅读，这样读图效率可以提高。

4）建筑电气与智能建筑工程涉及专业技术较多，特别是智能建筑工程可以说是多种技术的集成，是多门学科的综合。随着通信技术、计算机技术、自动化等技术的发展，智能建筑工程还在朝着复杂化、高技术方向发展。因此，要读懂施工图不能只要求认识图形符号，而要求具备一定的相关技术的基础知识。

5）建筑电气与智能建筑工程施工平面图都是在建筑平面图的基础上绘制的，这就要求看图者应具有一定的建筑图阅读能力。建筑电气与智能建筑工程的施工是与建筑主体工程及其他安装工程（给排水、通风空调、设备安装等工程）施工相互配合进行的，因此，建筑电气与智能建筑工程施工图不能与建筑结构图及其他安装工程施工图发生冲突。例如，各种线路（线管、线槽等）的走向与建筑结构的梁、柱、门窗、楼板的位置和走向有关，还与各种管道的规格、用途、走向有关；安装方法与墙体结构、楼板材料有关；特别是一些暗敷线路、电气设备基础及各种电气预埋件更与土建工程密切相关。因此，阅读建筑电气与智能建筑工程施工图时，应对应阅读与之有关的建筑工程图、管道工程图，以了解相互之间的配合关系。

6）建筑电气与智能建筑工程施工图对于所属设备的安装方法、技术要求等，往往不能完全反映出来。而且也没有必要一一标注清楚，因为这些技术要求在相应的标准图集和规范、规程中有明确规定。因此，设计人员为保持图面清晰，都采用在设计说明中给出"参照××规范"或"参照××标准图集"的方法。在阅读图纸时，有关安装方法、技术要求等问题，要注意阅读有关标准图集和有关规范并参照执行，完全可以满足估算造价和安装施工的要求。常用国家标准图集和常用规范，分别见附录Ⅳ和附录Ⅴ。

了解建筑电气与智能建筑工程施工图的主要特点，可以帮助我们提高识图效率，改善识图效果，尽快完成识图目的。

1.5.3 常用图形符号和文字符号

（1）常用图形符号

所谓图形符号，就是通常用于图样或其他文件表示一个设备或概念的图形、标记或字符。电气图用图形符号由符号要素、一般符号、限定符号和方框符号组成。

符号要素是一种具有确定意义的简单图形，必须同其他图形组合以构成一个设备或概念的完整符号。

一般符号是用以表示一类产品或此类产品特征的一种通常很简单的符号。

限定符号是用以提供附加信息的一种加在其他符号上的符号，限定符号通常不能单独使用，但由于限定符号的应用，可大大扩展图形符号的多样性。

方框符号是用以表示元件、设备等的组合及其功能，既不给出元件、设备的细节也不考虑所有连接的一种简单的图形符号。

《电气简图用图形符号》（GB/T 4728—2005）中的图形符号是电气技术领域技术文件所主要选用的图形符号。但在建筑电气技术领域中，同时还要选用其他国家标准或行业标准的图形符号，如《消防技术文件用消防设备图形符号》（GB/T 4327—2008）、《电信工程制图与图形符号》（YD/T 5015—2007）、《广播电影电视工程设计图形符号和文字符号》（GY/T 5059—

1997)、《安全防范系统通用图形符号》(GA/T 74—2000)等。

《电气简图用图形符号》(GB/T 4728—2005)包括13个部分,将图形符号分为12大类。符号总量达1 800多个。如果再加上其他国家标准和行业标准的图形符号将会更多,要记住这么多的图形符号几乎是不可能的,因此,本书从国家标准图集09DX001《建筑电气工程设计常用图形和文字符号》中选取部分最常用的图形符号作为附录Ⅰ。

(2)**常用文字符号**

文字符号一般是用以标明电气设备、装置和元器件的名称、功能、状态及特征的。国家标准《电气技术中的文字符号制定通则》(GB 7159—1987)将电气技术中文字符号分为基本文字符号和辅助文字符号。

基本文字符号又有单字母符号和双字母符号之分。单字母符号是用拉丁字母将各种电气设备、装置和元器件划分为23大类,每大类用一个专用单字母符号表示。例如,"R"表示电阻器类,"C"表示电容器类等,详见附录Ⅱ"电气设备常用基本文字符号"。

双字母符号是由一个表示种类的单字母符号与另一字母组成的,其组合形式以单字母符号在前,另一字母在后的次序列出。例如,"GB"表示蓄电池,"G"为电源的单字母符号,"B"为蓄电池英文名"Battery"的第一个字母。一般只有在用单字母符号不能满足要求、需要将大类进一步划分时,才采用双字母符号,以便较详细和更具体地表述电气设备、装置和元器件。例如,"F"表示保护器件类,而"FU"表示熔断器,"FR"则表示具有延时动作的限流保护器件等。双字母符号的第1位字母只允许按附录Ⅱ中的单字母所表示的种类使用。第2位字母通常可选用该类设备、装置和元器件的英文名词首位字母、常用缩略语或约定俗成的习惯用字母。例如,"G"为电源的单字母符号,"Synchronous generator"为同步发电机的英文名,"Asynchronous generator"为异步发电机的英文名,则同步发电机和异步发电机的双字母符号分别为"GS"和"GA"。

辅助文字符号是用以表示电气设备、装置和元器件以及线路的功能、状态和特征的。例如,"SYN"表示同步,"L"表示限制,"RD"表示红色等。辅助文字符号也可放在表示种类的单字母符号后边,组合成双字母符号,如"YB"表示电磁制动器。其中,"Y"是表示电气操作的机械器件类的基本文字符号,"B"是表示制动的辅助文字符号,两者组合成"YB",则成为电磁制动器的文字符号。为简化文字符号起见,若辅助文字符号由两个以上字母组成时,允许只采用其第一位字母进行组合,如"MS"表示同步电动机,"M"表示电动机,"SYN"为同步,在此只取"S"。辅助文字符号也可以单独使用,如"ON"表示接通,"OFF"表示断开,"PE"表示保护接地等。

常用辅助文字符号见附录Ⅲ。

1.5.4 建筑电气与智能建筑工程施工图图面标注

施工图绘制是用图形符号和文字符号来表示电气设备种类和名称,以及它们的功能、状态和特征。但对于电气设备、线路等的安装要求、安装位置、安装方法等,还要在图纸上表示清楚,这就要给予必要的文字标注,以简化烦琐的文字说明。特别是对于施工平面图更为重要。

(1)电器设备的标注方法(见表1.18)

表1.18 电器设备的标注方法

序号	标注方式	说明	示例
1	$\frac{a}{b}$	用电设备 a—设备编号或设备位号 b—额定功率(kW和kVA)	$\frac{\text{P01B}}{\text{37 kW}}$ 热媒泵的位号为P01B,容量为37 kW
2	-a+b/c	系统图电气箱(柜、屏)标注 a—设备种类代号 b—设备安装位置的位置代号 c—设备型号	-AP1+1·B6/XL21-15 动力配电箱种类代号-AP1,位置代号+1·B6即安装位置在一层B,6轴线,型号XL21-15
3	-a	平面图电气箱(柜、屏)标注 a—设备种类代号	-AP1 动力配电箱-AP1,在不会引起混淆时可取消前缀“-”即表示为AP1
4	a b/c d	照明、安全、控制变压器标注 a—设备种类代号 b/c——一次电压/二次电压 d—额定容量	TL1 220/36 V 500 VA 照明变压器TL1变比220/36 V容量500 VA
5	a-b $\frac{c\times d\times L}{e}$ f	照明灯具标注 a—灯数 b—型号或编号(无则省略) c—每盏照明灯具的灯泡数 d—灯泡安装容量 e—灯泡安装高度(m),“-”表示吸顶安装 f—安装方式 L—光源种类	5-BYS-80 $\frac{2\times 40\times FL}{3.5}$ CS 5盏BYS-80型灯具,灯管为两根40 W荧光灯管,灯具链吊安装,安装高度距地3.5 m
6	$\frac{a}{b}$ c	断路器整定值的标注 a—脱扣器额定电流 b—脱扣整定电流值 c—短延时整定时间(瞬断不标注)	$\frac{500\text{ A}}{500\text{ A}\times 3}$ 0.2 s 断路器脱扣器额定电流为500 A,动作整定值为500 A×3,短延时整定值为0.2 s

(2)线路的标注方法(见表1.19)

表1.19 线路的标注方法

序号	标注方式	说明	示例
1	a b-c(d×e+f×g)i-j h	线路的标注 a—线缆编号 b—型号(不需要可省略) c—电缆根数 d—电缆线芯数 e—线芯截面(mm^2) f—PE,N线芯数 g—线芯截面(mm^2) i—线缆敷设方式 j—线缆敷设部位 h—线缆敷设安装高度(m)	WP201 YJV-0.6/1 kV-2 (3×150+2×70) SC80-WS 3.5 电缆号为WP201电缆型号、规格为YJV-0.6/1 kV-(3×150+2×70),两根电缆并联连接,敷设方式为穿DN80焊接钢管沿墙明敷,线缆敷设高度距地3.5 m
2	$\frac{a\times b}{c}$	电缆桥架标注 a—电缆桥架宽度(mm) b—电缆桥架高度(mm) c—电缆桥架安装高度(m)	$\frac{600\times 150}{3.5}$ 电缆桥架宽600 mm 桥架高度150 mm 安装高度距地3.5 m
3	$\frac{a\text{-}b\text{-}c\text{-}d}{a\text{-}f}$	电缆与其他设施交叉点标注 a—保护管根数 b—保护管直径(mm) c—保护管长度(m) d—地面标高(m) e—保护管埋设深度(m) f—交叉点坐标	6DN100-1.1 m-0.3 m / -1 m-A=174.235;B=243.621 电缆与设施交叉,交叉点坐标为A=174.235;B=243.621,埋设6根长1.1 m DN100焊接钢管,钢管埋设深度为-1 m(地面标高为-0.3 m)
4	a-b(c×2×d)e-f	电话线路的标注 a—电话线缆编号 b—型号(不需要可省略) c—导线对数 d—线缆截面 e—敷设方式和管径(mm) f—敷设部位	W1HPVV(25×2×0.5)M-MS W1为电话电缆号 电话电缆的型号、规格为HPVV(25×2×0.5) 电话电缆敷设方式为用钢索敷设 电话电缆沿墙面敷设
5	$\frac{a\times b}{c}d$	电话分线盒、交接箱的标注 a—编号 b—型号(不需要标注可省略) c—线序 d—用户数	$\frac{\#3\times NF\text{-}3\text{-}10}{1\sim 12}6$ 3号电话分线盒的型号规格为NF-3-10,用户数为6户,接线线序为1~12

续表

序号	标注方式	说　明	示　例
6	 L1 L2 L3 U V W	相序 交流系统电源第一相 交流系统电源第二相 交流系统电源第三相 交流系统设备端第一相 交流系统设备端第二相 交流系统设备端第三相	
7	N	中性线	
8	PE	保护线	
9	PEN	保护和中性共用线	

(3)线路敷设方式的文字标注(见表1.20)

表1.20　线路敷设方式的文字标注

序号	名　称	标注文字符号	英文名称
1	穿焊接钢管敷设	SC	Run in welded steel conduit
2	穿电线管敷设	MT	Run in electrical metallic tubing
3	穿硬塑料管敷设	PC	Run in rigid PVC conduit
4	穿阻燃半硬聚氯乙烯管敷设	FPC	Run in flame retardant semiflexible PVC conduit
5	电缆桥架敷设	CT	Installed in cable tray
6	金属线槽敷设	MR	Installed in metal raceway
7	塑料线槽敷设	PR	Installed in PVC raceway
8	用钢索敷设	M	Supported by messenger wire
9	穿聚氯乙烯塑料波纹电线管敷设	KPC	Run in corrugated PVC conduit
10	穿金属软管敷设	CP	Run in flexible metal conduit
11	直接埋设	DB	Direct burying
12	电缆沟敷设	TC	Installed in cable trough
13	混凝土排管敷设	CE	Installed in concrete encasement

(4)导线敷设部位的文字标注(见表1.21)

表1.21　导线敷设部位的文字标注

序号	名　称	标注文字符号	英文名称
1	沿或跨梁(屋架)敷设	AB	Along or across beam
2	暗敷在梁内	BC	Concealed in beam
3	沿或跨柱敷设	AC	Along or across column
4	暗敷设在柱内	CLC	Concealed in column
5	沿墙面敷设	WS	On wall surface
6	暗敷设在墙内	WC	Concealed in wall
7	沿天棚或顶板面敷设	CE	Along ceiling or slab surface
8	暗敷设在屋面或顶板内	CC	Concealed in ceiling or slab
9	吊顶内敷设	SCE	Recessed in ceiling
10	地板或地面下敷设	FC	In floor or ground

(5)灯具安装方式的文字标注(见表1.22)

表1.22　灯具安装方式的文字标注

序号	名　称	标注文字符号	英文名称
1	线吊式	SW	Wire suspension type
2	链吊式	CS	Catenary suspension type
3	管吊式	DS	Conduit suspension type
4	壁装式	W	Wall mounted type
5	吸顶式	C	Ceiling mounted type
6	嵌入式	R	Flush type(也适用于暗装配电箱)
7	顶棚内安装	CR	Recessed in ceiling
8	墙壁内安装	WR	Recessed in wall
9	支架上安装	S	Mounted on support
10	柱上安装	CL	Mounted on column
11	座装	HM	Holder mounting

1.5.5　建筑电气与智能建筑工程施工图阅读

阅读建筑电气与智能建筑工程施工图必须熟悉电气图基本知识(表达形式、通用画法、图形符号、文字符号)和电气工程图的特点,同时掌握一定的阅读方法,才能比较迅速、全面地读懂图纸,以完全实现读图的意图和目的。

阅读建筑电气与智能建筑工程施工图的方法没有统一规定。但当拿到一套施工图时,面

对一大摞图纸,究竟如何下手?根据作者经验,通常可按下面方法去做,即

了解概况先浏览,
重点内容反复看;
安装方法找大样,
技术要求查规范。

具体针对一套图纸,一般多按以下顺序阅读(浏览),而后再重点阅读。

(1)看标题栏及图纸目录

了解工程名称、项目内容、设计日期及图纸数量和内容等。每一张图纸都有标题栏,虽然标题栏的内容很简单,但很重要。必须引起读图者的重视。因为你首先要根据标题栏来确定这张图是否是你所需要阅读的图纸。有时遇到设计变更,改过的新图纸标题栏内容比原设计图纸标题栏内容只多出一个"改"字和设计时间的不同,如不注意,就会出错。

(2)看总说明

了解工程总体概况及设计依据,了解图纸中未能表达清楚的各有关事项。如供电电源的来源、电压等级、线路敷设方法、设备安装高度及安装方式、补充使用的非国标图形符号、施工时应注意的事项等。有些分项局部问题是在分项工程的图纸上说明的,看分项工程图纸时,也要先看设计说明。

(3)看系统图

各子分部、分项工程的图纸中都包含有系统图。如变配电工程的配电系统图、电力工程的电力系统图、照明工程的照明系统图以及火灾自动报警系统图、建筑设备监控系统图、综合布线系统图、有线电视系统图等。看系统图的目的是了解系统的基本组成,主要电气设备、元件等连接关系及它们的规格、型号、参数等,掌握该系统的组成概况。特别是智能建筑工程各系统的系统图一般都能反映系统的全部组成,能准确反映组成系统的各种设备的数量及大概分布情况。因此,系统图是施工图不可缺少的重要组成部分。

(4)看平面图

平面图是工程施工的主要依据,也是用来编制工程预算和施工方案的主要依据。往往是需要反复阅读的。例如,变配电所电气设备安装平面图(还应有剖面图)、电力平面图、照明平面图、防雷、接地平面图、火灾自动报警系统平面图、综合布线系统平面图、防盗报警系统平面图等。这些平面图都是用来表示设备安装位置、线路敷设部位、敷设方法及所用导线型号、规格、数量、管径大小的。在通过阅读系统图,了解了系统组成概况之后,就可依据平面图编制工程预算和施工方案,具体组织施工了,因此,对平面图必须熟读。阅读建筑电气工程施工平面图的一般顺序是:进线→总配电箱→干线→支干线→分配电箱→用电设备。而阅读智能建筑工程各系统施工平面图时,则一般是:系统控制室(系统前端)→传输(分配)网络→现场信息点(系统末端),或反之。

(5)看电路图

了解系统中用电设备的电气自动控制原理,用来指导设备的电气装置安装和控制系统的调试工作。因电路图多是采用功能布局法绘制的,看图时应依据功能关系从上至下或从左至右一个回路、一个回路的阅读。熟悉电路中各电器的性能和特点,对读懂图纸将是一个极大的帮助,因此学习电器学很有必要。

(6)看安装接线图

了解设备或电器的布置与接线,与电路图对应阅读,进行控制系统的配线和调校工作。

(7)看安装大样图

安装大样图是用来详细表示设备安装方法的图纸,是依据施工平面图,进行安装施工和编制工程材料计划时的重要参考图纸。特别是对于初学安装的同志更显重要,甚至可以说是不可缺少的。安装大样图多采用全国通用电气装置标准图集,其选用的依据是设计说明或施工平面图内容。

(8)看设备材料表

设备材料表提供了该工程所使用的设备、材料的型号、规格和数量,是编制购置设备、材料计划的重要依据之一。还可以根据设备材料表提供的规格、型号,查阅设备手册,从而了解该设备的性能特点及安装尺寸,配合施工做好预留、预埋工作。

复习题

1. 建筑电气工程和智能建筑工程包括哪些内容?
2. 建筑电气工程安装施工,一般分为哪三大阶段?
3. 建筑电气工程安装施工前的准备工作,有哪些主要内容?
4. 施工技术准备工作主要有哪些?简述施工方案的编制内容。
5. 建筑电气安装施工中,应特别注意哪些事项,以确保安全施工?
6. 施工中使用梯子应注意哪些问题?
7. 使用机械钻孔时,能否戴手套操作?
8. 为什么在建筑电气安装施工时,应特别注意与土建工程以及其他安装工程的密切配合?
9. 简述工程质量控制一般应遵守的原则。
10. 建筑电气安装工程竣工验收时,一般应提交哪些技术资料?
11. 简述建筑电气工程安装常用型钢、电线电缆及配线用导管。
12. 使用喷灯时应特别注意哪些问题?
13. 如何正确使用钳形电流表检测线路中的电流?
14. 简述万用表的功能。使用万用表应主要注意哪些事项?
15. 如何使用兆欧表测试绝缘电阻?
16. 测试电气设备或线路的绝缘电阻时,应如何选择兆欧表?
17. 测量绝缘电阻时,摇动手摇发电机的速度应是多少?
18. 简述使用接地摇表测试接地电阻的方法。
19. 简述建筑电气工程施工图的主要内容和特点。
20. 简述建筑电气工程施工图常用图形符号、文字符号及图面标注。
21. 简述阅读建筑电气工程施工图的一般顺序。

第2章　室内配电线路安装

室内配电线路是敷设在建筑物内为建筑设备和照明装置供电的线路，既包含动力配电线路，又包含照明配电线路。因此，它是动力、照明工程的重要组成部分。但由于建筑结构及要求的不同，室内配电线路的敷设方式、敷设部位，以及所用导线的种类都会有所不同。而这些内容都是通过动力、照明工程施工图反映出来的，因此，动力、照明工程施工图是我们进行室内动力、照明配电线路施工的依据。这就是首先介绍动力、照明工程图的原因。

2.1　动力、照明工程施工图

动力、照明工程施工图的内容包括在建筑电气工程施工图的主要内容之内，是建筑电气工程施工图不可缺少的一个组成部分，通常要单独给出系统图（动力系统图、照明系统图、配电箱系统图等）、平面图（动力线路平面图、照明线路平面图，有时为了图纸清晰，还会分别给出干线平面图、配电箱布置平面图、插座布置平面图、灯具布置平面图等）、配电箱安装接线图等。设计说明、主要设备材料表等往往和其他子分部工程综合在一起撰写。本节主要介绍系统图和平面图。

（1）**动力、照明系统图**

动力、照明系统图是用图形符号、文字符号绘制的，用来概略表示该建筑内动力、照明系统或分系统的基本组成、相互关系及主要特征的一种简图。它具有电气系统图的基本特点，能集中反映动力及照明的安装容量、计算容量、计算电流、配电方式、导线或电缆的型号、规格、数量、敷设方式及穿管管径、开关及熔断器的规格型号等。它和变电所主接线图属同一类型图纸，只是动力、照明系统图比变电所主接线图表示得更为详细。如图1.29所示为某住户内照明配电箱配电系统图。不仅给出了负荷容量，而且给出了配电箱内各支路开关的型号，以及各支路所用导线的规格、型号、数量、敷设方式及敷设部位。

户内配电箱系统图是建筑电气工程动力、照明系统图的最末级，为了表示整个建筑的动力、照明系统的基本组成，往往要给出竖向干线配电系统图和层配电系统图，如图2.1所示为某小区6#住宅楼1单元配电系统图，图2.2为其1层配电系统图。

（2）**动力、照明平面图**

动力、照明平面图是编制动力、照明工程施工方案和工程造价，进行安装施工的主要依据，是用电气图形符号加文字标注绘制出来的，用来表示建筑物内动力、照明设备及其配电线路平面布置的图纸，属位置简图。

动力、照明平面图是假设将建筑物经过门、窗沿水平方向切开，移去上面部分，人站在高处往下看，所看到的建筑平面形状、大小、墙柱的位置、厚度、门窗的类型，以及建筑物内配电设备、动力、照明设备等平面布置、线路走向等情况。绘图时，常用细实线先绘出建筑平面的墙体、门窗、吊车梁、工艺设备等外形轮廓，再用中实线绘出电气部分。

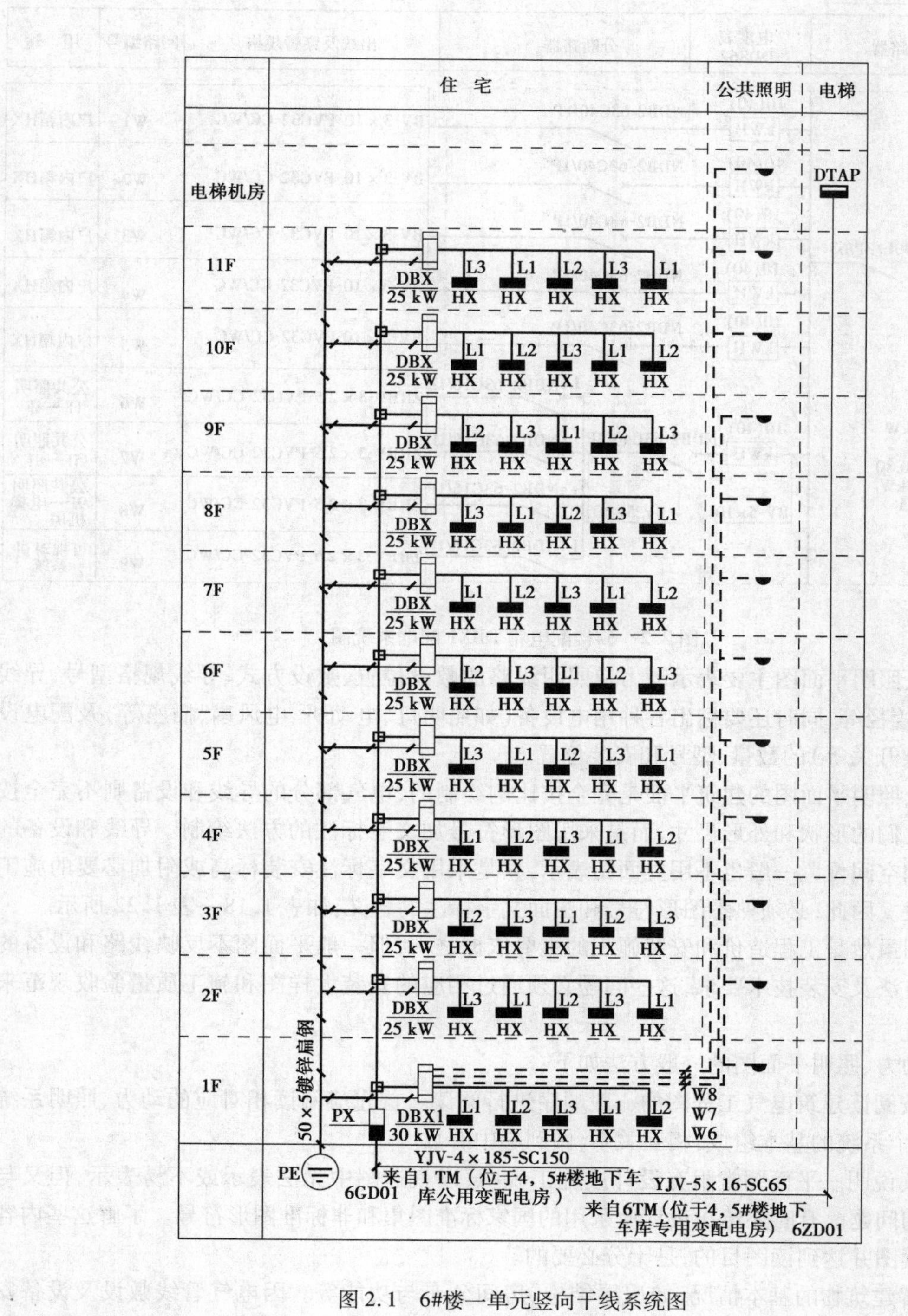

图 2.1　6#楼一单元竖向干线系统图

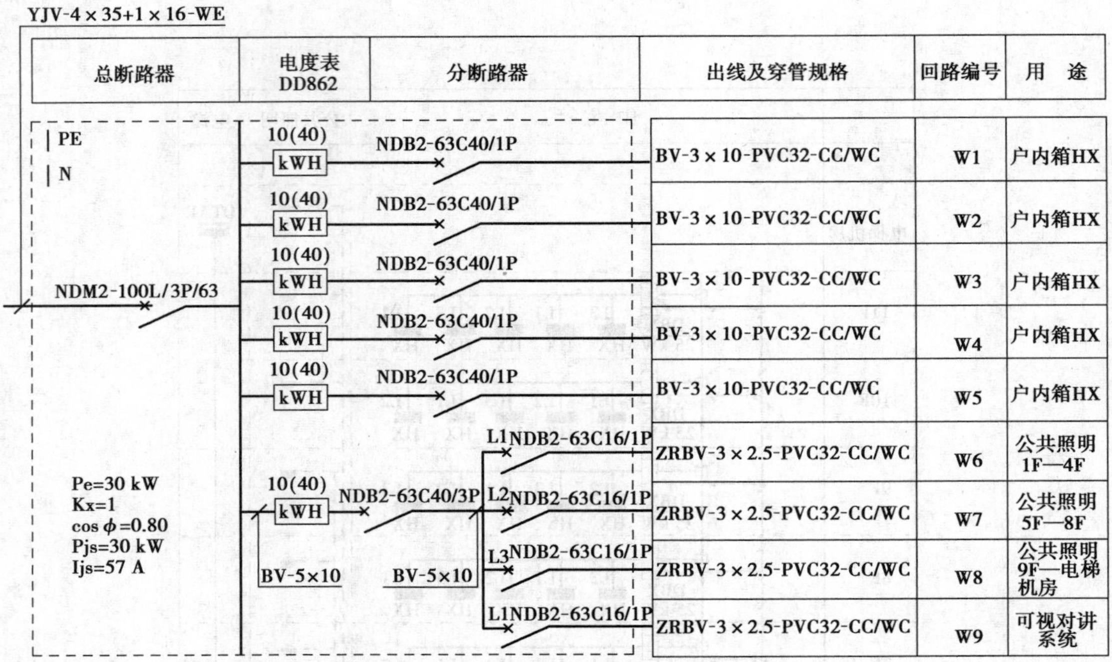

YJV-4×35+1×16-WE

总断路器	电度表 DD862	分断路器	出线及穿管规格	回路编号	用 途
NDM2-100L/3P/63	10(40) kWH	NDB2-63C40/1P	BV-3×10-PVC32-CC/WC	W1	户内箱HX
	10(40) kWH	NDB2-63C40/1P	BV-3×10-PVC32-CC/WC	W2	户内箱HX
	10(40) kWH	NDB2-63C40/1P	BV-3×10-PVC32-CC/WC	W3	户内箱HX
	10(40) kWH	NDB2-63C40/1P	BV-3×10-PVC32-CC/WC	W4	户内箱HX
	10(40) kWH	NDB2-63C40/1P	BV-3×10-PVC32-CC/WC	W5	户内箱HX
	10(40) kWH	NDB2-63C40/3P	L1 NDB2-63C16/1P ZRBV-3×2.5-PVC32-CC/WC	W6	公共照明 1F—4F
			L2 NDB2-63C16/1P ZRBV-3×2.5-PVC32-CC/WC	W7	公共照明 5F—8F
			L3 NDB2-63C16/1P ZRBV-3×2.5-PVC32-CC/WC	W8	公共照明 9F—电梯机房
			L1 NDB2-63C16/1P ZRBV-3×2.5-PVC32-CC/WC	W9	可视对讲系统

PE　N　BV-5×10　BV-5×10

Pe=30 kW
Kx=1
cos ϕ=0.80
Pjs=30 kW
Ijs=57 A

图 2.2　6#楼配电箱 DBX1 配电系统图

动力及照明平面图主要表示动力及照明线路的敷设位置、敷设方式、导线规格型号、导线根数、穿管管径等，同时还要标出各种用电设备（如照明灯、电动机、电风扇、插座等）及配电设备（配电箱、开关等）的数量、型号和安装位置。

动力及照明平面图的建筑平面是完全按比例绘制的，电气部分的导线和设备则不完全按比例画出它们的形状和外形尺寸，而是采用图形符号加文字标注的方法绘制。导线和设备的垂直距离和空间位置一般也不用立面图表示，只是采用文字标注安装标高或附加必要的施工说明来解决。因此，必须熟悉图形符号和图面文字标注的含义，如表 1.18—表 1.22 所示。

平面图虽然是工程造价和安装施工的主要依据之一，但一般平面图不反映线路和设备的具体安装方法及安装技术要求，这些问题必须通过相应的安装大样图和施工质量验收规范来解决。

阅读动力、照明平面图的一般方法如下：

1）应按阅读建筑电气工程图的一般顺序进行阅读。首先应阅读相对应的动力、照明系统图，了解整个系统的基本组成，相互关系，做到心中有数。

2）阅读说明。平面图常附有设计或施工说明，以表达图中无法表示或不易表示，但又与施工有关的问题。有时还给出设计所采用的国家标准图集和非标准图形符号。了解这些内容对进一步读图并达到读图目的，是十分必要的。

3）了解建筑物的基本情况，如房屋结构、房间分布与功能等。因电气管线敷设及设备安装与房屋的结构直接有关，可以根据房屋结构情况决定电气管线以及设备的安装方式。

4）熟悉电气设备、灯具等在建筑物内的分布及安装位置，同时要了解它们的型号、规格、性能、特点和对安装的技术要求。对于设备的性能、特点及安装技术要求，设计人员往往不在图纸中给出,这就需要通过阅读相关技术资料及施工验收规范来了解。例如,在照明平面图中,当照明开关与插座的安装高度和接线没有明确规定时,则可以现场商定,或按《建筑电气工程施工质量验收规范》(GB 50303—2002)的规定来确定。插座接线规定:左孔接零线,右孔接相线,上孔接 PE 线。开关安装位置便于操作,开关距门框边缘距离 0.15 ~0.2 m,开关距地面高度 1.3 m;拉线开关距地面高度宜为 2 ~ 3 m,层高小于 3 m 时,拉线开关距顶板不小于 100 mm,且拉线出口应垂直向下。

5)了解各支路的负荷分配情况和连接情况。在了解电气设备的分布后,应进一步明确它是属于哪条支路的负荷,从而弄清它们之间的连接关系,这是最重要的。一般从进线开始,经过配电箱后,一条支路一条支路地阅读。如果这个问题解决不好,就无法进行实际配线施工。

三相动力负荷的主接线连接关系比较清楚。而照明负荷都是单相负荷,且照明灯具的控制方式和控制地点多种多样,加上施工配线方式的不同,对相线、零线、保护线的连接各有不同要求,因此,其连接关系较复杂。例如,相线必须经开关后再接灯座,而零线则可直接进灯座,保护线则直接与灯具金属外壳相连接。这样在同一支路中,有时就会在不同灯具之间、灯具与开关之间出现导线根数不同的变化。其变化规律要通过熟悉照明基本线路和配线基本要求才能掌握。

6)动力、照明平面图是施工单位用来指导施工的依据,也是施工单位用来编制施工方案和编制工程预算的依据。但常用设备、灯具的具体安装详图却很少给出,这只能通过阅读安装大样图(国家标准图集)来解决。因此,阅读平面图和阅读安装大样图应相互结合起来。

7)动力、照明平面图只表示设备和线路的平面位置而不能反映空间高度。但在阅读平面图时,必须建立起空间概念,同时阅读建筑施工图,根据建筑物结构尺寸,决定线路敷设高度。这对预算技术人员特别重要,可以防止在编制工程预算时,造成垂直敷设管线的漏算。

8)相互对照、综合看图。为避免建筑电气设备及电气线路与其他建筑设备及管路在安装时发生位置冲突,在阅读动力、照明平面图时要对照阅读其他建筑设备安装工程施工图,同时还要了解规范要求。例如,电缆桥架敷设在易燃易爆气体管道和热力管道的下方,当设计无要求时,与管道的最小净距,应符合表 2.1 的规定。在阅读动力平面图的同时应阅读该建筑管道工程施工图,并综合考虑,合理利用建筑空间,以满足电缆桥架和管道的安全距离及应采取的保护措施。

表 2.1　电缆桥架与管道的最小净距/m

管道类别		平行净距	交叉净距
一般工艺管道		0.4	0.3
易燃易爆气体管道		0.5	0.5
热力管道	有保温层	0.5	0.3
	无保温层	1.0	0.5

学习建筑电气工程施工图是一个循序渐进,理论联系实际的过程,只要在掌握了识图基本知识和规律的基础上勇于实践,由简单开始,多读多看,熟能生巧,一定会取得进步。下面给出的图 2.3 为某小区 6#住宅楼一层公共部分照明平面图,图 2.4 为①户内照明平面图。加上前面给出的图 2.1 和图 2.2,则能清楚地了解 6#住宅楼照明工程的全貌了。

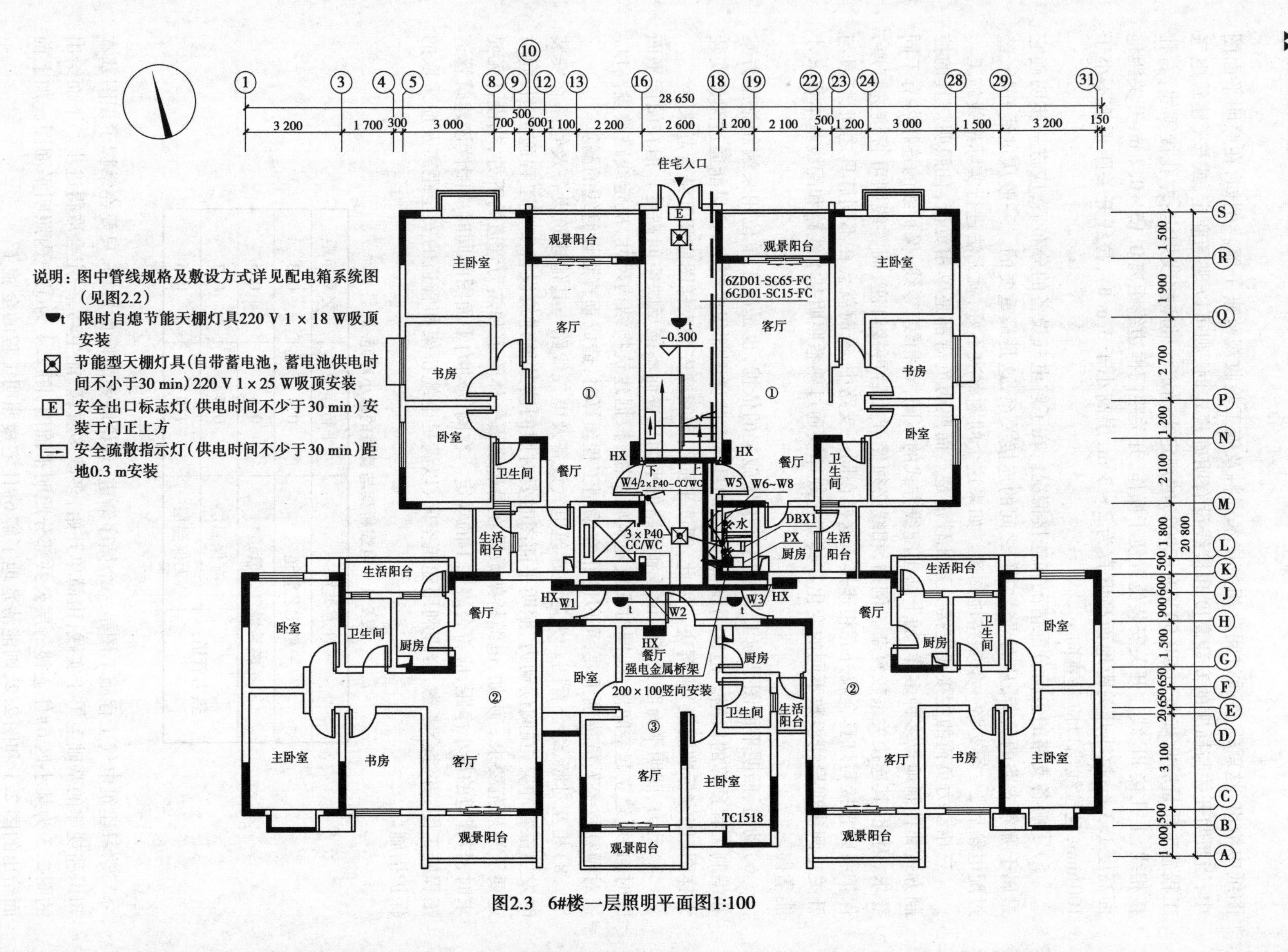

图2.3　6#楼一层照明平面图1:100

说明：图中管线规格及敷设方式详见配电系统图(见图1-29)

- 节能型日光灯220 V 1×40 W 吸顶安装
- 防水密闭灯220 V 1×20 W 吸顶安装
- 单联开关 220 V 10 A 距地1.3 m暗装
- 双联开关 220 V 10 A 距地1.3 m暗装
- 单相五孔暗装插座 220 V 10 A距地0.3 m暗装
- 卧室壁挂式空调暗装插座 220 V 10 A距地1.8 m暗装
- 客厅落地式空调暗装插座 220 V 16 A距地0.3 m暗装

厨房、厕所插座采用防溅式，距地1.3 m暗装

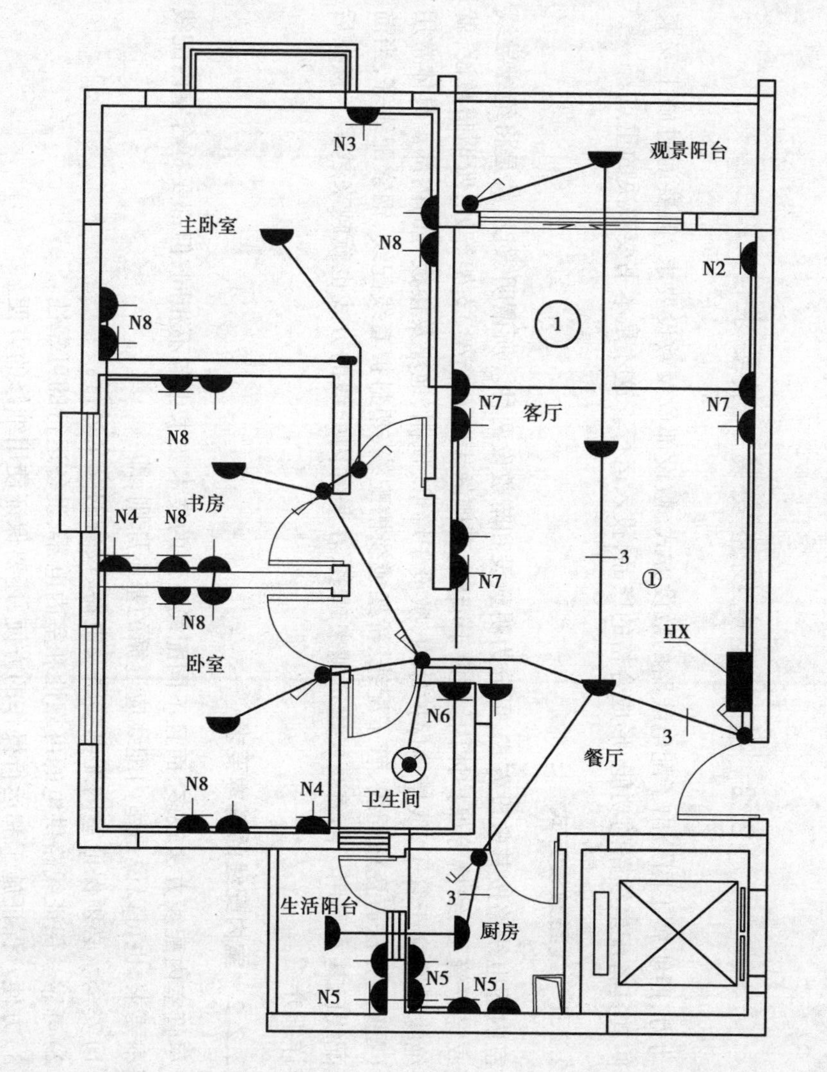

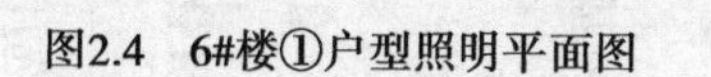
图2.4　6#楼①户型照明平面图

2.2 室内配电线路安装一般要求

动力、照明施工图给出了配电线路的敷设方式、敷设部位及敷设要求,但要通过施工安装才能使其具备配电线路的功能,形成合格的产品,投入运行。这才是本书要解决的重点。

2.2.1 线路敷设方式

室内配电线路按其敷设方式,可分为明敷设和暗敷设两种。所谓明敷设,就是将绝缘导线直接或穿于管子、线槽等保护体内,敷设于墙壁、顶棚的表面及桁架、支架等处;所谓暗敷设,就是将绝缘导线穿于管子、线槽等保护体内,敷设于墙壁、顶棚、地坪及楼板等的内部。具体常用敷设(配线)方法有瓷瓶配线、管子配线、桥架或线槽配线、塑料护套线配线、钢索配线等,当前瓷瓶配线已基本不用。随着高层建筑越来越多,在竖井内配线的方式也就越来越多。将在后面作详细介绍。

2.2.2 室内配线的基本要求

尽管室内配线方法较多,而且不同配线方法的技术要求也各不相同,但都要符合室内配线的基本要求,也可以说是室内配线应遵循的基本原则,即:

1)安全。必须保证室内配电线路及电器、设备的安全运行。

2)可靠。保证线路供电的可靠性和室内电器、设备运行的可靠性。

3)方便。保证施工和运行操作的方便,还要保证使用维修的方便。

4)美观。不因室内配线及电器设备的安装而影响建筑物或室内的美观,相反应有助于建筑物的美化和室内装饰。

5)经济。在保证安全、可靠、方便、美观和具有发展可能的条件下,应考虑其经济性,尽量选用最合理的施工方法,达到最理想的效果,节约资金。

为此,在施工过程中,要严格执行《建筑电气工程施工质量验收规范》(GB 50303—2002),做好施工过程中的质量控制。

2.2.3 施工过程质量控制一般规定

线路施工往往是建筑电气安装的开始,要求施工人员一开始就要明白建筑电气工程施工过程中质量控制的规定。

1)施工现场质量管理应有相应的施工技术标准,健全的质量管理体系、施工质量检验制度和综合施工质量水平评定考核制度。安装电工、焊工、起重吊装和电气调试人员等按有关要求持证上岗;安装和调试用各类计量器具,应检定合格,使用时在有效期内。

2)除设计要求外,在承力建筑钢结构构件上,不得采用熔焊连接固定电气线路、设备和器具的支架、螺栓等部件;且严禁热加工开孔。

3)高低压之分。额定电压交流 1 kV 及以下、直流 1.5 kV 及以下的应为低压电器设备、器具和材料;额定电压大于交流 1 kV、直流 1.5 kV 的应为高压电器设备、器具和材料。

4)电气设备上的计量仪表和与电气保护有关的仪表应检定合格,当投入试运行时,应在有效期内。

5）建筑电气动力工程的空载试运行和建筑电气照明工程的负荷试运行，应按《建筑电气工程施工质量验收规范》（GB 50303—2002）第10,23节执行；建筑电气动力工程的负荷试运行，应依据电气设备及相关建筑设备的种类、特性，编制试运行方案或作业指导书，经施工单位审查批准、监理单位确认后执行。

6）动力和照明工程的漏电保护装置应做模拟动作试验。

7）接地PE或接零PEN支线必须单独与接地PE或接零PEN干线相连接，不得串联连接。

8）高压的电气设备和布线系统及继电保护系统的交接试验，必须符合现行国家标准《电气装置安装工程电气设备交接试验标准》（GB 50150—2006）的规定。

9）低压的电气设备和布线系统的交接试验，应符合《建筑电气工程施工质量验收规范》（GB 50303—2002）的规定。

10）送至建筑智能化工程变送器的电量信号精度等级应符合设计要求，状态信号应正确；接收建筑智能化工程的指令应使建筑电气工程的自动开关动作符合指令要求，且手动、自动切换功能正常。

2.2.4　一般施工程序

1）定位划线。根据施工图纸，确定电器安装位置，导线敷设途径及导线穿过墙壁和楼板的位置。

2）预留预埋。在土建施工时配合土建搞好预埋预留工作，如不可能也应在土建抹灰前，将配线所有的固定点打好膨胀螺栓或孔洞，埋设好支持构件。

3）装设绝缘支持物、线夹、支架或保护管。

4）敷设导线。

5）安装灯具及电器设备。

6）测试导线绝缘，连接导线。

7）校验、自检、试通电。

8）工程报验。

9）质量验收。

2.3　线管配线

把绝缘导线穿入保护管内敷设，称为线管配线。这种配线方式比较安全可靠，可避免腐蚀性气体的侵蚀和避免遭受机械损伤，更换电线方便，在工业与民用建筑中使用最为广泛。

线管配线通常有明配和暗配两种。明配是把线管敷设于墙壁、桁架等表面明露处，要求横平竖直、整齐美观、固定牢靠且固定点间距均匀。暗配是把线管敷设于墙壁、地坪或楼板内等处，要求管路短、弯曲少、不外露，以便于穿线。

线管配线常使用的线管有水煤气钢管（又称焊接钢管，分镀锌和不镀锌两种，其管径以内径计算）、电线管（管壁较薄、管径以外径计算）、可挠性金属管（普利卡金属套管）、硬塑料管、半硬塑料管、塑料波纹管、软塑料管等。

线管配线主要包括配管和穿线两部分。

2.3.1 配管一般规定

电线保护管的种类很多,但敷设方式只有明敷和暗敷两种。且均应符合配管一般规定。

1)敷设在多尘或潮湿场所的电线保护管,管口及其各连接处均应密封。

2)当线路暗配时,电线保护管宜沿最近的路线敷设,尽量减少弯曲。埋入建筑物、构筑物内的电线保护管,与建筑物、构筑物表面的距离不应小于15 mm。

3)进入落地式配电箱的电线保护管,排列应整齐,管口宜高出配电箱基础面50~80 mm。

4)电线保护管不宜穿过设备或建筑物、构筑物的基础,当必须穿过时,应采取加保护管保护的措施。

5)电线保护管的弯曲处,不应有折皱、凹陷和裂缝,弯扁程度不应大于管外径的10%。其弯曲半径应符合下面规定:

①当线路明配时,弯曲半径不宜小于管外径的6倍;当两个接线盒间只有一个弯曲时,其弯曲半径不宜小于管外径的4倍。

②当线路暗配时,弯曲半径不应小于管外径的6倍;当埋设于地下或混凝土内时,其弯曲半径不应小于管外径的10倍。

6)当电线保护管遇下列情况之一时,中间应增设接线盒或拉线盒,且接线盒或拉线盒的位置应便于穿线:

①管长度每超过30 m,无弯曲。

②管长度每超过20 m,有1个弯曲。

③管长度每超过15 m,有2个弯曲。

④管长度每超过8 m,有3个弯曲。

7)垂直敷设电线保护管遇下列情况之一时,应增设固定导线用的拉线盒:

①管内导线截面50 mm^2及以下,长度每超过30 m。

②管内导线截面70~95 mm^2,长度每超过20 m。

③管内导线截面120~240 mm^2,长度每超过18 m。

8)水平或垂直敷设的明配电线保护管,其水平或垂直安装的允许偏差为1.5‰,全长偏差不应大于管内径的1/2。

9)金属导管必须接地(PE)或接零(PEN)可靠。镀锌的钢导管、可挠性金属管不得熔焊跨接接地线,以专用接地卡跨接的两卡间连线为铜芯软导线,截面积不小于4 mm^2。

10)金属导管严禁对口熔焊连接;镀锌和壁厚小于等于2 mm的钢导管不得套管熔焊连接。

2.3.2 线管选择

在施工时,应根据设计施工图的要求选择线管。通常选择线管应先根据线管敷设环境来决定采用哪种管子,再根据所需穿导线根数决定管子的规格。

薄壁金属管(电线管)通常用于室内干燥场所吊顶、夹板墙内敷设,也可暗敷于墙体及混凝土内。厚壁管用于室外场所明敷和在机械载重场所暗敷,也可经防腐处理后直接埋入泥土地。镀锌管通常使用在室外和防爆场所(厚壁无缝管),也可在有腐蚀性的土层中暗敷。

硬塑料管适用于室内酸、碱等腐蚀性介质场所的明敷,也可敷设于混凝土内,但只能使用中型或重型管。明敷的硬塑料管在穿过楼板等易受机械损伤的地方,应有钢管保护。硬塑料管不准用在高温场所,也不应在易受机械损伤的场所敷设。半硬塑料管使用很少。

管子规格的选择应根据管内所穿导线的根数和截面决定,一般规定管内导线的总截面积(包括外护层)不应超过管子内径截面积的40%。可参照表2.2选择线管的外径。

表2.2　单芯导线穿管选择表

<table>
<tr><td rowspan="2">线芯截面
/mm²</td><td colspan="9">焊接钢管(管内导线根数)</td><td colspan="9">电线管(管内导线根数)</td><td rowspan="2">线芯截面
/mm²</td></tr>
<tr><td>2</td><td>3</td><td>4</td><td>5</td><td>6</td><td>7</td><td>8</td><td>9</td><td>10</td><td>10</td><td>9</td><td>8</td><td>7</td><td>6</td><td>5</td><td>4</td><td>3</td><td>2</td></tr>
<tr><td>1.5</td><td colspan="3">15</td><td colspan="2">20</td><td colspan="4">25</td><td colspan="4">32</td><td colspan="2">25</td><td colspan="3">20</td><td>1.5</td></tr>
<tr><td>2.5</td><td colspan="2">15</td><td colspan="3">20</td><td colspan="4">25</td><td colspan="4">32</td><td colspan="3">25</td><td colspan="2">20</td><td>2.5</td></tr>
<tr><td>4</td><td>15</td><td colspan="3">20</td><td colspan="3">25</td><td colspan="2">32</td><td colspan="5">32</td><td colspan="2">25</td><td colspan="2">20</td><td>4</td></tr>
<tr><td>6</td><td colspan="3">20</td><td colspan="3">25</td><td colspan="3">32</td><td colspan="3">40</td><td colspan="3">32</td><td colspan="2">25</td><td>20</td><td>6</td></tr>
<tr><td>10</td><td>20</td><td colspan="2">25</td><td colspan="2">32</td><td colspan="2">40</td><td colspan="2">50</td><td colspan="4"></td><td colspan="2">40</td><td colspan="2">32</td><td>25</td><td>10</td></tr>
<tr><td>16</td><td colspan="2">25</td><td colspan="2">32</td><td>40</td><td colspan="4">50</td><td colspan="5"></td><td colspan="2">40</td><td colspan="2">32</td><td>16</td></tr>
<tr><td>25</td><td colspan="2">32</td><td colspan="2">40</td><td colspan="2">50</td><td colspan="3">70</td><td colspan="7"></td><td>40</td><td>32</td><td>25</td></tr>
<tr><td>35</td><td>32</td><td>40</td><td colspan="3">50</td><td colspan="2">70</td><td colspan="2">80</td><td colspan="7"></td><td colspan="2">40</td><td>35</td></tr>
<tr><td>50</td><td>40</td><td colspan="2">50</td><td colspan="3">70</td><td colspan="3">80</td><td colspan="9"></td><td></td></tr>
<tr><td>70</td><td colspan="2">50</td><td colspan="2">70</td><td colspan="2">80</td><td colspan="3"></td><td colspan="9"></td><td></td></tr>
<tr><td>95</td><td>50</td><td colspan="2">70</td><td colspan="2">80</td><td colspan="4"></td><td colspan="9"></td><td></td></tr>
<tr><td>120</td><td colspan="2">70</td><td colspan="2">80</td><td colspan="5"></td><td colspan="9"></td><td></td></tr>
<tr><td>150</td><td colspan="2">70</td><td>80</td><td colspan="6"></td><td colspan="9"></td><td></td></tr>
<tr><td>185</td><td>70</td><td>80</td><td colspan="7"></td><td colspan="9"></td><td></td></tr>
</table>

所选用的线管不应有裂缝和扁折,无堵塞,钢管管内应无铁屑及毛刺,切断口应锉平,管口应刮光。

2.3.3　线管加工

需要敷设的线管,应在敷设前进行一系列的加工,如钢管的防腐、切割套丝和弯曲等。

(1)钢管的防腐处理

对于非镀锌钢管(俗称黑铁管),为防止生锈,在配管前应对管子的内壁、外壁除锈、刷防腐漆。管子内壁除锈,可用圆形钢丝刷,两头各绑一根铁丝,穿过管子,来回拉动钢丝刷,把管内铁锈清除干净。管子外壁除锈,可用钢丝刷打磨,也可用电动除锈机。除锈后,将管子的内外表面涂以防腐漆。

钢管外壁刷漆要求与敷设方式有关:

①埋入混凝土内的钢管外壁可不刷防腐漆。

②直埋于土层内的钢管外壁应刷两道沥青或使用镀锌钢管。

③采用镀锌钢管时,锌层剥落处应刷防腐漆。

④埋入砖墙内的钢管应刷红丹漆等防锈漆。

⑤明敷钢管应刷一道防锈漆,一道面漆(若设计无规定颜色,一般用灰色漆)。

⑥设计有特殊要求时,应按设计规定进行防腐处理。电线管一般因为已刷防腐黑漆,故只需在管子焊接处、连接处以及漆脱落处补刷同样色漆。

(2)**管子切割**

在配管前,应根据所需实际长度对管子进行切割。

1)钢管的切割

钢管的切割方法很多,管子批量较大时,可以使用型钢切割机(无齿锯)。批量较小时,可使用钢锯或割管器(管子割刀)。严禁用电、气焊切割钢管。

管子切断后,断口处应与管轴线垂直,管口应锉平、刮光,使管口整齐光滑。

2)硬质塑料管切割

硬质塑料管的切断多用钢锯条,硬质PVC塑料管用锯条切断时,应直接锯到底,也可以使用厂家配套供应的专用截管器裁剪管子。应边稍转动管子边进行裁剪,使刀口易于切入管壁,刀口切入管壁后,应停止转动PVC管(以保证切口平整),继续裁剪,直至管子切断为止,如图2.5所示。

图2.5 PVC管切割

(3)**钢管套丝**

钢管敷设过程中管子与管子的连接,管子与器具以及与盒(箱)的连接,均需在管子端部套丝。

水煤气钢管套丝可用管子绞板(见图2.6(a))或电动套丝机。电线管套丝,可用圆丝板,圆丝板由板架和板牙组成,如图2.6(b)所示。

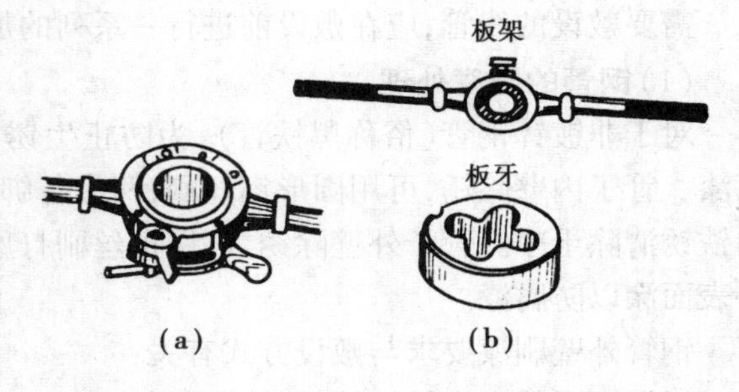

图2.6 管子套丝绞板
(a)套丝绞板 (b)板架与板牙

套丝时,先将管子固定在管子台虎钳(管子压力)上,再把绞板套在管端,并调整绞板的活动刻度盘,使板牙符合需要的距离,且用固定螺钉固定,再调整绞板的3个支承脚,使其紧贴管子,防止套丝时出现斜丝。绞板调整好后,手握绞板手柄,平稳向里推进，并按顺时针方向转动，如图2.7所示。

管端套丝长度与钢管丝扣连接的部位有关。用在与接线盒、配电箱连接处的套丝长度，不宜小于管外径的1.5倍；用于管与管相连接时的套丝长度，不得小于管接头长度的1/2加2～4扣，需倒丝连接时，连接管的一端套丝长度不应小于管接头长度加2～4扣。

电线管的套丝，操作比较简单，只要把绞板放平，平稳地向里推进，即可以套出所需的丝扣来。

套完丝扣后，应随即清理管口，将管子端面毛刺处理光，使管口保持光滑，以免割破导线绝缘。

图2.7　管子套丝示意图

(4)**管子弯曲**

1)钢管弯曲

钢管的弯曲有冷煨和热煨两种。冷煨一般采用手动弯管器或电动弯管器。手动弯管器一般适用于直径50 mm以下钢管，且为小批量。若弯制直径较大的管子或批量较大时，可使用滑轮弯管器或电动(或液压)弯管机。用火加热弯管，只限于管径较大的黑铁管。

用弯管器弯管时，应根据管子直径选用，不得以大代小，更不能以小代大。把弯管器套在管子需要弯曲部位(即起弯点)，用脚踩住管子，扳动弯管器手柄，稍加一定的力，使管子略有弯曲，然后逐点向后移动弯管器，重复前次动作，直至弯曲部分的后端，使管子弯成所需要的弯曲半径和弯曲角度，如图2.8所示。

图2.8　用弯管器弯管

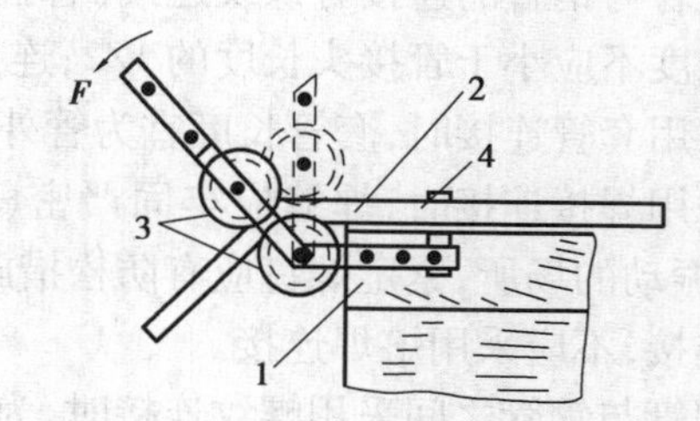

图2.9　滑轮弯管器弯管

1—工作台；2—钢管；3—滑轮；4—卡子

用滑轮弯管器弯管时，先将弯管器固定在工作台上，如图2.9所示。然后把需要弯曲的管子(弯曲部分)放在两滑轮中间，用力缓慢扳动滑轮，即可煨出所需要的角度。

图2.10　电动弯管机

电动弯管机如图2.10所示。它适用于大批量较大管子的煨弯。先按线管弯曲半径的要求选择模具，再将已画好线的管子放入弯管机胎模具内，使管子的起弯点对准弯管机的起弯点，然后拧紧夹具，开始弯管，当弯曲角度大于所需角度1°～2°时停止，将弯管机退回起弯点，用样板测量弯曲半径和弯曲角度。使用弯管机时应注意所弯的管子外径一定要与弯管模具配合贴紧，否则管子会产生凹瘪现象。

用火加热煨弯时应先把管内装满炒干的砂子，两端用木塞塞紧后，放在烘炉或焦炭火上加热，再放到模具上弯曲。也可以用气焊加热煨弯，先预热弯曲部分，然后从起弯点开始，边加热边弯曲，直到所需角度。

热煨法应注意决定管子的加热长度，可利用公式计算为

$$L = \frac{\pi \cdot \alpha \cdot R}{180} \approx 0.0175\alpha \cdot R$$

式中 L——加热长度，mm；

α——弯曲角度，(°)；

R——弯曲半径，mm。

2）塑料管弯曲

硬质塑料管的弯曲有冷煨和热煨两种。冷煨法只适用于硬质PVC塑料管。弯管时，将相应直径的弯管弹簧插入管内需要弯曲处，两手握住管弯曲处弯簧的部位，用手逐渐弯出所需要的弯曲半径来，如图2.11所示。采用热煨时，加热的方法可用喷灯、木炭，也可以用电炉子、碘钨灯等，但均应注意不能将管烤伤、变色。

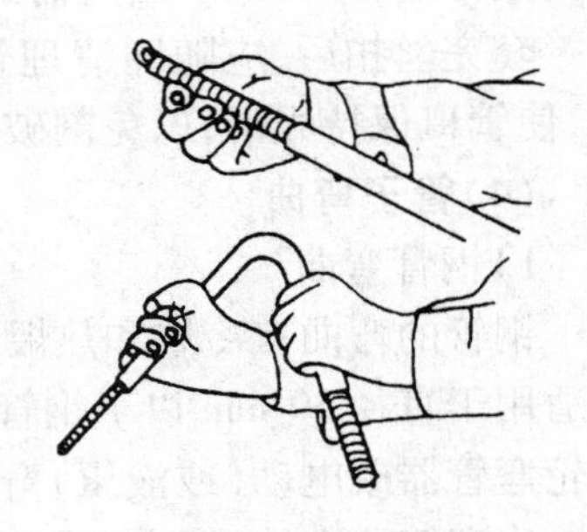

图2.11 PVC管冷弯曲

2.3.4 线管连接

(1)钢管连接

钢管与钢管的连接有螺纹连接(管箍连接)和套管连接两种方法。采用螺纹连接时，管端螺纹长度不应小于管接头长度的1/2；连接后，其螺纹宜外露2~3扣。螺纹表面应光滑、无缺损。采用套管连接时，套管长度宜为管外径的1.5~3倍，管与管的对口处应位于套管的中心。套管采用焊接连接时，焊缝应牢固严密(只适用焊接钢管)；采用紧定螺钉连接时，螺钉应拧紧；在振动的场所，紧定螺钉应有防松措施。镀锌钢管和薄壁钢管应采用螺纹连接或套管紧定螺钉连接，不应采用熔焊连接。

钢管与钢管之间采用螺纹连接时，为了使管路系统接地良好和可靠，应在管箍两端焊接用圆钢或扁钢制作的跨接接地线，或采用专用接地线卡跨接，如图2.12所示。跨接线规格的选择可参见表2.3。镀锌钢管或可挠金属电线保护管的跨接接地线宜采用专用接地线卡跨接，不应采用熔焊连接。

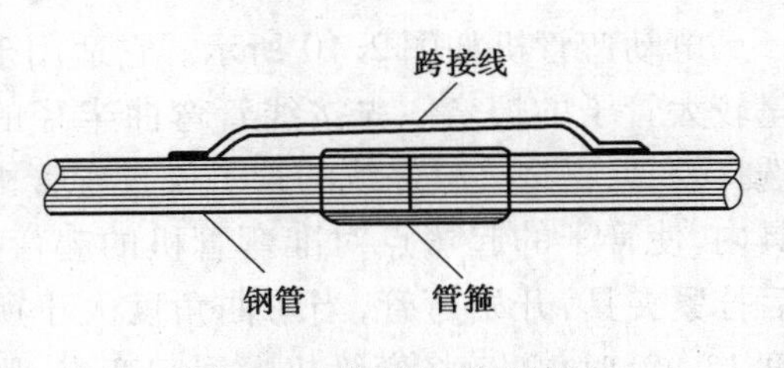

图2.12 钢管连接处接地

表2.3 跨接线选择表

公称直径/mm		跨接线/mm	
电线管	钢 管	圆 钢	扁 钢
≤32	≤25	ϕ6	—
40	32	ϕ8	—
50	40~50	ϕ10	—
70~80	70~80	ϕ12	25×4

(2)钢管与盒(箱)或设备的连接

暗配的黑铁管与盒(箱)连接可采用焊接连接,管口宜高出盒(箱)内壁3~5 mm,且焊后应补刷防腐漆;明配钢管或暗配的镀锌钢管与盒(箱)连接应采用锁紧螺母或护圈帽固定,如图2.13所示。用锁紧螺母固定的管端螺纹宜外露锁紧螺母2~3扣。

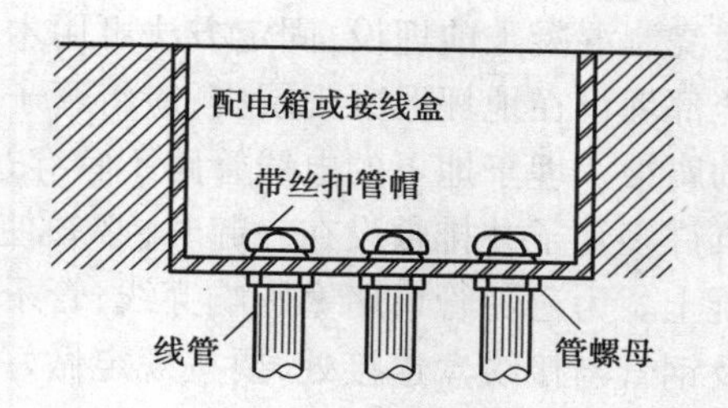

图2.13　钢管和接线盒(箱)连接

钢管与设备直接连接时,应将钢管敷设到设备的接线盒内。当钢管与设备间接连接时,对室内干燥场所,钢管端部宜增设电线保护软管或可挠金属电线保护管后引入设备的接线盒内,且钢管管口应包扎紧密(软管长度不宜大于2 m);对室外或室内潮湿场所,钢管端部应增设防水弯头,导线应加套保护软管,经弯成滴水弧状后再引入设备的接线盒。与设备连接的钢管管口与地面的距离宜大于200 mm。

(3)硬质塑料管的连接

硬质塑料管之间以及与盒(箱)等器件的连接应采用插入法连接;连接处结合面应涂专用胶合剂,接口应牢固密封,并应符合下列要求:

1)管与管之间采用套管连接时,套管长度宜为管外径的1.5~3倍;管与管的对口处应位于套管的中心。

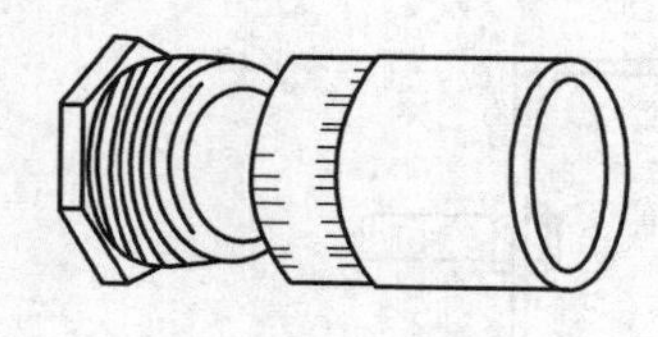
图2.14　塑料管盒连接件

2)管与器件连接时,插入深度宜为管外径的1.1~1.8倍。

硬质PVC管的连接,目前多使用成品管接头,连接管两端涂以专用胶合剂,直接插入管接头。

硬质塑料管与盒(箱)的连接,可以采用成品管盒连接件,如图2.14所示。连接时,管端涂以专用胶合剂插入连接件即可。

管与盒(箱)直接连接时要掌握好入盒长度,不应在预埋时使管口脱出盒子,也不应使管插入盒内过长,一般在盒(箱)内露出长度应小于5 mm。

2.3.5　线管敷设

线管敷设,俗称配管。配管工作一般从配电箱开始,逐段配至用电设备处,有时也可从用电设备端开始,逐段配至配电箱处。

(1)暗配管

在现浇混凝土板内配管应在底层钢筋绑扎完成,上层钢筋未绑扎前敷设,可用铁线将管子绑扎在钢筋上,也可以用钉子钉在模板上,但应将管子用垫块垫起,用铁线绑牢,如图2.15所示。经认真检查确认,才能绑扎上层钢筋和浇捣混凝土。当线管配在砖墙内时一般是随同土建砌砖时预埋;否则,应先在砖墙上留槽或剔槽。线管在砖墙内的固定方法,可先在砖缝里打入木楔,再在木楔上钉钉子,用铁线将管子绑扎在钉子上,再将钉子打入,使管子充分嵌入槽内。应保证管子离墙表面净距不小于15 mm。在地坪内配管,必须在土

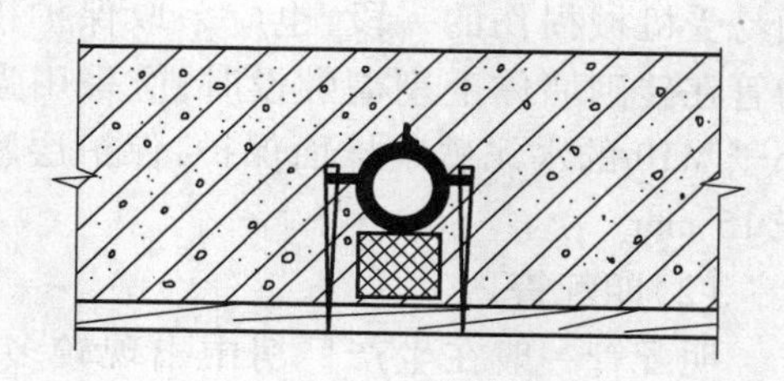
图2.15　模板上固定管子方法

建浇制混凝土前埋设，固定方法可用木桩或圆钢等打入地中，再用铁丝将管子绑牢。为使管子全部埋设在地坪混凝土层内，应将管子垫高，离土层15～20 mm，这样，可减少地下湿土对管子的腐蚀。埋于地下的电线管路不宜穿过设备基础，在穿过建筑物基础时，应加保护管保护。当有许多管子并排敷设在一起时，必须使其各个离开大于25 mm的距离，以保证其间也灌上混凝土。为避免管口堵塞影响穿线，管子配好后要将管口用木塞或塑料塞堵好。管子连接处以及钢管与接线盒连接处，要按规定做好接地处理。

当电线管路遇到建筑物伸缩缝、沉降缝时，必须相应作伸缩、沉降处理。一般是装设补偿盒。在补偿盒的侧面开一个长孔，将管端穿入长孔中，无须固定，而另一端则要用六角螺母与接线盒拧紧固定，如图2.16(b)所示。

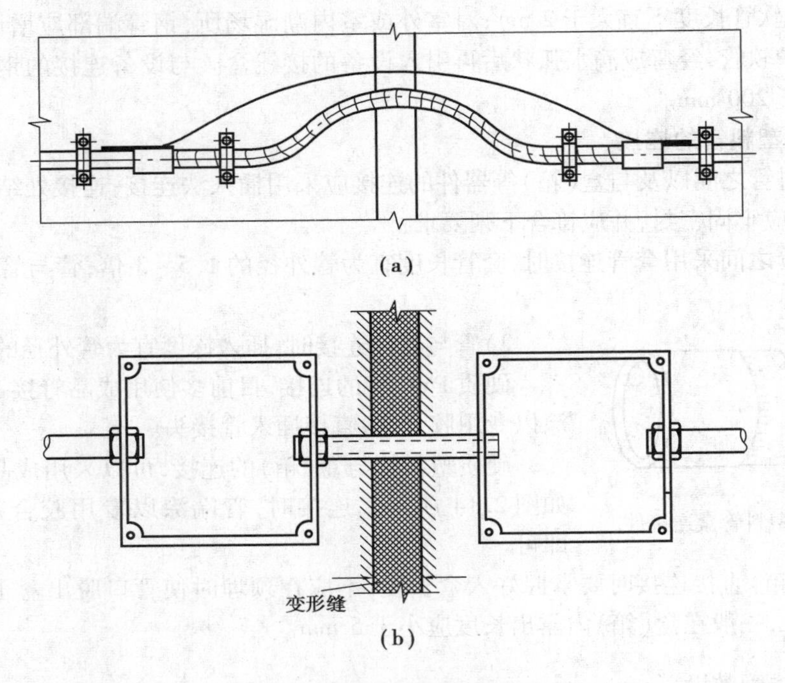

图2.16　钢管经过伸缩缝补偿装置

(a)明配管　(b)暗配管

塑料管直埋于现浇混凝土内，在浇捣混凝土时，应采取防止塑料管发生机械损伤的措施，在露出地面易受机械损伤的一段，也应采取保护措施。当塑料管在砖砌墙体上剔槽敷设时，应采用强度等级不小于M10的水泥砂浆抹面保护，保护层厚度不应小于15 mm。

(2)明配管

明配管一般在生产厂房中出现较多，管路沿建筑物表面水平或垂直敷设，其管路组成如图2.17所示。明配管应排列整齐、固定点间距均匀。当管子沿墙、柱或屋架等处敷设时，可用管卡(见图2.18)固

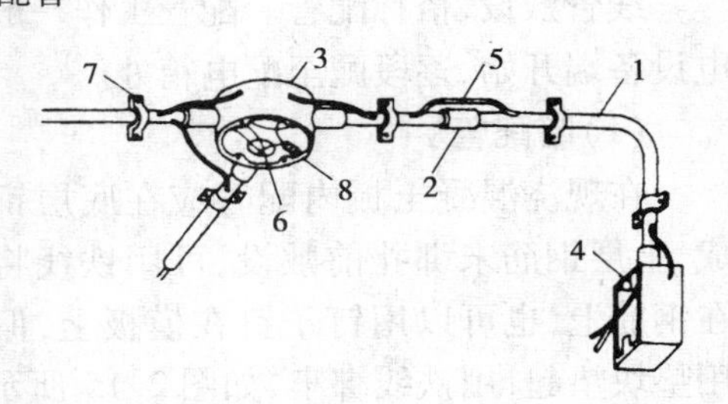

图2.17　明配管配线示意图

1—钢管；2—管箍；3—灯位盒；4—开关盒；5—跨接接地线；6—导线；7—管卡子；8—导线接头

定。管卡的固定方法,可用膨胀螺栓直接固定在墙上,也可以固定在支架上。支架形式可根据具体情况参照国家标准图集03D301-3选择,如图2.19所示。当管子沿建筑物的金属构件敷设时,若金属构件允许点焊,可把厚壁管用电焊直接点焊在钢构件上。管卡与终端、转弯中点、电气器具或盒(箱)边缘的距离宜为150~500 mm;中间管卡间最大距离应符合表2.4的规定。管子贴墙敷设进入盒(箱)内时,要适当将管子煨成双弯(鸭脖弯),如图2.20所示,不能使管子斜插到盒(箱)内。同时要使管子平整地紧贴于建筑物表面,在距接线盒150~500 mm处,用管卡将管子固定。

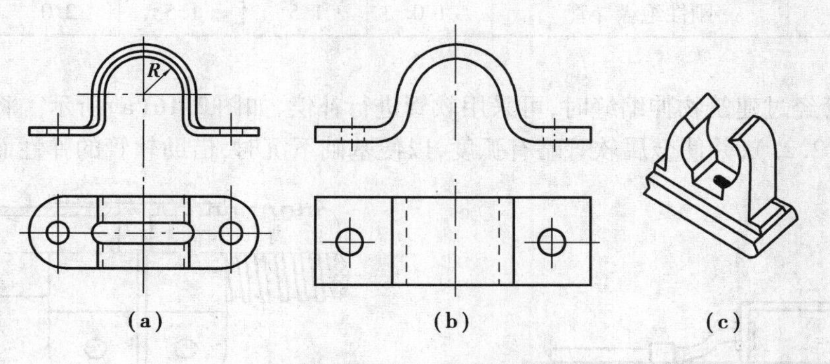

图2.18　明配管固定件

(a)金属管卡子　(b)塑料管卡子　(c)塑料开口管卡

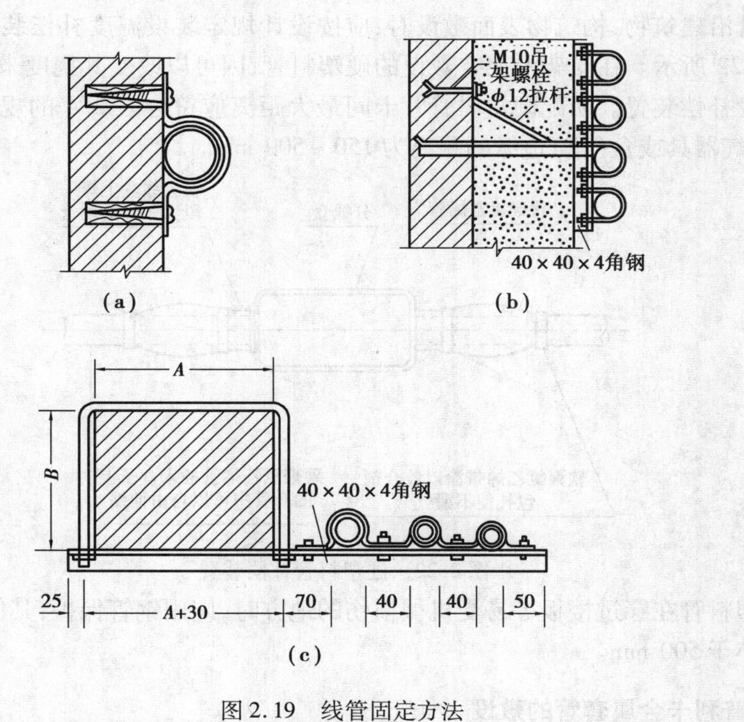

图2.19　线管固定方法

(a)钢管沿墙敷设　(b)钢管沿墙跨柱敷设　(c)钢管沿屋架下弦侧敷设

表 2.4　管卡间最大距离

敷设方式	钢管种类	导管直径/mm				
		15～20	25～32	32～40	50～65	65 以上
		管卡间最大距离/m				
支架或沿墙敷设	壁厚 >2 mm 刚性钢导管	1.5	2.0	2.5	2.5	3.5
	壁厚≤2 mm 刚性钢导管	1.0	1.5	2.0	—	—
	刚性绝缘导管	1.0	1.5	1.5	2.0	2.0

明配钢管经过建筑物伸缩缝时，可采用软管进行补偿，如图 2.16(a)所示。将软管套在钢管端部(见图 2.21)，并使金属软管略有弧度，以便基础下沉时，借助软管的弹性而伸缩。

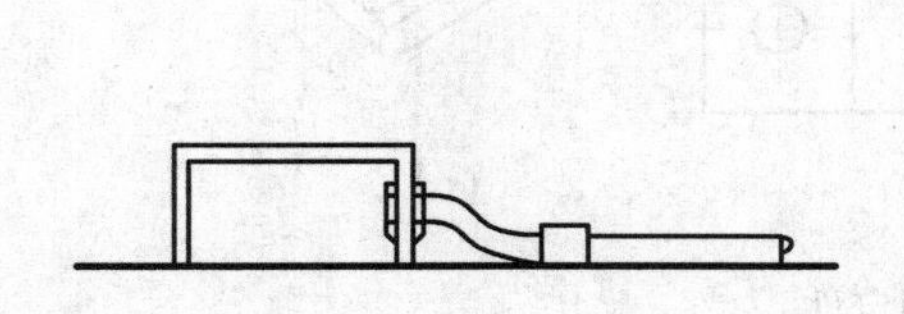

图 2.20　线管进接线盒

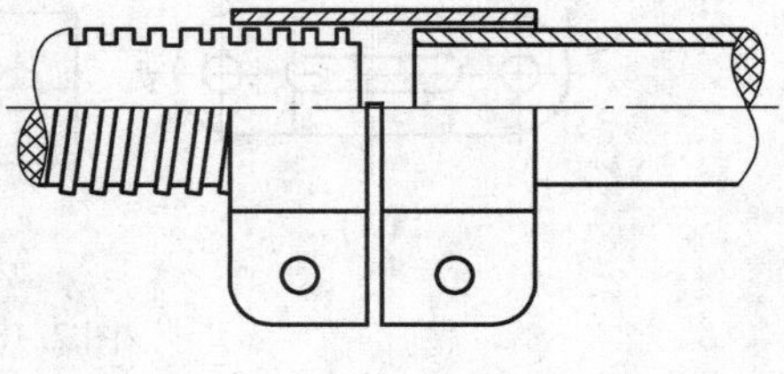

图 2.21　钢管和软管连接

硬塑料管沿建筑物、构筑物表面敷设时，应按设计规定装设温度补偿装置，以适应其膨胀要求，如图 2.22 所示。在支架上架空敷设的硬塑料管，因可以改变其挠度来适应长度的变化，因此可不装设补偿装置。明配硬塑料管管卡间最大距离应符合表 2.4 的规定。管卡与终端、转弯中点、电气器具或盒(箱)边缘的距离为 150～500 mm。

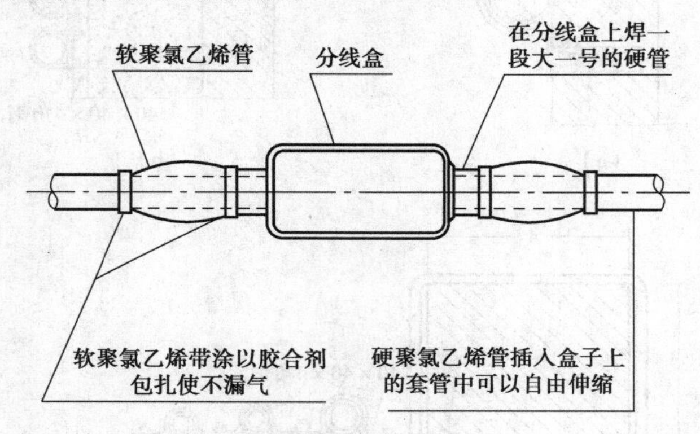

图 2.22　硬塑料管补偿装置

明配硬塑料管在穿过楼板等易受机械损伤的地方时，应用钢管保护，其保护高度距楼板面的距离不应小于 500 mm。

2.3.6　普利卡金属套管的敷设

(1)普利卡金属套管的选择

普利卡金属套管可用于各种场所的明、暗敷设和在现浇混凝土内暗敷设。使用时，可根据不同场所选择使用不同的类型(如基本型、防腐型、耐寒型、耐热型、耐水及耐化学稳定性型等)。

在现浇混凝土内暗配线,应选用 LZ-4 基本型;在正常环境中的明敷设或在建筑物室内装修施工,可使用 LZ-3 型单层可挠性普利卡金属套管。

在寒冷地区以及冷冻机等低温场所的配管工程,可选用 LE-6 耐寒型普利卡金属套管;在高温场所配管,应选用 LVH-7 耐热型普利卡金属套管;在食品加工及机械加工厂明配管的场所,应选用 LVL-8 型普利卡金属套管;使用在酸性、碱性气体等场所的电线、电缆保护管,可选用 LS-9 型普利卡金属套管;高温场所(250 ℃及以下)的配管,可选用 LH-10 耐热型普利卡金属套管;在室内潮湿及有水蒸气或有腐蚀性及化学性的场所使用,应选用 LV-5 型普利卡金属套管(即聚氯乙烯覆层套管)。

管径的选择按规范规定进行,即穿入普利卡套管内导线的总截面积(包括外护层)不应超过管内径截面积的 40%。选择管径如表 2.5 所示。

表 2.5　BV,BLV-500 V 导线穿普利卡管管径选择表

电线截面 单位/mm²	电线根数									
	1	2	3	4	5	6	7	8	9	10
	普利卡金属套管的最小粗度/mm									
1		10	10	10	10	12	12	15	15	15
1.5		10	10	12	15	15	17	17	17	24
2.5		10	12	15	15	17	17	17	24	24
4		12	15	15	17	17	24	24	24	24
6		12	15	17	17	24	24	24	24	30
10		17	24	24	24	30	30	38		
16		24	24	30	30	38	38	38		
25		24	30	38	38	38				
35		30	38	38	50					
50		38	38	50	50					
70		38	50	50	63					
95		50	50	63	63					
120		50	63	76	76					
150		50	63	76	76					

所选用的普利卡金属套管,质量应符合要求,即:管外径、内径及螺距应符合技术规定,应抗压缩并具有阻燃性能。管外镀层无脱落、起层、锈斑、镀锌钢带无折皱,中间层无外露。管内无突起及损伤。切断面光滑无毛刺、卷边现象。

(2)普利卡金属套管的切割和弯曲

普利卡金属套管,不需用台虎钳之类的工具,只要用手握住管子,用普利卡专用切割刀即可切断,切断面光滑、整齐,如图 2.23 所示。

普利卡金属套管,每盘的长度较长,在配管施工中,不需要很多接头,不需预先切断。在管子敷设过程中，可根据每段敷设长度，使用普利卡金属套管切割刀切断。

切管时，用手握住管子或放在工作台上用手压住，将普利卡金属套管切割刀刀刃，轴向垂直对准普利卡金属套管螺纹沟，尽量成直角切断，如放在工作台上切割时要用力边压边切。

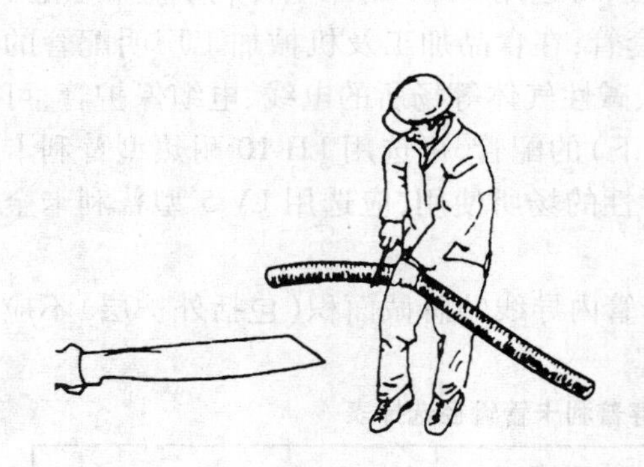

图 2.23　用普利卡金属套管切割刀切管　　　图 2.24　普利卡金属管的弯曲

普利卡管也可用钢锯进行切割。

普利卡管切断后，应清除管口处毛刺，使切断面光滑。在切断面内侧用刀柄绞动一下。

普利卡金属套管的弯曲比较方便，可根据弯曲方向的要求，不需任何工具用手自由弯曲，如图 2.24 所示。

普利卡金属套管的弯曲角度不宜小于 90°，弯曲半径不应小于管外径的 6 倍。

普利卡管在敷设时，应尽量避免弯曲。一般明配管直线段长度超过 30 m，暗配管直线长度超过 15 m 或直角弯超过 3 个时，均应装设中间拉线盒或放大管径。

(3) **普利卡金属套管的连接**

普利卡金属套管由于规格不同，每卷的制造长度也不相同，最短的 5 m，最长的 50 m。普利卡金属套管管身由螺纹制成，无论在哪个部位切断，都不需要套丝，可用附件直接连接。普利卡金属套管连接有很多附件，供连接时使用。

1) 普利卡金属套管的互接

普利卡管子敷设中间需要连接，应使用带有螺纹的直接头进行普利卡套管互接。

直接头如图 2.25 所示，其规格见表 2.6。检查管端无毛刺后，用手将直接头拧入金属套管端，再将另一金属套管拧入直接头的另一端，连接管的对口处应在直接头的中心，并应连接牢固正确。

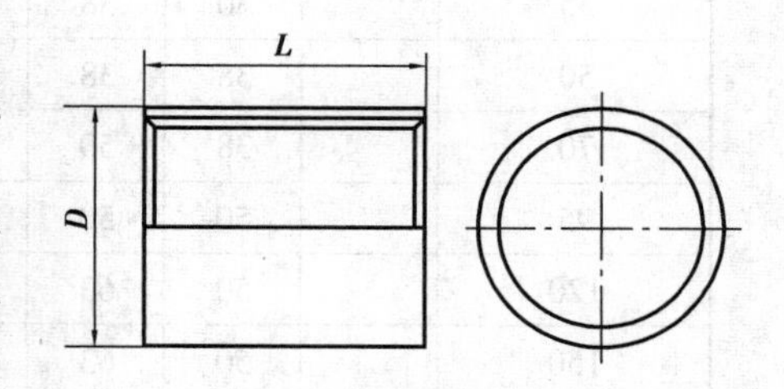

图 2.25　直接头

表 2.6　直接头规格表/mm

型　号	普利卡套管规格	L	D
KS-10	PZ-4-10	33	17.3
KS-12	PZ-4-12	33	22.8
KS-15	PZ-4-15	33	22.8
KS-17	PZ-4-17	39	25.0

续表

型　号	普利卡套管规格	L	D
KS-24	PZ-4-24	43	32.8
KS-30	PZ-4-30	47	39.4
KS-38	PZ-4-38	53	47.8
KS-50	PZ-4-50	53	60.2
KS-63	PZ-4-63	73	76.3
KS-76	PZ-4-76	73	89.1

2)普利卡金属套管与钢管连接

普利卡金属套管在吊顶内敷设中,有时需要与钢配管直接连接,普利卡金属套管与钢管之间可进行有螺纹和无螺纹连接两种。

①有螺纹混合连接

普利卡金属套管与钢管有螺纹连接,应使用混合接头或混合组合接头。

使用混合接头连接时,应将混合接头先拧入钢管螺纹端,使钢管管口与混合接头的螺纹里口吻合,再将金属套管拧入混合接头的套管螺纹端。混合接头构造如图2.26所示,其规格如表2.7所示。

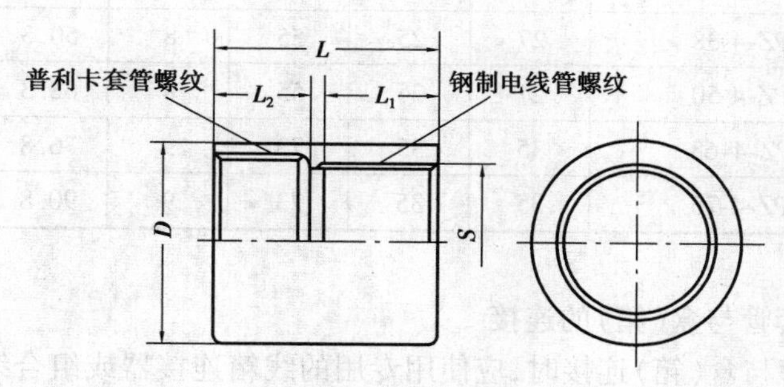

图2.26　混合接头

表2.7　混合接头规格表/mm

型　号	普利卡套管规格	L_1	L_2	L	D	S
KG-10	PZ-4-10	19.0	15	37.0	24.0	19.0
KG-12	PZ-4-12	19.0	15	37.0	24.0	19.0
KG-15	PZ-4-15	19.0	15	37.0	26.0	19.0
KG-17	PZ-4-17	19.0	18	40.0	28.3	19.0
KG-24	PZ-4-24	22.0	20	45.0	35.5	24.5
KG-30	PZ-4-30	25.0	22	50.0	41.6	30.7
KG-38	PZ-4-38	28.0	25	56.0	50.5	39.4

②无螺纹连接

普利卡套管与无螺纹钢管连接,应使用无螺纹接头,如图2.27所示。进行连接时,先将套管拧入无螺纹接头的套管螺纹一端，套管管端应与里口吻合后，将套管连同无螺纹接头与钢管管端插接，插入深度与接头的规格如表2.8所示，然后用扳手或螺丝刀拧紧接头上的两个压紧螺栓。

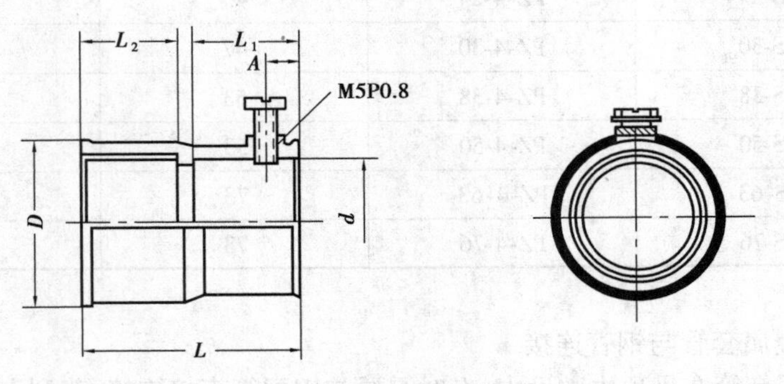

图2.27　无螺纹接头

表2.8　无螺纹接头规格表/mm

型　号	普利卡套管规格	L_1	L_2	L	A	D	d	连接钢管
VKC-17	PZ-4-17	22	18	43	7	28.0	22.0	21.25
VKC-24	PZ-4-24	22	20	45	7	35.2	27.5	26.75
VKC-30	PZ-4-30	22	22	47	7	41.3	34.5	33.5
VKC-38	PZ-4-38	27	25	55	8	50.3	43.5	42.5
VKC-50	PZ-4-50	27	25	55	8	62.3	51.5	48.0
VKC-63	PZ-4-63	35	35	73	9	76.8	64.4	60.0
VKC-76	PZ-4-76	35	35	73	9	90.8	77.1	75.5

3）普利卡金属套管与盒（箱）的连接

普利卡金属套管与盒（箱）连接时，应使用专用的线箱连接器或组合线箱连接器。用线箱或组合线箱连接器连接时，确认管口无毛刺后，将连接管按管子绕纹方向旋入连接器的套管螺纹一端，连接器另一端插入盒（箱）敲落孔内拧紧连接器紧固螺母或盖形螺母。线箱连接器和组合线箱连接器如图2.28、图2.29、表2.9及表2.10所示。

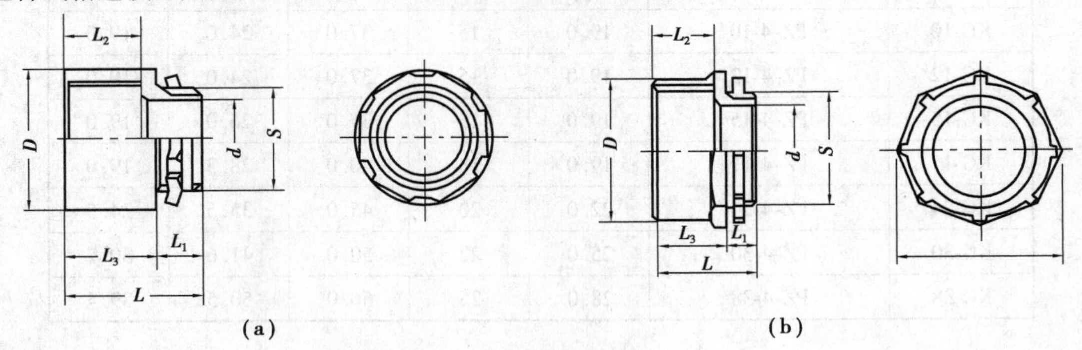

图2.28　线箱连接器

（a）一型线箱连接器　（b）二型线箱连接器

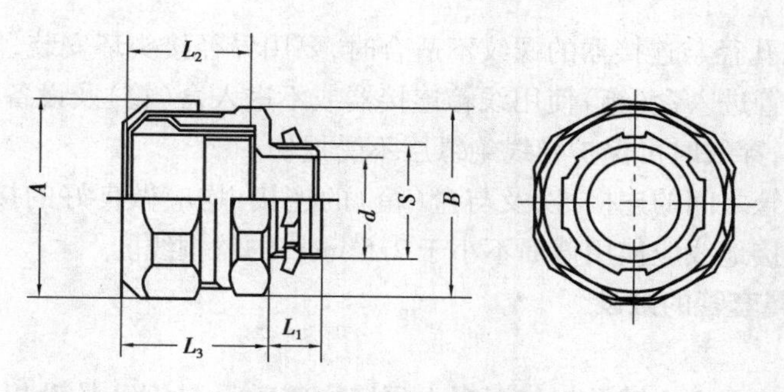

图2.29　组合线箱连接器

表2.9　线箱连接器规格表/mm

型　号	普利卡套管规格	L_1	L_2	L_3	L	A	D	d	S
BG-10	PZ-4-10	12	15	16.5	28.5		24.0	12.0	20.9
BG-12	PZ-4-12	12	15	16.5	28.5		24.0	12.0	20.9
BG-15	PZ-4-15	12	15	16.5	28.5		24.0	15.0	20.9
BG-17	PZ-4-17	12	18	21.4	33.4		28.3	14.5	20.9
BG-24	PZ-4-24	12	20	23.4	35.4		35.5	19.7	26.4
BG-30	PZ-4-30	16	22	25.4	41.4		41.6	25.9	33.2
BG-38	PZ-4-38	16	25	28.9	44.9		50.5	34.4	41.9
BG-50	PZ-4-50	18	25	28.9	46.9		62.5	40.1	47.8
BG-50-54	PZ-4-50	18.0	25.0	29.0	47.0	74.7	62.4	50.4	59.6
BG-63	PZ-4-63	18.0	35.0	39.0	57.0	84.0	76.6	51.5	59.6
BG-76	PZ-4-76	18.0	35.0	39.0	57.0	97.8	90.4	66.5	75.1
BG-83	PZ-4-83	20.0	35.0	39.0	59.0	103.5	95.6	79.0	87.8
BG-101-92	PZ-4-101	20.0	40.0	45.0	65.0	—	120.0	102.6	100.3
BG-101-104	PZ-4-101	20.0	40.0	45.0	65.0	—	120.0	102.6	113.0

表2.10　组合线箱连接器规格表/mm

型　号	普利卡套管规格	L_1	L_2	L_3	A	B	d	S
UBG-17	PZ-4-17	12	21	26	37.0	34.0	14.5	20.9
UBG-24	PZ-4-24	12	23	28	46.0	42.8	19.7	26.4
UBG-30	PZ-4-30	16	25	31	54.0	50.5	25.8	33.2
UBG-38	PZ-4-38	16	28	34	64.0	60.0	34.3	41.9
UBG-50	PZ-4-50	18	28	34	78.0	73.5	40.0	47.8
UBG-63	PZ-4-63	18	36	43	92.0	90.0	52.0	59.6
UBG-76	PZ-4-76	18	41	49	108.0	104.0	67.5	75.1
UBG-83	PZ-4-83	20	42	50	121.7	115.8	77.8	87.8

盒(箱)敲落孔孔径与连接器的螺纹不适合时,要用异径接头环安装,使其无间隙。

普利卡金属套管进入盒(箱)使用线箱连接器或不进入盒(箱)及设备处的管口,应使用绝缘护套拧在管口处,穿线时可保护导线绝缘层不受损伤。

普利卡金属套管之间的连接,以及与盒(箱)的连接,均应做良好的接地。接地连接应使用接地线固定夹。接地线应使用截面不小于2.5 mm^2 的软铜线。

(4)普利卡金属套管的敷设

1)暗敷设

普利卡金属套管在空心砖及加气混凝土隔墙内暗敷设与钢管敷设相同,套管距砌体墙面不应小于15 mm。在普通砖砌体墙内敷设与硬质塑料管施工方法相同,但管入盒处应在盒四周侧面与盒连接,管子在垂直敷设时,应具有把管子沿墙体高度及敷设方向挑起的措施,以方便瓦工进行墙体的砌筑。

当在现浇混凝土的梁柱、墙内敷设时,水平和垂直方向应采取不同的方法敷设。垂直方向敷设时,管路宜放在钢筋的侧面;水平方向敷设时,管子宜放在钢筋的下侧,防止承受过大的混凝土的冲击。管子在穿过梁、柱时,应与土建专业联系,选择梁、柱受力较小的部位通过,并应防止减损梁、柱的有效截面,适当考虑增设补强钢筋。

在现浇混凝土的平台板上敷设普利卡金属套管,应敷设在钢筋网中间,且宜与上层钢筋绑扎在一起。采用机械化程度高的现浇混凝土灌注施工时,应有保护管路不被直接冲击的措施。

管子敷设时,应用铁绑线绑扎在钢筋上,绑扎间隔不应大于50 cm。在管入盒(箱)处,绑扎点应适当缩短,距盒(箱)处不宜大于30cm,绑扎应牢固,防止金属套管松弛。

2)明敷设

普利卡金属套管室内明敷设,应用套管管卡子(见图2.30,其规格见表2.11)将普利卡管固定在建筑物表面上,与钢管固定方法相同。固定点间距应均匀,其间最大距离应保持0.5~1 m,管卡子与终端、转弯中点、电气器具或设备边缘的距离为150~300 mm,允许偏差不应大于30 mm。

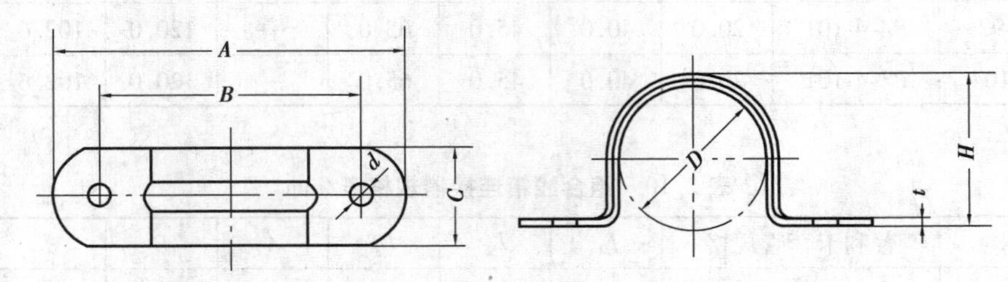

图2.30 普利卡金属套管管卡子

表2.11 普利卡金属套管管卡子规格表/mm

型 号	普利卡套管规格	*A*	*B*	*C*	*D*	*d*	*H*	*t*
SP-10	PZ-4-10	30	42	15	13.3	4.0	16.3	1.0
SP-12	PZ-4-12	33	45	16	16.1	5.0	18.7	1.0
SP-15	PZ-4-15	36	48	16	19.2	5.0	20.5	1.0

续表

型　号	普利卡套管规格	*A*	*B*	*C*	*D*	*d*	*H*	*t*
SP-17	PZ-4-17	39	51	18	21.7	5.0	23.0	1.0
SP-24	PZ-4-24	47	59	20	29.0	5.0	30.7	1.0
SP-30	PZ-4-30	58	75	25	34.9	6.0	38.0	1.2
SP-38	PZ-4-38	70	94	25	42.9	6.0	45.1	1.2
SP-50	PZ-4-50	85	100	25	54.9	6.0	57.6	1.2
SP-63	PZ-4-63	123	145	25	69.1	6.0	71.8	1.6
SP-76	PZ-4-76	125	155	30	82.9	6.5	85.5	1.6
SP-83	PZ-4-83	145	165	35	88.1	6.5	91.0	1.6
SP-101	PZ-4-101	181	211	35	107.3	6.5	111.0	1.6

普利卡金属套管在吊顶内敷设时，当管子规格在24号及以下时，可直接固定在吊顶的主龙骨上，并用卡具安装固定；当管子规格在50号及其以下时允许利用吊顶的吊杆或在吊杆上另设附加龙骨敷设。当管子敷设数量较多时，应专设吊杆和吊板利用管卡子固定，中间固定点间距不应大于2 m。普利卡金属套管在吊顶内也可以采用钢索吊管安装，吊卡中间距离不宜大于1 m，吊卡距盒(箱)处0.3 m。

2.3.7　线管穿线

管内穿线工作一般应在管子全部敷设完毕及建筑物抹灰、粉刷及地面工程结束后进行。在穿线前应将管中的积水及杂物清除干净。

导线穿管时，一般先穿一根钢线作引线，当管路较长或弯曲较多时，也可在配管时就将引线穿好。一般在现场施工中对于管路较长，弯曲较多，从一端穿入钢引线有困难时，多采用从两端同时穿钢引线，且将引线头弯成小钩，当估计一根引线端头超过另一根引线端头时，用手旋转较短的一根，使两根引线绞在一起，然后把一根引线拉出，此时就可以将引线的一头与需穿的导线结扎在一起，在所穿电线根数较多时，可以将电线分段结扎，如图2.31所示。

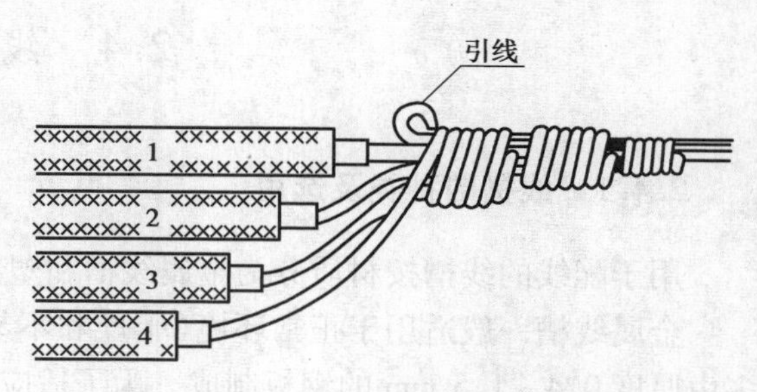

图2.31　多根导线的绑法

拉线时应由两人操作，较熟练的一人担任送线，另一人担任拉线，两人送拉动作要配合协调，不可硬送硬拉。当导线拉不动时，两人应反复来回拉1～2次再向前拉，不可过分勉强而将引线或导线拉断。

导线穿入钢管时，管口处应装设护线套保护导线；不进入接线盒(箱)的垂直管口，穿入导线后应将管口密封。

在较长的垂直管路中,为防止由于导线的本身自重拉断导线或拉脱接线盒中的接头,导线应在管路中间增设的拉线盒中加以固定,其固定方法如图2.32所示。

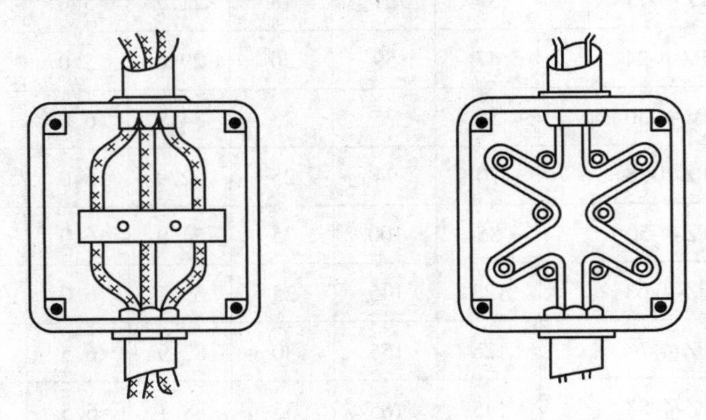

图2.32 垂直管线的固定

穿线时应严格按照规范规定进行,不同回路、不同电压等级和交流与直流的导线,不得穿于同一根管内。但下列几种情况或设计有特殊规定的除外:

①电压为50 V及以下的回路。

②同一台设备的电机回路和无抗干扰要求的控制回路。

③照明花灯的所有回路。

④同类照明的几个回路,可穿入同一根管内,但管内导线总数不应多于8根。

同一交流回路的导线应穿于同一根钢管内。导线在管内不得有接头和扭结,其接头应放在接线盒(箱)内。管内导线包括绝缘层在内的总截面积不应大于管子内空截面积的40%。

同一建筑物、构筑物的电线绝缘层颜色选择应一致,即保护地线(PE线)应是黄绿相间色,零线用淡蓝色;相线用:A相——黄色,B相——绿色,C相——红色。

2.4 线槽配线

2.4.1 线槽的种类及选用

用于配线的线槽按材质分为金属线槽和塑料线槽。

金属线槽一般适用于正常环境(干燥和不易受机械损伤)的室内场所明敷设。金属线槽多由厚度0.4~1.5 mm的钢板制成。为了适应现代化建筑内电气线路的日趋复杂、配线出口位置又多变的实际需要,特制一种壁厚为2 mm的封闭式矩形金属线槽,可直接敷设在混凝土地面、现浇钢筋混凝土楼板或预制混凝土楼板的垫层内,称地面内暗装金属线槽。

选用金属线槽时,应考虑到导线的填充率及导线的根数,应满足散热、敷设等安全要求。常用金属吊装线槽型号及容纳导线根数如表2.12所示。

表2.12 金属线槽容纳导线根数表

线槽型号	导线型号	安装方式	500 V单芯绝缘导线规格/mm^2														电话电缆型号规格			
			1.0	1.5	2.5	4.0	6.0	10	16	25	35	50	70	95	120	150	RVB2×0.2	HYV型电话电缆2×0.5	SYU同轴电缆 75-5	SYU同轴电缆 75-9
			容纳导线根数														容纳导线对数或电缆(条数)			
GXC-30	BV-500 V	槽口向上	62	42	32	25	19	10	7	4	3	2	2				26/16	(1)×100对 或 (2)×50对/(1)×50对	25	15
		槽口向下	38	25	19	15	11	6	4	3	2									
	BXF-500 V	槽口向上	31	28	24	18	12	8	5	4	3	2	2							
		槽口向下	19	17	14	11	8	5	3	2	2									
GXC-40	BV-500 V	槽口向上	112	74	51	43	33	17	12	8	6	4	3	2	2		46/28	(1)×200对 或 (2)×150对/(1)×100对	46	26
		槽口向下	68	45	30	26	20	10	7	5	4	3	2							
	BXF-500 V	槽口向上	56	51	43	32	22	15	10	7	5	4	3							
		槽口向下	34	31	26	20	14	9	6	4	3	2	2							
GXC-45	BV-500 V	槽口向上	103	58	52	41	31	16	11	7	6	4	3	2	2		43/26	(1)×300对 或 (2)×200对/(1)×200对	43	24
		槽口向下	63	35	29	23	18	9	7	4	3	2	2							
	BXF-500 V	槽口向上	52	47	40	31	21	14	9	6	5	4	3	2						
		槽口向下	32	27	26	20	13	9	5	4	3	2	2							
GXC-65	BV-500 V	槽口向上	443	246	201	159	123	65	46	30	24	16	12	9	8	6	184/112	(2)×400对/(1)×400对	184	103
		槽口向下	269	149	122	96	75	40	28	19	14	10	8	6	5	4				
	BXF-500 V	槽口向上	221	201	170	130	88	58	38	28	20	15	12	9						
		槽口向下	134	122	103	80	57	37	23	17	12	9	8	5						

地面内暗装金属线槽分为单槽型和双槽分离型两种结构形式,当强电与弱电线路同时敷设时,为防止电磁干扰,应将强、弱电线路分隔而采用双槽分离型线槽分槽敷设。地面内金属线槽外形如图2.33所示。选用地面内金属线槽主要根据所需敷设导线的根数,如表2.13所示。

塑料线槽由槽底、槽盖及附件组成,由难燃型硬质聚氯乙烯工程塑料挤压成型。适用于正常环境的室内场所明配线。常用塑料线槽型号有VXC2型、VXC25型和VXCF型。在潮湿和有酸碱腐蚀的场所宜采用VXC2型。选择线槽时应按线槽允许容纳导线根数来选择线槽的型号和规格,如表2.14所示。

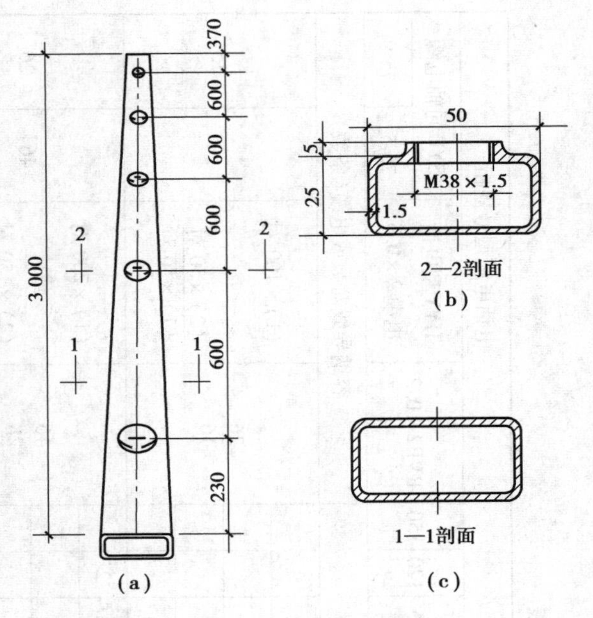

图2.33　地面内金属线槽外形图

表2.13　地面内金属线槽允许容纳导线数量表

导线型号名称及规格	BV-500 V 绝缘导线						通信及弱电线路导线及电缆			
	单芯导线规格/mm²						RVB 平型软线	HYV 电话电缆	SYU 同轴电缆	
线槽型号及规格	1	1.5	2.5	4	6	10	2×0.2	2×0.5	75-5	75-9
	槽内容纳导线根数						槽内容纳导线对数或电缆(条数)			
50 系列	60	35	25	20	15	9	40 对	(1)×80 对	(25)	(15)
70 系列	130	75	60	45	35	20	80 对	(1)×150 对	(60)	(30)

表2.14　VXC2型线槽最大允许容纳导线根数表

最大有效容线比	$A\times33\%$				$A\times27.5\%$					$A\times22\%$			
导线规格/mm²	500 V BV,BLV 型聚氯乙烯绝缘导线												
	1.0	1.5	2.5	4	6	10	16	25	35	50	70	95	—
线槽型号	容纳导线根数												
VXC2-25	9	5	4	3	—	—	—	—	—	—	—	—	—
VXC2-30	19	10	9	7	5	—	—	—	—	—	—	—	—
VXC2-40	—	14	12	9	7	3	—	—	—	—	—	—	—
VXC2-50	—	—	15	11	9	4	3	—	—	—	—	—	—
VXC2-60	—	—	—	—	—	9	6	4	3	—	—	—	—
VXC2-80	—	—	—	—	—	—	9	6	4	3	—	—	—
VXC2-100	—	—	—	—	—	—	—	7	6	4	3	—	—
VXC2-120	—	—	—	—	—	—	—	—	—	7	4	3	—

2.4.2　线槽敷设

(1)线槽敷设要求

1)线槽应敷设在干燥和不易受机械损伤的场所。

2)线槽的连接应连续无间断;每节线槽的固定点不应少于两个;在转角、分支处和端部应有固定点,并应紧贴墙面固定。在建筑物变形缝处,应设补偿装置。

3)线槽接口应平直、严密,槽盖应齐全、平整、无翘角。

4)线槽应安装牢固,无扭曲变形,紧固件的螺母应在线槽外侧。

5)线槽的出线口应位置正确、光滑、无毛刺。

6)线槽敷设应平直整齐;水平或垂直允许偏差为其长度的0.2%,且全长允许偏差为20 mm;并列安装时,槽盖应便于开启。

7)金属线槽必须接地(PE)或接零(PEN)可靠。金属线槽不得熔焊跨接接地线,以专用接地卡跨接的两卡间连线为铜芯软导线,截面积不小于4 mm^2;非镀锌金属线槽间连接板的两端跨接铜芯接地线,镀锌线槽间连接板的两端不跨接接地线,但连接板两端不少于两个有防松螺钉或防松垫圈的连接固定螺栓。

(2)金属线槽明敷设

金属线槽敷设时,吊点和支持点的距离,应根据工程具体条件确定,一般在直线段固定间距不应大于3 m,在线槽的首端、终端、分支、转角、接头及进出接线盒处应不大于0.5 m。

金属线槽在墙上安装时,可采用8×35半圆头木螺钉配塑料胀管的安装方式施工,塑料胀管可根据线槽宽度选用1个或2个,如图2.34所示。也可以采用托臂支承或用扁钢、角钢支架支承,如图2.35所示。采用吊架悬吊安装如图2.36所示。

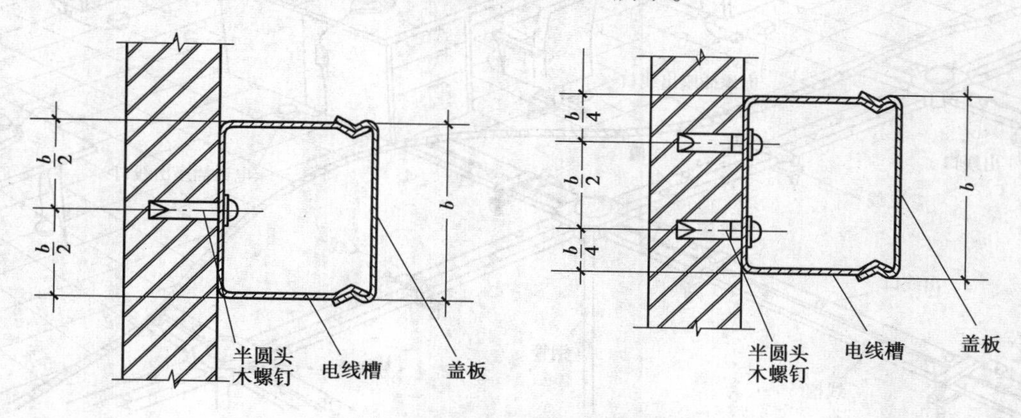

图2.34　金属线槽在墙上安装

(3)地面内暗装金属线槽敷设

地面内暗装金属线槽的组合安装如图2.37所示。地面线槽的支架安装距离,应按工程具体情况进行设置。支架的选择应根据单线槽或双线槽的结构形式,选用单压板或双压板支架。将线槽与支架组装好,沿线路走向水平放置在地面或楼(地)面的抄平层或楼板的模板上(见图2.38),然后再进行线槽的连接。调整螺栓安装在木模板上时,可用铁钉固定。

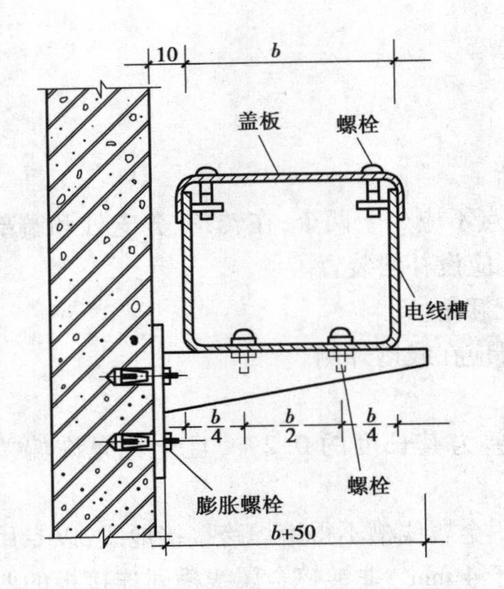

图 2.35　金属线槽沿墙在水平支架上安装

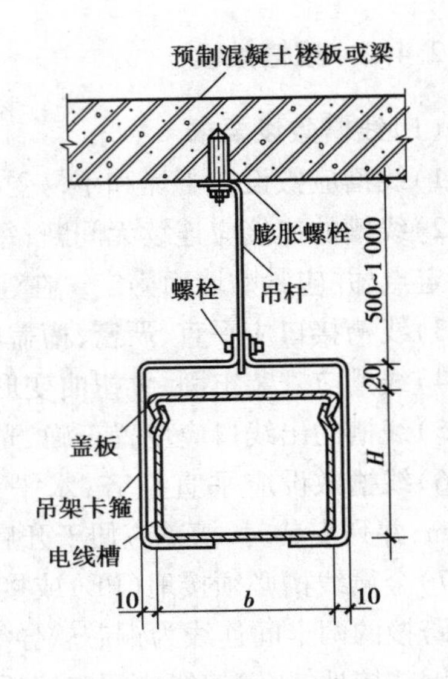

图 2.36　金属线槽用吊架安装

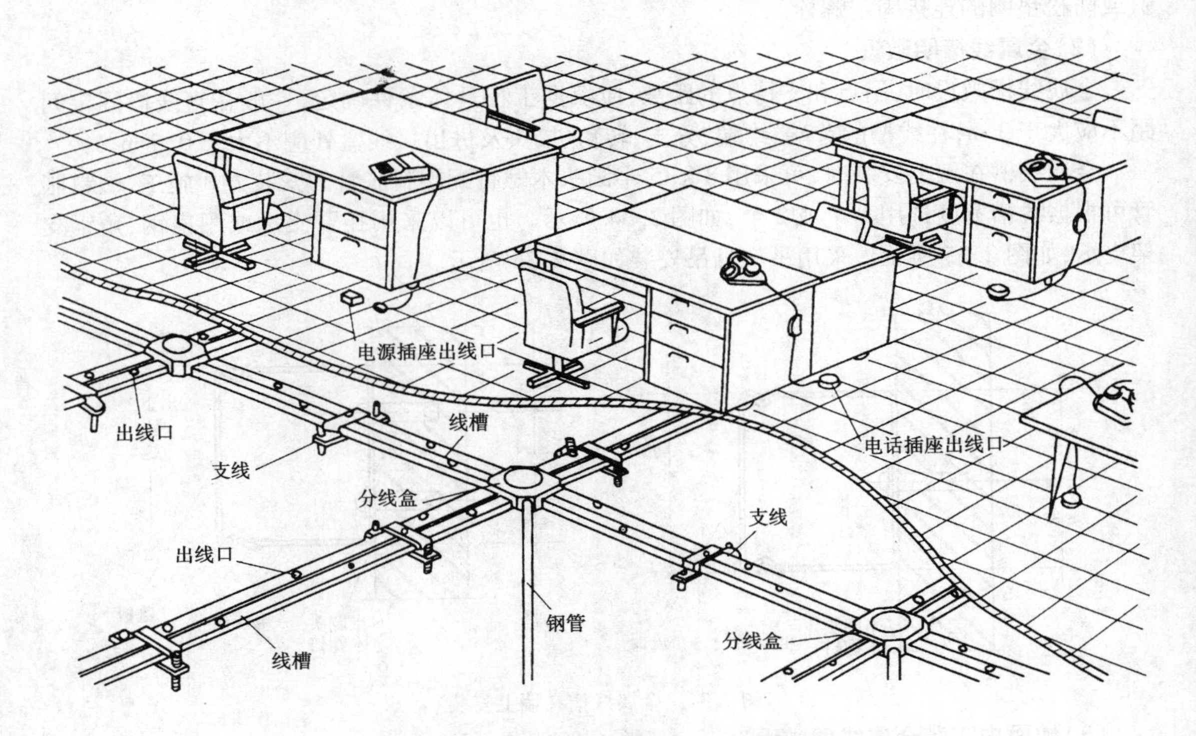

图 2.37　地面内暗装金属线槽组装示意图

地面内暗装金属线槽的制造长度一般为 3 m,每 0.6 m 设一个出线口。当需要进行线槽与线槽相互连接时,应采用线槽连接头进行,如图 2.39 所示。因线槽为矩形断面,不能进行线槽的弯曲加工,当遇有线路交叉,分支或弯曲转向时,必须安装分线盒,如图 2.40 所示。线槽端部与配管连接,应使用线槽与管过渡接头,如图 2.41 所示。

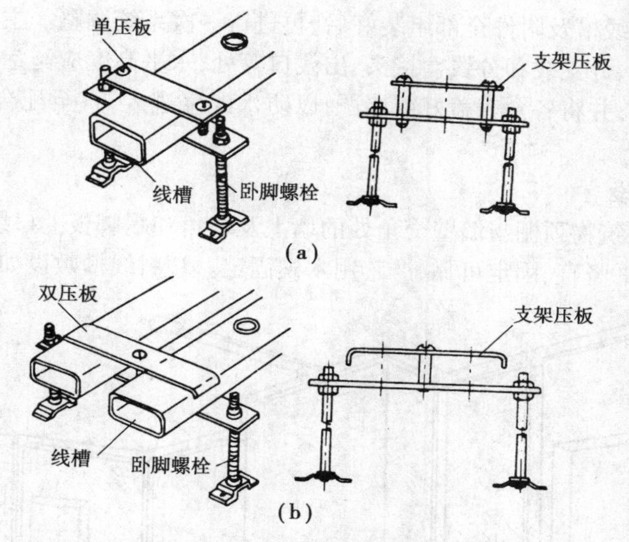

图2.38　地面内线槽支架安装方法
(a)单线槽支架　(b)双线槽支架

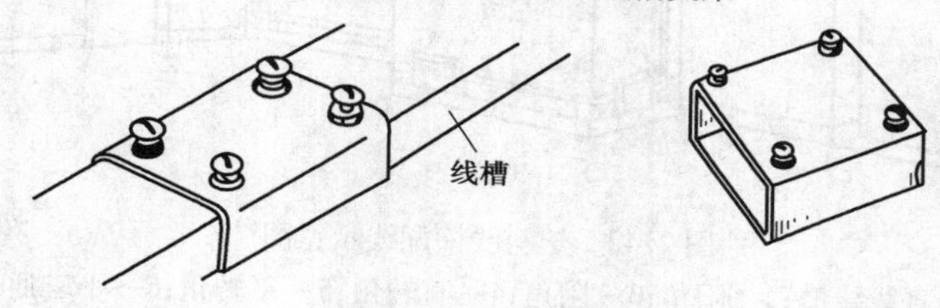

图2.39　线槽连接

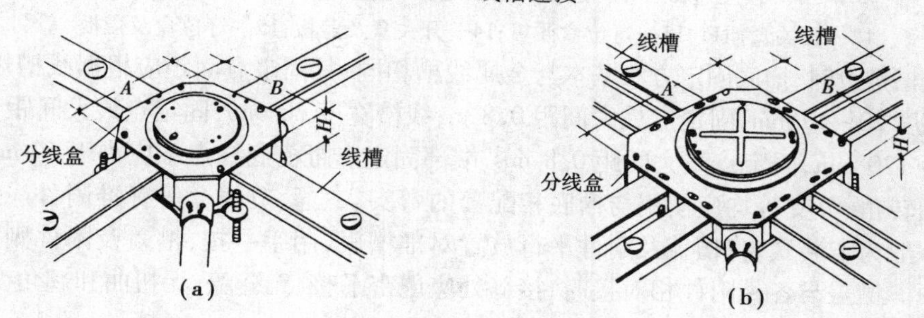

图2.40　分线盒安装示意
(a)单线槽分线盒　(b)双线槽分线盒

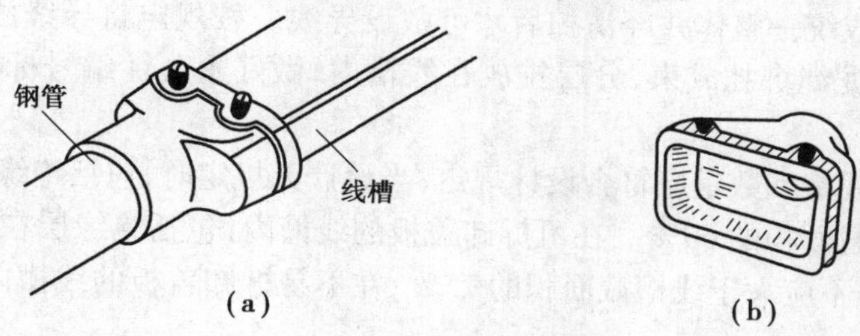

图2.41　线槽与管过渡接头连接
(a)槽管连接　(b)槽过渡接头

地面内暗装金属线槽及附件全部组装好后，再进行一次系统调整。主要根据地面厚度，仔细调整金属线槽干线、分支线和分线盒接头、出线口等处，水平高度应与室内地坪线平齐，以免妨碍通行和有碍观瞻，并将各盒盖盖好或堵严，以防水泥浆进入，直至配合土建地面面层施工结束为止。

(4)**塑料线槽敷设**

塑料线槽宜沿建筑物顶棚与墙壁交角处的墙上及墙角和踢脚板上口线上敷设。敷设应紧贴建筑物表面，且横平竖直、固定可靠，严禁用木楔固定。塑料线槽敷设如图2.42所示。

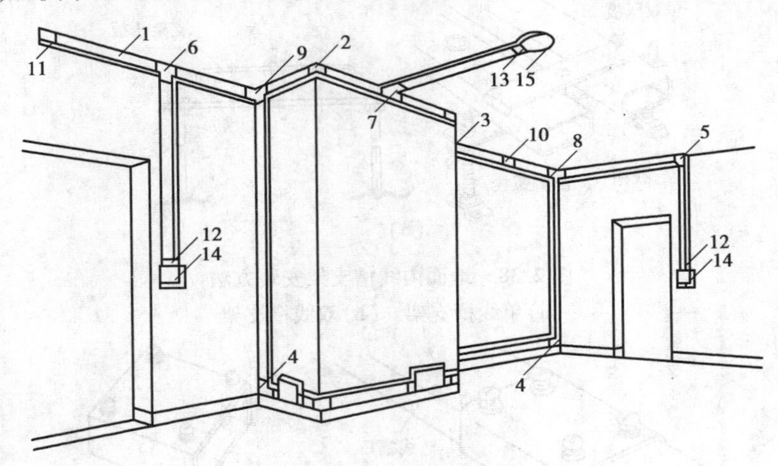

图2.42　塑料线槽配线示意图

1—直线线槽；2—阳角；3—阴角；4—直转角；5—平转角；6—平三通；
7—顶三通；8—左三通；9—右三通；10—连接头；11—终端头；
12—开关盒插口；13—灯位盒插口；14—开关盒及盖板；15—灯位盒及盖板

塑料线槽敷设时，槽底固定方法基本与金属线槽相同，其固定点间距应根据线槽规格而定。一般线槽宽度20~40 mm，固定点最大间距0.8 m；线槽宽度60 mm，固定点最大间距1.0 m；线槽宽度80~120 mm，固定点最大间距0.8 m。端部固定点距槽底终点不应小于50 mm。

槽底的转角、分支等均应使用与槽底相配套的弯头、三通、分线盒等标准附件。线槽的槽盖及附件一般为卡装式，将槽盖及附件平行放置对准槽底，用手一按，槽盖及附件则可卡入槽底的凹槽中。槽盖与各种附件相对接时，接缝处应严密平整、无缝隙，无扭曲和翘角变形现象。

2.4.3　线槽内导线敷设

金属线槽组装成统一整体并经清扫后才可敷设导线。按规定将导线放好，并将导线按回路(或按系统)用尼龙绳绑扎成束，分层排放在线槽内，做好永久性编号标志。绑扎点间距不应大于2 m。

线槽内导线的规格和数量应符合设计规定；当设计无规定时，包括绝缘层在内的导线总截面积不应大于线槽截面积的60%。在可拆卸盖板的线槽内，包括绝缘层在内的导线接头处所有导线截面积之和，不应大于线槽截面积的75%；在不易拆卸盖板的线槽内，导线的接头应置于线槽的接线盒内。

强电、弱电线路应分槽敷设。同一回路的所有相线和中性线(如果有中性线时)以及设备的接地线，应敷设在同一金属线槽内，以避免因电磁感应而使周围金属发热。同一电源的不同回路无抗干扰要求的线路，可敷设于同一线槽内；敷设于同一线槽内有抗干扰要求的线路应用隔板隔离，或采用屏蔽电线且屏蔽护套一端接地，但同一线槽内的绝缘电线和电缆都应具有与最高标称电压回路绝缘相同的绝缘等级。

地面内暗装金属线槽内导线敷设方法和管内穿线方法相同。也应注意导线在线槽内有一定余量，不应有接头，接头应放在分线盒内，线头预留长度不宜小于 150 mm。

2.5　钢索配线

钢索配线一般适用于屋架较高，跨距较大，而灯具安装高度又要求较低的工业厂房内。

所谓钢索配线，就是在钢索上吊瓷瓶配线、吊钢管(或塑料管)配线或吊塑料护套线配线；同时灯具也吊装在钢索上，配线方法除安装钢索外，其余与前面讲的基本相同。

2.5.1　**钢索安装**

钢索安装如图 2.43 所示。其终端拉环埋件应牢固可靠，并能承受钢索在全部负载下的拉力。当钢索长度在 50 m 及以下时，可在一端装花篮螺栓；超过 50 m 时，两端均应装花篮螺栓；每超过 50 m 应加装一个中间花篮螺栓。钢索与终端拉环套接处应采用心形环，固定钢索的线卡不应少于两个，钢索的终端头应用镀锌铁线扎紧，且应接地或接零可靠。

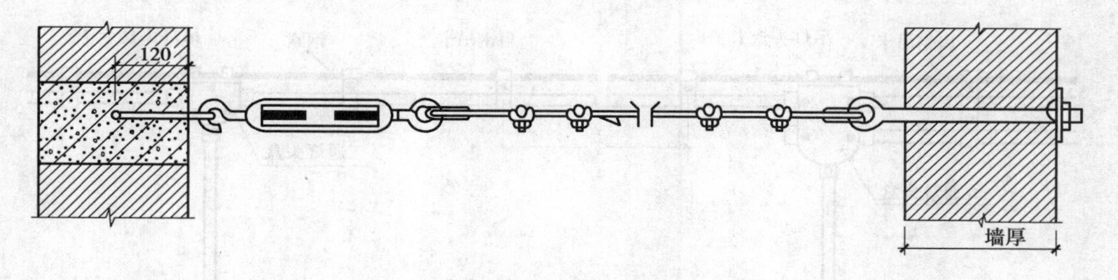

图 2.43　钢索安装示意图

钢索中间固定点间距不应大于 12 m；中间固定点吊架与钢索连接处的吊钩深度不应小于 20 mm，并应设置防止钢索跳出的锁定装置。

钢索配线所使用的钢索一般应符合下列要求：

1)应使用镀锌钢索，不应使用含油芯的钢索。

2)敷设在潮湿或有腐蚀性介质及易积储纤维灰尘的场所应使用塑料护套钢索。

3)钢索的单根钢丝直径应小于 0.5 mm，并不应有扭曲和断股等缺陷。

4)选用圆钢作钢索时，在安装前应调直、预抻和刷防腐漆。

钢索安装前，可先将钢索两端固定点和钢索中间的吊钩装好，然后将钢索的一端穿入心形环的三角圈内，并用两只钢索卡一反一正夹牢。钢索一端装好后，再装另一端，先用紧线钳把钢索收紧，端部穿过花篮螺栓处的心形环(见图 2.44)，用上述同样的方法把钢索折回固定。花篮螺栓的两端螺杆均应旋进螺母，并使其保持最大距离，以备作钢索弛度调整，将中间钢索固定在吊钩上后即可进行配线等工作。

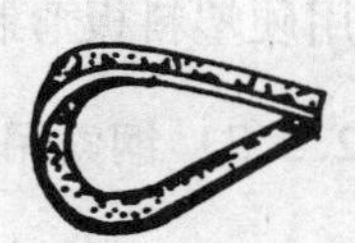

图 2.44　心形环

在钢索上敷设导线及安装灯具后，钢索的弛度不应大于 100 mm，当用花篮螺栓调节后，弛度仍不能达到时，应增加中间吊钩。这样既可保证对弛度的要求，又可减少钢索的拉力。

钢索上各种配线用支持件之间，支持件与灯头盒间，以及瓷柱配线的线间距离应符合表2.15的规定。

表2.15　钢索配线线间距离及支持件间距

配线类别	支持件最大间距/mm	支持件与灯头盒间最大距离/mm	线间最小距离/mm
钢　管	1 500	200	—
硬塑料管	1 000	150	—
塑料护套线	200	100	—
瓷柱配线	1 500	100	35

2.5.2　钢索吊管配线

这种配线就是在钢索上进行管配线。在钢索上每隔1.5 m设一个扁钢吊卡，再用管卡将管子固定在吊卡上。在灯位处的钢索上，安装吊盒钢板，用来安装灯头盒。其安装做法如图2.45所示。

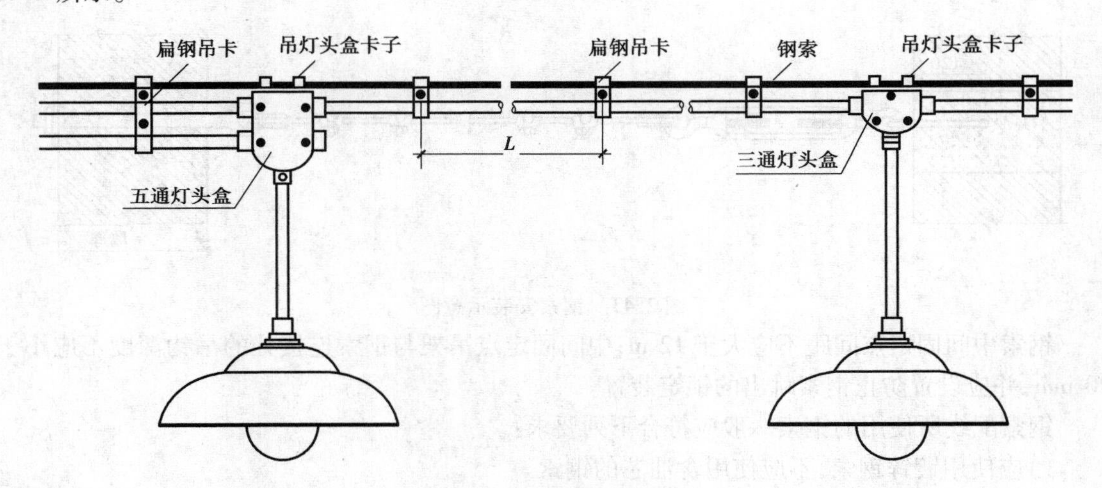

图2.45　钢索吊管灯具安装做法图

灯头盒两端的钢管，应跨接接地线，以保证管路连成一体，接地可靠，钢索亦应可靠接地。

当在钢索上吊硬塑料管配线时，灯头盒可改为塑料灯头盒，管卡也可改为塑料管卡。吊卡也可用硬塑料板弯制。

2.5.3　钢索吊瓷珠配线

在钢索上进行瓷珠配线和吊管配线的不同处，就是把吊管用的吊卡改成安装瓷珠的吊卡。根据敷设导线的不同，有6线、4线和2线等形式。瓷珠在吊卡上的安装方法如图2.46所示。吊卡安装间距最大为1.5 m。钢索吊瓷珠配线安装如图2.47所示。

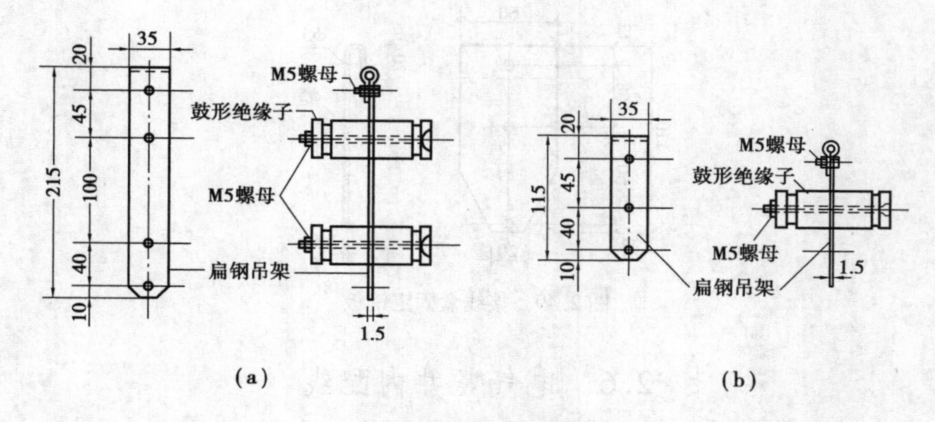

图 2.46　瓷珠在扁钢吊卡上安装

(a)4 线式扁钢吊卡　(b)2 线式扁钢吊卡

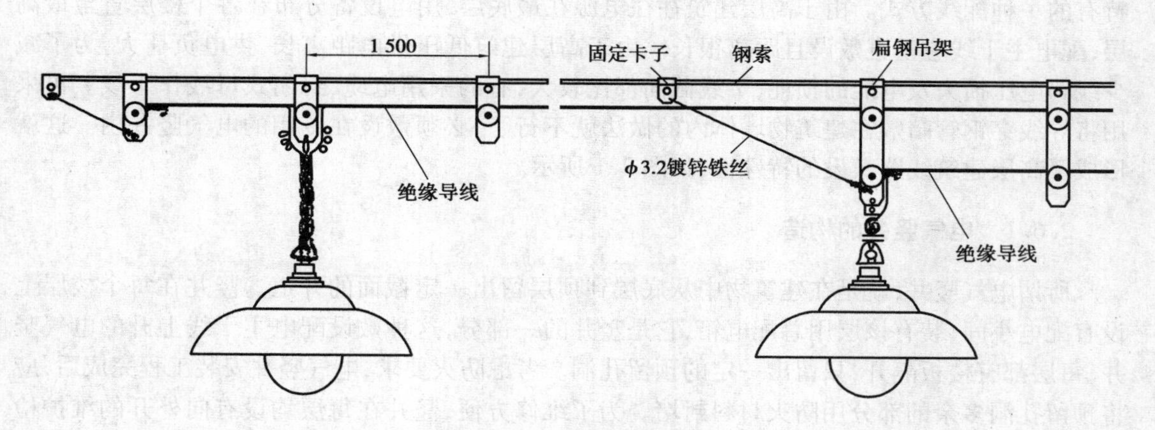

图 2.47　钢索吊瓷珠配线安装示意图

2.5.4　钢索吊塑料护套线配线

钢索吊塑料护套线配线，可以用铝片卡将导线直接扎紧在钢索上，铝片卡间距为 200 mm，灯头盒的固定和上面所讲的相同，导线进入接线盒时，要在距接线盒不大于 100 mm 处进行固定，塑料护套线在钢索上的安装方法如图 2.48 所示。接线盒固定钢板如图 2.49 所示。

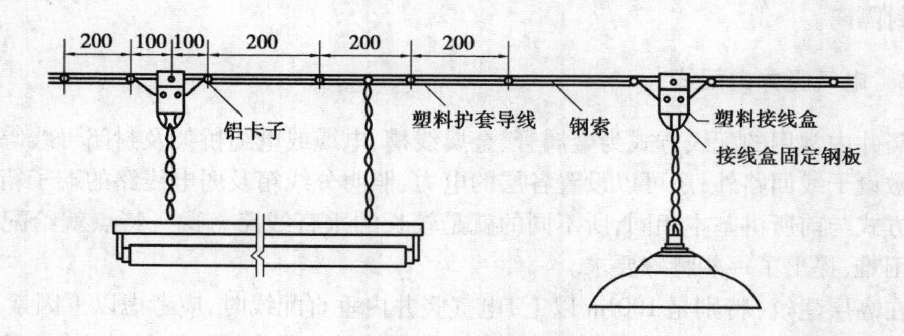

图 2.48　塑料护套线在钢索上安装

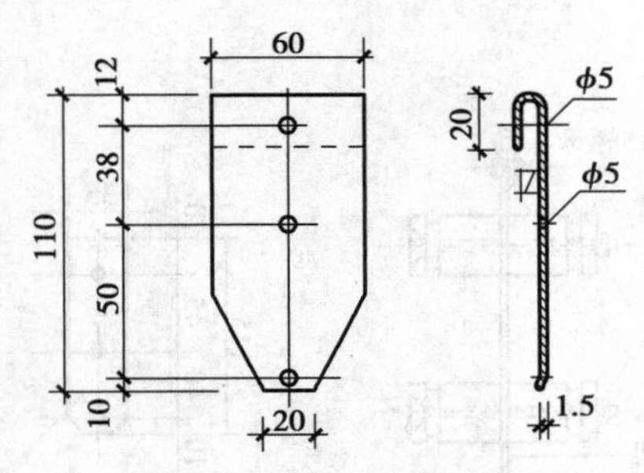

图 2.49　接线盒固定钢板

2.6　电气竖井内配线

竖井内配线一般适用于多层和高层民用建筑中强电和弱电垂直干线的敷设,是高层建筑特有的一种配线方式。由于高层建筑往往电源在最底层,用电设备分布在各个楼层直至最高层,配电主干线应垂直敷设且距离很长。由于高层建筑低压供电距离长,供电负荷大,为了减少线路电压损失及电能的损耗,干线截面都比较大,有的采用电缆、封闭式母线作干线。再采用将导线穿钢管暗敷在建筑物墙体内的做法就不行了,必须敷设在专用的电气竖井内。这就形成了高层建筑线路敷设的特殊性,如图 2.1 所示。

2.6.1　电气竖井的构造

所谓电气竖井,就是在建筑物中从底层到顶层留出一定截面的井道。竖井在每个楼层上设有配电小间,装有该层用总配电箱,它是竖井的一部分,这种敷设配电主干线上升的电气竖井,每层都有楼板隔开,只留出一定的预留孔洞。考虑防火要求,电气竖井安装工程完成后,应将预留孔洞多余的部分用防火材料封堵。为了维修方便,竖井在每层均设有向外开的维护检修防火门。因此,电气竖井实质上是由每层配电小间及上下配线连接构成的。

竖井的大小除满足配线间隔及端子箱、配电箱布置所必需的尺寸外,并宜在箱体前留出不小于 0.8 m 的操作、维护距离。目前在一些工程中,受土建布局的限制,大部分竖井的尺寸较小,给使用和维护带来很多不便,值得引起注意。

为防止发生火灾后,火向电气线路蔓延,竖井内封闭式母线、电缆桥架、金属线槽、金属管或电缆等在穿过电气竖井楼板或墙壁时(有的应预留好孔洞),应以防火隔板、防火堵料等材料做好密封隔离。

2.6.2　电气竖井内配线

电气竖井内常用的配线方式为金属管、金属线槽、电缆或电缆桥架及封闭母线等。在电气竖井内除敷设干线回路外,还可以设置各层的电力、照明分线箱及弱电线路的端子箱等电气设备。配线方式与前所讲基本相同,所不同的就是较长的垂直线路。这一特点就给配线带来了一些特殊困难,提出了一些特殊要求。

一般在高层建筑(特别是 100 m 以上)电气竖井内垂直配线时,应考虑以下因素:

①顶部最大变位和层间变位对干线的影响。高层建筑物垂直线路的顶部最大变位和层间变位是建筑物由于地震或风压等外部力量的作用而产生的。建筑物的变位必然要影响到配线系

统，实践证明，这个影响对封闭式母线、金属线槽及金属桥架的影响最大，金属管布线次之，电缆布线较小。为保证线路的运行安全，在线路的固定、连接及分支上应采取相应的防变位措施。

②要考虑好电线、电缆及金属保护管、罩等自重带来的荷重影响，以及导体通电以后，由于热应力和周围的环境温度经常变化而产生的反复荷载（材料的潜伸）和线路由于短路时的电磁力而产生的荷载。

在支持点处存在着损坏导体绝缘或管槽的危险因素。因此，要充分研究支持方式及导体覆盖材料的选择。

③垂直干线与分支干线的连接方法，直接影响供电的可靠性和工程造价，必须进行充分研究，作出较佳选择。特别应注意铝芯导线的连接和铜-铝接头的处理问题。

（1）金属管配线

在高（多）层民用建筑中，采用金属管配线时，配管由配电室引出后，一般可采用水平吊装的方式进入电气竖井，然后沿支架在竖井内垂直敷设。其具体做法可参见2.3节。

电气竖井内金属管垂直配线，应特别考虑保护管的自重、导线的自重，而考虑相应的固定方法。应按规范规定，适当装设中间拉线盒，将导线固定。钢管穿过楼板处，应配合土建施工，把钢管直接预埋在楼层间，不必留置洞口，也不需再进行防火堵塞。

（2）金属线槽配线

利用金属线槽配线，施工比较方便，可参见2.4节。在竖井内金属线槽沿墙穿楼板敷设，可采用扁钢支架固定（扁钢支架见图2.50）。扁钢支架可使用M10×80膨胀螺栓与墙体固定，线槽槽底与支架之间用M6×10开槽盘头螺钉固定。金属线槽底部固定线槽的扁钢支架距楼（地）面距离为0.5 m，固定支架中间距离为1～1.5 m。金属线槽的支架应该用ϕ12镀锌圆钢进行焊接连接作为接地干线。金属线槽穿过楼板处应设置预留洞，并预埋∟40×40×4固定角钢做边框。金属线槽安装好以后，再用4 mm厚钢板做防火隔板与预埋角钢边框固定，预留洞处用防火堵料密封。

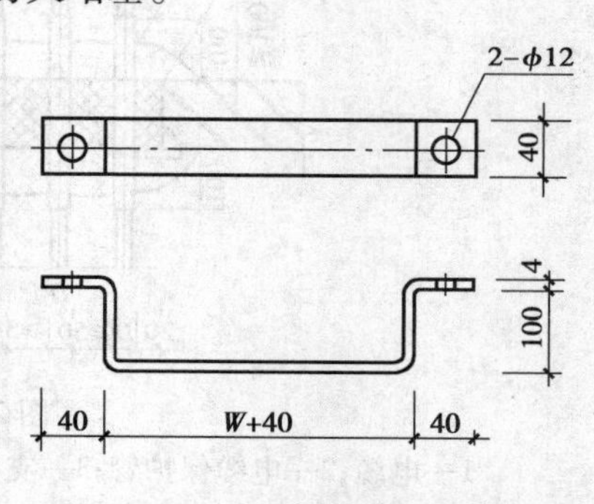

图2.50　金属线槽用扁钢支架

金属线槽配线，电线或电缆在引出线槽时要穿金属管，电线或电缆不得有外露部分，管与线槽连接时，应在金属线槽侧面开孔，孔径与管径应相吻合，线槽切口处应整齐光滑，严禁用电、气焊开孔，金属管应用锁紧螺母和护口与线槽连接孔连接。

（3）竖井内电缆配线

高（多）层建筑内中、低压电缆由低压配电室引出后，一般沿电缆沟或电缆桥架进入电缆竖井，然后沿支架或桥架垂直向上敷设。竖井内电缆较多采用聚氯乙烯护套细钢丝铠装的电力电缆，且其绝缘或护套应具有非延燃性。

1）电缆用支架安装

电缆在竖井内用支架垂直配线，如图2.51所示。所采用的支架，可按金属线槽用扁钢支架的样式在现场加工制作，支架的长度应根据电缆直径和根数的多少而定。

扁钢支架与建筑物的固定应采用M10×80的膨胀螺栓紧固。支架每隔1.5 m设置一个，底部支架距楼（地）面的距离不应小于300 mm。电缆在支架上的固定采用与电缆外径相配合的管卡子固定，电缆之间的间距不应小于50 mm。电缆在穿过竖井楼板或墙壁时，应穿在保护

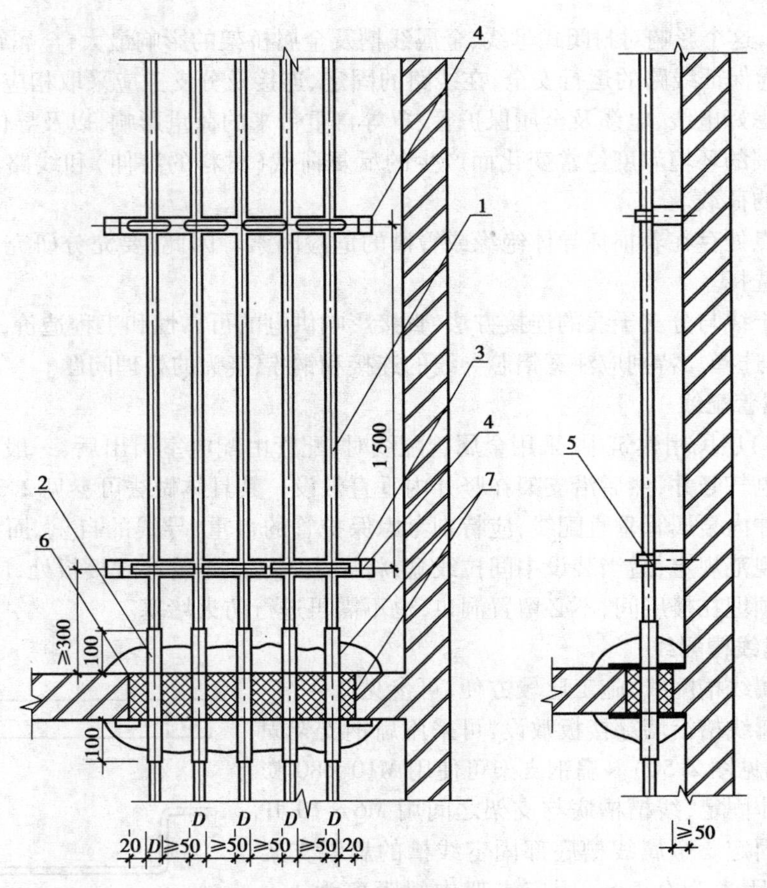

图 2.51 电缆用支架垂直安装

1—电缆;2—电缆保护管;3—支架;4—膨胀螺栓;5—管卡子;6—防火隔板;7—防火堵料

管内保护,并应以防火隔板、防火堵料等做好密封隔离,电缆保护管两端管口空隙处应做密封隔离。电缆在穿过楼板处也可以配合土建施工在楼板内预埋保护管,电缆布线后,只在保护管两端电缆周围管口空隙处做密封隔离。

小截面电缆在电气竖井内配线,还可以直接在墙上固定敷设,此时可使用管卡子或单边管卡子用 $\phi6\times30$ 塑料胀管固定。

2)电缆用桥架敷设

电缆桥架特别适合于全塑电缆的敷设。桥架不仅可以用于敷设电力电缆和控制电缆,同时也可用于敷设自动控制系统的控制电缆。

电缆桥架的形式是多种多样的,如梯架、有孔托盘、无孔托盘和组合式桥架等。

电缆桥架的固定方法也很多,较常见的是用膨胀螺栓固定,这种方法施工简单、方便、省工、准确,省去了在土建施工时的预埋工作。

电缆用梯形桥架在竖井内垂直安装,有两种不同的做法:一种是梯架在竖井墙体上用∟50×50×5 角钢制成的三角形支架和同规格的角钢固定,在竖井楼板上用两根⊏10 槽钢和∟50×50×5 角钢支架固定,如图 2.52 所示;另一种做法是在竖井内墙体上,用同样的三角形支架及 U 形槽钢使用压板固定梯架,在竖井楼板上两根∟50×50×5 角钢支架固定,如图 2.53 所示。在两种做法中,固定梯架的方式各不相同,在施工中可根据设计要求或敷设电缆数量选用。

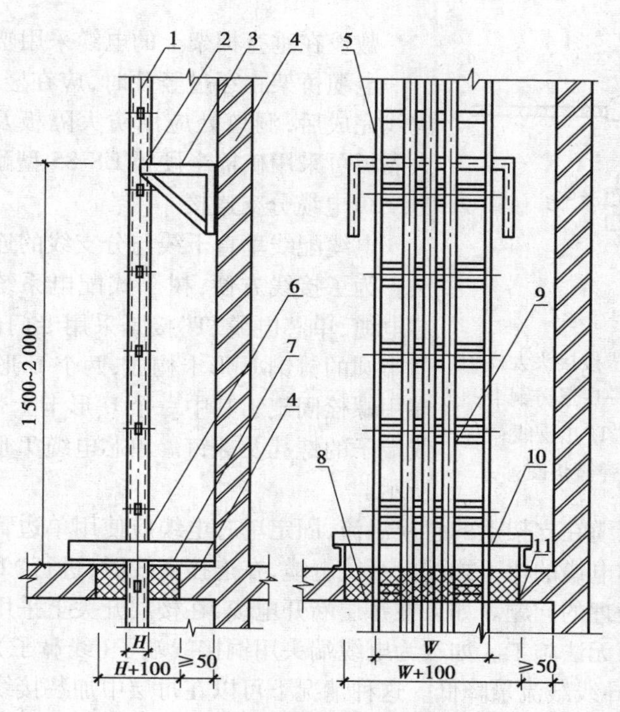

图2.52　竖井内电缆桥架垂直安装(一)

1—电缆桥架;2—角钢支架;3—三角形角钢支架;4—M10×80 膨胀螺栓;
5—M8×35 固定螺栓;6—M8×40 螺栓;7—槽钢支架;8—防火隔板;
9—电缆;10—防火堵料;11—∟40×40×4 固定角钢

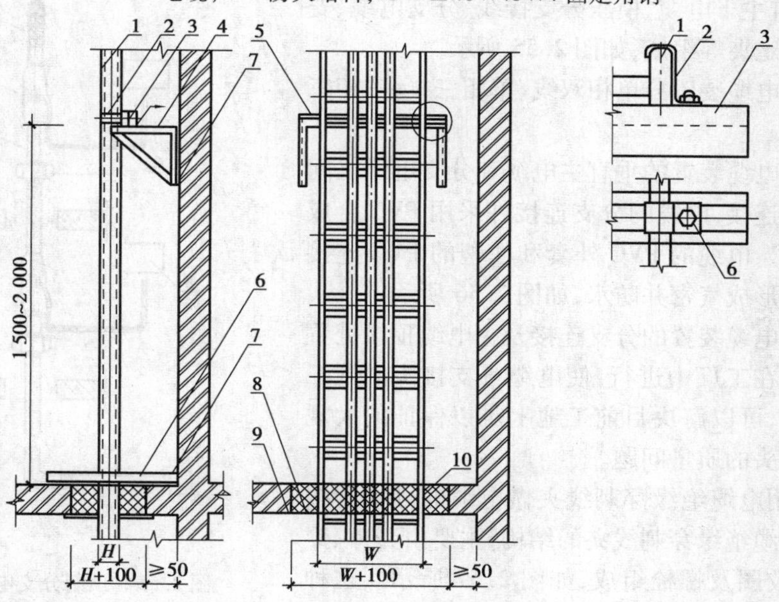

图2.53　电缆桥架垂直安装(二)

1—电缆桥架;2—压板;3—U形槽钢;4—三角形∟50×50×5角钢支架;
5—M8×30 T形螺栓;6—∟50×50×5角钢支架;7—M10×80 膨胀螺栓;
8—防火隔板$\delta=4$钢厚;9—∟40×40×4 固定角钢;10—防火堵料

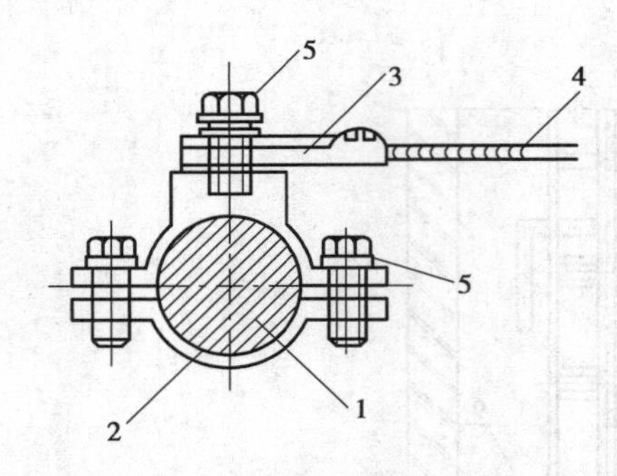

图2.54　单芯电缆“T”接接头大样图
1—干线电缆芯线；2—U形铸铜卡；
3—接线端子；4—“T”出支线；
5—螺栓、垫圈、弹簧垫圈

敷设在垂直梯架上的电缆采用塑料电缆卡子固定。

电缆桥架在穿过竖井时，应在竖井楼板处预留洞口，配线完成后，洞口处应用防火隔板及防火堵料隔离。防火隔板可采用矿棉半硬板EF-85型耐火隔板。

3)电缆分支连接

电缆配线垂直干线与分支线的连接，常采用“T”接方法。为了接线方便，树干式配电系统电缆应尽量采用单芯电缆，单芯电缆“T”接是采用专门的“T”接头由两个近似半圆的铸铜U形卡构成，两个U形卡卡住电缆芯线，两端用螺栓固定。其中一个U形卡上带有固定引出导线接线端子的螺孔及螺钉。单芯电缆T形接头大样如图2.54所示。

为了减少单芯电缆在支架上的感应涡流，固定单芯电缆应使用单边管卡子。

采用四芯或五芯电缆的树干式配电系统电缆，在连接支线时，进行“T”接是电缆敷设中常遇到的一个比较难处理的问题。如果在每层断开电缆，在楼层开关上采用共头连接的方法，会因开关接线桩头小而无法施工。如改为电缆端头用铜接线端子(线鼻子)三线共头，则因铜接线端子截面有限，使导线载流量降低。这种情况下可以在每层中加装接线箱，从接线箱内分出支线到各层配电盘，但需要增加一定的设备投资。

采用预制分支电缆作为竖向供电干线，给在施工现场进行电缆T接带来了方便。预制分支电缆装置由上端支承、垂直主干电缆、模压分支接线、分支电缆、安装时配备的固定夹等组成，如图2.55所示。

预制分支电缆装置分单相双线、单相三线、三相三线及三相四线。

预制分支电缆装置的垂直主电缆和分支电缆之间采用模压分支连接，电缆的分支连接件采用PVC合成材料注塑而成。电缆的PVC外套和注塑的PVC连接件接合在一起形成气密并防水，如图2.56所示。

预制分支电缆装置的分支连接及主电缆顶端处置和悬吊部件都在工厂中进行，使电缆分支接头的施工质量得到保证，可以解决目前工地上难以保证的大规格电缆分支接头的质量问题。

目前，利用电缆绝缘穿刺线夹做电缆的分支连接越来越多。电缆绝缘穿刺线夹的结构，主要由壳体、穿刺刀片、防水胶圈及螺栓组成，如图2.57所示。这种接头具有安装简便(无须截断主电缆，无须剥去绝缘层，无须专用工具，可带电安装)，安全可靠(全绝缘封闭，高防护等级IP67，耐腐蚀，耐老化)，高性价比(电气性能优，免维护，综合成本低于传统连接方式)。

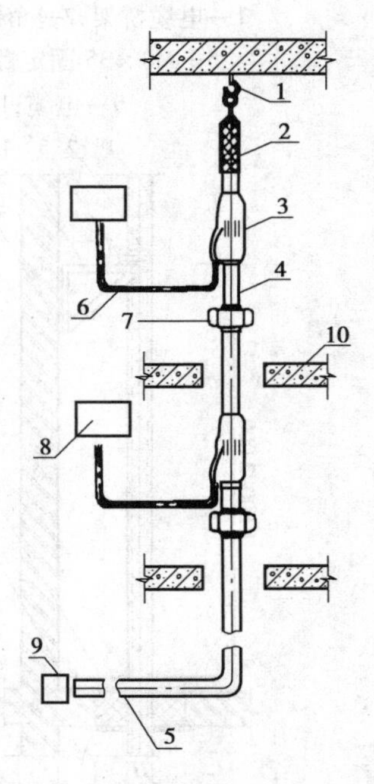

图2.55　预制分支电缆装置
1—吊钩；2—上端支承；3—模压分支接头；
4—垂直主干电缆；5—水平主干电缆；
6—分支电缆；7—固定夹；8—配电箱；
9—电源；10—楼板

在做电缆分支时，先剥去电缆外层护套(无须剥去绝缘层)，然后将分支电缆插入线夹支线帽并将其确定固定于主线分支位置，用套筒扳手拧线夹力矩螺母。在拧力矩螺母收紧的过程中，线夹上下两块暗藏有高导电金属穿刺刀片的绝缘体逐渐合拢，弧形密封护垫逐步紧贴电缆绝缘层，与此同时，穿刺刀片开始穿刺电缆绝缘层及金属导体，当护垫的密封程度和穿刺刀片与金属导体的接触达到最佳效果时，力矩螺母便会脱落，此时，主线和分支接通，且防水性能和电气效果最佳。其操作程序如图2.58所示。

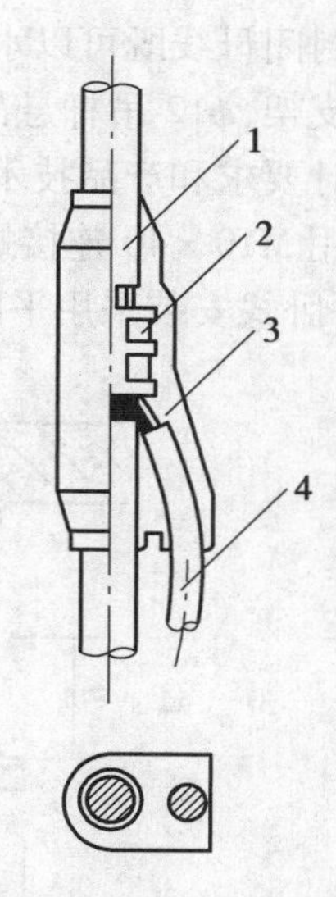

图2.56　模压分支连接
1—主电缆;2—分支连接件;3—PVC模压体;4—分支电缆

(4)竖井内封闭式母线槽安装

由于高层建筑中的供电干线容量较大，也有比较多的工程使用封闭母线作为供电干线。封闭母线的种类及其型号、规格，将在第6章作详细介绍。

封闭母线由工厂成套生产，可向工厂订购。封闭母线是一种用组装插接方式引接电源的电气配电装置，它具有配电设计简单，安装方便快速，使用安全可靠，简化供电系统，寿命长，外观美等优点。

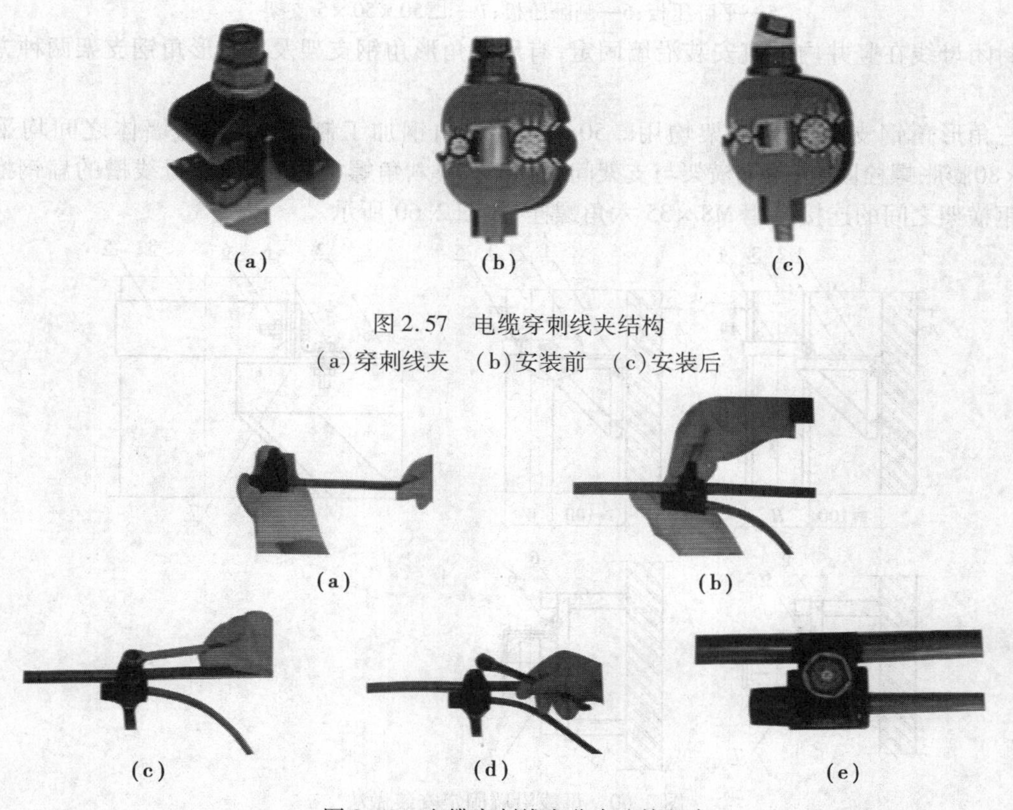

图2.57　电缆穿刺线夹结构
(a)穿刺线夹　(b)安装前　(c)安装后

图2.58　电缆穿刺线夹分支连接程序
(a)将支线插入支线帽　(b)将线夹固定在主线分支处
(c)用固定扳手拧线夹力矩螺母　(d)拧致力矩螺母脱落即可　(e)分支视图

封闭母线既可以水平吊装也可以垂直安装。封闭母线水平吊装时，采用∟50×50×5角钢作支架，$\phi12$吊杆悬吊支架，吊杆长度L由设计决定。封闭母线水平吊装时，吊架间距应符合设计要求和产品技术文件规定，一般不宜大于2 m。吊杆与建筑物楼（屋）面混凝土内膨胀螺栓用M10×40连接螺母连接固定。封闭母线在支架上，有平卧式安装和侧卧式安装两种形式，平卧式安装采用平卧压板，侧卧式安装采用侧卧压板进行固定，如图2.59所示。

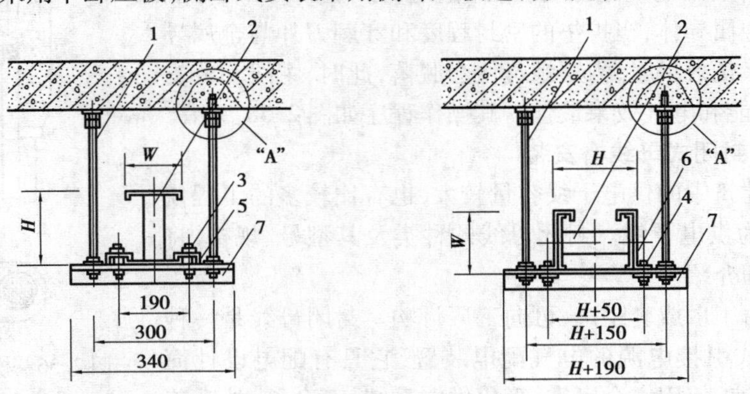

图2.59　母线水平吊装

1—吊杆；2—母线；3—M8×45螺栓；4—M8×28螺栓；
5—平卧压板；6—侧卧压板；7—∟50×50×5支架

封闭母线在竖井内垂直安装沿墙固定，有用三角形角钢支架及“⊔”形角钢支架两种方式安装。

三角形角钢支架及其横架均用∟50×50×5角钢加工制作，支架与墙体之间均采用M10×80膨胀螺栓固定，角钢横架与支架间用M8×35六角螺栓固定，固定母线槽的扁钢抱箍与角钢横架之间的连接也用M8×35六角螺栓，如图2.60所示。

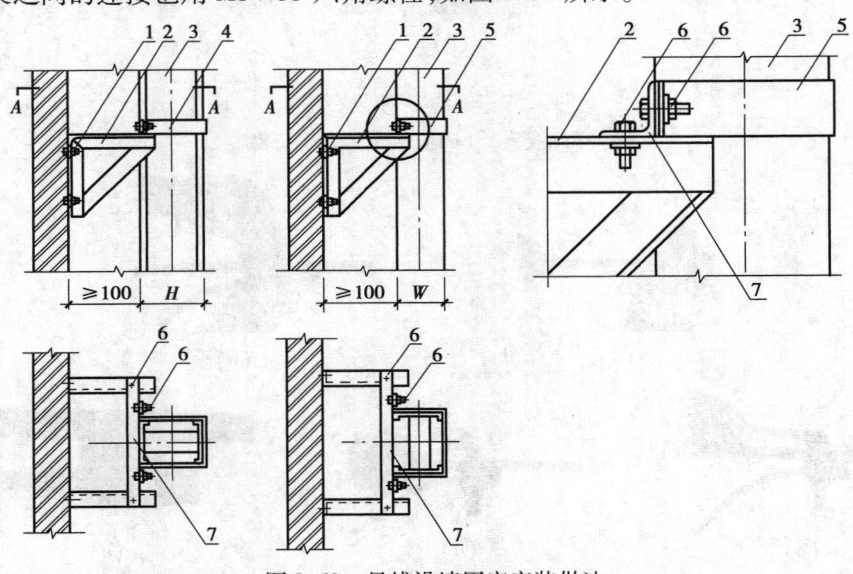

图2.60　母线沿墙固定安装做法

1—M10×80膨胀螺栓；2—支架；3—母线；4—平卧抱箍；
5—侧卧抱箍；6—M8×35螺栓；7—∟50×50×5支架

2.7　绝缘导线的连接

导线与导线间的连接以及导线与电器间的连接，称为导线的接头。在室内配线工程中应尽量减少导线接头，并应特别注意接头的质量。因为导线一般发生的故障，多数是发生在接头上，但必要的导线连接是不可避免的。为了保证导线接头质量，当设计无特殊规定时，应采用焊接、压接或套管连接。导线连接应符合下列要求：

1）接触紧密，连接牢固，导电良好，不增加接头处电阻。

2）连接处的机械强度不应低于原线芯机械强度。

3）耐腐蚀。

4）接头处的绝缘强度不应低于导线原绝缘层的绝缘强度。

对于绝缘导线的连接，其基本步骤为剥切绝缘层，线芯连接（焊接或压接），恢复绝缘层。

2.7.1　导线绝缘层剥切方法

绝缘导线连接前，必须把导线端头的绝缘层剥掉，绝缘层的剥切长度，随接头方式和导线截面的不同而不同。绝缘层的剥切方法要正确，通常分单层剥法、分段剥法和斜削法3种，如图2.61所示。一般塑料绝缘线多用单层剥法，橡皮绝缘线多用分段剥法，斜削法基本不用。剥切绝缘时，不应损伤线芯。

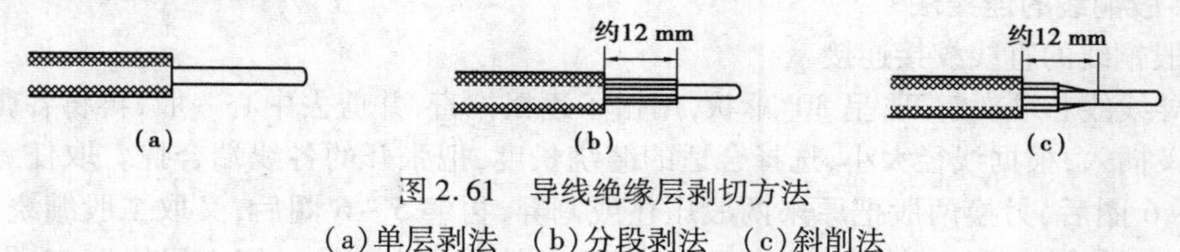

图2.61　导线绝缘层剥切方法
（a）单层剥法　（b）分段剥法　（c）斜削法

2.7.2　铜导线连接

（1）单股铜线的连接法

较小截面单股铜线（如6 mm² 以下），一般多采用绞接法连接。截面超过6 mm² 的，则常采用绑接法连接。

1）绞接法

直线连接如图2.62（a）所示。绞接时先将导线互绞3圈，然后，将导线两端分别在另一线上紧密地缠绕5圈，余线割弃，使端部都紧贴导线。图2.62（b）为分支连接，绞接时，先用手将支线在干线上粗绞1~2圈，再用钳子紧密缠绕5圈，余线割弃。

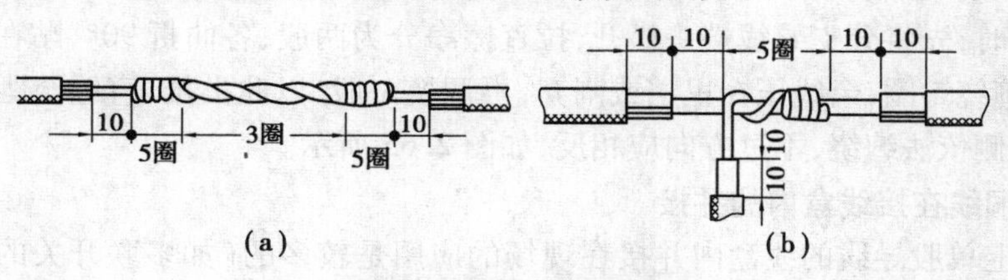

图2.62　单股铜线的绞接连接
（a）直线接头　（b）分支接头

2)绑接法

直线连接如图2.63(a)所示。先将两线头用钳子弯起一些,然后并在一起(有时中间还可加一根相同截面的辅助线),然后用一根截面1.5 mm^2 的裸铜线做绑线,从中间开始缠绑,缠绑长度为导线直径的10倍,两头再分别在一线芯上缠绑5圈,余下线头与辅助线绞合,剪去多余部分。较细导线可不用辅助线。图2.63(b)为分支连接,连接时,先将分支线作直角弯曲,其端部也稍作弯曲,然后将两线并合,用单股裸铜线紧密缠绕,方法及要求与直线连接相同。

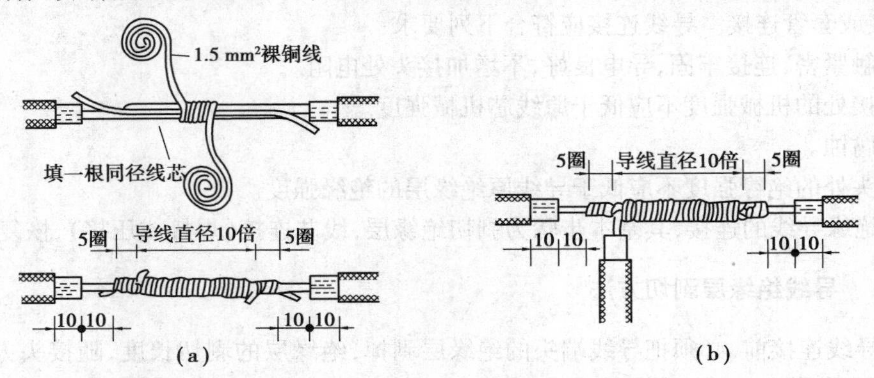

图2.63　单股铜线的绑线连接
(a)直线接头　(b)分支接头

(2)多股铜线的连接法

1)多股铜线的直线绞接连接

先将导线线芯顺次解开,呈30°伞状,用钳子逐根拉直,并剪去中心一股,再将各张开的线端相互交叉插入,根据线径大小,选择合适的缠绕长度,把张开的各线端合拢。取任意两股同时缠绕5~6圈后,另换两股把原来两股压住或割弃,再缠5~6圈后,又取二股缠绕,如此下去,一直缠至导线解开点,剪去余下线芯,并用钳子敲平线头。另一侧也同样缠绕,做法如图2.64所示。

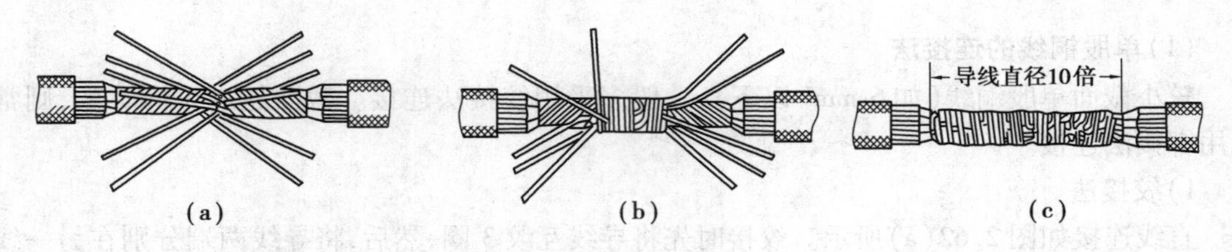

图2.64　多股导线直线连接法

2)多股铜线的分支绞接连接

分支连接时,先将分支导线端头松开,拉直擦净分为两股,各曲折90°,贴在干线下。先取一股,用钳子缠绕5圈,余线压在里档或割弃,再调换一股,以此类推,直缠至距绝缘层15 mm时为止。另一侧依法缠绕,不过方向应相反,如图2.65所示。

(3)单股铜线在接线盒内的并接

3根及以上单股导线的线盒内并接在现场的应用是较多的(如多联开关的电源相线的分支连接)。在进行连接时,应将连接线端相并合,在距导线绝缘层15 mm处用其中一根芯线,在其连接线端缠绕5圈后剪断缠绕线。把被缠绕线余线头折回压在缠绕线上,如图2.66所示。应注意计算好导线端头的预留长度和剥切绝缘的长度。

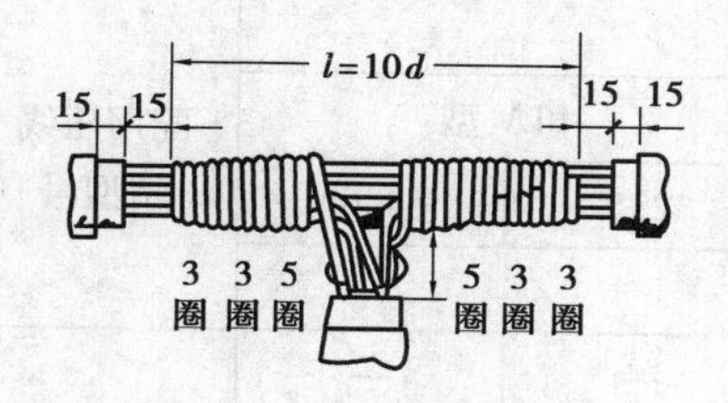

图2.65 绞接分支接头

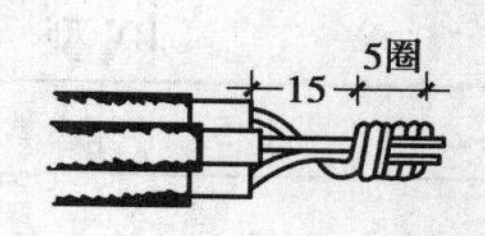

图2.66 3根及以上单芯线并接

两根导线的并接,一般在线盒内不应出现,应直接通过,不断线;否则,连接起来不但费工,也浪费材料。

不同直径的导线并接,如果导线为软线时,则应先进行挂锡处理。

铜导线的连接不论采用上面哪种方法,导线连接好后,均应用焊锡焊牢,使熔解的焊剂,流入接头处的各个部位,以增加机械强度和良好的导电性能,避免锈蚀和松动。焊接方法比较多,应根据导线截面选择。一般10 mm² 以下铜导线接头,可以用电烙铁加热进行锡焊。对于16 mm² 及以上的铜导线接头上锡可用喷灯加热后再上锡,或采用浇焊法。即把焊锡放在锡锅内加热熔化,当焊锡在锅内达到高温后,锡表面呈磷黄色,把导线接头调直,放在锡锅上面,用勺盛上熔锡浇到线头上。

单股铜线的并接还可采用塑料压线帽压接。单股铜导线塑料压线帽是将导线连接管(镀银紫铜管)和绝缘包缠复合为一体的接线器件,外壳用尼龙注塑成型,如图2.67所示。其规格有YMT-1,YMT-2,YMT-3型3种,如表2.16所示。它适用于1~4 mm² 铜导线的连接,可根据导线的截面和根数按表2.17选用。

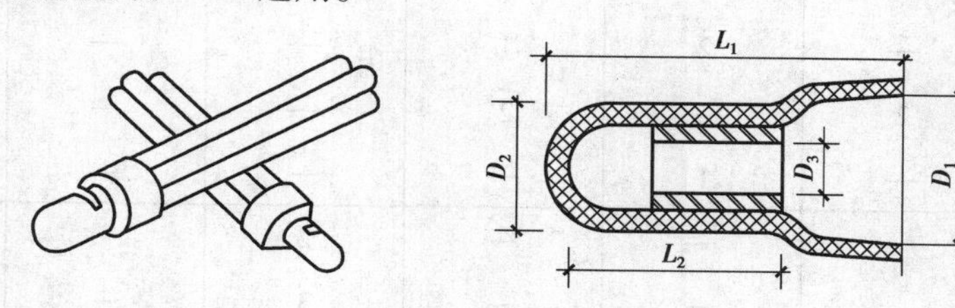

图2.67 塑料压线帽

表2.16 YMT型压线帽规格

型 号	色 别	规格尺寸/mm				
		L_1	L_2	D_1	D_2	D_3
YMT-1	黄	19	13	8.5	6	2.9
YMT-2	白	21	15	9.5	7	3.5
YMT-3	红	25	18	11	9	4.6

使用压线帽进行导线连接时,导线端部剥削绝缘露出线芯长度应与选用线帽规格相符,分别为13,15,18 mm,将线头插入压线帽内,如填充不实,可再用1~2根同材质同线径的线芯插入压线帽内填补,也可以将线芯剥出后回折插入压线帽内,使用专用阻尼式手握压力钳压实。

表 2.17 塑料压线帽与导线配合表

压线管内导线规格/mm²						配用压线帽型号
BV 型				BLV 型		
1.0	1.5	2.5	4.0	2.5	4.0	
导线根数						
2	—	—	—	—	—	YMT-1
4	—	—	—	—	—	
3	—	—	—	—	—	
1	2	—	—	—	—	
6	—	—	—	—	—	YMT-2
—	4	—	—	—	—	
3	2	—	—	—	—	
1	—	2	—	—	—	
2	1	1	—	—	—	
—	—	2	—	—	—	YMT-3
—	—	4	—	—	—	
—	2	3	—	—	—	
—	4	2	—	—	—	
1	—	2	1	—	—	
—	2	—	2	—	—	
8	—	1	—	—	—	
—	—	—	—	2	—	YML-1
—	—	—	—	3	—	
—	—	—	—	4	—	
—	—	—	—	3	2	YML-2
—	—	—	—	—	4	

2.7.3 铝导线连接

在室内配线工程中,绝缘铝导线已很少碰到。对 10 mm² 及以下的单股铝导线的连接,主要以铝套管进行局部压接。

压接所使用的压接钳如图 1.16(a)所示。这种压接钳可压接 2.5,4,6,10 mm² 的 4 种规格单股导线。所用铝压接管的截面有圆形和椭圆形两种,如图 2.68(a)所示。压接后情况,如图2.68(b)所示。铝套管压接规格如表 2.18 所示。

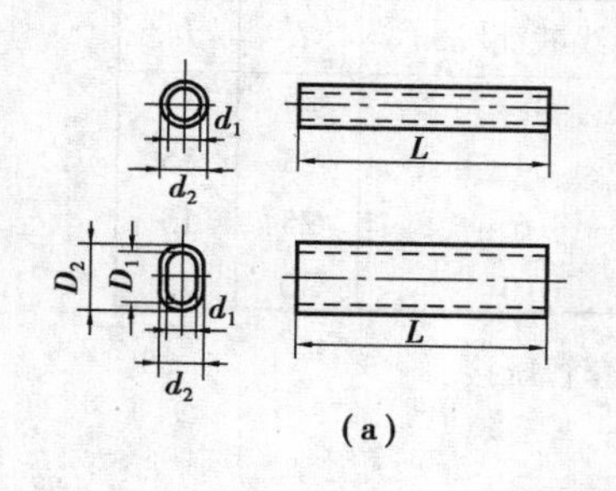

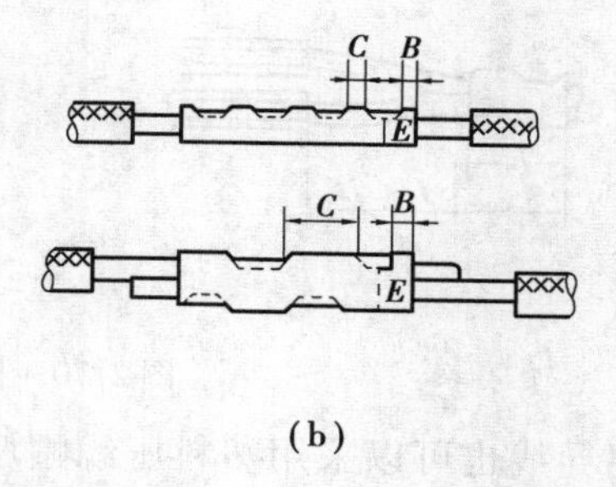

图2.68　铝套管及压接规格

(a)铝套管　(b)压接规格

表2.18　铝套管压接规格表

套管形式	导线截面/mm^2	线芯外径/mm	铝套管尺寸/mm					管压接尺寸/mm		压后尺寸 E/mm
			d_1	d_2	D_1	D_2	L	B	C	
圆形	2.5	1.76	1.8	3.8			31	2	2	1.4
	4	2.24	2.3	4.7			31	2	2	2.1
	6	2.73	2.8	5.2			31	2	1.5	3.3
	10	3.55	3.6	6.2			31	2	1.5	4.1
椭圆形	2.5	1.76	1.8	3.8	3.6	5.6	31	2	8.8	3.0
	4	2.24	2.3	4.7	4.6	7	31	2	8.4	4.5
	6	2.73	2.8	5.2	5.6	8	31	2	8.4	4.8
	10	3.55	3.6	6.2	7.2	9.8	31	2	8	5.5

压接前,先将连接的两根导线线芯表面及铝压接管内壁氧化膜去掉,然后涂上一层中性凡士林油膏。压接时,将导线从铝压接管两端插入管内。当采用圆形压接管时,两线各插到压接管的一半处。当采用椭圆形压接管时,应使两线线端各露出压接管两端4 mm,然后用压接钳压接,要使所有压坑的中心线处在同一条直线上。

单股铝导线的分支连接和并头连接,均可采用压接法,如图2.69、图2.70所示。

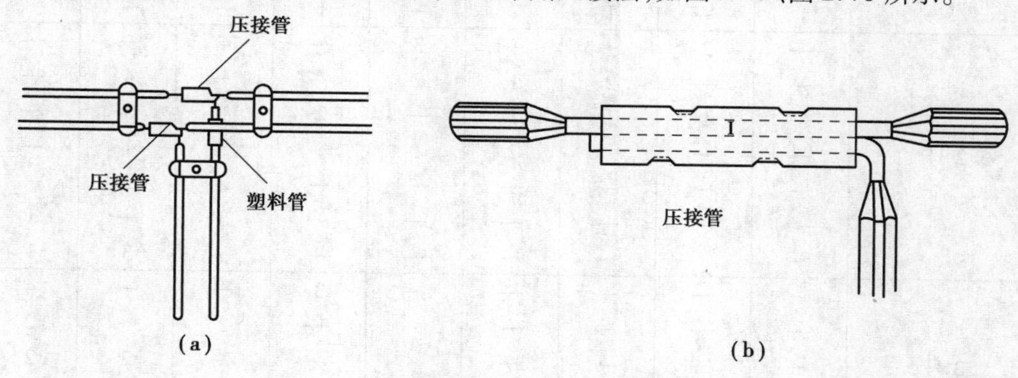

图2.69　用管压法进行分支连接

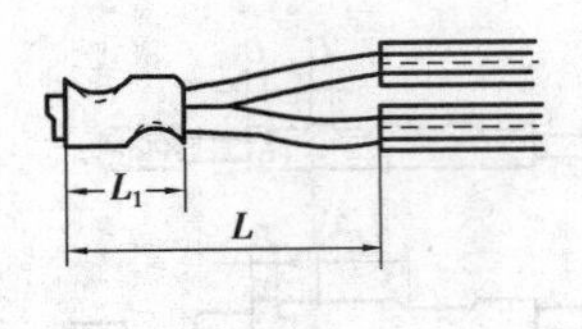

导线截面/mm²	L	L_1
2.5	25	15
4	25	15
6	25	15
10	30	15

图 2.70　接线盒内铝套管压接

单股铝导线也可以采用塑料压线帽压接。压线帽外形与铜心线用压线帽相同,其型号有 YML-1 型和 YML-2 型,规格如表 2.19 所示。压线帽的选用如表 2.17 所示。

6 mm² 及以下的单股铝线,采用塑料绝缘螺旋接线钮连接更方便,导线剥去绝缘后,把连接芯线并齐捻绞,保留芯线约 15 mm 剪去前端,使之整齐,然后选择合适的接线钮,顺时针方向旋紧,要把导线绝缘部分拧入接线钮的导线空腔内,如图 2.71 所示。螺旋接线钮的选用如表 2.20 所示。

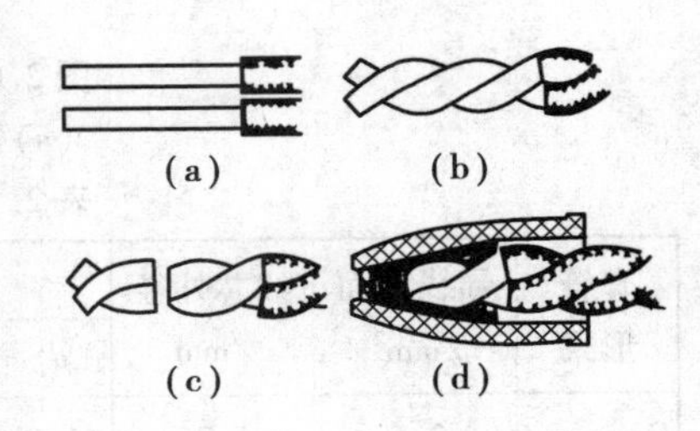

图 2.71　塑料螺旋接线钮连接导线
(a)剥线　(b)捻绞　(c)剪断　(d)旋紧

表 2.19　YML 型压线帽规格

型　号	色　别	规格尺寸/mm				
		L_1	L_2	D_1	D_2	D_3
YML-1	绿	25	18	11	9	4.6
YML-2	蓝	26	18	12	10	5.5

表 2.20　塑料螺旋接线钮选择表

型号 \ 导线根数	2 根导线截面/mm²			3 根导线截面/mm²			4 根导线截面/mm²		
	2.5	4.0	6.0	2.5	4.0	6.0	2.5	4.0	6.0
1 号	2	—	—	3	—	—	—	—	—
	1	1	—	2	1	—	—	—	—
	1	—	1	2	—	1	—	—	—
2 号	—	2	—	—	3	—	4	—	—
	—	—	2	1	2	—	—	4	—
	—	1	1	1	—	2	1	3	—
	—	—	—	2	1	—	3	1	—
	—	—	—	—	—	—	2	2	—
	—	—	—	—	—	—	3	—	1
	—	—	—	—	—	—	—	3	1
3 号	—	—	—	—	—	3	—	—	4
	—	—	—	—	—	—	2	—	2
	—	—	—	—	—	—	—	2	2
	—	—	—	—	—	—	1	—	3
	—	—	—	—	—	—	—	1	3

2.7.4　导线与设备端子的连接

截面在10 mm^2 及以下的单股铜(铝)导线可直接与设备接线端子连接,如图2.72所示。线头弯曲的方向一般均为顺时针方向,圆圈的大小应适当,而且根部的长短也要适当。2.5 mm^2及以下的多股铜芯导线与设备接线端子连接时,为防止线端松散,可在导线端部搪上一层焊锡,使其像整股导线一样,然后再弯成圆圈,连接到接线端子上。也可压接端子后再与设备端子连接。

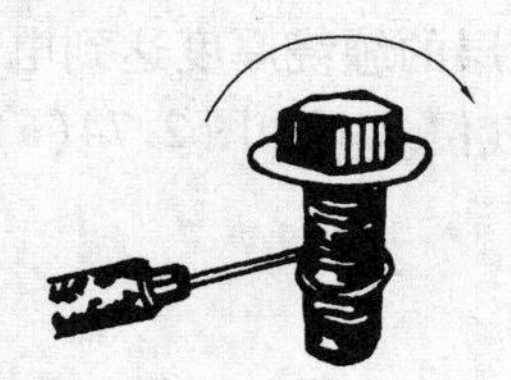

图2.72　单股导线与电器设备连接

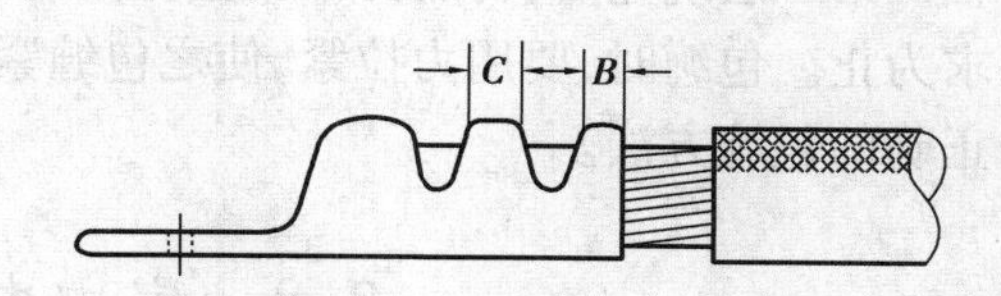

图2.73　铝接线端子压接工艺尺寸图

多股铝导线和截面2.5 mm^2 以上的多股铜芯导线,在线端与设备连接时,应装设接线端子(俗称线鼻子),如图2.73所示,然后再与设备相接。

铜导线接线端子的装接,可采用锡焊或压接两种方法。锡焊时,应先将导线表面和接线端子孔内用砂布擦干净,涂上一层无酸焊锡膏,在线芯端头搪上一层焊锡,然后,把接线端子放在喷灯火焰上加热,并把焊锡熔化在端子孔内,再将搪好锡的线芯慢慢插入,待焊锡完全渗透到线芯缝隙中后,即可停止加热。采用压接方法时,是将线芯插入端子孔内,用压接钳进行压接。这种方法操作简单,而且可节省有色金属和燃料,质量也比较好。

铝导线接线端子的装接一般用气焊或压接方法。对于铝板自制的铝接线端子多采用气焊。对于用铝套管制作的接线端子则多用压接法。压接前先剥掉导线端部的绝缘层,其长度为接线端子孔的深度加上5 mm。除掉线芯表面和端子孔内壁的氧化膜,涂上凡士林油膏,再将线芯插入端子内进行压接。压接时,先压靠近端子口处的第一个压坑,然后再压第二个压坑,压接深度以上下模接触为佳。压坑在端子上的相对位置如图2.73、表2.21所示。

表2.21　铝接线端子压接尺寸表

导线截面/mm^2	C/mm	B/mm
16	3	3
25	3	3
35	5	3
50	5	3
70	5	3
95	5	3
120	5	4
150	5	4
185	5	4
240	6	5

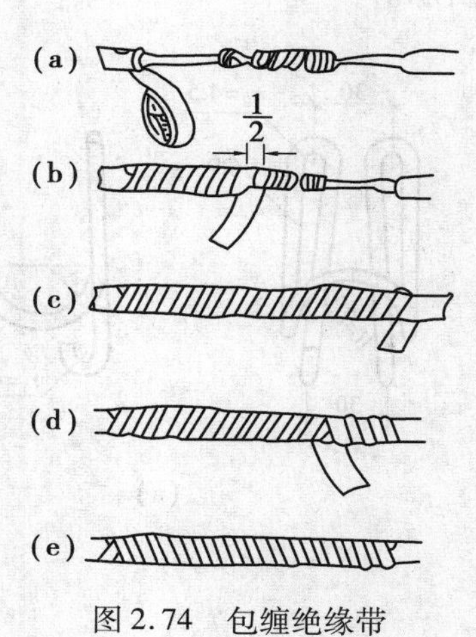

图2.74　包缠绝缘带

当铝导线与设备的铜端子或铜母线连接时，为防止铝铜产生电化腐蚀应采用铜铝过渡接线端子（铜铝过渡线鼻子）。这种端子的一端是铝接线管，另一端是铜接线板，压接时与上述方法一样。

2.7.5 恢复导线绝缘

所有导线线芯连接好后，均应用绝缘带包缠均匀紧密，以恢复绝缘。其绝缘强度不应低于导线原绝缘层的绝缘强度。经常使用的绝缘带有黑胶带、自黏性橡胶带、塑料带等。应根据接头处的环境和对绝缘的要求，结合各绝缘带的性能选用。包缠时采用斜叠法，使每圈压叠带宽的半幅。第一层绕完后，再用另一斜叠方向缠绕第二层，使绝缘层的缠绕厚度达到电压等级绝缘要求为止。包缠时，要用力拉紧，使之包缠紧密坚实，以免潮气侵入。如图 2.74（a）—（e）所示为正确的包缠方法。

2.8 室内电缆线路安装

室内电缆敷设，其主要敷设方式是沿墙及建筑构件明敷设、穿金属管暗敷设、电缆沿桥架敷设和电缆在夹层内敷设。本节介绍电缆明敷设、在夹层内敷设和利用桥架敷设。

2.8.1 电缆沿墙敷设

电缆沿墙明敷设分为垂直敷设和水平敷设。沿墙水平敷设，可使用挂钉和挂钩吊挂安装。每个挂钩使用两个挂钉。挂钩可以配合土建施工时预埋，也可以预埋在混凝土预制砌块内。电缆的吊挂安装如图 2.75 所示。挂钉的间距为：敷设电力电缆 1 m；敷设控制电缆 0.8 m。挂钉和挂钩的制作如图 2.76、表 2.22 所示。

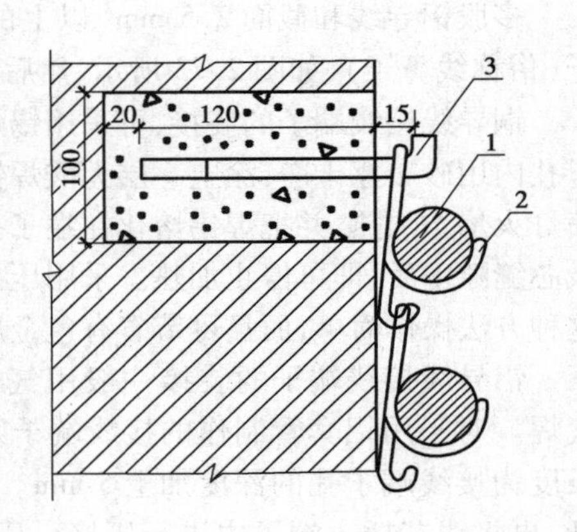

图 2.75 电缆沿墙水平吊挂敷设

1—电缆；2—挂钩；3—挂钉

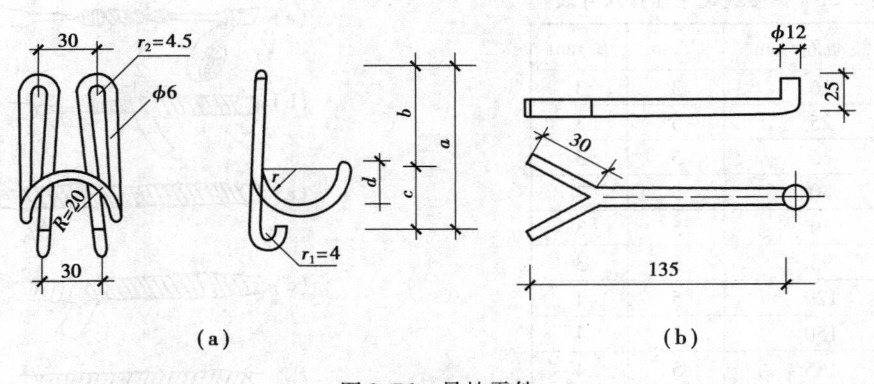

图 2.76 吊挂零件

（a）挂钩 （b）挂钉

表2.22　挂钩尺寸选择表/mm

电缆外径	展开尺寸	a	b	c	d	r
50	585	100	58	42	31	26
35	490	85	51	34	23	18
25	430	75	46	29	18	13

电缆沿墙垂直敷设，可以利用支架敷设，也可以用扁钢卡子直接固定。支架的形式有一字形、U形、E字形等多种。支架的固定可根据支架的形式采用不同的方法，可用膨胀螺栓固定、预埋件焊接固定等。支架之间的距离为：敷设电力电缆1.5 m；敷设控制电缆1 m。电缆在各种支架上沿墙垂直敷设，如图2.77所示。电缆在竖井内的敷设参见2.6节。

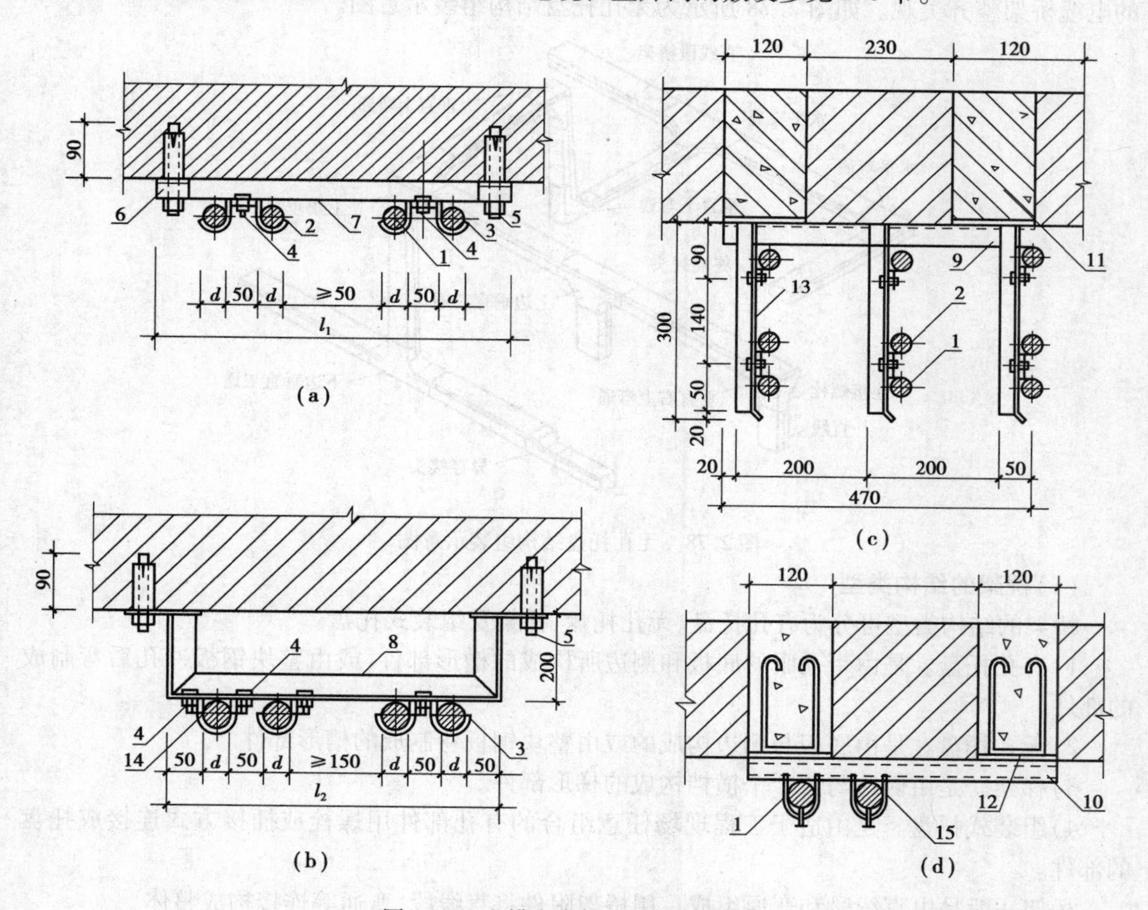

图2.77　电缆在支架上沿墙垂直敷设

(a)在一字形支架上敷设　(b)在U形支架上敷设　(c)在E形支架上敷设　(d)在一字形槽钢支架上敷设

1—电缆；2—K-01电缆卡子；3—K-03电缆卡子；4—M8×20螺栓；5—膨胀螺栓；
6—垫块；7、8—角钢支架；9—角钢支架主架；10—槽钢支架；11—预埋块；
12—预埋件；13—层架；14—K-02电缆卡子；15—K-07电缆卡子

2.8.2 电缆在电缆夹层内敷设

电缆在建筑夹层内敷设,主要依靠落地支架和沿墙安装的支架支持。落地支架与楼(地)面内的预埋件焊接固定或用膨胀螺栓固定,沿墙安装的支架与墙内预埋铁件焊接固定。电缆敷设严禁有绞拧、铠装压扁、护层断裂和表面严重划伤等缺陷。

2.8.3 电缆用桥架敷设

电缆桥架敷设电缆,已被广泛应用。它适用于多种场所,可用来敷设电力电缆、照明电缆,还可以用于敷设自动控制系统的控制电缆。

电缆桥架是由托盘、梯架的直线段、弯通、附件以及支、吊架等构成,用以支承电缆的连续性的刚性结构系统的总称。它的优点是制作工厂化、系列化,质量容易控制,安装方便,安装后的电缆桥架整齐美观。如图2.78所示为无孔托盘结构组装示意图。

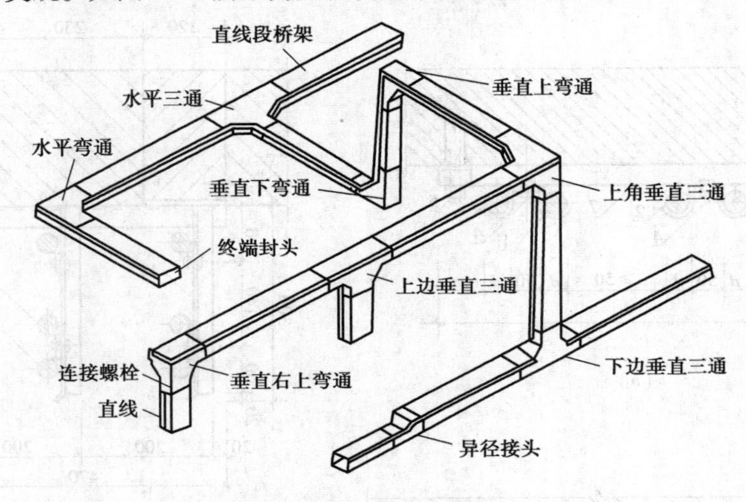

图2.78 无孔托盘结构组装示意图

(1)桥架的结构类型

桥架的结构类型可分为有孔托盘、无孔托盘、梯架及组装式托盘。

1)有孔托盘。是由带孔眼的底板和侧边所构成的槽形部件,或由整块钢板冲孔后弯制成的部件。

2)无孔托盘。是由底板与侧边构成的或由整块钢板弯制成的槽形部件。

3)梯架。是由侧边与若干个横档构成的梯形部件。

4)组装式托盘。是由适于工程现场任意组合的有孔部件用螺栓或插接方式连接成托盘的部件。

桥架一般是由直线段和弯通组成。用桥架附件将直线段、弯通等连接构成整体。

(2)电缆桥架支、吊架的安装

电缆桥架敷设主要是靠支、吊架作固定支撑。在决定支、吊形式和支撑距离时,应符合设计的规定。当设计无明确规定时,也可按生产厂家提供的产品特性数据确定。

电缆桥架水平敷设当设计无要求时,支架间距一般为1.5~3 m,垂直敷设时,支架间距不宜大于2 m。在非直线段,支、吊架的位置如图2.79所示。当桥架弯通弯曲半径不大于

300 mm时，应在距弯曲段与直线段接合处300～600 mm的直线段侧设置一个支吊架。当弯曲半径大于300 mm时，还应在弯通中部增设一个支吊架。

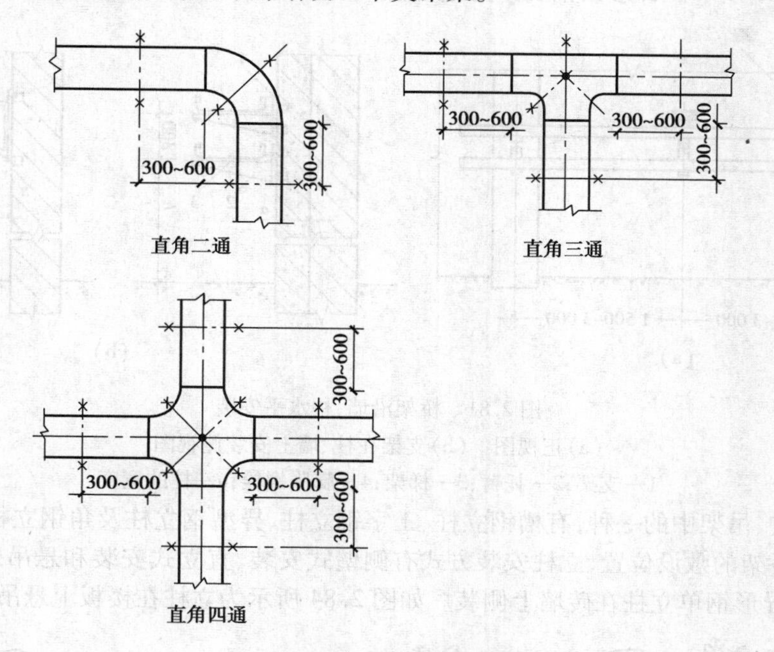

图2.79 桥架支、吊架位置图

U形角钢支架是电缆桥架沿墙垂直安装，用以固定托盘、梯架的一种常用支架。其安装方式有直接埋设和用预埋螺栓固定两种方法，单层桥架的支架埋深一般为150 mm，多层支架的埋设深度为200～300 mm，如图2.80所示。支架也可以与预埋件焊接固定或用膨胀螺栓固定。

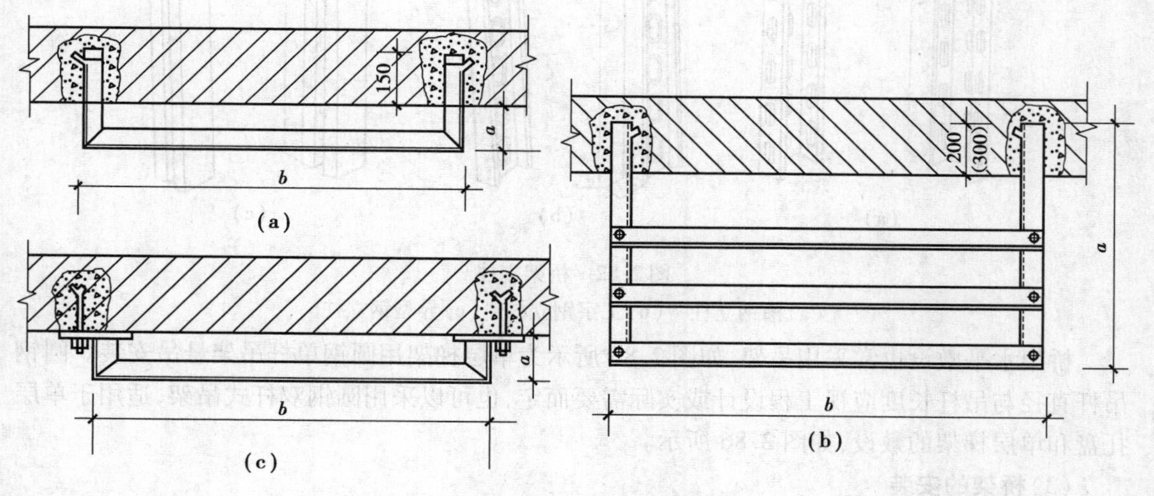

图2.80 U形支架的固定

(a)单层支架预埋 (b)多层支架预埋 (c)单层支架螺栓固定

桥架水平敷设所用支架、吊架多种多样，如电缆桥架在工业厂房内沿墙、沿柱水平安装时，当柱表面与墙表面不在同一平面时，在柱上可以直接固定安装托臂，而在墙体上托臂则应安装在异型钢或工字钢立柱上，立柱要焊接在梯形角钢支架上，支架在墙、柱上安装可用膨胀螺栓固定，如图 2.81 所示。梯形角钢支架为电缆桥架沿直线走向创造了条件。

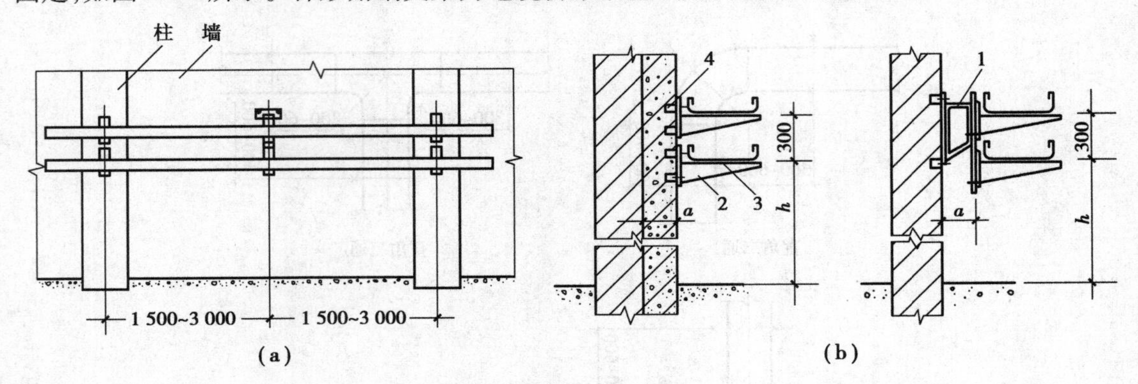

图 2.81　桥架沿墙、柱水平安装

(a)正视图　(b)支架在柱、墙上安装侧视图

1—支架；2—托臂；3—梯架；4—膨胀螺栓；a—柱的宽度

立柱是支、吊架中的一种，有槽钢立柱、工字钢立柱、异型钢立柱及角钢立柱等，如图 2.82 所示。根据桥架的敷设位置，立柱安装方式有侧壁式安装、直立式安装和悬吊式安装等，如图 2.83 所示为异形钢单立柱在砖墙上侧装。如图 2.84 所示为立柱在楼板上悬吊式安装。

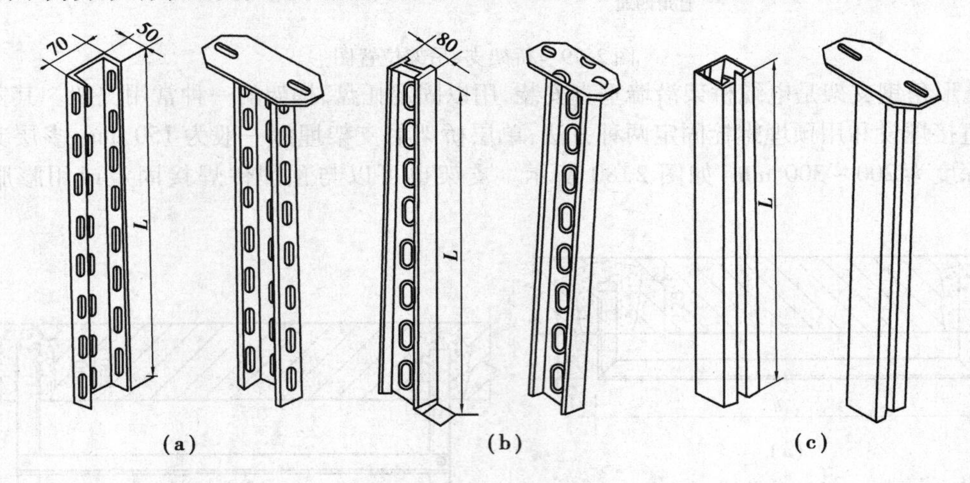

图 2.82　桥架立柱

(a)槽钢立柱　(b)工字钢立柱　(c)异型钢立柱

桥架水平敷设也常采用吊架，如图 2.85 所示为单层梯架用圆钢单杆吊架悬吊安装。圆钢吊杆直径与吊杆长度应视工程设计或实际需要而定，也可以采用圆钢双杆式吊架，适用于单层托盘和单层梯架的敷设，如图 2.86 所示。

(3)桥架的安装

支、吊架安装调整完后，即可进行托盘和梯架的安装。托盘或梯架的安装，应先从始端直线段开始，先把起始端托盘或梯架的位置确定好，固定牢固。固定方法可用夹板或压板，然后再沿桥架的全长逐段地对托盘或梯架进行布置。

桥架的组装可用多种专用附件进行。当托盘、梯架的直线段之间以及直线段与弯通之间

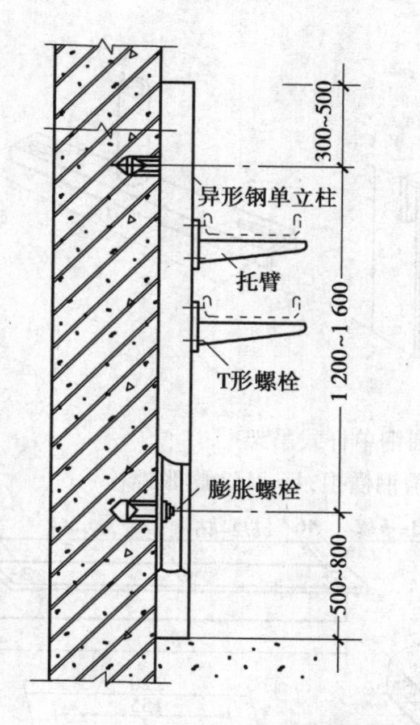

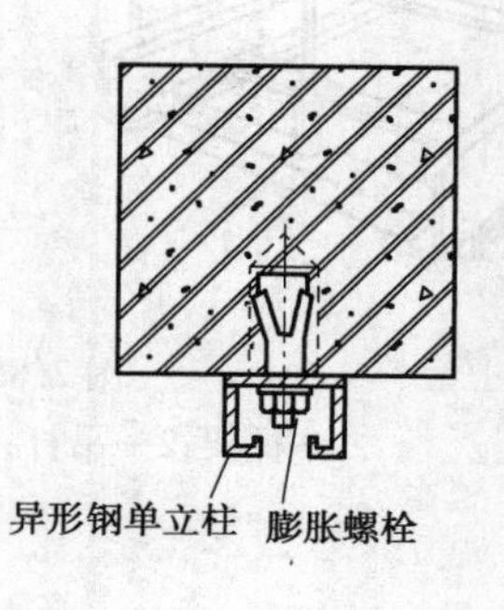

图2.83　异形钢单立柱在砖墙上侧装

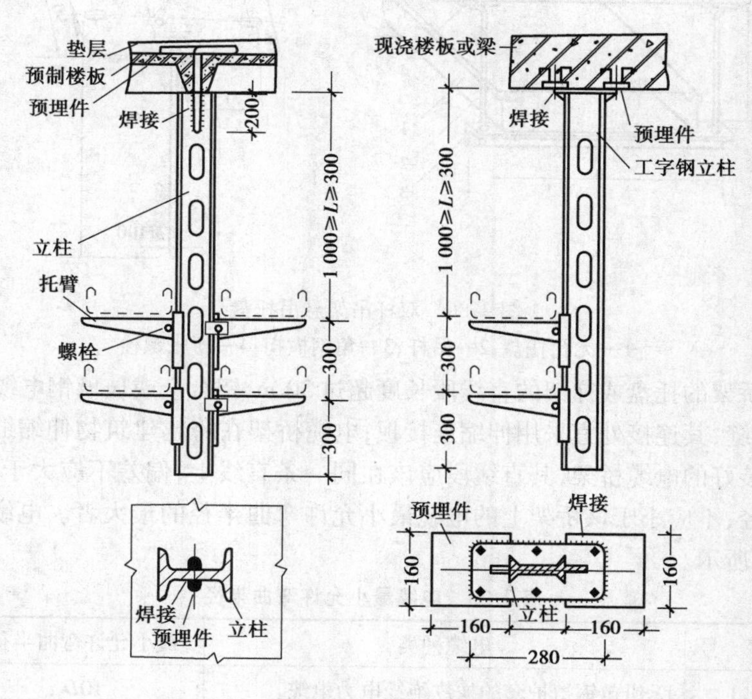

图2.84　工字钢立柱在楼板上悬吊式安装

需要连接时，在其外侧应使用与其配套的直线连接板和连接螺栓进行连接。有的托盘、梯架的直线段之间连接时，在侧边内侧还可以使用内衬板进行辅助连接。注意，连接点不应置于支撑点上，也不应置于支撑跨距的1/2处，最好放在支撑跨距的1/4处。桥架变换宽度或高度的连接，改变方向的连接都有专用连接件。只是应注意连接固定螺栓的螺母应置于托盘、梯架的外侧，便于安装、维护。

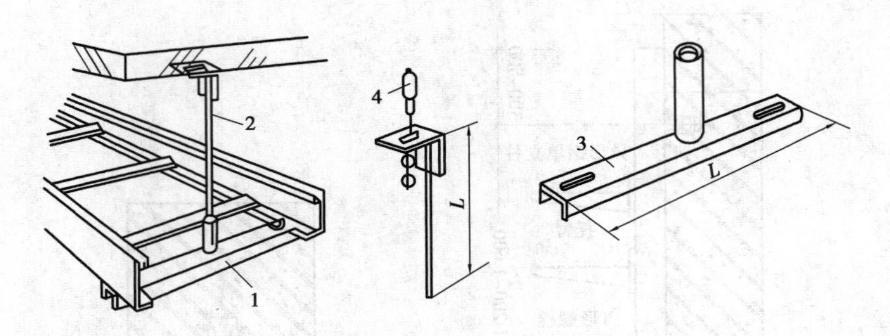

图 2.85　圆钢单杆式吊架

1—梯架;2—吊杆;3—槽钢横担;4—M12 膨胀螺栓

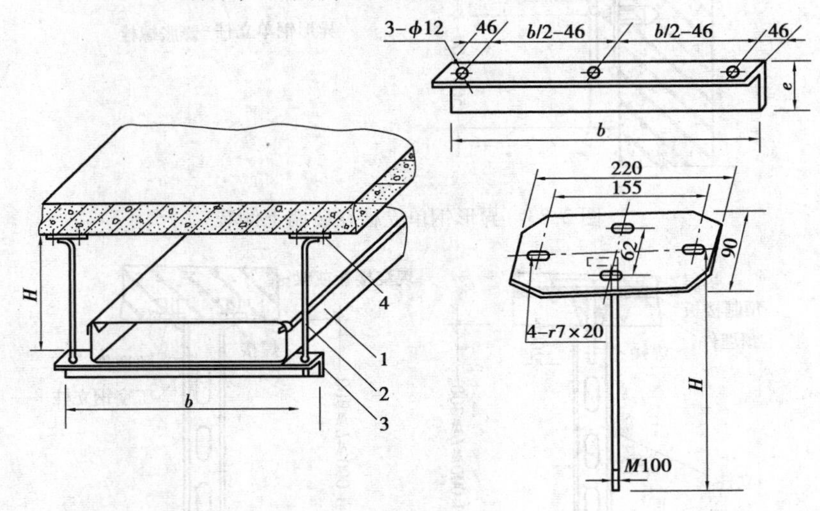

图 2.86　双杆吊架悬吊托盘

1—无孔托盘;2—吊杆;3—角钢横担;4—膨胀螺栓

钢制电缆桥架的托盘或梯架的直线段长度超过 30 m,铝合金或玻璃钢电缆桥架超过 15 m 时,应设有伸缩缝,其连接处宜采用伸缩连接板;电缆桥架在跨越建筑物伸缩缝处也应装设伸缩连接板。组装好的电缆桥架,其直线段应该在同一条直线上,偏差不应大于 10 mm;桥架转弯处的转弯半径,不应小于该桥架上的电缆最小允许弯曲半径的最大者。电缆最小允许弯曲半径如表 2.23 所示。

表 2.23　电缆最小允许弯曲半径

序　号	电缆种类	最小允许弯曲半径
1	无铅包钢铠护套的橡皮绝缘电力电缆	10*D*
2	有钢铠护套的橡皮绝缘电力电缆	20*D*
3	聚氯乙烯绝缘电力电缆	10*D*
4	交联聚乙烯绝缘电力电缆	15*D*
5	多芯控制电缆	10*D*

注:*D* 为电缆外径。

桥架安装应符合下列规定：

1）当设计无要求时，电缆桥架水平安装的支架间距为1.5～3 m；垂直安装的支架间距不大于2 m。

2）桥架与支架间螺栓、桥架连接板螺栓固定紧固无遗漏，螺母位于桥架外侧；当铝合金桥架与钢支架固定时，有相互间绝缘的防电化腐蚀措施。

3）电缆桥架敷设在易燃易爆气体管道和热力管道的下方。当设计无要求时，与管道的最小净距，应符合表2.24的规定。

表2.24　桥架与管道的最小净距/m

管道类别		平行净距	交叉净距
一般工艺管道		0.4	0.3
易燃易爆气体管道		0.5	0.5
热力管道	有保温层	0.5	0.3
	无保温层	1.0	0.5

4）支架与预埋件焊接固定时，焊缝饱满；膨胀螺栓固定时，选用螺栓适配，连接紧固，防松零件齐全。

（4）**桥架的接地**

为使钢制电缆桥架系统有良好的接地性能，整个系统必须具有可靠的电气连接。当利用桥架系统构成接地干线回路时，其接头处的连接电阻值不应大于0.000 33 Ω，在接地孔处，应将丝扣、接触点和接触面上任何不导电涂层和类似的表层清理干净。

电缆桥架的伸缩缝或软连接处需采用编织铜线连接；多层桥架，应将每层桥架的端部用16 mm^2 软铜线并联连接起来，再与总接地干线连通。长距离的电缆桥架每隔30～50 m接地一次。

当沿桥架全长另敷设接地干线时，每段（包括非直线段）托盘、梯架应至少有一点与接地干线可靠连接。

总之，金属桥架及其支架和引入或引出的金属电缆导管必须接地（PE）或接零（PEN）可靠，且必须符合下列规定：

1）金属电缆桥架及其支架全长应不少于两处与接地（PE）或接零（PEN）干线相连接。

2）非镀锌电缆桥架间连接板的两端跨接铜芯接地线，接地线最小允许截面积不小于4 mm^2。

3）镀锌电缆桥架间连接板的两端不跨接接地线，但连接板两端不少于两个有防松螺帽或防松垫圈的连接固定螺栓。

（5）**电缆敷设**

电缆沿桥架敷设前，应先将电缆敷设位置排列好，规划出排列图表，按图表进行施工，避免电缆在桥架中出现交叉现象。

施放电缆时，对于单端固定的托臂可以在地面上设置滑轮施放，放好后再放入托盘或梯架内；对于在双吊杆固定的托盘或梯架内敷设电缆，应将电缆放在托盘或梯架内的滑轮上进行施放，不得直接在托盘或梯架内拖拉。避免出现电缆绞拧、铠装压扁、护层断裂和表面严重划伤等缺陷。

电缆沿桥架敷设时,应单层敷设,电缆之间可以无间距,但电缆在桥架内应排列整齐、不应交叉,并应敷设一根、整理一根、卡固一根。

垂直敷设于桥架内的电缆固定点间距不应大于表2.25的规定;水平敷设的电缆,应在电缆的首尾两端、转弯两侧及每隔5~10 m处固定,大于45°倾斜敷设的电缆每隔2 m处设固定点。固定方法可用尼龙卡带、绑线或电缆卡子。

在桥架内电力电缆的总截面积(包括外护层)不应大于桥架有效横断面的40%,控制电缆不应大于50%。

为了保障电缆线路运行安全和避免相互间的干扰和影响,下列不同电压、不同用途的电缆,不宜敷设在同一层桥架上:

1)1 kV以上和1 kV以下的电缆。

2)同一路径向一级负荷供电的双路电源电缆。

3)应急照明和其他照明的电缆。

4)强电和弱电电缆。

如果受条件限制需要安装在同一层桥架上时,应用隔板隔开。

电缆桥架内敷设的电缆,应在电缆的首端、尾端和分支处,设置标志牌、标有编号、型号及起止点等,标记应清晰齐全,挂装整齐无遗漏。

电缆敷设完毕后,应及时清理桥架内杂物,有盖的应盖好盖板,并进行最后调整。

表2.25　垂直敷设电缆固定点的间距/mm

电缆种类		固定点的间距
电力电缆	全塑形	1 000
	除全塑型外的电缆	1 500
控制电缆		1 000

复习题

1. 阅读图2.1—图2.4,阐述6#楼1单元照明工程概况。

2. 简述室内配线工程施工程序。

3. 建筑电气工程施工过程质量控制一般规定。

4. 简述室内配线的基本要求。

5. 常用低压配线方式有几种?

6. 何为线管明配和暗配?基本要求是什么?

7. 简述配管一般规定。

8. 简述配管工程施工程序。

9. 钢管配线时,对管子弯曲半径的大小是如何规定的?

10. 钢管、硬塑料管暗配管时,在什么情况下应加装接线盒?

11. 钢管、塑料管的连接通常采用哪些方法?

12. 简述普利卡金属套管敷设方法及要求。
13. 管内穿线有哪些要求和规定?
14. 简述线槽敷设的要求。
15. 线槽内导线敷设有哪些要求?
16. 钢索配线完成后的弛度要求是如何规定的?如果超过要求值,应采用什么办法解决?
17. 简述高层建筑竖井内配线的特点及应特殊考虑的问题。
18. 绝缘导线连接的基本要求是什么?
19. 简述单芯铜导线并头连接的方法。
20. 简述绝缘导线与设备端子连接的方法。
21. 电缆桥架安装有哪些规定?
22. 简述电缆桥架内敷设电缆的要求。

第3章　室外配电线路安装

室外配电线路主要有架空配电线路和电缆配电线路。架空配电线路就是用电杆将导线悬空架设,直接向用户供电的电力线路。它一般按电压等级,可分为高压架空配电线路(6 ~ 10 kV)和低压(1 kV 以下)架空配电线路。室外电缆配电线路,可分为高压和低压两种。但线路的敷设方式相同,有直埋敷设、电缆沟敷设、电缆隧道敷设及电缆排管敷设等多种方法。

3.1　架空配电线路的结构

架空配电线路主要是由基础、电杆、横担、导线、拉线、绝缘子及金具等组成的。电杆装置如图3.1所示。

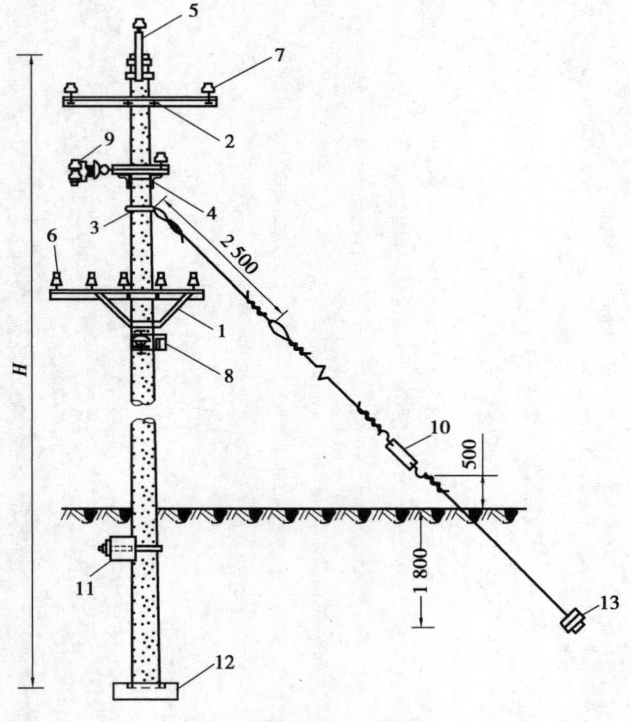

图3.1　钢筋混凝土电杆装置示意图

1—低压五线横担;2—高压二线横担;3—拉线抱箍;4—双横担;5—杆顶支座;
6—低压针式绝缘子;7—高压针式绝缘子;8—蝶式绝缘子;9—悬式绝缘子及高压蝶式绝缘子;
10—花篮螺丝;11—卡盘;12—底盘;13—拉线盘

3.1.1　电杆基础

所谓电杆基础,是对电杆地下部分的总体称呼。它由底盘、卡盘和拉线盘组成。其作用主要是防止电杆因承受垂直荷重、水平荷重及事故荷重等所产生的上拔、下压甚至倾倒。是否装设三盘,应依据设计和现场具体情况决定。底盘、卡盘和拉线盘的外形如图3.2所示。它一般为钢筋混凝土预制件,也可用天然石材代替。

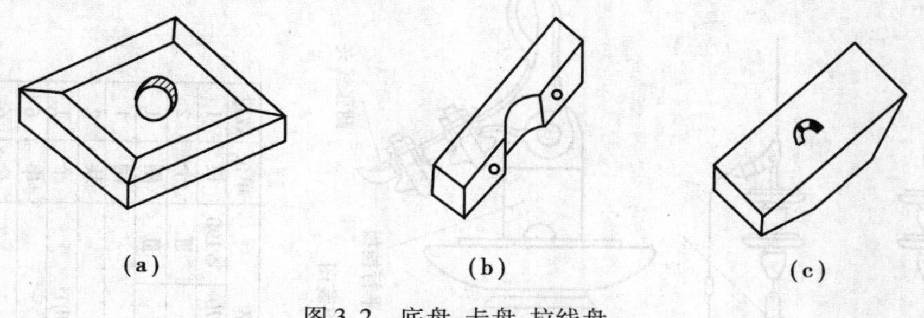

图3.2　底盘、卡盘、拉线盘
(a)底盘　(b)卡盘　(c)拉线盘

3.1.2　电杆及杆型

电杆是架空配电线路的重要组成部分,是用来安装横担、绝缘子和架设导线的。目前,普遍使用的是钢筋混凝土电杆。

电杆在线路中所处的位置不同,它的作用和受力情况就不同,杆顶的结构形式也就有所不同。一般按其在配电线路中的作用和所处位置,可将电杆分为直线杆、耐张杆、转角杆、终端杆、分支杆及跨越杆6种基本形式。

(1)**直线杆**(代号Z)

直线杆也称中间杆(即两个耐张杆之间的电杆),位于线路的直线段上,仅作支持导线、绝缘子及金具用。在正常情况下,电杆只承受导线的垂直荷重和风吹导线的水平荷重(有时尚需考虑覆冰荷重),而不承受顺线路方向的导线的拉力。在架空配电线路中,大多数为直线杆,一般占全部电杆数的80%左右。其杆顶结构如图3.3所示。

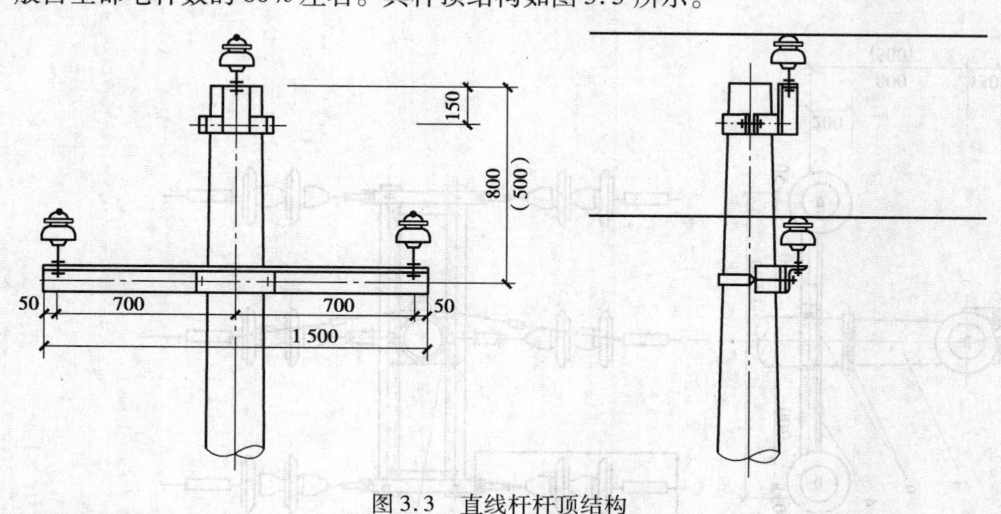

图3.3　直线杆杆顶结构

(2)**耐张杆**(代号N)

当架空配电线路发生断线事故时,会导致倒杆事故的发生。为了减少倒杆数量,应每隔一定距离装设一机械强度比较大,能够承受导线不平衡拉力的电杆,这种电杆俗称耐张杆。设置耐张杆不仅能起到将线路分段和控制事故范围的作用,同时给在施工中分段进行架线带来很多方便。

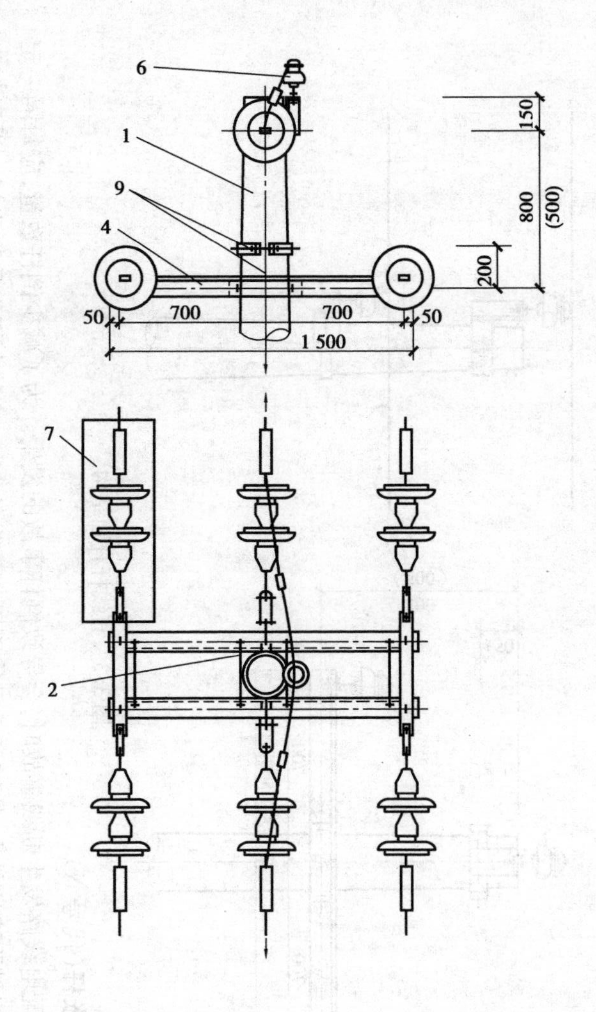

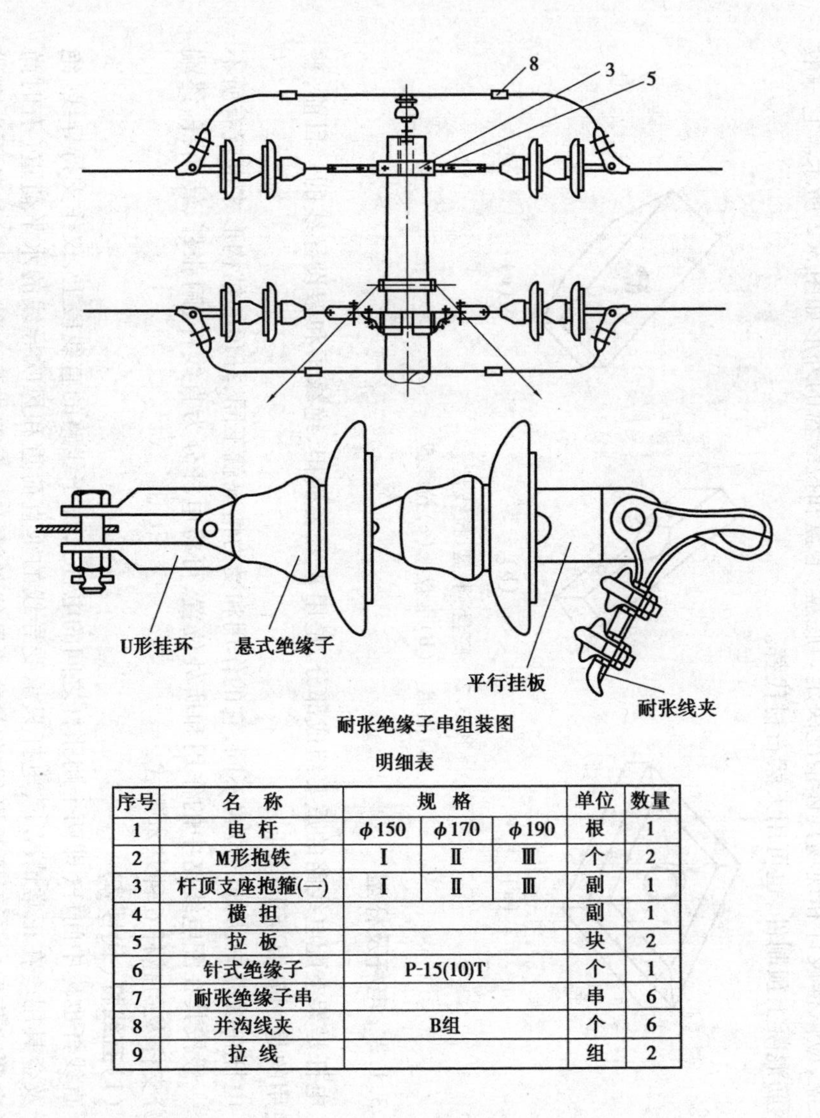

耐张绝缘子串组装图

明细表

序号	名称	规格			单位	数量
1	电杆	ϕ150	ϕ170	ϕ190	根	1
2	M形抱铁	Ⅰ	Ⅱ	Ⅲ	个	2
3	杆顶支座抱箍(一)	Ⅰ	Ⅱ	Ⅲ	副	1
4	横担				副	1
5	拉板				块	2
6	针式绝缘子	P-15(10)T			个	1
7	耐张绝缘子串				串	6
8	并沟线夹	B组			个	6
9	拉线				组	2

图3.4 耐张杆杆顶结构图

在线路正常运行时，耐张杆所承受的荷重与直线杆相同，但在断线事故情况下则要承受一侧导线的拉力。因此，耐张杆的杆顶结构要比直线杆杆顶结构复杂得多，如图3.4所示。

(3)**转角杆**(代号J)

设在线路转角处的电杆通常称为转角杆。转角杆杆顶结构形式要视转角大小、挡距长短、导线截面等具体情况决定，可以是直线型的，也可以是耐张型的。如图3.5所示为双担直线型转角杆的杆顶结构图。

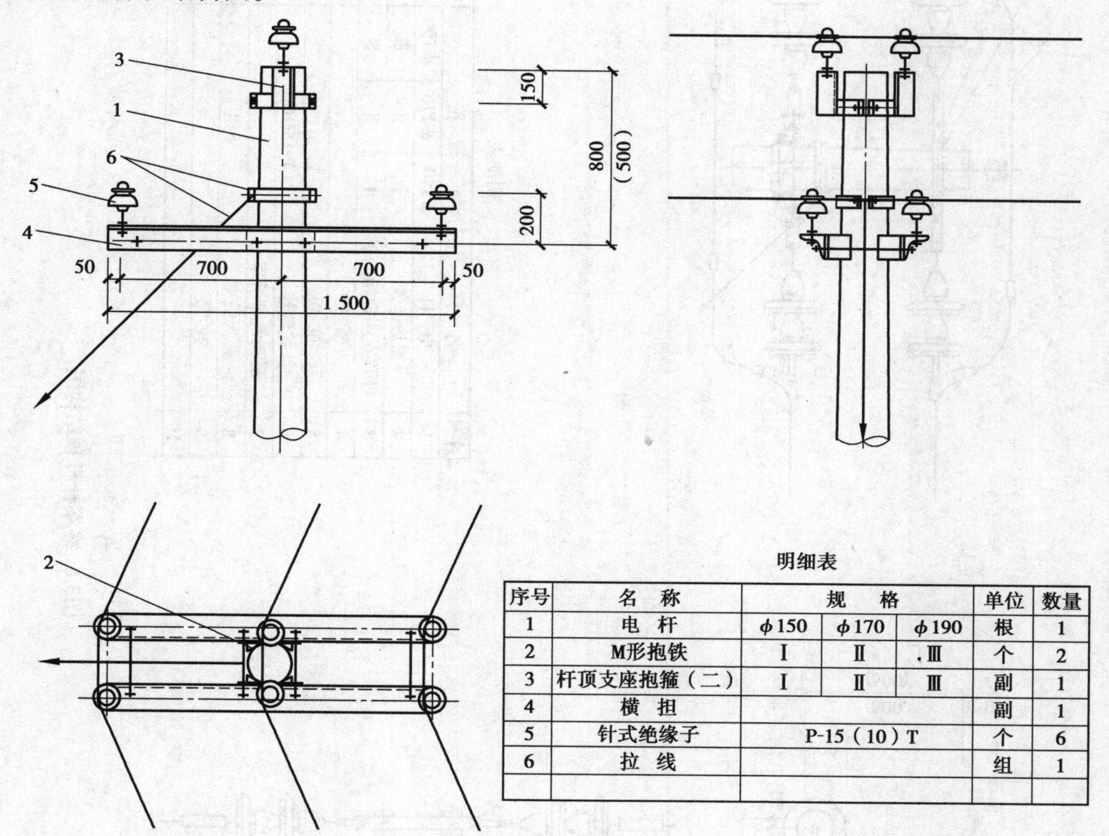

明细表

序号	名　称	规　格			单位	数量
1	电　杆	ϕ150	ϕ170	ϕ190	根	1
2	M形抱铁	Ⅰ	Ⅱ	Ⅲ	个	2
3	杆顶支座抱箍(二)	Ⅰ	Ⅱ	Ⅲ	副	1
4	横　担				副	1
5	针式绝缘子	P-15(10)T			个	6
6	拉　线				组	1

图3.5　转角杆杆顶结构图

转角杆在正常运行情况下所承受的荷重，除与耐张杆所承受的荷重相同之外，还承受两侧导线拉力的合力。

(4)**终端杆**(代号D)

设在线路的起点和终点的电杆统称为终端杆。其杆顶结构和耐张杆相似，只是拉线有所不同，如图3.6所示。

(5)**分支杆**(代号F)

分支杆位于分支线路与干线相连接处，对主干线而言，该杆多为直线型和耐张型；对分支线路而言，该杆相当于终端杆，其杆顶结构如图3.7所示。

(6)**跨越杆**(代号K)

当配电线路与公路、铁路、河流、架空管道、电力线路、通信线路等交叉时，必须满足规范规定的交叉跨越要求。设在线路跨越障碍处的电杆就称为跨越杆，其杆顶结构如图3.8所示。

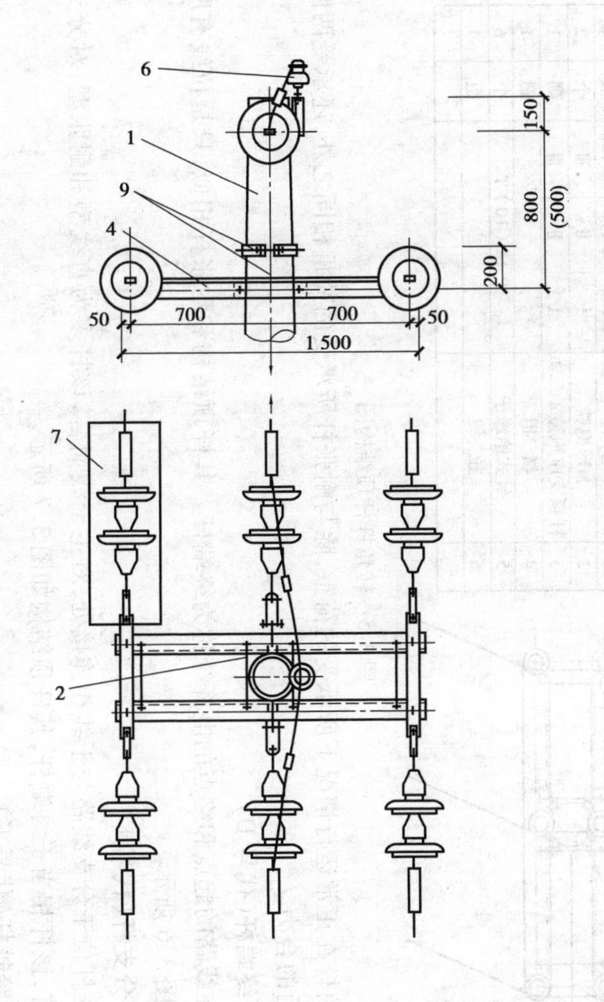

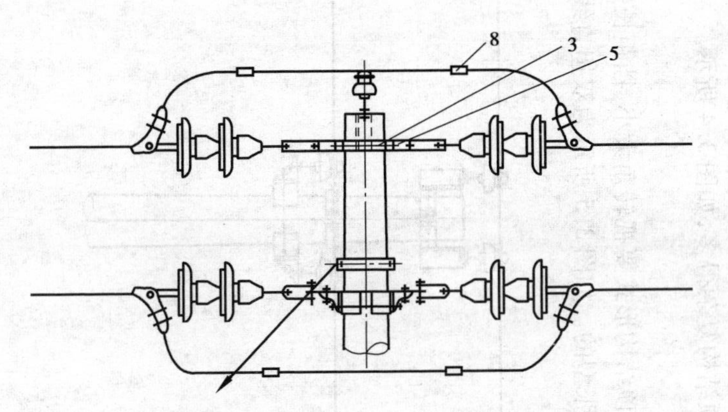

明细表

序号	名　称	规　格			单位	数量
1	电　杆	ϕ150	ϕ170	ϕ190	根	1
2	M形抱铁	Ⅰ	Ⅱ	Ⅲ	个	2
3	杆顶支座抱箍(一)	Ⅰ	Ⅱ	Ⅲ	副	1
4	横　担				副	1
5	拉　板				块	2
6	针式绝缘子	P-15(10)T			个	1
7	耐张绝缘子串				串	6
8	并沟线夹	B组			个	6
9	拉　线				组	1
10						

图3.6　终端杆杆顶结构图

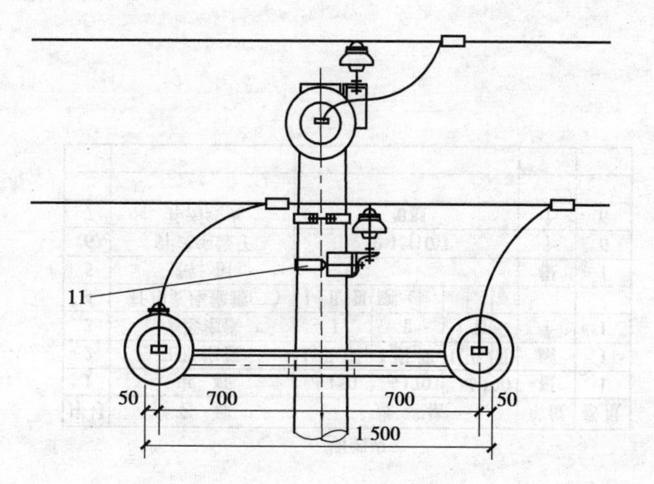

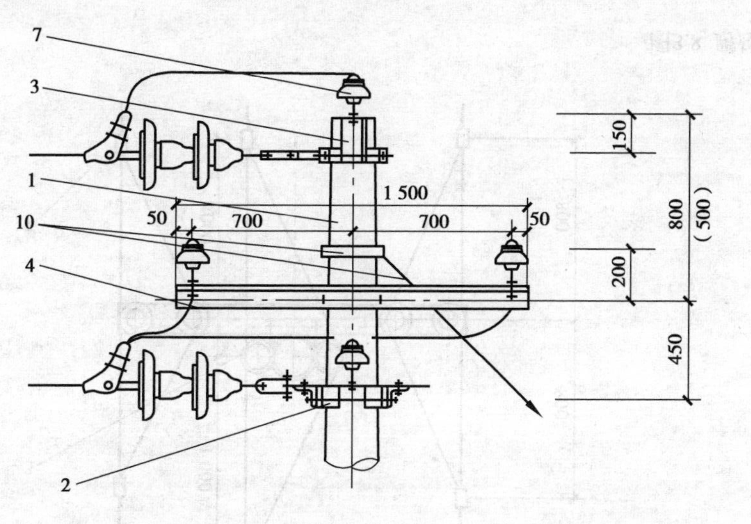

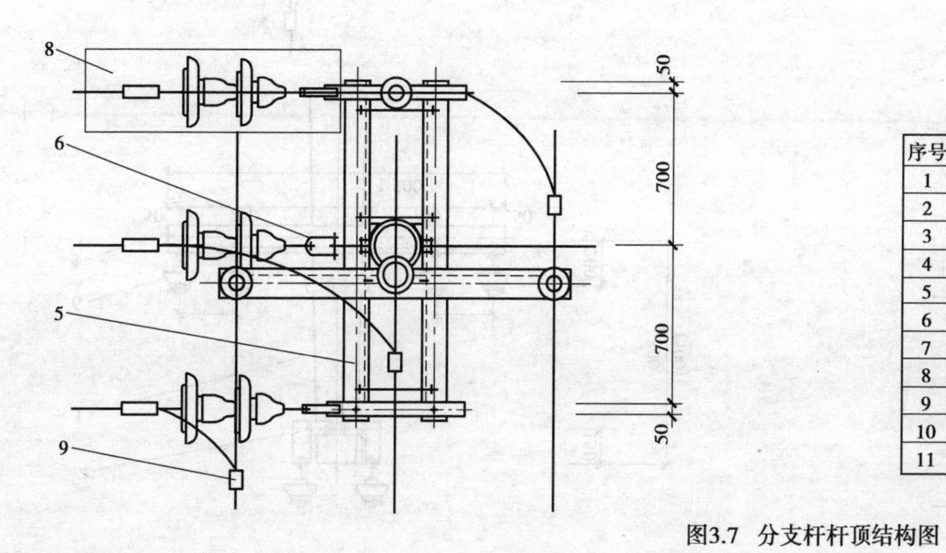

明细表

序号	名　称	规　格			单位	数量
1	电　杆	ϕ150	ϕ170	ϕ190	根	1
2	M形抱铁	Ⅰ	Ⅱ	Ⅲ	个	3
3	杆顶支座抱箍(一)	Ⅰ	Ⅱ	Ⅲ	副	1
4	横　担				根	1
5	横　担				副	1
6	拉　板				块	1
7	针式绝缘子	P-15(10)T			个	4
8	耐张绝缘子串				串	3
9	并沟线夹	B型			个	3
10	拉　线				组	1
11	U形抱铁	$Ⅰ_1 Ⅱ_1 Ⅲ_1$	$Ⅰ_2 Ⅱ_2 Ⅲ_2$	$Ⅰ_3 Ⅱ_3 Ⅲ_3$	副	1

图3.7　分支杆杆顶结构图

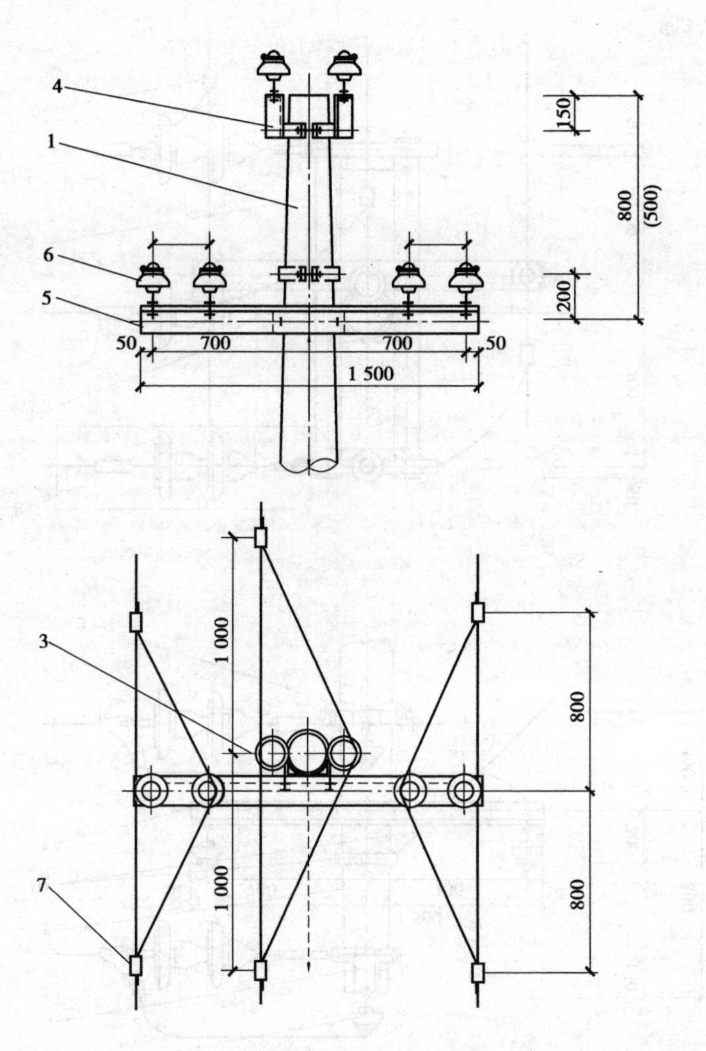

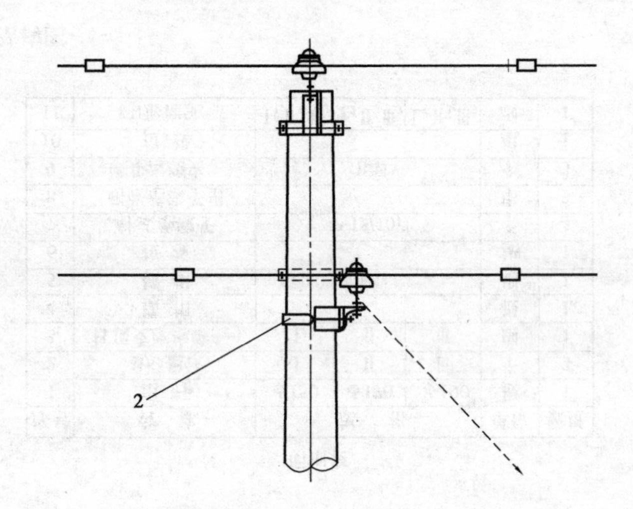

明细表

序号	名 称	规 格	单位	数量
1	电 杆	ϕ150 ϕ170 ϕ190	根	1
2	U形抱箍	I_1 II_1 III_1 I_2 II_2 III_2 I_3 II_3 III_3	副	1
3	M形抱铁	Ⅰ Ⅱ Ⅲ	个	1
4	杆顶支座抱箍(二)	Ⅰ Ⅱ Ⅲ 副 1		
5	横 担		根	1
6	针式绝缘子	P-15(10)T	个	6
7	并沟线夹	B型	个	6

图3.8 跨越杆杆顶结构图

3.1.3　导线

由于架空配电线路经常受到风、雨、雪、冰等各种载荷及气候的影响,还会受到空气中各种化学杂质的侵蚀,因此,要求导线应有一定的机械强度和耐腐蚀性能。架空配电线路常用裸绞线的种类有裸铜绞线(TJ)、裸铝绞线(LJ)、钢芯铝绞线(LGJ)及铝合金线(HLJ)。低压架空配电线路也有采用绝缘导线。

导线在电杆上的排列为:高压线路均为三角排列,线间水平距离为1.4 m;低压线路均为水平排列,导线间水平距离为0.4 m;考虑登杆的需要,靠近电杆两侧的导线距电杆中心距离增大到0.3 m。

3.1.4　横担

架空配电线路的横担较为简单,它是装在电杆的上端,用来安装绝缘子、固定开关、避雷器等电器设备的。

表3.1　高压单回路横担选择表

类型	横担规格					耐张线夹型号	并沟线夹型号
杆型	直线			耐张	终端		
挡距/m	50	90	120	—	—		
导线规格 \ 覆冰厚度	0　5　10　15	0　5　10　15	0　5　10　15	0　5　10　15	0　5　10　15		
LJ-25							
-35						NLD-1	B-0
-50			∟63×6(Ⅰ)				B-1
-70	∟63×6(Ⅰ)	∟63×6(Ⅰ)		2×∟63×6(2Ⅰ)	2×∟75×8(2Ⅱ)	NLD-2	
-95			∟75×8(Ⅱ)				B-2
-120		∟75×8(Ⅱ)					
-150					2×∟90×8(2Ⅲ)	NLD-3	B-3
-185			∟90×8(Ⅲ)				
-240	∟75×8(Ⅱ)			2×∟75×8(2Ⅱ)	2×∟75×8*(2Ⅱ*)	NLD-4	B-4
LGJ-16					2×∟63×6(2Ⅰ)		
-25							B-0
-35	∟63×6(Ⅰ)	∟63×6(Ⅰ)				NLD-1	
-50			∟63×6(Ⅰ)	2×∟63×6(2Ⅰ)	2×∟75×8(2Ⅱ)		B-1
-70						NLD-2	
-95					2×∟90×8(2Ⅲ)		B-2
-120				2×∟75×8(2Ⅱ)	2×∟63×6*(2Ⅰ*)	NLD-3	
-150							B-3
-185				2×∟90×8(2Ⅲ)			
-240	∟75×8(Ⅱ)		∟90×8(Ⅲ)		2×∟75×8*(2Ⅱ*)	NLD-4	B-4

注:1. 表中带*者为带斜材的横担。

2. 固定针式绝缘子的横担按直线横担选择;固定悬式绝缘子的横担按耐张或终端横担选择。

架空配电线路的横担，按材质可分为木横担、铁横担和陶瓷横担 3 种；按使用条件或受力情况，可分为直线横担、耐张横担和终端横担。架空配电线路普遍使用角钢横担。横担的选择与杆型、导线规格及线路挡距有关。高压单回路和低压线路横担的选择可参见表 3.1 和表 3.2。

表 3.2　低压架空配电线路四线横担选择表

杆　型	直线杆				≤45° 转角杆、耐张杆				终端杆			
导线规格	覆冰厚度/mm				覆冰厚度/mm				覆冰厚度/mm			
	0	5	10	15	0	5	10	15	0	5	10	15
LJ-16	∟50×5(Ⅱ)	∟50×5(Ⅱ)	∟63×6(Ⅲ)	∟63×6(Ⅲ)	2×∟50×5(Ⅱ)	2×∟50×5(Ⅱ)	2×∟50×5(Ⅱ)	2×∟50×5(Ⅱ)	2×∟75×8(Ⅳ)	2×∟75×8(Ⅳ)	2×∟75×8(Ⅳ)	2×∟75×8(Ⅳ)
LJ-25	∟50×5(Ⅱ)	∟50×5(Ⅱ)	∟63×6(Ⅲ)	∟75×8(Ⅳ)	2×∟50×5(Ⅱ)	2×∟50×5(Ⅱ)	2×∟50×5(Ⅱ)	2×∟50×5(Ⅱ)	2×∟75×8(Ⅳ)	2×∟75×8(Ⅳ)	2×∟75×8(Ⅳ)	2×∟75×8(Ⅳ)
LJ-35	∟50×5(Ⅱ)	∟50×5(Ⅱ)	∟63×6(Ⅲ)	∟75×8(Ⅳ)	2×∟50×5(Ⅱ)	2×∟50×5(Ⅱ)	2×∟63×6(Ⅲ)	2×∟63×6(Ⅲ)	2×∟75×8(Ⅳ)	2×∟75×8(Ⅳ)	2×∟75×8(Ⅳ)	2×∟75×8(Ⅳ)
LJ-50	∟50×5(Ⅱ)	∟63×6(Ⅲ)	∟63×6(Ⅲ)	∟75×8(Ⅳ)	2×∟63×6(Ⅲ)	2×∟63×6(Ⅲ)	2×∟63×6(Ⅲ)	2×∟63×6(Ⅲ)	2×∟90×8(Ⅴ)	2×∟90×8(Ⅴ)	2×∟90×8(Ⅴ)	2×∟90×8(Ⅴ)
LJ-70	∟50×5(Ⅱ)	∟63×6(Ⅲ)	∟63×6(Ⅲ)	∟75×8(Ⅳ)	2×∟63×6(Ⅲ)	2×∟63×6(Ⅲ)	2×∟63×6(Ⅲ)	2×∟63×6(Ⅲ)	2×∟90×8(Ⅴ)	2×∟90×8(Ⅴ)	2×∟90×8(Ⅴ)	2×∟90×8(Ⅴ)
LJ-95	∟50×5(Ⅱ)	∟63×6(Ⅲ)	∟75×8(Ⅳ)	∟75×8(Ⅳ)	2×∟75×8(Ⅳ)	2×∟75×8(Ⅳ)	2×∟75×8(Ⅳ)	2×∟75×8(Ⅳ)	2×∟90×8(Ⅴ)	2×∟90×8(Ⅴ)	2×∟90×8(Ⅴ)	2×∟90×8(Ⅴ)
LJ-120	∟63×6(Ⅲ)	∟63×6(Ⅲ)	∟75×8(Ⅳ)	∟75×8(Ⅳ)	2×∟75×8(Ⅳ)	2×∟75×8(Ⅳ)	2×∟75×8(Ⅳ)	2×∟75×8(Ⅳ)	2×∟90×8(Ⅴ)	2×∟90×8(Ⅴ)	2×∟90×8(Ⅴ)	2×∟90×8(Ⅴ)
LJ-150	∟63×6(Ⅲ)	∟63×6(Ⅲ)	∟75×8(Ⅳ)	∟75×8(Ⅳ)	2×∟75×8(Ⅳ)	2×∟75×8(Ⅳ)	2×∟75×8(Ⅳ)	2×∟75×8(Ⅳ)	2×∟63×6(Ⅲ*)	2×∟63×6(Ⅲ*)	2×∟75×8(Ⅳ*)	2×∟75×8(Ⅳ*)
LJ-185	∟63×6(Ⅲ)	∟63×6(Ⅲ)	∟75×8(Ⅳ)	∟75×8(Ⅳ)	2×∟75×8(Ⅳ)	2×∟75×8(Ⅳ)	2×∟75×8(Ⅳ)	2×∟75×8(Ⅳ)	2×∟63×6(Ⅲ*)	2×∟63×6(Ⅲ*)	2×∟75×8(Ⅳ*)	2×∟75×8(Ⅳ*)

注：表中带 * 者为带斜材的横担。

3.1.5　绝缘子

绝缘子（俗称瓷瓶）是用来固定导线并使导线与导线、导线与横担、导线与电杆间保持绝缘的，同时也承受导线的垂直荷重和水平荷重。

(1) 架空配电线路常用绝缘子

架空配电线路常用绝缘子有针式绝缘子、蝶式绝缘子、悬式绝缘子及拉紧绝缘子。

针式绝缘子的全称为针式瓷绝缘子，可分为高压和低压两种。其外形如图 3.9 所示。它主要用于直线杆和直线型转角杆上。

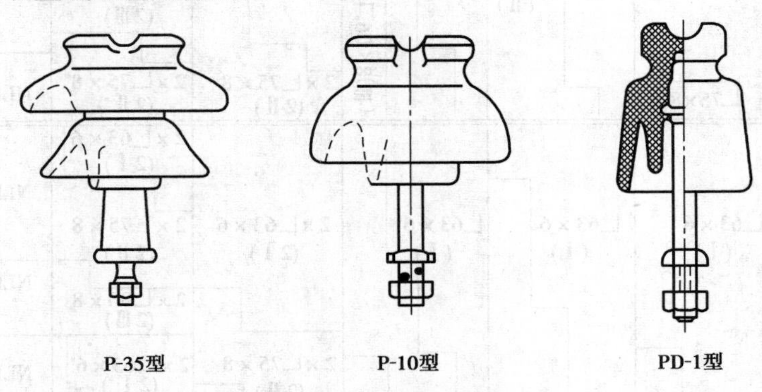

图 3.9　针式瓷绝缘子

蝶式绝缘子全称为蝴蝶形瓷绝缘子，可分高压和低压两种，其外形见图 3.10。其型号有高压 E-1，E-2 型；低压 ED-1，ED-2，ED-3，ED-4 型。蝶式绝缘子主要用于 10 kV 及以下线路终端杆、耐张杆和耐张型转角杆。在高压配电线路中，一般应与悬式绝缘子配合使用，作为线路金具中的一个元件。

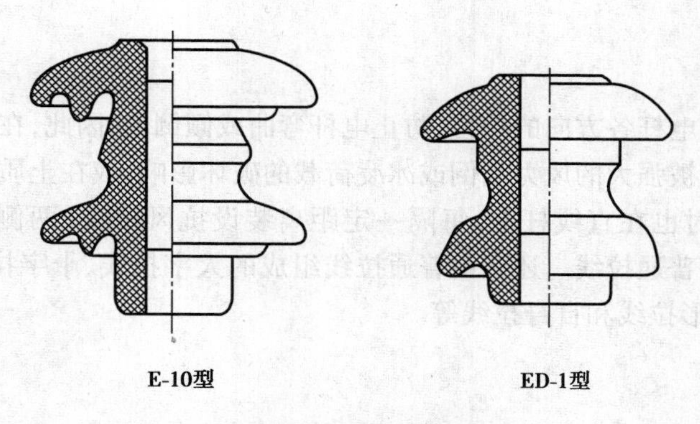

图3.10 蝴蝶形瓷绝缘子

悬式绝缘子全称为盘形悬式瓷绝缘子,可分为普通型和防污型两种。一般是用几个绝缘子组成绝缘子串,使用于高压配电线路的耐张杆、转角杆和终端杆上。其外形如图3.11所示。

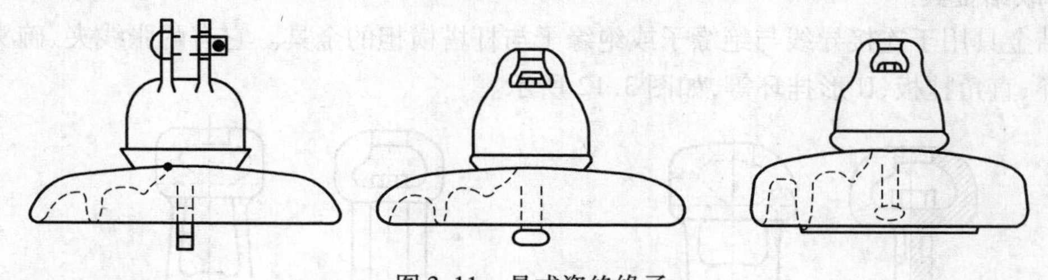

图3.11 悬式瓷绝缘子

(2)**绝缘子选择**

绝缘子是线路的重要组成部分,对线路的绝缘强度和机械强度有着直接影响,合理选择线路的绝缘子,对保证架空线路的安全可靠运行起着重要作用。绝缘子选择应依据其绝缘强度、导线规格、挡距大小及杆型等,参见表3.3。

表3.3 架空配电线路绝缘子选择表

<table>
<tr><td colspan="2" rowspan="2">杆 型</td><td colspan="4">电压等级</td></tr>
<tr><td colspan="3">高 压</td><td>低 压</td></tr>
<tr><td colspan="2" rowspan="4">直线杆</td><td colspan="3">1. 应考虑采用瓷横担绝缘子
2. 采用针式绝缘子时的选型如下:</td><td rowspan="4">一般采用PD型低压针式绝缘子或ED型蝶式绝缘子</td></tr>
<tr><td>电 压</td><td>铁横担</td><td>木横担</td></tr>
<tr><td>6 kV</td><td>P-10T</td><td>P-6M</td></tr>
<tr><td>10 kV</td><td>P-15T</td><td>P-10M</td></tr>
<tr><td rowspan="3">转角杆</td><td>15°及以下</td><td colspan="3">高压针式绝缘子或瓷横担绝缘子</td><td>低压针式绝缘子</td></tr>
<tr><td>15°~30°</td><td colspan="3">高压双针式绝缘子或双瓷横担绝缘子</td><td>低压双针式绝缘子</td></tr>
<tr><td>30°以上</td><td colspan="3" rowspan="2">1. 应采用两个耐张型绝缘子相结合,绝缘子型号应根据计算确定,一般采用XP-7型悬式绝缘子和E-1(2)型蝶式绝缘子相组合
2. 亦可采用悬式绝缘子加耐张线夹,对导线截面大于70 mm² 的线路只能采用此种方式
3. 采用铁横担时,需用两片悬式绝缘子</td><td rowspan="2">应采用ED型蝶式绝缘子</td></tr>
<tr><td colspan="2">耐张杆与终端杆</td></tr>
</table>

3.1.6 拉线

拉线是用来平衡电杆各方向的拉力，防止电杆弯曲或倾倒的，因此，在承力杆上，均需装设拉线。为了防止电杆被强大的风力刮倒或冰凌荷载的破坏影响，或在土质松软地区，为增强线路电杆的稳定性，有时也在直线杆上，每隔一定距离装设抗风拉线（两侧拉线）或四方拉线。线路中使用最多的是普通拉线。还有由普通拉线组成的人字拉线、十字拉线，另外，还有水平拉线（过道拉线）、V 形拉线和自身拉线等。

3.1.7 金具

在架空配电线路中，用来固定横担、绝缘子、拉线及导线的各种金属连接件统称为线路金具。其品种较多，一般根据用途的分类如下：

(1)**联结金具**

联结金具用于连接导线与绝缘子或绝缘子与杆塔横担的金具。它有耐张线夹、碗头挂板、球头挂环、直角挂板、U 形挂环等，如图 3.12 所示。

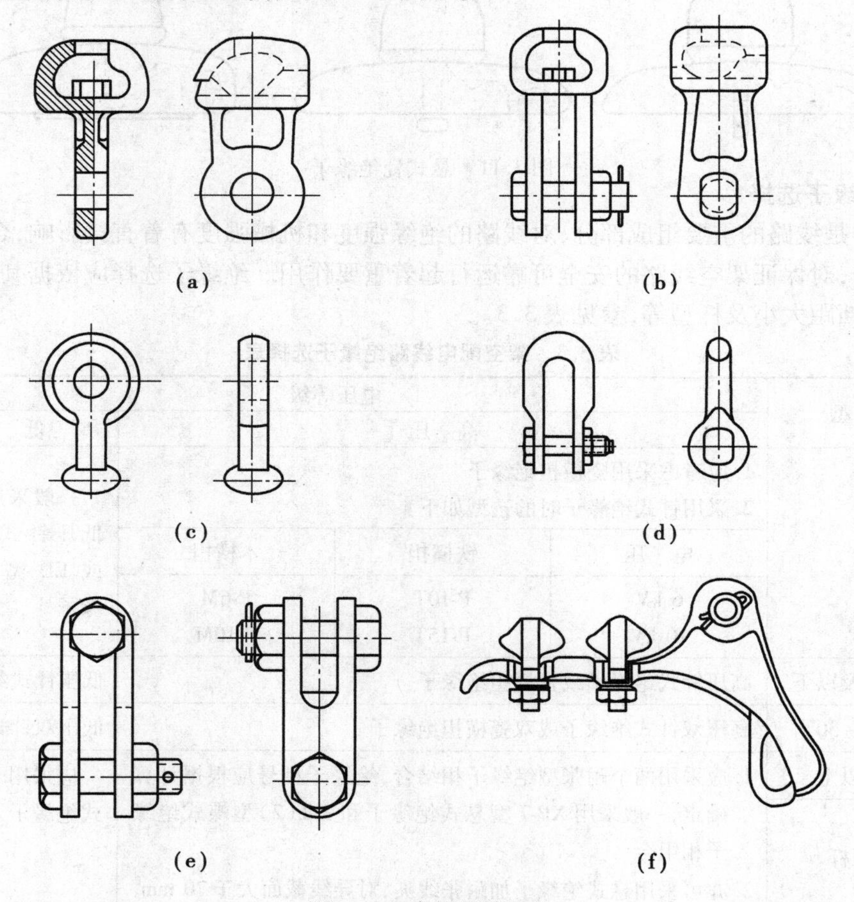

图 3.12 常用联结金具

(a) W_1 型碗头挂板 (b) W_2 型碗头挂板 (c) QP 型球头挂环

(d) U 形挂环 (e) 直角挂板 (f) 耐张线夹

(2)接续金具

接续金具用于接续断头导线的金具。例如,接续导线的各种铝压接管以及在耐张杆上连通导线的并沟线夹等。

(3)拉线金具

拉线金具用于拉线的连接和承受拉力之用的金具。例如,楔形线夹、UT线夹、花篮螺栓等,见图3.13。

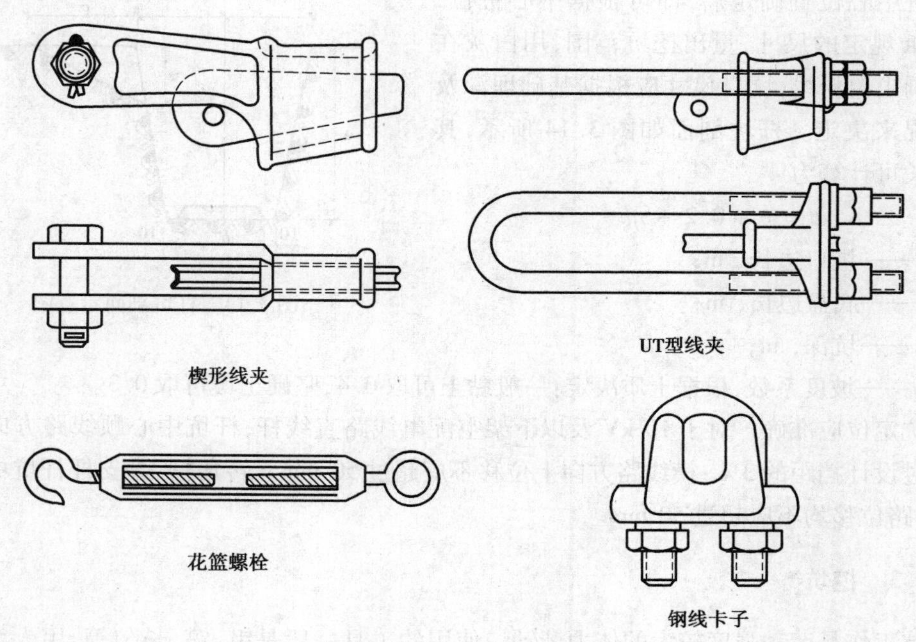

图3.13　常见拉线金具

3.2　架空配电线路安装

3.2.1　架空配电线路安装施工程序

架空配电线路施工的主要内容包括线路测量定位、基础施工、杆顶组装、电杆组立、拉线组装、导线架设及弛度观测、杆上设备安装和接户线安装等。

在施工过程中,应按以下程序进行:

1)线路方向和杆位及拉线坑位测量埋桩后,经检查确认,才能挖掘杆坑和拉线坑。

2)杆坑、拉线坑的深度和坑型,经检查确认,才能立杆和埋设拉线盘,并进行架线和杆上设备安装。

3)杆上高压电气设备交接试验合格,才能通电。

4)架空线路做绝缘检查,且经单相冲击试验合格,才能通电。

5)架空线路的相位经检查确认,才能与接户线连接。

3.2.2 线路测量及电杆定位

线路测量及杆塔定位通常根据设计部门提供的线路平、断面图和杆塔明细表，从始端桩位开始安置经纬仪，向前方逐基定位。对于10 kV及以下的配电线路，因耐张段及挡距均较短，杆型结构也比较简单，可不使用经纬仪，仅用数支标杆即可用目测进行定位。

杆坑中心位置确定后，即可根据中心桩位，依据图纸规定的尺寸，量出挖坑范围，用白灰在地面上画出白粉线，坑口尺寸应根据基础埋深及土质情况来决定。杆坑剖面如图3.14所示，其坑口边长可计算为

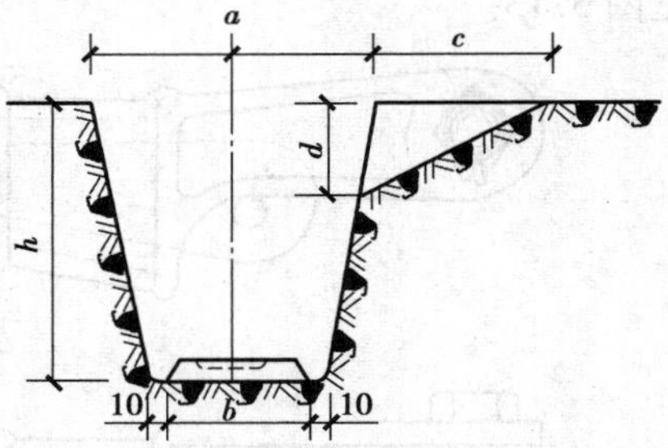

$$a = b + 0.2 + \eta h$$

式中 a——坑口边长，m；

b——底盘边长，m；

h——坑深，m；

η——坡度系数，根据土质决定：一般黏土可取0.4，坚硬土壤可取0.3。

图3.14 杆坑剖面示意图

杆坑定位应准确。对于10 kV及以下架空配电线路直线杆，杆坑中心顺线路方向的位移不应超过设计挡距的3%；横线路方向上位移不应超过50 mm。转角杆、分支杆杆坑中心横线路、顺线路位移均不应超过50 mm。

3.2.3 挖坑

挖坑工作是劳动强度较大的体力劳动。使用的工具一般是锹、镐、长勺等，用人力挖坑取土。多年来，各地在挖坑方面曾作过一些改革，有在工具上进行改革的，如夹铲、螺旋钻；也有在挖坑方式上进行改革的，如爆破等。但它们都有一定的适用范围，目前人力挖坑仍是比较普遍采用的施工方式。

杆坑形式可分为圆形坑和长方形坑两种。当采用抱杆立杆时，还要留有滑坡（马道）。

不论圆形坑、方形坑或拉线坑，坑底均应基本保持平整，便于进行检查测量坑深。坑深检查一般以坑边四周平均高度为基准，可用直尺直接量得坑深数字。当然用水准仪测量更为准确。坑深允许偏差为$^{+100}_{-50}$ mm。

电杆的埋设深度在设计未作规定时，可按表3.4所列数值选择，或按电杆长度的1/10再加0.7 m计算。当遇有土质松软、流沙、地下水位较高等情况时，应作特殊处理。

表3.4 电杆埋深表

杆长/ m	8.0	9.0	10.0	11.0	12.0	13.0	15.0
埋深/ m	1.5	1.6	1.7	1.8	1.9	2.0	2.3

3.2.4　电杆组立与绝缘子安装

(1)电杆组装

架空线路的杆塔具有高、大、重的特点,起立杆塔基本上可分为整体起立和分解起立两种。整体起立杆塔的优点是,绝大部分组装工作可在地面上进行,高空作业量少,施工比较安全方便。架空配电线路均应尽可能采用整体起立的方法。这就必须在起立之前,对杆塔进行组装。所谓组装,就是根据图纸及杆型装置杆塔本体、横担、金具、绝缘子等。

1)钢筋混凝土电杆的连接

等径分段钢筋混凝土电杆和分段的环形截面锥形电杆,均必须在施工现场进行连接。钢圈连接的钢筋混凝土电杆宜采用电弧焊接。其焊接示意如图3.15所示。当采用气焊时,则应满足下列规定:

①钢圈的宽度不应小于140 mm。

②加热时间宜短,并采取必要的降温措施。焊接后,当钢圈与水泥粘接处附近水泥产生宽度大于0.05 mm纵向裂缝时,应予补修。

③电石产生的乙炔气体,应经过滤。

采用电弧焊接时应由经过焊接专业培训并经考试合格的焊工操作,焊接时应符合下列规定:

①焊接前,钢圈焊口上的油脂、铁锈、泥垢等物应清除干净。

②钢圈应对齐找正,中间留2~5 mm的焊口缝隙。当钢圈有偏心时,其错口不应大于2 mm。

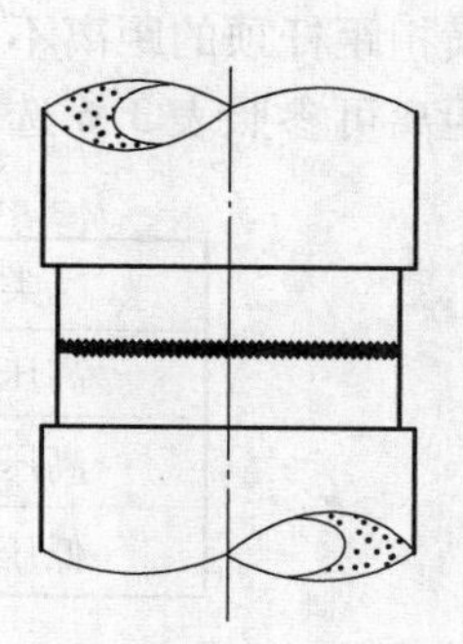

图3.15　钢圈焊接示意图

③焊口调整符合要求后,宜先点焊3~4处,然后对称交叉施焊。点焊所用焊条牌号应与正式焊接用的焊条牌号相同。

④当钢圈厚度大于6 mm时,应采用V形坡口多层焊接,焊接中应特别注意焊缝接头和收口的质量。多层焊缝的接头应错开,收口时应将熔池填满。焊缝中严禁堵塞焊条或其他金属。焊缝应有一定的加强面,其高度和遮盖宽度应符合表3.5的规定。

表3.5　钢圈焊缝加强面要求

焊缝加强面尺寸 /mm	钢圈厚度 s/mm	
	<10	10~20
高度 c	1.5~2.5	2~3
宽度 e	1~2	2~3
示意图		

⑤焊缝表面应呈平滑的细鳞形与基本金属平缓连接,无折皱、间断、漏焊及未焊满的陷槽,并不应有裂纹。基本金属咬边深度不应大于0.5 mm,且不应超过圆周长的10%。

⑥在雨、雪、大风天气时,应采取妥善措施后,才可施焊。施焊中电杆内不应有穿堂风。当气温低于 -20 ℃时,应采取预热措施,预热温度为100 ~120 ℃,焊后应使温度缓慢下降。严禁用水降温。

⑦焊完后的整杆弯曲度不得超过电杆全长的2/1 000,超过时应割断重新焊接。

⑧接头应按设计要求进行防腐处理。可将钢圈表面铁锈和焊缝的焊渣与氧化层除净,先涂刷一层红樟丹,干燥后再涂刷一层防锈漆。

2)横担安装

高压架空配电线路导线成三角形排列,最上层横担(单回路)距杆顶距离宜为800 mm,耐张杆及终端杆宜为1 000 mm,如图3.3—图3.8所示。低压架空线路导线采用水平排列,最上层横担距杆顶的距离不宜小于200 mm;当高低压共杆或多回路多层横担时,各层横担间的垂直距离可参照表3.6选取。

表3.6　多回路各层横担间最小垂直距离/mm

类　别	直线杆	分支或转角杆
高压与高压	800	450/600
高压与低压	1 200	1 000
低压与低压	600	300

各横担须平行架设在一个垂直面上,与配电线路垂直。高低压合杆架设时,高压横担应在低压横担的上方。直线杆单横担一般装在受电侧,分支杆、90°转角杆及终端杆一般应采用双横担,但当采用单横担时,应装于拉线侧。横担的上下歪斜和左右扭斜,从横担端部测量不应大于20 mm。

瓷横担安装应符合下列规定:垂直安装时,顶端顺线路歪斜不应大于10 mm;水平安装时,顶端宜向上翘起5° ~15°,顶端顺线路歪斜不应大于20 mm。

3)杆顶支座安装

将杆顶支座的上、下抱箍抱住电杆,分别将螺栓穿入螺栓孔,用螺母拧紧固定,如图3.3所示。如果电杆上留有装杆顶支座的孔眼,则不用抱箍,可将螺栓直接穿入支座和电杆上的孔眼,用螺母拧紧固定即可。

4)绝缘子安装

杆顶支座及横担调整紧固好后,即可安装绝缘子。安装前,应把绝缘子表面的灰垢、附着物及不应有的涂料擦拭干净,经过检查试验合格后,再进行安装。要求安装牢固、连接可靠、防止积水。

悬式绝缘子的安装,应符合下列规定:

①与电杆、导线金具连接处,无卡压现象;

②耐张串上的弹簧销子、螺栓及穿钉应由上向下穿。当有特殊困难时可由内向外或由左向右穿入。

③绝缘子裙边与带电部位的间隙不应小于50 mm。

(2)**立杆**

在架空配电线路施工中,常用的立杆方法如下:

1)撑杆(架杆)立杆。对10 m以下的钢筋混凝土电杆可用3副架杆,轮换着将电杆顶起,使杆根滑入坑内。此立杆方法劳动强度较大。

2)用汽车吊立杆。此种方法可减轻劳动强度、加快施工进度,但只能在有条件停放吊车的地方使用。

3)用抱杆立杆。分固定式抱杆(独立抱杆或人字抱杆)和倒落式抱杆(人字抱杆)。这是立杆最常用的方法。

倒落式抱杆立杆采用人字抱杆,可以起吊各种高度的单杆或双杆,是立杆最常用的方法。其现场布置如图3.16所示。

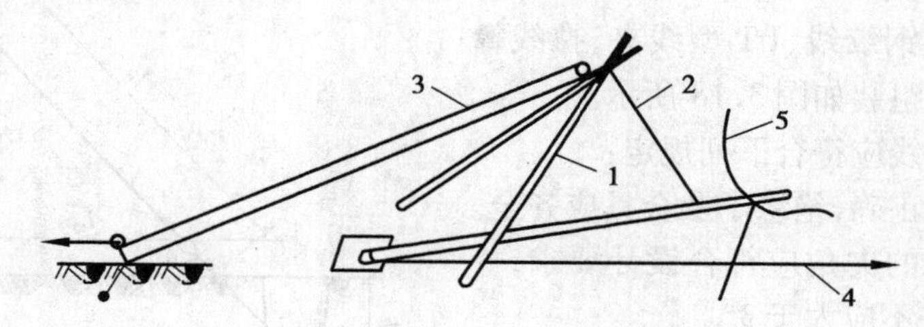

图3.16　倒落式抱杆立杆示意图

1—抱杆;2—起吊钢绳;3—总牵引绳;4—制动钢绳;5—拉绳

倒落式抱杆长度一般取杆长的1/2。电杆放置时,应将杆根放在离杆坑中心约0.5 m处;一般直线杆杆身沿线路中心放置;转角杆的杆身应与内侧角的二等分线垂直放置。吊点的分布,15 m及以下的电杆可以参照表3.7。

表3.7　锥形电杆吊点参考位置

电杆规格	杆重/kg	一点起吊位置距杆顶尺寸/m	二点起吊位置距杆顶尺寸/m	
			上吊点	下吊点
ϕ190×9 m	734	3.8	2.3	6.8
ϕ190×10 m	843	3.8	2.6	7.6
ϕ190×12 m	1 077	3.8	3.2	9.2
ϕ190×15 m	1 470	4.0	3.8	10.0
ϕ150×8 m	422	3.4	2.0	6.0
ϕ150×9 m	495	3.4	2.3	6.8
ϕ150×10 m	573	3.4	2.6	7.6

电杆立起后,要进行杆身调整。

调整好的电杆应满足如下要求:直线杆的横向位移不应大于50 mm;电杆的倾斜不应使杆梢的位移大于半个梢径。转角杆的横向位移不应大于50 mm;转角杆应向外角预偏,紧线后不应向内角倾斜,向外角的倾斜也不应使杆梢位移大于一个梢径。终端杆应向拉线侧预偏,其预偏值不应大于杆梢直径，紧线后不应向受力侧倾斜。调整符合要求之后，即可进行填土夯实工作。

回填土时应将土块打碎，每回填500 mm夯实一次。对松软土质的基坑，应增加夯实次数或采取加固措施。夯实时，应在电杆的两对侧同时进行或交替进行，以防电杆移位或倾斜。当回填土至卡盘安装位置时，即安装卡盘；然后再继续回填土并夯实，夯实后的基坑应设置防沉土层。土层上部面积不宜小于坑口面积，培土高度宜高出地面300 mm，在电杆周围形成一个圆形土台。

3.2.5 拉线安装

拉线的结构如图3.17所示。其整体由拉线抱箍、楔形线夹、钢绞线、UT型线夹、拉线棒及拉线盘组成。其组装如图3.18所示。

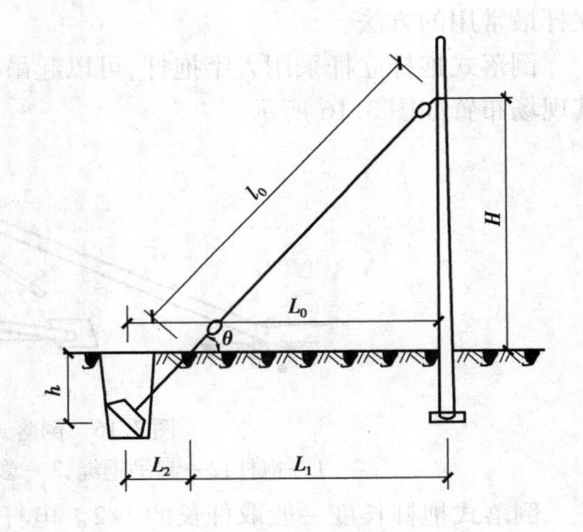

图3.17 一般地形拉线

安装好了的拉线应符合下列规定：

①拉线的位置正确，绝缘子及金具应齐全。

②拉线与地面的夹角应符合设计要求，一般宜为45°，其偏差不应大于3°。

③承力拉线应与线路方向的中心线对正；转角拉线应与线路分角线方向一致；防风拉线应与线路方向垂直。

④拉线应收紧，其收紧程度与杆上导线数量规格及弧垂值相适配。

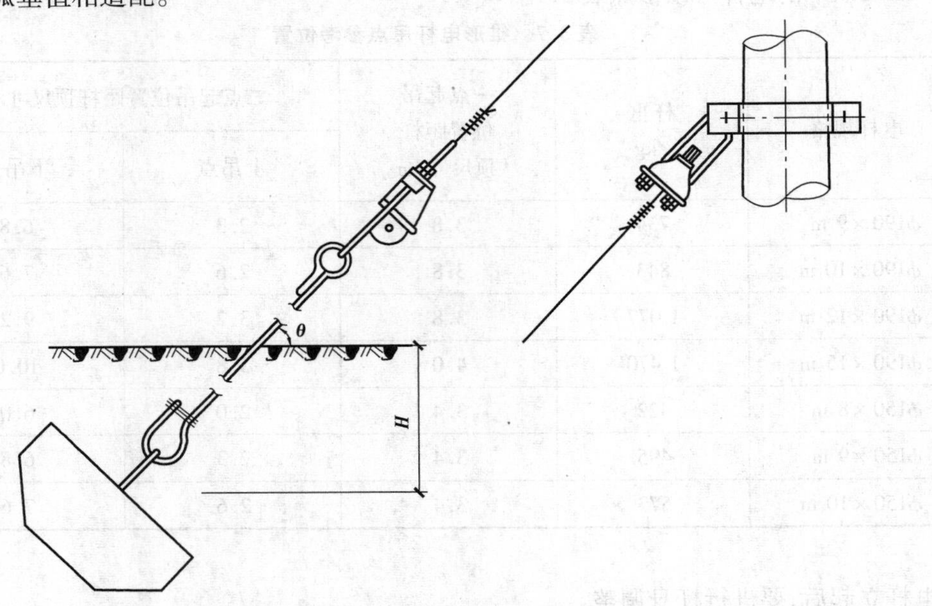

图3.18 单钢绞线普通拉线组装

3.2.6　导线架设

导线架设通常包括放线、导线连接、紧线、弛度观测以及导线在绝缘子上的固定等内容。

(1)放线

1)做好放线前的准备工作

①查勘沿线情况,包括所有的交叉跨越情况,应先期制订各个交叉跨越处放线的具体措施,并分别与有关部门取得联系;清除放线通路上可能损伤导线的障碍物,或采取可靠的防护措施,避免擦伤导线;在通过能腐蚀导线的土壤和积水地区时,也应有保护措施。

②全面检查电杆是否已经校正,有无倾斜或缺件。否则应纠正补齐。

③对于跨越铁路、公路、通信线路及不能停电的电力线路,应在放线前搭设跨越架,其材料可用直径不小于70 mm的毛竹或圆木,埋深一般为0.5 m,用麻绳或铁线绑扎。

④将线盘平稳地放在放线架上,要注意出线端应从线盘上面引出,对准前方拖线方向。对于放线人员的组织,应做好全面安排,指定专人负责,明确交代任务。

⑤确定通信联系信号并通知所有参加施工人员。

2)有组织地进行放线

目前导线的展放仍大多采用人力拖放,此法不用牵引设备及大量牵引钢绳,方法简便。拖放人员的安排,一般按平地每人平均负重30 kg,山地为20 kg进行考虑。

放线时,将导线端头弯成小环,并用线绑扎,然后将牵引棕绳(或麻绳)穿过小环与导线绑在一起,拖拉牵引绳,陆续放出导线。为防止磨伤导线,可在每根电杆的横担上装一只开口滑轮,当导线拖拉至电杆处时,将导线提起嵌入滑轮,继续拖拉导线前进。所用滑轮的直径应不小于导线直径的10倍。铝绞线和钢芯铝绞线应采用铝滑轮或木滑轮;钢绞线则可采用铁滑轮,也可用木滑轮。在保证不损伤导线的情况下,也可将导线沿线路拖放在地面上,再由工作人员登上电杆,将导线用麻绳提到横担上,分别摆好。

在放线过程中,要有专人沿线查看,放线架处也应有专人看守,不应发生导线磨损、散股、断股、扭曲、金钩等现象。

为避免浪费导线,导线展放长度不宜过长,一般应比挡距长度增加2%~3%。还应注意,放线和紧线要尽可能在当天连续进行至紧线结束。若放线当天来不及紧线时,可使导线承受适当的张力,保持导线的最低点脱离地面3 m以上,但必须检查各交叉跨越处,以不妨碍通电、通信、通航、通车为原则,然后使导线两端稳妥固定。

(2)导线连接

导线由于受到制造长度的限制,有时不能满足线路长度的要求,也有时存在破损或断股现象。这样在架线时,就必须对导线进行必要的连接和修补。

对于新建线路,应尽量避免导线在挡距内接头,特别是在线路跨越挡内更不准有接头。当接头不可避免时,同一挡距内,同一根导线上的接头,不得超过一个,且导线接头的位置与导线固定点的距离应大于0.5 m。不同金属、不同规格、不同绞向的导线严禁在挡距内连接,必须连接时,只能在杆上跳线(跨接线、弓子线)内用并沟线夹或绑扎连接。

配电线路中,跳线之间连接或分支线与主干线的连接,当采用并沟线夹时,其线夹数量一般不少于两个;采用绑扎连接时,其绑扎长度应不小于表3.8之数值。需连接的两导线截面不同时,其绑扎长度应以小截面为准。连接时应做到接触紧密、均匀、无硬弯;跳线应呈均匀弧度。所用绑线，应选用与导线同金属的单股线，其直径不应小于2.0 mm。

导线的直线连接多采用连接管压接的方法。连接管上压口位置及操作顺序应按图3.19进行，压口数量及压后尺寸应符合表3.9的规定。

表3.8 跳线绑扎长度值

导线截面/mm²	绑扎长度/mm
LJ-35及以下	≥150
LJ-50	≥200
LJ-70	≥250

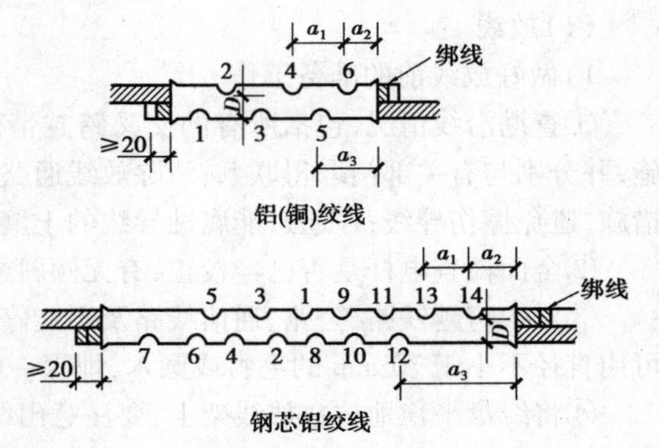

图3.19 导线钳压接

表3.9 导线钳压压口数及压后尺寸

导线型号		钳压部位尺寸/mm			压后尺寸 D/mm	压口数
		a_1	a_2	a_3		
钢芯铝绞线	LGJ-16/3	28	14	28	12.5	12
	-25/4	32	15	31	14.5	14
	-35/6	34	42.5	93.5	17.5	14
	-50/8	38	48.5	105.5	20.5	16
	-70/10	46	54.5	123.5	25.0	16
	-95/20	54	61.5	142.5	29.0	20
	-120/20	62	67.5	160.5	33.0	24
	-150/20	64	70	166	36.0	24
	-185/25	66	74.5	173.5	39.0	26
铝绞线	LJ-16	28	20	34	10.5	6
	-25	32	20	36	12.5	6
	-35	36	25	43	14.0	6
	-50	40	25	45	16.5	8
	-70	44	28	50	19.5	8
	-95	48	32	56	23.0	10
	-120	52	33	59	26.0	10
	-150	56	34	62	30.0	10
	-185	60	35	65	33.5	10

(3)**紧线和弛度观测**

架空配电线路的紧线工作和弛度的观测是同时进行的。通常紧线方法采用单线法、双线法或三线法。单线法是一线一紧,所用紧线时间较长,但它使用最普遍。双线法是两根线同时一次收紧,施工中常用于同时收紧两根边导线。三线法是3根线同时一次收紧,如图3.20所示。

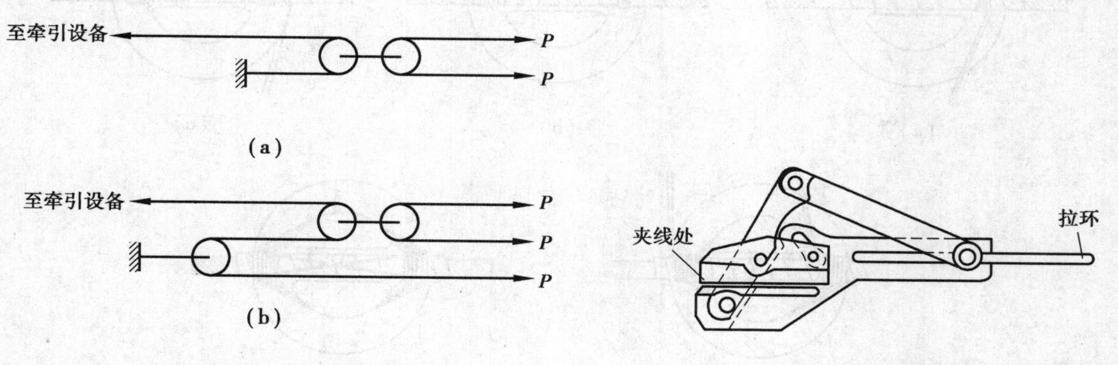

图3.20　紧线方式
(a)2根导线同时收紧　(b)3根导线同时收紧

图3.21　三角紧线器示意图

紧线通常在一个耐张段进行。紧线前应先做好耐张杆、转角杆和终端杆的拉线。大挡距线路应验算耐张杆强度,以确定是否增设临时拉线。临时拉线可拴在横担的两端,以防止紧线时横担发生偏转。待紧完导线并固定好之后,再将临时拉线拆除。

紧线时将耐张段一端的电杆作固定端,另一端的电杆作为紧线端。先在固定端将导线放入耐张线夹中固定,然后在耐张段紧线端,用人力直接或通过滑轮组牵引导线,待导线脱离地面2~3 m后,再用紧线器夹住导线进行紧线。所用紧线器通常为三角紧线器,如图3.21所示。

紧线顺序一般是先紧中导线,后紧两边导线。紧线时,每根电杆上都应有人,以便及时松动导线,使导线接头能顺利越过滑轮和绝缘子。当导线收紧到接近弛度要求值时,应减慢牵引速度,待达到弛度设计要求值后,即停止牵引,等待0.5~1 min无变化时,由操作人员在操作杆上量好尺寸画好印记,将导线卡入耐张线夹,然后将导线挂上电杆,松去紧线器。

10 kV及以下架空配电线路导线紧好后,其弛度的误差不应超过设计弛度的±5%,同一挡距内各相导线弛度宜一致,水平排列的导线,弛度相差不应大于50 mm。

(4)**导线在绝缘子上的固定**

导线在绝缘子上的固定方法,通常有顶绑法、侧绑法、终端绑扎法以及用耐张线夹固定法。导线在直线杆针式绝缘子上的固定多采用顶绑法,如图3.22所示。导线在转角杆针式绝缘子上的固定采用侧绑法,有时由于针式绝缘子顶槽太浅,在直线杆上也可采用侧绑法,其绑扎方法如图3.23所示。蝶式绝缘子的绑扎方法如图3.24所示。此种方法用于终端杆、耐张杆及耐张型转角杆上。但当这些电杆全部使用悬式绝缘子串时,则应采用耐张线夹固定导线与之配合。耐张线夹固定导线如图3.25所示。

导线的固定应牢固、可靠;绑扎时应在导线的绑扎处(或固定处)包缠铝包带,一般铝包带宽为10 mm,厚为1 mm,包缠应紧密无缝隙,但不应相互重叠(铝包带在导线弯曲的外侧允许有些空隙)。包缠长度应超出绑扎部分20~30 mm。所用绑线应为与裸导线材料相同的裸绑线。当导线为绝缘导线时，应使用带包皮的绑线。绑扎时，应注意不应损伤导线和绑线，绑扎后不应使导线过分弯曲，绑线在绝缘子颈槽内不得互相挤压。

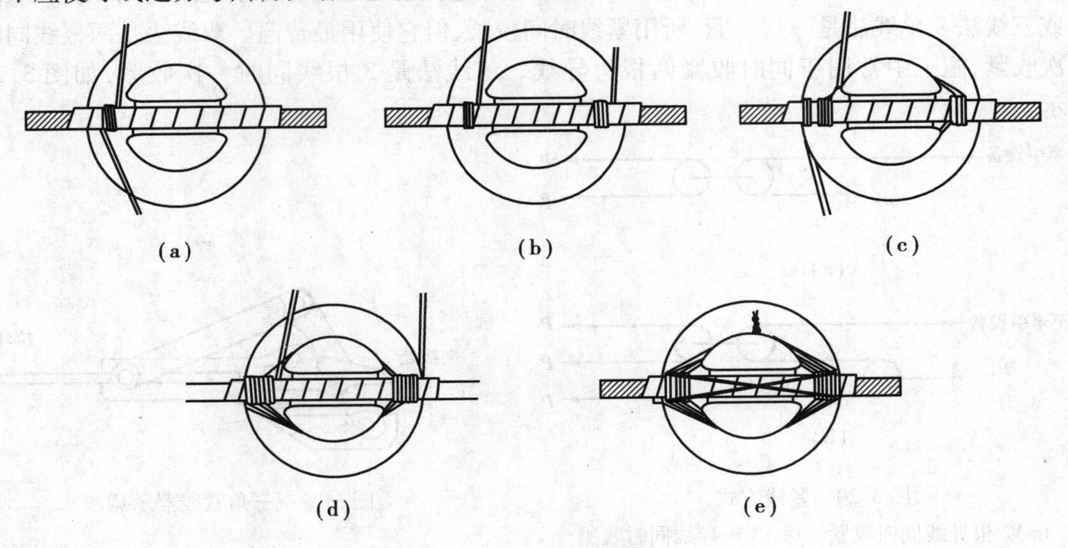

图 3.22　顶绑法

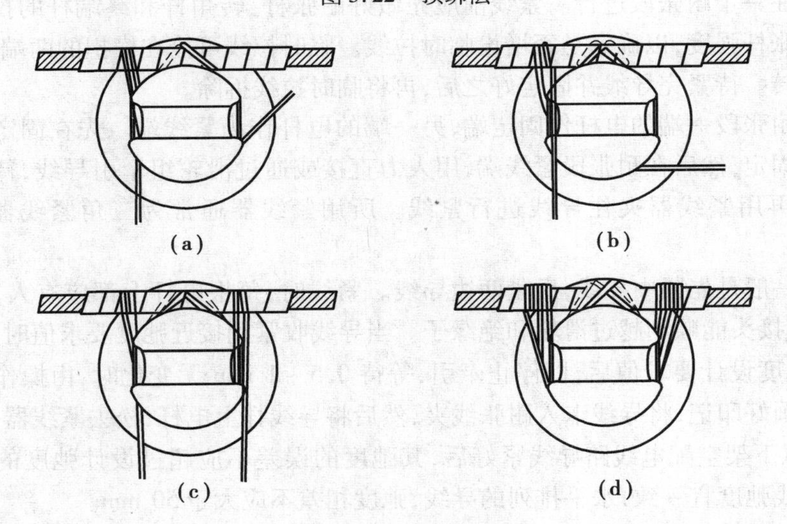

图 3.23　侧绑法

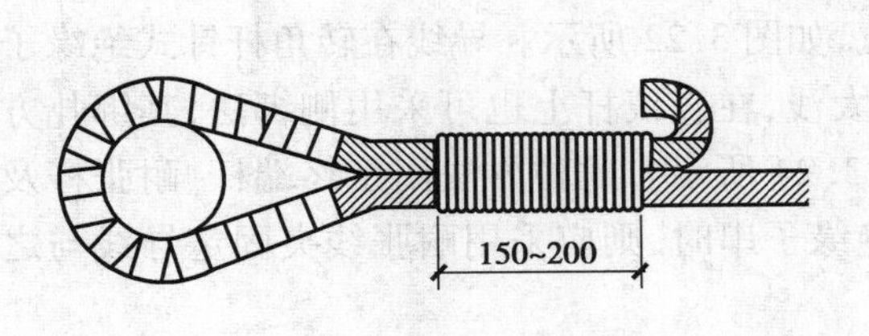

图 3.24　蝶式绝缘子绑扎

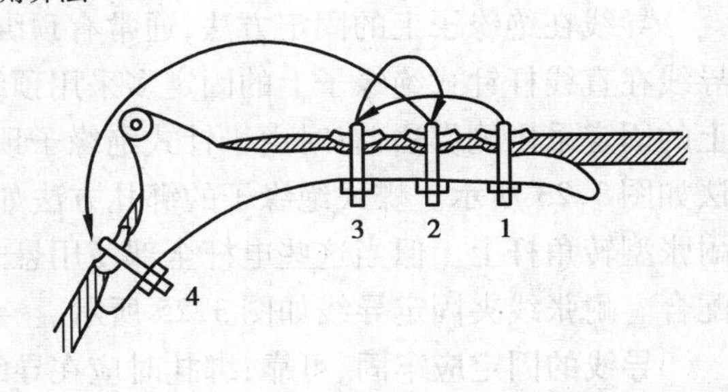

图 3.25　耐张线夹固定导线

3.3　杆上电气设备安装

在架空配电线路施工中,经常会碰到变压器及开关设备等在电杆上的安装。本节着重介绍这些设备在电杆上安装的要求,对设备本身的调整试验等将放在第6章作详细介绍。

3.3.1　杆上变压器及变压器台安装

(1)杆上变压器台的结构形式

杆上变压器台根据变压器容量大小,可分为单杆变压器台和双杆变压器台两种。根据变压器台在线路中的位置,又可分为终端式(位于高压线路的终端)和通过式(位于高压线路中,

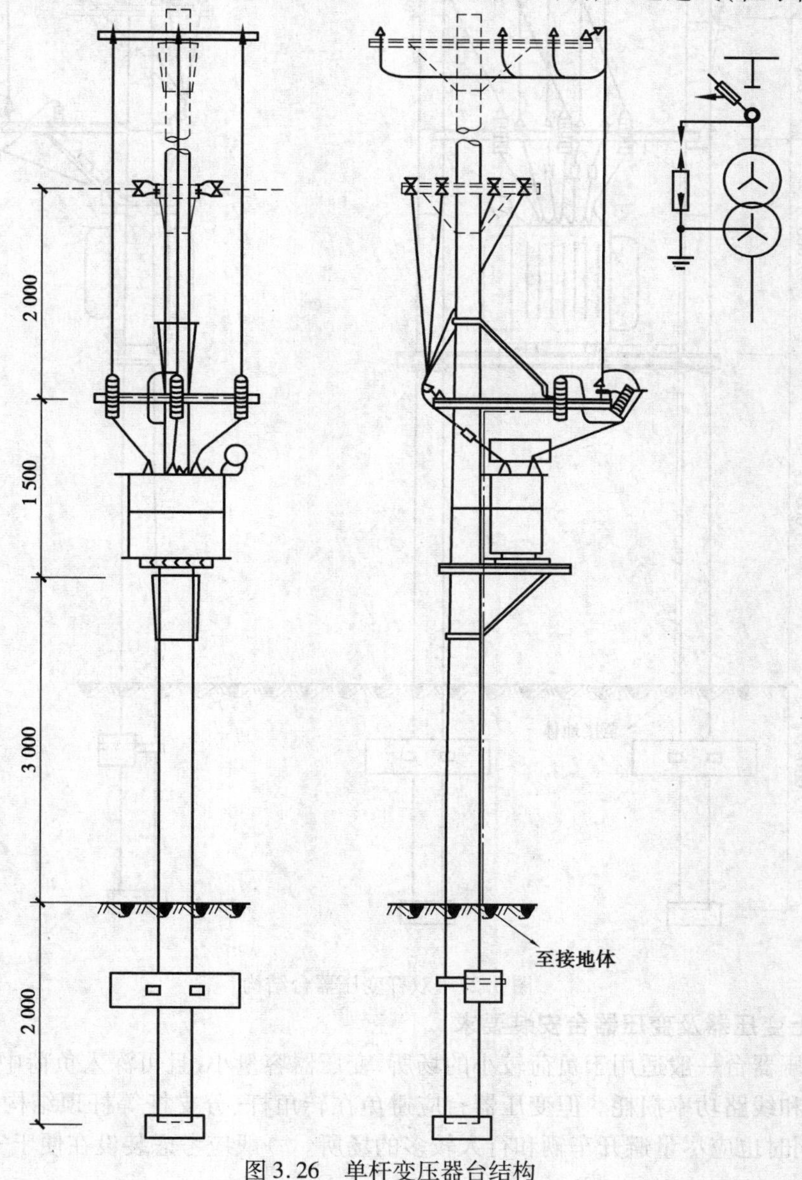

图3.26　单杆变压器台结构

高压线通过变压器台）两种，如图 3.26、图 3.27 所示。由图可知，两种结构形式基本相同，只是终端式应在线路反方向设置拉线，高压线采用悬式绝缘子；通过式则不需拉线，高压线用针式绝缘子固定。

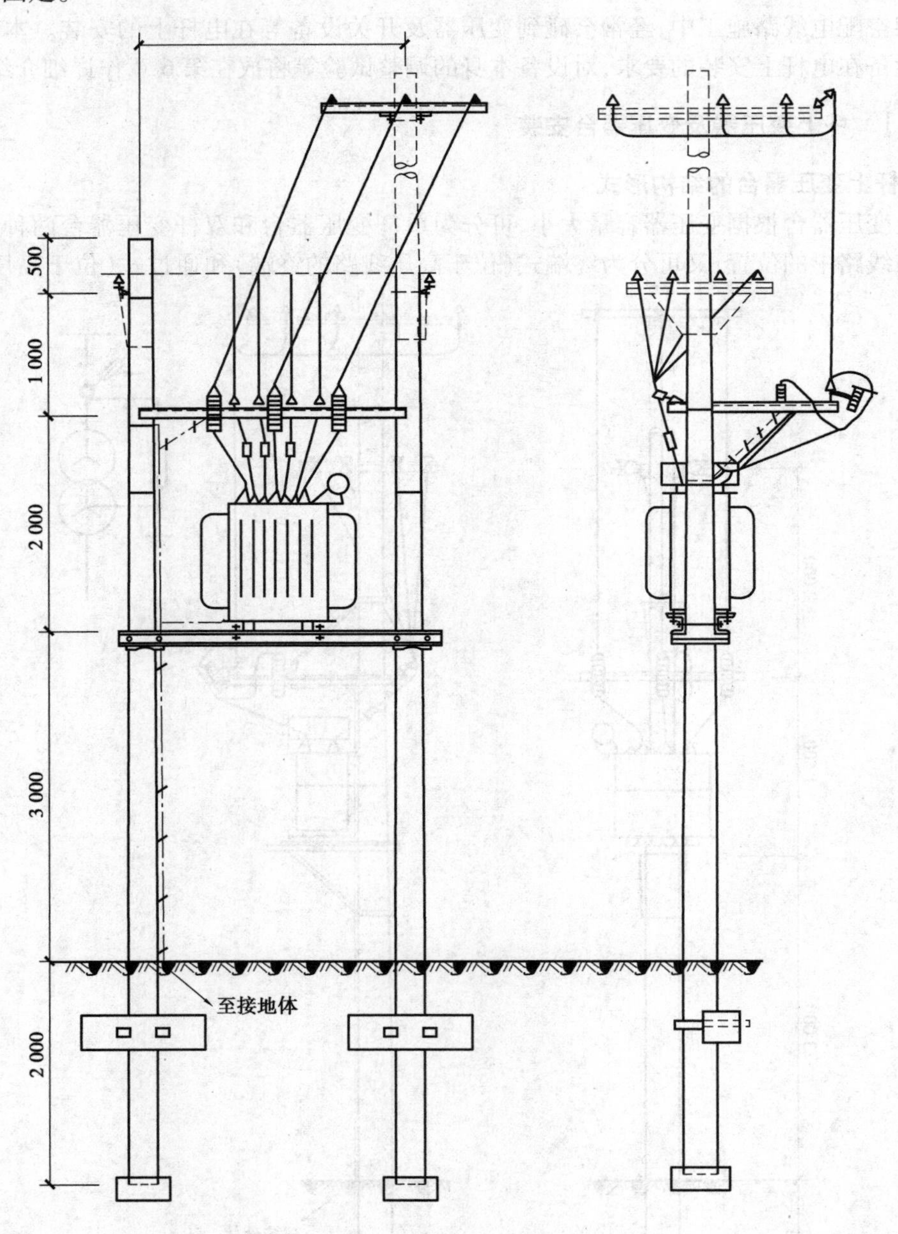

图 3.27　双杆变压器台结构

（2）**杆上变压器及变压器台安装要求**

杆上变压器台一般适用于负荷较小的场所，变压器容量小，且可深入负荷中心，因此，可减少电压损失和线路功率损耗。但变压器台应避免在转角杆、分支杆等杆顶结构比较复杂的电杆上装设，同时也应尽量避开车辆和行人较多的场所。一般应考虑装设在便于安装、检修及容易装设地线的地方。

变压器台架安装应平整牢固，对地距离不应小于2.5～3 m，水平倾斜不应大于台架根开的1/100。变压器安装在台架上，其中心线应与台架中心线相重合，并与台架有可靠的固定；单杆台安装的变压器，其中心应尽量靠近电杆侧。变压器一、二次引线应排列整齐，绑扎牢固；变压器安装后套管表面应光洁，不应有裂纹、破损等现象；套管压线螺栓等部件应齐全，且应安装牢固；油枕油位正常，外壳干净；呼吸孔道通畅；变压器无渗油现象，外壳涂层完整。

变压器中性点、外壳应与接地装置引出干线直接连接，接地装置的接地电阻符合设计要求。

3.3.2　跌落式熔断器安装

跌落式熔断器又称跌落式开关。常用的有RW_3-10(G)，RW_4-10(G)，RW_7-10型等。熔断器由瓷绝缘子、接触导电系统和熔管3部分组成。如图3.28所示为RW_3-10(G)型户外高压跌落式熔断器。它主要用于10 kV、交流50 Hz的架空配电线路及电力变压器进线侧作短路保护。在一定条件下可以分断与接通空载架空线路、空载变压器和小负荷电流。在正常工作时，熔丝使熔管上的活动关节锁紧，故熔管能在上触头的压力下处于合闸状态。当熔丝熔断时，原被锁紧的活动关节释放，使熔管下垂，并在上下触头的弹力和熔管自重的作用下迅速跌落，形成明显的分断间隙。

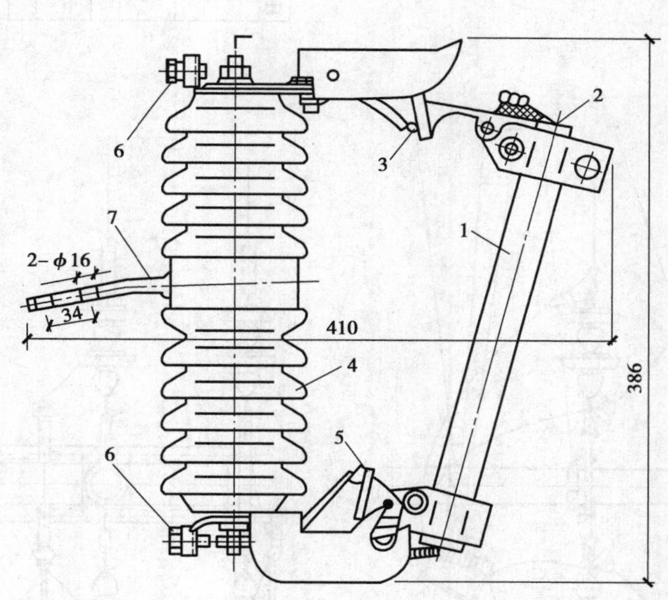

图3.28　RW_3-10(G)型跌落式熔断器外形

1—熔管；2—熔丝元件；3—上触头；4—绝缘瓷套管；

5—下触头；6—端部螺栓；7—紧固板

跌落式熔断器在安装前应检查瓷件是否良好，熔丝管是否有吸潮膨胀或弯曲现象，各接触点是否光滑、平正，接触是否严密，熔丝管两端与固定支架两端接触部分是否对正，如有歪扭现象应调正。各部分零件应完整，固定螺钉没有松动现象，接触点的弹力适当，弹性的大小以保证接触时不断熔丝为宜，转动部分要灵活，合熔丝管时上触头应有一定的压缩行程。熔丝应无弯折、压扁、碰伤，熔丝与铜引线的压接不应有松脱现象。

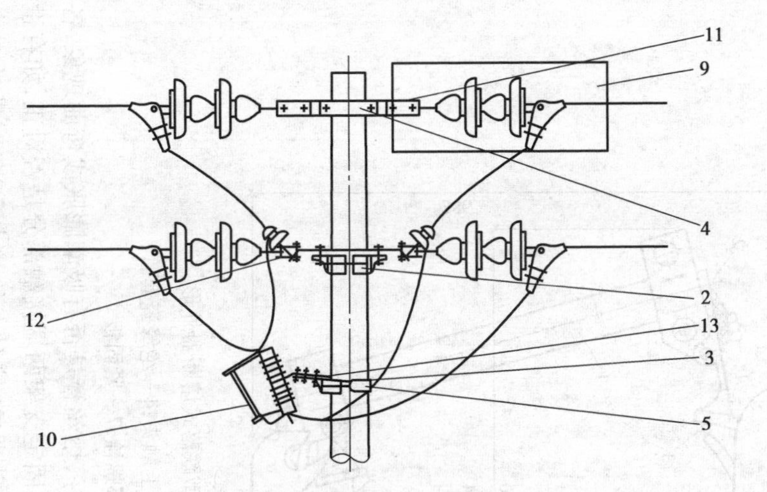

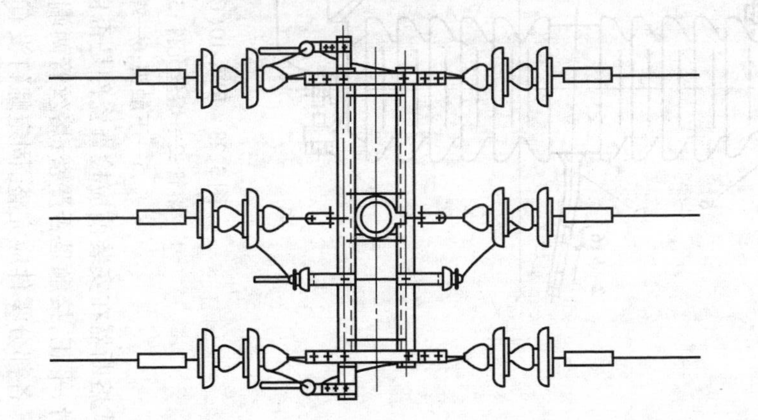

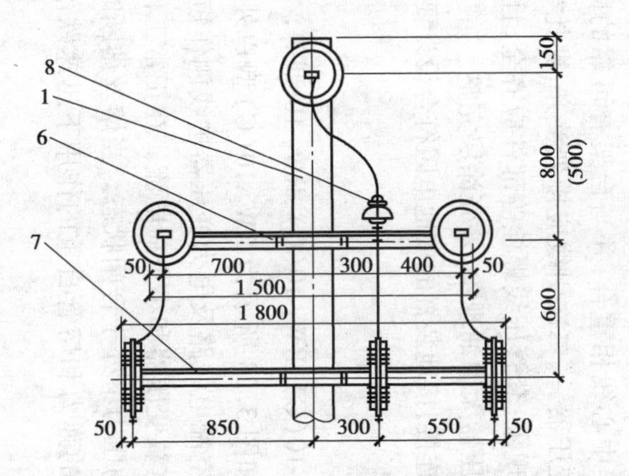

明细表

序号	名　称	规　格			单位	数量
1	电　杆	ϕ150	ϕ170	ϕ190	根	1
2	M形抱铁	Ⅰ	Ⅱ	Ⅲ	个	2
3	M形抱铁	Ⅰ(Ⅱ)	Ⅱ(Ⅲ)	Ⅲ(Ⅵ)	个	1
4	拉线及中导线抱箍(一)	$Ⅱ_1$	$Ⅱ_2$	$Ⅱ_3$	副	1
5	U形抱箍	$I_1(I_2)$	$I_2(I_3)$	$I_3(I_4)$	个	1
6	横　担				个	1
7	跌开式熔断器固定横担				根	1
8	针式绝缘子	P-15(10)T			个	2
9	耐张绝缘子串				串	6
10	跌开式熔断器	RW_4-10(6)			个	3
11	拉　板				块	2
12	针式绝缘子固定支架				副	2
13	跌开式熔断器固定支架				副	3

图3.29　跌落式熔断器杆顶安装图

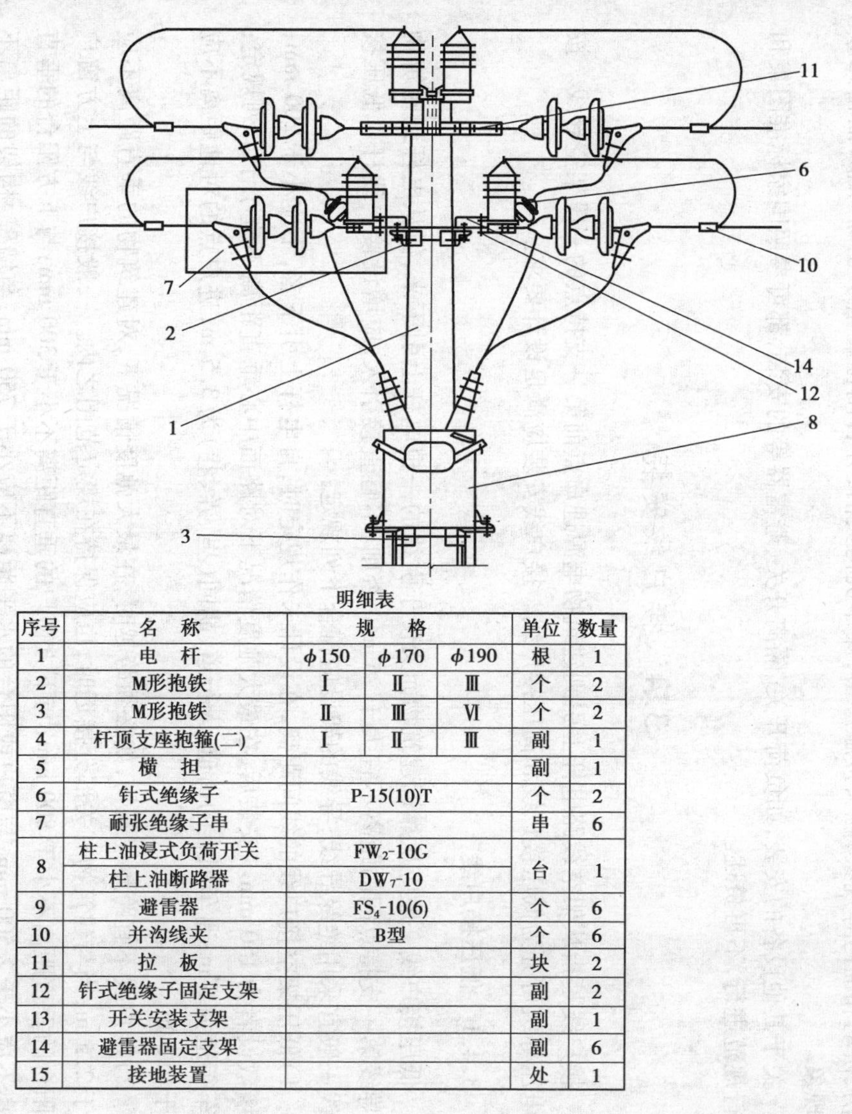

明细表

序号	名　称	规　格			单位	数量
1	电　杆	ϕ150	ϕ170	ϕ190	根	1
2	M形抱铁	Ⅰ	Ⅱ	Ⅲ	个	2
3	M形抱铁	Ⅱ	Ⅲ	Ⅵ	个	2
4	杆顶支座抱箍(二)	Ⅰ	Ⅱ	Ⅲ	副	1
5	横　担				副	1
6	针式绝缘子	P-15(10)T			个	2
7	耐张绝缘子串				串	6
8	柱上油浸式负荷开关	FW_2-10G			台	1
	柱上油断路器	DW_7-10				
9	避雷器	FS_4-10(6)			个	6
10	并沟线夹	B型			个	6
11	拉　板				块	2
12	针式绝缘子固定支架				副	2
13	开关安装支架				副	1
14	避雷器固定支架				副	6
15	接地装置				处	1

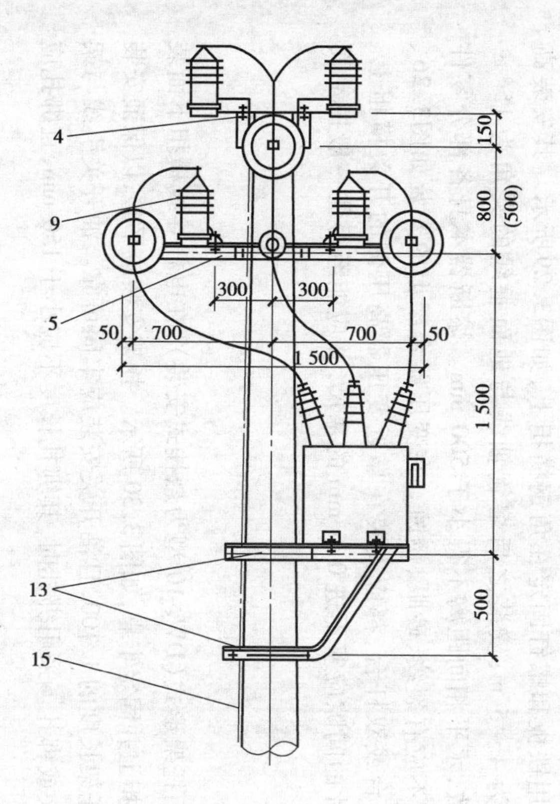

图3.30　杆上油开关安装

跌落式熔断器通常是利用铁板和螺钉固定在角钢横担上，如图3.29所示。其安装高度应便于地面操作，一般可为4～5 m；安装之后熔管轴线与地面垂线的夹角为15°～30°，且应排列整齐、高低一致，水平相间距离不得小于500 mm。熔断器本身各部分零件完整，转轴应光滑灵活，铸件不应有裂纹、砂眼、锈蚀。在变压器台架上的安装如图3.26、图3.27所示。但不论是单杆台或双杆台，都应安装在靠近变压器高压侧的开关横担上。装好熔丝合上后，刀口与刀片的间隙应塞不进0.5 mm的塞尺，并应能经得住一般振动而不致误动作。

3.3.3 杆上油开关安装

杆上油开关的安装多采用托架形式（DW_5-10型为悬挂式安装），在电杆导线横担下面装设双横担，将油开关装在双横担上并固定牢靠，如图3.30所示。托架安装应平整，以保证安装好的油开关水平倾斜不大于托架长度的1/100，且油开关安装应牢固可靠。油开关引线与架空导线的连接应采用并沟线夹或绑扎。采用绑扎时，其绑扎长度不应小于150 mm，且绑扎应紧密，开关外壳应妥善接地。

油开关在安装前应进行电气性能试验和外观检查。油开关套管应完整无损，没有裂纹、烧伤、松动和油污等现象，触头接触严密，操作机构灵活，分合闸位置指示正确可靠，油箱无渗油现象。

关于其他设备的安装，如负荷开关、隔离开关、避雷器等的安装，都可参照国家标准图集和现行规范进行，不再赘述。

3.4 接户线安装

接户线是指从架空线路电杆上引到建筑物电源进户点前第一支持点的一段架空导线。按其电压等级可分为低压接户线和高压接户线。接户线安装应满足设计要求。

3.4.1 低压接户线

低压接户线一般应从靠近建筑物而又便于引线的一根电杆上引下来，但从电杆到建筑物上导线第一支持点间的距离不宜大于25 m。否则，不宜直接引入，应增设接户线杆。低压接户线一般宜采用绝缘导线，导线的架设应符合下列规定：

1）低压架空接户线的线间距离，在设计未作规定时，自电杆上引下者，不应小于200 mm；沿墙敷设者为150 mm。安装后，在最大弛度情况下对路面中心垂直距离不应小于下列规定：通车街道为6 m；通车困难的街道、人行道、胡同（里、弄、巷）为3.5 m，进户点的对地距离不应小于2.5 m。

2）接户线不宜跨越建筑物，如必须跨越时，在最大弛度情况下，对建筑物的垂直距离不应小于2.5 m；当与建筑物有关部分接近时，也应保持在规定范围之内。一般接户线与上方窗户或阳台的垂直距离不小于800 mm；与下方窗户的垂直距离不小于300 mm；与下方阳台的垂直距离不应小于2 500 mm；与窗户或阳台的水平距离不应小于750 mm；与墙壁、构架的距离不应小于50 mm。

3）低压架空接户线不应从1～10 kV引下线间穿过。当与弱电线路交叉时，其交叉距离不应小于下列数值:在弱电线路上方时,垂直距离为600 mm;在弱电线路下方时,垂直距离为300 mm。

4)低压架空接户线在电杆上和进户处均应牢固地绑扎在绝缘子上,以避免松动脱落。绝缘子应安装在支架上或横担上,支架或横担应装设牢固,并能承受接户线的全部拉力。导线截面在16 mm^2 及以上时,应使用蝶式绝缘子。

接户线在进户处的装设如图3.31所示。导线穿墙必须用套管保护,套管埋设应内高外低,以免雨水流入屋内。钢管可用防水弯头,管口应光滑,防止擦伤导线绝缘。

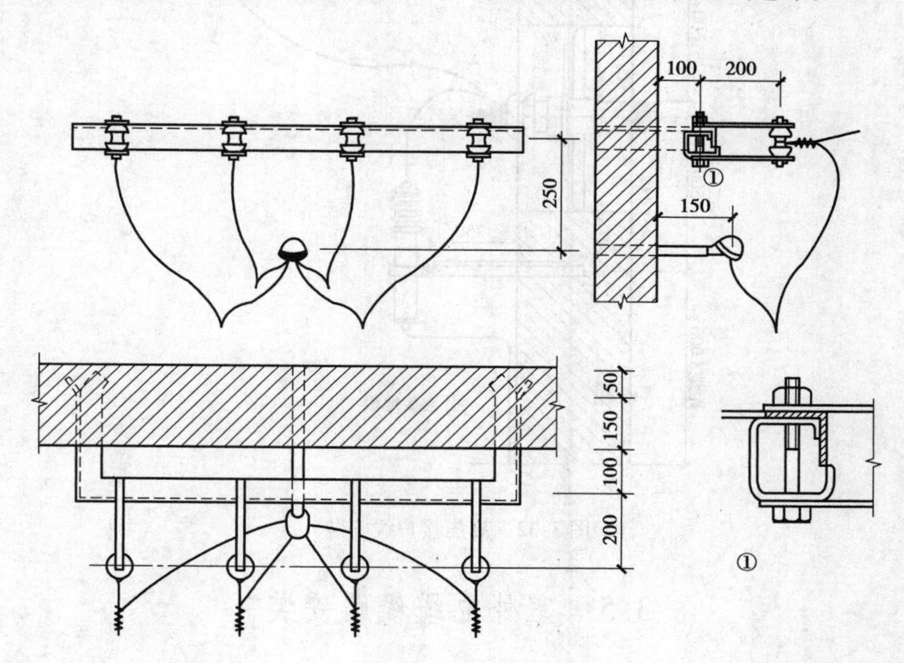

图3.31　低压接户线安装做法

3.4.2　高压架空接户线

高压架空接户线安装要求应遵守高压架空配电线路架设的有关规定,在此应提出注意的有以下3点:

1)导线的固定。当导线截面较小时,一般可使用悬式绝缘子与蝶式绝缘子串联方式固定在建筑物的支持点上;当导线截面较大时,则应使用悬式绝缘子与耐张线夹串联方式固定。

2)高压架空接户线使用裸绞线,其最小允许截面为:铜绞线为16 mm^2,铝绞线为25 mm^2。线间距离不应小于450 mm。

3)高压架空接户线在引入口处的最小对地距离不应小于4.0 m。导线引入室内必须采用穿墙套管而不能直接引入,以防导线与建筑物接触,造成触电伤人及发生接地故障,其安装做法如图3.32所示。

不论接户线的电压高低,都应注意:导线在挡距内不准接头,并且要保证导线在最大摆动时,不应有接触树木和其他建筑物的现象。由两个不同电源引入的接户线不宜同杆架设。

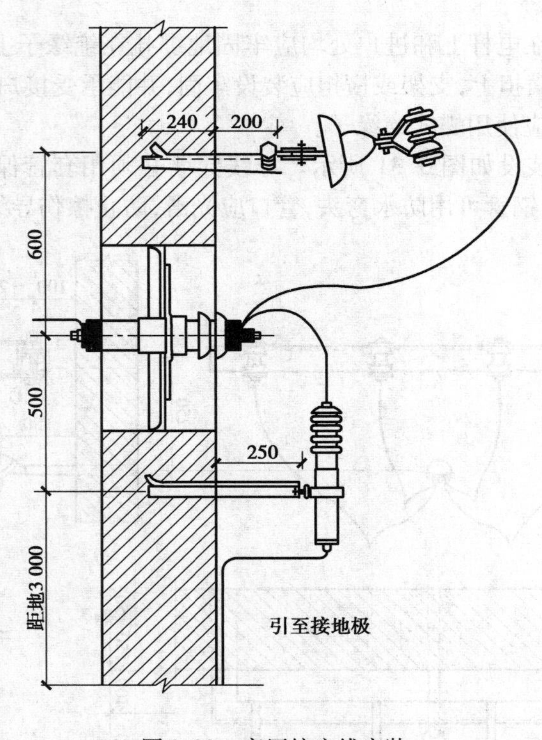

图 3.32 高压接户线安装

3.5 室外电缆线路安装

室外电缆线路的敷设有直接埋地敷设、电缆沟敷设、电缆管及排管敷设、电缆隧道内敷设等。应根据电缆数量及环境条件等进行选定。

3.5.1 电缆线路安装应具备的条件

电缆线路的安装应按已批准的设计进行施工。图纸是施工的依据,施工人员在开工前必须对图纸进行认真的会审,做好一切技术准备工作,针对工程实际,依据国家现行技术规范,事先制订出安全技术措施。

采用的电缆及附件均应符合国家现行技术标准的规定,并应有合格证。电缆及其附件的运输、保管等均应符合《电气装置安装工程电缆线路施工及验收规范》(GB 50168—2006)的要求。

施工现场已具备电缆线路安装的条件。与电缆线路安装有关的建筑物、构筑物的建筑工程质量符合要求,且已具备下列条件:

1)预埋件符合设计,安置牢固。

2)电缆沟、隧道、竖井及人孔等处的地坪及抹面工作结束。

3)电缆沟、隧道等处的施工临时设施、模板及建筑废料等清理干净,施工用道路畅通,盖板齐全。

4）电缆线路敷设后，不能再进行的建筑工程工作已结束。

5）电缆沟排水畅通，电缆室的门窗安装完毕。

3.5.2　电缆直接埋地敷设

电缆直接埋地敷设是电缆敷设方式中应用最广泛的一种。一般当沿同一路径敷设的电缆根数较少(8根以下)、敷设距离较长且场地又有条件，电缆宜采用直接埋地敷设。敷设时，沿已选定的路线挖沟，然后把电缆埋在里面，电缆埋设深度及电缆沟尺寸如图3.33、表3.10所示。

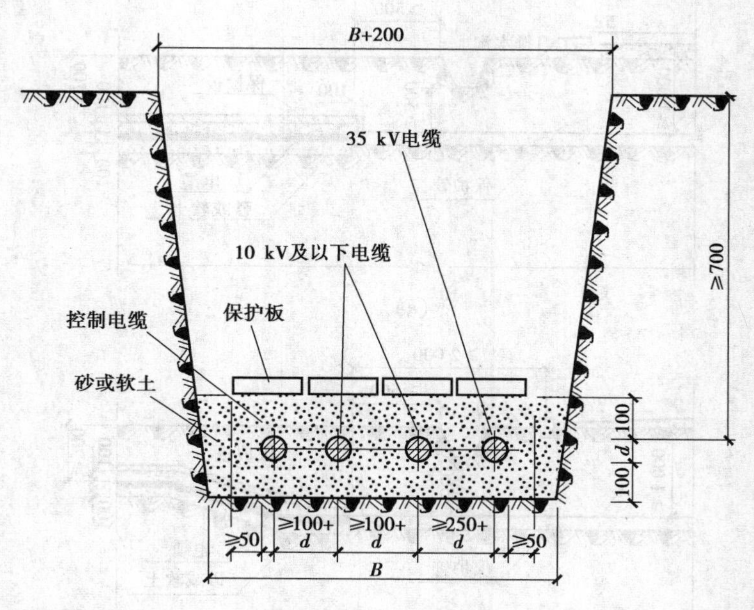

图3.33　10 kV及以下电缆沟的宽度尺寸

表3.10　电缆沟宽度表

电缆沟宽度 B/mm		控制电缆根数						
		0	1	2	3	4	5	6
10 kV及以下电力电缆根数	0		350	380	510	640	770	900
	1	350	450	580	710	840	970	1 100
	2	500	600	730	860	990	1 120	1 250
	3	650	750	880	1 010	1 140	1 270	1 400
	4	800	900	1 030	1 160	1 290	1 420	1 550
	5	950	1 050	1 180	1 310	1 440	1 570	1 800
	6	1 100	1 200	1 330	1 460	1 590	1 720	1 850

电缆埋设深度，一般要求电缆的表面距地面的距离不应小于0.7 m，穿越农田或在车行道下敷设时不应小于1 m；当遇到障碍物或冻土层较深的地方，则应适当加深，使电缆埋于冻土层以下。当无法深埋时，应采取措施，防止电缆受到损伤。在电缆引入建筑物、与地下建筑物交叉及绕过地下建筑物处，可埋设浅些，但应采取保护措施。

当电缆与铁路、公路、城市街道、厂区道路交叉时，应敷设于坚固的保护管或隧道内。电缆与铁路、公路交叉敷设做法如图3.34所示。

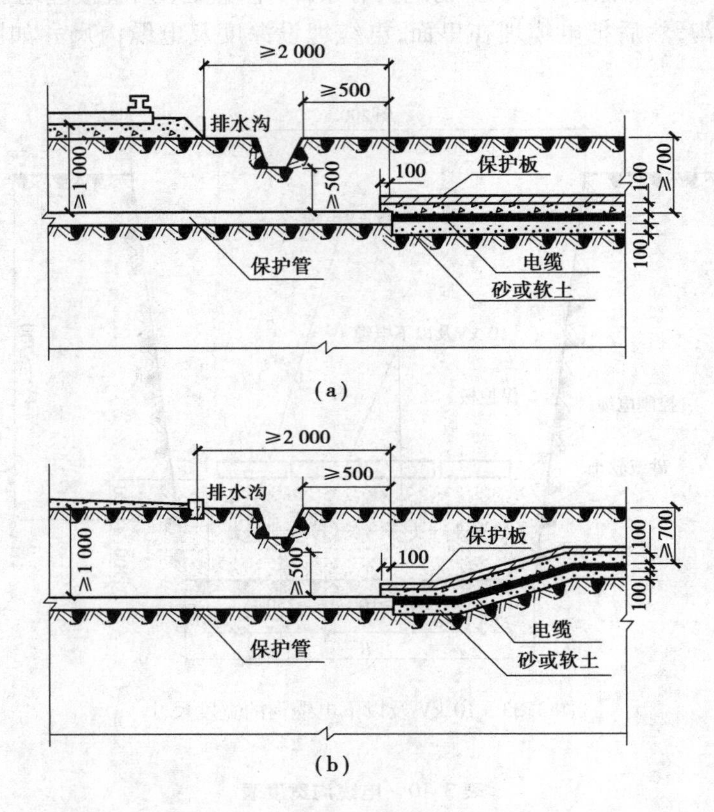

图3.34　电缆与铁路、公路交叉敷设

(a)电缆与铁路交叉　(b)电缆与公路交叉

直埋电缆的上、下部应铺以不小于100 mm厚的软土或沙层（软土或沙子中不应有石块或其他硬质杂物），并盖以混凝土保护板，其覆盖宽度应超过电缆两侧各50 mm，也可用砖块代替混凝土盖板。当电缆之间、电缆与其他管道、道路、建筑物等之间平行或交叉时，其间的最小距离应符合表3.11之规定，严禁将电缆平行敷设于管道的上面或下面。特殊情况可按表中备注规定执行。

直埋电缆在直线段每隔50～100 m处、电缆接头处、转弯处、进入建筑物等处，应设置明显的方位标志或标桩。

直埋电缆回填土前，应经隐蔽工程验收合格，并分层夯实。

表3.11　电缆之间、电缆与管道、道路、建筑物之间平行和交叉时最小允许净距

<table>
<tr><th rowspan="2">序号</th><th rowspan="2" colspan="2">项　目</th><th colspan="2">最小允许净距/ m</th><th rowspan="2">备　注</th></tr>
<tr><th>平　行</th><th>交　叉</th></tr>
<tr><td>1</td><td colspan="2">电力电缆间及其与控制电缆间
(1)10 kV 及以下
(2)10 kV 以上</td><td>
0.10
0.25</td><td>
0.50
0.50</td><td rowspan="3">(1)控制电缆间平行敷设的间距不作规定;序号“1”“3”项,当电缆穿管或用隔板隔开时,平行净距可降低为0.1 m
(2)在交叉点前后1 m范围内,如电缆穿入管中或用隔板隔开时,交叉净距可降低为0.25 m</td></tr>
<tr><td>2</td><td colspan="2">控制电缆间</td><td>—</td><td>0.50</td></tr>
<tr><td>3</td><td colspan="2">不同使用部门的电缆间</td><td>0.50</td><td>0.50</td></tr>
<tr><td>4</td><td colspan="2">热管道(管沟)及热力设备</td><td>2.00</td><td>0.50</td><td rowspan="4">(1)虽净距能满足要求,但检修管路可能伤及电缆时,在交叉点前后1 m范围内,尚应采取保护措施
(2)当交叉净距不能满足要求时,应将电缆穿入管中,则其净距可减为0.25 m
(3)对序号第“4”项,应采取隔热措施,使电缆周围土壤的温升不超过10 ℃</td></tr>
<tr><td>5</td><td colspan="2">油管道(管沟)</td><td>1.00</td><td>0.50</td></tr>
<tr><td>6</td><td colspan="2">可燃气体及易燃液体管道(管沟)</td><td>1.00</td><td>0.50</td></tr>
<tr><td>7</td><td colspan="2">其他管道(管沟)</td><td>0.50</td><td>0.50</td></tr>
<tr><td>8</td><td colspan="2">铁路路轨</td><td>3.00</td><td>1.00</td><td></td></tr>
<tr><td rowspan="2">9</td><td rowspan="2">电气化铁路路轨</td><td>交　流</td><td>3.00</td><td>1.00</td><td></td></tr>
<tr><td>直　流</td><td>10.00</td><td>1.00</td><td>如不能满足要求,应采取防电化腐蚀措施</td></tr>
<tr><td>10</td><td colspan="2">公路</td><td>1.50</td><td>1.00</td><td></td></tr>
<tr><td>11</td><td colspan="2">城市街道路面</td><td>1.00</td><td>0.70</td><td>特殊情况,平行净距可酌减</td></tr>
<tr><td>12</td><td colspan="2">电杆基础(边线)</td><td>1.00</td><td>—</td><td></td></tr>
<tr><td>13</td><td colspan="2">建筑物基础(边线)</td><td>0.60</td><td>—</td><td></td></tr>
<tr><td>14</td><td colspan="2">排水沟</td><td>1.00</td><td>0.50</td><td></td></tr>
</table>

注:当电缆穿管或者其他管道有防护设施(如管道的保温层等)时,表中净距应从管壁或防护设施的外壁算起。

3.5.3　电缆沟敷设

同一路径敷设电缆根数较多,而且按规划沿此路径的电缆线路时有增加,为施工及今后使用维护的方便,宜采用电缆沟敷设。电缆沟断面及各部尺寸如图3.35、表3.12所示。

电缆沟常由土建专业施工,砌筑沟底、沟壁,沟壁上用膨胀螺栓固定电缆支架,也可将支架直接埋入沟壁,电缆安放在支架上。电缆沟应有防水措施,其底部应有不少于0.5% ~1%的坡度,以利排水。电缆沟的盖板一般采用混凝土盖板。

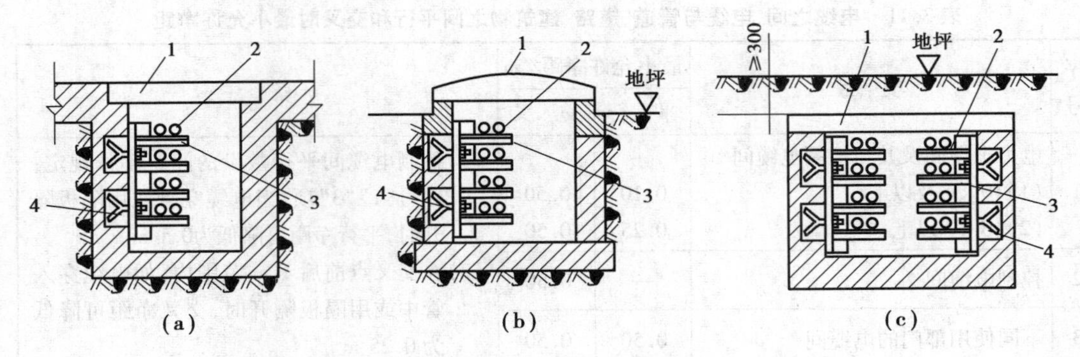

图 3.35　电缆沟断面

(a)室内电缆沟　(b)户外电缆沟　(c)厂区电缆沟

1—盖板;2—电缆;3—电缆支架;4—预埋铁件

表 3.12　电缆沟、支架各部尺寸

间距种类		电缆沟沟深/mm	
		600 以下	600 及以上
通道宽度	两侧设支架	300	500
	一侧设支架	300	450
支架层间垂直距离	电力电缆	150	150
	控制电缆	100	600
支架水平间距	电力电缆	1 000	
	控制电缆	800	
支架支臂的最大长度		350	

电缆在支架上的排列应按设计进行,电力电缆和控制电缆不应配置在同一层支架上;但当电力电缆和控制电缆敷设在同一侧支架上时,应将控制电缆放在电力电缆的下面,1 kV 及以下电力电缆放在 1 kV 以上电力电缆的下面。电缆与热力管道、热力设备之间的净距,平行时不应小于 1 m,交叉时不应小于 0.5 m,当受条件限制时,应采取隔热保护措施。电缆通道应避开锅炉的看火孔和制粉系统的防爆门;当受条件限制时,应采取穿管或封闭槽盒等隔热防火措施。电缆不宜平行敷设于热力设备和热力管道的上部。明敷在室内及电缆沟、隧道、竖井内带有麻护层的电缆,应剥除麻护层,并对其铠装加以防腐。电缆按规定敷设完毕后,应及时清除杂物,盖好盖板,必要时还应将盖板缝隙密封。

3.5.4　电缆隧道敷设

电缆隧道敷设和电缆沟敷设基本相同,只是电缆隧道所容电缆根数更多(一般在 18 根以上),电缆隧道净高不应低于 1.9 m,以使人在隧道内能方便地巡视和维修电缆线路,其底部处理与电缆沟底部相同,做成坡度不小于 0.5% 的排水沟,四壁应作严格的防水处理。

3.5.5　电缆在排管内敷设

适用于电缆数量不超过12根,并与各种管道及道路交叉较多,路径又比较拥挤,不宜采用直埋或电缆沟敷设的地段,排管可采用石棉水泥管或混凝土管,如图3.36所示。

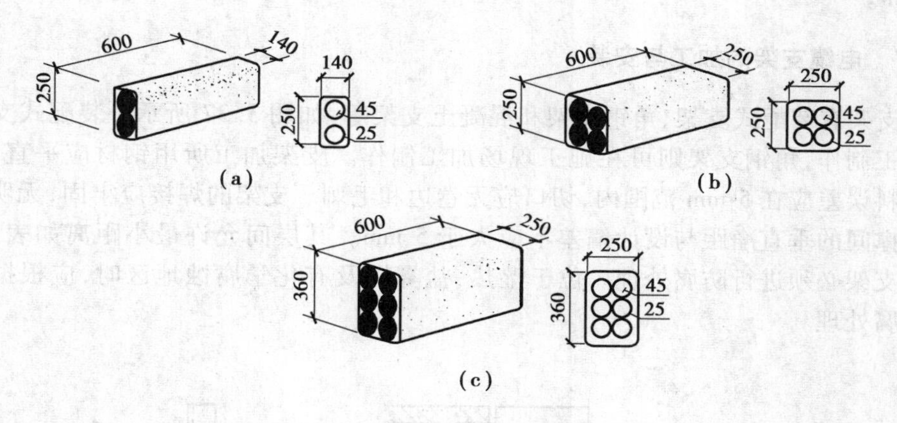

图3.36　混凝土管块

(a)2孔　(b)4孔　(c)6孔

电缆排管敷设应一次留足备用管孔数,当无法预计发展情况时除了考虑散热孔外可留10%的备用孔,但不应少于1~2孔。电缆排管管孔的内径不应小于电缆外径的1.5倍,电力电缆的管孔内径不应小于90 mm,控制电缆的管孔内径不应小于75 mm。

电缆还可以穿钢管、混凝土管、石棉水泥管等管道敷设。

3.5.6　电缆管的加工及敷设

电缆保护管的种类较多,用于电缆保护管的管子不应有穿孔、裂缝和显著的凹凸不平,内壁应光滑;金属管不应有严重锈蚀。硬质塑料管不得用在温度过高或过低的场所。在易受机械损伤的地方和在受力较大处直埋时,应采用足够强度的管材。

电缆管的内径与电缆外径之比不得小于1.5;混凝土管、陶土管、石棉水泥管除应满足上述要求外,其内径尚不宜小于100 mm。每根电缆管的弯头不应超过3个,直角弯不应超过2个。

电缆管的加工应符合下列要求:

1)管口应无毛刺和尖锐棱角,管口宜做成喇叭形。

2)电缆管在弯制后,不应有裂缝和显著的凹瘪现象,其弯扁程度不宜大于管子外径的10%;电缆管的弯曲半径不应小于所穿入电缆的最小允许弯曲半径。

3)金属电缆管应在外表涂防腐漆或涂沥青,镀锌管锌层剥落处也应涂以防腐漆。

电缆管的连接应牢固,密封应良好,两管口应对准。套接的短套管或带螺纹的管接头的长度,均不应小于电缆管外径的2.2倍。金属电缆管不宜直接对焊。硬质塑料管在套接或插接时,其插入深度宜为管子内径的1.1~1.8倍。在插接面上应涂以胶合剂粘牢密封;采用套接时套管两端应封焊。

敷设混凝土、陶土、石棉水泥等电缆管时,其地基应坚实、平整,不应有沉陷。电缆管的埋设深度不应小于0.7 m；在人行道下面敷设时，不应小于0.5 m。电缆与铁路、公路、城市街道、厂区道路下交叉时，应敷设于坚固的保护管内，一般多使用钢管，埋设深度不应小于1 m，管的长度应使其两端各伸出道路路基2 m；伸出排水沟0.5 m；对城市街道应伸出车道路面。电缆保护管与其他管道（水、石油、煤气管）以及直埋电缆交叉时，两端各伸出长度不应小于1 m。

3.5.7 电缆支架的加工与安装

电缆支架有装配式支架、角钢支架和混凝土支架等，如图3.37所示。装配式支架多由制造厂加工制作，角钢支架则可在施工现场加工制作。支架加工所用钢材应平直，无明显扭曲。下料误差应在5 mm范围内，切口应无卷边和毛刺。支架的焊接应牢固，无明显的变形。各横撑间的垂直净距与设计偏差不应大于5 mm。其层间允许最小距离如表3.13所示。金属支架必须进行防腐处理。位于湿热、盐雾以及有化学腐蚀地区时，应根据设计作特殊的防腐处理。

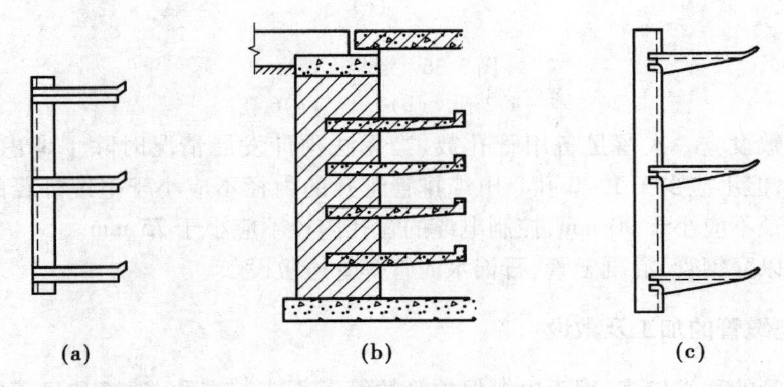

图3.37 电缆敷设用支架

(a)角钢支架 (b)钢筋混凝土支架 (c)装配式支架

表3.13 电缆支架层间允许最小距离/mm

电缆类型和敷设特征		支(吊)架	桥 架
控制电缆		120	200
电力电缆	10 kV及以下(除6~10 kV交联聚乙烯绝缘外)	150~200	250
	6~10 kV交联聚乙烯绝缘	200~250	300
	35 kV单芯，66 kV及以上，每层1根	250	300
	35 kV三芯，66 kV及以上，每层多于1根	300	350
电缆敷设于槽盒内		$h+80$	$h+100$

注：h表示槽盒外壳高度。

电缆支架的安装固定方式应按设计要求进行,可用膨胀螺栓固定,也可以将支架焊接固定在预埋铁件上。安装支架时,宜先找好直线段两端支架的准确位置,安装固定好,然后再均匀安装中间部位的支架,最后安装分支、转角处的支架。电缆沟或电缆隧道内,电缆支架最上层至沟顶及最下层至沟底的距离,不宜小于表3.14中的数值。支架安装固定应牢固、横平竖直、安全可靠。电缆支架间的距离如表3.15所示。各支架的同层横档应在同一水平面上,其高低偏差不应大于5 mm。在有坡度的电缆沟内或建筑物上安装的电缆支架,应有与电缆沟或建筑物相同的坡度。

表3.14　电缆支架最上层及最下层至沟顶、楼板或沟底、地面的距离/mm

敷设方式	电缆隧道及夹层	电缆沟	吊　架	桥　架
最上层至沟顶或楼板	300~350	150~200	150~200	350~450
最下层至沟底或地面	100~150	50~100	—	100~150

表3.15　电缆各支持点间的距离/mm

电缆种类		敷设方式	
		水　平	垂　直
电力电缆	全塑型	400	1 000
	除全塑型外的中低压电缆	800	1 500
	35 kV及以上高压电缆	1 500	2 000
控制电缆		800	1 000

注:全塑型电力电缆水平敷设沿支架能把电缆固定时,支持点间的距离允许为800 mm。

安装好了的电缆支架,全长均应有良好的接地。接地线宜使用圆钢或扁钢,在电缆敷设前与支架焊接连接。

3.5.8　电缆的敷设

(1)电缆敷设一般规定

1)电缆敷设时,不应损坏电缆沟、隧道、电缆井和人井的防水层。

2)三相四线制系统中应使用四芯电力电缆,不应采用三芯电缆另加一根单芯电缆或以导线、电缆金属护套等作中性线。

3)并联使用的电力电缆其长度、型号、规格应相同。

4)电力电缆在电缆终端头与电缆接头附近宜留有备用长度。

5)电缆敷设时,不应使电缆过度弯曲,并不应有机械损伤。电缆的最小弯曲半径不应小于表3.16的规定。

表 3.16　电缆最小允许弯曲半径

电缆形式			多　芯	单　芯
控制电缆	非铠装型、屏蔽型软电缆		6D	—
	铠装型、铜屏蔽型		12D	
	其他		10D	
橡皮绝缘电力电缆	无铅包、钢铠护套		10D	
	裸铅包护套		15D	
	钢铠护套		20D	
塑料绝缘电缆	无铠装		15D	20D
	有铠装		12D	15D
油浸纸绝缘电力电缆	铝包		30D	
	铅包	有铠装	15D	20D
		无铠装	20D	—
自容式充油(铅包)电缆			—	20D

注:表中 D 为电缆外径。

6)油浸纸绝缘电缆最高点与最低点之间的最大位差,不应超过表 3.17 的规定,当不能满足要求时,应采用适用于高位差的电缆。

表 3.17　油浸纸绝缘铅包电力电缆最大允许敷设位差

电压等级/kV	电缆护层结构	最大允许敷设位差/m
1	无铠装	20
	有铠装	25
6~10	无铠装或有铠装	15

7)垂直敷设或超过 45°倾斜敷设的电缆,在每个支架上均需固定。水平敷设的只在电缆首末两端、转弯及接头的两端处固定,当对电缆间距有要求时应每隔 5~10 m 固定一处。所用电缆夹具宜统一。交流系统的单芯电缆或分相铅套电缆在分相后的固定,其夹具不应有铁件构成的闭合磁路。裸铅(铝)套电缆的固定处,应加软衬垫保护。各支持点间的距离应按设计规定,当设计无规定时,则不应大于表 3.15 中所列的数值。当控制电缆与电力电缆在同一支架上敷设时,支持点间的距离应按控制电缆要求的数值处理。

8)电缆敷设时,电缆应从盘的上端引出,应避免电缆在支架上及地面上摩擦拖拉。电缆上不得有铠装压扁、电缆绞拧、护套折裂等未消除的机械损伤。用机械敷设时的最大牵引强度应符合表 3.18 的要求,机械敷设电缆的速度不宜超过 15 m/min。

表3.18 电缆最大允许牵引强度/($N \cdot mm^{-2}$)

牵引方式	牵引头		钢丝网套		
受力部位	铜芯	铝芯	铅套	铝套	塑料护套
允许牵引强度	70	40	10	40	7

9)敷设电缆时,电缆允许敷设最低温度,在敷设前24 h内的平均温度以及敷设现场的温度不应低于表3.19的数值,否则应采取措施(若厂家有要求,按厂家要求执行)。

表3.19 电缆允许敷设最低温度

电缆类型	电缆结构	允许敷设最低温度/℃
油浸纸绝缘电力电缆	充油电缆	-10
	其他油纸电缆	0
橡皮绝缘电力电缆	橡皮或聚氯乙烯护套	-15
	铅护套钢带铠装	-7
塑料绝缘电力电缆	—	0
控制电缆	耐寒护套	-20
	橡皮绝缘聚氯乙烯护套	-15
	聚氯乙烯绝缘聚氯乙烯护套	-10

10)电缆敷设时不宜交叉,而应排列整齐,加以固定,并及时装设标志牌。装设标志牌应符合下列要求:

①生产厂房及变电站内应在电缆终端头、电缆接头处装设标志牌。

②城市电网电缆线路应在下列部位装设电缆标志牌:电缆终端及电缆接头处;电缆管两端,人孔及工作井处;电缆隧道内转弯处、电缆分支处、直线段每隔50~100 m。

③标志牌上应注明线路编号(当设计无编号时,则应写明规格、型号及起讫点);并联使用的电缆应有顺序号;标志牌的字迹应清晰,不易脱落。

④标志牌的规格宜统一,标志牌应能防腐,且挂装应牢固。

11)电力电缆接头的布置原则。并列敷设的电缆,其接头的位置宜相互错开;明敷电缆的接头,须用托板(如石棉板)托置固定;直埋电缆的接头应有防止机械损伤的保护结构或外设保护盒。位于冻土层内的保护盒,盒内宜注以沥青。

12)电缆进入电缆沟、隧道、竖井、建筑物、盘(柜)以及穿入管子时,出入口应封闭,管口应密封。

(2)电缆的敷设

在现代化工矿企业和现代化建筑中,电缆线路多,敷设工作量大,而且要求在敷设中不能使电缆遭受损伤,还要敷设得井井有条。因此,敷设电缆必须按照合理的程序进行。

1)核对图纸

电缆敷设前应组织有关人员对照现场实际,对电缆施工图作进一步的核对。由于这时电缆沟道或桥架等已经完成,工程已初具规模,图、物对照更容易发现问题。

核对的基本内容是:电缆的规格、型号、数量、电缆支架、桥架的形式和数量,供配电设备的位置,电缆敷设途径,电缆排列位置,等等。

2)拟定施工措施

图纸核对无误后,即可根据现场实际情况拟定施工措施。其主要内容大致有:

①施工进度。一般来说,电缆敷设应在建筑工程结束,供配电设备均已就位之后进行。因此,安排进度时必须与其他有关工程的进度密切配合。

②人员组织。展放电缆可用人力、畜力或机械。就目前来看,人力拖放电缆仍是普遍使用的方法。根据经验,一般人员安排是:总指挥1人;电缆盘处3~4人;拖放电缆人数根据电缆长度、规格决定,一般95 mm^2 以上电缆2~3m设1人,95 mm^2 以下电缆3~5 m设1人;线路转角处的两侧各设1人;电缆穿过楼板处,上下各设1人等。

由上可知,电缆敷设的特点是参加施工人员多而集中,协同动作要求高。因此,在电缆敷设前必须周密地考虑劳动力的组织,以便提高效率。

③敷设程序。要使敷设工作有条不紊,必须制订合理的敷设程序。一般是先敷设集中的电缆,再敷设分散的电缆;先敷设电力电缆,再敷设控制电缆;先敷设长的电缆,再敷设短的电缆。这样有利于人员的调度及电缆的合理布置。当然在实际施工中,限于种种客观条件,不一定都能做到,那就要根据具体情况而定。

④敷设方法。电缆敷设应根据具体情况采用正确的方法,且应符合《电气装置安装工程电缆线路施工及验收规范》(GB 50168—2006)的有关规定。为了尽量减少劳动力、减轻劳动强度,避免电缆和地面摩擦,可采用机械拖放。敷设时,在地面上放置滚轮,特别是在转弯处,更应多放,如图3.38所示。

图3.38 用滚轮敷设电缆

3)现场施工准备

电缆敷设前的现场准备工作较多,一般应做好以下6点:

①组织施工人员学习施工图纸、施工措施和有关技术规范,最好到现场按实际情况进行详细的施工交底。

②在建筑工程施工时,应派熟悉图纸的人员配合,把要埋入构筑物的电缆管及附件预先埋好,或预留好孔洞。

③预制加工件,如支架、吊架、卡子、标牌等。

④对运到现场的电缆进行必要的检验,核对电缆的数量和规格、型号均应符合设计要求。

⑤印制技术记录表格供施工时使用。

⑥将每个电缆敷设的断面图复制出来,挂在电缆敷设路径上的相应地点,供施工人员随时查对,这样不易搞错电缆的排列位置。

4)敷设电缆

敷设电缆时,应把电缆按其实际长短相互配合,通盘设计,避免浪费。敷设时应有专人检查,专人领线,在一些重要的转弯处,均应配备具有敷设经验的电缆工,以免影响敷设质量。电缆应一根一根地拖放。一根电缆敷设完毕后,应立即沿路进行整理就位,挂上电缆牌,切忌在大批电缆敷设好后再进行整理挂牌。只有这样才能保证电缆敷设得整齐美观,挂牌正确,避免差错。

电缆敷设中应特别注意转弯部分,尤其在十字交叉处,最容易造成严重的交叉重叠。因此,要力求把分向一边的电缆一次敷设,分向另一边的电缆再作一次敷设,转弯时每根电缆弯曲要一致,以求美观。

如果由于工程进度的需要或其他原因,一个断面内排列的电缆不能一次敷设完毕时,则应当把暂不能敷设的电缆的位置空留出来,待以后再敷设时还按原来位置,不可让别的电缆占据该空位,以免造成紊乱。

配电柜(屏)下的电缆,在制作终端头前,一定要先将电缆完全整理好,并加以固定,待制作终端头时,再将电缆卡子松开,以便进行施工。

电缆敷设完毕后,施工人员应立即根据现场实际情况填写技术记录,并画出竣工草图,以满足将来运行维护的需要。

以上施工步骤比较适用于大规模的电缆工程,当工程规模较小,电缆数量不多时,可根据具体情况进行施工。

3.6　电缆头的制作

电缆敷设好后,为使其成为一个连续的线路,各线段必须连接为一个整体,这些连接点则称为接头。电缆线路两末端的接头称为终端头,中间的接头则称为中间接头。它们的主要作用是使电缆保持密封,使线路畅通,并保证电缆接头处的绝缘等级,使其安全可靠地运行。

3.6.1　电缆头制作基本要求

电缆头制作之前必须做好充分的准备工作,应熟悉安装工艺资料,做好检查,并符合下列要求:

1)电缆绝缘状况良好,无受潮;塑料电缆内不得进水。

2)附件规格应与电缆一致;零部件应齐全无损伤;绝缘材料不得受潮;密封材料不得失效。壳体结构附件应预先组装,清洁内壁;试验密封,结构尺寸符合产品技术要求。

3)施工用机具齐全,便于操作,状况清洁,消耗材料齐备,清洁塑料绝缘表面的溶剂宜遵循工艺导则准备。

4)在室外制作6 kV及以上电缆终端与接头时,其施工现场应保持清洁、干燥、光线充足,周围空气相对湿度宜为70%及以下;当湿度大时可提高环境温度或加热电缆。制作塑料绝缘电力电缆终端与接头时,应防止尘埃、杂物落入绝缘内。严禁在雾或雨天施工。

为保证电缆头的质量,在施工过程中还必须做到:

1)施工操作从剥切电缆开始到施工完毕,必须连续进行,尽量缩短绝缘暴露时间,以防绝缘吸潮。同时在操作时要特别防止汗水浸入绝缘材料内。

2）剥切电缆时，不允许损伤线芯和应保留的绝缘层，附加绝缘的包绕、装配、收缩等应清洁。

3）电缆线芯连接时，应除去线芯和连接管内壁油污及氧化层。压接模具与金具应配合恰当。压缩比应符合压缩工艺的要求。

4）三芯电力电缆接头两侧电缆的金属屏蔽层（或金属套）、铠装层应分别连接良好，不得中断，跨接线的截面不应小于：16 mm^2 及以下电缆，可与芯线截面相同；16～120 mm^2 电缆，接地线截面 16 mm^2；150 mm^2 及以上电缆，接地线截面 25 mm^2。接地线应采用铜绞线或镀锡铜编织线。

5）三芯电力电缆终端处的金属护层必须接地良好，塑料电缆每相铜屏蔽和钢铠应锡焊接地线。

6）塑料绝缘电缆在制作终端头和接头时，应彻底清除半导电屏蔽层。

7）电缆终端上应有明显的相色标志，且应与系统的相位一致。

3.6.2 10 kV 交联聚乙烯绝缘电力电缆热缩终端头制作

热缩型电缆终端头所用电缆附件均为辐射交联热收缩电缆附件，它以橡塑共混的高分子材料加工成型，然后在高能射线（α 或 β 射线）的作用下，使原来的线性分子结构交联成网状结构。生产时将具有网状结构的高分子材料加热到结晶熔点以上，使分子呈橡胶态，然后加外力使之变形成大尺寸产品后迅速冷却，使分子链"冻结"成定型产品。施工时，对热缩型产品加热（110～130 ℃），"冻结"的分子链突然松弛，从而自然收缩，如有被裹的物体，它就紧紧包覆在物体的外面。

热缩终端头主要由热收缩应力管、无泄痕耐气候管、密封胶、导电漆、手套、防雨罩等组成。厂家有操作工艺可按厂家工艺操作。厂家无操作工艺可按下列程序制作：

（1）剥塑料护套、锯钢带

按图 3.39，剥除塑料护套，在距剖塑口 30 mm 处扎绑线一道（3～4 匝）。在扎线上 3～5 mm 处的钢带铠装上锯一环痕，剥去上部两层钢带。在距钢带末端 20 mm 处将内护套及填料剥除。

（2）焊接地线

用截面不小于 25 mm^2 的镀锡铜辫按图 3.40 的方法在三相线芯根部的铜屏蔽上各绕一圈，并用锡焊点焊在铜屏蔽上，然后用镀锡铜线绑在钢甲上，并用焊锡焊牢。在铜辫的下端（从塑料护套切断处开始）用焊锡填满铜辫，形成一个 30 mm 的防潮层。

（3）套分支手套

将热收缩手套套至根部用喷灯开始加热，从中部开始往下收缩，然后再往上收缩，使手套均匀地收缩在电缆上。当手套内未涂密封胶时，则应在手套根部的

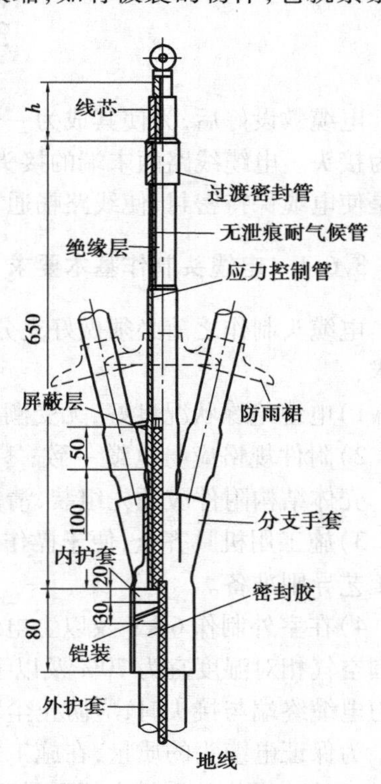

图 3.39 热收缩头剥切尺寸

塑料护套上及接地铜辫上缠30 mm的热熔胶带，以保证手套处有良好的密封。

(4)**剥除铜屏蔽及半导电屏蔽层**

按图3.39的尺寸将铜屏蔽层和半导电层剥除；用ϕ1.0 mm镀锡铜丝在距内护套150 mm处绑扎两圈，将绑线至末端的铜屏蔽剥除(不应伤半导电层)，在距铜屏蔽末端10 mm处将至末端的半导电屏蔽层剥除，剥时不应损伤绝缘。在保留的10 mm导电层上，在靠绝缘一端用玻璃片刮1个5 mm的斜坡，最后用0号砂纸将绝缘表面打磨光滑、平整。

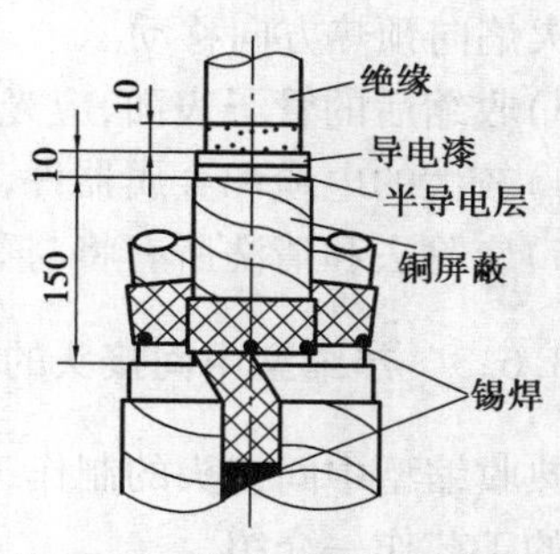

图3.40　接地线的连接方法

(5)**涂导电漆或包半导电胶**

用汽油将绝缘表面擦净，擦时应保持从末端往根部擦，防止将半导电层上的炭黑擦到绝缘表面。然后在距半导电层末端10 mm处的绝缘层上包两圈塑料带(其目的是为了使导电漆刷得平整、无尖刺)，在绝缘表面刷导电漆10 mm和在半导电层末端的5 mm斜坡上刷导电漆，导电漆要涂刷整齐。当不用导电漆而采用半导电胶带时，则应在此15 mm处包半导电胶带一层，再把临时包的两圈塑料带拆除。

(6)**套应力控制管**

当绝缘表面不光滑时则应在绝缘表面套应力管部分涂上一层薄薄的硅脂。而后将应力控制管套至屏蔽上(压铜屏蔽层50 mm)从下至上进行收缩。

(7)**套无泄痕耐气候管**

用清洁剂将绝缘表面、应力控制管和手套的手指表面擦净，在手指上缠一层密封胶带，分别将3只无泄痕耐气候管套至手指根部。从手指与应力控制管接口处开始加热收缩，先向下收缩完后再向上收缩。

(8)**压接线鼻子及套过渡密封管**

按线鼻子孔深加5 mm将末端绝缘剥除，然后套上线鼻子进行压接。用密封胶填满空隙，套上过渡密封管从中部向两端加热收缩。加热收缩前应先对接线鼻子加热以使密封胶充分溶化黏合。

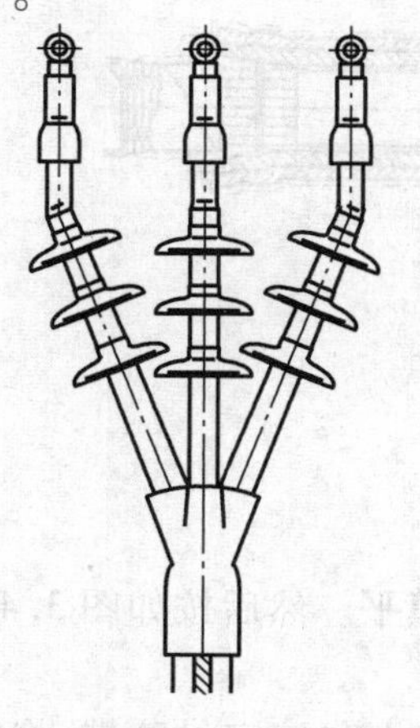
图3.41　户外型热收缩电缆头

户内终端头到此工序结束。室外终端头还应有以下工序：

(9)**热缩防雨罩**

自手套的手指末端向上测量200 mm，用热收缩安装一个防雨罩，再往上每隔60 mm加一个防雨罩，10 kV户外终端头应加3个防雨罩，如图3.41所示。

制作热缩电缆头过程中应特别注意以下5点：

1)热收缩时的热源，尽量用液化气，因其烟尘较少，绝缘表面不易积炭，使用时应将焊枪的火焰调到发黄的柔和的蓝色火焰，避免蓝色尖状火焰。用汽油喷灯加热收缩时，应用高标号烟量少的汽油。禁止使用煤油喷灯作热源。

2)在收缩时火焰应不停地移动，避免烧焦管材。火焰应沿电缆周围烘烤，而且火焰应朝向热缩的方向以预热管材。只有在加热部分充分收缩后才能将火焰向预热方向移动。

3）收缩后的管子表面，应光滑、无皱纹、无气泡，并能清晰地看到内部结构轮廓。

4）较大的电缆和金属器件，在热缩前应预先加热，以保证有良好的黏合。

5）应除去和清洗所有将与黏合剂接触的表面上的油。

3.6.3 热缩型中间接头的制作

热收缩型中间接头的制作工艺和终端头类同，下面以 10 kV 240 mm^2 的铠装电缆为例，对接头的工艺作一介绍。

1）按图 3.42 的尺寸进行剖塑和锯钢甲，然后将接头盒的外护套、铠装铁套和内护套套至接头两端的电缆上。

2）按图 3.43 尺寸剥切各相线芯的铜屏蔽层、半导电屏蔽层和绝缘层，并在绝缘上刷导电漆 10 mm，半导电屏蔽上刷导电漆 5 mm。

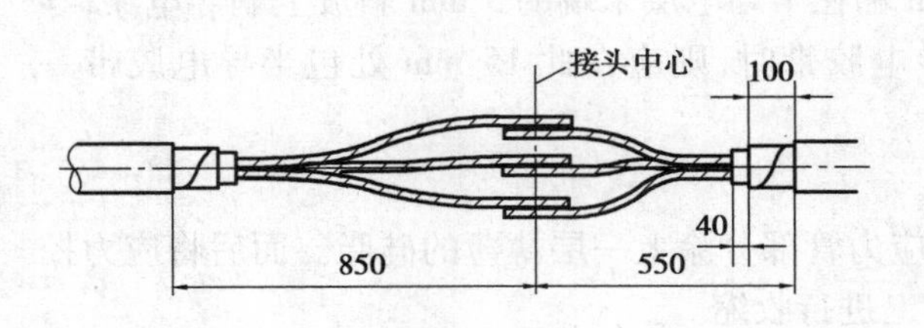

图 3.42　热收缩型接头剥削尺寸

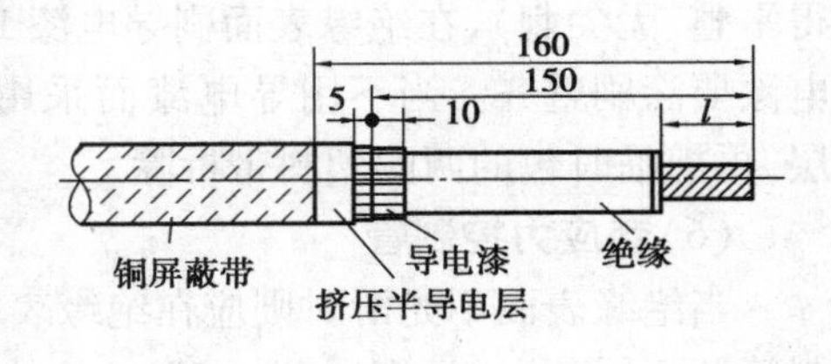

$$l = \frac{1}{2}\text{接管长} + 5\ \text{mm}$$

图 3.43　热收缩头线芯绝缘剥切尺寸

3）压接线芯及包半导电带。压接后在压接管表面包半导电带一层，并将接管的两端的空隙填平。密封胶带除起填充作用外，还可以改善电场分布。

4）按图 3.44，先后套上应力控制管、绝缘管、屏蔽管，分别进行加热收缩。收缩时，应先从中间开始向两端收缩，并在每收缩完一层管后，立即趁热进行外层管子的收缩。三相线芯可同时进行热缩。

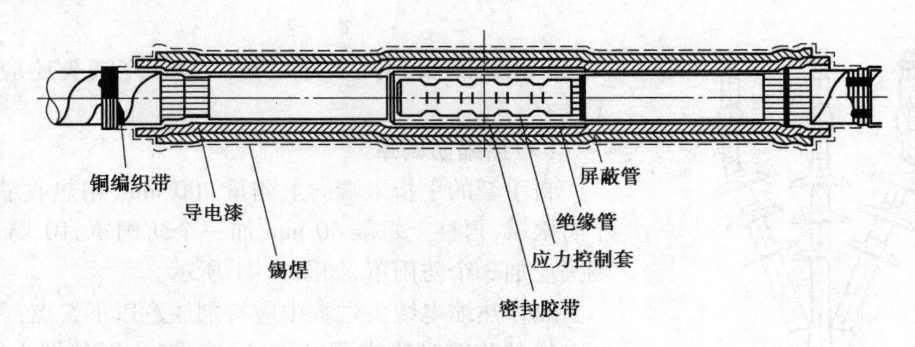

图 3.44　接头绝缘结构

在收缩应力控制管前，应在线芯绝缘上涂硅脂，将表面空隙填平。然后按如图 3.44 所示在屏蔽管上包铜编织带，在两端用镀锡铜绑线扎紧并用焊锡焊牢。

5）将三芯并拢收紧，用白布带将线芯扎紧。在电缆的内护套上包缠密封胶带，将内护套套至电缆接头上进行加热收缩密封,各接口部位均应加密封胶。

6)将铠装铁套套至电缆接头上,分5点用油麻带扎紧。

7)将外护套套至铁套上(在各接口部位均应包缠密封胶带),分段进行加热收缩。

3.6.4　低压电缆头的制作

室内低压聚氯乙烯绝缘聚氯乙烯护套电力电缆终端头的制作安装,可按下列程序进行:

(1)摇测电缆绝缘

选用500 V摇表,对电缆进行摇测,绝缘电阻应在10 MΩ以上。电缆摇测完毕后,应将芯线分别对地放电。

(2)剥电缆铠甲、打卡子

1)根据电缆与设备连接的具体尺寸,量电缆并作好标记。锯掉多余电缆,根据电缆头套型号尺寸要求,剥除外护套。电缆头套型号尺寸如表3.20和图3.45所示。

表3.20　电缆头套型号尺寸

序　号	型　号	规定尺寸		通用范围	
		L/mm	D/mm	VV,VLV四芯/ mm^2	VV20,VLV20四芯/ mm^2
1	VDT-1	86	20	10～16	10～16
2	VDT-2	101	25	25～35	25～35
3	VDT-3	122	32	50～70	50～70
4	VDT-4	138	40	95～120	95～120
5	VDT-5	150	44	150	150
6	VDT-6	158	48	185	185

2)将地线的焊接部位用钢锉处理,以备焊接。

3)在打钢带卡子的同时,将10 mm^2 多股铜线排列整齐后卡在卡子里。

4)利用电缆本身钢带宽的1/2做卡子,采用咬口的方法将卡子打牢,必须打两道,防止钢带松开,两道卡子的间距为15 mm(见图3.46)。

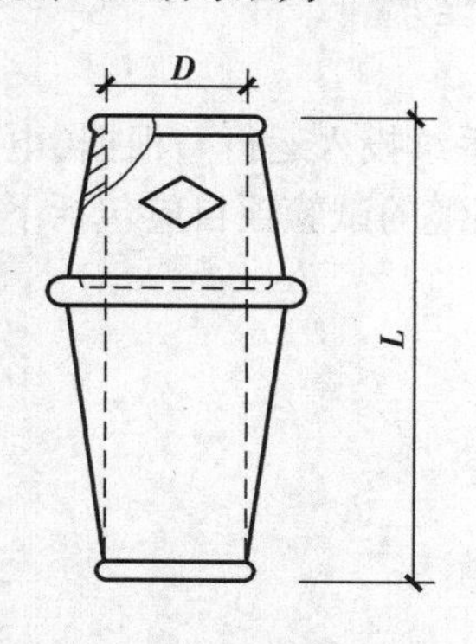

图3.45　电缆头套型号尺寸

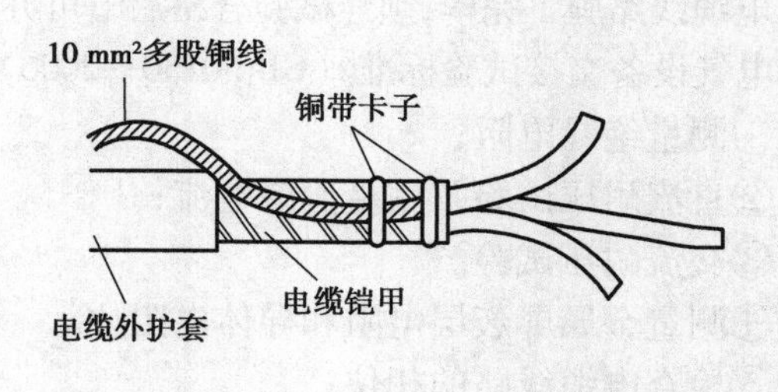

图3.46　打卡子

5)剥电缆铠甲,用钢锯在第一道卡子向上 3 ~ 5 mm 处,锯一环形深痕,深度为钢带厚度的 2/3,不得锯透。

6)用螺丝刀在锯痕尖角处将钢带挑起,用钳子将钢带撕掉,随后将钢带锯口处用钢锉修理钢带毛刺,使其光滑。

(3)焊接地线

地线采用焊锡焊接于电缆钢带上,焊接应牢固,不应有虚焊现象,应注意不要将电缆烫伤。

(4)包缠电缆,套电缆终端头套

1)剥去电缆统包绝缘层,将电缆头套下部先套入电缆。

2)根据电缆头的型号尺寸,按照电缆头套长度和内径,用塑料带采用半叠法包缠电缆。塑料带包缠应紧密,形状呈枣核状(见图 3.47)。

3)将电缆头套上部套上,与下部对接套严,如图 3.48 所示。

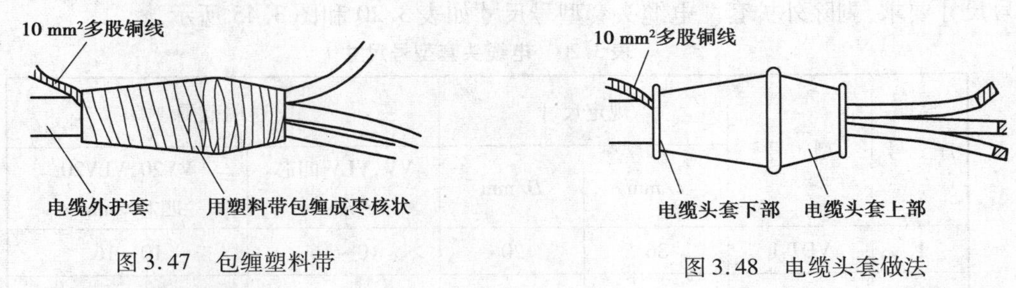

图 3.47　包缠塑料带

图 3.48　电缆头套做法

(5)压电缆芯线接线鼻子

1)从芯线端头量出长度为线鼻子的深度,另加 5 mm,剥去电缆芯线绝缘,并在芯线上涂上凡士林。

2)将芯线插入接线鼻子内,用压线钳子压紧接线鼻子,压接应在两道以上。

3)根据不同的相位,使用黄、绿、红、黑 4 色塑料带,分别包缠电缆各芯线至接线鼻子的压接部位。

4)将做好终端头的电缆,固定在预先做好的电缆头支架上,并将芯线分开。

5)根据接线端子的型号,选用螺栓将电缆接线端子压接在设备上,注意应使螺栓由上向下或从内向外穿,平垫和弹簧垫应安装齐全。

3.7　电缆交接试验及工程验收

电缆线路施工完毕,须经试验合格后方可办理交接验收手续投入运行。根据《电气装置安装工程电气设备交接试验标准》(GB 50150—2006)规定,电力电缆的试验项目应包括下列内容:

①测量绝缘电阻;

②直流耐压试验及测量泄漏电流;

③交流耐压试验。

④测量金属屏蔽层电阻和导体电阻比。

⑤检查电缆线路的相位;

⑥充油电缆的绝缘油试验。

⑦交叉互联系统试验。

3.7.1　绝缘电阻的测量

测量各电缆导体对地或对金属屏蔽层间和各导体间的绝缘电阻，应符合下列规定：

1）耐压试验前后，绝缘电阻测量应无明显变化。

2）橡塑电缆外护套、内衬套的绝缘电阻不低于 0.5 MΩ/km。

3）测量绝缘用兆欧表的额定电压，宜采用如下等级：

①0.6/1 kV 电缆：用 1 000 V 兆欧表。

②0.6/1 kV 以上电缆：用 2 500 V 兆欧表；6/6 kV 及以上电缆也可用 5 000 V 兆欧表。

③橡塑电缆外护套、内衬套的测量：用 500 V 兆欧表。

3.7.2　直流耐压试验及泄漏电流测量

因电缆的电容较大，施工单位受设备限制，很难进行工频交流耐压试验，因此，直流耐压试验便成为施工现场检查电缆耐压强度的通用方法。在直流电压的作用下，电缆绝缘中的电压按绝缘电阻分布，当在电缆中有发展性局部缺陷时，则大部分电压将加在与缺陷串联的未损坏部分上，因此，从这种意义上来说，直流耐压比交流耐压还更容易发现局部缺陷。直流耐压试验电压标准应符合表 3.21—表 3.24 的规定（注：表 3.21—表 3.24 中，U 为电缆额定线电压；U_0 为电缆线芯对地或对金属屏蔽层间的额定电压）。

表 3.21　黏性油浸纸绝缘电缆直流耐压试验电压标准

电缆额定电压 U_0/U /kV	0.6/1	6/6	8.7/10	21/35
直流试验电压/kV	$6U$	$6U$	$6U$	$5U$
试验时间/min	10	10	10	10

表 3.22　不滴流油浸纸绝缘电缆直流耐压试验电压标准

电缆额定电压 U_0/U /kV	0.6/1	6/6	8.7/10	21/35
直流试验电压/kV	6.7	29	37	89
试验时间/min	5	5	5	5

表 3.23　塑料绝缘电缆直流耐压试验电压标准

电缆额定电压 U_0/kV	0.6	1.8	3.6	6	8.7	12	18	21	26
直流试验电压/kV	2.4	7.2	15	24	35	48	72	84	104
试验时间/min	15	15	15	15	15	15	15	15	15

表 3.24　橡皮绝缘电力电缆直流耐压试验电压标准

电缆额定电压 U/kV	6
直流试验电压/kV	15
试验时间/min	5

泄漏电流的测量可与直流耐压试验同时进行。但电缆的直流泄漏电流测量和直流耐压试验在意义上是不相同的,之所以同时进行,是因为所用设备及工作中的接线等完全相同。一般直流耐压试验对检查绝缘干枯、气泡、纸绝缘机械损伤和工厂中的包缠缺陷等比较有效;泄漏电流则对绝缘劣化受潮比较有效。

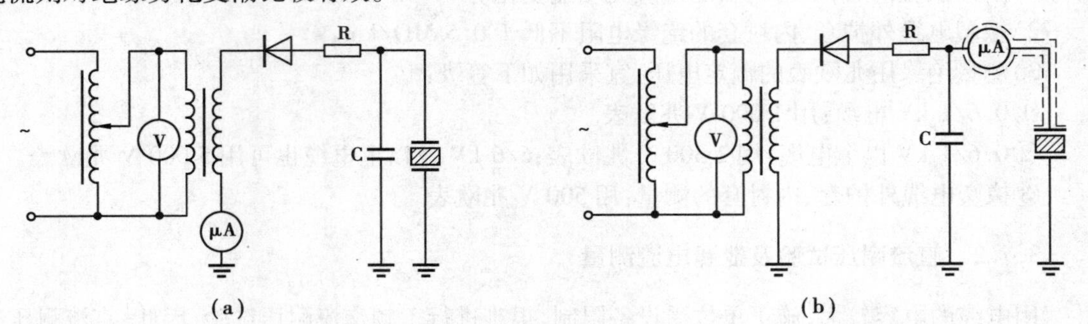

图 3.49　电缆直流耐压试验接线
(a)微安表在低压侧　(b)微安表在高压侧

电缆直流耐压试验接线如图 3.49 所示。试验操作时应注意:

1)首先要使被试电缆充分放电;保证接线无误;将调压器及仪表调至零位再合电源开关。

2)调节调压器使电压平稳上升,一般升压速度不应大于 1 kV/s,以免升压太快,充电电流过大而烧坏设备,或在升压过程中就将有缺陷的电缆击穿。这种情况一旦发生应立即将调压变压器降至零位。

3)升压过程中,试验电压可分 4 ~6 阶段升压,每阶段停留 1 min,并读取其泄漏电流值。

4)按升压速度达到额定试验电压值后,按规定恒压一定时间后,迅速将试验电压降至零并加以放电。放电时,应先经过限流电阻接地放电几分钟,然后再直接接地,放电时间应足够长,以确保安全。

5)在试验中,一般将导电线芯接负极性。测量泄漏电流的微安表可以接在低压端,也可以接在高压端。当接至低压端时,必须先测量出在试验电压下不连接被试电缆时的杂散电流。而电缆泄漏电流的实际值应是接有被试电缆时的泄漏电流减去杂散电流。当接在高压端时,微安表的操作必须使用绝缘棒。为了避免高压引线的电晕电流引入微安表而影响泄漏电流的实际值,高压引线要加以屏蔽。为了保护微安表,不致因泄漏电流忽然增大发生撞针或烧坏,最好装置放电管或并联短路刀开关。

电缆试验的目的只在于确定被试电缆是否能在规定的工作电压下可靠运行,其关键又在于被试电缆的耐压试验能否通过。但这并不是说泄漏电流的测量就没有意义,它也是反映被试电缆绝缘性能的一个重要指标,必须予以重视。一般电缆的泄漏电流具有下列情况之一时,电缆绝缘可能有缺陷:

①泄漏电流很不稳定。

②泄漏电流随试验电压升高急剧上升。

③泄漏电流随试验时间延长有上升现象。

3.7.3　检查电缆线路的相位

在电力系统中,相位或相序与并列运行、电动机旋转方向等密切相关,若相位不符有时会产生严重的后果：

1）当通过电缆线路联络两个电源时，相位不符合会导致无法合环运行。

2）由电缆线路送电至用户时，如两相相位不对会使用户的电动机倒转。三相相位接错会使有双路电源的用户无法并用双电源。对只有一个电源的用户，在申请备用电源后，会产生无法作备用的后果。

3）用电缆线路送电至电网变压器时，会使低压电网无法合环并列运行。

4）两条及以上电缆线路并列运行时，若其中有一条电缆相位接错，会产生合不上闸的后果。

电力电缆线路施工完毕与电力系统接通之前，必须按照电力系统上的相位标志进行核对。电缆线路的两端相位应一致并与电网相符合。

电缆线路检查相位的方法很多。比较简单方便的是采用干电池和指示灯法。以电缆金属铠装层为地，在一端干电池正极接相线（L_1），负极接铠装层；在另一端，灯泡的引线一根接铠装层，另一根依次接 L_1，L_2，L_3 相线，指示灯发亮时，则表示该相与接通干电池的一相是一根线芯的两端，是同一相。灯不亮者为异相，依次试验可确定其他相位。

3.7.4　电缆工程的交接验收

电缆工程施工完毕，经检查试验符合要求后，即可进行交接验收办理签证手续。交接验收时，应按照《建筑工程施工质量验收统一标准》（GB 50300—2001）、《建筑电气工程施工质量验收规范》（GB 50303—2002）和《电气装置安装工程电缆线路施工及验收规范》（GB 50168—2006）的规定进行检查，并提交下列技术资料和文件：

1）电缆线路路径的协议文件。

2）设计变更的证明文件和竣工图资料。

3）直埋电缆线路的敷设位置图比例宜为1∶500。

4）制造厂提供的产品说明书、试验记录、合格证件及安装图纸等技术文件。

5）电缆线路的原始记录：

①电缆的型号、规格及其实际敷设总长度及分段长度，电缆终端和接头的形式及安装日期；

②电缆终端和接头中填充的绝缘材料名称、型号。

6）电缆线路的施工记录：

①隐蔽工程隐蔽前检查记录或签证。

②电缆敷设记录。

③质量检验及评定记录。

7）试验记录。

复习题

1. 简述架空配电线路的结构组成。

2. 架空配电线路工程施工包括哪些主要内容？

3. 架空配电线路中基本杆型有哪几种？试述其杆顶结构特点及作用。

4. 基础施工前的杆坑定位应符合哪些规定？
5. 架空配电线路施工常用立杆方法有哪几种？电杆立好后应符合哪些规定？
6. 当设计无规定时，怎样决定电杆的埋深？
7. 安装好了的拉线应符合哪些规定？
8. 导线架设工作包括哪些内容？
9. 导线在绝缘子上固定应符合哪些要求？
10. 何谓接户线？低压接户线的安装应符合哪些规定？
11. 电缆敷设的一般规定有哪些？
12. 电缆直埋敷设有哪些要求？
13. 电缆在电缆沟内支架上敷设有哪些规定？
14. 简述 10 kV 交联聚乙烯电力电缆热缩终端头制作工艺。
15. 简述低压塑料绝缘电力电缆终端头的制作工艺。
16. 简述电缆试验的项目和要求。
17. 如何检查电缆的相位？

第4章　电气照明装置安装

4.1　照明方式和种类

4.1.1　照明方式

照明器按其安装部位或使用功能而构成的基本形式,称为照明方式。通常,照明方式分为一般照明、分区一般照明、局部照明及混合照明4种。

(1)一般照明

为使整个空间获得均匀分布的水平照度,照明器在整个空间内基本均匀布置的照明方式。一般情况下,工作场所通常应设置一般照明。

(2)分区一般照明

根据需要提高特定区域(房间)内某一特定工作的照度,则设置两种或以上不同照度的分区均匀分布的照明,称为分区一般照明。即同一场所内的不同区域有不同照度要求时,应采用分区一般照明。分区一般照明可以有效地节约能源。

(3)局部照明

以满足照明空间内某些部位的特殊需要而设置的照明称为局部照明。局部照明可在下列情况中采用:

1)局部需要较高的照度。

2)由于遮挡而使一般照明照射不到的某些范围。

3)视觉功能较低的人需要有较高的照度。

4)需要减少工作区的反射眩光。

5)为加强某方向的光照以增强质感时。

在一个工作场所内,不应只采用局部照明。

(4)混合照明

由一般照明和局部照明共同组成的照明称为混合照明。对于部分作业面照度要求较高,只采用一般照明不能满足要求时,宜采用混合照明。

4.1.2　照明种类

(1)按效果分

照明按其效果,可分为一般照明和艺术照明。一般为生活、工作、学习提供必要照度而设置的照明,称为一般照明;为衬托建筑物的特性、风格或显示一件艺术作品的内涵所设置的照明,称为艺术照明。在民用建筑中,有很多场合,往往是两者有机的结合。

(2)按功能分

照明按其功能,可分为正常照明、应急照明、值班照明、警卫照明及障碍照明等。

1)正常照明

为满足正常工作、学习、生活的需要所设置的照明,称为正常照明,也称工作照明。它有满足人们基本视觉要求的功能,应按不同建筑物类型及使用功能,按照度标准,采用不同的照明方式而设置。

2)应急照明

应急照明也称事故照明。当正常照明因事故熄灭后,供事故情况下继续工作、人员安全或顺利疏散的照明。它是现代大型建筑物中保障人身安全和减少财产损失的安全设施,包括备用照明、安全照明和疏散指示照明。

①备用照明。当正常照明因故障熄灭后,需确保正常工作或活动继续进行的场所,应置备用照明。备用照明应能维持正常生产、营业、交往所需要的最小照度,一般不宜低于正常照明照度的10%,当仅作事故情况短时使用的照明可为5%。

按消防要求,在火警时,暂时继续工作的备用照明,在人员密集的场所,如营业厅、观众厅、餐厅、舞厅、多功能厅和其他具有危险性的场所等,应不小于正常照度的5%,并维持1 h;继续工作的备用照明,如配电室、消防控制室、消防泵房、排烟机房、自备发电机房、蓄电池室、火灾广播室、电话站、BAS控制室及其他重要房间,应不小于正常照明的照度,并能连续工作;在疏散楼梯、消防电梯及前室照明应安装备用照明设置,按疏散路径的长短,其维持时间取30~60 min。

备用照明宜为正常照明灯具中的一部分。

②安全照明。凡因正常照明中断,将会引起人身伤亡的危险场所(如医院的重要手术室、急救室等)或会造成重大经济损失的危险场所(如商场贵重物品售货柜、收银台、银行金库值班室等)都应设置安全照明。通常也可取正常照明中的一部分灯具作安全照明用。一般其照度不宜低于正常照度的5%。

③疏散照明。正常照明因故障熄灭后,需确保人员安全疏散的出口和通道,应设置疏散照明。疏散照明由安全出口标志灯和疏散标志灯组成。安全出口标志灯距地高度不低于2 m,且安装在疏散出口和楼梯口里侧的上方;疏散指示照明应设在安全出口的顶部、楼梯间、疏散走道及其转角处、楼梯休台处在离地1 m以下的墙面上,大面积的商场、展厅等安全通道上采用顶棚下吊装。

疏散指示灯的设置,不影响正常通行,且不在其周围设置容易混同疏散标志灯的其他标志牌等。疏散指示照明只要求提供移足的照度,一般取0.5 lx,维持时间按楼层高度及疏散距离计算,一般取为20~60 min。

3)值班照明

大面积场所及夜晚需要值班的场所,设置值班照明。可利用正常照明中的部分灯具,且能按需要单独控制。

4)警卫照明

有警戒任务的场所应根据警戒范围的要求,设置警卫照明,如国家级或省市重要金库、监狱等一些特殊的建筑物。警卫照明的电源应按一级负荷,采用双电源供电,并设有备用电源自投装置。

5)障碍照明

防止飞机撞上高层建筑和构筑物所设置的照明,或装设在有船舶通航的河流的两侧建筑物上表示障碍标志用的照明。它的设置应遵循当地民航及交通部门的规定。

6)装饰照明

为美化和装饰某一特定空间而设置的照明。装饰照明可以是正常照明或局部照明的一部分。以纯装饰为目的的照明,不兼作一般照明和局部照明。

4.2　常用电光源和灯具

4.2.1　电光源分类

按发光原理区分,电光源主要分为热辐射光源和气体放电光源两类。

(1)**热辐射光源**

热辐射光源主要是利用电流使物体加热到白炽程度而发光的光源。例如,白炽灯、卤钨灯等都是以钨丝为辐射体的。

(2)**气体放电光源**

气体放电光源是利用电流通过气体(或蒸气)的过程而发光的光源。这种电光源具有发光效率高、使用寿命长等特点。

气体放电光源按放电的形式,可分为辉光放电灯和弧光放电灯。

1)辉光放电灯。这类灯由正辉光放电柱产生光,它阴极的次级发射比热电子发射大得多,阴极电位降较大(100 V左右),电流密度较小,通常需要很高的电压,也称冷阴极灯,如霓虹灯就属辉光放电灯。

2)弧光放电灯,又称热阴极灯。这类灯主要利用正弧光放电柱产生光,阴极电位降较小,需要专用的启动器件及线路才能工作,如荧光灯、汞灯、钠灯等均属于弧光放电灯。

气体放电光源按灯管内充入气体的压力高低,又可分为低压气体放电灯(如荧光灯、低压钠灯等)和高压气体放电灯(如高压汞灯、高压钠灯等)。

电光源的分类如图4.1所示。

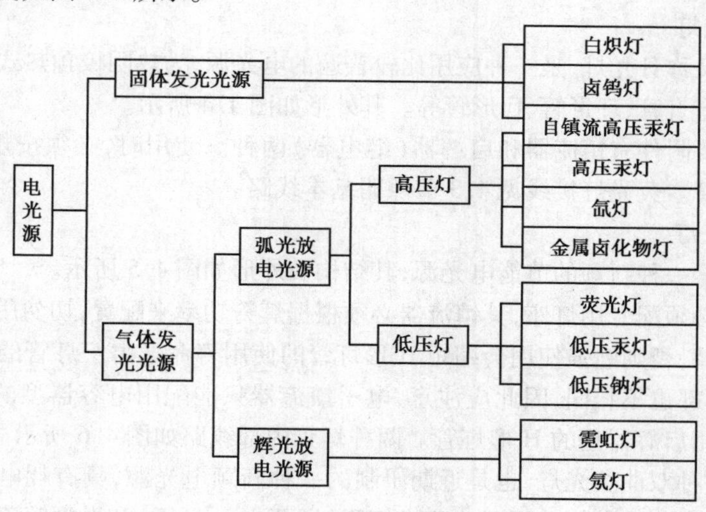

图4.1　电光源分类

4.2.2　常用电光源

(1)白炽灯

白炽灯是最早出现的第一代光源。白炽灯的结构简单,主要是由灯头、灯丝和玻璃壳等组成的。灯头可分为螺口式和插口式两种,如图4.2所示。白炽灯将逐步被淘汰,由节能电光源取代。

(2)卤钨灯

在白炽灯泡中,除充有少量惰性气体外,还充有少量的卤族元素(氟、氯、溴、碘)。最常见的是充入碘元素的碘钨灯。当钨蒸发后,扩散到玻璃壳附近250~600 ℃的区域时,合成碘化钨,并在灯泡内继续扩散,到达灯丝附近1 500 ℃左右的高温区,又分解成碘和钨,钨回到灯丝上,碘沿灯泡壁区域扩散,到达适当的温度区又与钨化合,这就是卤钨循环。为使钨正确回落到灯丝上,因此灯泡制成细而长的管状,为保证灯管温度均匀,钨丝贯穿整个灯泡而做成灯管两端引线,如图4.3所示。为防止出现低温区而使钨沉积,碘钨灯管必须水平安装,其倾角不得大于±4°。

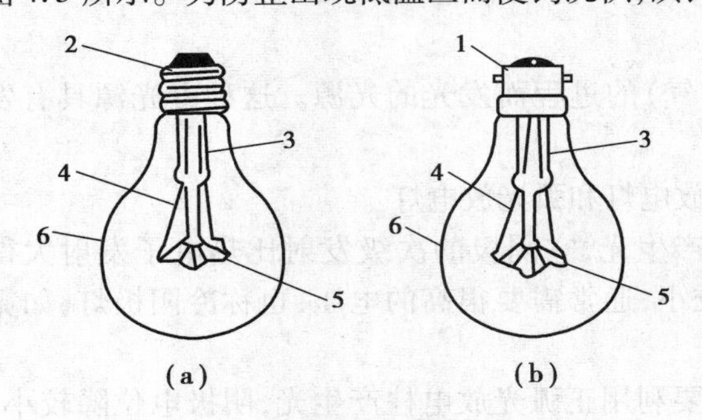

图4.2　白炽灯泡构造

1—插口灯头;2—螺口灯头;3—玻璃支架;4—引线;5—灯丝;6—玻璃壳

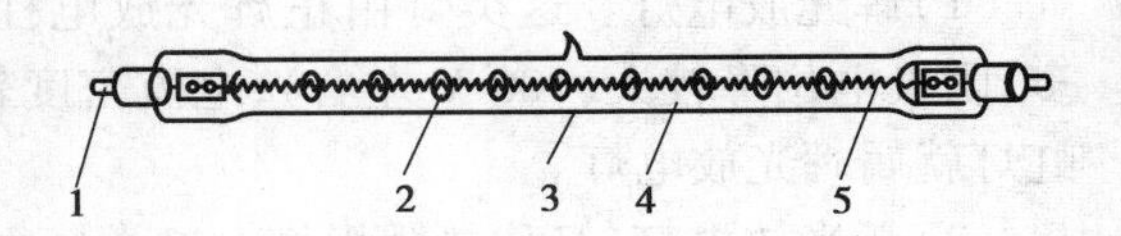

图4.3　碘钨灯构造

1—电源引线;2—灯丝定位架;3—石英管;4—碘蒸气;5—灯丝

另一种重要的卤钨灯是溴钨灯,同样利用溴钨循环而使钨回落到灯丝上,与碘钨灯类同。

(3)普通荧光灯

普通荧光灯又称日光灯,是一种应用比较普遍的电光源,为热阴极预热式低压汞蒸气放电灯。灯管的形状有直管、环形管、U形管等。其外形如图4.4所示。

荧光灯的主要附件有镇流器和启辉器(继电器)两种。使用时,必须按规格配套,否则将损坏镇流器或灯管。荧光灯接线见4.3节照明基本线路。

(4)H形荧光灯

H形荧光灯是一种新颖的节能电光源,其结构及外形如图4.5所示。

H形荧光灯必须配专用灯座,其镇流器必须根据灯管功率来配置,切勿用普通的直管形荧光灯镇流器来代替,否则勉强使用会缩短H形灯管的使用寿命。由于灯管的启辉器安装在灯管中,且灯管的内部也不相同,因此应注意,电子镇流器只能配用电容器型的H形灯管,电感式镇流器只能配用启辉器型的H形灯管。两种灯管内部线路如图4.6所示。

另外,还有一种双曲荧光灯,也是近期研制的一种新颖电光源,具有耗电省、光效高、寿命长、安装方便等优点。这种灯是把双曲荧光灯管(即两支U形管)和微型镇流器封装在一个玻璃壳内。

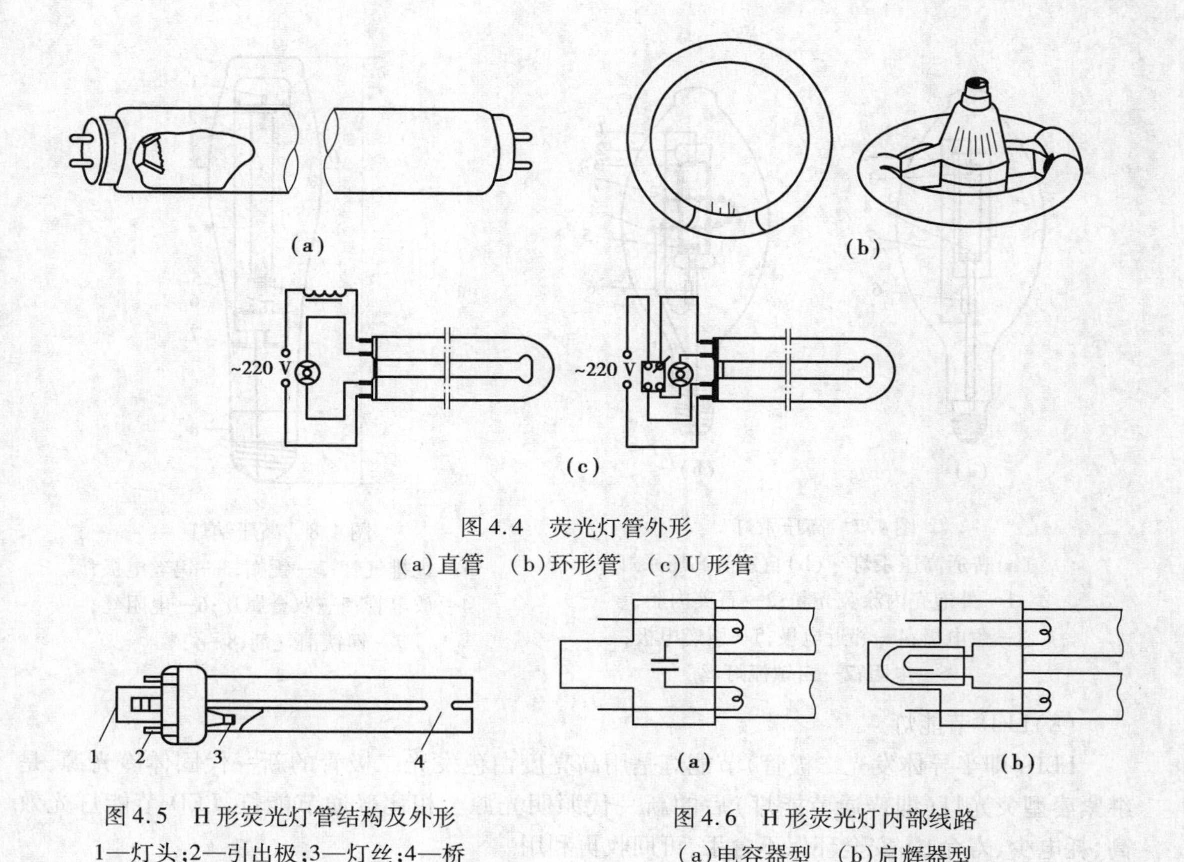

图4.4　荧光灯管外形

(a)直管　(b)环形管　(c)U形管

图4.5　H形荧光灯管结构及外形

1—灯头;2—引出极;3—灯丝;4—桥

图4.6　H形荧光灯内部线路

(a)电容器型　(b)启辉器型

(5)高压汞灯

高压汞灯又称高压水银灯,它主要依赖高压汞气放电而发光。高压汞灯的结构分普通高压汞灯和自镇流高压汞灯两种,如图4.7所示。自镇流高压汞灯比普通高压汞灯少一个镇流器,代之以自镇流灯丝。当接通电源后,引燃电极与邻近电极之间放电,汞蒸发,同时灯丝发热,帮助两电极之间形成弧光放电。

(6)钠灯

钠和汞一样可以作为放电管中的发光蒸气,如在灯管内放入适量的钠和惰性气体,就成为钠灯。钠灯分为高压钠灯和低压钠灯两种。

高压钠灯是一种高压钠蒸气放电灯,其基本结构主要由灯丝、双金属片热继电器、放电管、玻璃外壳等组成,如图4.8所示。

(7)金属卤化物灯

金属卤化物灯的结构与高压汞灯相似,发光管是一个用石英玻璃制造的放电管,内装两个主电极和一个辅助电极,外套一个硬质玻璃泡。放电管内除充入启动用的惰性气体氩和汞外,还充入了金属卤化物。金属卤化物灯的发光主要靠这些金属原子的辐射,获得了比高压汞灯更高的光效和显色性能。目前应用的金属卤化物灯主要有3类,它们是充入钠、铊、铟碘化物的钠铊铟灯,充入镝、铊、铟碘化物的镝灯,以及充入钪、钠碘化物的钪钠灯。

金属卤化物灯光效高、光色好、显色性佳、寿命长,广泛应用于商场、大型航空港的候机楼、车站候车大厅、船码头的候船室、大型展厅以及广场等照明。

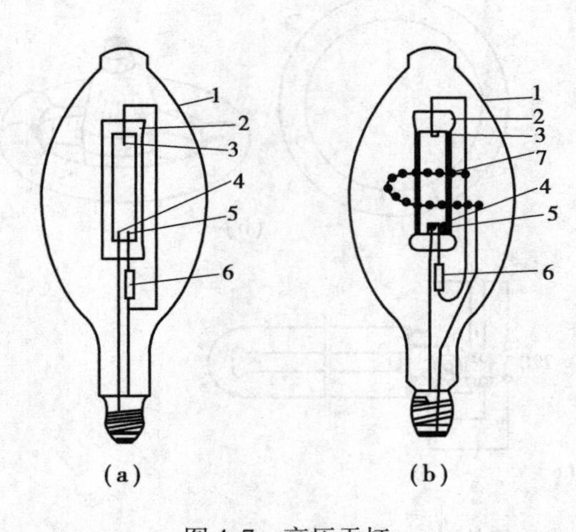

图 4.7 高压汞灯

(a)普通高压汞灯 (b)自镇流高压汞灯

1—外泡壳内涂荧光粉;2—石英内胎;

3—主电极;4—邻近电极;5—引燃电极;

6—电阻;7—自镇流灯丝

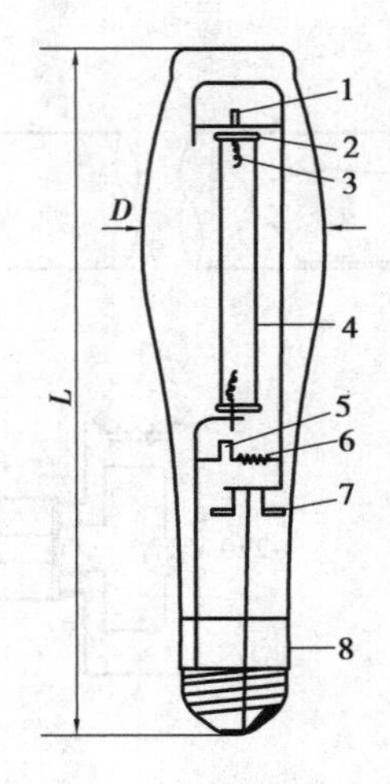

图 4.8 高压钠灯

1—铌排气管;2—铌帽;3—钨丝电极;

4—放电管;5—双金属片;6—电阻丝;

7—钡钛消气剂;8—灯帽

(8)LED 节能灯

LED(即半导体发光二极管)节能灯是用高亮度白色发光二极管的新一代固体冷光源,是继紧凑型荧光灯(即普通节能灯)后的新一代照明光源。相比普通节能灯,LED 节能灯光效高、耗电少、寿命长,安全环保不含汞,可回收再利用。

4.2.3 灯具

灯具的作用是固定光源,控制光线,把光源的光能分配到所需要的方向,使光线集中,以便提高照度,同时还可以防止眩光以及保护光源不受外力、潮湿及有害气体的影响。另外,还可起到装饰美化环境的作用。灯具主要由灯座、灯罩及其附件组成。灯具与电光源组合称为照明器。

灯具的种类较多,分类方法通常有以下几种:

(1)按灯具的结构特点分类

1)开启型。是敞口的或无灯罩的,光源裸露在外。

2)闭合型(保护型)。透光罩将光源包围起来,但透光罩内外的空气能自由流通,尘埃易进入透光罩内。

3)封闭型。透光罩固定处加以一般封闭,使尘埃不易进入罩内,但当内外气压不同时,空气仍能流通。

4)密闭型。透光罩固定处加以密封,与外界可靠隔离,内外空气不能流通。根据用途可分为防潮型和防水防尘型。

5)防爆安全型。适用于在不正常情况下有可能发生爆炸危险的场所。

6)隔爆型。适用于在正常情况下有可能发生爆炸的场所。

7)防腐型。适用于含有害腐蚀性气体的场所。

(2)**按安装方式分类**

1)吸顶型。吸附安装在顶棚上,适用于顶棚比较光洁而且房间不高的建筑物。

2)嵌入顶棚型。灯具大部分或全部陷在顶棚内,只露出发光面。

3)悬挂型。灯具吊挂安装在顶棚上,有线吊型、链吊型和管吊型。装饰灯具多悬挂型。

4)附墙型。安装在墙壁上,习惯称为壁灯。

5)嵌墙型。灯具大部分或全部陷在墙内,只露出发光面。多用于室内作起夜灯用。

(3)**按出射光通分布分类**

根据灯具向上、向下两个半球空间发出的光通量的比例进行分类,又称 CIE 配光分类,如表 4.1 所示。

表 4.1 CIE 配光分类时的光通量分布和特点

类型		直接型	半直接型	漫射型	半间接型	间接型
光通量分布特性(占照明器总光通量的百分比)	上半球	0~10%	10%~40%	40%~60%	60%~90%	90%~100%
	下半球	100%~90%	90%~60%	60%~40%	40%~10%	10%~0
特点		光线集中,工作面上可获得充分照度	光线能集中在工作面上,空间也能得到适当照度。比直接型眩光小	空间各个方向光强基本一致,可达到无眩光	增加了反射光的作用,使光线比较均匀柔和	扩散性好,光线柔和均匀。避免了眩光,但光的利用率低
示意图						

1)直接型。灯具由反光性能良好的非透明材料制成,如搪瓷、抛光铝或铝合金板和镀银镜面。

2)半直接型。这种灯具常用半透明的材料制成,下方为敞口形,如乳白玻璃菱形罩、碗形罩等。它能将较多的光线直接照射到工作面上,又可使空间环境得到适当的亮度,改善了房间内的亮度比。

3)直接间接型(漫射型)。上射光通量和下射光通量基本相等的称为直接间接型。使照明器向四周均匀发射光通量的形式称为漫射型,它是直接间接型的一个特例,乳白玻璃球形灯属于典型的漫射型。这类灯具采用漫透射材料制成封闭式的灯罩,造型美观,光线均匀柔和,但光损失较多,光利用率较低。

4)半间接型。半间接型照明器的灯具上半部分用透明材料或敞口,下半部分用漫透射材料制成。由于上射光通量的增加,增强了室内散射光的照明效果,使光线更加均匀柔和。在使用过程中,上部很容易积灰,导致照明器效率的下降。

5)间接型。这类灯具的光线大多经顶棚反射到工作面,能很好地减弱阴影和眩光,光线极其均匀柔和。但用这种照明器照明,缺乏立体感,且光损失很大,极不经济。可用于剧场、美术馆和医院病房等场所。若与其他形式的照明器混合使用,可在一定程度上扬长避短。

照明灯具的种类很多,外观造型更多,但目前还没有关于灯具型号、规格和技术方面统一的国家标准。

4.3 电气照明基本线路

电气照明基本线路,一般应具有电源、导线、开关及负载(电灯)这4部分组成。照明基本线路大致有9种,如表4.2所示。照明基本线路看起来比较简单,但在实际施工配线时却不能疏忽大意。应根据开关、灯具的实际安装位置布置导线,特别是用双控开关在两个地方控制一盏灯或用两只双控开关和一只三控开关在3个地方控制一盏灯时,更应注意。

表4.2 照明基本线路

序号	线路名称	基本线路	备 注
1	一只开关控制一盏灯	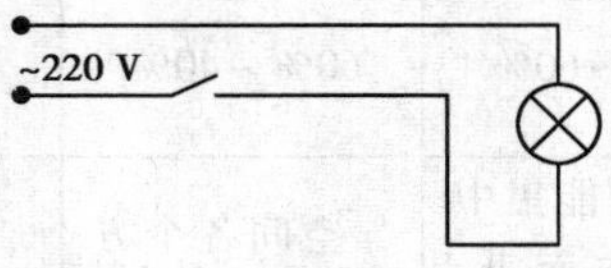 ~220 V	开关应装在相线上,使开关断开后,灯头上没有电。以利安全
2	一只开关控制多盏灯(两盏以上)	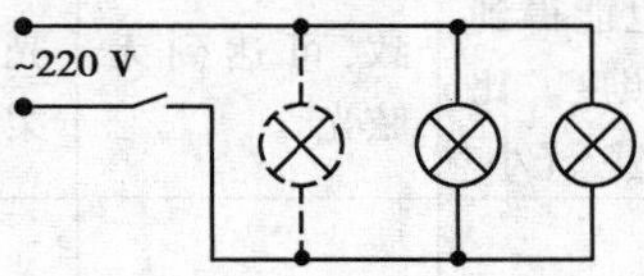 ~220 V	同上
3	2只双控开关在2个地方控制一盏灯	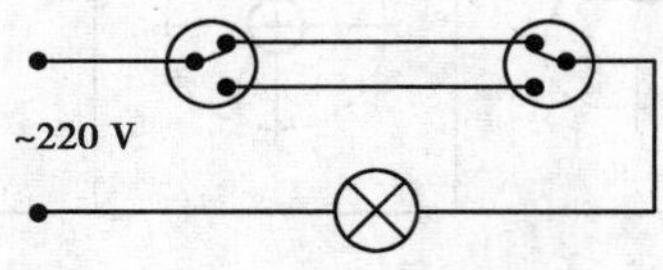 ~220 V	用于楼梯灯,楼上、楼下都可控制。也用于走廊中电灯,在走廊两端控制
4	3只开关在3个地方控制一盏灯	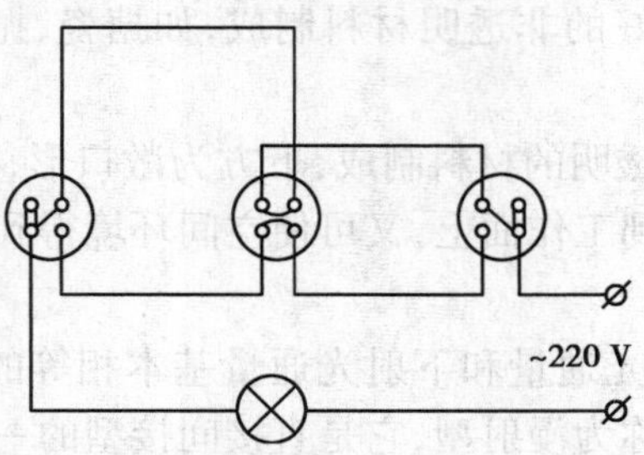 ~220 V	同上
5	日光灯线路	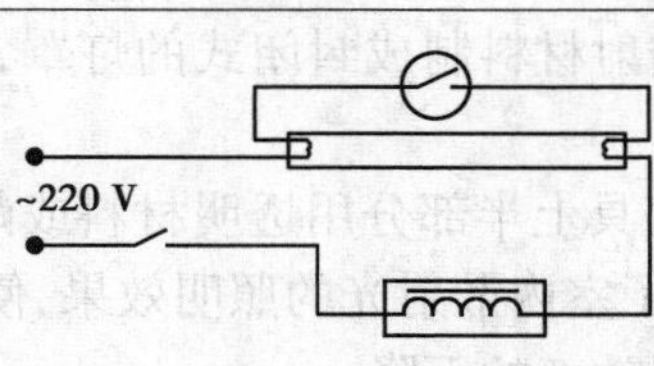 ~220 V	注意灯管与其他附件必须配套使用,电子镇流器已较普遍使用

续表

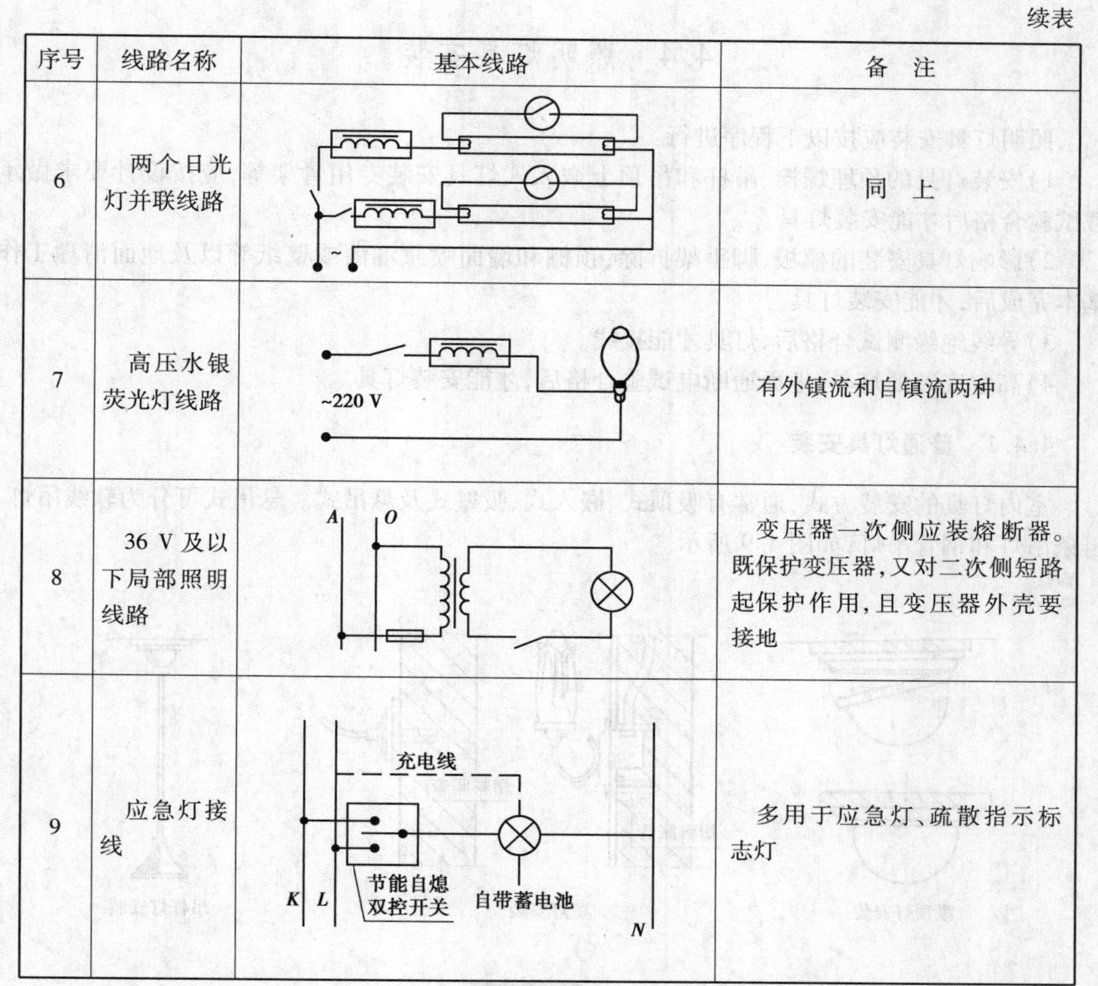

序号	线路名称	基本线路	备　注
6	两个日光灯并联线路	~	同　上
7	高压水银荧光灯线路	~220 V	有外镇流和自镇流两种
8	36 V及以下局部照明线路	A　O	变压器一次侧应装熔断器。既保护变压器，又对二次侧短路起保护作用，且变压器外壳要接地
9	应急灯接线	充电线　节能自熄双控开关　自带蓄电池　K　L　N	多用于应急灯、疏散指示标志灯

从表4.2电气照明基本线路可知，开关均是控制相线的。另外，应注意在螺口灯头接线时，相线应接在中心触点的端子上，零线应接在螺纹的端子上。引向每个灯具的导线线芯最小截面应根据灯具的安装场所及用途决定，可参见表4.3。

表4.3　导线线芯最小截面

灯具的安装场所及用途		线芯最小截面/ mm^2		
		铜芯软线	铜线	铝线
灯头线	民用建筑室内	0.4	0.5	2.5
	工业建筑室内	0.5	0.8	2.5
	室　外	1.0	1.0	2.5
移动用电设备的导线	生活用	0.4	—	—
	生产用	1.0	—	—

4.4 照明灯具安装

照明灯具安装应按以下程序进行:

1)安装灯具的预埋螺栓、吊杆和吊顶上嵌入式灯具安装专用骨架等,应按设计要求做承载试验合格后才能安装灯具。

2)影响灯具安装的模板、脚手架拆除,顶棚和墙面喷浆油漆或壁纸等以及地面清理工作基本完成后,才能安装灯具。

3)导线绝缘测试合格后,灯具才能接线。

4)高空安装的灯具,地面通断电试验合格后,才能安装灯具。

4.4.1 普通灯具安装

室内灯具的安装方式,通常有吸顶式、嵌入式、吸壁式及悬吊式。悬吊式可分为软线吊灯、链条吊灯和钢管吊灯,如图 4.9 所示。

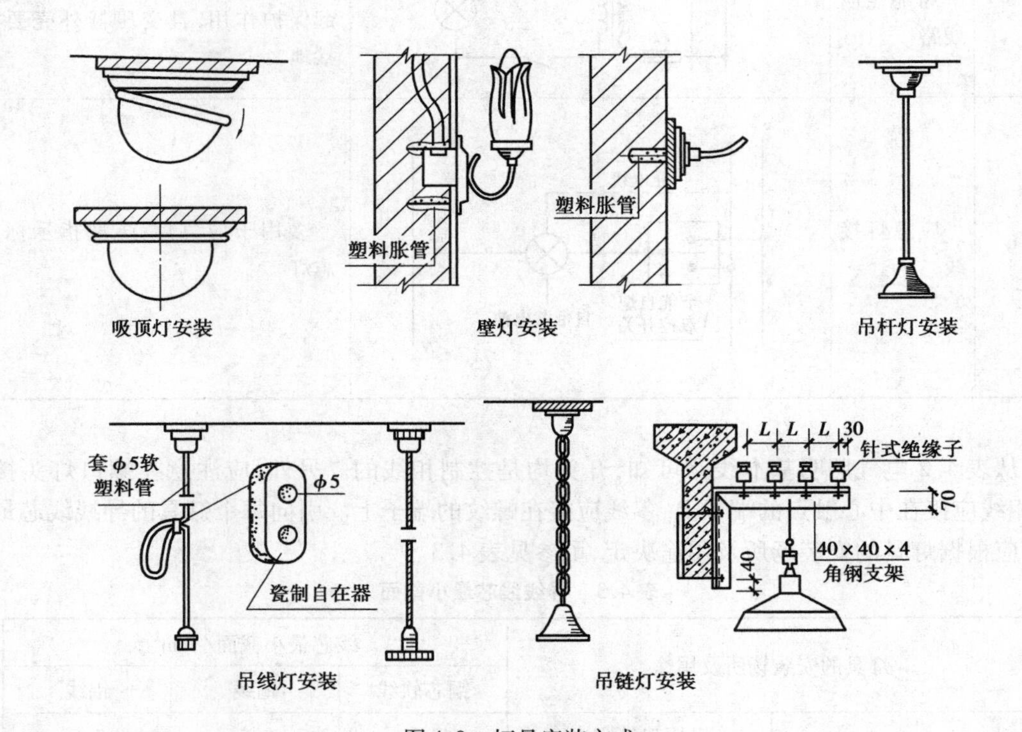

图 4.9 灯具安装方式

(1)吊灯的安装

安装吊灯通常需要吊线盒和绝缘台两种配件。绝缘台规格应根据吊线盒的大小选择,既不能太大,又不能太小,否则影响美观,绝缘台应安装牢固可靠。软线吊灯的组装过程及要点如下:

1)准备吊线盒、灯座、软线和焊锡等。

2)截取一定长度的软线,两端剥露线芯,把线芯拧紧后挂锡。

3)打开灯座及吊线盒盖,将软线分别穿过灯座及吊线盒盖的孔,然后打一保险结,防止线芯接头受力。打结方法如图4.10所示。

图4.10　吊线灯软线保险结

4)软线一端线芯与吊线盒内接线端子连接,另一端的线芯与灯座的接线端子连接。

5)将灯座及吊线盒盖拧好。

软线吊灯质量限于0.5 kg以下,当质量在0.5 kg以上时,则应采用吊链式(或吊杆式)固定。采用吊链时,灯线宜与吊链编叉在一起,灯线不应受力。采用钢管作灯具吊杆时,其钢管内径不应小于10 mm,钢管壁厚度不应小于1.5 mm。当吊灯灯具质量超过3 kg时,则应预埋吊钩或螺栓固定,如图4.11所示。灯具的固定应牢固可靠,不准使用木楔。每个灯具固定用螺钉或螺栓不少于两个;当绝缘台直径在75 mm及以下时,采用1个螺钉或螺栓固定。固定花灯的吊钩,其圆钢直径不应小于灯具挂销的直径,且不得小于6 mm。大型花灯、吊装花灯的固定及悬吊装置,应按灯具质量的2倍做过载试验。大型花灯如采用专用绞车悬挂固定时,应注意:绞车的棘轮必须有可靠的闭锁装置;绞车的钢丝绳抗拉强度不小于花灯质量的10倍;其长度,当花灯放下时,距地面或其他物体不得小于250 mm。

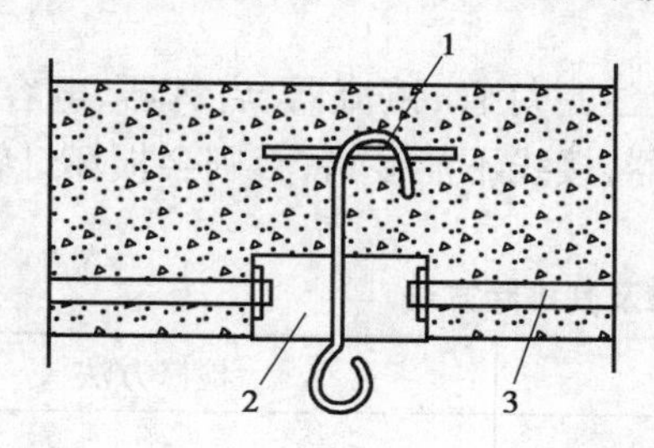

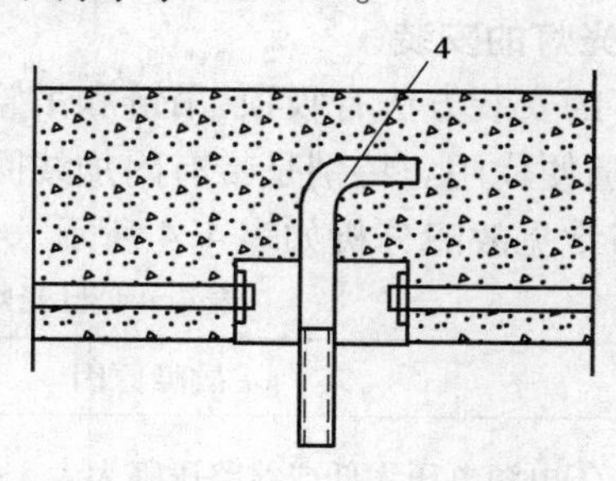

图4.11　吊钩和螺栓的预埋

1—吊钩;2—接线盒;3—电线管;4—螺栓

(2)**吸顶灯和嵌入式灯具的安装**

吸顶灯的安装一般可直接将绝缘台固定在天花板的预埋木砖上或用预埋的螺栓固定,然后再把灯具固定在绝缘台上。对装有白炽灯泡的吸顶灯具,灯泡不应紧贴灯罩。当灯泡和绝缘台距离小于5 mm时(如半扁罩灯),应在灯泡与绝缘台间放置隔热层(石棉板或石棉布),如图4.12所示。

当吸顶灯质量超过3 kg时,应把灯具(或绝缘台)直接固定在预埋螺栓上。

嵌入顶棚内的装饰灯具应固定在专设的框架上,导线不应贴近灯具外壳,且在灯盒内应留有余量,灯具的边框应紧贴在顶棚面上。当嵌入灯具为矩形时,其边框宜与顶棚面的装饰直线平行,其偏差不应大于5 mm。

(3)**壁灯的安装**

壁灯可以装在墙上或柱子上,当装在墙上时,一般在砌墙时应预埋木砖,禁止用木楔代替木砖,也可以采用膨胀螺栓或预埋金属构件。安装在柱子上时,一般在柱子上预埋金属构件或用抱箍将金属构件固定在柱子上,然后再将壁灯固定在金属构件上。安装壁灯如需要设置绝缘台时,应根据壁灯底座的外形选择或制作合适的绝缘台。绝缘台应紧贴建筑物表面,且不准歪斜。

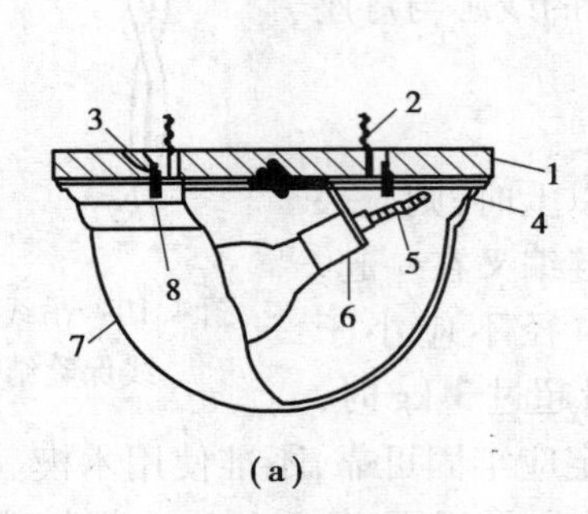

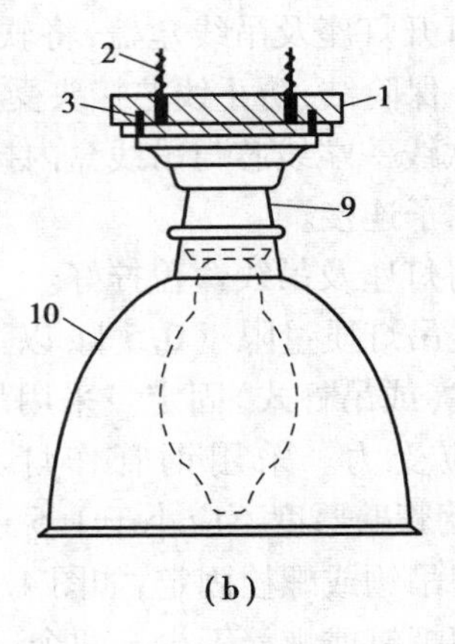

图 4.12　吸顶灯安装

1—圆木(厚 25 mm,直径按灯架尺寸选配);2—固定圆木用木螺钉(2″以上);
3—固定灯架用木螺钉 3/4″;4—灯架;5—灯头引线(规格与线路相同);6—管接式瓷质螺口灯座;
7—玻璃灯罩;8—固定灯罩用机螺钉;9—铸铝壳瓷质螺口灯座;
10—搪瓷灯罩(注意灯罩上口应与灯座铝壳配合)

(4)**荧光灯的安装**

荧光灯的安装方法有吸顶、吊链和吊管,但均应注意灯管、镇流器、启辉器、电容器的互相匹配,不能随便代用。特别是带有附加线圈的镇流器,接线不能接错,否则会损坏灯管。

荧光灯常见故障分析如表 4.4 所示。

表 4.4　日光灯常见故障及其排除方法

故障现象	故障原因	检修方法
不能发光或发光困难	①电源电压太低或线路压降太大 ②启辉器陈旧损坏或内部电容击穿 ③如果是新日光灯,可能是接线错误或灯座接触不良 ④灯丝断丝或灯管漏气 ⑤镇流器使用不当或内部接线松动 ⑥气温过低	调整电源电压或加粗导线 更换启辉器 检查线路和接触点 用万用电表或小灯泡检查更换 检查修理或换新 灯管加热加罩或换用低温管
灯光抖动及灯管两头发光	①接线错误或灯座灯脚等接头松 ②启辉器内部触点并合或电容击穿 ③镇流器不匹配或内部接线松动 ④电源电压低或线路压降大 ⑤灯丝上电子发射质将尽,不能发生放电作用 ⑥气温过低 ⑦灯管陈旧、寿命将终	检查线路并加固接触点 更换启辉器 修理或更换镇流器 调整电压、加粗导线 换灯管 灯管加热 更换灯管
灯光闪烁	①新灯管暂时现象 ②单根管常有现象 ③启辉器损坏或接线不良 ④内部接线不牢或镇流器配用不当	开用几次即可消除 如有可能改用双管 更换启辉器 检查加固或换适当镇流器

续表

故障现象	故障原因	检修方法
灯管两头发黑或生黑斑	①灯管寿命将终的现象 ②如果是新灯管，可能是启辉器损坏引起阴极发射物质加速蒸发 ③灯管内水银凝结，是细灯管常有的现象 ④电源或线路电压太高 ⑤启辉器不良或接触不牢，接线错误，长时间闪烁 ⑥镇流器配合不当	换新灯管 换启辉器 启动后，即可蒸发，并将灯管旋转180° 调整电压 更换启辉器或检查接线 更换镇流器
灯管光度减低或色彩差别	①灯管陈旧，使用日久的必然现象 ②空气温度低或冷风吹打在灯管上 ③线路电压低或压降大 ④灯管上积垢太多	更换灯管 加防护罩或回避冷风 检查调整线路电压 洗涤灯管
无线电干扰	①同一电路上灯管放射电波的干扰辐射 ②收音机与灯管距离太近 ③镇流器质量不佳	电路上加装电容或进线上加装滤波器 增大距离 换一只质量好的镇流器
杂声及电磁声	①镇流器质量差、硅钢片未夹紧 ②线路电压升高引起镇流器发声 ③镇流器过载、引起内部短路 ④镇流器受热过度 ⑤启辉器启辉不良引起辉光杂声	换一只镇流器 调整电压 修理或更换 检查受热原因 换启辉器
镇流器过热	①灯架内温度过高 ②电压过高或过载 ③内部线圈或电容器短路或接线不牢 ④灯管闪烁或使用时间过长	改善装置方法 检查纠正或调换 修理或更换 检查闪烁原因或减少使用时间
灯管寿命短	①镇流器配用不当或质量差致电压不正常 ②开关次数太多或启辉器不良长时间闪烁	选用合适的好的镇流器 减少开关次数检查闪烁原因

(5)高压汞灯的安装

高压汞灯接线原理如图4.13所示。

高压汞灯的安装要注意分清带镇流器和不带镇流器。带镇流器的一定要使镇流器与灯泡相匹配，否则，会立刻烧坏灯泡。安装方式一般为垂直安装。因为水平点燃时，光通量减少约70%，而且容易自熄灭。镇流器宜安装在灯具附近，人体触及不到的地方，并应在镇流器接线柱上覆盖保护物。

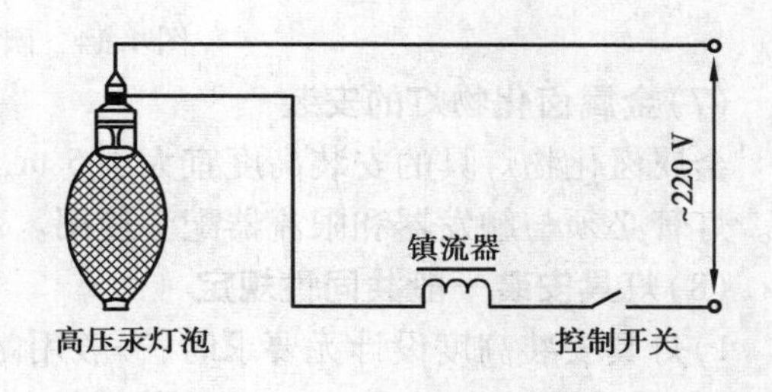

图4.13　高压水银荧光灯接线原理

高压汞灯线路常见故障如下：

1)不能启辉。一般由于电源电压太低或灯泡内部损坏等原因引起。

2)只亮灯芯。一般由于灯泡玻璃破碎或漏气等原因引起。

3)开而不亮。一般由于停电、熔丝烧断、连接导线脱落或镇流器、灯泡烧毁所致。

4)亮后突然熄灭。一般由于电源电压下降，或线路断线、灯泡损坏等原因所致。

5)忽亮忽灭。一般由于电源电压波动在启辉电压的临界值上，或灯座接触不良，接线松动等原因所致。

(6)碘钨灯的安装

碘钨灯的安装，必须保持水平位置，一般倾角不得大于±4°，否则会严重影响灯管寿命。因为倾斜时，灯管底部将积聚较多的卤素和碘化钨，使引线腐蚀损坏；灯管的上部则由于缺少卤素，而不能维持正常的碘钨循环，使玻璃壳很快发黑、灯丝烧断。

碘钨灯正常工作时，管壁温度约为600 ℃，因此，安装时不能与易燃物接近，且一定要加灯罩。在使用前，应用酒精擦去灯管外壁油污，否则会在高温下形成污点而降低亮度。另外，碘钨灯的耐振性能差，不能用在振动较大的场所，更不宜作为移动光源使用。当碘钨灯功率在1 000 W以上时，则应使用胶盖瓷底刀开关进行控制。碘钨灯安装要求如图4.14所示。

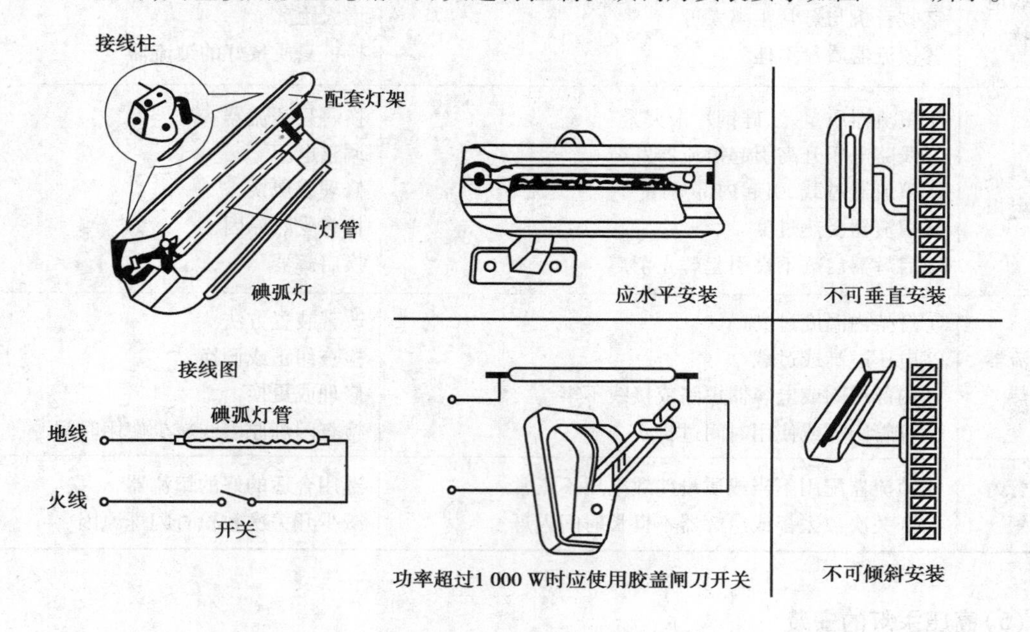

图4.14 碘钨灯的安装要求

(7)金属卤化物灯的安装

金属卤化物灯具的安装高度宜大于5 m，导线应经接线柱与灯具连接，且不得靠近灯具表面。灯管必须与触发器和限流器配套使用。落地安装的反光照明灯具，应采取保护措施。

(8)灯具安装一般共同性规定

1)灯具安装高度设计无要求时，一般用敞开式灯具，灯头对地面距离：室外不小于2.5 m(室外墙上安装)；厂房内2.5 m；室内2 m；软吊线带升降器的灯具在吊线展开后0.8 m。在危险性较大及特殊危险场所，当灯具距地面高度小于2.4 m时，应使用额定电压为36 V及以下的照明灯具,或采取专用保护措施。

2)当灯具距地面高度小于2.4 m时,灯具的可接近裸露导体必须接地(PE)或接零(PEN)可靠,并应有专用接地螺栓,且有标志。

3)引向每个灯具的导线线芯最小截面应符合表4.3的规定。

4)灯具的外形、灯头及接线应符合下面的规定:

①灯具及其配件齐全,无机械损伤、变形、涂层剥落及灯罩破裂等缺陷。

②软线吊灯的软线两端做保险扣,两端芯线搪锡;当装升降器时,套塑料软管,采用安全灯头。

③除敞开式灯具外,其他各类灯具灯泡容量在100 W及以上者采用瓷质灯头。

④连接灯具的软线盘扣、搪锡压线,当采用螺口灯头时,相线接于螺口灯头中间的端子上。

⑤灯头的绝缘外壳不破损和漏电;带有开关的灯头,开关手柄无裸露的金属部分。

4.4.2　装饰灯具安装

装饰灯具与照明灯具既有相同之处,又有不同之处。相同之处是装饰灯具也有一定的照明作用;不同之处是装饰灯具将普通的照明灯具艺术化,从而达到预期的装饰效果。

装饰灯具能对建筑物起画龙点睛的作用,它不但可以渲染气氛,而且可以美化环境,可以夸大室内空间的高度,还可以有光有色地体现出装饰效果,引起人们情趣,从而显示建筑的富丽豪华。

对于装饰灯具的要求必须具有功能性、经济性和艺术性的统一,应在改善照明效果的基础上,形成建筑物所特有的风格,取得良好的照明及装饰效应。

为了配合建筑艺术的需要,出现了建筑装饰化的照明装置,其特点是把照明灯具与室内装饰组合为一体,把光源隐蔽于建筑的装修之中,形成具有照明功能的室内建筑或装饰体。例如,经常见到的透光的发光顶棚、光梁、光带、光柱头,以及反光的光檐、光龛等。

(1)吸顶灯在吊顶上安装

在建筑装饰吊顶上安装吸顶灯时,轻型灯具应用自攻螺钉将灯具固定在中龙骨上。当灯具质量超过3 kg时,应使用吊杆螺栓与设置在吊顶龙骨上的固定灯具的专用龙骨连接。专用龙骨也可使用吊杆与建筑物结构相连接。

(2)吊灯在吊顶上安装

小型吊灯通常可安装在龙骨或附加龙骨上,用螺栓穿通吊顶板材,直接固定在龙骨上。当吊灯质量超过1 kg时,应增加附加龙骨,与附加龙骨进行固定。

(3)嵌入式灯具安装

小型嵌入式灯具(如筒灯)一般安装在吊顶的顶板上。其他小型嵌入式灯具可安装在龙骨上,大型嵌入式灯具安装时则应采用在混凝土梁、板中伸出支撑铁架、铁件的连接方法。

(4)光带、光梁和发光顶棚

灯具嵌入顶棚内,外面罩以半透明反射材料同顶棚相平,连续组成一条带状式照明装置,可称为光带。若带状照明装置突出顶棚下成梁状时,则称光梁。光梁和光带的光源主要是组合荧光灯,灯具安装施工方法基本上同嵌入式灯具安装。光带、光梁可以做成在天棚下维护或在天棚上维护的不同形式,在天棚上维护时,反射罩应做成可揭开的,灯座和透光面则固定安装。当从天棚下维护时,应将透光面做成可拆卸的,以便维修灯具更换灯管或其他元件。

发光顶棚是利用有扩散特征的介质，如磨砂玻璃、半透明有机玻璃、棱镜、格栅等制作。光源装设在这些大片安装的介质之上，介质将光源的光通量重新分配而照亮房间。

发光顶棚的照明装置有两种形式：一是将光源装在带有散光玻璃或遮光栅格内；二是将照明灯具悬挂在房间的顶棚内，房间的顶棚装有散光玻璃或遮光格栅的透光面。在发光顶棚内照明灯具的安装同吸顶灯及吊杆灯的做法。

(5)**舞厅灯安装**

舞厅是一种公共娱乐场所，其环境优雅，气氛热烈，照明系统是多层次的。在舞厅内作为坐席的低调照明和舞池的背景照明，一般设置筒形嵌入灯具作点式布置。舞厅的舞区内顶棚上设置各种宇宙灯、旋转效果灯、频闪灯等现代舞用灯光，中间部位上通常设有镜面反射球。有的舞池地板还安装由彩灯组成的图案，借助于程控或音控而变换图形。

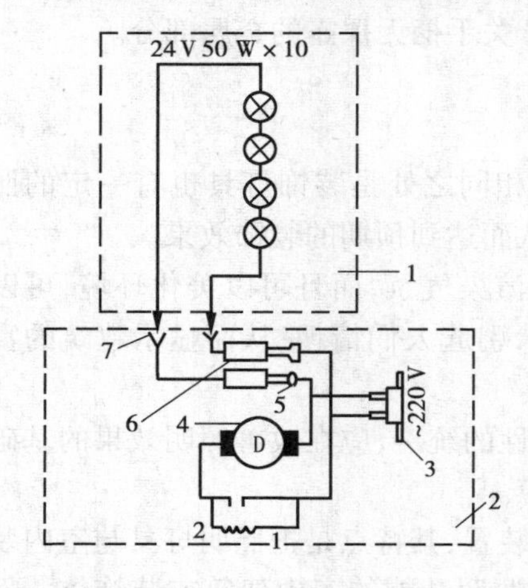

图 4.15 WM—101 旋转彩灯电气原理图
1—灯箱；2—底座；3—电源插座；
4—传动电机；5—电刷；
6—导电环；7—接线插口

舞厅或舞池灯的线路应采用铜芯导线穿钢管、普利卡金属套管或使用护套为难燃材料的铜芯电缆配线。

1)旋转彩灯安装

比较流行的旋转彩灯品种有：

WM—101 10 头蘑菇形旋转彩灯；

WY—302 30 头宇宙型旋转彩灯；

WW—521 卫星宇宙舞台灯；

WL—201 20 头立式滚筒式旋转彩灯。

旋转彩灯的构造各有不同，但总的可分为底座和灯箱两大部分。WM—101 10 头蘑菇形旋转彩灯电气原理如图 4.15 所示。交流 220 V 电源通过底座插口，由电刷过渡到导电环，再通过插头过渡到灯箱内，使灯箱内的灯泡得到电源。

旋转彩灯在安装前应熟悉说明书，开箱后应检查彩灯是否因运输有明显损坏及附件是否齐全。安装好后只要将灯箱电源线插入底座插口内，接通电源后彩灯就能正常工作。

2)地板灯光设置

舞池地板上安装彩灯时，应先在舞池地板下安装许多小方格，方格采用优质木材制成，内壁四周镶以玻璃镜面，以增加反光，增大亮度。

地板小方格中每一种方格图案表示一种彩灯的颜色。每一个方格内装设一个或几个彩灯(视需要而定)，如图 4.16 所示。

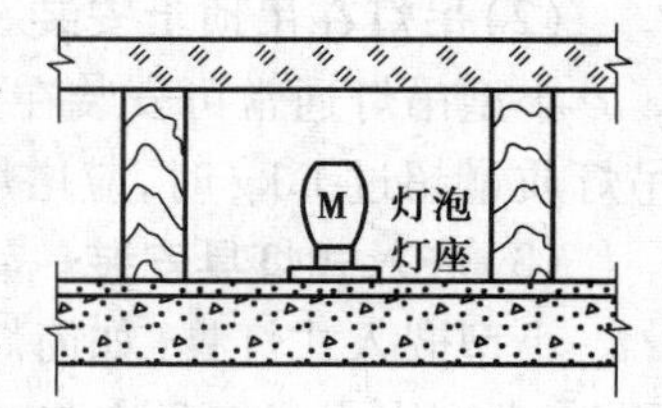

图 4.16 地板方格剖面图

在地板小方格上面再铺以厚度大于 20 mm 的高强度有机玻璃板作为舞池的地板。

(6)**喷水照明灯安装**

高层建筑中的高级旅游宾馆、饭店、办公大厦的庭院或广场上，经常安装灯光喷水池或音乐灯光喷水池。照明同充满动态和力量感的喷泉和色彩、音乐配合，给人们的生活增添了生气。

灯光喷水系统由喷嘴、压力泵及水下照明灯组成。由于喷嘴的不同，喷嘴在水中或水面喷出来的形式也不同。水下照明灯用于喷水池中作为水面、水柱、水花的彩色灯光照明，使人工喷泉景色在各色灯光的交相辉映下比白天更为壮观，绚丽多姿，光彩夺目。

常用的水下照明灯每只300 W，额定电压220 V和12 V两种。220 V电压用于喷水照明，12 V电压用于水下照明。水下照明灯的滤色片分为红、黄、绿、蓝、透明5种。

喷水照明一般选用白炽灯，并且宜采用可调光方式，当喷水高度高并且不需要调光时，可采用高压汞灯或金属卤化物灯。喷水高度与光源功率的关系如表4.5所示。

表4.5　喷水高度与光源功率的关系

光源类别	白炽灯					高压汞灯	金属卤化物灯
光源功率/W	100	150	200	300	500	400	400
适宜喷水高度/m	1.5～3	2～3	2～6	3～8	5～8	>7	>10

水下照明灯具是具有防水措施的投光灯，投[illegible]用的三角支架，根据需要可以随意调整灯具投光角度、位置，使之处于最佳投光位[illegible]意的照明效果。

安装喷水照明灯，需要设置水下接线盒，水下[illegible]合金结构，密封可靠，进线孔在接线盒的底部，可与预埋在喷水池中的电源配管相[illegible]的出线孔在接线盒的侧面，分为二通、三通、四通，各个灯的电源引入线由水下接[illegible]电缆连接。喷水照明灯平面布置图和剖面图，如图4.17和图4.18所示。

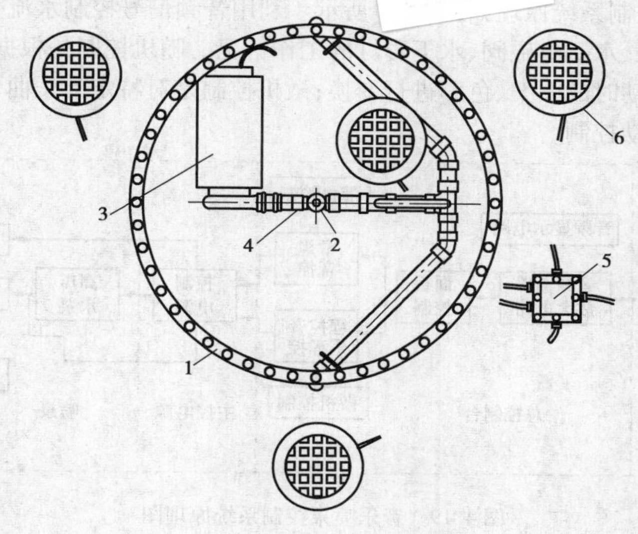

图4.17　喷水照明平面布置图

1—ϕ915 mm喷流圈；2—1号喷管；3—潜水泵(0.37 kW)；
4—集流腔；5—水下接线盒及密封连接电缆；
6—300/500 W照明设备及其支架

喷水照明灯，在水面以下设置时，白天看上去应难以发现隐藏在水中的灯具，但是由于水深会引起光线减少，要适当控制高度，一般安装在水面以下30～100 mm为宜。安装后灯具不得露出水面，以免灯具玻璃冷热突变使玻璃灯泡碎裂。

调换灯泡时，应先提出灯具，待干后，方可松开螺钉，以免漏入水滴造成短路及漏电。待换

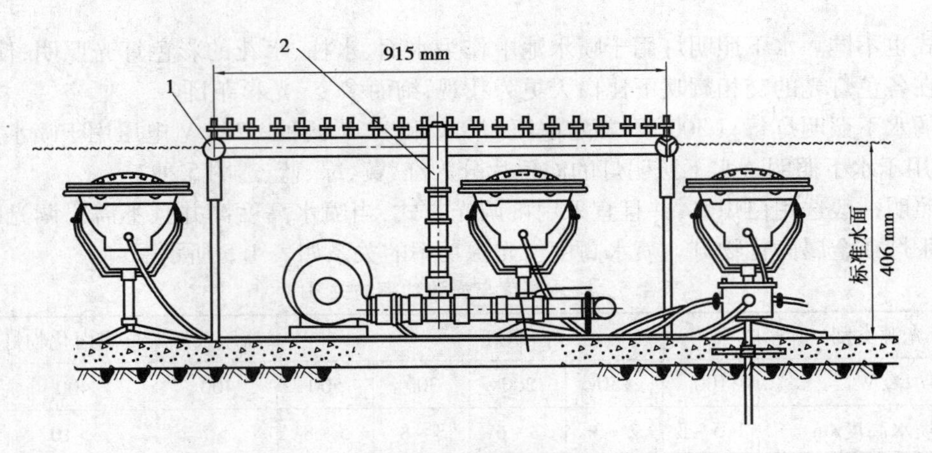

图 4.18 喷水照明剖面图

1—喷水圈;2—喷管

好装实后,才能放入水中工作。为使喷水的形态有所变化,可与背景音乐结合而形成“声控喷水”方式,或采用“时控喷水”方式。时控是由彩灯闪烁控制器按预先设定的程序自动循环,按时变换各种灯光色彩。较先进的声控方式是由一台小型专用计算机和一整套开关元件及音响设备组成的,灯光的变化与音乐同步,使喷出的水柱随音乐的节奏而变化,灯光的色彩和亮灯数量也作相应的变化。

彩色音乐喷泉控制系统原理如图 4.19 所示。利用音频信号控制水流变化,以随机控制或微机控制高压潜水泵、水下电磁阀、水下彩灯的工作情况。随机控制是根据操作人员对音乐的理解,随时对喷泉开动时的图案、色彩进行变换;微机控制是对特定的乐曲预先编程,对喷泉开动时的图案、色彩自动控制。

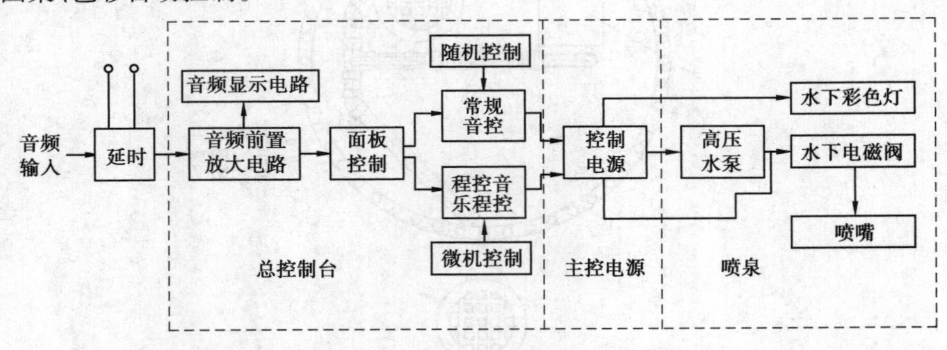

图 4.19 音乐喷泉控制系统原理图

4.4.3 建筑物景观照明灯、航空障碍标志灯和庭院灯安装

(1)建筑物彩灯安装一般规定

建筑物彩灯安装应符合下列规定:

1)建筑物顶部彩灯采用有防雨性能的专用灯具,灯罩要拧紧,且完整无裂纹。

2)彩灯配线管路按明配管敷设,敷设要平整顺直,且有防雨功能。管路间、管路与灯头盒间螺纹连接,金属导管及彩灯的构架、钢索等可接近裸露导体接地(PE)或接零(PEN)可靠。

3)垂直彩灯悬挂挑臂采用不小于 10# 的槽钢。端部吊挂钢索用的吊钩螺栓直径不小于

10 mm,螺栓在槽钢上固定,两侧有螺母,且加平垫及弹簧垫圈紧固。

4)悬挂钢丝绳直径不小于4.5 mm,底把圆钢直径不小于16 mm,地锚采用架空外线用拉线盘,埋设深度大于1.5 m。

5)垂直彩灯采用防水吊线灯头,下端灯头距离地面高于3 m。

(2)霓虹灯安装

霓虹灯是一种艺术和装饰用灯。它既可以在夜空显示多种字形,又可在橱窗里显示各种各样的图案或彩色的画面,广泛用于广告、宣传。

霓虹灯由霓虹灯管和高压变压器两大部分组成。

1)霓虹灯安装基本要求

①灯管应完好,无破裂。

②灯管应采用专用的绝缘支架固定,且必须牢固可靠。专用支架可采用玻璃管制成。固定后的灯管与建筑物、构筑物表面的最小距离不宜小于20 mm。

③霓虹灯专用变压器采用双圈式,所供灯管长度不应超过允许负载长度,露天安装的有防雨措施。

④霓虹灯专用变压器的安装位置宜隐蔽,且方便检修,并不易被非检修人员触及。但不宜装在吊顶内,明装时,其高度不宜小于3 m;当小于3 m时,应采取防护措施;在室外安装时,应采取防水措施。

⑤霓虹灯专用变压器的二次电线和灯管间的连接线,应采用额定电压大于15 kV的高压尼龙绝缘电线。二次电线与建筑物、构筑物表面的距离不应小于20 mm,并应采用玻璃制品绝缘支持物固定,支持点距离:水平线段0.5 m,垂直线段0.75 m。

2)霓虹灯管的安装

霓虹灯管由直径10~20 mm的玻璃管弯制作成。灯管两端各装一个电极,玻璃管内抽成真空后,再充入氖、氦等惰性气体作为发光的介质。在电极的两端加上高压,电极发射电子激发管内惰性气体,使电流导通灯管发出红、绿、蓝、黄、白等不同颜色的光束。表4.6是色彩与气体、玻璃管颜色的关系表。

表4.6　霓虹灯的色彩与气体、玻璃管颜色关系

灯光色彩	气体种类	玻璃管颜色
红	氖	透明
橘黄	氖	黄色
淡蓝	少量汞和氖	透明
绿	少量汞	黄色
黄	氦	黄色
粉红	氦和氖	透明
纯蓝	氙	透明
紫	氖	蓝色
淡紫	氪	透明
鲜蓝	氙	透明
日光、白光	氦或氩或汞	白色

霓虹灯管本身容易破碎，管端部还有高电压，因此应安装在人不易触及的地方，应特别注意安装牢固可靠，防止高电压泄漏和气体放电而使灯管破碎下落伤人。

安装霓虹灯灯管时，一般用角铁做成框架，框架既要美观、又要牢固，在室外安装时还要经得起风吹雨淋。

安装灯管时应用各种玻璃或瓷制、塑料制的绝缘支持件固定。有的支持件可以将灯管直接卡入，有的则可用 $\phi0.5$ 的裸细铜线扎紧，再用螺钉将灯管支持件固定在木板或塑料板上，如图 4.20 所示。

室内或橱窗里的小型霓虹灯管安装时，在框架上拉紧已套上透明玻璃管的镀锌铁丝，组成 200 ~ 300 mm 间距的网格，然后将霓虹灯管用 $\phi0.5$ 的裸铜丝或弦线等与玻璃管绞紧即可，如图 4.21 所示。

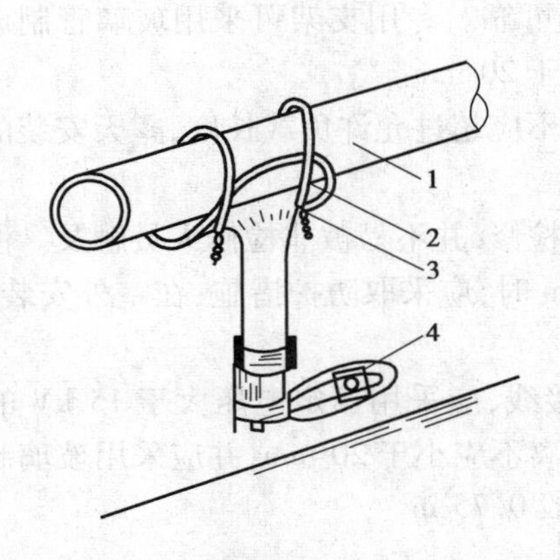

图 4.20 霓虹灯管支持件固定

1—霓虹灯管；2—绝缘支持件；3—$\phi0.5$ 裸铜丝扎紧；4—螺钉固定

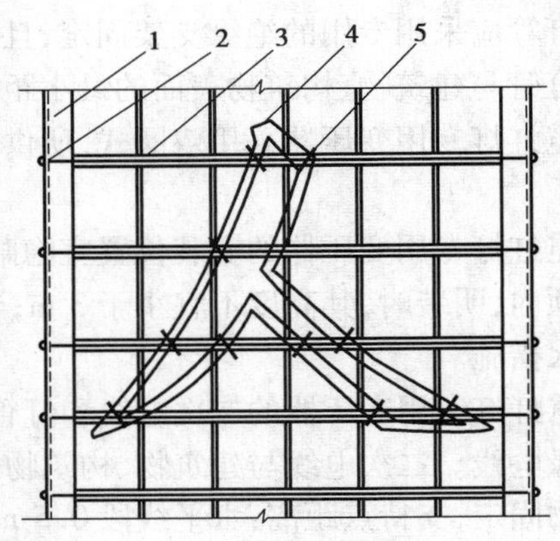

图 4.21 霓虹灯管绑扎固定

1—型钢框架；2—$\phi1.0$ 镀锌铁丝；3—玻璃套管；4—霓虹灯管；5—$\phi0.5$ 铜丝扎紧

(3) 霓虹灯变压器的安装

霓虹灯变压器是一种漏磁很大的单相干式变压器。霓虹灯变压器必须放在金属箱子内，箱子两侧应开百叶窗孔通风散热。常用的霓虹灯变压器外形，如图 4.22 所示。其原理图如图 4.23 所示。

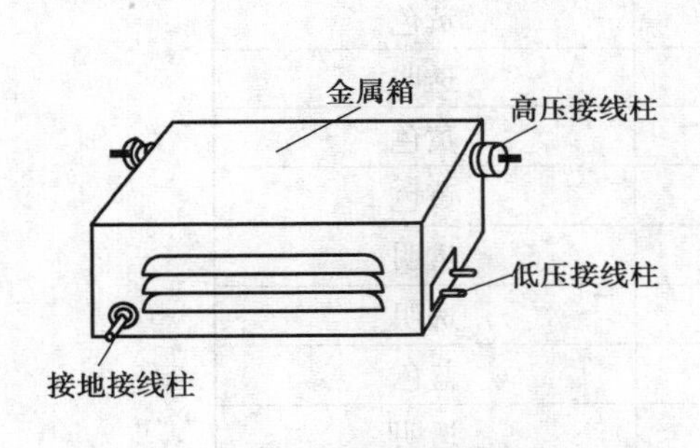

图 4.22 霓虹灯变压器外形

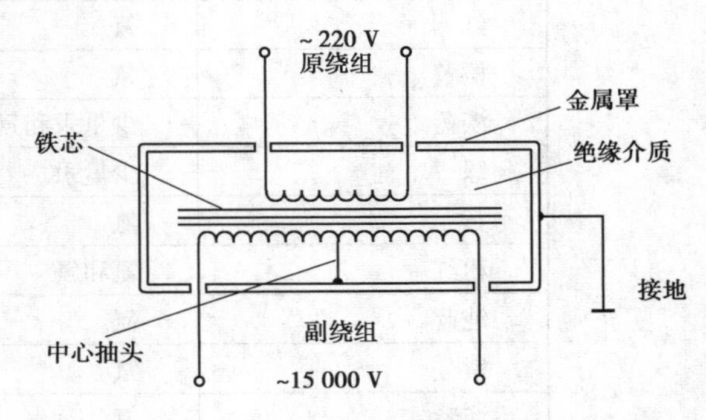

图 4.23 霓虹灯变压器原理图

霓虹灯变压器一般紧靠灯管安装，隐蔽在霓虹灯板后面，可以减短高压接线，但要注意切不可安装在易燃品周围。霓虹灯变压器离阳台、架空线路等距离不宜小于 1 m。

霓虹灯变压器的铁芯,金属外壳、输出端的一端以及保护箱等均应进行可靠的接地。

4)高压线的连接

霓虹灯管和变压器安装后,即可进行高压线的连接,霓虹灯专用变压器的二次导线和灯管间的连接线,应采用额定电压不低于15 kV的高压尼龙绝缘线。

高压导线支持点间的距离,在水平敷设时为0.5 m;垂直敷设时,支持点间的距离为0.75 m。

高压导线在穿越建筑物时,应穿双层玻璃管加强绝缘,玻璃管两端须露出建筑物两侧,长度各为50~80 mm。

5)低压电路的安装

对于容量不超过4 kW的霓虹灯,可采用单相供电;对超过4 kW的大型霓虹灯,需要提供三相电源,霓虹灯变压器要均匀分配在各相上。

在霓虹灯控制箱内一般装设有电源开关、定时开关和控制接触器。电源开关采用塑壳自动开关,定时开关有电子式及钟表式两种。如图4.24所示为钟表式定时开关的接线系统图,定时开关有两个时间固定插销,一个作接通用,另一个作断开用。在同步电动机M通电后,经过减速机构使转盘随着时间而转动,当经过盘面微动开关时,碰触微动开关,使接触器接通或断开,控制霓虹灯时通时断,闪烁发光。如图4.25所示为定时开关的外形图。

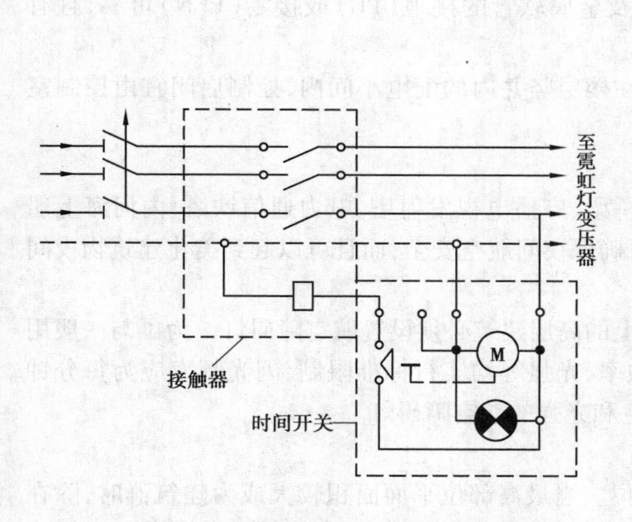

图4.24　霓虹灯控制箱接线系统图

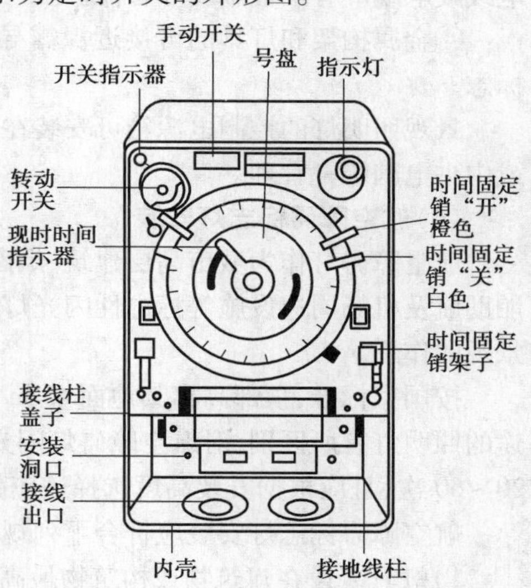

图4.25　霓虹灯定时开关外形

一般控制箱装设在邻近霓虹灯的房间内。为防止检修霓虹灯时触及高压,在霓虹灯与控制箱之间应加装电源控制开关和熔断器。在检修灯管时,先断开控制箱开关,再断开现场的控制开关,以防止造成误合闸而使霓虹灯管带电的危险。

霓虹灯通电后,灯管内会产生高频噪声电波,它将辐射到霓虹灯的周围,严重干扰电视机和收音机的正常使用。为了避免这种情况,只要在低压回路上装接一个电容器即可,如图4.26所示。

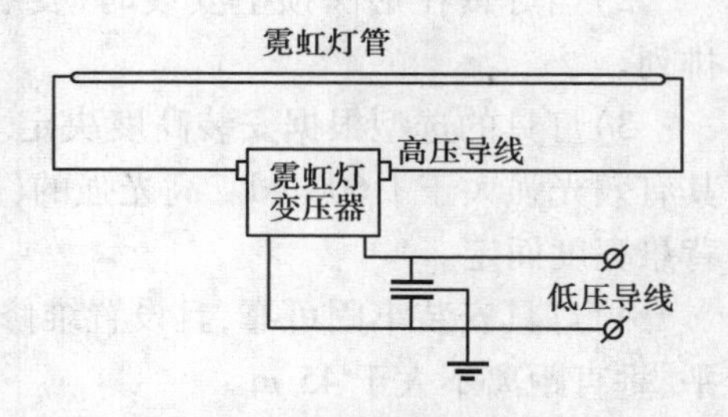

图4.26　低压回路装接电容器图

(3)建筑景观照明灯安装

对主要街道或广场附近的重要高层建筑,一般采用景观照明,以便晚上突出建筑物的轮廓,是渲染气氛、美化城市、标志人类文明的一种宣传性照明。

景观照明通常用泛光灯。投光的设置应能表现建筑物或构筑物的特征,并能显示出建筑艺术立体感。

建筑物的景观照明,通常可采用在建筑物自身或在相邻建筑物上设置灯具的布置方式,或是将两种方式相结合,也可以将灯具设置在地面绿化带中。

安装景观照明时,应使整个建筑物或构筑物受照面的上半部的平均亮度宜为下半部的2～4倍。但尽量不要在顶层设立向下的投光照明,因为这样设置,投光灯就要伸出墙一段距离,不但难安装、难维护,而且有碍建筑物外表美观。

建筑景观照明灯具安装应符合下列规定:

①每套灯具的导电部分对地绝缘电阻值大于2 MΩ。

②在人行道等人员来往密集场所安装的落地式灯具,无围栏防护,安装高度距地面2.5 m以上。

③灯具构架应固定可靠,地脚螺栓拧紧,备帽齐全;灯具的螺栓紧固、无遗漏。灯具外露的电线或电缆应有柔性金属导管保护。

④金属构架和灯具的可接近裸露导体及金属软管的接地(PE)或接零(PEN)可靠,且有标志。

景观照明灯的控制电源箱可安装在所在楼层竖井内的配电小间内,控制启闭宜由控制室或中央电脑统一管理。

(4)航空障碍标志灯安装

航空障碍灯作为城市高层建筑、烟囱、桥梁、广播电视发射塔、电力通信铁塔、内河海上船舶助航及机场周边设施等标志性闪光灯,可确保夜间航空安全,而且可以起到美化建筑物夜间景观的作用。

按国家标准,顶部高出其地面45 m以上的高层建筑必须设置航空障碍灯。为了与一般用途的照明灯有所区别,对航空障碍灯闪光频率、光强等均实行标准限制,闪光频率应为每分钟20～60次,且应根据安装高度选择适应颜色和光强的航空障碍灯。

航空障碍标志灯安装应符合下列规定:

1)灯具装设在建筑物或构筑物最高部位。当最高部位平面面积较大或为建筑群时,除在最高端装设外,还在其外侧转角的顶端分别装设灯具。

2)当灯具在烟囱顶上安装时,安装在低于烟囱口1.5～3 m的部位,且呈正三角形水平排列。

3)灯具的选型根据安装高度决定。低光强的(距地面60 m以下装设时采用)为红色光,其有效光强大于1 600 cd。高光强的(距地面150 m以上装设时采用)为白色灯,有效光强随背景亮度而定。

4)灯具安装牢固可靠,且设置维修和更换光源的措施。同一建筑物或建筑群灯具间的水平、垂直距离不大于45 m。

5)灯具的电源按主体建筑中最高负荷等级要求供电;灯具的自动通、断电源控制装置动作准确。

航空障碍标志灯的启闭一般可使用露天安放的光电自动控制器进行控制。它以室外自然环境照度为参量来控制光电元件的动作启闭障碍标志灯,也可以通过建筑物的管理电脑,以时间程序来启闭障碍标志灯。为了有可靠的供电电源,两路电源的切换最好在障碍标志灯控制盘处进行。

安装障碍标志灯金属支架一定要与建筑物防雷装置进行焊接。

(5)庭院灯安装

庭院灯安装应符合下列规定:

1)每套灯具的导电部分对地绝缘电阻值大于2 MΩ。

2)立柱式路灯、落地式路灯、特种园艺灯等灯具与基础固定可靠,地脚螺栓备帽齐全。灯具的接线盒或熔断器盒,盒盖的防水密封垫完整;架空线路电杆上的路灯,固定可靠,紧固件齐全、拧紧,灯位正确;每套灯具配有熔断器保护。

3)金属立柱及灯具可接近裸露导体接地(PE)或接零(PEN)可靠。接地线单设干线,干线沿庭院灯布置位置形成环网状,且不少于两处与接地装置引出线连接。由干线引出支线与金属灯柱及灯具的接地端子连接,且有标志。

4)灯具的自动通、断电源控制装置动作准确,每套灯具熔断器盒内熔丝齐全,规格与灯具适配。

4.4.4　专用灯具安装

(1)应急照明灯具安装

应急照明灯具的安装方法与普通照明灯具安装方法基本相同,为满足它的特种用途,应符合下列规定:

1)应急照明灯的电源除正常电源外,另有一路电源供电;或者是独立于正常电源的柴油发电机组供电;或由蓄电池柜供电或选用自带电源型应急灯具。

2)应急照明在正常电源断电后,电源转换时间为:疏散照明≤15 s;备用照明≤15 s(金属商店交易所≤1.5 s);安全照明≤0.5 s。

3)疏散照明由安全出口标志灯和疏散指示灯组成。安全出口标志灯距地高度不低于2 m,且安装在疏散出口和楼梯口里侧的上方。

4)疏散指示灯安装在安全出口的顶部,楼梯间、疏散走道及其转角处应安装在1 m以下的墙面上。不易安装的部位可安装在上部。疏散通道上的标志灯间距不大于20 m(人防工程不大于10 m)。

5)疏散标志灯的设置,不影响正常通行,且不在其周围设置容易混同疏散指示灯的其他标志牌等。

6)疏散照明采用荧光灯或白炽灯;安全照明采用卤钨灯,或采用瞬时可靠点燃的荧光灯。

7)应急照明灯具、运行中温度大于60 ℃的灯具,靠近可燃物时,应采取隔热、散热等防火措施。当采用白炽灯、卤钨灯等光源时,不直接安装在可燃装修材料或可燃物件上。

8)安全出口标志灯和疏散标志灯装有玻璃或非燃材料的保护罩,面板亮度均匀度为1∶10(高低∶最高),保护罩应完整、无裂纹。

9)应急照明线路在每个防火分区有独立的应急照明回路,穿越不同防火分区的线路有防火隔堵措施。

10)疏散照明线路采用耐火电线、电缆、穿管明敷或在非燃烧体内穿刚性导管暗敷,暗敷保护层厚度不小于 30 mm。电线采用额定电压不低于 750 V 的铜芯绝缘电线。

(2)防爆灯具安装

防爆灯具安装应符合下列规定:

1)灯具的防爆标志、外壳防护等级和温度组别与爆炸危险环境相适配。当设计无要求时,灯具种类和防爆结构的选型应符合表 4.7 的规定。

表 4.7 灯具种类和防爆结构的选型

爆炸危险区域 / 防爆结构 / 照明设备种类	Ⅰ区		Ⅱ区	
	隔爆型 d	增安型 e	隔爆型 d	增安型 e
固定式灯	○	×	○	○
移动式灯	△	—	○	
携带式电池灯	○	—	○	—
镇流器	○	△	○	○

注:○为适用;△为慎用;×为不适用。

2)灯具配套齐全,不用非防爆零件替代灯具配件(金属护网、灯罩、接线盒等);灯具及开关的外壳完整,无损伤、无凹陷或沟槽,灯罩无裂纹,金属护网无扭曲变形,防爆标志清晰。

3)灯具的安装位置离开释放源,且不在各种管道的泄压口及排放口上下方安装灯具。

4)灯具及开关安装牢固可靠,紧固螺栓无松动、锈蚀,密封垫圈完好。灯具吊管及开关与接线盒螺纹啮合扣数不少于 5 扣,螺纹加工光滑、完整、无锈蚀,并在螺纹上涂以电力复合脂或导电性防锈酯。

5)开关安装位置便于操作,安装高度 1.3 m。

(3)36 V 及以下行灯变压器和行灯安装

36 V 及以下行灯变压器和行灯安装必须符合下列规定:

1)行灯电压不大于 36 V,在特殊潮湿场所或导电良好的地面上以及工作地点狭窄、行动不便的场所行灯电压不大于 12 V。

2)行灯变压器的固定支架牢固,油漆完整;变压器外壳、铁芯和低压侧的任意一端或中性点,接地(PE)或接零(PEN)可靠。

3)行灯变压器为双圈变压器,其电源侧和负荷侧有熔断器保护,熔丝额定电流分别不应大于变压器一次、二次的额定电流。

4)行灯灯体及手柄绝缘良好,坚固耐热耐潮湿;灯头与灯体结合紧固,灯头无开关,灯泡外部有金属保护网、反光罩及悬吊挂钩,挂钩固定在灯具的绝缘手柄上。

5)携带式局部照明灯电线采用橡套软线。

4.5　配电箱安装

配电箱根据其主要用途,可分为动力配电箱和照明配电箱。按其安装方式,可分为挂墙明装、嵌墙暗装和落地安装。

4.5.1　配电箱挂墙(柱)明装

配电箱明装可以直接固定在墙(柱)表面,也可以先在墙(柱)上安装支架,将配电箱固定在支架上。

直接安装在墙上时,应先埋设固定螺栓,或用膨胀螺栓。螺栓的规格应根据配电箱的型号和质量选择。其长度应为埋设深度(一般为120~150 mm)加箱壁厚度以及螺帽和垫圈的厚度,再加3~5扣的余量长度,如图4.27所示。

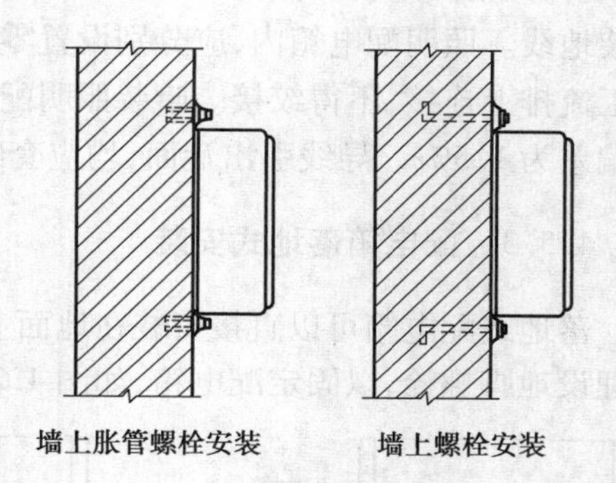

图4.27　墙挂式配电箱安装

施工时,先量好配电箱安装孔的尺寸,在墙上画好孔位,然后打洞,埋设螺栓(或用金属膨胀螺栓)。待填充的混凝土牢固后,即可安装配电箱。安装配电箱时,要用水平尺放在箱顶上,测量箱体是否水平。如果不平,可调整配电箱的位置以达到要求,同时在箱体的侧面用磁力吊线锤,测量配电箱上下端与吊线的距离;如果相等,说明配电箱装得垂直,否则应查明原因,并进行调整。

配电箱安装在支架上时,应先将支架加工好,支架上钻好安装孔,然后将支架埋设固定在墙上,或用抱箍固定在柱子上,再用螺栓将配电箱安装在支架上,并调整其水平和垂直,如图4.28所示。应注意加工支架时,下料和钻孔严禁使用气割,支架焊接应平整,不能歪斜,并应除锈露出金属光泽,而后刷樟丹漆一道,灰色油漆两道。

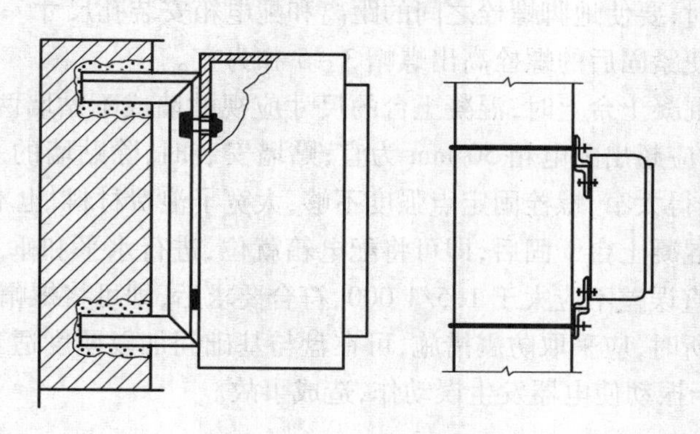

图4.28　支架固定配电箱安装

配电箱安装应牢固,其安装高度应按施工图纸要求。若无要求时,一般底边距地面为1.5 m,安装垂直允许偏差为1.5‰。配电箱上应注明用电回路名称。

4.5.2 配电箱嵌墙安装

配电箱暗装(嵌入式安装)通常是配合土建砌墙时将箱体预埋在墙内。面板四周边缘应紧贴墙面,箱体与墙体接触部分应刷防腐漆;按需要砸下敲落孔压片;有贴脸的配电箱,应把贴脸揭掉。一般当主体工程砌至安装高度就可以预埋配电箱,配电箱的宽度超过300 mm时,箱上应加过梁,避免安装后受压变形。放入配电箱时应使其保持水平和垂直,应根据箱体的结构形式和墙面装饰厚度来确定突出墙体的尺寸。预埋的电线管均应配入配电箱内。配电板安装之前,应对箱体和线管的预埋质量进行检查,确认符合设计要求后,再进行板的安装。安装配电板时,先清除杂物、补齐护帽、检查板面安装的各种部件是否齐全、牢固。配电板安装好后,安装地线。照明配电箱内,应分别设置零线(N)和保护地线(PE线)汇流排,零线和保护线应在汇流排上连接,不得绞接。暗装照明配电箱安装高度一般为底边距地面1.5 m;安装垂直允许偏差为1.5‰。导线引出盘面,均应套绝缘管。

4.5.3 配电箱落地式安装

落地式配电箱可以直接安装在地面上,也可以安装在混凝土台上,两种形式实为一种。都要埋设地脚螺栓,以固定配电箱,如图4.29所示。

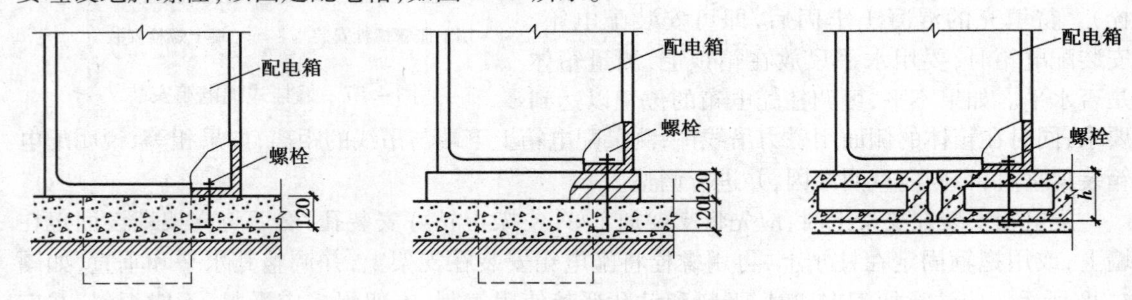

图4.29 落地式配电箱的几种安装方式

埋设地脚螺栓时,要使地脚螺栓之间的距离和配电箱安装孔尺寸一致,且地脚螺栓不可倾斜,其长度要适当,使紧固后的螺栓高出螺帽3~5扣为宜。

配电箱安装在混凝土台上时,混凝土台的尺寸应视贴墙或不贴墙两种安装方法而定。不贴墙时,四周尺寸均应超出配电箱50 mm为宜;贴墙安装时,除贴墙的一边外,其余各边应超出配电箱50 mm,超得太窄,螺栓固定点强度不够,太宽了浪费材料,也不美观。

待地脚螺栓或混凝土台干固后,即可将配电箱就位,进行水平和垂直的调整,水平误差不应大于1/1 000,垂直误差不应大于1.5/1 000,符合要求后,即可将螺帽拧紧固定。

安装在振动场所时,应采取防震措施,可在盘与基础间加以厚度适当的橡皮垫(一般不小于10mm),防止由于振动使电器发生误动作,造成事故。

4.5.4 照明配电箱安装质量要求

照明配电箱安装应符合下列规定:

1)配电箱内配线整齐,无绞接现象。回路编号齐全,标志正确;导线连接紧密,不伤芯线,不断股。垫圈下螺钉两侧压的导线截面积相同,同一端子上导线连接不多于2根,防松垫圈等零件齐全。

2)箱内开关动作灵活可靠,带有漏电保护的回路,漏电保护装置动作电流不大于30 mA,动作时间不大于0.1 s。

3)箱内分别设置零线(N)和保护线(PE线)汇流排,零线和保护地线经汇流排配出。

4)配电箱安装牢固,位置正确,部件齐全,箱体开孔与导管管径适配,暗装配电箱箱盖紧贴墙面,箱面涂层完整。

4.6 开关、插座、风扇安装

4.6.1 照明开关安装

照明的电气控制方式有两种:一种是单灯或数灯控制;另一种是回路控制。单灯控制或数灯控制采用室内照明开关,即通常的灯开关。灯开关的品种、型号很多,适用范围也很广。

(1)灯开关的品种、型号

灯开关按其安装方式,可分为明装开关和暗装开关两种;按其操作方式不同,可分为拉线开关、扳把开关、跷板开关及床头开关等;按其控制方式,可分为单控开关和双控开关。

跷板开关均为暗装开关,开关与盖板连成一体,与86型开关盒配套使用,安装比较方便。跷板开关的一块面板上一般可装1~3个开关,称为单联、双联、三联开关。指甲式开关则可装成面板尺寸86 mm×86 mm的四联开关和五联开关。另外,还有带指示灯开关,指示灯在开关断开时可显示方位,辨清开关位置,方便操作;防潮防溅开关是在跷板上设置防溅罩,这样就不怕水淋和潮气。

灯开关还有定时、延时开关,调光开关,以及声、光控开关等多种。

(2)灯开关的安装

灯开关的安装位置应便于操作,开关边缘距门框边缘的距离宜为0.15~0.2 m,开关距地面高度一般为1.3 m;拉线开关距地面高度2~3 m,层高小于3 m时,拉线开关距顶板不小于100 mm,拉线出口应垂直向下。

同一建筑物、构筑物的开关应采用同一系列的产品,开关的通断位置应一致,操作灵活、接触可靠;相同型号并列安装及同一室内开关安装高度应一致,且控制有序不错位;并列安装的拉线开关的相邻间距不小于20 mm。

暗装的开关应采用专用盒,开关面板应紧贴墙面,四周无缝隙,安装牢固,表面光滑整洁、无碎裂、划伤,装饰帽应齐全。面板安装时应注意方向和指示:面板上有指示灯的,指示灯应在上面;面板上有产品标记或跷板上有英文字母的不能装反;跷板上部顶端有压制条纹或红色标志的应朝上安装。当跷板或面板上无任何标志的,应装成跷板下部按下时,开关应处在合闸位置,跷板上部按下时应处在断开位置,如图4.30所示。

开关接线时,应仔细辨认识别好导线,应严格做到使开关控制电源相线,使开关断开后灯具上不带电。由两个开关在不同地点上控制一盏或多盏灯时,应使用双控开关,其接线如表4.2所示。

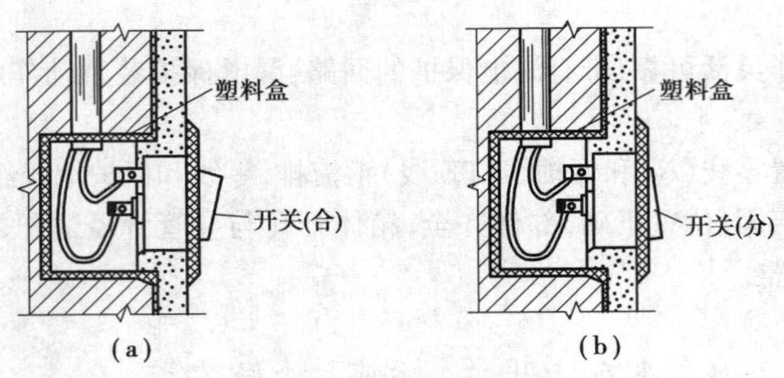

图 4.30　跷板开关暗装通断位置图
(a)接通位置　(b)断开位置

4.6.2　插座安装

插座是各种移动电器的电源接取口，如台灯、电视机、台式电风扇、空调器及洗衣机等。

(1)插座的品种

插座根据线路的明敷设或暗敷设的需要，有明装式和暗装式两种。250 V 单相插座分二孔和三孔的多种，二孔插座专为外壳不需接地的移动电器供电源；三孔插座专为金属外壳需接地的移动电器供电源，它可有利防止电器外壳带电，避免触电危险。另外还有安全型插座、带开关的插座、带熔丝管插座等。

(2)插座的安装

目前 86 系列插座已被广泛采用，插座和面板连成一体，在接线桩上接好线后，将面板固定在插座盒上即可。

插座安装高度：当设计图纸未提出要求时，一般距地面高度不宜小于 1.3 m；在托儿所、幼儿园、住宅及小学校等不宜低于 1.8 m，同一场所安装的插座，高度应一致。车间及试验室的插座一般距地面高度不宜低于 0.3 m；特殊场所暗装插座一般不应低于 0.15 m。同一室内安装的插座高度应一致。落地插座应具有牢固可靠的保护盖板。当交、直流或不同电压的插座安装在同一场所时，应有明显区别，且必须选择不同结构、不同规格和不能互换的插座，其配套的插头，应按交流、直流或不同电压等级区别使用。

暗装的插座面板应紧贴墙面，四周无缝隙，安装牢固，表面光滑整洁、无裂、划伤，装饰帽齐全。

(3)插座的接线

插座是长期带电的电器，是线路中容易发生故障的地方，插座的接线孔都有一定的排列位置，不能接错，尤其是单相带保护接地插孔的三孔插座，一旦接错，则容易发生触电伤亡事故。

插座接线孔的排列顺序：单相双孔插座为面对插座的右孔或上孔接相线，左孔或下孔接零线；单相三孔插座，面对插座的右孔接相线，左孔接零线；单相三孔，三相四孔及三相五孔插座的接地线或接零线均应接在上孔。如图 4.31 所示。插座的接地端子不应与零线端子连接，同一场所的三相插座，其接线的相位必须一致。

应特别注意，接地(PE)或接零(PEN)线在插座间不串联连接。

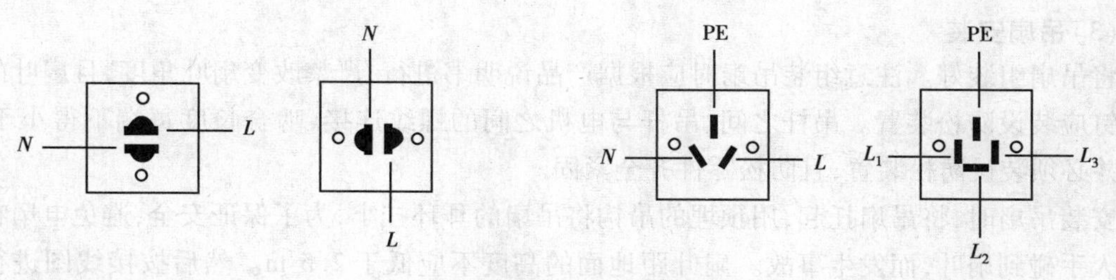

图4.31　插座插孔排列顺序图

4.6.3　吊扇的安装

吊扇的安装需在土建施工中预埋吊钩,吊扇吊钩的选择和安装尤为重要,因为造成吊扇坠落的原因,大多数是吊钩选择不当或安装不牢所造成的。

(1)**对吊钩的要求**

1)吊钩挂上吊扇后一定要使吊扇的重心和吊钩直线部分在同一直线上,如图4.32所示。吊钩安装应牢固。

2)吊钩要能承受住吊扇的质量和运转时的扭力,吊扇吊钩的直径不应小于吊扇悬挂销钉的直径,且不得小于8 mm;有防振橡胶垫;挂销的防松零件齐全、可靠。

3)吊钩伸出建筑物的长度应以盖上风扇吊杆护罩后能将整个吊钩全部罩住为宜。

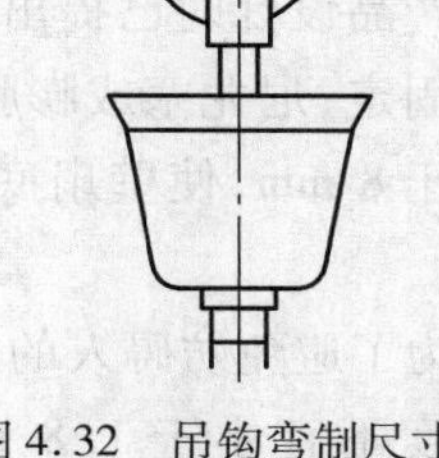

图4.32　吊钩弯制尺寸和安装要求示意图

(2)**吊钩的安装**

在不同建筑结构上,吊钩的安装方法不同:

1)在木结构梁上,吊钩要对准梁的中心。

2)在现浇混凝土楼板上,吊钩采用预埋T形圆钢的方式(见图4.33),吊钩应与主筋焊接。如无条件时,可将吊钩末端部分弯曲后绑扎在主筋上,待模板拆除后,用气焊把圆钢露出的部分加热弯成吊钩。但加热时应用薄铁板与混凝土楼板隔离,防止烤坏楼板。吊钩弯曲半径不宜过小。

3)在多孔预制板上安装吊钩,应在架好预制楼板后,没做水泥地面之前进行。在所需安装吊钩的位置凿一个对穿的小洞,把T形圆钢穿下,等浇好楼面埋住后,再把圆钢弯制成吊钩形状(见图4.34)。

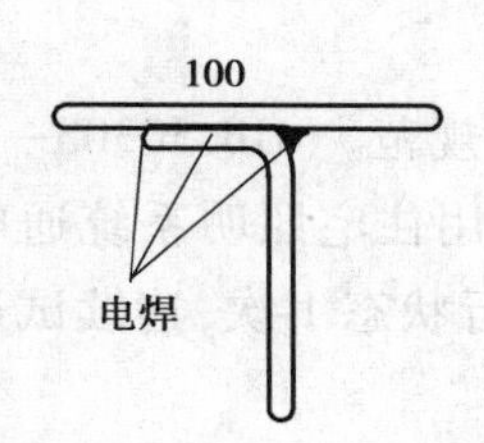

图4.33　T形圆钢焊制方法

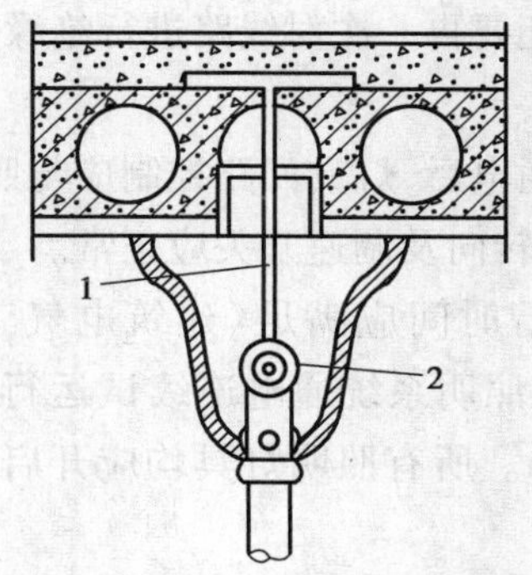

图4.34　预制板上打孔穿埋T形圆钢
1—T形圆钢;2—橡皮轮

(3)**吊扇安装**

将吊扇组装好。注意组装吊扇时应根据产品说明书进行,严禁改变扇叶角度,且扇叶的固定螺钉应装设防松装置。吊杆之间、吊杆与电机之间的螺纹连接,啮合长度每端不得小于20 mm,并必须装设防松装置,且防松零件齐全紧固。

安装吊扇时,将吊扇托起,用预埋的吊钩将吊扇的耳环挂牢,为了保证安全,避免电扇在运转时人手碰到扇叶,而发生事故。扇叶距地面的高度不应低于2.5 m。然后按接线图进行正确接线,并将导线接头包扎紧密。向上托起吊杆上的护罩,将接头扣于其内,护罩应紧贴建筑物表面,拧紧固定螺钉。

吊扇调速开关安装高度应为1.3 m,同一室内并列安装的开关高度一致,且控制有序不错位。吊扇运转时扇叶不应有显著的颤动和异常声响。

4.6.4 壁扇安装

壁扇使用于正常环境条件的建筑厅室内。它的安装,通常在产品设计时已提出要求。壁扇底座可采用尼龙塞或膨胀螺栓固定;尼龙塞或膨胀螺栓的数量不应少于两个,且直径不应小于8 mm,使壁扇底座固定牢固。壁扇的安装如图4.35所示。

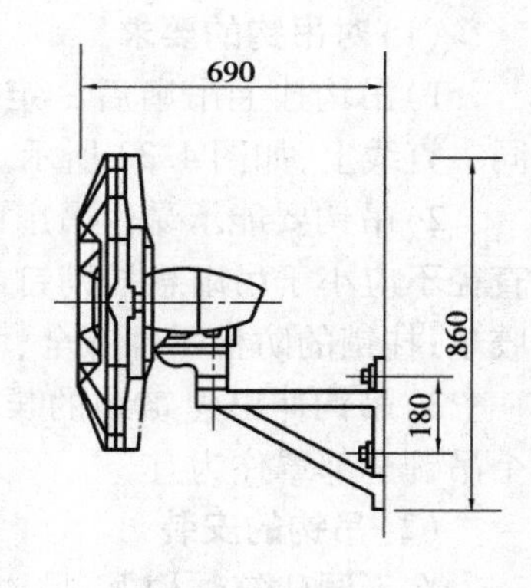

图4.35 壁扇安装

为了避免妨碍人的活动,壁扇安装好后,其下侧边缘距地面高度不宜小于1.8 m,且底座平面的垂直偏差不宜大于2 mm。

将壁扇的防护罩扣紧,固定可靠,使运转时扇叶和防护罩均没有明显的颤动和异常声响。

4.7 建筑物照明通电试运行

照明工程安装施工结束后,要做通电试验,以检验施工质量和设计的预期功能,符合要求方能认为合格。

通常在线路敷设结束,电器安装之前要对线路进行绝缘测试;照明工程安装施工结束,通电试运行之前还要再一次对线路进行绝缘测试,在绝缘电阻不低于0.5 MΩ的情况下,才能正式送电试运行。

照明系统通电后,灯具回路控制应与照明配电箱及回路的标志一致;开关与灯具控制顺序相对应,风扇的转向及调速开关应正常。

通电试运行时间应满足《建筑电气工程施工质量验收规范》(GB 50303—2002)的规定,即公用建筑照明系统通电连续试运行时间应为24 h,民用住宅照明系统通电连续试运行时间应为8 h。所有照明灯具均应开启,且每2 h记录运行状态1次,连续试运行时间内无故障。

复 习 题

1. 简述电气照明方式的分类。
2. 何谓正常照明和应急照明?
3. 简述电光源和灯具的分类。熟悉常用电光源的特点。
4. 简述照明电路的基本组成。熟悉常用荧光灯接线及在两处控制一盏灯的接线。
5. 室内灯具通常采用哪几种安装方式? 各应注意哪些要求?
6. 电灯开关为什么必须接在火线上? 接到零线上有什么坏处?
7. 安装灯头线时应注意哪些问题?
8. 提出你班教室一盏荧光灯安装所需的全部材料。
9. 简述碘钨灯安装注意事项。
10. 简述装饰照明装置的功能及主要类型。
11. 航空障碍灯安装、建筑景观照明灯安装应满足哪些规定?
12. 疏散照明安装要求。
13. 霓虹灯安装有哪些基本要求?
14. 阐述明装配电箱的施工程序并提出安装时应注意的问题。
15. 暗装配电箱在预埋前应做好哪些准备工作?
16. 配电箱(盘)内为什么要分别专设零线和保护线汇流排?
17. 安装插座时,插孔是如何排列的?
18. 照明开关安装基本要求是什么?
19. 安装吊扇时,对吊钩有什么要求? 在不同的建筑结构上如何安装吊钩?
20. 壁扇安装基本要求是什么?

第5章　电动机及低压电器安装

5.1　电动机安装

电动机的安装质量直接影响它的安全运行。如果安装质量不好,不仅会缩短电动机的寿命,严重时还会损坏电动机和被拖动的机器,造成损失。电动机安装的工作内容主要包括设备的起吊、运输、定子、转子、轴承座及机轴的安装调整等钳工装配工艺,以及电机绕组接线、电机干燥等工序。根据电动机容量的大小,其安装工作内容也有所区别。建筑电气工程中电动机容量一般不大,因此,本节主要介绍中小型电动机的安装。对于三相鼠笼型异步电动机,凡中心高度为80~315 mm、定子铁芯外径为120~500 mm的称为小型电动机;凡中心高度为355~630 mm、定子铁芯外径为500~1 000 mm的称为中型电动机。

5.1.1　电动机的安装

(1)电动机的搬运和安装前的检查

搬运电动机时,应注意不应使电动机受到损伤、受潮或弄脏。

如果电动机由制造厂装箱运来,在没有运到安装地点前,不要打开包装箱,宜将电动机存放在干燥的仓库内。放置室外时,应有防潮、防雨、防尘等措施。

中小型电动机从汽车或其他运输工具上卸下来时,可使用起重机械;如果没有这些机械设备,可在地面与汽车间搭斜板,将电机平推在斜板上,慢慢地滑下来。但必须用绳子将机身拖住,以防滑动太快或滑出木板。

质量在100 kg以下的小型电动机,可以用铁棒穿过电动机上的吊环,由人力搬运,但不能用绳子套在电动机的皮带轮或转轴上,也不要穿过电动机的端盖孔来抬电动机,所用各种索具,必须结实可靠。

电动机就位之前应进行详细的检查和清扫。

1)检查电动机的功率、型号、电压等应与设计相符。

2)检查电动机的外壳应无损伤,风罩风叶完好,盘动转子转动灵活,无碰卡声,轴向窜动不应超过规定的范围。

3)拆开接线盒,用万用表测量三相绕组是否断路。引出线鼻子的焊接或压接应良好,编号应齐全。

4)使用兆欧表测量电动机的各相绕组之间以及各相绕组与机壳之间的绝缘电阻,其绝缘电阻值不得小于0.5 MΩ,如不能满足要求应对电动机进行干燥。

5)对于绕线式电动机需检查电刷的提升装置,提升装置应标有“启动”“运行”的标志,动作顺序是先短路集电环,然后提升电刷。

如果电动机出厂日期超过了制造厂保证期限,或当制造厂无保证期限时,出厂日期已超过一年,或经外观检查、电气试验,质量可疑时应进行抽芯检查。如果电机在手动盘转和试运转时有异常情况,也要抽芯检查。对开启式电动机经端部检查有可疑时,也应进行抽芯检查。

电动机抽芯检查应符合下列规定:

①线圈绝缘层完好、无伤痕,端部绑线不松动,槽楔固定,无断裂,引线焊接饱满,内部清洁,通风孔道无堵塞。

②轴承无锈斑,注油(脂)的型号、规格和数量正确,转子平衡块紧固,平衡螺钉锁紧,风扇叶片无裂纹。

③连接用紧固件的防松零件齐全完整。

④其他指标符合产品技术文件的特有要求。

(2)电动机的安装和校正

1)电动机的安装

电动机通常安装在机座上,机座固定在基础上,电动机的基础一般用混凝土浇注。浇灌基础时应先根据电机安装尺寸,将地脚螺栓和钢筋绑在一起。为保证位置的正确,上面可用一块定型板将地脚螺栓固定,待混凝土达到标准强度后,再拆去定型板。也可以先根据安装孔尺寸预留孔洞(100 mm×100 mm),待安装电机时,再将地脚螺栓穿过机座,放在预留孔内,进行二次浇注。地脚螺栓埋设不可倾斜,等电动机紧固后应高出螺母3~5扣。

电动机基础要求在安装电动机前15天做好,整个基础表面应平整,各部尺寸应符合设计要求。

电动机就位时,质量在100 kg以上的电动机,可用滑轮组或手拉葫芦将电动机吊装就位。较轻的电动机,可用人抬到基础上就位。

2)电动机的校正

电动机就位后,即可进行纵向和横向的水平校正,如图5.1所示。如果不平,可用0.5~5 mm的钢片垫在电动机机座下,找平找正直到符合要求为止。

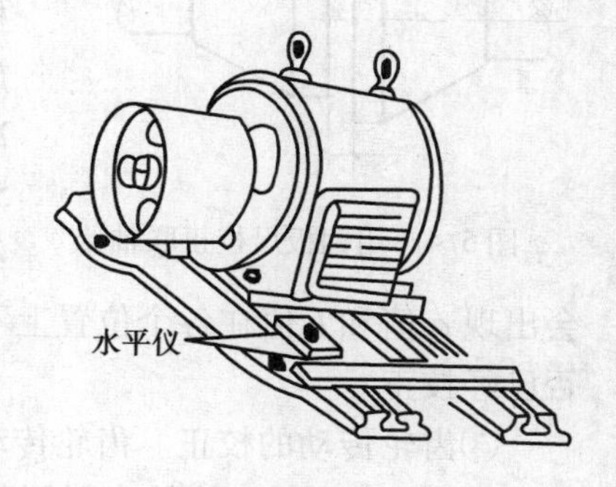

图5.1　用水平仪校正电机水平

在电动机与被驱动的机械通过传动装置互相连接之前,还必须对传动装置进行校正。由于传动装置的种类不同,校正的方法也各有差异。常用传动装置有皮带、联轴器和齿轮3种。现将其校正方法分别加以叙述。

①皮带传动的校正。以皮带作传动时,必须使电动机皮带轮的轴和被驱动机器的皮带轮的轴保持平行,同时还要使两个皮带轮宽度的中心线在同一直线上。

如果两皮带轮宽度相同,校正时可在皮带轮的侧面进行,如图5.2(a)所示。利用一根细绳来测量,当A,B,C,D在同一直线上时,即已找正。如果两皮带轮宽度不同,先找出皮带轮的中心线,并画出记号,如图5.2(b)中的1,2和3,4两条线,然后拉一根线绳,对准1,2这条线,并将线拉直。如果两轴平行,则线绳必然同3,4那条线相重合。

②联轴器的找正。联轴器也称靠背轮。当电动机与被驱动的机械采用联轴器连接时,必须使两轴的中心线保持在一条直线上;否则,电动机转动时将产生很大的振动,严重时会损坏联轴器,甚至扭弯、扭断电动机轴或被驱动机械的轴。但是,由于电动机转子的质量和被驱动机械转动部分的质量的作用,使轴在垂直平面内有一挠度,如图5.3(a)所示。假如两相连机器的转轴安装绝对水平,那么联轴器的接触面将不会平行,而处于如图5.3(a)所示的位置。

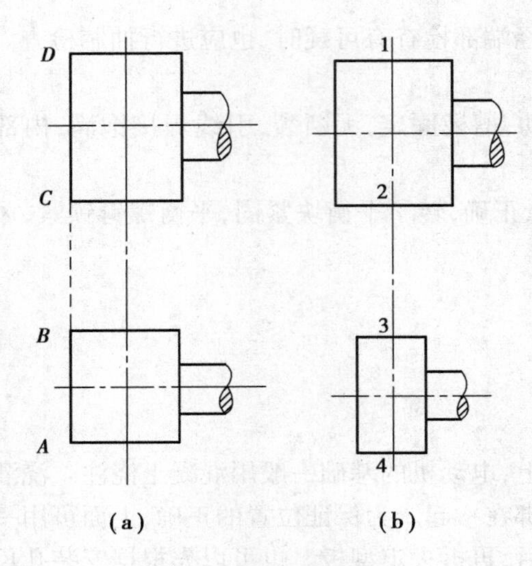

图 5.2　皮带轮的校正法

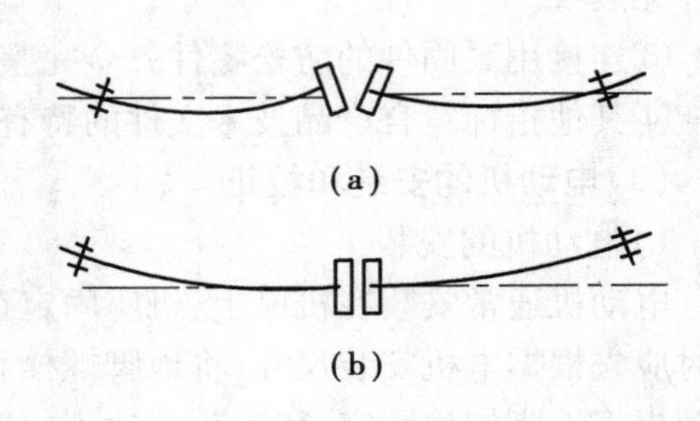

图 5.3　轴的弯曲

在这种情况下，如用螺栓将联轴器连接起来，使联轴器两接触面互相接触，电动机和机器的两轴承就会受到很大的应力，使之在转动时产生振动。

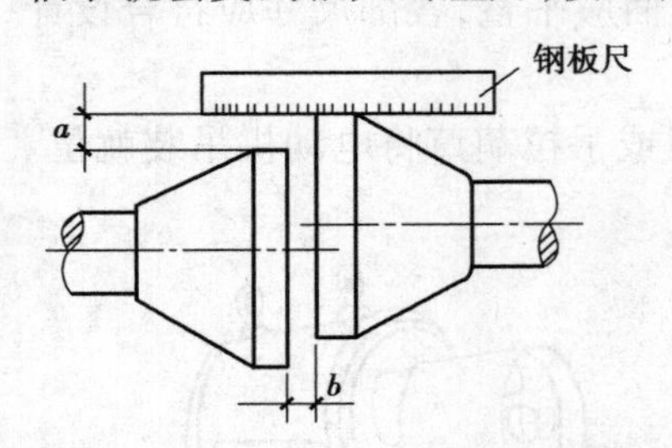

图 5.4　用钢板尺校正联轴器

为了避免这种现象，必须将两端轴承装得比中间轴承高一些，使联轴器的两平面平行，如图 5.3(b)所示。同时，还要使这对转轴的轴线在联轴器处重合。校正时，首先取下螺栓，用钢板尺测量径向间隙 a 和轴向间隙 b，测量后把联轴器旋转 180°再测。如果联轴器平面是平行的，并且轴心也是对准的，那么在各个位置所测得的 a 值和 b 值都是一样的，如图 5.4 所示；否则，要继续校正，直到正确为止。测量时必须仔细，多次重复进行，但是有的联轴器表面的加工情况不好，也会出现 a 值和 b 值在各个位置上不等的情况，这就需要细心的分析，找出其规律，才能鉴别是否已经校正。

③齿轮传动的校正。齿轮传动必须使电动机的轴与被驱动机器的轴保持平行。大小齿轮咬合适当，如果两齿轮的齿间间隙均匀，则表明两轴达到了平行。间隙的大小可用塞尺进行检查。

5.1.2　电动机的配线和接线

电动机的配线施工是动力配线的一部分。它是指由动力配电箱至电动机的这部分配线，通常采用管内穿线埋地敷设的方法。

电动机的接线在电动机安装中是一项非常重要的工作。如果接线不正确，不仅使电动机不能正常运行，还可能造成事故。接线前，应查对电动机铭牌上的说明或电动机接线板上接线端子的数量与符号，然后根据接线图接线。当电动机没有铭牌，或端子标号不清楚时，应先用仪表或其他方法进行检查，判断出端子号后再确定接线方法。

三相感应电动机共有 3 个绕组，计有 6 个引出端子，各相的始端用 U_1，V_1，W_1 表示，终端用 U_2，V_2，W_2 表示。标号 $U_1 \sim U_2$ 为第一相，$V_1 \sim V_2$ 为第二相，$W_1 \sim W_2$ 为第三相。

如果三相绕组接成星形，则 U_2，V_2，W_2 连在一起，U_1，V_1，W_1 接电源线。如果接成三角形，则 U_1 与 W_2、V_1 与 U_2、W_1 与 V_2 分别相连，如图 5.5 所示。

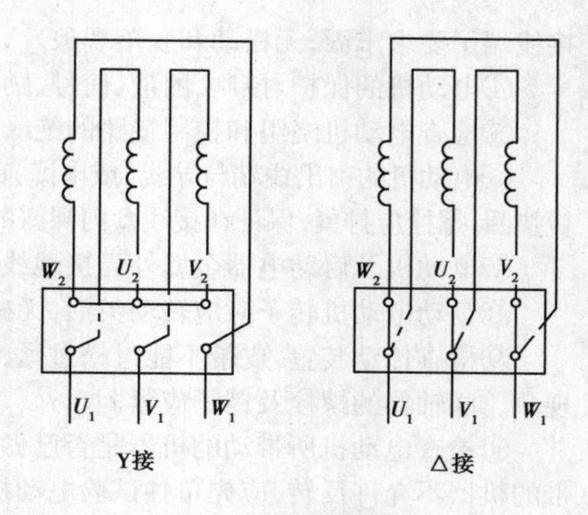

图 5.5　电动机接线

电动机绕组首尾的判断方法如下：

(1) **万用表法**

将万用表的转换开关放在欧姆挡上，利用万用表先分出每相绕组的两个出线端，然后将万用表的转换开关转到直流毫安挡上，并将三相绕组接成如图 5.6 所示的线路。接着，用手转动电动机的转子，如果万用表指针不动，则说明三相绕组的头尾区分是正确的。如果万用表指针动了，说明有一相绕组的头尾反了，应一相一相分别对调后重新试验，直到万用表指针不动为止。该方法是利用转子铁芯中的剩磁在定子三相绕组内感应出电动势的原理进行的。

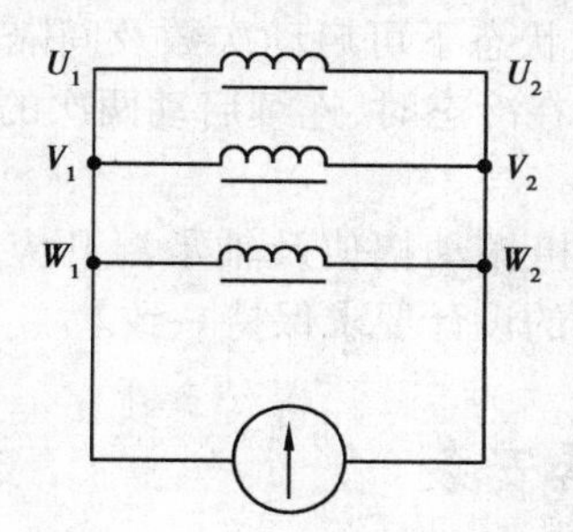

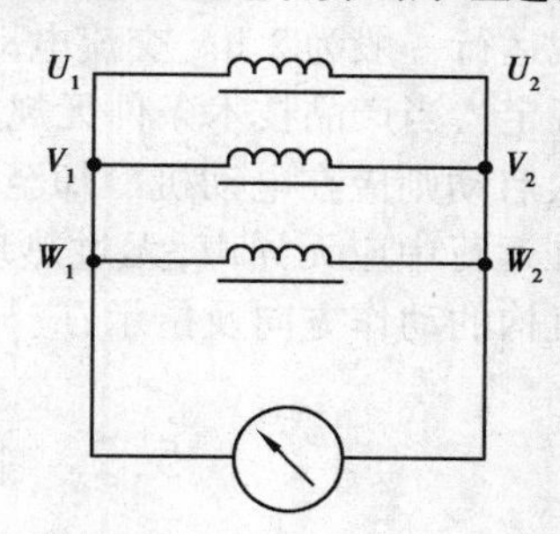

图 5.6　用万用表区分绕组头尾方法

(2) **绕组串联法**

先用万用表分出三相绕组，再假定每相绕组的头尾，并接成如图 5.7 所示线路。将一相绕组接通 36 V 交流电，另外两相绕组串联起来接上灯泡。如果灯泡发亮，则说明所连两相绕组头尾假定是正确的；如果灯泡不亮，则说明所连两相绕组不是头尾相连。这样，这两相绕组的头尾便确定了。然后，再用同样方法区分第三相绕组的头尾。

5.1.3　电动机试运行

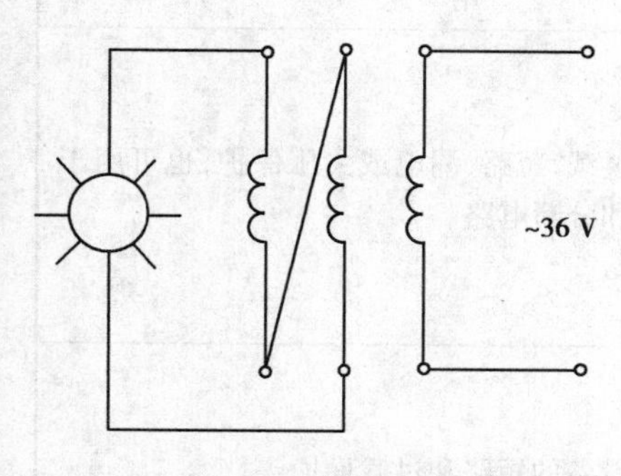

图 5.7　用绕组串联法区分绕组头尾

电动机试车是电动机安装工作的最后一道工序，也是对安装质量的全面检查。一般电动机的第一次启动要在空载情况下进行。空载运行时间为 2 h，一切正常后方可带负荷试运转。

为了使试运转一次成功，一般应注意以下事项：

1) 电动机在启动前，应进行检查，确认其符合条件后，才可启动。检查项目如下：

①安装现场清扫整理完毕，电动机本体安装检查结束。

②电源电压应与电动机额定电压相符，且三相电压应平衡。

③根据电动机铭牌，检查电动机的绕组接线是否正确，启动电器与电动机的连接应正确，

接线端子要求牢固,无松动和脱落现象。

④电动机的保护、控制、测量、信号、励磁等回路调试结束,动作正常。

⑤检查电动机绕组和控制线路的绝缘电阻应符合要求,一般应不低于0.5 MΩ。

⑥电动机的引出线端与导线(或电缆)的连接应牢固正确,引出线端与导线间的连接要垫弹簧垫圈,螺栓应拧紧,保证在接线盒内裸露的不同相导线间和导线对地间最小距离应大于8 mm。

⑦电动机及启动电器金属外壳接地线应明显可靠,接地螺栓不应有松动和脱落现象。

⑧盘动电动机转子时应转动灵活,无碰卡现象。

⑨检查传动装置,皮带不能过松过紧,皮带连接螺丝应紧固,皮带扣应完好,无断裂和割伤现象。联轴器的螺栓及销子应紧固。

⑩检查电动机所带动的机器是否已做好启动准备,准备妥善后,才能启动。如果电动机所带的机器不允许反转,应先单独试验电动机的旋转方向,使其与机器旋转方向一致后,再进行联机启动。

2)电动机应按操作程序操作启动,并指定专人操作。

电动机空载运行一般为2 h。交流电动机在空载状态下可启动次数及间隔时间应符合产品技术条件的规定。当产品技术条件无规定时,一般在冷态时,连续启动两次的间隔时间不得小于5 min,再次启动则应在电动机冷却至常温下。

3)电动机在运行中应无异声,无过热现象;电动机振动幅值及轴承温升应在允许范围之内。电动执行机构的动作方向及指示,应与工艺装置的设计要求保持一致。

5.2 低压电器安装

低压电器一般是指用于交流50 Hz、额定电压为1 200 V及以下、直流电压为1 500 V及以下电路中的电气设备。它们是在电路中主要起着通断、保护、控制或调节作用的电器。

5.2.1 低压电器的种类

低压电器根据其在电路中所处的地位和作用,可分为低压配电电器和低压控制电器两大类,如表5.1所示。

表5.1 低压电器产品分类及用途

产品名称		主要品种	用途
配电电器	断路器	塑料外壳式断路器 框架式断路器 限流式断路器 漏电保护断路器 灭磁断路器 直流快速断路器	用于线路过载、短路、漏电或欠压保护,也可用于不频繁接通和分断电路
	熔断器	有填料熔断路 无填料熔断器 半封闭插入式熔断器 快速熔断器 自复熔断器	用作线路和设备的短路和过载保护

续表

<table>
<tr><th colspan="2">产品名称</th><th>主要品种</th><th>用　途</th></tr>
<tr><td rowspan="2">配电电器</td><td>刀形开关</td><td>大电流隔离器熔断器式刀开关
开关板用刀开关
负荷开关</td><td>主要用作电路隔离,也能接通分断额定电流</td></tr>
<tr><td>转换开关</td><td>组合开关
换向开关</td><td>主要作为两种及以上电源或负载的转换和通断电路之用</td></tr>
<tr><td rowspan="8">控制电器</td><td>接触器</td><td>交流接触器
直流接触器
真空接触器
半导体式接触器</td><td>主要用作远距离频繁启动或控制交直流电动机,以及接通分断正常工作的主电路和控制电路</td></tr>
<tr><td>启动器</td><td>直接(全压)启动器
星三角减压启动器
自耦减压启动器
变阻式转子启动器
半导体式启动器
真空启动器</td><td>主要用作交流电动机的启动和正反向控制</td></tr>
<tr><td>控制继电器</td><td>电流继电器
电压继电器
时间继电器
中间继电器
温度继电器
热继电器</td><td>主要用于控制系统中,控制其他电器或作主电路的保护之用</td></tr>
<tr><td>控制器</td><td>凸轮控制器
平面控制器
鼓形控制器</td><td>主要用于电气控制设备中转换主回路或励磁回路的接法,以达到电动机启动、换向和调速的目的</td></tr>
<tr><td>主令电器</td><td>按钮
限位开关
微动开关
万能转换开关
脚踏开关
接近开关
程序开关</td><td>主要用于接通分断控制电路,以发布命令或用作程序控制</td></tr>
<tr><td>电阻器</td><td>铁基合金电阻器</td><td>用作改变电路参数或变电能为热能</td></tr>
<tr><td>变阻器</td><td>励磁变阻器
启动变阻器
频敏变阻器</td><td>主要用作发电机调压以及电动机平滑启动和调速</td></tr>
<tr><td>电磁铁</td><td>起重电磁铁
牵引电磁铁
制动电磁铁</td><td>用于起重、操纵或牵引机械装置</td></tr>
</table>

5.2.2　低压电器安装前,建筑工程应具备的条件

低压电器安装前,与低压电器安装有关的建筑工程的施工应符合下列要求:

1）与低压电器安装有关的建筑物、构筑物的建筑工程质量，应符合国家现行的建筑工程施工及验收规范中的有关规定。当设备或设计有特殊要求时，尚应符合其要求。

2）低压电器安装前，建筑工程应具备下列条件：

①屋顶、楼板应施工完毕，不得渗漏。

②对电器安装有妨碍的模板、脚手架等应拆除，场地应清扫干净。

③室内地面基层应施工完毕，并应在墙上标出抹面标高。

④环境湿度应达到设计要求或产品技术文件的规定。

⑤电气室、控制室、操作室的门、窗、墙壁、装饰棚应施工完毕，地面应抹光。

⑥设备基础和构架应达到允许设备安装的强度；焊接构件的质量应符合要求，基础槽钢应固定可靠。

⑦预埋件及预留孔的位置及尺寸，应符合设计要求，预埋件应牢固。

5.2.3 低压电器安装一般规定

低压电器的安装，应按已批准的设计进行施工，并应符合《电气装置安装工程低压电器施工及验收规范》（GB 50254—96）的规定。

（1）**安装前的检查**

低压电器安装前的检查应符合下列要求：

1）设备铭牌、型号、规格，应与被控制线路或设计相符。

2）外壳、漆层、手柄，应无损伤或变形。

3）内部仪表、灭弧罩、瓷件、胶木电器，应无裂纹或伤痕。

4）螺栓应拧紧。

5）具有主触头的低压电器，触头的接触应紧密，采用0.05 mm×10 mm的塞尺检查，接触两侧的压力应均匀。

6）附件应齐全、完好。

（2）**低压电器的安装**

低压电器的安装高度，应符合设计规定；当设计无明确规定时，一般落地安装的低压电器，其底部宜高出地面50～100 mm；操作手柄转轴中心与地面的距离，宜为1 200～1 500 mm；侧面操作的手柄与建筑物或设备的距离，不宜小于200 mm。

低压电器的固定，一般应符合下列要求：

1）低压电器安装固定，应根据其不同的结构，采用支架、金属板、绝缘板固定在墙、柱或其他建筑构件上。金属板、绝缘板应平整；当采用卡轨支撑安装时，卡轨应与低压电器匹配，并用固定夹或固定螺栓与壁板紧密固定，严禁使用变形或不合格的卡轨。

2）当采用膨胀螺栓固定时，应按产品技术要求选择螺栓规格；其钻孔直径和埋设深度应与螺栓规格相符。

3）紧固件应采用镀锌制品，螺栓规格应选配适当，电器的固定应牢固、平稳。

4）有防震要求的电器应增加减振装置，其紧固螺栓应采取防松措施。

5）固定低压电器时，不得使电器内部受额外应力。

6）成排或集中安装的低压电器应排列整齐；器件间的距离，应符合设计要求，并应便于操作及维护。

(3)低压电器的接线

低压电器的外部接线,应符合下列要求:

1)接线应按接线端头的标志进行。

2)接线应排列整齐、清晰、美观;导线绝缘应良好、无损伤。

3)电源侧进线应接在进线端,即固定触头接线端;负荷侧出线应接在出线端,即可动触头接线端。

4)电器的接线应采用铜质或有电镀金属防锈层的螺栓和螺钉,连接时应拧紧,且应有防松装置。

5)外部接线不得使电器内部受到额外应力。

6)母线与电器连接时,接触面应平整,无氧化膜,并应涂以电力复合脂。连接处不同相的母线最小电气间隙,应符合表5.2的规定。

表5.2　不同相母线最小电气间隙

额定电压/V	最小电气间隙/mm
$V \leqslant 500$	10
$500 < V \leqslant 1\ 200$	14

7)电器的金属外壳、框架的接零或接地应符合《电气装置安装工程接地装置施工及验收规范》(GB 50169—2006)的有关规定。

(4)低压电器的试验

低压电器的试验项目和要求如表5.3所示。

表5.3　低压电器交接试验

序号	试验内容	试验标准或条件
1	绝缘电阻	用500 V兆欧表摇测,绝缘电阻值≥1 MΩ;潮湿场所,绝缘电阻值≥0.5 MΩ
2	低压电器动作情况	除产品另有规定外,电压、液压或气压在额定值的85%~110%范围内能可靠动作
3	脱扣器的整定值	整定值误差不得超过产品技术条件的规定
4	电阻器和变阻器的直流电阻差值	符合产品技术条件规定

5.2.4　刀开关和转换开关安装

带有刀形动触头,在闭合位置与底座上的静触头相契合的开关,称为刀开关。常用刀开关有HD系列单投刀开关、HS系列双投刀开关、HH系列封闭式负荷开关、HK系列开启式负荷开关。它主要用于成套配电设备中隔离电源,还可作为不频繁地接通和分断电路用。

用于转换电路,从一组连接转换至另一组连接的开关,称为转换开关。它主要用于电源的接通、切断用,转换电源或负载,也可以控制电动机。

(1)**刀开关安装**

HD系列单投刀开关和HS系列双投刀开关,均属开关板用刀开关。开关极数有1,2,3极3种。开关有带灭弧室的,也有不带灭弧室的;操作机构有中央手柄式、中央杠杆式、侧面杠杆式及侧面手柄式等;接线方式有板前接线和板后接线等。

刀开关安装要求如下:

1)刀开关应垂直安装。只有在不切断电流、有灭弧装置或用于小电流电路等情况下,可水平安装。水平安装时,分闸后可动触头不得自行脱落,其灭弧装置应固定可靠。

2)可动触头与固定触头的接触应良好;大电流的触头或刀片宜涂电力复合脂。

3)双投刀闸开关在分闸位置时,刀片应可靠固定,不得自行合闸。

4)安装杠杆操作机构时,应调节杠杆长度,使操作到位且灵活;开关辅助接点指示应正确。

5)开关的动触头与两侧压板距离应调整均匀,合闸后接触面应压紧,刀片与静触头中心线应在同一平面,且刀片不应摆动。

6)带有灭弧室的刀开关安装完毕,应将灭弧室装牢。

(2)**负荷开关安装**

HH系列封闭式负荷开关,俗称铁壳开关,常用型号有HH_3和HH_4型。其外形如图5.8所示。这种开关的闸刀和熔丝都装在一个铁壳内,手柄和铁壳有机械联锁装置,在不拉开闸刀时不能打开铁壳。当铁壳打开时,开关不能合闸,保证了操作和更换熔体的安全。

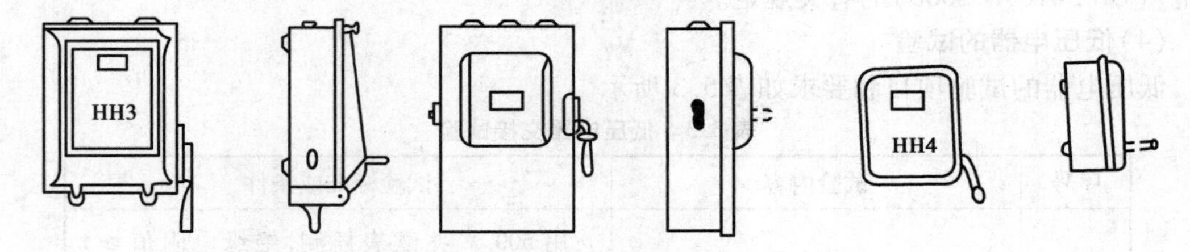

图5.8 HH系列铁壳开关外形图

HK系列开启式负荷开关,也称胶盖瓷底闸刀开关。其外形和结构如图5.9所示。这种刀开关全部导电零件都安装在一块瓷底板上,开关与熔丝组合,没有专门的灭弧装置,附有胶木盖把相间带电裸露体隔开,防止电弧烧伤人手。

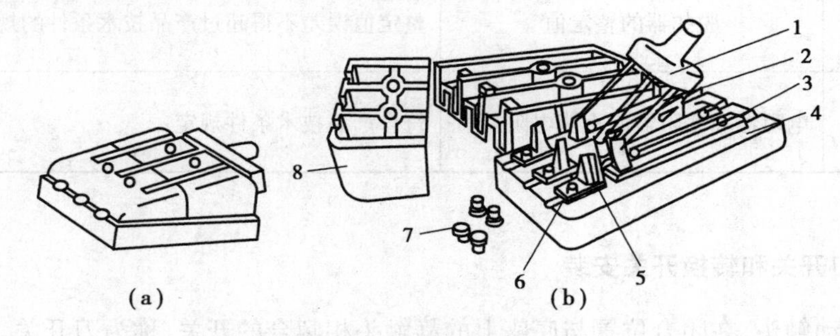

图5.9 HK系列开启式负荷开关

(a)外形 (b)结构

1—瓷柄;2—动触头;3—出线座;4—瓷底;

5—静触头;6—进线座;7—胶盖紧固螺钉;8—胶盖

HK系列开启式负荷开关，多用在配电板上安装。安装时，底板应垂直于地面，手柄向上，不能倒装，尽量避免水平安装。开关的刀片和夹座接触处应成直线接触，不应歪斜。接线时，应把电源线接在进线座上，负载线接在出线座上，接线应牢固，接触应紧密。

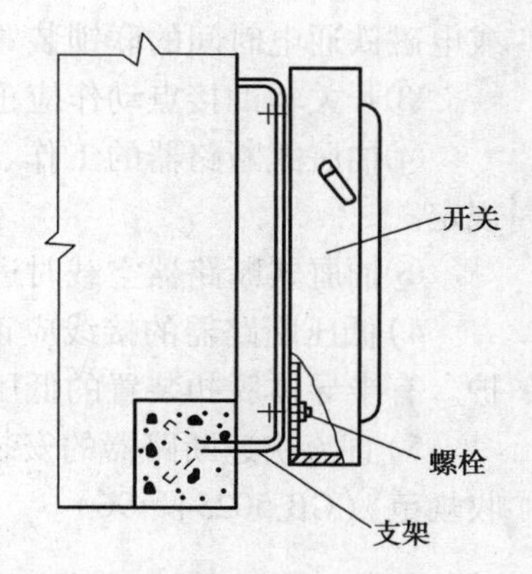

图5.10　铁壳开关固定在预埋金属支架上

可直接(或用支架)安装在墙上或柱子上，也可安装在开关板上。图5.10为在支架上安装。施工方法与配电箱安装方法相同。

不管采用何种安装方法，均需注意以下5点：

1)铁壳开关必须垂直安装，安装高度按设计要求。若设计无要求，可取操作手柄中心距地面1.2～1.5 m。

2)铁壳开关的外壳应可靠接地或接零。

3)铁壳开关进出线孔的绝缘圈(橡皮、塑料)应齐全。

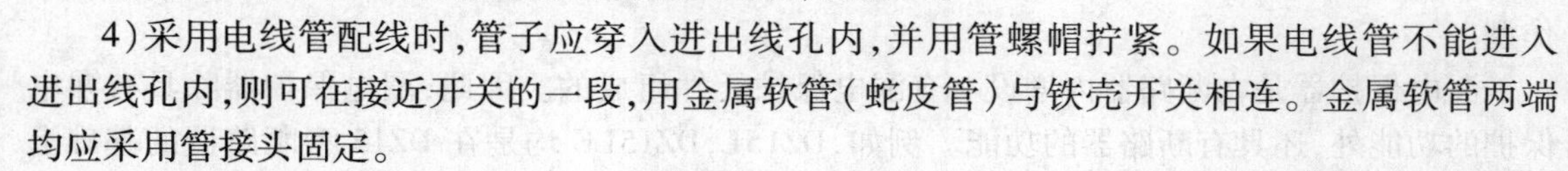

4)采用电线管配线时，管子应穿入进出线孔内，并用管螺帽拧紧。如果电线管不能进入进出线孔内，则可在接近开关的一段，用金属软管(蛇皮管)与铁壳开关相连。金属软管两端均应采用管接头固定。

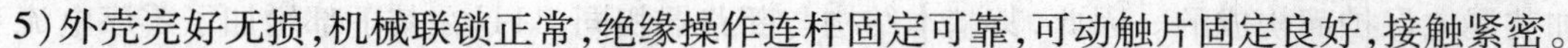

5)外壳完好无损，机械联锁正常，绝缘操作连杆固定可靠，可动触片固定良好，接触紧密。

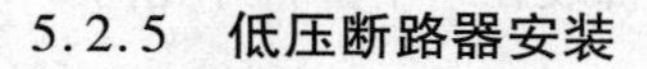

5.2.5　低压断路器安装

低压断路器又称自动开关、空气开关，是一种能够自动切断线路故障的控制保护电器。它用在低压配电线路中作为开关设备和保护元件，也可以用在电动机主回路上作为短路、过载和失压保护用，还可以作为启动电器，故被广泛采用。

根据断路器的结构形式可分为塑料外壳式(装置式)、框架式(万能式)两类。

框架式断路器为敞开式结构，它能实现各种不正常工作情况时的保护(如过电流保护和低电压保护等)，并在操作上具有各式各样的传动机构(如直接手动、杠杆连动、电磁铁操作以及压缩空气操作)和不同框架(如敞开式、手车式及其他防护形式)，广泛应用于企业、电厂和变电站、舰艇及其他场所。常用断路器有：DW10，DW15系列框架式断路器；DW15C系列抽屉式断路器；DWX15系列万能式限流断路器，等等。

塑料外壳式断路器的结构特点是具有安全保护用的塑料外壳，适用于保护设备的过电流。它除了用于与框架式自动开关相同的场合外，还用于公共建筑物和住宅中的照明电路。常用的有DZ10系列、DZ15系列和DZ20系列断路器。

低压断路器可以安装在墙上、柱子上或支架上，通常安装在配电屏(箱)内。其安装要求如下：

1)低压断路器的安装，应符合产品技术文件的规定；当无明确规定时，宜垂直安装，其倾斜度不应大于5°。

2)低压断路器与熔断器配合使用时，熔断器应安装在电源侧。

3)低压断路器操作机构的安装，应满足下列要求：

①操作手柄或传动杠杆的开、合位置应正确，操作力不应大于产品允许值。

②电动操作机构的接线应正确。在合闸过程中，开关不应跳跃；开关合闸后，限制电动机

或电磁铁通电时间的联锁装置应及时动作；使电磁铁或电动机通电时间不超过产品规定值。

③开关辅助接点动作应正确可靠，接触应良好。

④抽屉式断路器的工作、试验、隔离3个位置的定位应明显，并应符合产品技术文件的规定。

⑤抽屉式断路器空载时进行抽、拉数次应无卡阻，机械联锁应可靠。

4）低压断路器的接线应正确、可靠。裸露在箱体外部且易触及的导线端子，应加绝缘保护。有半导体脱扣装置的低压断路器，其接线应符合相序要求，脱扣装置的动作应可靠。

5）直流快速断路器的安装、调整和试验要求，参见《电气装置安装工程低压电器施工及验收规范》（GB 50254—96）。

5.2.6 漏电保护器安装

漏电保护器是漏电电流动作保护器的简称，是在规定条件下，当漏电电流达到或超过给定值时，能自动断开电路的机械开关电器或组合电器。目前，生产的漏电保护器主要为电流动作型。

漏电保护器是在断路器内增设一套漏电保护元件组成的。因此，漏电保护器除具有漏电保护的功能外，还具有断路器的功能。例如，DZ15L，DZ15LE均是在DZ15型断路器的基础上加装漏电保护而构成的。因此，其基本结构与断路器相同，只是在其下部增加了零序电流互感器、漏电脱扣器和试验装置3部分元件，这些元件与主断路器全部装在一个塑料外壳内。

漏电保护器的安装及调整试验，应符合下列要求：

1）安装前应注意核对漏电保护器的铭牌数据，应符合设计和使用要求，并进行操作检查，其动作应灵活。

2）在特殊环境中使用的漏电保护器，应采取防腐、防潮或防热等措施。

3）应按漏电保护器产品标志进行电源侧和负荷侧接线。

4）带有短路保护功能的漏电保护器安装时，应确保有足够的灭弧距离。

5）电流型漏电保护器安装后，除应检查接线无误外，还应通过试验按钮检查其动作性能，并应满足要求。

5.2.7 低压接触器和启动器安装

低压接触器和启动器是电动机电路的主要控制电器。

（1）接触器安装

接触器一般由电磁系统、主触头及灭弧罩、辅助触头、支架和底座组成。按其主触头所控制的电流种类，分为交流接触器和直流接触器。常用的有CJ10，CJ20系列交流接触器；B系列交流接触器；3TB系列交流接触器。其中，B系列交流接触器是从德国BBC公司引进生产的产品，3TB系列交流接触器是从德国西门子公司引进而生产的产品。

接触器安装应注意以下5点：

1）安装前清除衔铁板面上的锈斑、油垢，使衔铁的接触面平整、清洁。可动部分应灵活、无卡阻；灭弧罩之间应有间隙。

2）触头的接触应紧密，固定主触头的触头杆应固定可靠。

3）当带有常闭触头的接触器闭合时，应先断开常闭触点，后接通主触头；当断开时，应先断开主触头,后接通常闭触头,且三相主触头的动作应一致,其误差应符合产品技术文件的要求。

4)接触器应垂直安装,其倾斜度不得超过5°,接线应正确。

5)在主触头不带电的情况下,启动线圈间断通电,主触头动作正常,衔铁吸合后应无异常响声。

(2)**启动器安装**

控制电动机启动与停止或反转的,有过载保护的开关电器,称为启动器。常用启动器有电磁启动器(又称磁力启动器)、自耦减压启动器、星-三角启动器等。

电磁启动器是由交流接触器与热继电器组成的。例如,QC12系列电磁启动器是由CJ12系列交流接触器与JR0系列热继电器组成的。因此,电磁启动器的安装要求与接触器的安装要求基本相同。另外应注意,电磁启动器热元件的规格应与电动机的保护特性相匹配;热继电器的电流调节指示位置应调整在电动机的额定电流值上,并应按设计要求进行定值校验。

星-三角启动器有手动和自动两种。星-三角启动器检查调整应注意:

①启动器的接线应正确,电动机定子绕组正常工作应为三角形接线。

②手动操作的星-三角启动器,应在电动机转速接近运行转速时进行切换;自动转换的启动器应按电动机负荷要求正确调节延时装置。

自耦减压启动器常用的有手动式和自动式。例如,QJ3系列油浸式手动自耦减压启动器和QJ10系列自耦减压启动器都要求垂直安装。调整时,应注意:油浸式启动器的油面不得低于标定油面线;减压抽头在65%~80%额定电压下,应按负荷要求进行调整;启动时间不得超过自耦减压启动器允许的启动时间,一般最大启动时间(包括一次或连续累计数)不超过2 min。

5.2.8　控制器的安装

控制器是用以改变主回路或激磁回路的接线,或改变接在电路中的电阻值,来控制电动机的启动、调速和反向的开关电器。控制器主要分为两类:平面控制器的转换装置是平面的;凸轮控制器的转换装置是凸轮。常用的是凸轮控制器,如KTJ1,KTJ15,KTJ16系列交流凸轮控制器;KT10,KT12系列交流凸轮控制器。它们主要用于起重设备中控制中小型绕线式转子异步电动机的启动、停止、调速换向及制动,也适用于有相同要求的其他电力拖动场合,如卷扬机等。

控制器通常用底脚螺栓直接安装在地上或支架上,小型凸轮控制器有时安装在操作台上。

控制器的安装应符合下列要求:

1)控制器的工作电压应与供电电源电压相符。

2)凸轮控制器的安装位置,应便于观察和操作;操作手柄或手轮的安装高度宜为800~1 200 mm。

3)控制器操作应灵活;挡位应明显、准确。带有零位自锁装置的操作手柄,应能正常工作。

4)操作手柄或手轮的动作方向,宜与机械装置的动作方向一致;操作手柄或手轮在各个不同位置时,其触头的分、合顺序均应符合控制器的开、合表图的要求,通电后应按相应的凸轮控制器件的位置检查电动机,并应运行正常。

5)控制器触头压力应均匀;触头超行程不应小于产品技术文件的规定。凸轮控制器主触头的灭弧装置应完好。

6)控制器的转动部分及齿轮减速机构应润滑良好。

控制器在投入运行前,应用500～1 000 V兆欧表测量其绝缘电阻。绝缘电阻值一般应在0.5 MΩ以上,同时应根据接线图检查接线是否正确。

控制器的外壳一般都有接地螺栓。安装时,应将其与接地网连接,使其妥善接地。

5.3 不间断电源设备安装

UPS(Uninterruptible Power System)不间断电源设备是当正常交流供电中断时,将蓄电池输出的直流变换成交流持续供电的电源设备。UPS是一种含有储能装置,以逆变器为主要组成部分的恒压恒频的不间断电源。它主要用于给单台计算机、计算机网络系统或其他电力电子设备提供不间断的电力供应。当市电输入正常时,UPS将市电稳压后供给负载使用,此时的UPS就是一台交流稳压器,同时它还向机内电池充电。当市电中断时,UPS立即将机内电池的电能,通过逆变转换的方法向负载继续供应220 V交流电,使负载维持正常工作,并保护负载软、硬件不受损坏。

5.3.1 UPS基本形式

(1)铁磁共振式(同步式)

铁磁共振式UPS系统框图如图5.11所示。在正常时,交流电源经接触器、铁磁共振变压器向负荷供电,同时蓄电池组经充电器浮充电,当交流电压严重下降或失电时,由蓄电池组经逆变器向负荷供电,铁磁共振变压器具有调节输出电压的功能,而对交流电频率不作调节。当频率偏差超出额定范围时,UPS即按断电处理。因此,铁磁共振式UPS应使用市电电源,而不宜用发电机电源。因若发电机为电源时,输出频率会经常改变,从而频繁消耗电池能量。

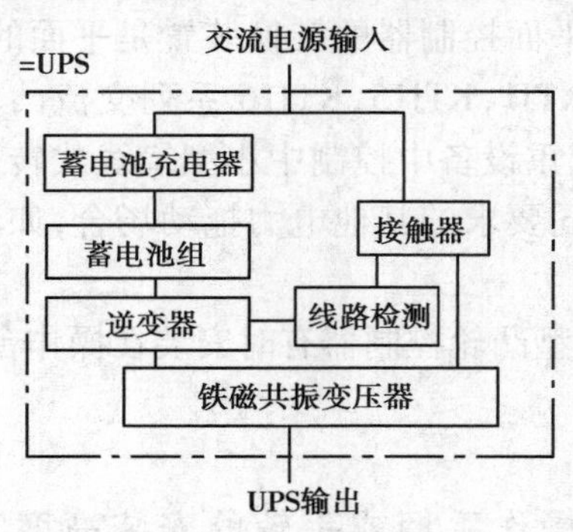

图5.11 铁磁共振式系统框图

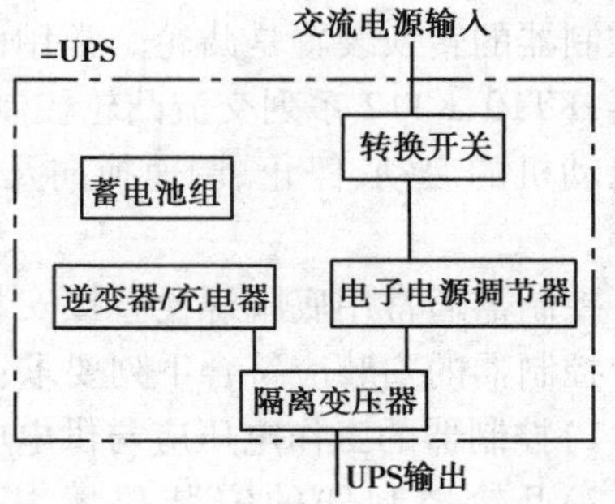

交流电源输入
=UPS
转换开关
蓄电池组
逆变器/充电器
电子电源调节器
隔离变压器
UPS输出

图5.12 线路交互式系统框图

(2)线路交互式

线路交互式UPS系统框图如图5.12所示。正常时,交流电源经电子电源调节器、隔离变压器向负荷供电,并通过充电器向蓄电池组浮充电。当交流电源电压严重下降或失电时,蓄电池组通过逆变器向负荷供电,电子电源调压器只对UPS输出电压进行调节,而对交流频率不作调节。当频率偏差超出额定范围时,UPS即按断电处理,因此,线路交互式UPS应用市电为电源，而不宜用发电机电源。

(3)**双变换式(在线式)**

双变换式UPS系统框图如图5.13所示。正常时，通过整流器逆变器的交直交双变换过程，提供稳定的电压和频率输出，在直流环节向蓄电池组浮充电。当交流电源失电时，由蓄电池经逆变器向负荷供电。若电路过载或UPS内部故障时，通过旁路电路将UPS解列，交流电源直接供电。因双变换式UPS通过了双变换，可在较宽的输入频率范围内运行，能提供稳定的输出，因而得到普遍使用。

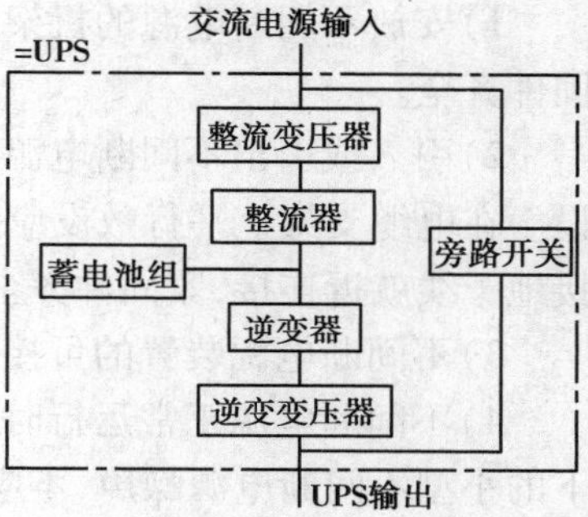

图5.13　双变换式系统框图

5.3.2　UPS安装工艺程序

(1)**设备开箱检查**

设备的开箱检查由安装单位、供货单位、建设单位及工程监理共同进行。按设备清单、设计图纸，核对设备本体及附件、备件的规格、型号、数量，并应符合设计图纸要求；随机技术资料齐全，并做好开箱检查记录。

设备本体外观检查应无损伤及变形，面层完整无损伤。

(2)**机柜稳装**

参照成套配电柜搬运、安装方法(见6.4节)，将机柜搬运至固定位置，对整流装置、逆变装置和静态开关装置所有紧固件逐个进行紧固。调整机柜的水平度和垂直度，符合要求后进行固定。

(3)**设备接线调试**

设备接线由安装总包方配合专业厂家进行，设备调试由专业厂家技术人员进行。设备调试应按设计要求，先做模拟调试，各项功能必须达到设计要求。

(4)**送电试运行**

送电试运行时间为24 h全负荷运行，运行期间应及时观察电流、电压波形变化，并且每隔8 h记录一次。

5.3.3　UPS安装质量标准

UPS不间断电源安装质量验收，应满足《建筑电气工程施工质量验收规范》GB 50303—2002第9章的要求。

(1)**主控项目**

1)不间断电源的整流装置、逆变装置和静态开关装置的规格、型号必须符合设计要求。内部接线连接正确，紧固件齐全、可靠，不松动，焊接连接无脱落现象。

2)不间断电源的输入、输出各级保护系统和输出的电压稳定性、波形畸变系数、频率、相位、静态开关的动作等各项技术性能指标的试验调整，必须符合产品技术文件要求，且符合设计文件要求。

3)不间断电源装置间连线的线间、线对地间绝缘电阻值应大于0.5 MΩ。

4)不间断电源输出端的中性线(N极)，必须与由接地装置直接引来的接地干线相连接，做重复接地。

(2)一般项目

1)安放不间断电源的机架组装应横平竖直,水平度、垂直度允许偏差不应大于1.5‰,紧固件齐全。

2)引入或引出不间断电源装置的主回路电线、电缆和控制电线、电缆应分别穿保护管敷设。在电缆支架上平行敷设应保持150 mm的距离;电线、电缆的屏蔽护套接地连接可靠,与接地干线就近连接,紧固件齐全。

3)不间断电源装置的可接近裸露导体应接地(PE)或接零(PEN)可靠,且有标志。

4)不间断电源正常运行时产生的A声级噪声,不应大于45 dB;输出额定电流为5 A及以下的小型不间断电源噪声,不应大于30 dB。

5.4 柴油发电机组安装

5.4.1 柴油发电机组安装工艺流程

柴油发电机组安装的工艺流程是:基础验收→开箱检查→主机安装→排烟、燃油、冷却系统安装→电气设备安装→地线安装→机组接线→机组调试→机组试运行。

5.4.2 基础验收

根据设计图纸、产品样本或柴油发电机组本体实物对设备基础进行全面检查,应在符合安装尺寸要求时,才能进行机组的安装。

5.4.3 设备开箱检验

设备开箱检验应由安装单位、供货单位、建设单位及工程监理共同进行,并做好开箱检查记录。依据装箱单核对主机、附件、专用工具、备品、备件及随机技术文件,查验合格证和出厂试运行记录,发电机及其控制柜应有出厂试验记录。做好外观检查,机组有铭牌,机身无缺件,表面涂层完整。柴油发电机组及其附属设备均应符合设计要求。

5.4.4 机组主体安装

现场允许吊车作业的,可用吊车将机组整体吊起,把随机配的减振器装在机组的底下,然后将机组放置在验收合格的基础上。一般情况下,减振器无须固定,只需在减振器下垫一薄的橡胶板即可。如果需要固定,应事先将减振器的地脚孔做好,并埋好地脚螺栓,将机组吊起,使地脚螺栓插入减振器地脚孔,放好机组,调校机组拧紧螺栓即可。

如果现场不允许吊车作业,可利用滚杠将机组滚至基础上,可用千斤顶将机组一端抬高,至底座下的间隙能安装减振器即可。安好减振器释放千斤顶,同样方法再抬高机组另一端,装好剩余的减振器,撤出滚杠,并释放千斤顶。

5.4.5 排气、燃油、冷却系统安装

1)排烟系统的安装。柴油发电机组的排烟系统由法兰连接的管道、支撑件、波纹管和消声器组成。在法兰连接处应加石棉垫圈,排烟管出口应经过打磨,消声器安装正确。机组与排

烟管之间连接的波纹管不能受力，排烟管外侧宜包一层保温材料。

2)燃油、冷却系统的安装。主要包括储油罐、机油箱、冷却水箱、电加热器、泵、仪表及管路的安装。

5.4.6　电气设备的安装

1)发电机控制箱(屏)是发电机的配套设备，主要是控制发电机送电及调压。根据现场实际情况，小容量发电机的控制箱直接安装在机组上，大容量发电机的控制屏则固定在机房的地面基础上，或安装在与机组隔离的控制室内。安装方法与成套配电柜安装一样。

2)一般500 kW以下的柴油发电机组，随机组配有配套的控制箱(屏)和励磁箱，对于500 kW以上的机组，机组生产商一般提供控制屏。

3)根据控制屏和机组安装的位置安装金属桥架，用来敷设导线。

5.4.7　地线安装

1)将发电机的中性线与接地母线用专用地线及螺母连接，螺栓防松装置齐全，并设置标志。

2)将发电机本体和机械部分的可接近裸露导体均应与保护接地(PE)可靠连接。

5.4.8　机组接线

1)按要求敷设电源回路、控制回路的电缆，并与设备进行连接。

2)发电机及控制箱接线应正确可靠。馈电线两端的相序必须与原供电系统的相序一致。

3)发电机随机的配电柜和控制柜接线应正确无误，所有紧固件应牢固、无遗漏脱落，开关、保护装置的型号、规格必须符合设计要求。

5.4.9　机组调试

1)将所有的接线端子螺钉再检查一次。发电机静态试验项目及要求必须符合表5.4的规定。用兆欧表测试发电机至配电柜的馈电线路的相间、相对地间的绝缘电阻，其绝缘电阻值必须大于0.5 MΩ。塑料绝缘电缆馈电线路直流耐压试验为2.4 kV，时间15 min，泄漏电流稳定，无击穿现象。

2)用机组的启动装置手动启动柴油发电机进行无负荷试车，检查机组的转向和机械转动有无异常，供油和机油压力是否正常，冷却水温是否过高，转速自动和手动控制是否符合要求；如发现问题，及时解决。

3)检查机组电压、电池电压、频率是否在误差范围内，否则应进行适当调整。

4)检测自动化机组的冷却水、机油加热系统。接通电源，如水温低于15 ℃，加热器应自动启动加热，当温度达30 ℃时，加热器应自动停止加热。对机油加热器的要求与冷却水加热器的要求一致。

5)检测机组的保护性能。采用仪器分别发出机油压力低、冷却水温高、过电压、缺相、过载、短路等信号，机组应立即启动保护功能，并进行报警。

表5.4　发电机交接试验

序号	部位		试验内容	试验结果
1	静态试验	定子电路	测量定子绕组的绝缘电阻和吸收比	绝缘电阻值大于0.5 MΩ 沥青浸胶及烘卷云母绝缘吸收比大于1.3 环氧粉云母绝缘吸收比大于1.6
2			在常温下，绕组表面温度与空气温度差在±3 ℃范围内测量各相直流电阻	各相直流电阻值相互间差值不大于最小值2%，与出厂值在同温度下比差值不大于2%
3			交流工频耐压试验1 min	试验电压为1.5 U_n+750 V，无闪络击穿现象，U_n为发电机额定电压
4		转子电路	用1 000 V兆欧表测量转子绝缘电阻	绝缘电阻值大于0.5 MΩ
5			在常温下，绕组表面温度与空气温度差在±3 ℃范围内测量绕组直流电阻	数值与出厂值在同温度下比差值不大于2%
6			交流工频耐压试验1 min	用2 500 V摇表测量绝缘电阻替代
7		励磁电路	退出励磁电路电子器件后，测量励磁电路的线路设备的绝缘电阻	绝缘电阻值大于0.5 MΩ
8			退出励磁电路电子器件后，进行交流工频耐压试验1 min	试验电压1 000 V，无击穿闪络现象
9		其他	有绝缘轴承的用1 000 V兆欧表测量轴承绝缘电阻	绝缘电阻值大于0.5 MΩ
10			测量检温计(埋入式)绝缘电阻，校验检温计精度	用250 V兆欧表检测不短路，精度符合出厂规定
11			测量灭磁电阻，自同步电阻器的直流电阻	与铭牌相比较，其差值为±10%
12	运转试验		发电机空载特性试验	按设备说明书，并符合要求
13			测量相序	相序与出线标志相符
14			测量空载和负荷后轴电压	按设备说明书，并符合要求

6)检测机组补给装置。将装置的手/自动开关切换到自动位置，人为放水或油至低液位，系统自动补给。与液面上升至高液位时，补给应自动停止。

7)采用相序表对市电与发电机电源进行核相，相序应一致。

8)与系统联动调试。人为切断市电电源，主用机组应能在设计要求的时间内自动启动并向负载供电,恢复市电,备用机组自动停机。

9)试运行验收。对受电侧的开关设备、自动或手动切换装置和保护装置等进行试验。试验合格后,按设计的备用电源使用分配方案,进行负荷试验,机组和电气装置连续运行12 h无故障,方可交接验收。

自启动柴油发电机应做自启动试验,并符合设计要求。

5.4.10　质量验收标准

(1)主控项目

1)发电机的试验必须符合表5.4的规定。

2)发电机组至低压配电柜馈电线路的相间、相对地间的绝缘电阻值应大于0.5 MΩ;塑料绝缘电缆馈电线路直流耐压试验为2.4 kV,时间15 min,泄漏电流稳定,无击穿现象。

3)柴油发电机馈电线路连接后,两端的相序必须与原供电系统的相序一致。

4)发电机中性线(工作零线)应与接地干线直接连接,螺栓防松零件齐全,且有标志。

(2)一般项目

1)发电机组随带的控制柜接线应正确,紧固件紧固状态良好,无遗漏脱落。开关、保护装置的型号、规格正确,验证出厂试验的锁定标记应无位移,有位移应重新按制造厂要求试验标定。

2)发电机本体和机械部分的可接近裸露导体应接地(PE)或接零(PEN)可靠,且有标志。

3)受电侧低压配电柜的开关设备、自动或手动切换装置和保护装置等试验合格,应按设计的自备电源使用分配预案进行负荷试验,机组连续运行12 h无故障。

复习题

1. 电动机安装前应进行哪些检查?
2. 当电动机绕组端子标号脱落或不清时,如何判定绕组头尾?
3. 简述电动机安装校正方法。
4. 何谓低压电器?简述其分类。
5. 低压电器安装前,建筑工程应具备哪些条件?
6. 低压电器安装、接线的一般规定是什么?
7. 简述不间断电源的定义。
8. UPS不间断电源的3种基本形式,哪一种形式使用最普遍?
9. 简述UPS安装工艺程序。
10. 简述柴油发电机组安装工作内容。
11. 发电机静态试验包括哪些内容?有何规定?

第6章　变配电室安装

6.1　变配电室施工图

建筑变配电室电气施工图是设计单位提供给施工安装单位进行变配电室内电气设备安装所依据的技术图纸，也是运行管理单位进行竣工验收和今后运行维护、检修的依据。其主要内容包括：系统图或习惯称为主接线图，或一次接线图（分高压配电系统图和低压配电系统图）；变配电室平面图、剖面图；二次回路电路图或称二次接线图，等等。当然，作为整套工程施工图还有变配电室照明系统图、照明平面图，以及变配电室接地干线平面图等。本节主要介绍系统图和平剖面图。图6.1、图6.2为某变配电室平、剖面图，图6.3为该变配电室高压配电系统图，图6.4为该变配电室低压配电系统图。

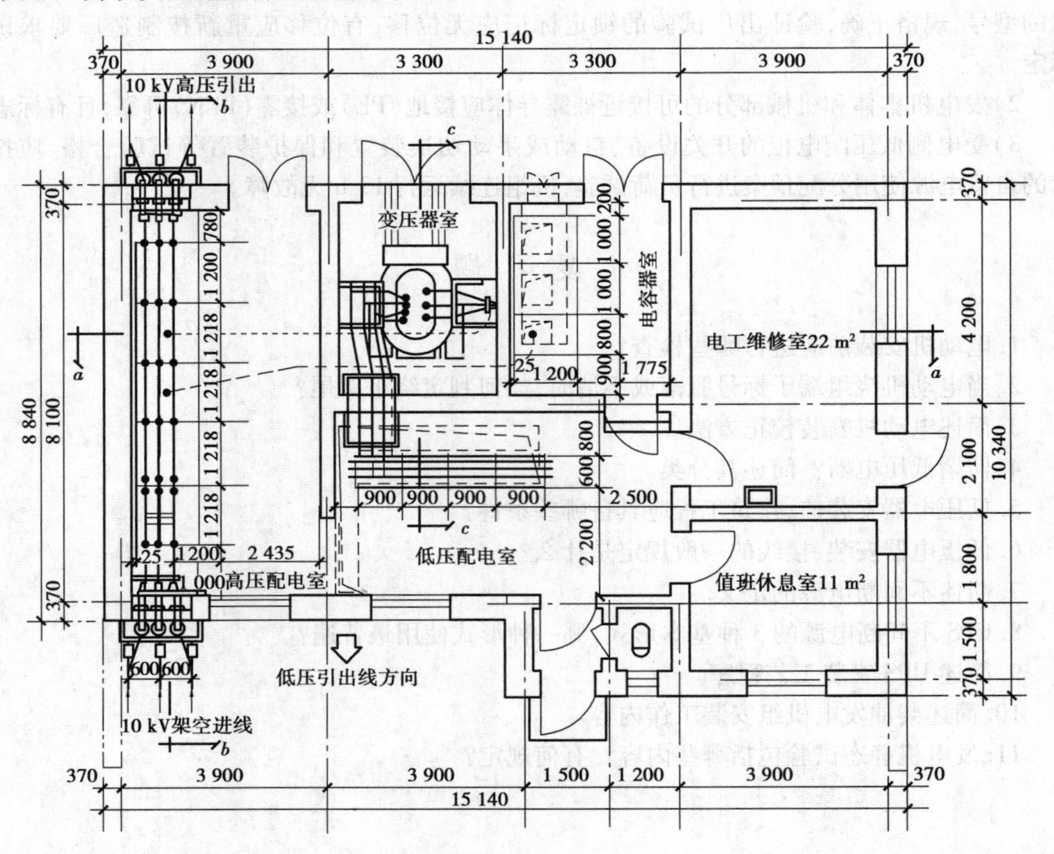

图6.1　某变配电室平面布置图

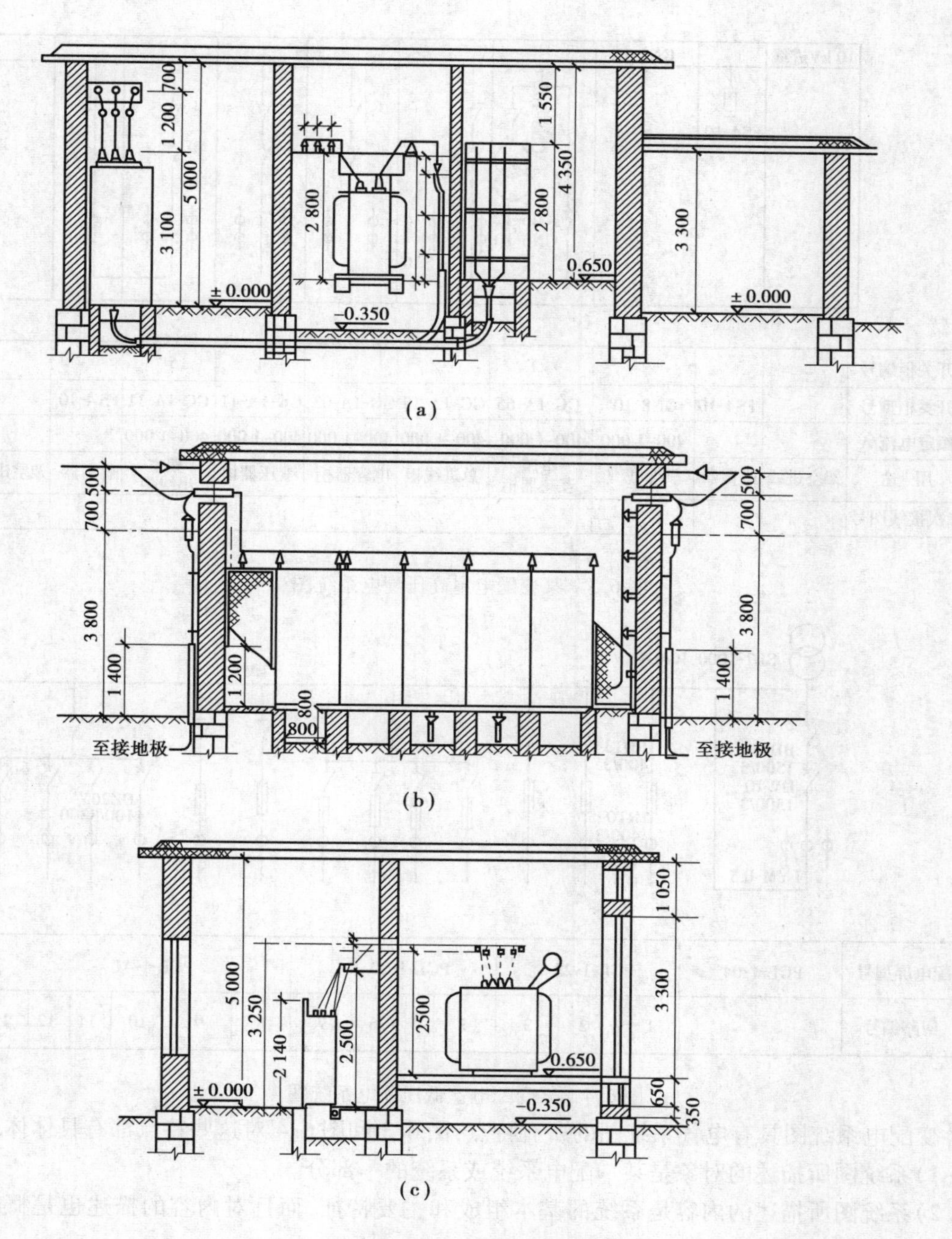

图6.2 某变配电室剖面图

(a)剖面图 (b)剖面图 (c)剖面图

6.1.1 变配电系统图

变配电系统图主要是用来表示电能发生、输送、分配过程中一次设备相互连接关系的电路图，而不表现用于一次设备的控制、保护、计量等二次设备的连接关系，因此，人们习惯称为一次接线图，或主接线图。图6.3为某变配电室高压配电系统图，图6.4为某变配电室低压配电系统图。

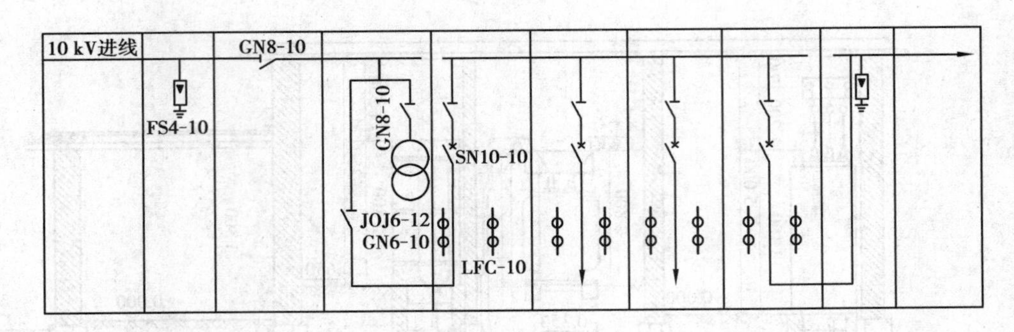

开关柜编号				1	2	3	4	5		
开关柜型号		FS4-10	GN8-10	GG-1A-65	GG-1A-15	GG-1A-03	GG-1A-11	GG-1A-11	FS 4-10	
额定电流/A			400~1 000	400~1 000	400~1 000	400~1 000	400~1 000	400~1 000		
用　途	架空进线	避雷器	进线隔离开关	电压互感器柜	总进线柜	电容器柜	变压器柜	架空出线柜	避雷器	架空出线
二次接线图号										

图 6.3　某变配电室高压配电系统图

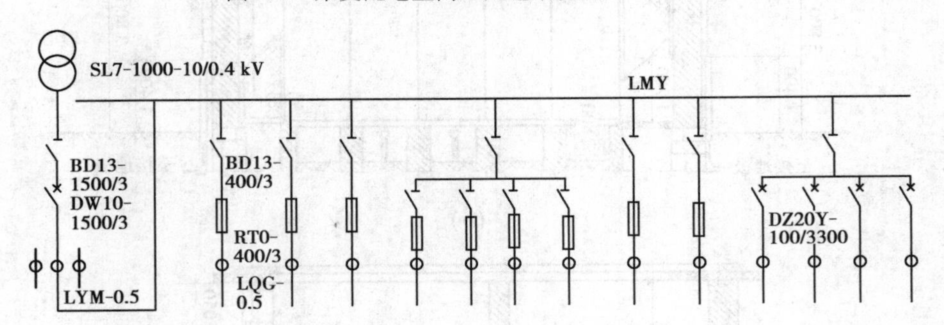

配电屏型号	PGL-1-04	PGL-1-23			PGL-1-20				PGL-1-41					
回路编号		1	2	3	4	5	6	7	8	9	10	11	12	13

图 6.4　某变配电室低压配电系统图

变配电系统图具有电气系统图的所有特点，图 6.3 和图 6.4 对这些特点都有具体体现：

1）系统图所描述的对象是某一配电系统或系统的一部分。

2）系统图所描述的内容是系统的基本组成和主要特征，而且对内容的描述也是概略的，而不是详细的和全部的。

3）系统图所描述的三相电力系统都是采用单线表示法、运用图形符号和文字符号绘制出来的。

图 6.3 高压配电系统图，是表示 10 kV 高压受电及控制和分配的电气图，此图决定了高压电气设备。由左至右，10 kV 高压架空进线，经进线隔离开关，至高压开关柜，1 号为电压互感器柜，其中电压互感器副线圈电压为 100 V，供仪表及继电保护用；电源又经 1 号柜中之隔离开关至 2 号总进线柜，经断路器和隔离开关将电送至柜顶母线上。3 号为静电电容器柜配电，

保护和控制高压电容器;4 号柜通过断路器馈电给变压器;5 号为架空出线柜,其型号与 4 号柜相同,保护和控制一路架空出线。

图 6.4 低压配电系统图,是表示变压器低压侧电能分配及控制关系的电气图,此图决定了低压电气设备。由 4 号高压柜将高压馈电至变压器的高压侧,经变压器变压后,经 PGL-1-04 低压总控制柜,将电送至其他柜的低压母线上,再通过 3 台配电屏引出 13 条回路将电能分配给用电设备。

图 6.3 和图 6.4 已能清楚地表示出该变配电室高、低压配电系统的基本组成及其主要高、低压电气设备的连接关系。但将这些电气设备安装在什么位置则必须看平、剖面图了。

6.1.2　变配电室平、剖面图

变配电室平、剖面图是具体表示变配电室的总体布置和一次设备安装位置的图纸,它是根据《建筑制图标准》的规定,按三视图原理并依一定比例绘制的,属位置图,有别于动力、照明平面图。它是设计单位提供给施工单位进行变配电室电气设备安装所依据的主要技术图纸。

由图 6.1 某变配电室平面布置图可知,该变配电室由高压配电室、变压器室、低压配电室、电容器室、电工维修室、值班休息室组成。从各室设备的布置可知:高压配电室装有 5 台高压开关柜,靠墙安装,对外开有一个双扇门,以便进出设备用。另有一门与低压配电室相通。

变压器为窄面推进变压器室,油枕在外,高压侧电缆进线,由 4 号高压开关柜引来。低压侧出线为裸母线,引至低压配电室。

低压配电室装有 4 台低压配电屏,离墙安装。变压器低压侧母线架空引入配电室;低压配电线路由电缆沟引出。

电容器室是为提高功率因数安装电力电容器(静电电容器)的房间。因该变电所为高压补偿,用的是高压电容器,故 5 台高压电容器柜需单独集中安装。电容器室应有良好的自然通风,当数量不多时,高压电容器也可设置在高压配电室内。

1 000 V 及以下的电容器,可设置在低压配电室与低压配电屏一起布置。因低压电容器柜的深度和高度均与低压配电屏相同,一起布置,整齐美观。低压电容器还可以靠近用电设备安装。

电工维修室是为修理电器仪表而设置的房间。

值班休息室设有床铺,以备全天值班。

再由图 6.2(a)变配电室剖面图,即可更全面了解该变配电室的结构。由剖面图可知,变配电室有两个层高,安装设备的房间,层高为 5 m,修理间和值班室层高为 3.3 m,变压器基础和高压电容器室地坪都抬高,使其通风散热良好。

图 6.2(b)为高压配电室的剖面图,左边为 10 kV 高压架空引入线,经穿墙套管及隔离开关引至高压开关柜上母线,右边为一路 10 kV 引出线,由 5 号出线柜用裸母线经穿墙套管与室外架空线连接。架空线在墙外都装有避雷器进行防雷保护。

图 6.2(c)为低压配电室和变压器室的剖面图,低压配电柜为下出线,设有电缆沟,便于布线。

如图 6.1 所示为一独立式变配电室,使用的是油浸式配电变压器,而对于建筑内变电所,如高层建筑、大型公共建筑等,多设置在负一层。普遍使用干式变压器。如图 1-30 所示为某大型展览建筑变配电所,所用变压器全部为干式变压器。

6.2 变压器安装

电力变压器安装工艺流程可参照图6.5进行。

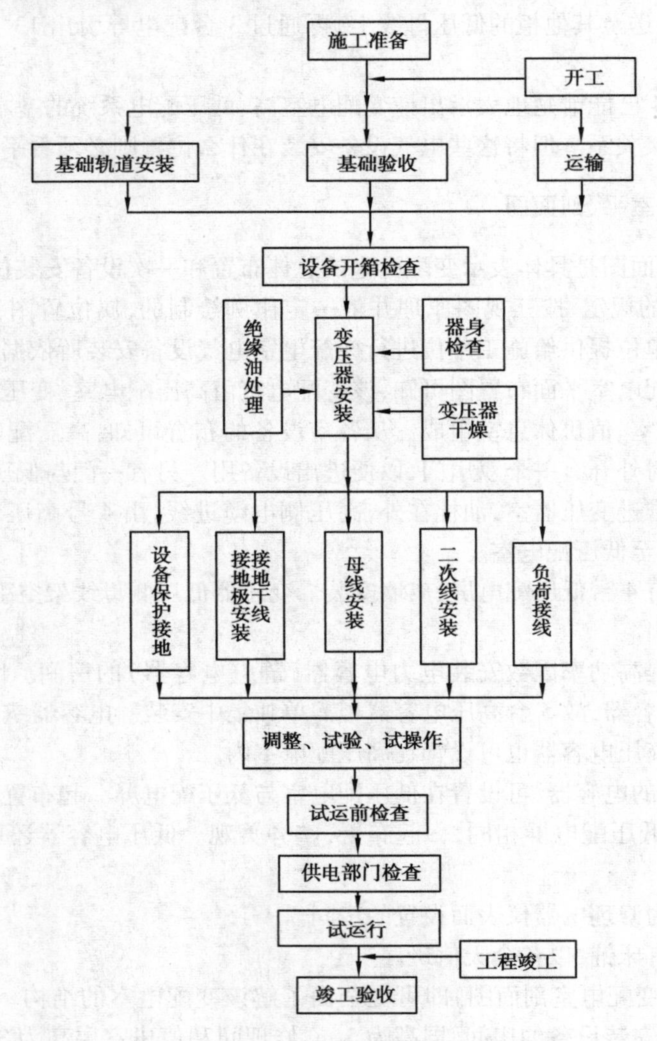

图6.5 电力变压器安装工艺流程图

6.2.1 油浸式变压器安装

变压器安装基础及基础轨道埋设多由土建施工,变压器安装前应根据变压器尺寸对基础进行验收,尺寸符合设计并与变压器本体尺寸相符后,即可进行变压器安装。

(1)变压器的搬运

10 kV配电变压器单台容量多为1 000 kVA左右,质量较轻,均为整体运输,整体安装。因此施工现场对这种小型变压器的搬运,均采用起重运输机械,其注意事项如下:

1)小型变压器一般均采用吊车装卸。在起吊时,应使用油箱壁上的吊耳,严禁使用油箱顶盖上的吊环。吊钩应对准变压器中心，吊索与铅垂线的夹角不得大于30°，若不能满足时，应采用专用横梁挂吊。

2）当变压器吊起约30 mm时，应停车检查各部分是否有问题，变压器是否平衡等，若不平衡，应重新找正。确认各处无异常，即可继续起吊。

3）变压器装到拖车上时，其底部应垫以方木，且应用绳索将变压器固定，防止运输过程中发生滑动或倾倒。

4）在运输过程中车速不可太快，特别是上、下坡和转弯时，车速应放慢，一般为10 ~15 km/h，以防因剧烈冲击和严重振动而损坏变压器内部绝缘构件。

5）变压器短距离搬运可利用底座滚轮在搬运轨道上牵引，前进速度不应超过0.2 km/h。牵引的着力点应在变压器重心以下。

（2）变压器安装前的检查与保管

变压器到达现场后，应及时进行下列检查：

1）变压器应有产品出厂合格证，技术文件应齐全；型号、规格应和设计相符，附件、备件应齐全完好。

2）变压器外表无机械损伤，无锈蚀。

3）油箱密封应良好。带油运输的变压器，油枕油位应正常，无渗漏油现象，瓷体无损伤。

4）变压器轮距应与设计轨距相符。

如果变压器运到现场不能很快安装，应妥善保管。如果3个月内不能安装，应在1个月内检查油箱密封情况，测量变压器内油的绝缘强度和测量绕组的绝缘电阻值。对于充气运输的变压器，如不能及时注油，可继续充入干燥洁净的与原充气体相同的气体保管，但必须有压力监视装置，压力可保持为0.01 ~0.03 MPa，气体的露点应低于 -40 ℃。变压器在长期保管期间，应经常检查，检查变压器有无渗油，油位是否正常，外表有无锈蚀，并应每6个月检查一次油的绝缘强度。充气保管的变压器应经常检查气体压力，并做好记录。

（3）变压器器身检查

变压器到达现场后，应进行器身检查。进行器身检查的目的是检查变压器是否有因长途运输和搬运，由于剧烈振动或冲击使芯部螺栓松动等一些外观检查不出来的缺陷，以便及时处理，保证安装质量。但是，变压器器身检查工作是比较繁杂而麻烦的，特别是大型变压器，进行器身检查需耗用大量人力和物力，因此，现场不检查器身的安装方法是个方向，凡变压器满足下列条件之一时，可不进行器身检查。其条件是：

1）制造厂规定不进行器身检查者。

2）就地生产仅作短途运输的变压器，且在运输过程中进行了有效的监督，无紧急制动、剧烈振动、冲撞或严重颠簸等异常情况者。

10 kV配电变压器的器身检查均采用吊芯检查。这样器身就要暴露在空气中，就会增加器身受潮的机会。因此，作器身检查应选择良好天气和环境，并做好充分的准备工作，尽量缩短器身在空气中暴露的时间。其检查项目和要求应按《电气装置安装工程电力变压器、油浸电抗器、互感器施工及验收规范》（GB 50148—2010）的规定执行。

（4）变压器的干燥

新装变压器是否需要进行干燥，应根据“新装电力变压器不需干燥的条件”进行综合分析判断后确定。

1)带油运输的变压器

①绝缘油电气强度及微量水试验合格。

②绝缘电阻及吸收比符合规定。

③介质损失角正切值 $\tan\delta(\%)$ 符合规定(电压等级在 35 kV 以下及容量在 4 000 kVA 以下者不作要求)。

2)充氮运输的变压器

①器身内压力在出厂至安装前均保持正压。

②残油中微量水不应大于 0.003%;电气强度试验在电压等级为 330 kV 及以下者不低于 30 kV。

③变压器注入合格油后:绝缘油电气强度及微量水符合规定;绝缘电阻及吸收比符合规定;介质损失角正切值 $\tan\delta(\%)$ 符合规定。

当变压器不能满足上述条件时,则应进行干燥。

电力变压器常用干燥方法较多,有铁损干燥法、铜损干燥法、零序电流干燥法、真空热油喷雾干燥法、煤油气相干燥法、热风干燥法及红外线干燥法等。干燥方法的选用应根据变压器绝缘受潮程度及变压器容量大小、结构形式等具体条件确定。

对整体运输和安装的 10 kV 配电变压器极少碰到需干燥的情况,加之干燥工艺过程比较复杂,在此就不再赘述。

(5)变压器油的处理

需要进行干燥的变压器,都是因为绝缘油不合格。因此,在进行芯部干燥的同时,应进行绝缘油的处理。

需要进行处理的油有以下两类:

1)老化了的油。所谓油的老化,是由于油受热、氧化、水分以及电场、电弧等因素的作用而发生油色变深、黏度和酸值增大、闪点降低、电气性能下降,甚至生成黑褐色沉淀等现象。老化了的油,需采用化学方法处理,把油中的劣化产物分离出来,即所谓油的“再生”。

2)混有水分和脏污的油。这种油的基本性质未变,只是由于混进了水分和脏污,使绝缘强度降低。这种油采用物理方法便可把水分和脏污分离出来,即油的“干燥”和“净化”。在安装现场碰到的主要是这种油。因为对新出厂的变压器,油箱里都是注满的新油,不存在油的老化问题。只是可能由于在运输和安装中,因保管不善造成与空气接触,或其他原因,使油中混进了一些水分和杂物。对这种油,常采用压力过滤法进行处理。

(6)变压器就位安装

变压器经过上述一系列检查之后,若无异常现象,即可就位安装。对于中小型变压器一般多是在整体组装状态下运输的,或者只拆卸少量附件,所以安装工作相应地要比大型变压器简单得多。

变压器就位安装应注意以下问题:

1)变压器推入室内时,要注意高、低压侧方向应与变压器室内的高低压电气设备的装设位置一致,否则变压器推入室内之后再调转方向就困难了。如图 6.1 所示,变压器油枕是处在靠变压器室门的外侧。

2)变压器基础导轨应水平,轨距应与变压器轮距相吻合。装有气体继电器的变压器,应使其顶盖沿气体继电器气流方向有 1% ~1.5% 的升高坡度(制造厂规定不需安装坡度者除外)。主要是考虑当变压器内部发生故障时,使产生的气体易于进入油枕侧的气体继电器内,防止气泡积聚在变压器油箱与顶盖间,只要在油枕侧的滚轮下用垫铁垫高即可。垫铁高度可由变压器前后轮中心距离乘以1% ~1.5%求得。抬起变压器可使用千斤顶。

3)装有滚轮的变压器,其滚轮应能灵活转动,就位后,应将滚轮用能拆卸的制动装置加以固定。

4)装接高、低压母线。母线中心线应与套管中心线相符。母线与变压器套管连接,应用两把扳手。一把扳手固定套管压紧螺母,另一把扳手旋转压紧母线的螺母,以防止套管中的连接螺栓跟着转动。应特别注意不能使套管端部受到额外拉力。

5)接地装置引出的接地干线与变压器的低压侧中性点直接连接;变压器基础轨道也应和接地干线连接。接地线的材料可用铜绞线或扁钢,其接触处应搪锡,以免锈蚀,并应连接牢固。

6)当需要在变压器顶部工作时,必须用梯子上下,不得攀拉变压器的附件。变压器顶盖应用油布盖好,严防工具材料跌落,损坏变压器附件。

7)变压器油箱外表面如有油漆剥落,应进行喷漆或补刷。

(7)变压器投入运行前的检查及试运行

在变压器投入试运行前,安装工作应全部结束,并进行必要的检查和试验。

1)补充注油

在施工现场给变压器补充注油应通过油枕进行。为防止过多的空气进入油中,开始时,先将油枕与油箱间联管上的控制阀关闭,把合格的绝缘油从油枕顶部注油孔经净油机注入油枕,至油枕额定油位。让油枕里面的油静止15 ~30 min,使混入油中的空气逐渐逸出。然后,适当打开联管上的控制阀,使油枕里面的绝缘油缓慢地流入油箱。重复这样的操作,直到绝缘油充满油箱和变压器的有关附件,并且达到油枕额定油位为止。

补充注油工作全部完成以后,在施加电压前,应保持绝缘油在电力变压器里面静置24 h,再拧开瓦斯继电器的放气阀,检查有无气体积聚,并加以排放,同时,从变压器油箱中取出油样作电气强度试验。在补充注油过程中,一定要采取有效措施,使绝缘油中的空气尽量排出。

2)整体密封检查

变压器安装完毕,补充注油以后应在油枕上用气压或油压进行整体密封试验,其压力为油箱盖上能承受0.03 MPa压力,试验持续时间为24 h,应无渗漏。

整体运输的变压器,可不进行整体密封试验。

3)试运行前的检查

变压器试运行,是指变压器开始带电,并带一定负荷即可能的最大负荷,连续运行24 h所经历的过程。试运行是对变压器质量的直接考验,因此,变压器在试运行前,应进行全面检查,确认其符合运行条件后,方可投入试运行。检查项目应符合《电气装置安装工程电力变压器、油浸电抗器、互感器施工及验收规范》(GB 50148—2010)的规定。

4)变压器试运行

新装电力变压器,只有在试运行中不发生异常情况,才允许正式投入生产运行。

变压器第一次投入,如有条件时应从零起升压。但在安装现场往往缺少这一条件,可全电压冲击合闸。冲击合闸时,一般宜由高压侧投入。接于中性点接地系统的变压器,在进行冲击合闸时,其中性点必须接地。

变压器第一次受电后,持续时间应不少于10 min,变压器无异常情况,即可继续进行。变压器应进行5次空载全电压冲击合闸,应无异常情况;励磁涌流不应引起保护装置的误动。

冲击合闸正常,带负荷运行24 h,无任何异常情况,则可认为试运行合格。

6.2.2 干式变压器安装

干式变压器安装工艺和油浸式变压器安装工艺基本相同,只是有些工序(如有关变压器油处理的工序等)没有了。

(1)干式变压器安装应具备的作业条件

1)变压器室内、墙面、屋顶、地面工程等应完毕,屋顶防水应无渗漏,门窗及玻璃安装完好,地坪抹光工作结束,室外场地平整,设备基础按工艺配制图施工完毕,受电后无法进行再装饰的工程以及影响运行安全的项目施工完毕。

2)预埋件、预留孔洞等均已清理并调整至符合设计要求。

3)保护性网门,栏杆等安全设施齐全,通风、消防设置安装完毕。

4)与电力变压器安装有关的建筑物、构筑物的建筑工程质量应符合现行建筑工程施工质量验收规范的规定,当设备及设计有特殊要求时,应符合其他要求。

(2)开箱检查

1)开箱检查应由施工安装单位、供货单位、建设单位和监理单位共同进行,并做好记录。

2)开箱检查应根据施工图、设备技术资料文件、设备及附件清单,检查变压器及附件的规格、型号、数量是否符合设计要求,部件是否齐全,有无损坏丢失。

3)按照装箱单清点变压器的安装图纸、使用说明书,产品出厂试验报告、出厂合格证书、箱内设备及附件的数量等,与设备相关的技术资料文件均应齐全。并应登记造册。

4)被检验的变压器及设备附件均应符合国家现行规范的规定。变压器应无机械损伤、裂纹、变形等缺陷,油漆应完好无损。变压器高压、低压绝缘瓷件应完整无损伤、无裂纹等。

5)变压器有无小车、轮距与轨道设计距离是否相等,如不相符应调整轨距。

(3)变压器安装

1)基础型钢的安装

根据设计要求或变压器本体尺寸,决定基础型钢的几何尺寸。基础型钢的安装可参见国家标准图集99D201-2,如图6.6所示。

2)变压器二次搬运

机械运输。注意事项参照油浸式变压器。

3)变压器本体安装

①变压器安装可根据现场实际情况进行,如变压器室在首层则可直接吊装进屋内;如果在地下室,可采用预留孔吊装变压器或预留通道运至室内就位到基础上。

②变压器就位时,应按设计要求的方位和距墙尺寸就位,横向距墙不应小于800 mm,距门不应小于1 000 mm;并应考虑推进方向。开关操作方向应留有1 200 mm以上的净距。

4)变压器附件安装

①干式变压器一次元件应按产品说明书位置安装,二次仪表装在便于观测的变压器护网栏上。软管不得有压扁或死弯,富余部分应盘圈并固定在温度计附近。

②干式变压器的电阻温度计,一次元件应预装在变压器内,二次仪表应安装在值班室或操作台上,温度补偿导线应符合仪表要求,并加以适当的附加温度补偿电阻,校验调试合格后方可使用。

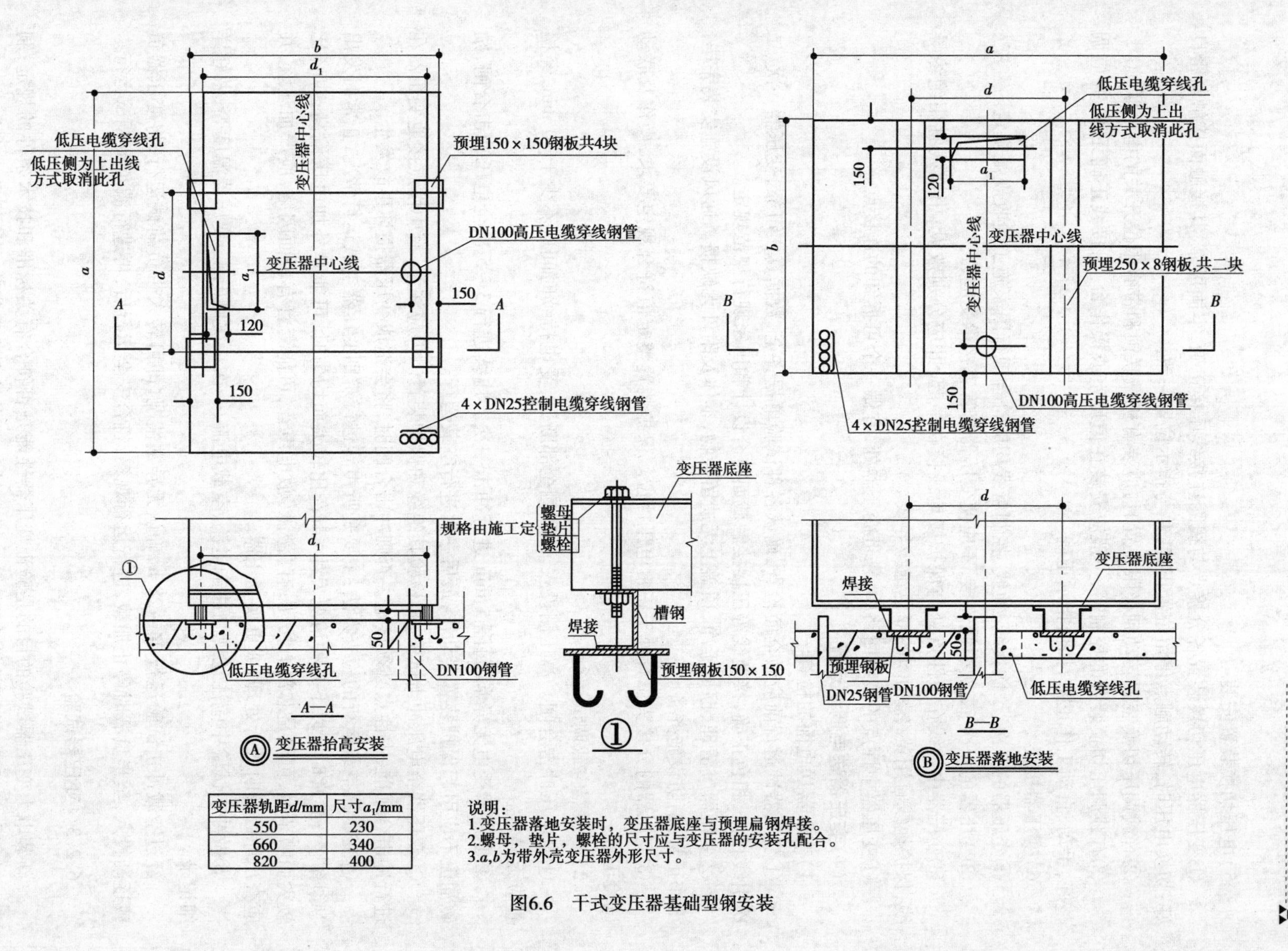

变压器轨距d/mm	尺寸a_1/mm
550	230
660	340
820	400

说明：
1.变压器落地安装时，变压器底座与预埋扁钢焊接。
2.螺母，垫片，螺栓的尺寸应与变压器的安装孔配合。
3.a,b为带外壳变压器外形尺寸。

图6.6　干式变压器基础型钢安装

5)电压切换装置安装

①变压器电压切换装置各分接点与线圈连接线压接正确,牢固可靠,其接触面接触紧密良好;切换电压时,转动触点停留位置正确,并与指示位置一致。

②有载调压切换装置转动到极限位置时,应装有机械联锁和带有限位开关的电子联锁。

③有载调压切换装置的控制箱,一般应安装在值班室或操作台上,接线正确无误,并应调整好,手动、自动工作正常,挡位指示正确。

6)变压器接线

①变压器的一次、二次接线、地线、控制管线均应符合现行国家施工验收规范规定。

②变压器的一次、二次引线连接,不应使变压器套管直接承受应力。

③变压器中性线在中性点处与保护接地线接在一起,并应分别敷设;中性线宜用绝缘导线,保护地线宜用黄/绿相间的双色绝缘导线。

④变压器中性点的接地回路中,靠近变压器处,宜做一个可拆卸的连接点。

(4)**变压器送电调试运行**

1)变压器送电前的检查

①变压器试运行前应做全面检查,确认各种试验单据齐全、数据真实可靠,变压器一次、二次引线相位、相色正确,接地线等压接接触截面符合设计和国家现行规范规定。

②变压器应清理、擦拭干净,顶盖上无遗留杂物,本体及附件无缺损。通风设施安装完毕,工作正常;消防设施齐备。

③变压器的分接头位置处于正常电压挡位。保护装置整定值符合规定要求,操作及联动试验正常。

2)变压器空载调试运行

①全电压冲击合闸。高压侧投入,低压侧全部断开,受电持续时间应不少于 10 min,经检查应无异常。

②变压器受电无异常,每隔 5 min 进行冲击一次。连续进行 3 ~ 5 次全电压冲击合闸,励磁涌流不应引起保护装置误动作,最后一次进行空载运行。

③变压器全电压冲击试验,是检验其绝缘和保护装置。但应注意,有中性点接地变压器在进行冲击合闸前,中性点必须接地。否则冲击合闸时,将会造成变压器损坏事故发生。

④变压器空载运行的检查方法:主要是听声音进行辨别变压器空载运行情况,正常时发出"嗡嗡"声;异常时有以下几种情况发生:声音比较大而均匀时,可能是外加电压偏高;声音比较大而嘈杂时,可能是芯部有松动;有"滋滋"放电声音,可能套管有表面闪络,应严加注意,并应查出原因及时进行处理,或更换变压器。

⑤做冲击试验中应注意观测冲击电流、空载电流、一次二次侧电压、变压器温度等,做好详细记录。

经过空载冲击试验运行 24 ~ 28 h,确认无异常情况,即可转入带负荷试运行,将变压器负载逐渐投入,至半负载时停止加载,进行运行观察,符合安全运行后,再进行满负荷调试运行。

6.2.3 变压器试验

新装电力变压器试验的目的是验证变压器性能是否符合有关标准和技术条件的规定;制造上是否存在影响运行的各种缺陷;在交接运输过程中是否遭受损伤或性能发生变化。

变压器试验应由具有试验资质的试验室进行，试验项目及试验结果应符合《电气装置安装工程电气设备交接试验标准》GB 50150—2006 的规定。

电力变压器的试验项目，应包括下列内容：

1）绝缘油试验或 SF_6 气体试验。

2）测量绕组连同套管的直流电阻。

3）检查所有分接头的变压比。

4）检查三相变压器的结线组别和单相变压器引出线的极性。

5）测量与铁芯绝缘的各紧固件（连接片可拆开者）及铁芯（有外引接地线的）的绝缘电阻。

6）非纯瓷套管的试验。

7）有载调压切换装置的检查和试验。

8）测量绕组连同套管的绝缘电阻、吸收比或极化指数。

9）测量绕组连同套管的介质损失角正切值 $\tan\delta$。

10）测量绕组连同套管的直流泄漏电流。

11）变压器绕组变形试验。

12）绕组连同套管的交流耐压试验。

13）绕组连同套管的长时感应电压试验带局部放电试验。

14）额定电压下的冲击合闸试验。

15）检查相位。

16）测量噪声。

1 600 kVA 及以下油浸式电力变压器的试验，按1）、2）、3）、4）、5）、6）、7）、8）、12）、14）、15）项的规定进行；干式变压器的试验，可按2）、3）、4）、5）、7）、8）、12）、14）、15）项的规定进行。

6.2.4 变压器安装质量检验

油浸式电力变压器（1 600 kVA 及以下）安装质量检验如表6.1所示。

干式变压器安装质量检验如表6.2所示。

表6.1 1 600 kVA 及以下油浸变压器的安装质量检验

工 序	检验项目		性 质	质量标准	检验方法及器具
基础安装	制作及布置			按设计规定	对照图纸检查
	与预埋件连接			牢固	观察检查
本体就位	位置			按设计规定	对照图纸检查
	与基础配合			牢固	扳动检查
附件安装	气体继电器安装	密封及校验	主要	良好、合格	检查试验报告
		继电器安装		水平、标志方向正确	观察检查
		连通管升高坡度		按制造厂规定	对照厂家规定检查
		连通管插入箱盖深度		与箱盖内表面平齐	试装检查

续表

工　序	检验项目		性　质	质量标准	检验方法及器具
附件安装	安全气道安装	管道导通性	主要	畅通	观察检查
		膜片外形		完整、无变形	
		法兰密封		无渗漏	
	温度计安装	插孔内介质及密封		同箱内绝缘油良好，严密	观察检查
		测温包毛细管导通		弯曲半径大于50 mm	
	吸湿器安装	与油枕连接		牢固、密封	观察检查
		油封油位		在油面线处	
		吸湿剂		干燥	
	压力释放阀安装	阀盖及升高座内部		清洁、密封良好	观察检查
		电触点动作		准确	仪器检查
		绝缘水平		良好	兆欧表测试
整体检查	箱体及附件	铭牌及接线图标志		清晰	观察检查
		油漆		完整	
		附件安装		无短缺，完好	
		散热片		无变形	
		密封		无渗油	
		油门		无漏油	
	引出线端子	瓷套	主要	清洁，无机械损伤，无裂纹	观察检查
		结合面		紧固、无渗油	
		与导线连接	主要	紧固、端子不受外力	操作检查
	电压切换装置	接点分断情况	主要	手感明显	观察检查
		装置密封		无渗油	
		指示位置和标志	主要	符合运行规定	对照运行规定
	温度控制器指示			正常	观察检查
	绝缘油	试验	主要	合格	检查试验报告
		油位	主要	正常	观察检查
其他	中性点接地			按设计规定	对照设计图检查
	基础及本体接地			分别接地，且接地牢固导通良好	观察检查

表6.2 干式变压器的安装质量检验

<table>
<tr><th>工 序</th><th colspan="2">检验项目</th><th>性 质</th><th>质量标准</th><th>检验方法及器具</th></tr>
<tr><td rowspan="15">设备检查</td><td rowspan="3">外壳及附件</td><td>铭牌及接线图标志</td><td></td><td>齐全清晰</td><td>观察检查</td></tr>
<tr><td>附件清点</td><td></td><td>齐全</td><td>对照设备装箱单检查</td></tr>
<tr><td>绝缘子外观</td><td></td><td>光滑,无裂纹</td><td>观察检查</td></tr>
<tr><td rowspan="4">铁芯检查</td><td>外观检查</td><td></td><td>无碰伤变形</td><td>观察检查</td></tr>
<tr><td>铁芯紧固件检查</td><td></td><td>紧固,无松动</td><td>用扳手检查</td></tr>
<tr><td>铁芯绝缘电阻</td><td>主要</td><td>绝缘良好</td><td>打开夹件与铁芯接地片用兆欧表检查</td></tr>
<tr><td>铁芯接地</td><td>主要</td><td>1 点</td><td>观察检查</td></tr>
<tr><td rowspan="3">绕组检查</td><td>绕组接线检查</td><td>主要</td><td>牢固正确</td><td>扳动检查</td></tr>
<tr><td>表面检查</td><td></td><td>无放电痕迹及裂纹</td><td>观察检查</td></tr>
<tr><td>绝缘电阻</td><td>主要</td><td>绝缘良好</td><td>检查试验报告</td></tr>
<tr><td rowspan="5">引出线</td><td>绝缘层</td><td></td><td>无损伤、裂纹</td><td rowspan="2">观察检查</td></tr>
<tr><td>裸露导体外观</td><td>主要</td><td>无毛刺尖角</td></tr>
<tr><td>裸导体相间及对地距离</td><td>主要</td><td>按 GB 50149—2010 规定</td><td>对照规范检查</td></tr>
<tr><td>防松件</td><td>主要</td><td>齐全、完好</td><td rowspan="2">扳动检查</td></tr>
<tr><td>引线支架</td><td></td><td>固定牢固、无损伤</td></tr>
<tr><td rowspan="4">本体附件安装</td><td colspan="2">本体固定</td><td></td><td>牢固、可靠</td><td>用扳手检查</td></tr>
<tr><td colspan="2">温控装置</td><td>主要</td><td>动作可靠,指示正确</td><td rowspan="2">扳动及送电试转</td></tr>
<tr><td colspan="2">风机系统</td><td></td><td>牢固,转向正确</td></tr>
<tr><td colspan="2">相色标志</td><td></td><td>齐全、正确</td><td>观察检查</td></tr>
<tr><td rowspan="5">接 地</td><td colspan="2">外壳接地</td><td></td><td rowspan="2">牢固,导通良好</td><td rowspan="2">扳动且导通检查</td></tr>
<tr><td colspan="2">本体接地</td><td></td></tr>
<tr><td colspan="2">温控器接地</td><td></td><td rowspan="3">用软导线可靠接地,且导通良好</td><td rowspan="3">观察及导通检查</td></tr>
<tr><td colspan="2">风机接地</td><td></td></tr>
<tr><td colspan="2">开启门接地</td><td></td></tr>
</table>

6.3 高压开关设备安装

10 kV 变配电所所用高压开关设备主要是断路器、负荷开关、隔离开关和熔断器等。这些开关设备在多数情况下是根据配电系统的需要与其他电器设备组合,安装在柜子内,形成各种型号的成套高压开关柜。因此,在施工现场碰到的多是成套配电柜的安装和这些开关设备的调整。

6.3.1 高压断路器安装调整

建筑内 10 kV 变配电所使用的高压断路器有少油断路器、空气断路器、真空断路器及六氟化硫断路器等。

(1)少油断路器的安装调整

10 kV 少油断路器安装时,对制造厂规定不作解体且有具体保证的可不作解体检查,安装固定应牢靠,外表清洁完整;电气连接应可靠且接触良好;油位正常,无渗油现象。

1)断路器导电部分,应符合下列要求:

①触头的表面应清洁,镀银部分不得锉磨;触头上的铜钨合金不得有裂纹、脱焊或松动。

②触头的中心应对准,分、合闸过程中无卡阻现象,同相各触头的弹簧压力应均匀一致,合闸时触头接触紧密。

③接线端子的紧固件应符合现行国家标准《电气装置安装工程母线装置施工及验收规范》(GB 50149—2010)的有关规定。

2)弹簧缓冲器或油缓冲器应清洁、固定牢靠、动作灵活、无卡阻回跳现象,缓冲作用良好;油缓冲器注入油的规格及油位应符合产品的技术要求。油标的油位指示应正确、清晰。

3)油断路器和操动机构连接时,其支撑应牢固,且受力均匀;机构应动作灵活,无卡阻现象。断路器和操动机构的联合动作,应符合下列要求:

①在快速分、合闸前,必须先进行慢分、合的操作。

②在慢分、合过程,应运动缓慢、平稳,不得有卡阻、滞留现象。

③产品规定无油严禁快速分、合闸的油断路器,必须充油后才能进行快速分、合闸操作。

④机械指示器的分、合闸位置应符合油断路器的实际分、合闸状态。

⑤在操作调整过程中应配合进行测量检查行程、超行程、相间和同相各断口间接触的同期性以及合闸后,传动机构杠杆与止钉间的间隙。

4)手车式少油断路器的安装还应符合以下要求:

①轨道应水平、平行,轨距应与手车轮距相配合,接地可靠,手车应能灵活轻便地推入或拉出,同型产品应具有互换性。

②制动装置应可靠,且拆卸方便,手车操动时应灵活、轻巧。

③隔离静触头的安装位置准确,安装中心线应与触头中心线一致,接触良好,其接触行程和超行程应符合产品的技术规定。

④工作和试验位置的定位应准确可靠,电气和机械联锁装置动作应准确可靠。

(2)真空断路器安装与调整

真空断路器安装与调整,应符合下列要求:

1)安装应垂直,固定应牢靠,相间支持瓷件在同一水平面上。

2)三相联动连杆的拐臂应在同一水平面上,拐臂角度一致。

3)安装完毕后,应先进行手动缓慢分、合闸操作,无不良现象时方可进行电动分、合闸操作。断路器的导电部分,应符合下列要求:

①导电部分的可挠铜片不应断裂,铜片间无锈蚀,固定螺栓应齐全紧固。

②导电杆表面应洁净,导电杆与导电夹应接触紧密。

③导电回路接触电阻值应符合产品技术要求。

4)测量真空断路器的行程、压缩行程及三相同期性,应符合产品技术规定。

(3)**断路器操动机构的安装**

断路器所用操动机构有手动机构、气动机构、液压机构、电磁机构及弹簧机构等。各种类型操动机构的安装都有其特殊的要求,但均要符合以下规定:

1)操作机构固定应牢靠,底座或支架与基础间的垫片不宜超过3片,总厚度不应超过20 mm,并与断路器底座标高相配合,各片间应焊牢。

2)操动机构的零部件应齐全,各转动部分应涂以适合当地气候条件的润滑脂。

3)电动机转向应正确。

4)各种接触器、继电器、微动开关、压力开关及辅助开关的动作应准确可靠,接点应接触良好,无烧损或锈蚀。

5)分、合闸线圈的铁芯应动作灵活,无卡阻。

6)加热装置的绝缘及控制元件的绝缘应良好。

(4)**断路器交接试验**

1)10 kV少油断路器

10 kV少油断路器交接试验主要项目如下:

①交流耐压试验,在分闸状态下按27 kV进行断口耐压1 min。

②测量每相导电回路电阻,应符合产品技术文件规定,如表6.3所示。

表6.3　SN_{10}-10型少油断路器出厂检验标准

序号	项　目	单位	内容要求	
			SN_{10}-10 Ⅰ	SN_{10}-10 Ⅱ
1	外观要求		组装正确,无渗漏油现象,焊缝符合要求,上帽排气口方向正确	
2	最小空气绝缘距离	mm	不小于100(相间250)	
3	灭弧室上端面位置	mm	距绝缘筒上端 63 ±0.5	距上出线座上端 135 ±0.5
4	慢分合检查	次	分合两次无卡阻,动作正常	
5	触头合闸终止位置	mm	距上出线座上端 130 ±1.5	距触头架上端 120 ±1.5
6	导电杆全行程	mm	145 ±3	155 ±3
7	三相分闸不同期性不大于	mm	2	2
8	刚合速度不小于	m/s	3.5	4
9	刚分速度	m/s	$3^{+0.3}$	$3^{+0.3}$
10	合闸时间	s	不大于0.2	不大于0.2
11	固有分闸时间	s	不大于0.06	不大于0.06

续表

序号	项　目	单位	内容要求		
			SN_{10}-10 Ⅰ		SN_{10}-10 Ⅱ
12	额定操作电压分合不小于	次	10次动作无拒分拒合现象		
13	每相导电回路直流电阻不大于	μΩ	Ⅰ型630A	Ⅰ型1 000A	Ⅱ型1 000A
			100	55	60
14	工频耐压42 kV		对地1 min,断口间5 min		
15	合闸时,合闸缓冲器间隙	mm	$\delta=2\sim6$		

③测量分、合闸时间。

④测量主触头三相分、合闸的同期性。

2)真空断路器

真空断路器交接试验项目如下：

①测量绝缘拉杆的绝缘电阻,1 200 MΩ。

②测量每相导电回路的电阻,应符合产品技术条件的规定。

③交流耐压试验:在合闸状态下进行试验,试验电压按27 kV;在分闸状态下进行时,真空灭弧室断口间的试验电压应按产品技术条件的规定,试验中不应发生贯穿性放电。

④测量断路器主触头分、合闸时间:在额定操作电压下进行,实测数值符合产品技术条件的规定。

⑤测量断路器主触头分、合闸的同期性。

⑥测量断路器合闸时触头的弹跳时间。

⑦断路器电容器的试验。

⑧测量分、合闸线圈及合闸接触器线圈的绝缘电阻:不应低于10 MΩ;直流电阻值与产品出厂试验值相比应无明显差别。

(5)断路器安装质量检验

户内手车式少油断路器安装质量检验如表6.4所示。真空断路器安装质量检验如表6.5所示。

表6.4　屋内手车式少油断路器安装质量检验

工序	检验项目	性　质	质量标准	检验方法及器具
瓷套	外观检查	主要	清洁,无机械损伤、裂纹	观察检查
	与金属法兰浇装连接	主要	黏合密实,牢固	
	螺栓连接		紧固均匀	用扳手检查
灭弧室	外观检查	主要	清洁、干燥,无损伤、变形	观察检查
	部件装配	主要	按制造厂规定	对照厂家规定检查

续表

工序	检验项目	性 质	质量标准	检验方法及器具
导电部分	触头外观检查	主要	洁净光滑，镀银层完好	观察检查
	触头装配	主要	紧固、正确，钨铜合金触头无脱松、裂纹	
	触头弹簧外观检查		完整、齐全	
	触头同心度误差	主要	动触头进出灵活轻快	用专用工具检查
	触头动作检查	主要	接触过程中无卡阻	操动试验
	绝缘油油位	主要	在油位计中间	观察检查
传动装置	拐臂回转角度		控制造厂规定	用专用量尺检查
	制动装置		可靠，拆卸方便	操动检查
	连杆和铸件外观检查		清洁、无裂纹，无焊接不良	观察检查
	防松零件外观检查	主要	防松螺母拧紧，开口销张开	观察检查
	零部件外观检查		清洁，齐全，无损伤	
	二次插件	主要	接触可靠	用万用表检查
	辅助开关动作检查	主要	正确、可靠	操动试验
	分、合闸线圈铁芯动作	主要	灵活、无卡阻	操动试验
其他	手车推位		进出灵活	操动试验
	断路器与操动机构联动检查	主要	正常，无卡阻	
	合、分闸位置指示	主要	正确	观察检查
	相色标志			
	接地		牢固、可靠	用扳手检查

表6.5 真空断路器安装与调整质量检验

工序	检验项目	性 质	质量标准	检验方法及器具
本体检查	外观检查		部件齐全，无损伤	观察检查
	灭弧室外观检查	主要	清洁，干燥，无裂纹、损伤	
	绝缘部件	主要	无变形，且绝缘良好	检查试验报告
	分、合闸线圈铁芯动作检查		可靠，无卡阻	操动检查
	熔断器检查	主要	导通良好，接触牢靠	观察及用万用表检查
	螺栓连接		紧固均匀	用力矩扳手检查
	二次插件检查		接触可靠	观察及用万用表检查
	绝缘隔板		齐全，完好	观察检查

续表

工序	检验项目		性　质	质量标准	检验方法及器具
本体检查	弹簧机构	牵引杆的下端或凸轮与合闸锁扣	主要	合闸弹簧储能后,蜗扣可靠	操动检查
		分合闸闭锁装置动作检查	主要	动作灵活,复位准确、迅速,扣合可靠	
	合闸位置保持程度		主要	可靠	观察检查
导电部分检查	触头外观检查		主要	洁净光滑,镀银层完好	观察检查
	触头弹簧外观检查		主要	齐全,无损伤	
	可挠铜片检查			无断裂、锈蚀、固定牢靠	
	触头行程		主要	按制造厂规定	对照厂规定检查
	触头压缩行程				
	三相同期				
其他	辅助开关	切换触点外观检查		接触良好,无烧损	观察检查
		动作检查		准确、可靠	操动检查
	手动合闸			灵活、轻便	操动检查
	断路器与操动机构联动		主要	正确,可靠	操动检查
	分、合闸位置指示器检查			动作可靠,指示正确	观察检查
	手车推拉试验		主要	进出灵活	推动检查
	手车接地			牢固,导通良好	扳动并导通检查
	相色标志			正确	观察检查

6.3.2　隔离开关和负荷开关安装调整

10 kV 高压隔离开关和负荷开关的安装施工程序如图 6.7 所示。

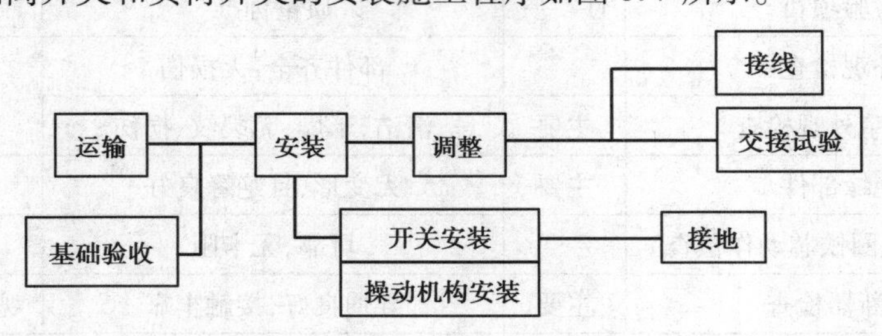

图 6.7　高压隔离开关和负荷开关安装程序图

(1)开关安装前的检查

开关安装前的检查,应符合下列要求:

1)开关的型号、规格、电压等级等与设计相符。

2）接线端子及载流部分应清洁，且接触良好，触头镀银层无脱落。

3）绝缘子表面应清洁，无裂纹、破损、焊接残留斑点等缺陷，瓷铁黏合应牢固。

4）操动机构的零部件应齐全，所有固定连接部件应紧固，转动部分应涂以适合当地气候的润滑脂。

安装前除对开关本体进行以上检查外，还要对安装开关用的预埋件（螺栓或支架）进行检查。要求螺栓或支架埋设平正、牢固。

（2）**开关安装**

隔离开关和负荷开关在墙上安装如图6.8所示。其安装步骤如下：

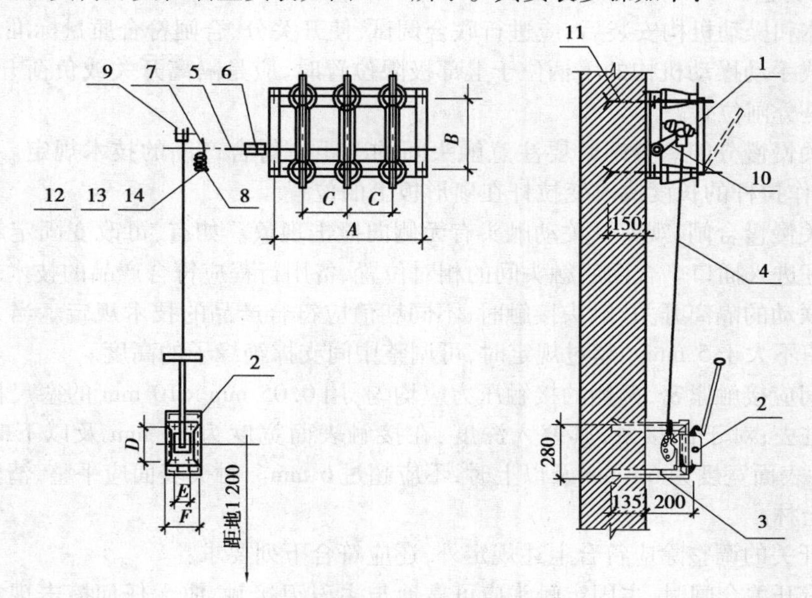

图6.8　隔离开关在墙上安装示意图

1—开关；2—操动机构；3—支架；4—拉杆；5—轴；
6—轴连接套；7—轴承；8—轴承支架；9—直叉型接头；
10—轴臂；11—开尾螺栓；12—螺栓；13—螺母；14—垫圈

1）用人力或其他起吊工具将开关本体吊到安装位置（开关转轴中心线距地面高度一般为2.5 m），并使开关底座上的安装孔套入基础螺栓，找正找平后拧紧螺母。当在室内间隔墙的两面，以共同的双头螺栓安装隔离开关时，应保证其中一组隔离开关拆除时，不影响另一侧隔离开关的固定。拧紧螺母时，要注意防止开关框架变形，否则操作时会出现卡阻现象。

2）安装操动机构。户内高压隔离开关多配装拉杆式手动操动机构。操动机构的固定轴距地面高度一般为1～1.2 m。

将操动机构固定在事先埋设好的支架上，并使其扇形板与装在开关转轴上的轴臂在同一平面上。

3）配制延长轴。当开关转动轴需要延长时，可采用同一规格的圆钢（一般多为ϕ30圆钢）进行加工。延长轴用轴套与开关转动轴相连接，并应增设轴承支架支撑，两轴承的间距不得大于1 m，在延长轴末端约100 mm处应安装轴承支架。延长轴、轴承、轴套、中间轴轴承及拐臂等传动部件，安装位置应正确，固定应牢靠。

4)配装操作拉杆。操作拉杆应在开关处于完全合闸位置、操动机构手柄到达合闸终点处装配。拉杆两端采用直叉型接头分别和开关的轴臂、操动机构扇形板的舌头连接。拉杆的内径应与操动机构轴的直径相配合,两者间的间隙不应大于1 mm,连接部分的销子不应松动。

操作拉杆一般采用直径为20 mm的焊接钢管制作(一般不用镀锌管)。拉杆应校直,但当它与带电部分的距离小于《电气装置安装工程母线装置施工及验收规范》(GB 50149—2010)中规定的安全距离时允许弯曲,但应弯成与原杆平行。

5)将开关底座及操动机构接地。

(3)**开关调整**

开关本体和操动机构安装后,应进行联合调试,使开关分、合闸符合质量标准。

1)拉杆式手动操动机构的手柄位于上部极限位置时,应是隔离开关或负荷开关的合闸位置;反之,应是分闸位置。

2)将开关慢慢分闸。分闸时要注意触头间的净距应符合产品的技术规定。如不符合要求,可调整操作拉杆的长度或改变拉杆在扇形板上的位置。

3)将开关慢慢合闸,观察开关动触头有无侧向撞击现象。如有,可改变固定触头的位置,以使刀片刚好进入插口。合闸后触头间的相对位置、备用行程应符合产品的技术规定。

4)三相联动的隔离开关,触头接触时,不同期值应符合产品的技术规定。当无规定时,其不同期允许值不大于5 mm。超过规定时,可调整中间支撑绝缘子的高度。

5)触头间应接触紧密,两侧的接触压力应均匀,用0.05 mm×10 mm的塞尺检查,对于线接触应塞不进去;对于面接触,其塞入深度:在接触表面宽度为50 mm及以下时,不应超过4 mm;在接触表面宽度为60 mm及以上时,不应超过6 mm。触头表面应平整、清洁,并应涂以薄层中性凡士林。

6)负荷开关的调整除应符合上述规定外,还应符合下列要求:

①在负荷开关合闸时,主固定触头应可靠地与主刀刃接触,应无任何撞击现象。分闸时,手柄向下转约150°时,开关应自动分离,即动触头抽出消弧腔时,应突然以高速跳出,之后仍以正常速度分离,否则需检查分闸弹簧。

②负荷开关的主刀片和灭弧刀片的动作顺序是:合闸时灭弧刀片先闭合,主刀片后闭合;分闸时,则是主刀片先断开,灭弧刀片后断开,且三相的灭弧刀片应同时跳离固定灭弧触头。合闸时,主刀片上的小塞子应正好插入灭弧装置的喷嘴内,不应剧烈地碰撞喷嘴。

③灭弧筒内产生气体的有机绝缘物应完整无裂纹;灭弧触头与灭弧筒的间隙应符合要求。

7)开关调整完毕,应经3~5次试操作,完全合格后,将开关转轴上轴臂位置固定,将所有螺栓拧紧,开口销分开。

(4)**开关试验**

隔离开关、负荷开关的主要试验项目是测量绝缘电阻和交流耐压试验,应按《电气装置安装工程电气设备交接试验标准》(GB 50150—2006)有关规定执行。

(5)**开关安装质量检验**

隔离开关和负荷开关安装质量的检验如表6.6、表6.7所示。

表6.6　隔离开关的安装及调整质量检验

工序	检验项目		性　质	质量标准	检验方法及器具
瓷柱安装	外观检查		主要	清洁,无裂纹	观察检查
	瓷铁胶合处检查		主要	黏合牢固	
	瓷柱与底座平面操作轴间连接螺栓			紧固	用扳手检查
	均压环外观检查			清洁,无损伤、变形	观察检查
导电部分	可挠软连接检查			连接可靠,无折损	扳动检查
	接线端子检查		主要	清洁,平整,并涂有电力复合脂	观察检查
	接触部位检查	触头表面镀银层		完整,无脱落	观察检查
		线接触	主要	塞尺塞不进	用0.05 mm×10 mm塞尺检查
		接触面宽度≤50 mm	主要	≤4 mm(塞尺塞入深度)	用0.05 mm×10 mm塞尺检查
		接触面宽度≥60 mm	主要	≤6 mm(塞尺塞入深度)	
传动装置	传动部件	部件安装		连接正确,固定牢靠	观察检查
		操作检查		咬合准确,轻便灵活	操动检查
	定位螺钉调整		主要	可靠,能防止拐臂超过死点	操动检查
	辅助开关检查			动作可靠,触点接触良好	操动检查
	接地刀与主触头间机械或电气闭锁		主要	准确可靠	
	限位装置动作检查		主要	在分、合闸极限位置可靠切除电源	操动检查
	机构箱密封垫检查			完整	观察检查
隔离开关调整	合闸状态	触头间相对位置	主要	按制造厂规定	对照厂家规定检查
		备用行程			
		触头两侧接触压力	主要		
	分闸状态触头间净距或拉开角度		主要	按制造厂规定	对照厂家规定检查
	触头接触时不同期允许值				
	引弧触头与主动触头动作顺序			正确	操动检查
	隔离开关与操作机构联动试验		主要	动作平衡,无卡阻	
接地	底座接地			牢固,导通良好	扳动并导通检查
	机构箱接地				

续表

工序	检验项目	性 质	质量标准	检验方法及器具
其他	防松件检查	主要	防松螺母紧固,开口销打开	观察检查
	相色标志		正确,清晰	
	孔洞处理		密封良好	

表 6.7　负荷开关安装质量检验

工序	检验项目		性 质	质量标准	检验方法及器具
阀门及管路	气阀元件外观检查		主要	清洁、无锈蚀、损伤	观察检查
	滑动工作面			薄涂润滑脂	
	密封垫	外观检查		清洁,无扭曲、变形、裂纹和毛刺	观察检查
		安装方向		正确	
	气孔及进出气管接口畅通检查			无堵塞	观察检查
	胀圈的张口位置		主要	沿四周均匀分布	
	阀门动作检查		主要	正确可靠,无卡阻	
瓷套	外观检查		主要	清洁,无机械损伤	观察检查
	密封垫检查		主要	完好,清洁,无变形	观察检查
触头	触头外观检查		主要	洁净光滑,镀银层无损伤	观察检查
	插入式触头严密性		主要	塞尺塞不进	用 0.05 mm × 10 mm 塞尺检查
	触头动作检查		主要	灵活、准确,接触中无卡阻、弹跳	观察及检查试验报告
灭弧室	灭弧室外观检查		主要	清洁、干燥,无损伤变形	观察检查
	导气孔畅通检查			无堵塞	
	接线端子检查	接线端子外观		光洁,无损伤	观察检查
		与灭弧室连接		牢固	扳动检查
		与母线连接		牢固,无外应力	
	并联电阻	外观检查		无损伤、断线、短接	观察检查
		固定连接		牢固	
传动装置	转轴及摩擦部位			清洁,涂有防冻润滑脂	观察检查
	连杆和铸件外观检查		主要	无裂纹及焊接不良	
	防松帽外观检查			防松螺钉无松动	用扳手检查
缓冲器	外观检查			清洁,无损伤	观察检查
	固定强度			牢固可靠	

续表

工序	检验项目	性　质	质量标准	检验方法及器具
其他	安全阀、减压阀校验	主要	合格，动作正确	检查校验记录
	压力继电器及电触点气压表校验	主要	合格，动作正确	检查校验记录
	辅助开关切换触点检查		接触良好，无锈蚀	观察检查
	电气控制接线		正确，无断线、短接	
	接地		牢固可靠	扳手检查
	金属表面油漆		完整	观察检查

6.4　成套配电柜安装

6.4.1　配电柜的类型

配电柜可分为高压配电柜和低压配电柜。

高压配电柜习惯称为高压开关柜，有固定式和手车式（移开式）两大类型。手车式高压开关柜如GC□-10(F)型，其特点是，高压断路器等主要电气设备是装在可以拉出和推入开关柜的小车上。断路器等设备需要检修时，可随时将小车拉出，然后推入同类型备用小车，即可恢复供电。

另外，我国也有一些不同型号的产品，如KGN□-10(F)型固定式金属铠装开关柜、KYN□-10(F)型移开式金属铠装开关柜、JYN□-10(F)型移开式金属封闭间隔型开关柜。这些系列开关柜型号的意义表示如下：

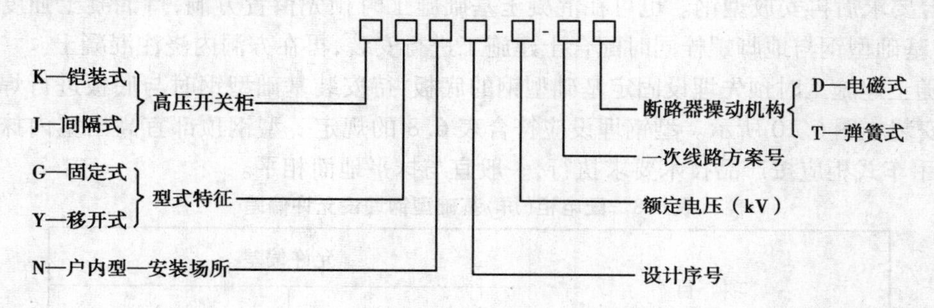

低压配电柜习惯称为低压配电屏，有固定式和抽屉式两大类型。使用比较多的产品有PGL$_2^1$型、GGL型、GGD型、GHL型等，已完全取代了原来的BSL型和BDL型，还将有新型产品出现。低压配电屏型号的表示如下：

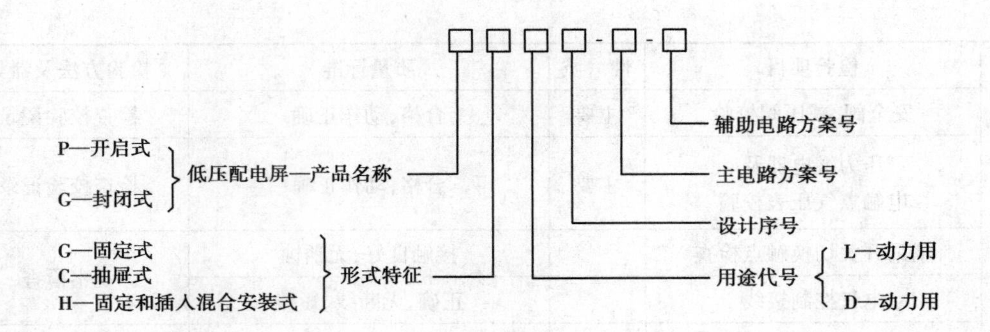

6.4.2 配电柜的安装

配电柜的安装程序及内容如图 6.9 所示。

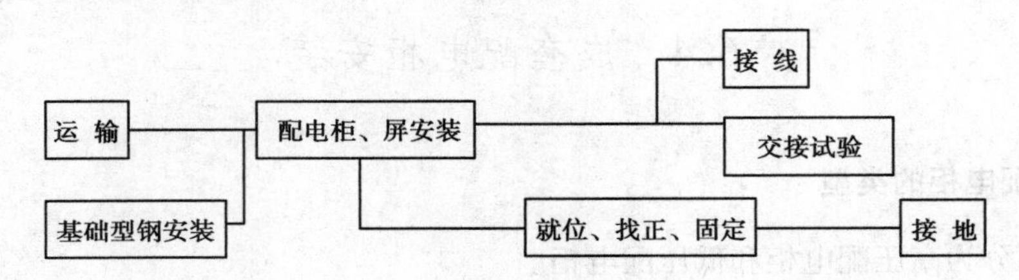

图 6.9 配电柜(屏)安装程序图

(1)基础型钢制作安装

配电柜(屏)的安装通常是以角钢或槽钢作基础。为便于今后维修拆换,则多采用槽钢。

埋设之前应将型钢调直,除去铁锈,按图纸要求尺寸下料钻孔(不采用螺栓固定者不钻孔)。型钢的埋设方法,一般有下列两种:

1)随土建施工时在混凝土基础上根据型钢固定尺寸,先预埋好地脚螺栓,待基础混凝土强度符合要求后再安放型钢。也可在混凝土基础施工时预先留置方洞,待混凝土强度符合要求后,将基础型钢与地脚螺栓同时配合土建施工进行安装,再在方洞内浇注混凝土。

2)随土建施工时预先埋设固定基础型钢的底板,待安装基础型钢时与底板进行焊接。基础型钢安装如图 6.10 所示。型钢埋设应符合表 6.8 的规定。型钢顶部宜高出室内抹平地面 10 mm,手车式柜应按产品技术要求执行,一般宜与抹平地面相平。

表 6.8 配电柜(屏)基础型钢埋设允许偏差

项 目	允许偏差	
	mm/m	mm/全长
不直度	<1	<5
水平度	<1	<5
位置误差及不平行度		<5

注:环形布置按设计要求。

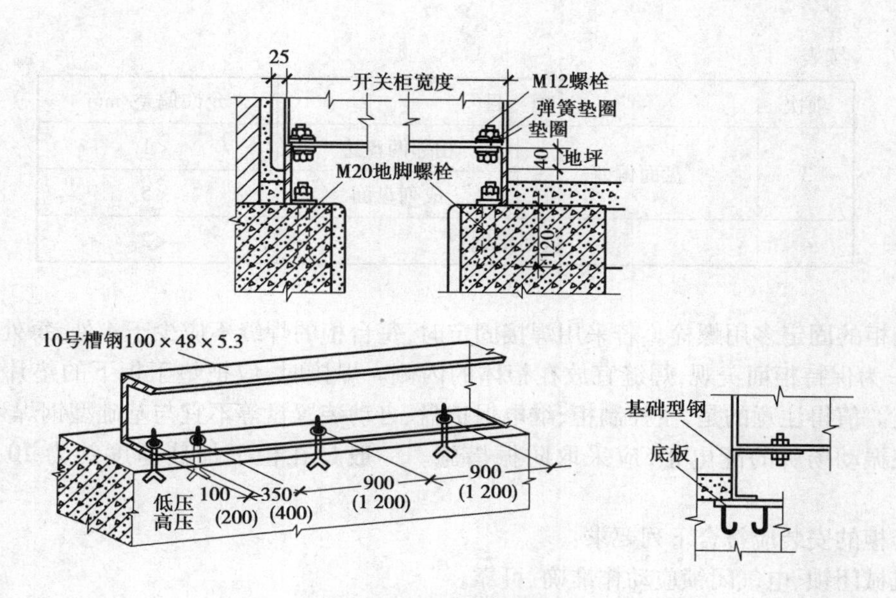

图6.10　基础型钢安装

(2)配电柜的搬运和检查

搬运配电柜(屏)应在较好天气进行,以免柜内电器受潮。在搬运过程中,要防止配电柜倾倒,且应采取防振、防潮、防止框架变形和漆面受损等安全措施,必要时可将装置性设备和易损元件拆下单独包装搬运。

吊装、运输配电柜一般使用吊车和汽车。起吊时的吊绳角度通常小于45°。配电柜放到汽车上应直立,不得侧放或倒置,并应用绳子进行可靠固定。

配电柜运到现场后应进行开箱检查。开箱时要小心谨慎,不要损坏设备。开箱后用抹布把配电柜擦干净,检查其型号、规格应与工程设计相符,制造厂的技术文件、附件备件应齐全、无损伤。整个柜体应无机械损伤,柜内所有电器应完好。

仪表、继电器可从柜上拆下送交试验室进行检验和调校,等配电柜安装固定完毕后再装回。

(3)配电柜安装

在浇注基础型钢的混凝土凝固之后,即可将配电柜就位。就位时应根据图纸及现场条件确定就位次序,一般情况是以不妨碍其他柜(屏)就位为原则,先内后外,先靠墙处后靠入口处,依次将配电柜放在安装位置上。

配电柜就位后,应先调到大致的水平位置,然后再进行精调。当柜较少时,先精确地调整第一台柜,再以第一台柜为标准逐个调整其余柜,使其柜面一致、排列整齐、间隙均匀。当柜较多时,宜先安装中间一台柜,再调整安装两侧其余柜。调整时可在下面加垫铁(同一处不宜超过3块),直到满足表6.9之要求,才可进行固定。

表6.9　盘、柜安装的允许偏差

项次	项　目		允许偏差/mm
1	垂直度(每米)		<1.5
2	水平偏差	相邻两盘顶部	<2
		成列盘顶部	<5

续表

项次	项　目		允许偏差/mm
3	盘面偏差	相邻两盘边	<1
		成列盘面	<5
4	盘间接缝		<2

配电柜的固定多用螺栓。若采用焊接固定时，每台柜的焊缝不应少于4处，每处焊缝长约100 mm。为保持柜面美观，焊缝宜放在柜体的内侧。焊接时，应把垫于柜下的垫片也焊在基础型钢上。值得注意的是，主控制柜、继电保护盘、自动装置盘等不宜与基础型钢焊死。

装在振动场所的配电柜，应采取防振措施。一般是在柜下加装厚度约为10 mm的弹性垫。

成套柜的安装应符合下列要求：

①机械闭锁、电气闭锁应动作准确、可靠。

②动触头与静触头的中心线应一致，触头接触紧密。

③二次回路辅助开关的切换接点应动作准确，接触可靠。

④柜内照明齐全。

抽屉式配电柜的安装应符合下列要求：

①抽屉推拉应灵活轻便，无卡阻、碰撞现象，抽屉应能互换。

②抽屉的机械联锁或电气联锁装置应动作正确可靠，断路器分闸后，隔离开关才能分开。

③抽屉与柜体间的二次回路连接插件应接触良好。

④抽屉与柜体间的接触及柜体、框架的接地应良好。

手车式柜的安装应符合下列要求：

①防止电气误操作的“五防”装置齐全，并动作灵活可靠。

②手车推拉应灵活轻便，无卡阻、碰撞现象，相同型号的手车应能互换。

③手车推入工作位置后，动触头顶部与静触头底部的间隙应符合产品要求。

④手车和柜体间的二次回路连接插件应接触良好。

⑤安全隔离板应开启灵活，随手车的进出而相应动作。

⑥柜内控制电缆的位置不应妨碍手车的进出，并应牢固。

⑦手车与柜体间的接地触头应接触紧密，当手车推入柜内时，其接地触头应比主触头先接触，拉出时接地触头比主触头后断开。

（4）配电柜接地安装

配电柜的接地应牢固良好。每台柜宜单独与基础型钢做接地连接，每台柜从后面左下部的基础型钢侧面焊上鼻子，用不小于6 mm^2 铜导线与柜上的接地端子连接牢固。基础型钢是用－40×4镀锌扁钢做接地连接线，在基础型钢的两端分别与接地网用电焊焊接，搭接面长度为扁钢宽度的2倍，且至少应在3个棱边焊接。

配电柜上装有电器的可开启的门，应以裸铜软线与接地的金属构架可靠地连接。

成套柜应装有供检修用的接地装置。

6.4.3　配电柜上的电器安装

配电柜上电器的安装应符合下列要求：

1）电器元件质量良好，型号、规格应符合设计要求，外观应完好，且附件齐全，排列整齐，固定牢固，密封良好。

2）各电器应能单独拆装更换而不应影响其他电器及导线束的固定。

3）发热元件宜安装在散热良好的地方；两个发热元件之间的连线应采用耐热导线或裸铜线套瓷管。

4）熔断器的熔体规格、自动开关的整定值应符合设计要求。

5）切换压板应接触良好，相邻压板间应有足够安全距离，切换时不应碰及相邻的压板；对于一端带电的切换压板，应使在压板断开情况下，活动端不带电。

6）信号回路的信号灯、光字牌、电铃、电笛、事故电钟等应显示准确，工作可靠。

7）盘上装有装置性设备或其他有接地要求的电器，其外壳应可靠接地。

8）带有照明的封闭式盘、柜应保证照明完好。

6.4.4　柜上二次回路结线

（1）端子排的安装

端子排是用来作为所有交、直流电源及盘与盘之间转线时连接导线的元件。端子排的安装应符合下列要求：

1）端子排应无损坏，固定牢固，绝缘良好。

2）端子应有序号，端子排应便于更换且接线方便；离地高度宜大于350 mm。

3）回路电压超过400 V者，端子板应有足够的绝缘并涂以红色标志。

4）强、弱电端子宜分开布置；当有困难时，应有明显标志并设空端子隔开或设加强绝缘的隔板。

5）正、负电源之间以及经常带电的正电源与合闸或跳闸回路之间，宜以一个空端子隔开。

6）电流回路应经过试验端子，其他需断开的回路宜经特殊端子或试验端子。试验端子应接触良好。

7）潮湿环境宜采用防潮端子。

8）接线端子应与导线截面匹配，不应使用小端子配大截面导线。

（2）二次回路结线

1）配线

二次回路结线的敷设一般应在柜上仪表、继电器和其他电器全部安装好后进行。配线宜采取集中布线方式，即柜、盘上同一排电器的连接线都应汇集到同一水平线束中，各排水平线束再汇集成一垂直总线束，当总线束垂直向下走至端子排区域时，再按上述相反次序逐步分散至各排端子排上。柜内同一安装单位各设备可直接用导线连接，柜内与柜外回路的连接应通过端子排，柜内导线一般接端子排的内侧（端子排竖放）或上侧（端子排横放）。

敷线时，先根据安装接线图确定导线敷设位置及线夹固定位置，线夹间距一般为150 mm（水平敷设）或200 mm（垂直敷设），再按导线实际需要长度切割导线，并将其拉直。用一个线夹将导线的一端夹住，使其成束（单层或多层），然后逐步将导线沿敷设方向都用线夹夹好，并对导线进行修整,使线束横平竖直,按规定进行分列和连接。

所谓导线分列,是指导线由线束引出,并有顺序地与端子相连。分列的形式通常有下面几种:

当接线端子不多,而且位置较宽时,可采用单层分列法,如图 6.11 所示。为使导线分列整齐美观,一般分列时应从外侧端子开始,使导线依次装在相应的端子上。

当位置比较狭窄,且有大量导线需要接向端子时,宜采用多层分列法,如图 6.12 所示。

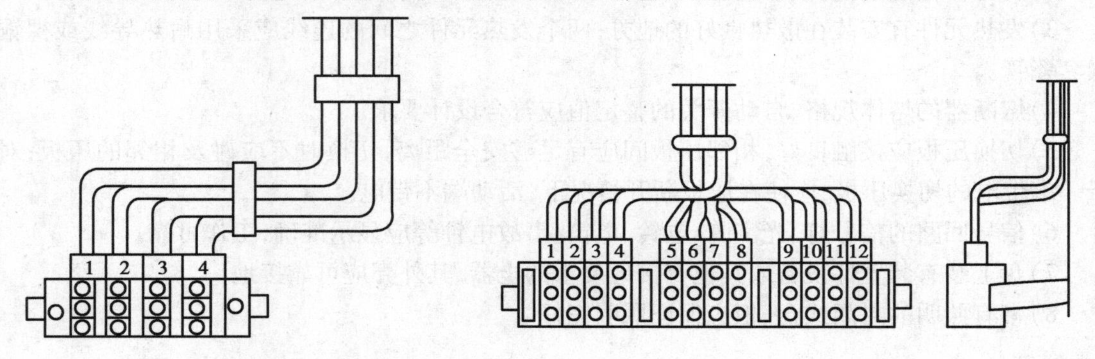

图 6.11　导线单层分列法　　　　图 6.12　导线多层分列法

除单层和双层分列外,在不复杂的单层或双层配线的线束中,也可采用扇形分列法,如图 6.13 所示。此法接线简单,外形整齐。

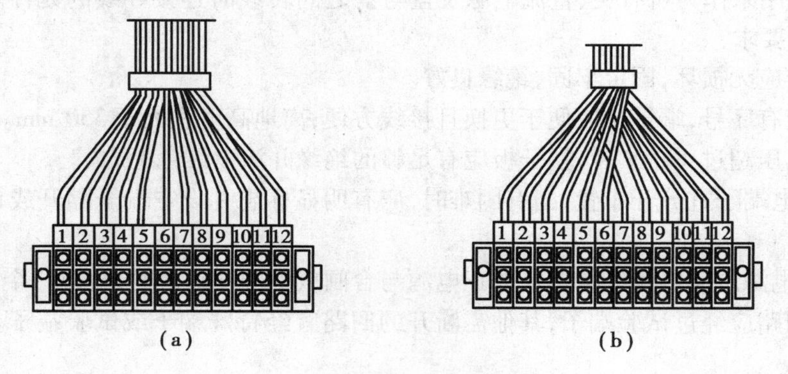

(a)　　　　(b)

图 6.13　导线扇形分列

(a)单层　(b)双层

在配电柜内,端子排一般垂直安装,此时,配线线束不管是单层还是多层,均应采用垂直分列法。

从线束引出的导线经分列后,将其接到端子上。接线时,应根据线束到端子的距离(包括弯曲部分)量好尺寸,剪去多余导线,然后用剥线钳或电工刀去掉绝缘层,清除线芯上的氧化层,套上标号,将线芯端部弯成一小圆环(弯曲方向应和螺钉旋转方向相同),套入螺钉将其紧固,如图 6.14 所示。

多股软导线接入端子时,导线末端一般应装设线鼻子(接线端子)。备用导线可卷成螺旋形放在其他导线的旁边,但端部不应与其他端子相碰。

2)二次回路结线要求

①按图施工,接线正确。导线与电气元件间采用螺栓连接、插接、焊接或压接等,均应牢固

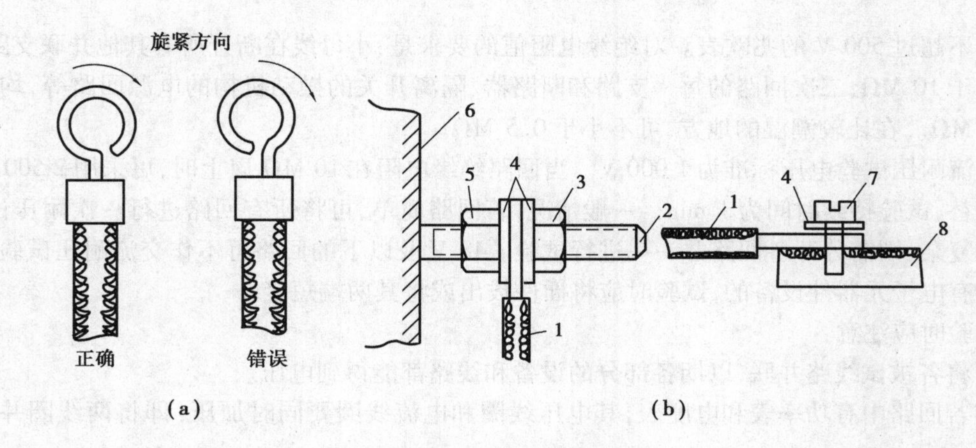

图6.14　导线和端子连接

(a)导线末端弯曲　(b)导线末端固定

1—导线;2,7—螺钉;3,5—螺帽;4—垫圈;6—继电器;8—金属板

可靠,配线应整齐、清晰、美观,导线绝缘应良好,无损伤。

②所配导线和电缆芯线的端部均应标明其回路编号。编号应正确,字迹清晰且不易脱色。

③柜、盘内的导线不应有接头,导线芯线应无损伤。每个接线端子的每侧接线宜为一根,不得超过两根。对于插接式端子,不同截面的两根导线不得接在同一端子上;对于螺栓连接端子,当接两根导线时,中间应加平垫片。

④为了保证必要的机械强度,柜、盘内的配线,电流回路应采用电压不低于500 V的铜芯绝缘导线,其截面不应小于2.5 mm^2;其他回路截面不应小于1.5 mm^2,对电子元件回路、弱电回路采用锡焊连接时,在满足载流量和电压降及有足够机械强度的情况下,可使用不小于0.5 mm^2的绝缘导线。

⑤用于连接可动部位(门上电器、控制台板等)的导线还应满足下列要求:

a. 应采用多股软导线,敷设长度应有适当余量。

b. 线束应有加强绝缘层(如外套塑料管)。

c. 与电器连接时,端部应绞紧,并应加终端附件或搪锡,不得松散、断股。

d. 在可动部位两端应用卡子固定。

⑥引进柜、盘内的控制电缆及其芯线应符合下列要求:

a. 引进柜、盘的电缆应排列整齐,编号清晰,避免交叉,并应固定牢固,不得使所接的端子排受到机械应力。

b. 铠装电缆的钢带不应进入柜、盘内,铠装钢带切断处的端部应扎紧,并应将钢带接地。

c. 用于晶体管保护、控制等逻辑回路的控制电缆应采用屏蔽电缆。其屏蔽层应按设计要求的接地方式接地。

d. 橡皮绝缘芯线应外套绝缘管保护。

e. 柜、盘内的电缆芯线,应按垂直或水平有规律地配置,不得任意歪斜交叉连接。备用芯线长度应留有适当余度。

f. 强、弱电回路不应使用同一根电缆,并应分别成束分开排列。

(3)**二次结线绝缘电阻测量及交流耐压试验**

绝缘电阻测量及交流耐压试验方法和以前讲过的一样,只是要注意对48 V及以下的回路应使用不超过500 V的兆欧表。对绝缘电阻值的要求是:小母线在断开所有其他并联支路时,不应小于10 MΩ;二次回路的每一支路和断路器、隔离开关的操动机构的电源回路等,均不应小于1 MΩ。在比较潮湿的地方,可不小于0.5 MΩ。

交流耐压试验电压标准为1 000 V。当回路绝缘电阻在10 MΩ以上时,可采用2 500 V兆欧表代替,试验持续时间为1 min。一般情况,若回路简单,可将所有回路进行一次耐压试验;若回路复杂,则需分开各回路并一一进行试验。48 V及以下的回路可不作交流耐压试验。当回路中有电子元器件设备的,试验时应将插件拔出或将其两端短接。

试验时应注意:

1)将各被试线路并联,以期各部分的设备和线路都能得到电压。

2)若回路中有功率表和电度表,其电压线圈和电流线圈要同时加压(即将两线圈并联加压)。

3)将回路中各接地线打开,所有熔断器全部拔出。

4)将柜内通往信号装置的各小母线及联络线的端子解开,以防止在耐压时,电压从这些小母线串到别的柜上去。

5)加压时,在升压到500 V时应仔细查看接线系统有无放电火花,判断无异常情况后,再将电压升高至1 000 V,耐压1 min。如试验中电流突然增加,电压下降,表示绝缘有接地,应立即停电,寻找故障。

6)试压前后均需测绝缘电阻。

6.4.5 配电柜安装质量检验

成套配电柜安装质量的检验如表6.10—表6.13所示。

表6.10 手车式高压成套配电柜安装质量检验

工序	检验项目		性质	质量标准	检验方法及器具
柜体就位找正	间隔布置		主要	按设计规定	对照设计图检查
	垂直度		主要	<1.5 mm/m	用铅坠检查
	水平误差	相邻两柜顶部		<2 mm	拉线检查
		成列柜顶部		<5 mm	
	盘面误差	相邻两柜边		<1 mm	
		成列柜面		<5 mm	
柜体固定	柜间接缝			<2 mm	用尺检查
	螺栓固定			牢固	观察或扳动检查
	紧固件检查			完好、齐全	观察检查
	紧固件表面处理			镀锌	
	振动场所的防振措施			按设计规定	对照设计图检查
柜体接地	底架与基础连接		主要	牢固,导通良好	观察及导通检查
	装有电器可开启屏门的接地			用软铜导线可靠接地	

续表

工序	检验项目		性质	质量标准	检验方法及器具
开关柜机械部件检查	柜面检查			平整，齐全	观察检查
	设备附件清点			齐全	对照设备清单检查
	门销开闭			灵活	操动检查
	柜内照明装置			齐全	观察检查
	手车推拉试验		主要	轻便不摆动	操动检查
	电气“五防”装置			齐全，灵活可靠	操动试验
	安全隔离板开闭			灵活	操动检查
开关柜电气部件检查	设备型号及规格			按设计规定	对照设计图检查
	设备外观检查			完好	观察检查
	活动接地装置的连接			导通良好，通断顺序正确	操动试验
	电气联锁触点接触			紧密，导通良好	导通检查
	触头检查	动、静触头中心线		一致	观察检查
		动、静触头接触	主要	紧密、可靠	
		动、静触头接触间隙		按制造厂规定	用尺检查
		小车与柜体接地触头接触		紧密、可靠	观察检查
	仪表继电器防振措施			可靠	观察检查
	带电部分对地距离/mm	一次回路		按 GB 50149—2010 中规定	对照规范检查
		二次回路		按 GB 50171—1992 中表 3.0.6 规定	

表 6.11 固定式高压成套配电柜安装质量检验

工序	检验项目		性质	质量标准	检验方法及器具
柜体就位找正	间隔布置		主要	按设计规定	对照设计图检查
	垂直度		主要	< 1.5 mm/m	用铅坠检查
	水平误差	相邻两柜顶部		<2 mm	拉线检查
		成列柜顶部		< 5mm	
	盘面误差	相邻两柜边		<1 mm	
		成列柜面		<5 mm	
	柜间接缝			<2 mm	用尺检查

续表

工序	检验项目		性 质	质量标准	检验方法及器具
柜体固定	固定			牢固	扳动检查
	紧固件检查			完好、齐全	观察检查
	紧固件表面处理			镀锌	
	振动场所的防振措施			按设计规定	对照设计图检查
柜体接地	底架与基础连接		主要	牢固，导通良好	扳动并导通检查
	有防振垫的柜体接地			每段柜有两点以上明显接地	观察检查
	装有电器可开启屏门的接地			用软铜导线可靠接地	观察及导通检查
柜体检查	柜面检查			平整、齐全	观察检查
	设备附件清点			齐全	对照设备清单检查
	柜内照明装置			齐全	观察检查
	电气“五防”装置			齐全，灵活可靠	操动试验
	盘柜前后标志			齐全、清晰	观察检查
开关柜电气部件检查	设备型号及规格			按设计规定	对照设计图检查
	设备外观检查			完好，瓷件无掉瓷、裂纹	观察检查
	电气联锁触点接触			紧密，导通良好	观察并导通检查
	动触头与静触头的中心线			一致	观察检查
	动触头与静触头接触		主要	紧密，可靠	
	仪表继电器防振措施			可靠	
	带电部分对地距离/mm	一次回路		按规范 GB 50149—2010 中规定	对照规范检查
		二次回路		按规范 GB 50171—1992 中表 3.0.6 规定	

表 6.12　低压配电柜安装质量检验

工序	检验项目		性 质	质量标准	检验方法及器具
盘体就位找正	间隔布置		主要	按设计规定	对照设计图检查
	垂直度		主要	<1.5 mm/m	用铅坠检查
	水平误差	相邻两盘顶部		<2 mm	拉线检查
		成列盘顶部		<5 mm	
	盘面误差	相邻两盘边		<1 mm	
		成列盘面		<5 mm	
	盘间接缝		主要	<2 mm	用尺检查

续表

工序	检验项目	性 质	质量标准	检验方法及器具
盘体固定	盘体固定	主要	牢固	扳动检查
	紧固件检查		完好、齐全、紧固	观察检查
	紧固件表面处理		镀锌	
	振动场所的防振措施		按设计规定	对照设计图检查
盘体接地	盘体与基础连接	主要	牢固,导通良好	观察及导通检查
	有防振垫盘的接地		每段盘有两点以上明显接地	
	装有电器可开启屏门的接地		用软铜导线可靠接地	
柜上电气部件检查	设备及表计型号规格	主要	按设计规定	对照设计图检查
	设备外观检查		完好、齐全	观察检查
	熔断器熔丝配置		按设计规定	对照设计图检查
	载流体相间及对地距离/mm	主要	按 GB 7251 的规定	用尺检查
	表面漏电距离/mm	主要	按 GB 7251 的规定	
	二次回路带电体对地距离/mm		按 GB 50171—1992 中表 3.0.6 规定	对照规范检查
	二次回路带电体表面漏电距离/mm			
其他	盘面检查		平整、齐全	观察检查
	盘前后标志		齐全、清晰	观察检查

表 6.13 二次回路检查及控制电缆接线质量检验

工序	检验指标		性 质	质量标准	检验方法及器具
导线检查	导线外观		主要	绝缘层完好,无中间接头	观察检查
	导线连接(螺接、插接、焊接或压接)		主要	牢固、可靠	螺丝刀及用手拉
	导线配置		主要	按背面接线图	对照接线图检查
	导线端部标志			清晰正确,且不易脱色	观察检查
	盘内配线绝缘等级			耐压不小于 500 V	查出厂证明
	盘内配线截面积	电流回路		$\geqslant 2.5\ mm^2$	用线规检查
		信号、电压回路		$\geqslant 1.5\ mm^2$	
		弱电回路		在满足载流量和电压降以及机械强度情况下不小于 $0.5\ mm^2$	
	用于可动部位的导线		主要	多股软铜线	观察检查

续表

工序	检验指标	性　质	质量标准	检验方法及器具
控制电缆接线	控制电缆接引		按设计规定	对照设计图检查
	线束绑扎松紧和形式		松紧适当、匀称，形式一致	观察检查
	导线束的固定		牢固	
	每个接线端子并接芯线数		≤2 根	
	备用芯预留长度		至最远端子处	
	导线接引处预留长度		适当，且各导线余量一致	
	电气回路连接（螺接、插接、焊接或压接）		紧固可靠	螺丝刀或用手拉
	导线芯线端部弯圈		顺时针方向，且大小合适	观察检查
	导线芯线外观	主要	无损伤	
	多股软导线端部处理	主要	加终端附件或搪锡	
	紧固件配置		齐全，且与导线截面相匹配	
	二次回路连接件	主要	铜质制品	
	导线端部标志	主要	正确、清晰，不易脱色	对照设计图检查
	接地检查：二次回路		设有专用螺栓	观察检查
	接地检查：屏蔽电缆	主要	屏蔽层按设计规定可靠接地	观察及导通检查
	裸露部分对地距离/mm	主要	按 GB 50171—1992 中表 3.0.6 规定	对照规范检查
	裸露部分表面漏电距离/mm			

6.5 母线安装

10 kV 建筑内变电所母线类型有裸母线和封闭母线。母线可分为高压和低压两种，但其安装工艺基本相同，只是母线固定所用绝缘子有所不同。

6.5.1 高压支持绝缘子的安装

(1)户内支持绝缘子的型号分类

高压户内支持绝缘子（支柱绝缘子）用于额定电压 6 ~ 35 kV 户内电站、变配电所配电装置及电器设备，用以绝缘和固定支撑导电体。按其金属附件对瓷件的胶装方式，可分为内胶装、外胶装及联合胶装 3 种，其外形如图 6.15 所示。所谓内胶装，是将金属附件装在瓷件孔内，与相同等级的外胶装（金属件装在瓷件之外）绝缘子相比，具有尺寸小、质量轻、电气性能好等优点，但对机械强度有所影响，因此，对机械强度要求高的场所，宜采用外胶装或联合胶装类型。所谓联合胶装，即上附件为内胶装，下附件为外胶装，兼收内外胶装之长。它们的型号表示如下：

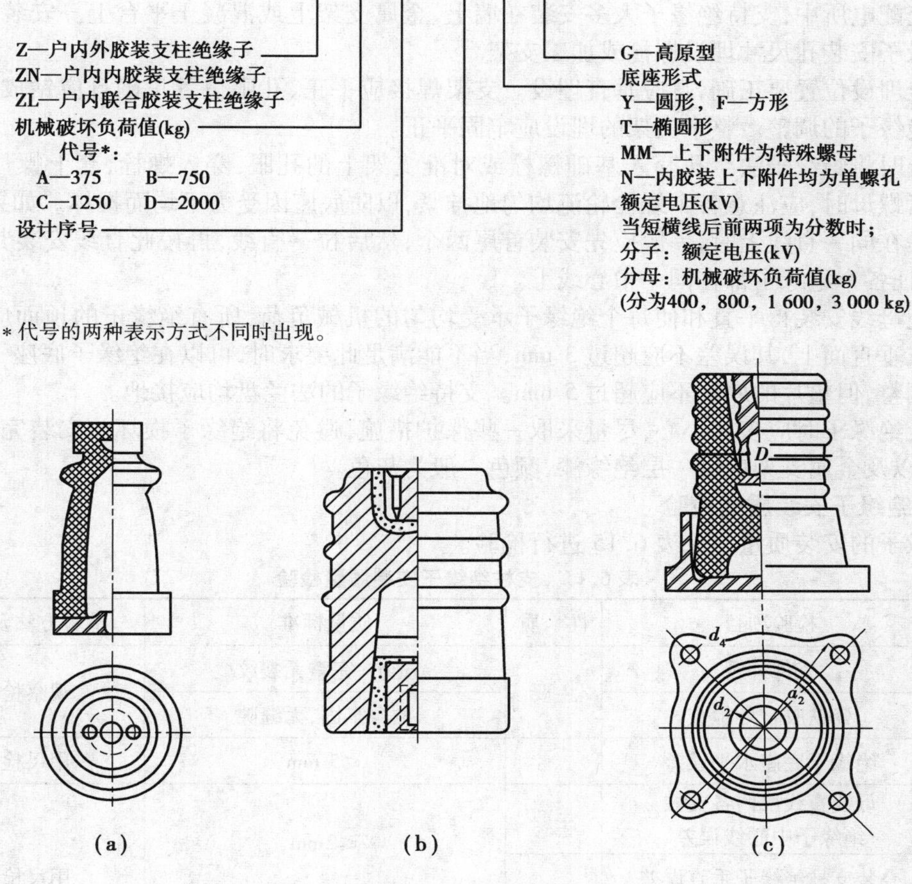

图6.15　高压户内支持绝缘子外形
(a)外胶装　(b)内胶装　(c)联合胶装

(2)绝缘子安装前的检查

绝缘子安装前应进行外观检查，其规格、型号应符合设计要求，表面应无破损或裂纹，铁件表面应无锈蚀。如铁件已生锈应用汽油或煤油洗净。

除进行外观检查外，还应测量其绝缘电阻，其绝缘电阻值不应低于500 MΩ。如做交流耐压试验，则可不测。做交流耐压试验可在母线安装完毕后一起进行，试验标准见表6.14。试验持续时间1 min。

表6.14　高压支持绝缘子和穿墙套管交流耐压试验标准/kV

额定电压/kV		6	10	15	20	35
纯瓷和纯瓷充油绝缘	出厂试验	23	30	40	50	80
	交接试验	23	30	40	50	80
固体有机绝缘	出厂试验	23	30	40	50	80
	交接试验	21	27	36	45	72

(3)**绝缘子安装**

在变配电所中,支持绝缘子大多安装在墙上、金属支架上或混凝土平台上。安装时,需要根据绝缘子安装孔尺寸埋设螺栓或加工支架。

螺栓埋设位置要正确,且应垂直埋设。支架焊接应平正、孔眼位置正确且应钻成长形孔,以便于绝缘子的调整。整个支架的埋设应牢固平正。

安装时将绝缘子法兰孔套入基础螺栓或对准支架上的孔眼,穿入螺栓,套上螺母拧紧即可。拧紧螺母时,应注意各个螺栓轮流均匀地拧紧,以防底座因受力不均而损坏。如果安装的绝缘子是在同一直线上时,一般应先安装首尾两个,然后拉一直线,再按此直线安装其他绝缘子,以保证各个绝缘子都在同一中心线上。

为使母线安装得平直和使每个绝缘子承受均匀的机械负荷,所有绝缘子的顶面应在同一平面上或垂直面上,其误差不应超过3 mm,当不能满足此要求时,可以在绝缘子底座下面垫以垫片来调整,但垫片的厚度不应超过5 mm。支持绝缘子的法兰盘均应接地。

安装绝缘子时应多加小心,尽量采取一些保护措施,避免将绝缘子损坏。安装完毕,其底座、顶盖以及金属支架应刷一层绝缘漆,颜色一般为灰色。

(4)**绝缘子安装质量检验**

绝缘子的安装质量参见表6.15进行检验。

表6.15　支柱绝缘子安装质量检验

工序	检验项目	性　质	质量标准	检验方法及器具
外观检查	瓷件外观	主要	光洁,完整无裂纹	观察检查
	瓷铁胶合处检查		黏合牢固,无缝隙	
绝缘子安装	绝缘子底座水平误差		≤5 mm	用尺检查
	母线直线段内各支柱绝缘子中心线误差	主要	≤2mm	用尺检查
	叠装支柱绝缘子垂直误差			
	纯瓷绝缘子与金属接触面间垫圈厚度	主要	≥1.5 mm	
	绝缘子固定	主要	螺栓齐全,紧固	用扳手检查
接地	接地线排列		方向一致	观察检查
	与接地网连接	主要	牢固,导通良好	扳动并导通检查

6.5.2　WX-01型绝缘子的安装

低压矩形母线固定用绝缘子为WX-01型。其外形如图6.16所示。

在安装前首先应用填料将螺栓及螺帽埋入瓷瓶孔内。其填料可采用425#(或425#以上)水泥和洗净的细砂掺和,其配合比按质量为1∶1。其具体做法是:先把水泥和砂子均匀混合后,加入0.5%的石膏,加水调匀,湿度控制在用手紧抓能结成团但挤不出水为宜。瓷瓶孔应清洗干净,把螺栓和螺帽放入孔内,加放填料压实,如图6.17所示。

加工时,不要使螺栓歪斜,并要避免瓷瓶产生裂纹、破损等缺陷。瓷瓶的一面胶合好后,一般要养护3 d。养护期间,不可在阳光下暴晒或产生结冰等现象,等填料干固后再用同样的方法胶合另一面孔中的螺栓。

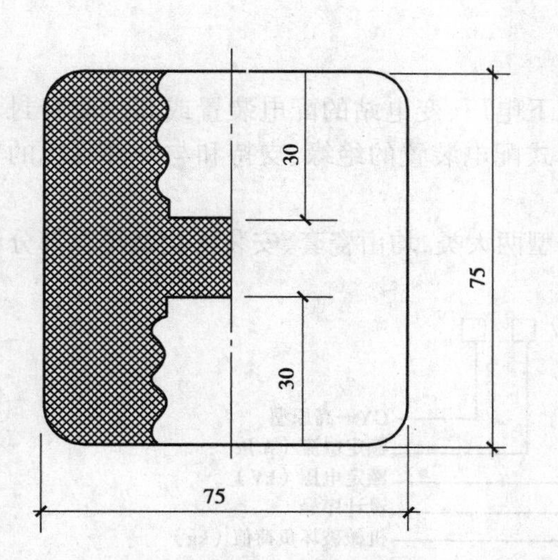

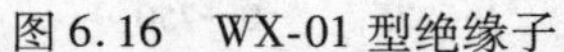

图6.16　WX-01型绝缘子

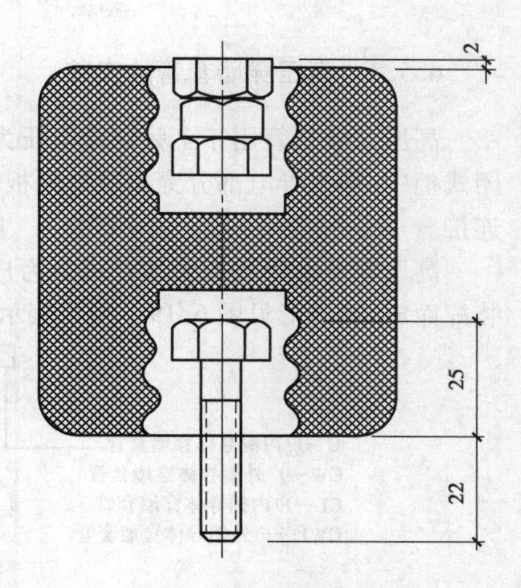

图6.17　绝缘子与螺栓胶合

胶合好的瓷瓶用布擦净,经检查无缺陷后,即可固定到支架上。固定瓷瓶时,应垫红钢纸垫,以防拧紧螺母时损坏瓷瓶。如果在直线段上有许多支架时,为使瓷瓶安装整齐,可先在两端支架的螺栓孔上拉一根细铁丝,再将瓷瓶顺铁丝依次固定在每个支架上。

低压矩形母线在绝缘子(WX-01型)上的固定方法,通常有两种:第一种方法是用夹板,如图6.18(a)所示。第二种方法是用卡板固定,如图6.18(b)所示。这种方法只要把母线放入卡板内,将卡板扭转一定角度卡住母线即可。

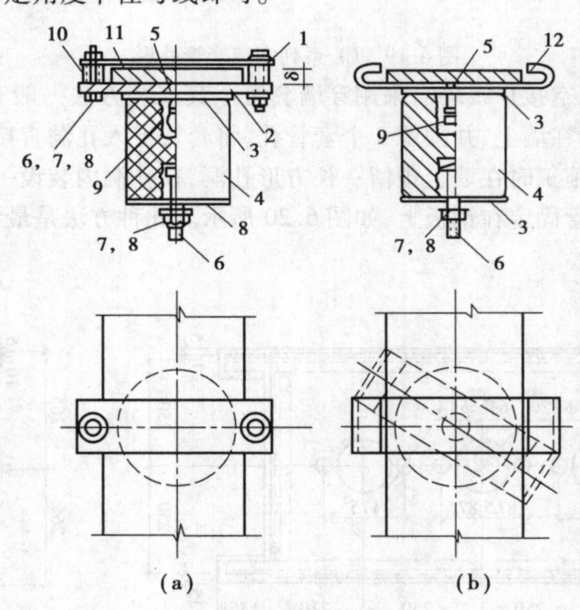

图6.18　母线在瓷瓶上的固定方法
(a)用夹板固定母线　(b)用卡板固定母线
1—上夹板;2—下夹板;3—红钢纸垫圈;4—绝缘子;
5—沉头螺钉;6—螺栓;7—螺母;8—垫圈;
9—螺母;10—套筒;11—母线;12—卡板

母线固定在瓷瓶上,可以平放,也可以立放,视需要而定。

6.5.3 高压穿墙套管的安装

高压穿墙套管用于工频交流电压为35 kV及以下电厂、变电站的配电装置或高压成套封闭式柜中,作为导电部分穿过接地隔板、墙壁及封闭式配电装置的绝缘、支持和与外部母线的连接。

高压穿墙套管按安装地点可分为户内型和户外型两大类,均由瓷套、安装法兰及导电部分装配而成,其外形见图6.19。型号表示如下:

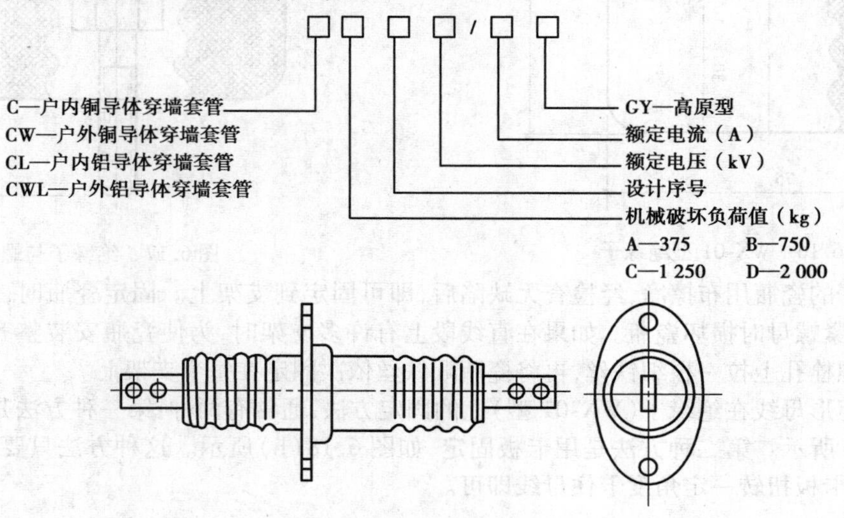

图6.19 CL系列穿墙套管外形

变配电所中高压架空接户线均需采用穿墙套管。其安装方法一般有两种:一种方法是在施工时将螺栓直接预埋在墙上,并预留3个套管孔,将套管穿入孔洞直接固定在墙上。另一种方法是根据设计图纸,施工时在墙上预留一长方形孔洞,在孔洞内装设一角钢框架用以固定钢板。钢板上钻孔,将套管固定在钢板上,如图6.20所示。此种方法是最常用的方法。

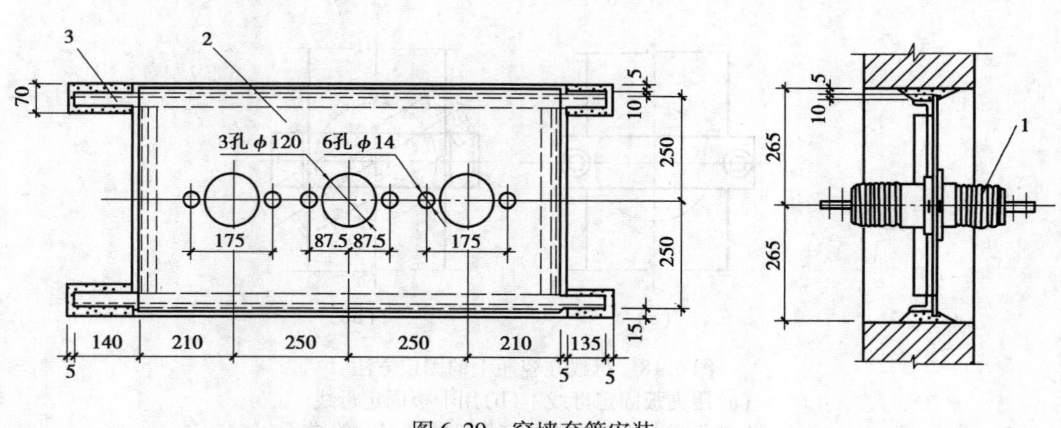

图6.20 穿墙套管安装

1—穿墙套管;2—钢板;3—框架

安装时应注意下列7点：

1)角钢框架要用混凝土埋牢,若安装在外墙上,其垂直面应略成斜坡,使套管安好后屋外一端稍低;若套管两端均在屋外,角钢框架仍需保持垂直,套管仍需水平,安装时法兰应在外。当套管垂直安装时,法兰应在上。

2)安装套管的孔径应比嵌入部分至少大5 mm以上。当采用混凝土安装板时,其最大厚度不得超过50 mm。

3)额定电流在1 500 A及以上穿墙套管直接固定在钢板上时,套管周围不应成闭合磁路。

4)600 A及以上母线穿墙套管端部的金属夹板(紧固件除外)应采用非磁性材料,其与母线之间应有金属相连,接触应稳固,金属夹板厚度不应小于3 mm,当母线为两片及以上时,母线本身间应予固定。

5)角钢框架必须良好接地,以防发生意外事故。

6)套管表面应清洁无裂纹或破碎现象,应做交流耐压试验,其试验标准如表6.14所示。

7)套管的中心线应与支持绝缘子中心线在同一直线上,尤其是母线式套管更应注意,否则母线穿过时会发生困难,同时也不美观。

穿墙套管安装质量应符合表6.16的要求。

表6.16　穿墙套管的安装

<table>
<tr><th>工序</th><th colspan="3">检验项目</th><th>性　质</th><th>质量标准</th><th>检验方法及器具</th></tr>
<tr><td rowspan="2">外观检查</td><td colspan="3">瓷件外观</td><td>主要</td><td>光洁,完整无裂纹</td><td rowspan="2">观察检查</td></tr>
<tr><td colspan="3">瓷铁胶合处检查</td><td>主要</td><td>黏合牢固,无缝隙</td></tr>
<tr><td rowspan="12">套管安装</td><td colspan="3">预留孔径与套管嵌入部分配合</td><td></td><td>>5 mm</td><td rowspan="2">用尺检查</td></tr>
<tr><td colspan="3">混凝土安装板最大厚度</td><td></td><td>≤50 mm</td></tr>
<tr><td colspan="3">1 500 A及以上套管固定钢板</td><td></td><td>不构成闭合磁路</td><td rowspan="3">观察检查</td></tr>
<tr><td rowspan="2">法兰位置</td><td colspan="2">垂直安装</td><td></td><td>法兰应向上</td></tr>
<tr><td colspan="2">水平安装</td><td></td><td>法兰应在外</td></tr>
<tr><td rowspan="3">600 A及以上套管</td><td rowspan="3">端部金属夹板</td><td>夹板材料</td><td>主要</td><td>非磁性材料</td><td>观察检查</td></tr>
<tr><td>厚度</td><td></td><td>≥3 mm</td><td>用尺检查</td></tr>
<tr><td>与母线等电位连接</td><td>主要</td><td>牢固可靠</td><td>观察检查</td></tr>
<tr><td rowspan="2">充油套管</td><td colspan="2">密封检查</td><td>主要</td><td>无渗漏</td><td rowspan="2">观察检查</td></tr>
<tr><td colspan="2">油位指示</td><td>主要</td><td>正常</td></tr>
<tr><td colspan="3">连接螺栓</td><td>主要</td><td>齐全,紧固</td><td>用扳手检查</td></tr>
<tr><td colspan="3">接地端子及未用的电压抽取端子</td><td>主要</td><td>可靠接地</td><td>扳动并导通检查</td></tr>
</table>

6.5.4 低压母线过墙板安装

低压母线过墙时要经过过墙隔板,目前过墙隔板多由塑料板做成,分上下两部分,塑料板开槽,母线由槽中通过。如图6.21所示为低压母线过墙隔板外形尺寸。过墙板的安装方法如图6.22所示。

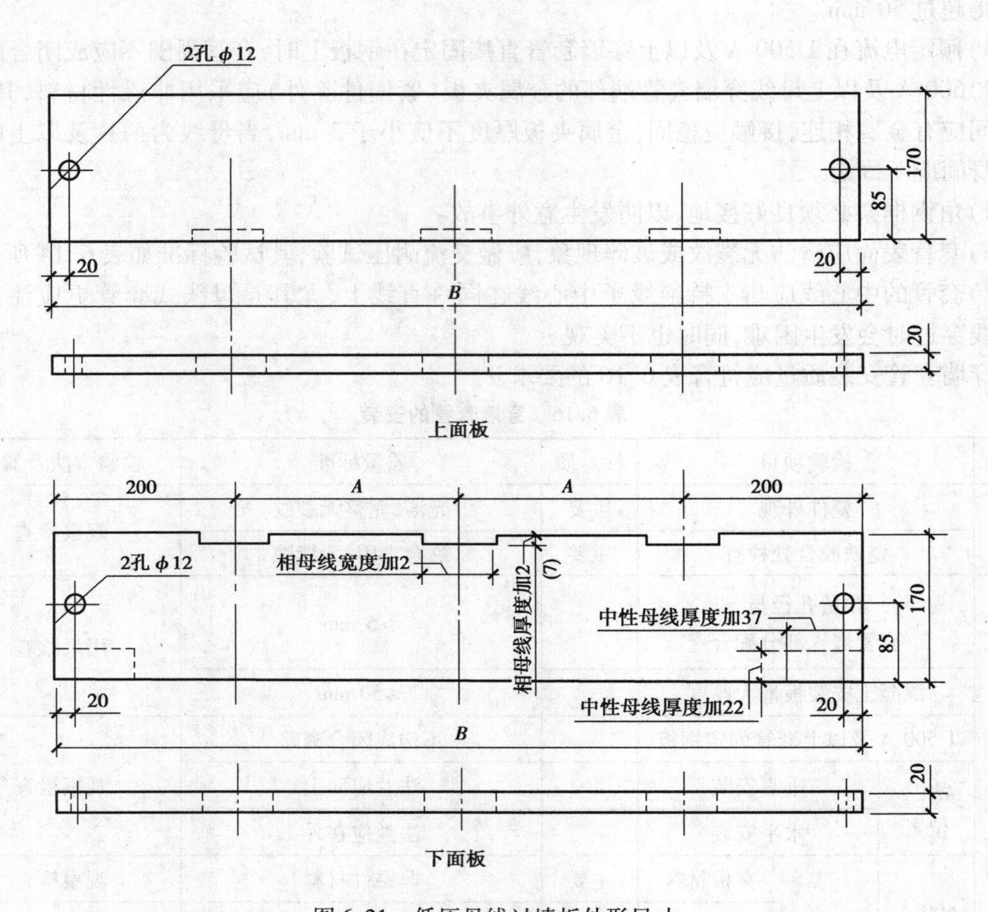

图6.21 低压母线过墙板外形尺寸

过墙板安装应在母线敷设完成之后,由上下两块合成,安装好后缝隙不得大于1 mm,过墙板缺口与母线应保持2 mm空隙。固定螺栓时,应垫橡皮垫圈或石棉纸垫圈,每个螺栓应同时拧紧,以免受力不均而损坏过墙板。

低压母线过墙板的安装也可采用类似穿墙套管安装的方法,即预留墙洞埋设角钢框架,将过墙板用螺栓固定在角钢框架上,当然角钢框架也应作接地处理。

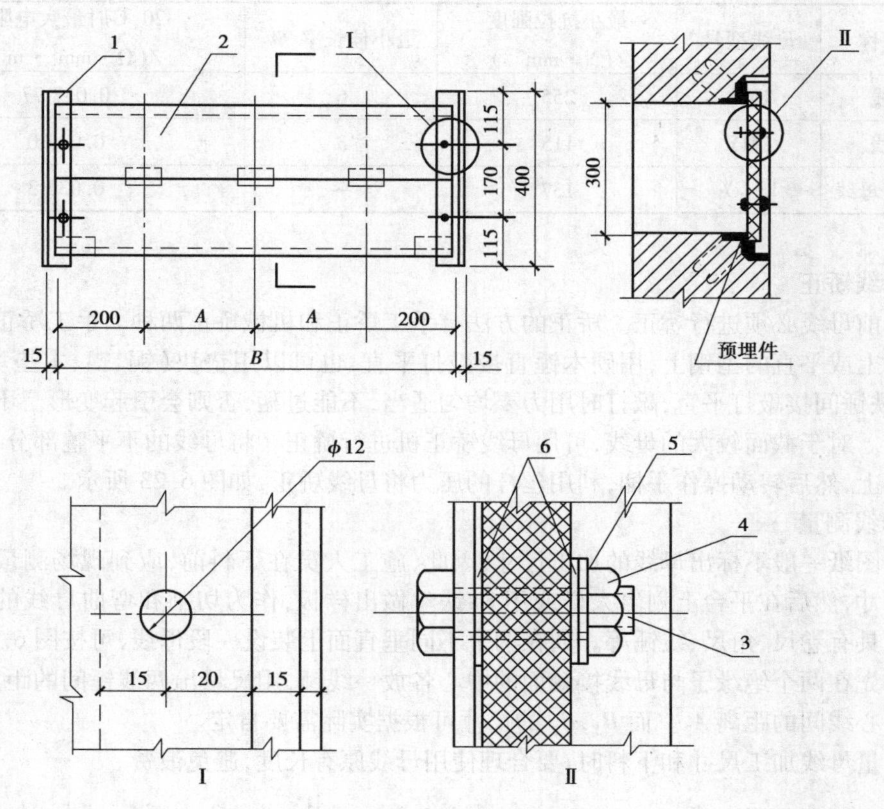

图6.22　低压母线过墙板安装

1—角钢;2—绝缘夹板;3—螺栓;

4—螺母;5—垫圈;6—橡胶或石棉板垫圈

6.5.5　矩形硬裸母线安装

矩形硬裸母线在变配电所中通常作为配电母线,用于变电所中各级电压配电装置的连接,以及变压器等电气设备和相应配电装置的连接。在大型车间中作为配电干线,以及在电镀车间作为载流母线。

矩形硬母线的安装工序主要包括母线的矫正、测量、下料、弯曲、钻孔、接触面加工、连接、安装和涂漆等。

(1)母线加工

1)加工前的检查

母线在进行加工前,首先应按照施工图纸对母线的材质与规格进行检查,均应符合设计要求。外观母线表面应光洁平整,不得有裂纹、折叠及夹杂物。当母线无出厂合格证件或资料不全时,或对材质有怀疑时,应按表6.17的要求进行检查。

表 6.17　母线的机械性能和电阻率

母线名称	母线型号	最小抗拉强度 /($N \cdot mm^{-2}$)	最小伸长率/%	20 ℃时最大电阻率 /($\Omega \cdot mm^2 \cdot m^{-1}$)
铜母线	TMY	255	6	0.017 77
铝母线	LMY	115	3	0.029 0
铝合金管母线	$LF_{21}Y$	137	—	0.037 3

2)母线矫正

安装前母线必须进行矫正。矫正的方法有手工矫正和机械矫正两种。手工矫正是把母线放在平台上或平直的型钢上,用硬木锤直接敲打平直,也可以用垫块(铜、铝、木垫块)垫在母线上,用铁锤间接敲打平直,敲打时用力要均匀适当,不能过猛,否则会引起变形。不准用铁锤直接敲打。对于截面较大的母线,可用母线矫正机进行矫正。将母线的不平整部分,放在矫正机的平台上,然后转动操作手柄,利用丝杆的压力将母线矫正,如图 6.23 所示。

3)母线测量

施工图纸一般不标出母线的加工尺寸,因此,施工人员在下料前,应到现场测量母线的实际安装尺寸,然后在平台上划出大样或用 8#铁丝做出样板,作为切割和弯曲母线的依据。所用测量工具有卷尺、角尺、线锤等。如在两个不同垂直面上装设一段母线,可按图 6.24 所示进行测量。先在两个绝缘子与母线接触面的中心各放一线锤,用尺量出两线锤间的距离 A_1 及两绝缘子中心线间的距离 A_2。而 B_1,B_2 的尺寸可根据实际需要自定。

在测量母线加工尺寸和下料时,要合理使用母线原有长度,避免浪费。

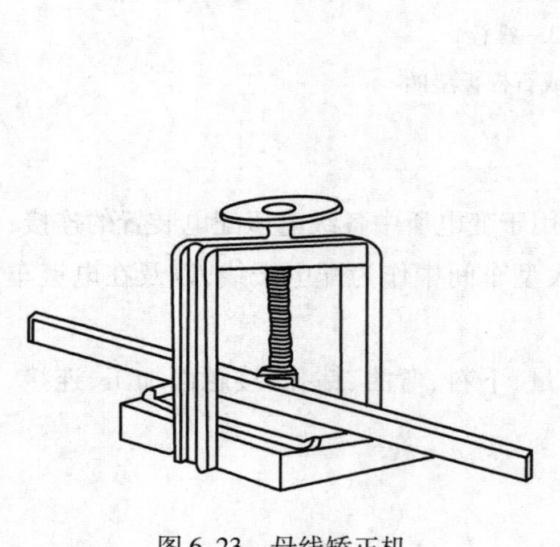

图 6.23　母线矫正机

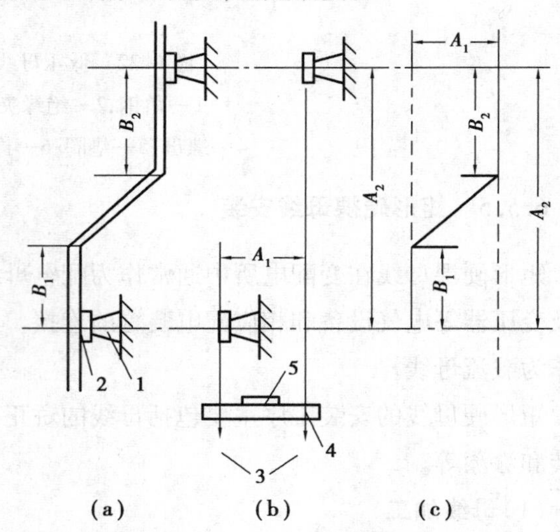

图 6.24　母线尺寸的测量方法

1—支持绝缘子;2—母线金具;3—线锤;4—平板;5—水平尺

4)母线切割

切割母线时,先按预先测得的尺寸,用铅笔在矫正好的母线上画好线,然后再进行切割,切割工具可用钢锯、手动(电动)剪切机或电动无齿锯(型钢切割机)。用钢锯切割母线,虽然工具轻比较方便,但工作效率低。大截面的切割则可用电动无齿锯(见图 6.25),工作效率高,操作方便。切割时，将母线置于锯床的托架上，然后接通电源使电动机转动，慢慢压下操作手柄2，边锯边浇水，用以冷却锯片，一直到锯断为止。

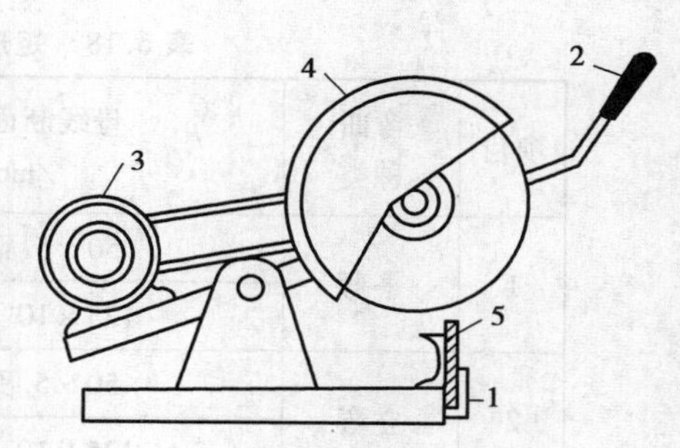

图6.25 电动无齿锯

1—托架；2—手柄；3—电动机；4—保护罩；5—母线

母线切割严禁使用电弧或乙炔气，以保证切断面平整、无毛刺。为了切割尺寸准确，对要弯曲的母线，可留适当余量或在母线弯曲后再进行切割。

母线切割后最好立即进行下一工序，否则应将母线平直地堆放起来，防止弯曲及碰伤。如截下来的母线规格很多，可用油漆编号分别存放，以利施工。

5)母线弯曲

母线安装，除必要的弯曲外，应尽量减少弯曲。矩形硬母线的弯曲应使用专用工具进行冷弯，不得进行热弯。弯曲形式有平弯、立弯、扭弯3种，如图6.26所示。

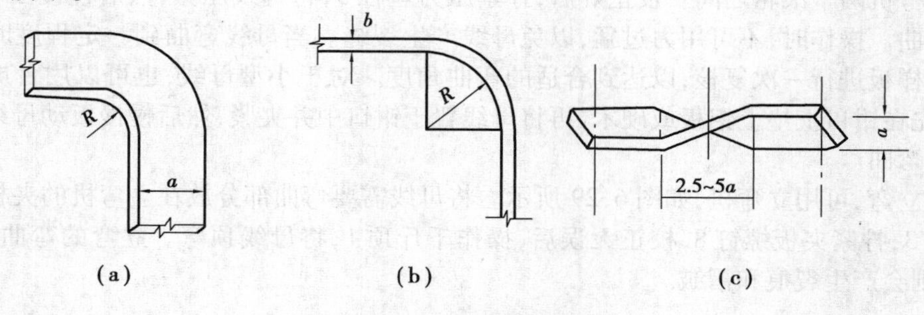

图6.26 矩形母线弯曲图

(a)立弯 (b)平弯 (c)扭弯

a—母线宽度；b—母线厚度

母线弯制时，应符合下列规定：

①母线开始弯曲处距最近绝缘子的母线支持夹板边缘不应大于0.25L，但不得小于50 mm(见图6.27)。

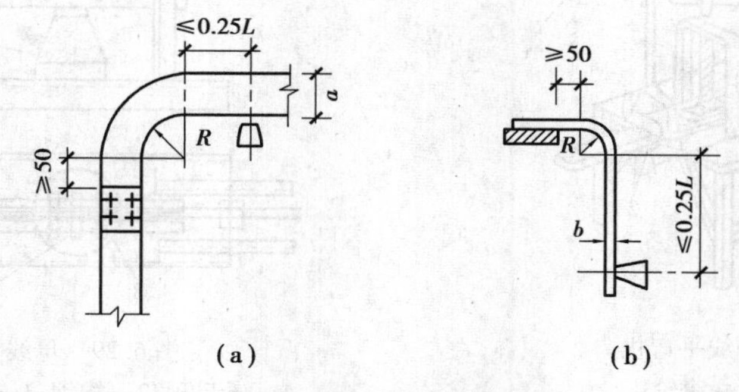

图6.27 硬母线的立弯与平弯

(a)母线立弯 (b)母线严弯

a—母线宽度；b—母线厚度；L—母线两支持点间距离

②母线开始弯曲处距母线连接位置不应小于50 mm(见图6.27)。

③母线弯曲处不得有裂纹及明显的折皱。弯曲半径不得小于表6.18所列数值。母线扭转时，其扭转部分的长度应为母线宽度的2.5～5倍。

表 6.18　矩形硬母线最小允许弯曲半径(R)值

项目	弯曲种类	母线断面尺寸/mm	最小弯曲半径/mm		
			铜	铝	钢
1	平弯	50×5 及以下	$2b$	$2b$	$2b$
		125×10 及以下	$2b$	$2.5b$	$2b$
2	立弯	50×5 及以下	$1a$	$1.5a$	$0.5a$
		125×10 及以下	$1.5a$	$2a$	$1a$

注：a—母线宽度；b—母线厚度。

④多片母线的弯曲度应一致。

母线平弯，可用平弯机弯曲，操作简便，工效高，如图 6.28 所示。弯曲时，提起手柄，将母线穿在平弯机两个滚轮之间。校正好后，拧紧压力丝杠 3，将母线压紧，然后慢慢压下手柄 1，使母线弯曲。操作时，不可用力过猛，以免母线产生裂缝。当母线弯曲到一定程度时，可用事先做好的样板进行一次复核，以达到合适的弯曲角度。对于小型母线，也可以用台虎钳弯曲，弯曲时，先在钳口上垫上铝板或硬木，再将母线置于钳口中并夹紧，然后慢慢扳动母线，使其达到合适的弯曲。

母线立弯，可用立弯机，如图 6.29 所示。将母线需要弯曲部分放在立弯机的夹板 4 上，再装上弯头 3，拧紧夹板螺钉 8，校正无误后，操作千斤顶 1，将母线顶弯。立弯的弯曲半径不能过小，否则会产生裂痕和褶皱。

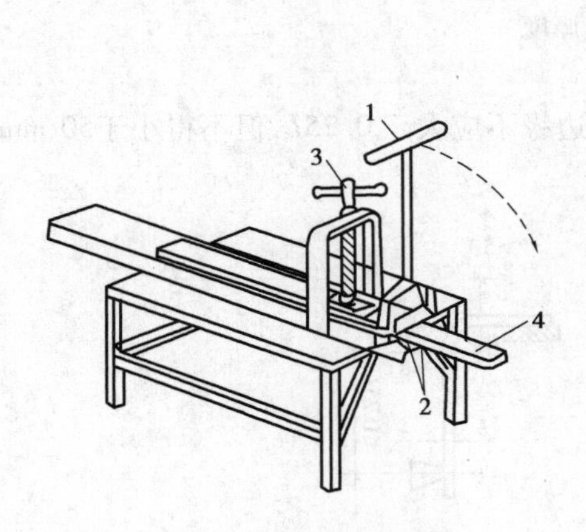

图 6.28　母线平弯机
1—手柄；2—滚轮；
3—压力丝杠；4—母线

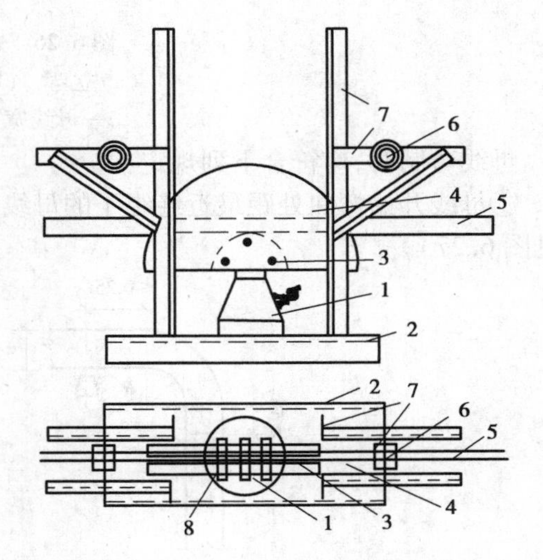

图 6.29　母线立弯机
1—千斤顶；2—槽钢；3—弯头；4—夹板；
5—母线；6—挡头；7—角钢；8—夹板螺钉

母线扭弯，可用扭弯器，如图 6.30 所示。先将母线扭弯部分的一端夹在台虎钳上，钳口和母线接触处要适当保护，以免钳口夹伤母线。母线另一端用扭弯器夹住，然后双手抓住扭弯器手柄用力扭动，使母线弯曲达到需要的形状为止。

(2)**母线连接**

矩形硬母线连接应采用焊接、贯穿螺栓连接或夹板及夹持螺栓搭接。

1)搭接

首先将母线在平台上调直,选择较平的一面作基础面,进行钻孔。螺栓在母线上的分布尺寸和孔径大小如表6.19所示。钻孔前根据孔距尺寸,先在母线上画出孔位,并用尖凿(俗称冲子)在孔中心冲出印记,用电钻钻孔。孔径一般不应大于螺栓直径1 mm,钻孔应垂直,孔与孔中心距离的误差不应大于0.5 mm。钻好孔后,应将孔口的毛刺除去,使其保持光洁。母线搭接长度为母线宽度,搭接面下面的母线应弯成平弯,如图6.31所示。搭接面表面要除去氧化膜并保持清洁,涂上电力复合脂,用精制的镀锌紧固件(螺栓、螺母、垫圈)压紧,保证接触严密可靠。当母线平置时,贯穿螺栓应由下往上穿,其余情况下,螺母应置于维护侧,螺栓长度宜露出螺母2~3扣。贯穿螺栓连接的母线两外侧均应有平垫圈,相邻螺栓垫圈间应有3 mm以上的净距,螺母侧应装有弹簧垫圈或锁紧螺母。连接螺栓应用力矩扳手紧固,其紧固力矩值应符合表6.20的规定。

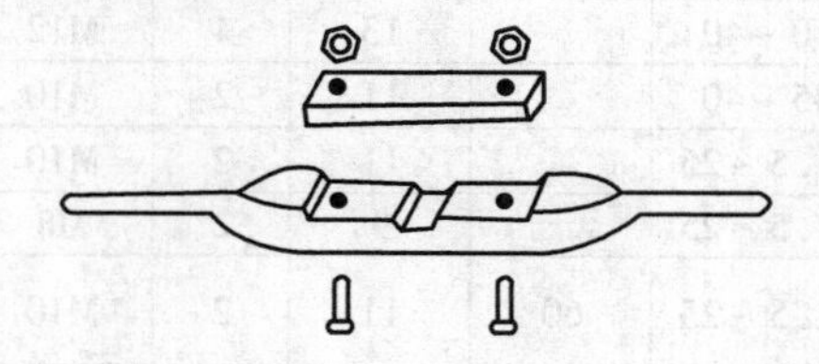
图6.30　母线扭弯器

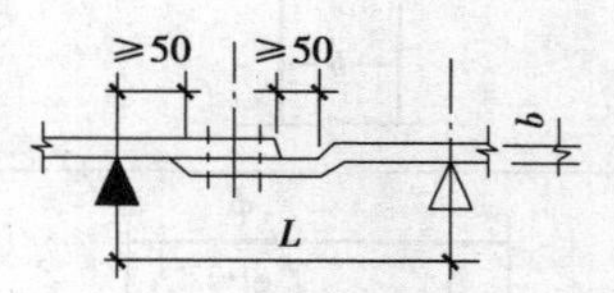

图6.31　母线搭接

L—母线支持点之间的距离

表6.19　矩形母线搭接要求

搭接形式	类别	序号	连接尺寸/mm			钻孔要求		螺栓规格
			b_1	b_2	a	ϕ/mm	个数	
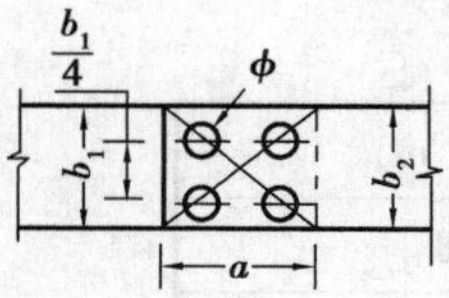	直线连接	1	125	125	b_1 或 b_2	21	4	M20
		2	100	100	b_1 或 b_2	17	4	M16
		3	80	80	b_1 或 b_2	13	4	M12
		4	63	63	b_1 或 b_2	11	4	M10
		5	50	50	b_1 或 b_2	9	4	M8
		6	45	45	b_1 或 b_2	9	4	M8
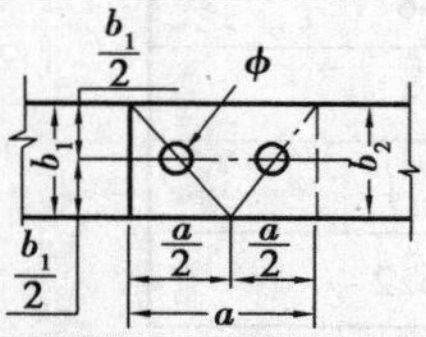	直线连接	7	40	40	80	13	2	M12
		8	31.5	31.5	63	11	2	M10
		9	25	25	50	9	2	M8

续表

<table>
<tr><th rowspan="2">搭接形式</th><th rowspan="2">类别</th><th rowspan="2">序号</th><th colspan="3">连接尺寸/mm</th><th colspan="2">钻孔要求</th><th rowspan="2">螺栓规格</th></tr>
<tr><th>b_1</th><th>b_2</th><th>a</th><th>ϕ/mm</th><th>个数</th></tr>
<tr><td rowspan="8">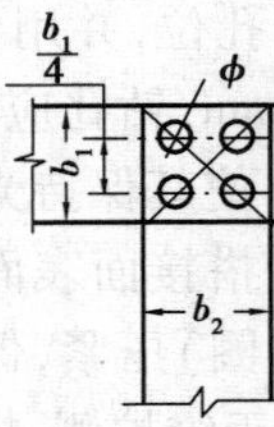</td><td rowspan="8">垂直连接</td><td>10</td><td>125</td><td>125</td><td></td><td>21</td><td>4</td><td>M20</td></tr>
<tr><td>11</td><td>125</td><td>100 ~ 80</td><td></td><td>17</td><td>4</td><td>M16</td></tr>
<tr><td>12</td><td>125</td><td>63</td><td></td><td>13</td><td>4</td><td>M12</td></tr>
<tr><td>13</td><td>100</td><td>100 ~ 80</td><td></td><td>17</td><td>4</td><td>M16</td></tr>
<tr><td>14</td><td>80</td><td>80 ~ 63</td><td></td><td>13</td><td>4</td><td>M12</td></tr>
<tr><td>15</td><td>63</td><td>63 ~ 50</td><td></td><td>11</td><td>4</td><td>M10</td></tr>
<tr><td>16</td><td>50</td><td>50</td><td></td><td>9</td><td>4</td><td>M8</td></tr>
<tr><td>17</td><td>45</td><td>45</td><td></td><td>9</td><td>4</td><td>M8</td></tr>
<tr><td rowspan="7">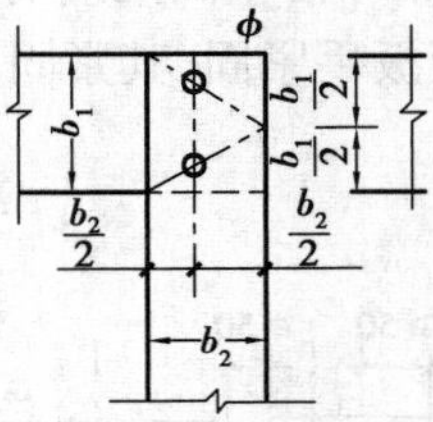</td><td rowspan="7">垂直连接</td><td>18</td><td>125</td><td>50 ~ 40</td><td></td><td>17</td><td>2</td><td>M16</td></tr>
<tr><td>19</td><td>100</td><td>63 ~ 40</td><td></td><td>17</td><td>2</td><td>M16</td></tr>
<tr><td>20</td><td>80</td><td>63 ~ 40</td><td></td><td>15</td><td>2</td><td>M14</td></tr>
<tr><td>21</td><td>63</td><td>50 ~ 40</td><td></td><td>13</td><td>4</td><td>M12</td></tr>
<tr><td>22</td><td>50</td><td>45 ~ 40</td><td></td><td>11</td><td>2</td><td>M10</td></tr>
<tr><td>23</td><td>63</td><td>31.5 ~ 25</td><td></td><td>11</td><td>2</td><td>M10</td></tr>
<tr><td>24</td><td>50</td><td>31.5 ~ 25</td><td></td><td>9</td><td>2</td><td>M8</td></tr>
<tr><td rowspan="3">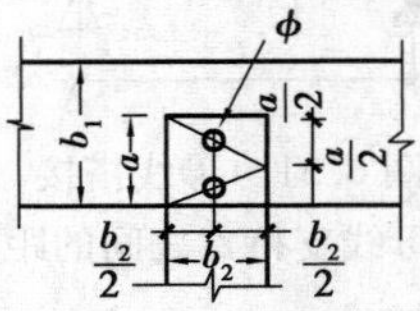</td><td rowspan="3">垂直连接</td><td>25</td><td>125</td><td>31.5 ~ 25</td><td>60</td><td>11</td><td>2</td><td>M10</td></tr>
<tr><td>26</td><td>100</td><td>31.5 ~ 25</td><td>50</td><td>9</td><td>2</td><td>M8</td></tr>
<tr><td>27</td><td>80</td><td>31.5 ~ 25</td><td>50</td><td>9</td><td>2</td><td>M8</td></tr>
<tr><td rowspan="4">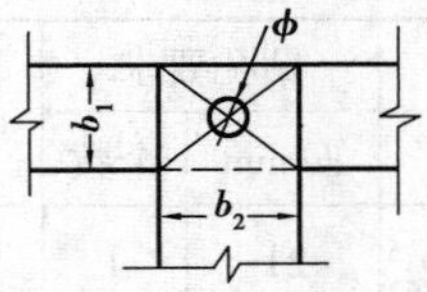</td><td rowspan="4">垂直连接</td><td>28</td><td>40</td><td>40 ~ 31.5</td><td></td><td>13</td><td>1</td><td>M12</td></tr>
<tr><td>29</td><td>40</td><td>25</td><td></td><td>11</td><td>1</td><td>M10</td></tr>
<tr><td>30</td><td>31.5</td><td>31.5 ~ 25</td><td></td><td>11</td><td>1</td><td>M10</td></tr>
<tr><td>31</td><td>25</td><td>22</td><td></td><td>9</td><td>1</td><td>M8</td></tr>
</table>

表 6.20 钢制螺栓的紧固力矩值

螺栓规格	力矩值/(N · m)
M8	8.8 ~ 10.8
M10	17.7 ~ 22.6
M12	31.4 ~ 39.2
M14	51.0 ~ 60.8
M16	78.5 ~ 98.1
M18	98.0 ~ 127.4
M20	156.9 ~ 196.2

矩形母线采用螺栓搭接时，连接处距支柱绝缘子的支持夹板边缘应不小于 50 mm，上片母线端头与下片母线平弯开始处的距离应不小于 50 mm，如图 6.31 所示。

母线与母线及母线与电器接线端子搭接，搭接面的处理应符合下列规定：

①铜与铜：室外、高温且潮湿的室内，搭接面搪锡；干燥的室内，不搪锡。

②铝与铝：搭接面不做涂层处理。

③钢与钢：搭接面搪锡或镀锌。

④铜与铝：在干燥的室内，铜导体搭接面搪锡；在潮湿场所，铜导体搭接面搪锡，且采用铜铝过渡板与铝导体连接。

⑤钢与铜或铝：钢搭接面搪锡。

2）焊接

母线焊接的方法很多，常用的有气焊、碳弧焊和氩弧焊等方法。在母线加工和安装前，根据施工条件和具体要求选择适当的焊接方法，应尽量采用氩弧焊。

母线焊接前，应将母线坡口两侧表面各 50 mm 范围内用钢丝刷清刷干净，不得有油垢、斑疵及氧化膜等；坡口加工面应无毛刺和飞边。

焊接时对口应平直，焊口形式及几何尺寸应符合表 6.21 的规定。其弯折偏移不应大于1/500；中心线偏移不得大于 0.5 mm（见图 6.32），施焊时，每个焊缝应一次焊完，除瞬间断弧外不准停焊。母线焊完未冷却前，不得移动或受力。焊接所用填充材料的物理性能和化学成分应与原材料一致。对接焊缝的上部应有 2～4 mm 的加强高度。引下线母线采用搭接焊时，焊缝的长度不应小于母线宽度的 2 倍。接头表面应无肉眼可见的裂纹、凹陷、缺肉、气孔及夹渣等缺陷；咬边深度不得超过母线厚度的 10%，且其总长度不得超过焊缝总长度的 20%。

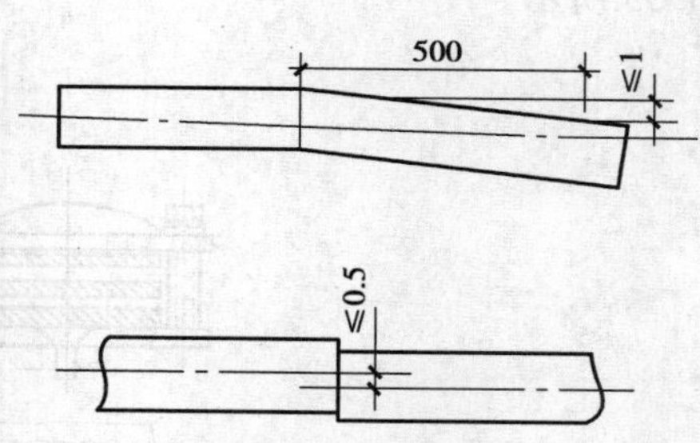

图 6.32　母线对口弯折及中心线偏移误差

表 6.21　对口焊焊口尺寸/mm

母线类别	焊口形式	母线厚度 a	间隙 c	钝边厚度 b	坡口角度 α/(°)
矩形母线		<5	<2	—	—
		5	1～2	1.5	65～75
		6.3～12.5	2～4	1.5～2	65～75

为了确保焊缝质量，在正式焊接之前，焊工应经考试合格。考试用试样的焊接材料、接头形式、焊接位置、工艺等均应与实际施工时相同。所焊试件可任取一件进行检查。其合格要求：

①焊缝表面不应有凹陷、裂纹、未熔合、未焊透等缺陷。

②焊缝应采用 X 光无损探伤，其质量检验应按有关标准的规定执行。

③铝母线焊接接头的平均最小抗拉强度不得低于原材料的 75%。

④焊缝直流电阻应不大于同截面、同长度的原金属的电阻值。

凡有其中一项不合格时，则应加倍取样重复试验，如仍不合格时，则认为考试不合格。

母线对接焊缝设置部位应符合下列规定：

①离支持绝缘子母线夹板边缘不小于 50 mm。

②母线宜减少对接焊缝。

③同相母线不同片上的对接焊缝,其错开位置应不小于 50 mm。

(3)母线安装

当母线支架安装好后,用螺栓将支持绝缘子固定在支架上,并进行调整,达到要求后即可安装母线。

1)母线在绝缘子上的固定

母线在绝缘子上的固定方法,如图 6.18 所示。母线固定在绝缘子上,可以平方,也可以立方,视需要而定。当母线平放时应使母线与上部压板保持 1 ~ 1.5 mm 的间隙,母线立放时,母线与上部压板应保持 1.5 ~ 2 mm 间隙。这样,当母线通过负荷电流或短路电流受热膨胀时就可以自由伸缩,不致损坏瓷瓶。应注意交流母线的固定金具或其他支持金具不应构成闭合磁路。

如果在绝缘子上有同一回路的几条母线,无论平放或立放,均应采用特殊夹板固定,如图 6.33 所示。

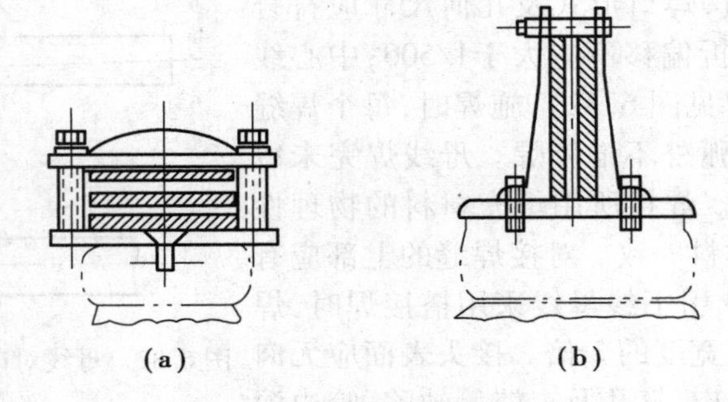

图 6.33　矩形母线的固定金具
(a)矩形母线平放固定金具(屋内 3 片)
(b)矩形母线立放固定金具(屋外 2 片)

2)母线安全净距

室内裸母线的最小安全净距应符合表 6.22 和图 6.34 的规定。

表 6.22　室内裸母线最小安全净距/mm

符　号	适用范围	图　号	额定电压/kV			
			0.4	1 ~3	6	10
A_1	1. 带电部分至接地部分之间 2. 网状和板状遮栏向上延伸线距地 2.3 m 处与遮栏上方带电部分之间	图 E.1	20	75	100	125
A_2	1. 不同相的带电部分之间 2. 断路器和隔离开关的断口两侧带电部分之间	图 E.1	20	75	100	125
B_1	1. 栅状遮栏至带电部分之间 2. 交叉的不同时停电检修的无遮栏带电部分之间	图 E.1 图 E.2	800	825	850	875
B_2	网状遮栏至带电部分之间	图 E.1	100	175	200	225
C	无遮栏裸导体至地(楼)面之间	图 E.1	2 300	2 375	2 400	2 425
D	平行的不同时停电检修的无遮栏裸导体之间	图 E.1	1 875	1 875	1 900	1 925
E	通向室外的出线套管至室外通道的路面	图 E.2	3 650	4 000	4 000	4 000

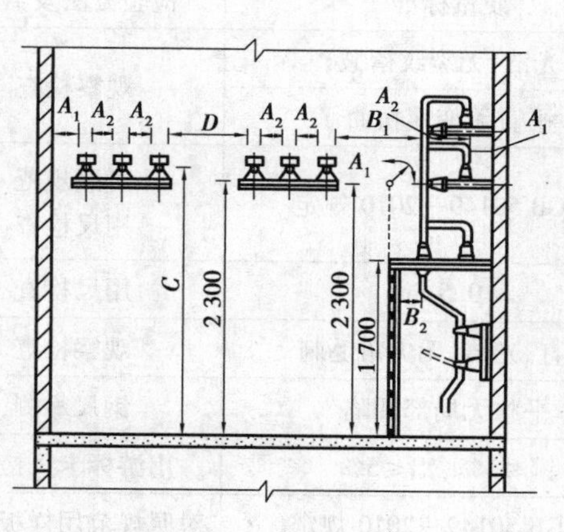

E.1　室内A_1，A_2，B_1，B_2，C，D值校验

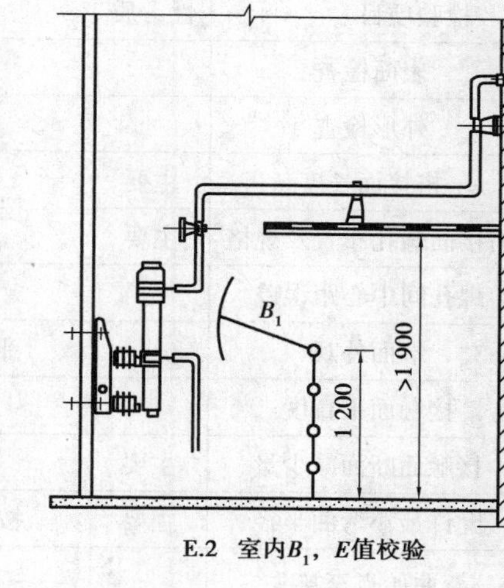

E.2　室内B_1，E值校验

图 6.34　室内裸母线最小安全净距

(4)**母线排列和涂色**

母线相序排列和相色标志;会给运行带来方便。因此,母线安装时,其相序的排列及母线涂漆的颜色应符合规定:

1)母线相序排列

母线安装相序的排列应按设计规定。如无设计规定时,应符合下列规定(以面对柜或设备正视方向为准):

①上下布置的交流母线,由上到下排列为$L_1(A)$,$L_2(B)$,$L_3(C)$相,直流母线正极在上,负极在下。

②水平布置的交流母线,由盘后向盘面排列为$L_1(A)$,$L_2(B)$,$L_3(C)$相,直流母线正极在后,负极在前。

③面对引下线的交流母线由左至右排列为$L_1(A)$,$L_2(B)$,$L_3(C)$相,直流母线正极在左,负极在右。

2)母线应按下列规定涂刷相色油漆

①三相交流母线:$L_1(A)$相——黄色,$L_2(B)$相——绿色,$L_3(C)$相——红色。

②单相交流母线;从三相母线分支来的应与引出相颜色相同。

③直流母线:正极——赭色;负极——蓝色。

④直流均衡汇流母线及交流中性汇流母线:不接地者——紫色;接地者——紫色带黑色条纹。

⑤母线在下列各处应涂刷相色油漆:单片母线的所有各面,多片母线的所有可见面。钢母线的所有表面应涂防腐相色漆。

⑥母线在下列各处不应涂相色漆:母线的螺栓连接及支持连接处、母线与电器的连接处以及距所有连接处 10 mm 以内的地方;供携带型接地线连接用的接触面上,不刷漆部分的长度应为母线的宽度,且不应小于 50 mm,并在其两侧涂以宽度为 10 mm 的黑色标志带。

(5)**母线安装质量检验**

矩形母线安装质量的检验,可参照表 6.23 的规定进行。

表 6.23　矩形母线的安装

工序	检验项目		性　质	质量标准	检验方法及器具
母线加工配置	外观检查	表面检查		光洁,无裂纹褶皱	观察检查
		外形检查		平直无变形扭曲	
	螺接面加工	搭接面长度	主要	按 GB 50149—2010 规定	对照规范用尺检查
		搭接面螺孔布置及规格	主要		
		螺孔间中心距误差		±0.5 mm	用尺检查
		端面外观		平直、光洁,无尖角毛刺	观察检查
		接触面平直度		平整无局部凹陷	钢尺靠测
		接触面断面减少量	主要	铜≤3%,铝≤5%	用游标卡尺检查
	母线弯制	允许最小弯曲半径	主要	按 GB 50149—2010 规定	对照规范用样板检查
		弯曲始点至接头边缘最小距离		≥50 mm	用尺检查
		弯曲始点至母线支持器边缘距离		≥50 mm;≤0.25 支点间距	
		90°扭弯的扭转长度 mm		2.5~5 倍母线宽	
		弯曲部分外观	主要	无裂纹,无明显褶皱	观察检查
		三相同一断面上的弯曲弧度		一致	用样板检查
		同相多片母线弯曲弧度		一致	观察检查
		相同布置的分支母线各相弯曲弧度			
母线安装	金具安装	金具检查		清洁,无损伤	观察检查
		单相交流母线金具连接	主要	牢固,且无闭合磁路	
		固定装置外观		无尖角、毛刺	
	母线安装	母线平置时母线与支持器上部夹板间隙		1~1.5 mm	用尺检查
		母线立置时上部夹板与母线的距离		1.5~2 mm	
		母线与支持器间应力检查	主要	无外应力	观察检查
		同相多层母线层间间隙		同母线厚度	用尺检查
		母线在绝缘子上的固定死点		每段设置一个,且在全长或两伸缩节中点	观察检查

续表

工序	检验项目			性　质	质量标准	检验方法及器具
母线安装	母线连接	支持器与接头边缘距离			≥50 mm	用尺检查
		母线间及母线与设备端子连接		主要	无外应力	连接时检查
		搭接面		主要	平整、无氧化膜，镀银层不得锉磨，涂有电力复合脂	观察检查
		端子连接与螺杆形	外观	主要	无弹簧垫	
			平垫圈		铜质搪锡	观察检查
			锁紧螺母		齐全、紧固	
		连接螺栓	与孔径配合		≤1 mm	用螺栓检查
			螺栓穿入方向		母线平置时由下向上，其余螺母均在维护侧	观察检查
			防松件外观		齐全、完好、压平	
			紧固力矩		按 GB 50149—2010 规定	对照规范用力矩扳手检查
			螺栓紧固后露扣长度		2～3 扣	观察检查
			相邻垫圈间隙	主要	≥3 mm	观察或用尺检查
	伸缩节安装				无裂纹、断股和褶皱现象	观察检查
总体检查	带电体间及带电体与其他物体间距离			主要	按 GB 50149—2010 规定	对照规范用尺检查
	相色及油漆				齐全、正确	观察检查

6.5.6　封闭插接母线安装

封闭插接母线具有传输电流密度大，绝缘程度高，供电可靠、安全，装置通用性、互换性强，配电线路延伸和改变方向灵活，安装维护、检修方便等特点，越来越多地方用于变配电所、工厂车间和高层建筑中。

封闭插接母线是把铜(铝)母线用绝缘夹板夹在一起，用空气绝缘或包缠绝缘带绝缘，装置于钢板外壳内。它有单相二线制、单相三线制、三相三线、三相四线及三相五线等多种制式，可根据需要选用。封闭母线本身结构紧凑，可根据现场实际情况定尺寸，按施工图订货和供应，到现场后，可以比较方便地将母线槽组装成线路整体。如图 6.35 所示为封闭插接母线总体安装示意图。

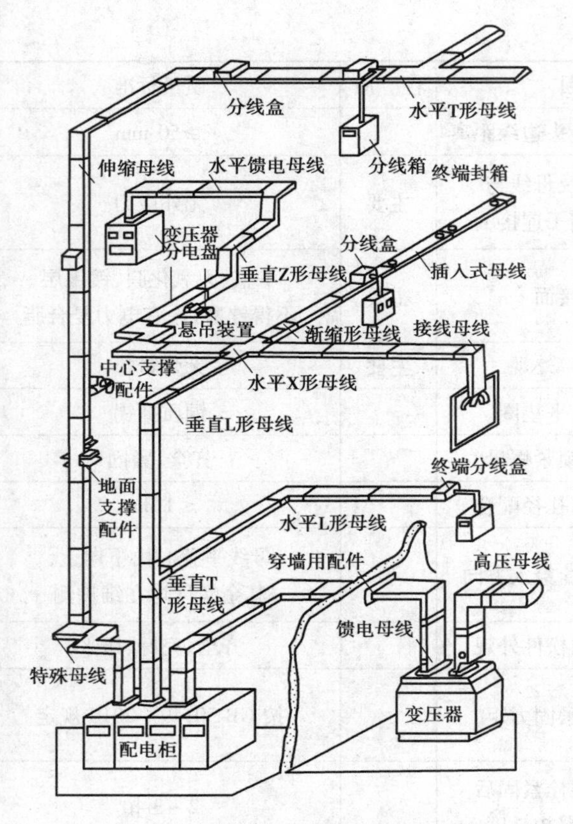

图 6.35　封闭插接母线安装示意图

(1)支架的制作与安装

母线用支架的形式是由母线的安装方式决定的。一般母线的安装方式分为垂直式、水平侧装式、水平悬吊式等。其常用支架的形式有一字形、凵形、L 形、T 字形及三角形等。支架可由厂家根据用户需要配套供应,也可以现场自行加工制作。

制作支架应按设计和产品技术文件的规定及施工现场结构类型,采用角钢、扁钢或槽钢制作,并应做好防腐处理。

支架的安装应视建筑结构和支架形式决定,可以直接埋设在墙上或采用膨胀螺钉固定,也可以采用抱箍固定或采用吊杆吊装,如图 6.36—图 6.39 所示。

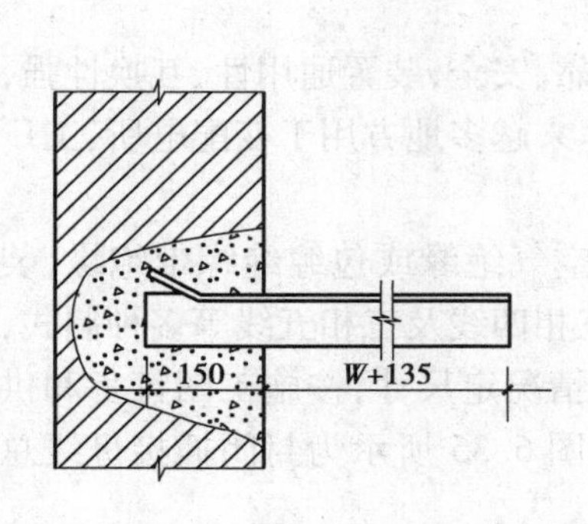

图 6.36　一字形支架埋设在墙上

W—母线宽度

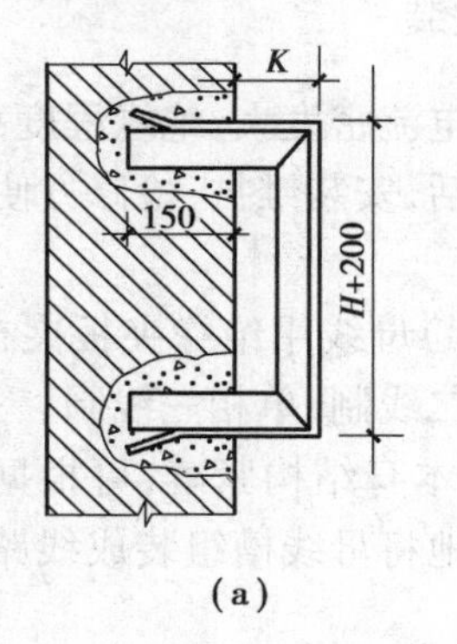

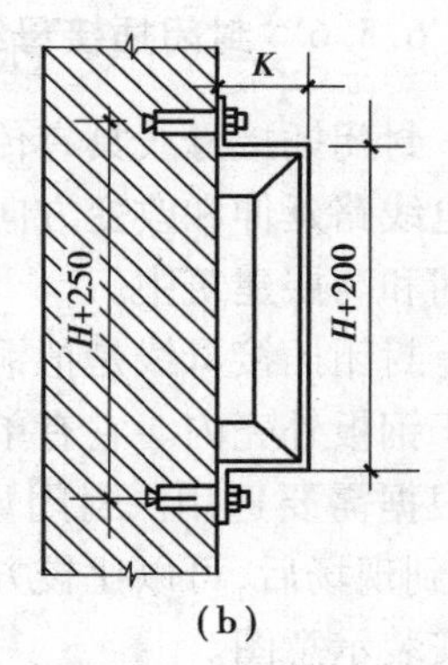

图 6.37　凵支架固定

H—母线高度

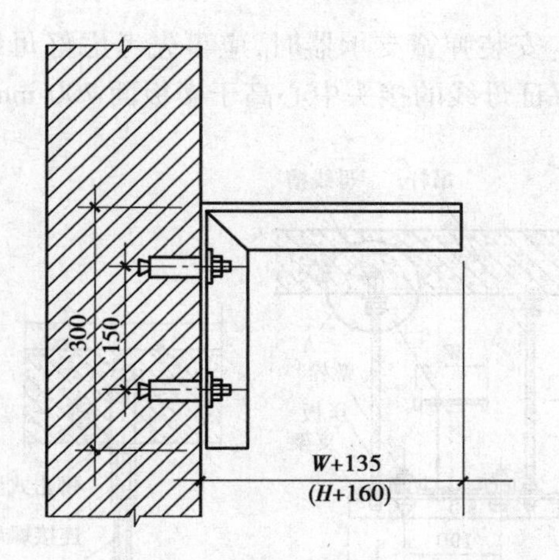

图6.38　L形支架固定
W—母线宽度;H—母线高度

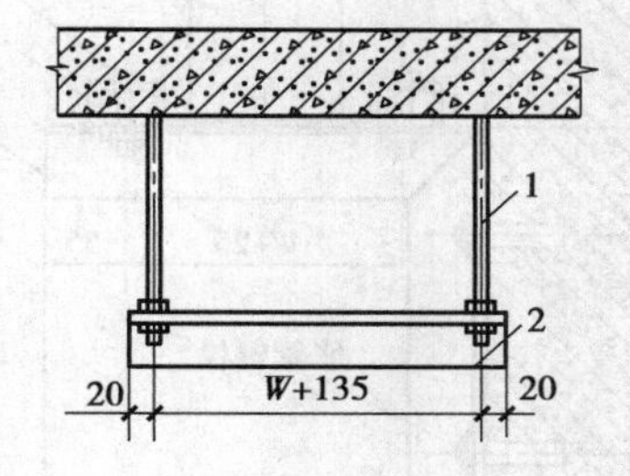

图6.39　吊杆吊架
1—吊杆;2—角钢支架;
W—母线宽度

母线支架安装位置应根据母线敷设需要固定。母线直线段水平敷设时,支架间距不宜大于2 m;母线拐弯处及与箱(盘)连接处应设置支架。垂直敷设的母线在通过楼板处应采用专用附件支撑,进线盒及末端悬空时,应用支架固定。

(2)**封闭插接母线安装**

1)封闭母线安装要求

封闭插接母线适用于干燥和无腐蚀性气体的室内场所。母线水平安装时,至地面的距离不应小于2.2 m;垂直安装时,距地面1.8 m以下部分应采取防止机械损伤措施,但敷设在电气专用房间(如配电室、电机室、电气竖井、技术层等)时除外。支座必须安装牢固,母线应按分段图、相序、编号、方向和标志正确放置,每相外壳的纵向间隙应分配均匀。母线与外壳间应同心,其误差不得超过5 mm,段与段连接时,两相邻段母线及外壳应对准,连接后不应使母线及外壳受到机械应力。

封闭母线不得用裸钢丝绳起吊和绑扎,母线不得任意堆放和在地面上拖拉,外壳上不得进行其他作业,外壳内和绝缘子必须擦拭干净,外壳内不得有遗留物。

橡胶伸缩套的连接头、穿墙处的连接法兰、外壳与底座之间、外壳各连接部位的螺栓应采用力矩扳手紧固,各接合面应密封良好。

2)封闭母线水平安装

封闭母线在不同形式上的支、吊架上水平安装,如图6.40和图6.41所示。

母线水平安装在支、吊架上放置方式有平卧式和侧卧式两种,均用压板固定。平卧式安装用平压板固定,侧卧式安装用侧卧式压板固定,压板均由厂家配套供应。平卧式压板用M8×45六角螺栓固定,侧卧式压板用M8×20六角螺栓固定,在螺母一侧均应使用ϕ8平垫圈和弹簧垫圈,如图6.40所示。

3)封闭母线垂直安装

封闭母线沿墙垂直安装可使用凵形支架,如图6.42所示。封闭母线垂直穿楼板安装方法如图6.43所示。使用弹簧支架时,先将弹簧支承器安装在母线槽上,然后将母线槽安装在预先设置的槽钢支架上。弹簧支承器的作用是固定母线槽并承受每楼层母线槽重。只有每段长度在1.3 m以上的母线槽才能安装弹簧支承器。安装弹簧支承器时，应事先考虑好母线连接头的位置，一般要求在穿过楼板垂直安装时，须保证母线的接头中心高于楼板面700 mm。

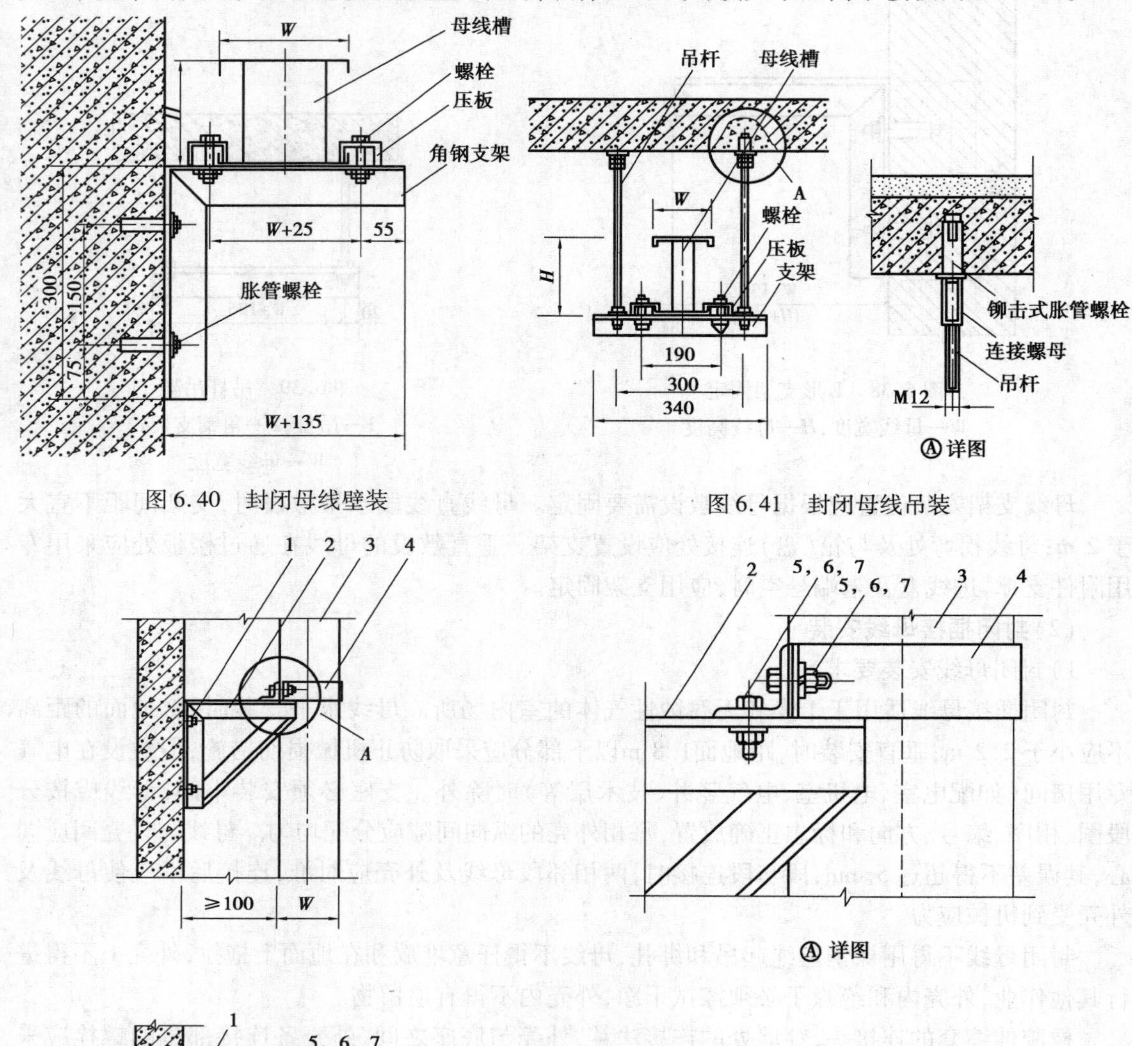

图6.40 封闭母线壁装

图6.41 封闭母线吊装

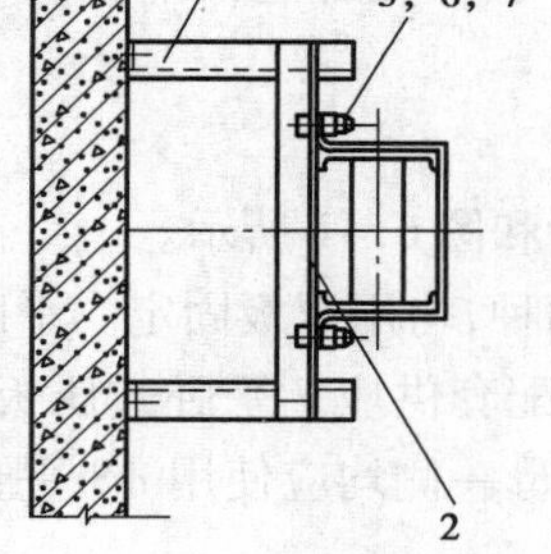

图6.42 封闭母线垂直安装

1—胀管螺栓；2—支架；3—母线槽；4—抱箍；

5—螺栓；6—螺母；7—垫圈；8—压板

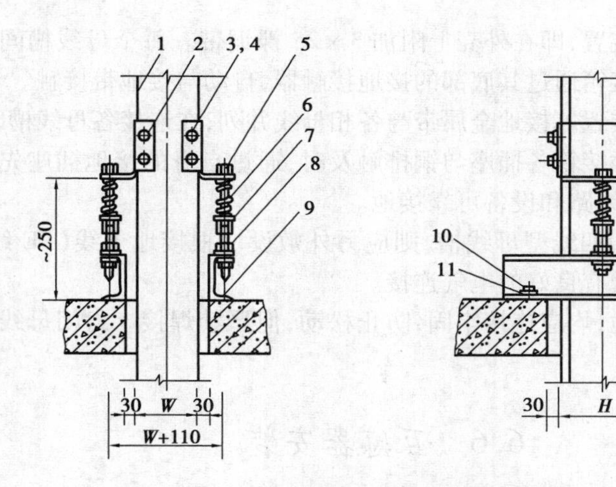

图6.43　封闭母线垂直穿楼板安装

1—母线槽;2—支件;3—螺钉;4—螺母;5—螺栓;6—弹簧;7—垫圈;
8—螺母;9—槽钢支架;10—胀管螺栓;11—弹簧垫圈

4)封闭母线的连接

封闭母线连接应严格按前述安装要求去做,通常是采用具有高绝缘、耐电弧、高强度的绝缘板8块隔开各导电排以完成母线的插接,然后用覆盖环氧树脂的绝缘螺栓紧固,以确保母线连接处的绝缘可靠。

母线段与段连接时,先将连接盖板取下,将两段母线槽对插起来,再将连接螺栓和绝缘套管穿过连接孔,用力矩扳手将连接螺栓拧紧,一般可用0.05 mm塞尺检验,塞入深度应不超过10 mm,如图6.44所示。两相邻段的母线及外壳应对准,母线与外壳间应同心,误差不超过规范规定。母线插接紧固后,将连接盖板盖上,两段母线槽即已连接好。

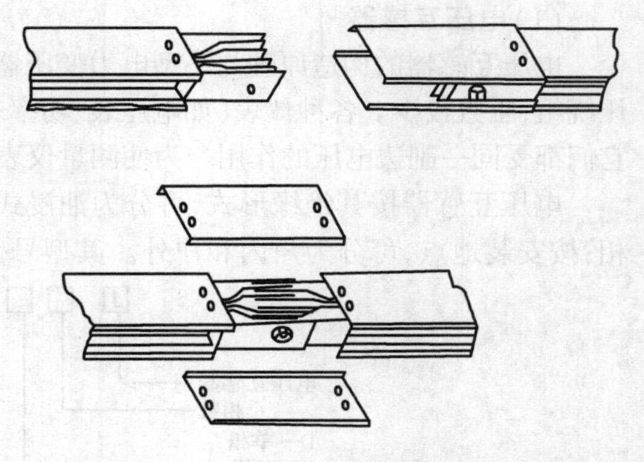

图6.44　封闭插接母线连接

封闭母线的连接头位置应错开母线支架,母线的连接不应在穿过楼板或墙壁处进行。

封闭插接母线与低压配电屏连接,应在母线终端使用始端进线箱(进线保护箱)连接,进线箱与配电屏之间使用过渡母线进行连接。

封闭插接母线与设备间连接,应在母线插接分线箱处明敷设钢管至设备接线箱(盒)内,钢管两端应套丝,在箱(盒)壁内外各用扁螺母(根母)、护口将管与箱(盒)紧固。由设备接线盒(箱)至设备电控箱一段可使用普利卡金属软管或金属蛇皮管敷设。

(3)封闭插接母线接地

封闭插接母线的接地形式各有不同,安装中应认真辨别。

一般封闭式母线的金属外壳仅作为防护外壳,不得作保护接地干线(PE线)用,但外壳必须接地。每段母线槽间应用不小于16 mm^2 的编织软铜带跨接,使母线槽外壳互相连成一体。

也有的利用壳体本身做接地线,即当母线连接安装后,外壳已连通成一个接地干线,外壳处焊有接地铜垫圈供接地用。

也有的带有附加接地装置,即在外壳上附加 3×25 裸铜带。每个母线槽间的接地带通过连接组成整体接地带。插接箱通过其底部的接地接触器,自动与接地带接触。

还有一种半总体接地装置。接地金属带与各相母线并列,在连接各母线槽时,相连槽的接地铜带自动紧密结合。当插接箱各插座与铜排触及时,通过自身的接地插座先与接地带牢靠接触,确保插接箱及以后的线路和设备可靠接地。

在 TN-S 系统中,如采用四线型母线槽,则应另外敷设一根接地干线(PE 线)。每段封闭插接母线外壳应与接地干线有良好的电气连接。

无论采用什么形式接地,均应连接牢固,防止松动,但严禁焊接。封闭母线外壳应与专用保护线(PE 线)连接。

6.6 互感器安装

在供配电系统中,使用互感器的目的在于扩大测量仪表的量程和使测量仪表与高压电路绝缘,以保证工作人员的安全,并能避免测量仪表和继电器直接受短路电流的危害,同时也可使测量仪表、继电器等规格统一。

6.6.1 互感器分类

互感器按用途可分为电压互感器和电流互感器两大类。

(1)电压互感器

电压互感器的构造原理与小型电力变压器相似。原绕组为高压绕组,匝数较多;副绕组为低压绕组,匝数较少。各种仪表(如电压表、功率表等)的电压线圈皆彼此并联地与副绕组相接,使它们都受同一副边电压的作用。为使测量仪表标准化,电压互感器的副边额定电压均为 100 V。

电压互感器按其绝缘形式,可分为油浸式、干式和树脂浇注式等;按相数,可分为单相和三相;按安装地点,可分为户内和户外。其型号表示及含义如下:

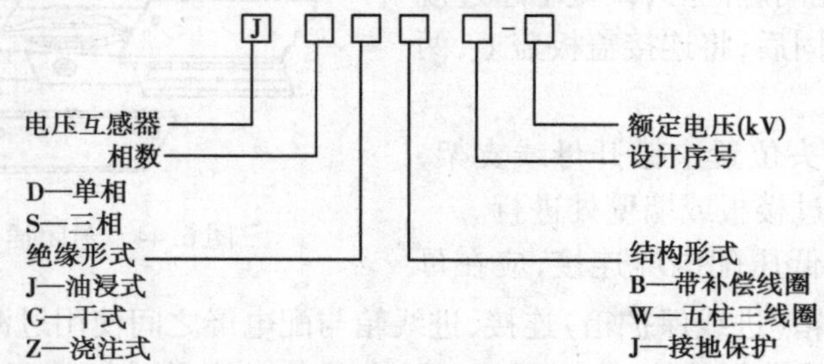

如图 6.45 所示为 JDZJ-10 型电压互感器外形。本型电压互感器为单相三线圈环氧树脂浇注式户内型,一次侧额定电压 10 kV。

(2)电流互感器

电流互感器的原绕组匝数甚少(有的直接穿过铁芯,只有一匝),而副边绕组匝数较多,各种仪表(如电流表、功率表等)的电流线圈皆彼此串联接在副绕组回路中,使它们都通过同一大小的电流。为使仪表统一规格,电流互感器副边额定电流大多为 5 A。

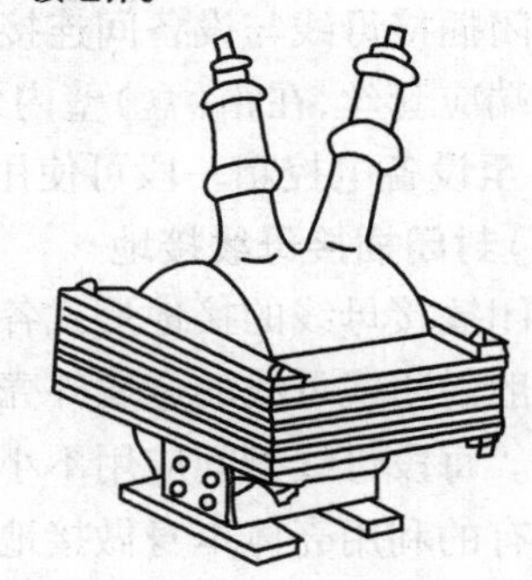

图 6.45 JDZJ-10 型电压互感器外形

由于各种仪表电流线圈的阻抗很小,因此,电流互感器的运行状态和电力变压器的短路情况相似。

电流互感器的类型很多。按安装地点可分为户内式和户外式;按原边绕组的匝数,可分为单匝式和多匝式;按整体结构及安装方法可分为穿墙式、母线式、套管式及支持式;按一次电压高低可分为高压和低压;按准确度级可分为 0.2,0.5,1,3,10 等级;按绝缘形式可分为瓷绝缘、浇注绝缘、树脂浇注及塑料外壳等,其型号表示及含义如下:

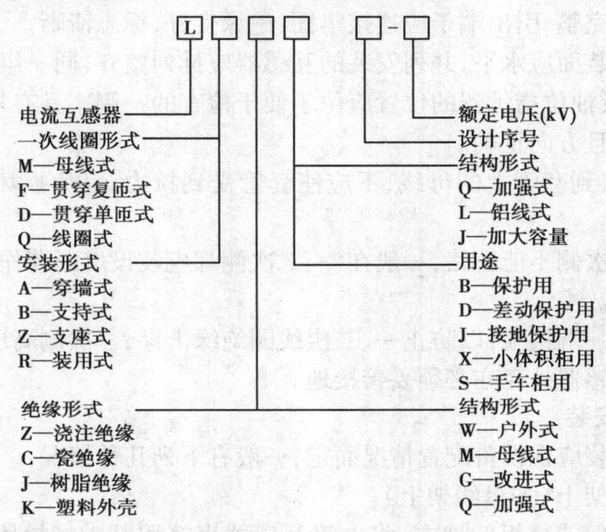

图 6.46 和图 6.47 分别为 LQJ-10 型和 $LMZJ_1$-0.5 型电流互感器的外形。

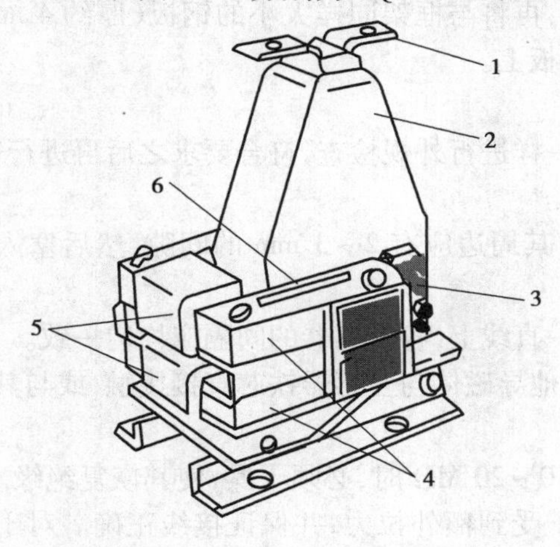

图 6.46　LQJ-10 型电流互感器

1——次接线端;2——次线圈(环氧浇注);3—二次接线端;4—铁芯;5—二次线圈;6—警告牌

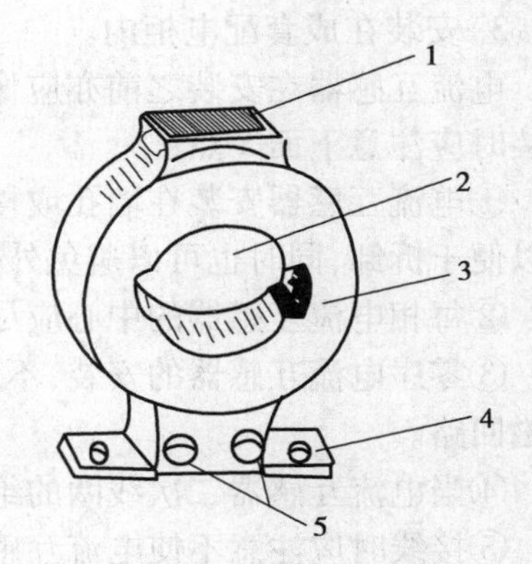

图 6.47　$LMZJ_1$-0.5 型电流互感器

1—铭牌;2—一次母线穿孔;3—铁芯(外绕二次线圈,环氧浇注);4—安装板;5—二次接线端

6.6.2　互感器安装

(1)电压互感器安装

电压互感器一般多装在成套配电柜内或直接安装在混凝土台上。装在混凝土台上的电压

互感器要等混凝土干固并达到一定强度后,才能进行安装工作,且应对电压互感器本身做仔细检查。但一般只作外部检查,如经试验判断有不正常现象时,则应作内部检查。

电压互感器外部检查可按下列各项进行:

①互感器外观应完整,附件应齐全,无锈蚀或机械损伤。

②油浸式互感器油位应正常,密封应良好,无渗油现象。

③互感器的变比分接头位置应符合设计规定。

④二次接线板应完整,引出端子应连接牢固,绝缘良好,标志清晰。

油浸式互感器安装面应水平,并列安装的互感器应排列整齐,同一组互感器的极性方向应一致,二次接线端子及油位指示器的位置应位于便于检查的一侧。具有均压环的互感器,均压环应装置牢固、水平,且方向正确。

接线时应注意,接到套管上的母线,不应使套管受到拉力,以免损坏套管,并应注意接线正确:

①电压互感器二次侧不能短路,一般在一、二次侧都应装设熔断器作为短路保护。

②极性不应接错。

③二次侧必须有一端接地,以防止一、二次线圈绝缘击穿,一次侧高压串入二次侧,危及人身及设备的安全。互感器外壳亦必须妥善接地。

(2)电流互感器安装

电流互感器的安装应视设备配置情况而定,一般有下列几种情况:

1)安装在金属构架上(如母线架上)。

2)在母线穿过墙壁或楼板的地方,将电流互感器直接用基础螺栓固定在墙壁或楼板上,或者先将角钢做成矩形框架,埋入墙壁或楼板中,再将与框架同样大小的钢板(厚约4 mm)用螺栓固定在框架上,然后将电流互感器固定在钢板上。

3)安装在成套配电柜内。

电流互感器在安装之前亦应像电压互感器一样进行外观检查,符合要求之后再进行安装。安装时应注意下面5点:

①电流互感器安装在墙孔或楼板孔中心时,其周边应有2~3 mm的间隙,然后塞入油纸板以便于拆卸,同时也可以避免外壳生锈。

②每相电流互感器的中心应尽量安装在同一直线上,各互感器的间隔应均匀一致。

③零序电流互感器的安装,不应使构架或其他导磁体与互感器铁芯直接接触,或与其构成分磁回路。

④当电流互感器二次线圈的绝缘电阻低于10~20 MΩ时,必须干燥,使其恢复绝缘。

⑤接线时应注意不使电流互感器的接线端子受到额外拉力,并保证接线正确。对于电流互感器应特别注意:极性不应接错,避免出现测量错误或引起事故;二次侧不应开路,且不应装设熔断器;二次侧的一端和互感器外壳应妥善接地,以保证安全运行。备用的电流互感器的二次绕组端子也应短路后接地。

互感器安装结束后即可进行交接试验,试验合格后即可投入运行。

6.6.3 互感器试验

互感器交接试验应按照《电气装置安装工程电气设备交接试验标准》(GB 50150—2006)的规定进行。

6.7　并联电容器安装

并联电容器主要用于提高工频电力系统的功率因数。其型号表示如下：

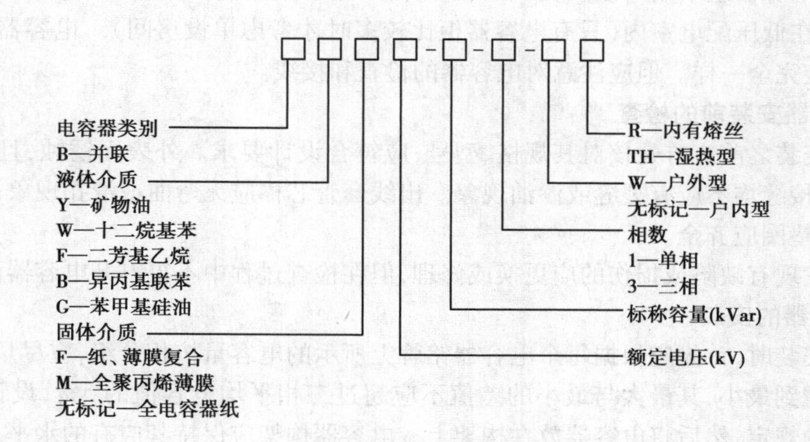

6.7.1　并联电容器的结构

电容器由外壳和芯子组成。外壳用薄钢板密封焊接而成,外壳盖上装有出线瓷套,在两侧壁上焊有供安装的吊耳。一侧吊耳上装有接地螺栓。外形如图6.48所示。

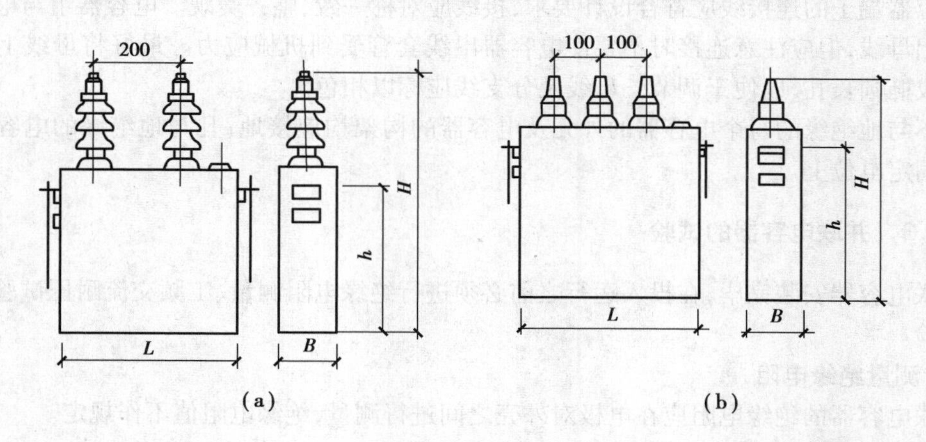

图6.48　并联电容器外形

(a)单相并联电容器　(b)三相并联电容器

芯子由若干个元件和绝缘件叠压而成。元件用电容器纸或膜纸复合或纯薄膜作介质、铝铂作极板卷制而成。为适应各种电压,元件可接成串联或并联。

电容器内部设有放电电阻,电容器自电网断开时能自行放电。一般情况下10 min后即可降至75 V以下。

6.7.2　并联电容器的安装

并联电容器在电力系统中的装设位置,有高压集中补偿、低压集中补偿和单独就地补偿3种方式。高压10 kV母线上的集中补偿设高压电容器室,当电容器组容量较小时,可设置在高压配电室内,电容器组采用△接线,装在成套的高压电容器柜内。低压集中补偿多使用低压电容器柜,安装在低压配电室内(只有电容器柜比较多时才考虑单设房间)。电容器柜的安装与配电柜的安装完全一样。但应注意对电容器的检查和接线。

(1)**电容器安装前的检查**

电容器安装之前应首先核对其规格、型号,应符合设计要求。外表无锈蚀,且外壳应无凹凸缺陷,所有接缝均不应有裂缝或渗油现象。出线套管芯棒应无弯曲或滑扣现象;引出线端连接用的螺母、垫圈应齐全。

若检查发现有缺陷或损伤的应更换或修理,但在检查过程中不得打开电容器油箱。

(2)**电容器的安装**

电容器安装时,首先应根据每个电容器铭牌上所示的电容量按相分组,应尽量将三相电容量的差值调配到最小,其最大与最小的差值不应超过三相平均电容值的5%,设计有要求时,应符合设计的规定,然后将电容器放在构架上。电容器构架应保持其应有的水平及垂直位置,固定应牢靠,油漆应完整。电容器水平放置行数一般为一行,同一行电容器之间的距离一般不应小于100 mm;上下层数不得多于3层,上、中、下3层电容器的安装位置要一致,以保证散热良好,且忌层与层之间放置水平隔板,避免阻碍通风。

电容器的放置应使其铭牌面向通道一侧,并应有顺序编号。

电容器端子的连接线应符合设计要求,接线应对称一致,整齐美观。电容器组与电网连接可采用铝母线,但应注意连接时不要使电容器出线套管受到机械应力。最好将母线上的螺栓孔加工成椭圆长孔,以便于调节。母线及分支线应标以相色。

凡不与地绝缘的每个电容器的外壳及电容器的构架均应接地;凡与地绝缘的电容器外壳应接到固定电位上。

6.7.3　并联电容器的试验

并联电容器安装完毕,在投入运行之前必须进行绝缘电阻测量、工频交流耐压试验和冲击合闸试验。

(1)**测量绝缘电阻**

并联电容器的绝缘电阻应在电极对外壳之间进行测量,绝缘电阻值不作规定。

(2)**工频交流耐压试验**

并联电容器电极对外壳的工频交流耐压试验电压值应符合表6.24的规定。当产品出厂试验电压值与表6.24所列标准不符时,应按其出厂试验电压值的75%进行交接试验。

(3)**冲击合闸试验**。

在电网额定电压下进行3次,熔断器不应熔断,且电容器组各相电流相互间的差值不宜超过5%。

表6.24　并联电容器交流耐压试验电压标准

额定电压/kV	<1	1	3	6	10	15	20	35
出厂试验电压/kV	3	5	18	25	35	45	55	85
交接试验电压/kV	2.2	3.8	14	19	26	34	41	63

6.8　蓄电池组安装

蓄电池作为二次回路的直流操作电源，常使用在高压配电装置中。常用蓄电池主要有铅酸蓄电池和镉镍蓄电池。铅酸蓄电池由于在充电时要排出氢和氧的混合气体，有爆炸危险，而且随着气体带出硫酸蒸气，有强腐蚀性，对人身健康和设备安全都有很大影响，所以已很少使用。而镉镍蓄电池除不受供电系统运行情况的影响、工作可靠外，还有大电流放电性能好，功率大，机械强度高，使用寿命长，腐蚀性小，可组装于屏内，配以测量、监察、信号等装置，组成镉镍电池直流屏，与其他柜（屏）同置于控制室内。因此，在供电系统中应用比较普遍。本节主要介绍镉镍蓄电池的安装。

6.8.1　镉镍蓄电池安装前的检查

蓄电池组的安装应按已批准的设计进行施工。蓄电池运到现场后，应在规定期限内作验收检查，并应在产品规定的有效保管期限内进行安装和充电。安装前应按下列要求进行外观检查：

1）蓄电池外壳应无裂纹、损伤、漏液等现象。清除壳表面污垢时，对用合成树脂制作的外壳，应用脂肪烃、酒精擦拭，不得用芳香烃、煤油、汽油等有机溶剂清洗。

2）蓄电池的正、负极性必须正确，壳内部件应齐全无损伤，有孔气塞通气性能应良好。

3）连接条、螺栓及螺母应齐全，无锈蚀。

4）带电解液的蓄电池，其液面高度应在两液面线之间，防漏运输螺塞应无松动、脱落。

6.8.2　镉镍蓄电池安装

镉镍蓄电池组的安装要求如下：

1）蓄电池放置的平台、基架及间距应符合设计要求。

2）蓄电池安装应平稳，同列电池应高低一致，排列整齐。每个蓄电池应在其台座或外壳表面用耐碱材料标明编号。

3）连接条及抽头的接线应正确，接头连接部分应涂以电力复合脂，螺母应紧固。

4）有抗震要求时，其抗震设施应符合有关规定，并牢固可靠。

5）镉镍蓄电池直流系统成套装置应符合国家现行标准的规定。盘柜安装应符合《电气装置安装工程盘、柜及二次回路结线施工及验收规范》（GB 50171—92）中的有关规定。蓄电池引线电缆的敷设，应符合《电气装置安装工程电缆线路施工及验收规范》（GB 50168—2006）中的有关规定。电缆引出线应采用塑料色带标明正、负极的极性，正极的赭色，负极的蓝色。

蓄电池室内裸硬母线的安装，应符合《电气装置安装工程母线装置施工及验收规范》（GB 50149—2010）中的有关规定，并应采取防腐措施。

6.8.3 电解液的配制和灌注

配制电解液应采用符合现行国家标准的3级,即化学纯的氢氧化钾(KOH)(其技术条件应符合表6.25的规定)和蒸馏水或去离子水。所用器具均为耐腐蚀器具。

表6.25 氢氧化钾技术条件

指标名称	化学纯	指标名称	化学纯
氢氧化钾(KOH)/%	≥80	硅酸盐(SiO_3)/%	≤0.1
碳酸盐(以K_2CO_3计)/%	≤3	钠(Na)/%	≤2
氯化物(Cl)/%	≤0.025	钙(Ca)/%	≤0.02
硫酸盐(SO_4)/%	≤0.01	铁(Fe)/%	≤0.002
氮化合物(N)/%	≤0.001	重金属(以Ag计)/%	≤0.003
磷酸盐(PO_4)/%	≤0.01	澄清度试验	合格

配制是应先将蒸馏水倒入容器,再将碱慢慢倾入水中,严禁将水倒入碱中。配制好的电解液应加盖存放在容器内沉淀6 h以上,取其澄清液或过滤液使用。对电解液有怀疑时应化验,应符合表6.26所规定的标准。

表6.26 碱性蓄电池用电解液标准

项 目	新电解液	使用极限值
外 观	无色透明,无悬浮物	
密 度	1.19~1.25(25 ℃)	1.19~1.21(25 ℃)
含 量	KOH240~270 g/L	KOH240~270 g/L
Cl^-	<0.1 g/L	<0.2 g/L
$CO_2^=$	<8 g/L	<50 g/L
Ca·Mg	<0.1 g/L	<0.3 g/L
氨沉淀物 Al/KOH	<0.02%	<0.02%
Fe/KOH	<0.05%	<0.05%

电解液注入蓄电池时应注意:

①电解液温度不宜高于30 ℃;当室温高于30 ℃时,不得高于室温。

②注入蓄电池的电解液的液面高度应在两液面线之间。

蓄电池注入电解液之后,宜静置1~4 h方可进行初充电。

6.8.4 镉镍蓄电池充放电

由于各制造厂规定的碱性蓄电池初充电的技术条件有一定差异,故蓄电池的初充电应按产品的技术要求进行,并应符合下列要求:

1)充电电源应可靠。

2)室内不得有明火。因在充电期间,特别是在过充时,电解液中的水被电解,放出氢气和氧气,为防止爆炸,故规定室内不得有明火。

3)装有催化栓的蓄电池应将催化栓旋下,待初充电全过程结束后重新装上。催化栓的作用是将蓄电池放出的氢和氧生成水再返回电池本体去,以达到少维护的目的,但它处理氢、氧的能力是按浮充方式时设计的,故初充电时要取下,否则要损坏壳体。

4)带有电解液并配有专用防漏运输螺塞的蓄电池,初充电前应取下运输螺塞换上有孔气塞,并检查液面不应低于下液面线。

5)充电期间电解液的温度宜为(20±10) ℃;当电解液的温度低于5 ℃或高于35 ℃时,不宜进行充电。

当蓄电池初充电时间达到产品技术条件规定的时间,充入容量和电压也达到产品技术条件的规定,即可认为充电结束。

蓄电池初充电结束后,应按产品技术条件规定进行容量校验,高倍率蓄电池还应进行倍率试验,并应符合下列要求:

①碱性蓄电池在初充电时要经过多次充放电循环才能达到额定容量。一般在5次充、放电循环内,放电容量在(20±5) ℃时应不低于额定容量。当放电且电解液初始温度低于15 ℃时,放电容量应按制造厂提供的修正系数进行修正。

②用于有冲击负荷,如断路器的操作电源的高倍率蓄电池倍率放电。在电解液温度为(20±5) ℃条件下,以$0.5C_5$电流值先放电1 h情况下,继以$6C_5$电流值放电0.5 s,其单体蓄电池的平均电压应为:超高倍率蓄电池不低于1.1 V;高倍率蓄电池不低于1.05 V。

③按$0.2C_5$电流值放电终结时,单体蓄电池的电压应符合产品技术条件的规定,电压不足1.0 V的电池数不应超过电池总数的5%,且最低不得低于0.9 V。

蓄电池充电结束后,电解液的液面会发生变化。为保证蓄电池的正常使用,需要蒸馏水或去离子水将液面调整至上液面线。

在整个充放电期间,应按规定时间记录每个蓄电池的电压、电流及电解液温度和环境温度。并绘制整组充、放电特性曲线,供以后维护时参考,同时也作为技术资料、移交运行单位。

6.8.5 镉镍蓄电池安装质量检验

镉镍蓄电池安装质量的检验包括:蓄电池台架安装、蓄电池安装、电解液的配制及蓄电池试运,可分别参照表6.27—表6.30所列项目对应检查。

表6.27 蓄电池台架安装

工序	检验项目	性 质	质量标准	检验方法及器具
水泥台架检查	表面耐酸瓷砖检查		完整、无破损	观察检查
	表面平整度		无高低不平现象	
	瓷砖间缝隙填料		耐酸材料,无漏缝、裂纹	
	外形尺寸		按设计规定	对照设计图检查
	台架水平误差		≤±5 mm	拉线检查

续表

工序	检验项目	性　质	质量标准	检验方法及器具
厂制台架安装	外形尺寸		按制造厂规定	对照厂家图检查
	台架油漆		完整、无剥落	观察检查
	安装方式		按制造厂规定	
	台架固定	主要	牢固	振动检查
	台架水平误差		≤±5 mm	拉线检查

表 6.28　蓄电池安装

工序	检验项目		性　质	质量标准	检验方法及器具
容器检查	外观检查			无损伤、裂纹	观察检查
	附件清点			齐全	
	正负极端柱的极性		主要	正确	
	槽盖密封			良好	
	容器表面清洁度			无尘土油污	
	电池连接条及紧固件			完好、齐全	
	透明密封容器内部检查	带电解液的液面	主要	在两液面线间	观察检查
		极板外形	主要	完好、无弯曲剥脱	
		容器内部清洁度		清洁，无杂物	
		极间橡胶隔板		齐全、完好	
		密度计、温度计检查			
容器安装	容器安装		主要	平衡，间距均匀	观察及用尺检查
	同一排、列蓄电池			高低一致，排列整齐	
	抗震设施(有抗震要求时)			按有关规定，牢固可靠	轻推手感
	温度计、密度计、液位计			位于易检查侧	观察检查
	连接条与端子连接		主要	正确、紧固，接触部位涂有电力复合脂	用扳手检查
	电池编号			齐全、清晰	观察检查
其他	电缆与蓄电池连接		主要	正确、紧固	扳手检查
	电缆引出线极性标志		主要	正确	观察检查
	电缆孔洞封堵			用耐酸材料密封	观察检查

表6.29 碱性蓄电池电解液的配制

工序	检验项目	性 质	质量标准	检验方法及器具
配制电解液	KOH及检验	主要	化学纯	出厂证件或化验报告
	电解液密度	主要	按制造厂规定	用密度计检查
	无厂家要求时电解液的密度（$T=25$ ℃时）	主要	(1.22 ± 0.3) g/m^3	温度计、密度计
注液条件	配置电解液		加盖存放沉淀大于6 h	查施工记录
	充电设备试运行		按制造厂规定	查试运记录
	放电设备安装		完毕	检查
	室内暖通排水设施		正常	观察检查
	室内照明		完好	投照明检查
注液	待注电解液温度　通常	主要	≤30 ℃	酒精温度计
	待注电解液温度　室温＞30 ℃	主要	不高于室温	
	电解液面高度		在高低液面线范围内	观察检查
	注液完毕呼吸器注液孔盖检查		拧紧，敞口式盖板齐全	扳、拧检查或观察

表6.30 镉镍碱性蓄电池试运（充电、放电）

工序	检验项目	性 质	质量标准	检验方法及器具
初充电	电解液注完后静止时间	主要	1~4 h	查充电记录
	注液开始至初充电时间 h		按制造厂规定	
	充电过程中允许液温		≥5 ℃；≤35 ℃	
	初充电的电流值 A		按制造厂规定	用直流电流表检查
	初充电时间 h		按制造厂规定	查充电记录
	初充电开始必须保证电源连续供电的时间		≥25 h	
初充电完成	达到规定时间	主要	按制造厂规定	查充电记录
	单体电池电压			

续表

工序	检验项目		性 质	质量标准	检验方法及器具
充放电检查	5次充放电循环内容量检查	(20±5)℃时	主要	不小于额定容量	按放电记录计算
		<15 ℃时		按制造厂修正系数修正	
	按0.2C_5电流值放电时	单体电流电压	主要	按制造厂规定	
		>0.9 V或<1.0 V的电池数	主要	少于电池总数的5%	
	冲击负荷放电	超高倍率单体电压		≥1.1 V	查放电记录
		高倍率单体电压		≥1.05 V	
	再充电		主要	与初次充电相同	检查充电记录
总体检查	充电结束后用蒸馏水或离子水调整液面位置			上液面线	观察检查
	充放电过程测试记录			齐全、正确	查充放电记录
	充放电特性曲线绘制			正确	检查绘制的曲线
	特性曲线检查			与厂家特性曲线相似	核对曲线

6.9 变配电系统调试

为了保证新安装的变配电装置安全投入运行和保护装置及自动控制系统的可靠工作，除对单体元件进行调试外，还必须对整个保护装置及各自动控制系统进行一次全面的调试工作。

调试人员在系统调试前，应熟识各种保护装置和自动控制系统的原理图；了解安装总体布置、设计意图及保护动作整定值等。以做到胸有成竹，有助于调试工作的顺利进行。

10 kV变配电系统的调试工作主要是对各保护装置（过流保护装置、差动保护装置、欠压保护装置、瓦斯保护装置及零序保护装置等）进行系统调试和进行变配电系统的试运行。

6.9.1 系统调试前的检查

(1)一般检查

此项工作主要是用肉眼从外部观察各种装置的相互关系是否与图纸相符，保护装置的工作状况是否合理，装置之间的联结是否有误等。其主要检查内容如下：

1)检查保护装置与其他盘箱的距离是否符合要求。

2)信号继电器有无装置在受振动的地方，致使在油断路器分、合闸时，因振动而造成误动作。

3)接线的排列是否合理，接线标志是否齐全，每个接线螺钉下是否都有弹簧垫圈。

4)逐一检查各接线板、元件、设备上的接线螺钉是否全部拧紧，不可忽视。因为有时事故往往出现在螺丝松动、接触不良上。

5）查对二次回路接线是否正确。当为多层配线或隐蔽配线，直接观察难以发现问题时，应采用导通法按原理图进行校对。应特别注意电流互感器二次回路不得有开路现象，电压互感器二次回路不得有短路现象。

6）总回路、分支回路等各处装设的熔断器是否良好，熔体容量是否符合要求。

7）检查各限位开关、安全开关和转换开关等是否处在正常位置，手动检查各控制器、继电器，其动作应灵敏可靠。

8）变电所内应清扫干净，无用的调试仪器、设备等均应撤离现场，柜内应无遗留的工具、杂物等。

（2）**二次回路的检验**

二次回路结线检查试验项目通常包括下列6项：

①柜内检查。

②柜间联络电缆的检查。

③操作装置的检查。

④二次电流回路和电压回路的检查。

⑤绝缘电阻测量及交流耐压试验。

⑥操作试验。

二次结线的检查和试验要有系统地进行，如检查某台变压器的二次结线，则凡属此变压器的全部接线，不论其安装位置在哪里，都应系统地检查。在检查校验时，必须熟悉全部有关图纸，并应依据原理图（展开图）进行。

1）柜内检查

柜内检查首先应依据安装图将柜内两侧的端子排逐一查对，看有无缺少；导线及端子的标号是否正确；应有的连接片是否齐备；再核对柜内所装设的各种仪表、继电器和操作器具等，有无缺少、规格是否符合设计、安装位置是否正确。然后进行校线，用校线小电灯泡（见图6.49）或用万能表对柜内各设备间的连线及由柜内设备引至端子排上的连线逐一检查。校线时为防止因并联回路而造成错误，需视实际情况，将被查部分的一端解开检查。

检查控制开关时，必须将开关转动至各个位置逐一检查。最后用万用表检查所有控制及保护回路的导通情况是否良好。

2）柜间联络电缆的检查

柜与柜之间的联络多以电缆为主，这些电缆需要逐一校对。校对方法如图6.49所示。*A*端小灯泡，一头接在要校对的电缆芯线上，另一头经过电池接到电缆的铅皮上，*B*端小灯泡一头接到电缆的铅皮上，另一头接在要校对的芯线上，若此线为*A*端所接芯线，双方灯亮。依此校对完毕。

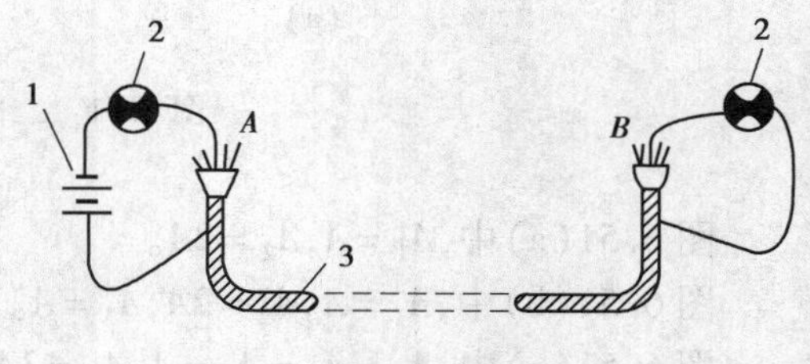

图6.49　用信号灯校线
1—干电池；2—灯泡；3—控制电缆

如果电缆没有铅皮，又没有可靠的通路可以利用，则在试第一根缆芯时，必须利用其他回路。当第一根缆芯导通后，它就可被用在后面的检验中作为两灯泡的共同通路。

3）操作装置的检查

回路中所有的操作装置都应进行检查，主要是检查内部接线是否正确，校验辅助接点的动作是否灵活正确。以导通法进行分段检查和整体检查。

如图6.50所示为油断路器的跳闸回路,用万用表分段检查(虚线所示)完后,再进行整体检查,将万用表的一只表笔接1FU,另一只表笔接2FU,用手将控制开关SA转动至通路位置,若此时万用表指示有一部分电阻,则回路是对的,若万用表指示为无穷大或为零,表示回路不正确,有断线、接错或短路。

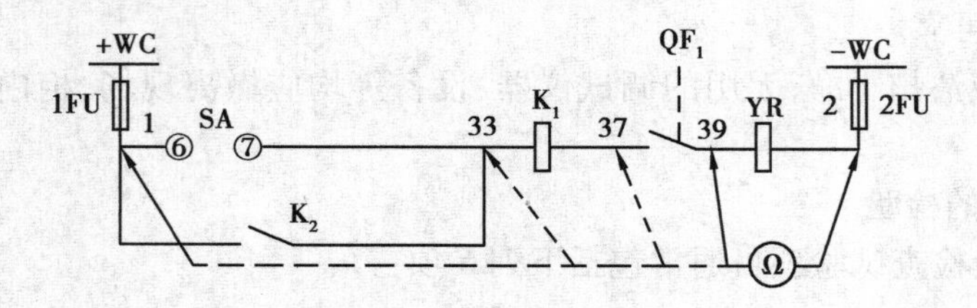

图6.50 油断路器跳闸回路的检查

检查时应注意拔去柜内熔断器的熔管,将与被测线路并联的回路一一打开。检查应用万用表,不能用兆欧表,因为兆欧表不易发现接触不良或电阻变值。

4)二次电流回路和电压回路的检查

简单的二次电流回路,电流互感器的变比一般较小,检查时可按如图6.51所示接线进行。试验时接通电源,调节单相调压器,使一次电流为互感器额定电流的40%以上,读取各电流表的读数,检查电流互感器接线是否正确。通过标准电流互感器测得一次侧电流值和各电流表的读数应符合下列关系:

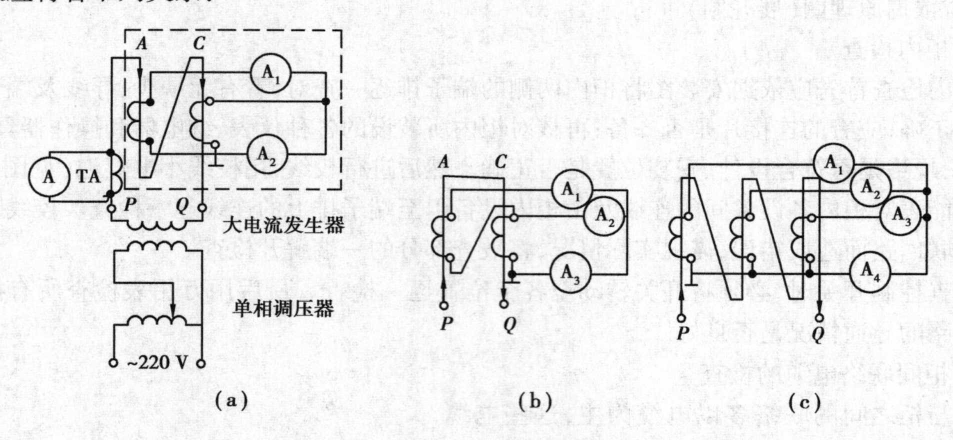

图6.51 二次电流回路的检查接线

图6.51(a)中,$A_1 = A, A_2 = 2A$。

图6.51(b)中,$A_1 = A, A_2 = 2A, A_3 = A$。

图6.51(c)中,$A_1 = A_2 = A_3 = A, A_4 = 3A$。

二次电压回路的检查,最好是将二次线自互感器解离,然后从二次线端通入低压100 V的电源,进行检查。检查时可根据二次电压回路的具体情况,检查相序,检查保护装置和信号装置的动作以及表计的指示等。

5)二次回路绝缘电阻测试和交流耐压试验

其测试和试验应符合《电气装置安装工程电气设备交接试验标准》(GB 50150—2006)的

规定,或参见本书第6.4节。

6.9.2　电流继电保护装置系统调试

将二次回路检验时所拆下的接线恢复到原来位置。试验开始,首先送入操作电源,然后合上油断路器,此时合闸指示灯(红灯)亮。拆开电流互感器二次侧保护回路端子,并将其接入电流发生器的 x 和 x_1 两端,如图6.52所示。合上开关QK,调节自耦变压器T,使电流升到过流整定值,电流继电器KA接点闭合,断路器应立即跳闸,红灯熄,绿灯亮。如装有信号继电器,则过流信号掉牌,蜂鸣器或电铃响。重复试验几次,动作一致,即可认为分闸动作正常。

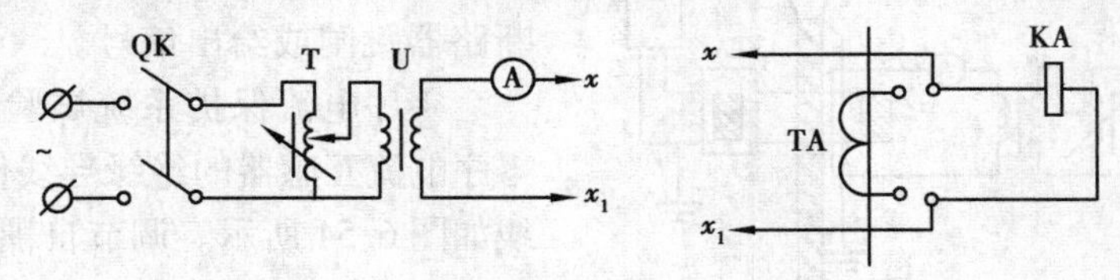

图6.52　小电流整组试验接线

QK—刀开关;T—自耦变压器;U—变流器;TA—电流互感器;KA—电流继电器

用小电流整组试验只能逐相进行,最好是在电流互感器一次侧送入大电流进行模拟系统试验,接线按图6.51进行。

6.9.3　欠电压保护装置系统调试和计量仪表整组试验

当电力系统发生短路时,除了电流显著增大以外,另一特点是母线电压下降,且故障点越近,电压下降越甚。母线处短路,则残余电压为零。为了使母线以外的其他引出线短路时保护装置不致误动作,通常装设电流闭锁装置,接线如图6-53所示。这种保护装置的选择性通常由电流与电压互相配合取得。在故障发生时电流增大,电流继电器动作,同时电压降落使电压继电器接点闭合,中间继电器接通,使断路器跳闸。

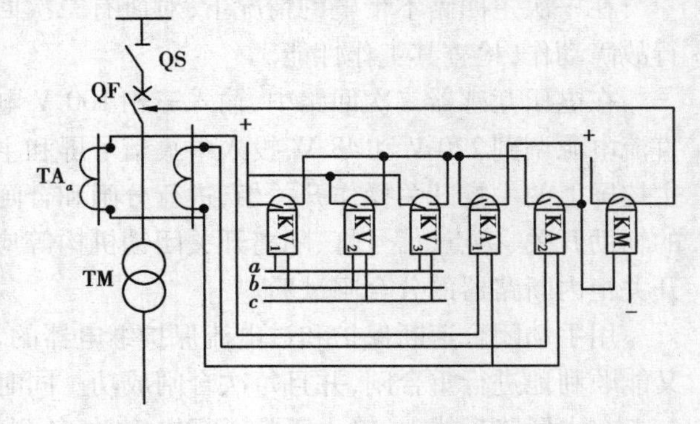

图6.53　欠压保护配合电流闭锁接线

试验时将电压互感器上部的熔断器取下,隔离开关拉开。用三相调压变压器从电压互感器次级线圈回路中 a,b,c 三相送入100 V电压,使电压继电器接点打开,同时采用大电流法进行过电流保护装置试验的接线(见图6.51)送入整定电流值,并将三相电压降低到欠压继电器的整定电压值,使接点闭合,中间继电器动作,断路器即跳闸。

利用上述试验方法,断路器不要合闸,用两只三相调压变压器,一只调节三相电压至100 V,另一只调节三相电流至5 A,进行计量仪表的电压表、电流表等的整组试验,以检验三相有功、无功电度表及盘上电压表、电流表是否良好。如果三相电度表不转动或转动缓慢,可能是线路接错,若转动正常而反转,只要将电流相线换接即可。无功电度表应该不会转动,这是因为没有无功功率损耗的关系。

6.9.4 零序电流保护系统调试

变压器低压侧采用"变压器—干线式"供电,其二次侧出线至低压切断电器的距离较长时,发生单相接地短路的可能性较大一些。通常在低压侧中性线上装设专门的零序电流保护装置,作为单相接地保护。当三相负荷对称运行时,中性线上没有电流或只有很小的不对称电流。当发生单相接地故障时,将造成三相电流严重不平衡。系统中产生较大的零序电流通过零序电流互感器,使得接在零序电流互感器二次回路中的继电器动作,接通跳闸回路使断路器跳闸或给出信号。

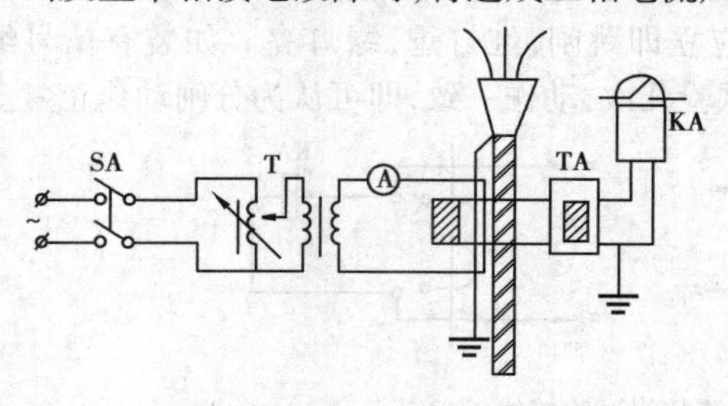

图 6.54 整组试验零序电流保护一次动作电流接线

零序电流保护系统试验可利用一根穿过零序电流互感器的绝缘导线作为一次线圈,接线如图 6.54 所示。调节自耦调压器 T 使电流上升至继电器动作,此时电流表所指示的数值即为零序电流保护装置的一次动作电流。

6.9.5 变配电系统试运行

在对各种继电保护装置整组试验以及对计量回路、自动控制回路等通电检验之后,确认保护动作可靠、接线无误,即可进行系统试运行。

(1)模拟试运行

在一次主回路不带电的情况下,对所有二次回路输入规定的操作电源,以模拟运行方式进行故障动作,检查其工作性能。

在电压互感器二次回路中,输入三相 100 V 电压,闭合直流小母线各分支回路开关。并将直流电源调到 220 V 和 48 V,投入中央信号屏和主控屏,使信号继电器指示牌在复原状态。由主控屏上的主控开关操作开关柜,进行分闸和合闸试验各 5 次以上,断路器应动作可靠。有关的辅助开关、接点、信号灯、隔离开关闭锁机构等应工作正常,无卡阻、失控现象。依次进行各开关柜内断路器的分合闸试验。

用手动闭合速断保护和过电流保护继电器的常开接点,使断路器准确跳闸;重合闸继电器又能顺利地进行重合闸,并且每次合闸成功。同时中央信号屏均能发出相应的信号。

在主回路母线上,输入正常运行电流时,各测量仪表应正确指示,读数无误。当输入电流达到继电器保护整定值时和降低电压达到欠电压保护整定值时,有关继电器应动作,断路器应可靠跳闸。

再试验断路器的性能。将合闸操作直流电源从 220 V 升高到 253 V(为额定电压的 115%以内),对各断路器进行合闸操作 5 次,均应合闸成功。合闸线圈与接点无局部过热现象。再将电压降低到 176 V(为额定电压 80%),同时也将 48 V 直流电压降至 38.4 V(为额定电压 80%),对各断路器进行 5 次分合闸操作,均应成功。

(2)带电试运行

变配电系统带电试运行应先进行 24 h 的空载试运行,运行无异常,再进行 24 ~ 72 h 的负载试运行,正常后即可交付使用。

1）试运行前的准备工作

①在模拟试运行的基础上，对所有二次回路再重复进行检查一遍，对已检验过的接线完全恢复原状。

②检验一次设备，清擦设备、测量绝缘电阻、交流耐压试验、接线等应完全符合要求。

③准备电气安全用具以及消防用具。

④组织试运行领导小组，参加试运行人员要明确分工，各负其责，指定专人（有高压操作合格证者）操作高压分闸机构。

⑤制订试运行方案，整个试运行要按方案进行。

⑥预先与供电单位取得密切联系。

2）空载试运行

一切准备就绪，先使直流操作电源输送到各小母线，投入到中央信号屏。然后由操作人员按操作命令进行送电操作：闭合变电所进线隔离开关；闭合进线柜断路器，这时候应全面观察母线和其他设备有无不正常情况；暂时使进线断路器分闸，将电压互感器和避雷器柜的隔离开关闭合；再次闭合进线柜断路器，操作主控制屏上作绝缘监察的电压表的转换开关，在电压表上分别读取各相对地电压约为6.7 kV及线间电压约为10.5 kV；再依次闭合每一开关柜上部的输入隔离开关，然后操作每一断路器合闸。

至此，试运行操作完毕，待空载运行2～3 h后，先断开进线断路器，后拉开进线隔离开关，装置好临时安全接地保护，全面检查所有线路接点和设备等有无局部发热和变压器有无特殊声音或其他不正常现象。如有不正常情况发生，查明原因处理后重新投入空载试运行至24 h。

（3）负载试运行

在空载试运行24 h后，如无不正常情况，可切断高压电源，再重复检查一次所有设备和元件，认为正常后，再重新接通高压电源，并可分别合上各输出隔离开关，逐渐地增加负载至一定容量后，运行24～72 h，无异常情况，即可认为系统调试符合要求，可以交付投产使用。

6.9.6　编写调试记录报告

调试工作是安装工程中的重要环节，在安装过程中可能存在的安装质量和设备性能缺陷等均能在调试中发现。因此，调试结果是变电所能否投入运行的依据，同时也是日后维修的重要依据。

调试人员应按交接试验规定项目，根据实际试验结果在试运行前整理编写完各类调试报告。每项调试结果均应由调试人员填写结论。总的系统调试报告由调试负责人提出结论性意见。

复习题

1. 一般中小型变压器的安装工作主要包括哪些内容？
2. 新安装油浸式变压器应具备什么条件，才可不进行干燥和吊芯检查？
3. 变压器试运行时，应按哪些规定进行检查？
4. 为什么对变压器要进行试验？试验项目有哪些？
5. 常用10 kV高压断路器有哪几种类型？

6. 对高压断路器、负荷开关和隔离开关,为什么要进行三相分、合闸不同期性的测定？允许误差是多少?

7. 试述高压负荷开关和隔离开关的安装和调整程序。各需要哪些加工件?

8. 成套配电柜(屏)的安装要求是什么？手车式柜除应符合一般要求外,还应符合哪些规定?

9. 简述配电柜接地的做法。

10. 简述柜上二次结线绝缘电阻和交流耐压试验标准。

11. 简述高压母线穿墙套管和低压母线过墙隔板的安装方法。

12. 简述电压互感器和电流互感器的特点及其安装接线应特别注意的问题。

13. 当互感器变比和所接指示仪表不配套时,应如何正确读数?

14. 新装并联电力电容器投入运行前应做哪些检查？摇测电容器绝缘用多大的摇表合适？怎样摇测?

15. 镉镍蓄电池安装及初充电应符合哪些要求?

16. 简述变配电系统调试的程序及要求。

17. 阅读图 6.1 ~ 图 6.4,提出所用各种设备的数量。各包括哪些安装项目?

第7章　建筑物防雷工程安装

7.1　建筑物防雷等级划分及防雷措施

7.1.1　建筑物防雷分类

根据《建筑物防雷设计规范》(GB 50057—2010)的规定,建筑物应根据其重要性、使用性质及发生雷电事故的可能性和后果,按防雷要求,划分为3类:

(1)第一类防雷建筑物

1)凡制造、使用或贮存火炸药及其制品的危险建筑物,因电火花而引起爆炸、爆轰,会造成巨大破坏和人身伤亡者。

2)具有0区或20区爆炸危险场所的建筑物。

3)具有1区或21区爆炸危险场所的建筑物,因电火花而引起爆炸,会造成巨大破坏和人身伤亡者。

(2)第二类防雷建筑物

1)国家级重点文物保护的建筑物。

2)国家级的会堂、办公建筑物、大型展览和博览建筑物、大型火车站和飞机场、国宾馆,国家级档案馆、大型城市的重要给水泵房等特别重要的建筑物。注:飞机场不含停放飞机的露天场所和跑道。

3)国家级计算中心、国际通信枢纽等对国民经济有重要意义的建筑物。

4)国家特级和甲级大型体育馆。

5)制造、使用或贮存火炸药及其制品的危险建筑物,且电火花不易引起爆炸或不致造成巨大破坏和人身伤亡者。

6)具有1区或21区爆炸危险场所的建筑物,且电火花不易引起爆炸或不致造成巨大破坏和人身伤亡者。

7)具有2区或22区爆炸危险场所的建筑物。

8)有爆炸危险的露天钢质封闭气罐。

9)预计雷击次数大于0.05次/a的部、省级办公建筑物和其他重要或人员密集的公共建筑物以及火灾危险场所。

10)预计雷击次数大于0.25次/a的住宅、办公楼等一般性民用建筑物或一般性工业建筑物。

(3)第三类防雷建筑物

1)省级重点文物保护的建筑物及省级档案馆。

2)预计雷击次数大于或等于0.01次/a,且小于或等于0.05次/a的部、省级办公建筑物和其他重要或人员密集的公共建筑物,以及火灾危险场所。

3)预计雷击次数大于或等于0.05次/a,且小于或等于0.25次/a的住宅、办公楼等一般性民用建筑物或一般性工业建筑物。

4)在平均雷暴日大于15 d/a的地区,高度在15 m及以上的烟囱、水塔等孤立的高耸建筑物;在平均雷暴日小于或等于15 d/a的地区,高度在20 m及以上的烟囱、水塔等孤立的高耸建筑物。

根据以上规定,民用建筑物应划分为第二类和第三类防雷建筑物。《民用建筑电气设计规范》(JGJ 16—2008)对此又作了更详细的规定,除以上规定外,又将高度超过100 m的建筑物划为第二类防雷建筑物;将省级大型计算中心和装有重要电子设备的建筑物、19层及以上的住宅建筑和高度超过50 m的其他民用建筑物、建筑群中最高的建筑物或位于建筑群边缘高度超过20 m的建筑物等划为第三类防雷建筑物。

7.1.2 建筑物易受雷击部位

建筑物的性质、结构及建筑物所处位置等都对落雷有着很大影响。特别是建筑物屋顶坡度与雷击部位关系较大。建筑物易受雷击部位:

1)平屋面或坡度不大于1/10的屋面。如檐角、女儿墙、屋檐(见图7.1(a)、(b))。

2)坡度大于1/10,小于1/2的屋面。如屋角、屋脊、檐角、屋檐(见图7.1(c))。

3)坡度不小于1/2的屋面。如屋角、屋脊、檐角(见图7.1(d))。

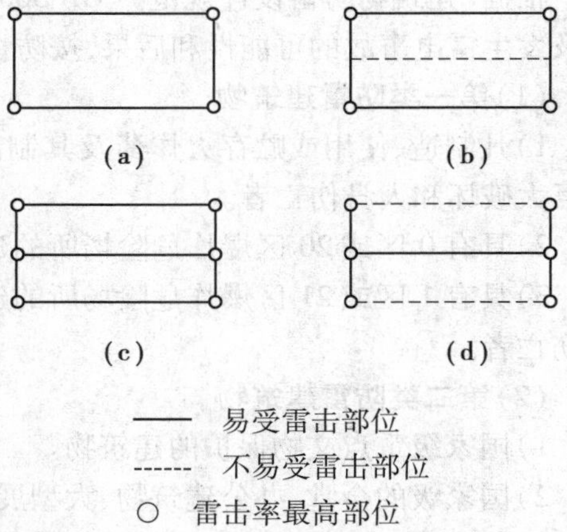

(a) (b) (c) (d)

—— 易受雷击部位
------ 不易受雷击部位
○ 雷击率最高部位

图7.1 建筑物易受雷击的部位

7.1.3 建筑物防雷措施

各类建筑物的防雷措施就是装设防雷装置。所谓防雷装置,就是用于减少闪击击于建筑物上或建筑物附近造成物质性损坏和人身伤亡的装置,由外部防雷装置和内部防雷装置组成。外部防雷装置由接闪器、引下线和接地装置组成;内部防雷装置由防雷等电位连接和与外部防雷装置的间隔距离组成。并将等电位连接网络和接地装置连在一起,组成共同接地系统,如图7.2所示。

(1)第二类防雷建筑物的防雷措施

1)防直击雷措施

①接闪器宜采用避雷带(网)、避雷针或由其混合组成。避雷带应装设在建筑物易受雷击的屋角、屋脊、女儿墙及屋檐等部位,并应在整个屋面上装设不大于10 m×10 m或12 m×8 m的网格。

②所有避雷针应采用避雷带或等效的环形导体相互连接。

③引出屋面的金属物体可不装接闪器,但应和屋面防雷装置相连。

④在屋面接闪器保护范围之外的非金属物体应装设接闪器,并应和屋面防雷装置相连。

⑤当利用金属物体或金属屋面作为接闪器时,其规格、尺寸等应符合规范要求。

⑥防直击雷的引下线应优先利用建筑物钢筋混凝土中的钢筋或钢结构柱,当利用建筑物钢筋混凝土中的钢筋作为引下线时,其上部应与接闪器焊接,下部在室外地坪下0.8~1 m处

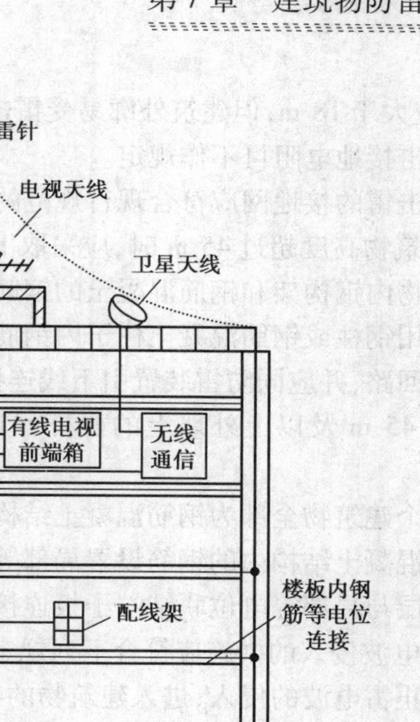

图7.2　建筑物防雷共用接地系统及等电位连接示意图

宜焊出一根直径为12 mm或40 mm×4 mm镀锌钢导体，此导体伸出外墙的长度不宜小于1 m。作为防雷引下线的钢筋应符合下列要求：

a. 当钢筋直径大于或等于16 mm时，应将两根钢筋绑扎或焊接在一起，作为一组引下线。

b. 当钢筋直径大于或等于10 mm且小于16 mm时，应利用4根钢筋绑扎或焊接作为一组引下线。

⑦防直击雷装置的引下线的数量和间距应符合下列规定：

a. 专设引下线时，其根数不应少于2根，间距不应大于18 m，每根引下线的冲击接地电阻不应大于10 Ω。

b. 当利用建筑物钢筋混凝土中的钢筋或钢结构柱作为防雷装置的引下线时，其根数可不限，间距不应大于18 m，但建筑外廓易受雷击的各个角上的柱子的钢筋或钢柱应被利用，每根引下线的冲击接地电阻可不作规定。

⑧防直击雷的接地网应符合现行规范的规定。

2）当建筑物高度超过45 m时，应采取下列防侧击措施：

①建筑物内钢构架和钢筋混凝土的钢筋应相互连接。

②应利用钢柱或钢筋混凝土柱子内钢筋作为防雷装置引下线。结构圈梁中的钢筋应每3层连成闭合回路，并应同防雷装置引下线连接。

③应将45 m及以上外墙上的栏杆、门窗等较大金属物直接或通过预埋件与防雷装置相连。

④当整个建筑物全部为钢筋混凝土结构或为砖混结构但有钢筋混凝土组合柱和圈梁时，应利用钢筋混凝土结构内的钢筋设置局部等电位联结端子板，并应将建筑物内的各种竖向金属管道每3层与局部等电位联结端子板连接一次；另外，还应在顶端和底端与防雷装置连接。

3）防雷电波侵入的措施应符合下列规定：

①为防止雷电波的侵入，进入建筑物的各种线路及金属管道宜采用全线埋地引入，并应在入户端将电缆的金属外皮、钢导管及金属管道与接地网连接。当采用全线埋地电缆确有困难而无法实现时，可采用一段长度不小于$2\sqrt{\rho}$(m)（注：ρ为埋地电缆处的土壤电阻率（Ω·m））的铠装电缆或穿钢导管的全塑电缆直接埋地引入，电缆埋地长度不应小于15 m，其入户端电缆的金属外皮或钢导管应与接地网连通。

②在电缆与架空线连接处，还应装设避雷器，并应与电缆的金属外皮或钢导管及绝缘子铁脚、金具连在一起接地，其冲击接地电阻不应大于10 Ω。

③年平均雷暴日在30 d/a及以下地区的建筑物，可采用低压架空线直接引入建筑物，并应符合下列要求：

a. 入户端应装设避雷器，并应与绝缘子铁脚、金具连在一起接到防雷接地网上，冲击接地电阻不应大于5 Ω。

b. 入户端的三基电杆绝缘子铁脚、金具应接地，靠近建筑物的电杆的冲击接地电阻不应大于10 Ω，其余两基电杆不应大于20 Ω。

④进出建筑物的架空和直接埋地的各种金属管道应在进出建筑物处与防雷接地网连接。

⑤当低压电源采用全长电缆或架空线换电缆引入时，应在电源引入处的总配电箱装设浪涌保护器。

⑥设在建筑物内、外的配电变压器，宜在高、低压侧的各相装设避雷器。

4）防止反击措施

①有条件时，宜将防雷装置的接闪器和引下线与建筑物内的金属物体隔开。

②当利用建筑物的钢筋体或钢结构作为引下线，同时建筑物的大部分钢筋、钢结构等金属物与被利用的部分连成整体时，其距离可不受限制。

③当引下线与金属物或线路之间有自然接地或人工接地的钢筋混凝土构件、金属板、金属网等静电屏蔽物隔开时，其距离可不受限制。

④当引下线与金属物或线路之间有混凝土墙、砖墙隔开时，混凝土墙的击穿强度应与空气击穿强度相同，砖墙的击穿强度应为空气击穿强度的二分之一。当引下线与金属物或线路之间距离不能满足上述要求时，金属物或线路应与引下线直接相连或通过过电压保护器相连。

⑤对于设有大量电子信息设备的建筑物,其电气、电信竖井内的接地干线应与每层楼板钢筋作等电位联结。一般建筑物的电气、电信竖井内的接地干线应每3层与楼板钢筋作等电位连接。

(2)第三类防雷建筑物的防雷措施

1)防直击雷的措施:

①接闪器宜采用避雷带(网)、避雷针或由其混合组成,所有避雷针应采用避雷带或等效的环形导体相互连接。

②避雷带应装设在屋角、屋脊、女儿墙及屋檐等建筑物易受雷击部位,并应在整个屋面上装设不大于20 m×20 m或24 m×16 m的网格。

③对于平屋面的建筑物,当其宽度不大于20 m时,可仅沿周边敷设一圈避雷带。

④引出屋面的金属物体可不装接闪器,但应和屋面防雷装置相连。

⑤在屋面接闪器保护范围以外的非金属物体应装设接闪器,并应和屋面防雷装置相连。

⑥当利用金属物体或金属屋面作为接闪器时,应符合现行规范有关规定。

⑦防直击雷装置的引下线应优先利用钢筋混凝土中的钢筋,但应符合第二类防雷建筑物防直击雷措施第⑥条要求。

⑧防直击雷装置的引下线的数量和间距应符合下列规定:

a.为防雷装置专设引下线时,其引下线数量不应少于两根,间距不应大于25 m,每根引下线的冲击接地电阻不宜大于30 Ω;对7.1.1小节(3)中第2)条所规定的建筑物,则不宜大于10 Ω。

b.当利用建筑物钢筋混凝土中的钢筋作为防雷装置引下线时,其引下线数量可不受限制,间距不应大于25 m,建筑物外廓易受雷击的几个角上的柱筋宜被利用。每根引下线的冲击接地电阻值可不作规定。

⑨防直击雷装置的接地网宜和电气设备等接地网共用。进出建筑物的各种金属管道及电气设备的接地网,应在进出处与防雷接地网相连。

2)当建筑物高度超过60 m时,应采取下列防侧击措施:

①建筑物内钢构架和钢筋混凝土中的钢筋及金属管道等的连接措施,应符合7.1.3小节(1)中第2)条的有关规定。

②应将60 m及以上外墙上的栏杆、门窗等较大的金属物直接或通过预埋件与防雷装置相连。

3)防雷电波侵入的措施应符合下列规定:

①对电缆进出线,应在进出端将电缆的金属外皮、金属导管等与电气设备接地相连。架空线转换为电缆时,电缆长度不宜小于15 m,并应在转移处装设避雷器。避雷器、电缆金属外皮和绝缘子铁脚、金具应连在一起接地,其冲击接地电阻不宜大于30 Ω。

②对低压架空进出线,应在进出处装设避雷器,并应与绝缘子铁脚、金具连在一起接到电气设备的接地网上。当多回路进出线时,可仅在母线或总配电箱处装设避雷器或其他形式的浪涌保护器,但绝缘子铁脚、金具仍应接到接地网上。

③进出建筑物的架空金属管道,在进出处应就近接到防雷或电气设备的接地网上或独立接地,其冲击接地电阻不宜大于30 Ω。

4)防止雷电流流经引下线和接地网时产生的高电位对附近金属物体、电气线路、电气设备和电子信息设备的反击措施,应符合7.1.3小节(1)中第4)条的规定。

7.2 建筑物防雷工程施工图

建筑物防雷工程施工图一般比较简单，包括屋顶防雷平面图和基础接地平面图。如图7.3、图7.4所示为一工程实例，可以仔细阅读，明确该工程所包含的施工内容，逐一搞清楚施工方法和质量要求。

图7.3屋顶层防雷平面图的施工说明：

1.本建筑为二类高层商住楼。预计年雷击次数约为0.083次/a，本工程按二类防雷设防。

2.屋顶避雷带采用ϕ12圆钢在屋檐明敷，并在住宅楼屋面用25×4镀锌扁钢暗敷于抹灰层使避雷网格不大于10 m×10 m或12 m×8 m。避雷带支持点间距为1 m，转弯处为0.5 m。详见国家标准图集02D501-1-2-09。

3.引下线应根据实际情况采用两根大于ϕ16 mm柱内主筋或者4根大于ϕ10 mm柱内主筋，且应与水平接地装置焊接连通，形成电气通路。引下线间距不应大于18 m。

4.屋面不同标高的避雷带及避雷网应采用-25×4镀锌扁钢焊接连通，并暗敷于抹灰层内。

5.屋面用电设备，从配电箱引出的线路应穿钢管，钢管一端与配电箱外露可导电部分连接，另一端与用电设备外露导电部分连接，并就近与屋面避雷装置连接。钢管中间断开部分应设线径不小于6 mm^{2}的跨接线。

6.突出屋面的建筑物、金属物等应与屋面避雷装置可靠焊接连接。

7.屋顶构架避雷带通过其支撑柱内钢筋引下与屋面避雷带焊接连通。

8.建筑外墙的金属门窗及栏杆、金属幕墙等及突出屋面金属物及管道均应与防雷装置连接。

9.电气人员应在土建施工时密切与土建人员配合，作好预埋件的处理。

图7.4基础接地平面图的施工说明：

1.本建筑按二类防雷措施设置防雷装置，本接地系统采用共用接地系统。

2.利用建筑物桩基作垂直接地体，承台基础底筋应与圈梁底筋、桩基主筋可靠焊接，焊接长度大于100 mm。无地梁处采用-40×4镀锌扁钢埋深1.0 m连接成网。

3.接地电阻不大于1 Ω，否则应增加人工接地极。接地端子板与接地装置可靠焊接。

4.防雷引下线距室外地坪0.3 m处预埋接地电阻测试板。

5.施工中严格遵照国家标准图集03D501-4《利用建筑物金属体做防雷及接地装置安装》。

6.所有楼层卫生间在洗手盆下距地0.3 m位置设置等电位端子板。

7.施工时应与土建人员密切配合做好预埋预留工作。

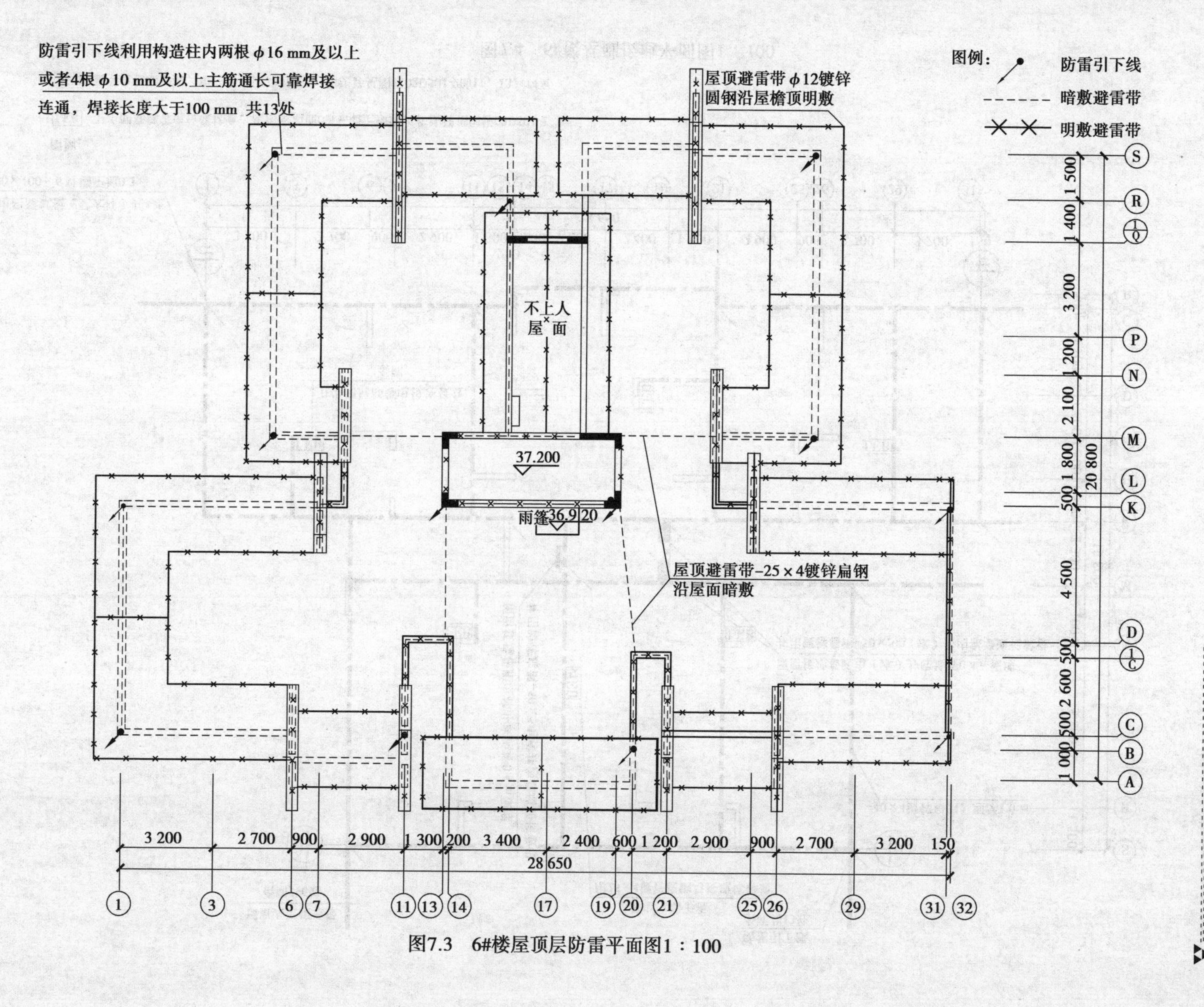

图7.3　6#楼屋顶层防雷平面图1：100

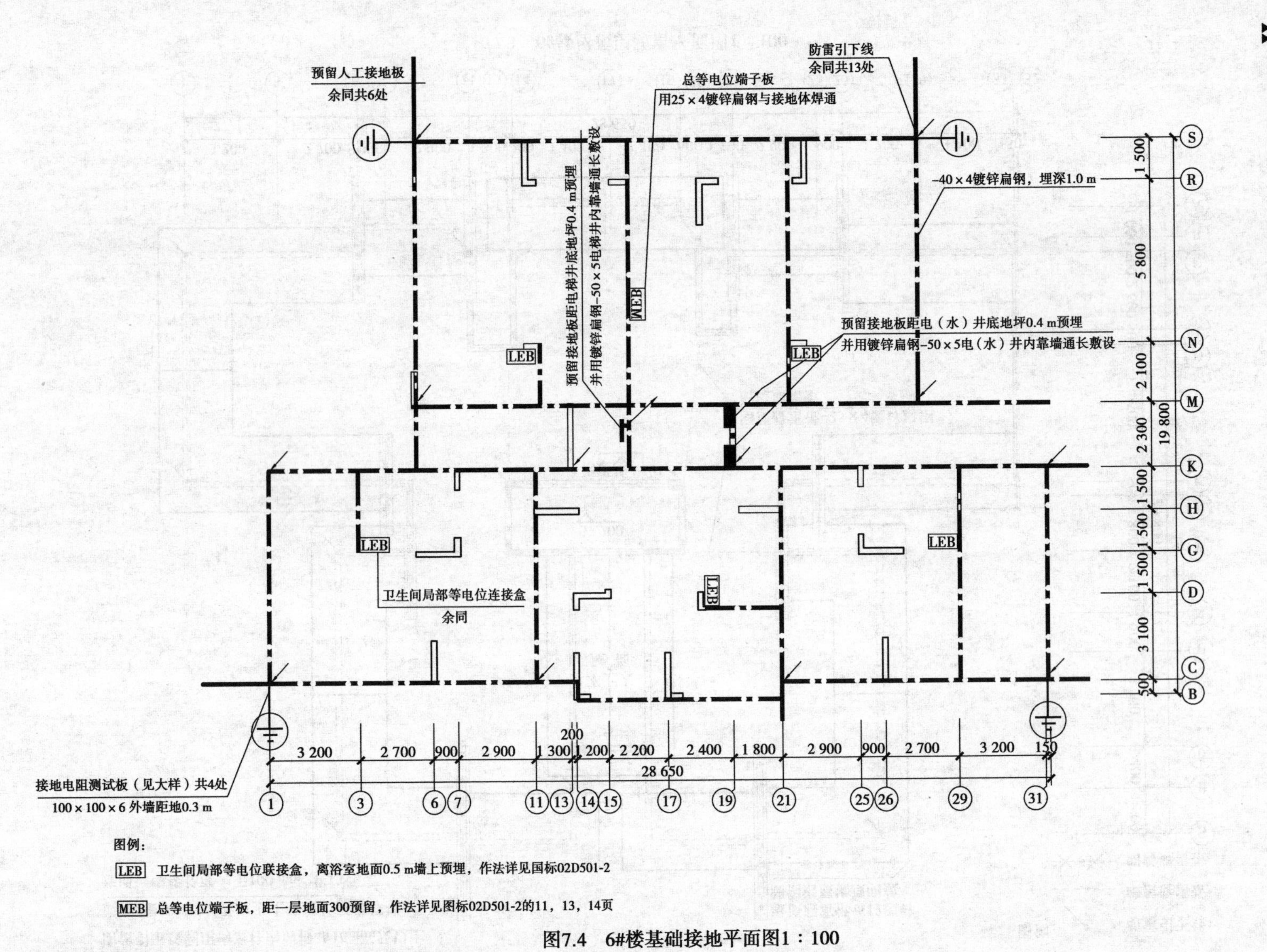

图例：

LEB 卫生间局部等电位联接盒，离浴室地面0.5 m墙上预埋，作法详见国标02D501-2

MEB 总等电位端子板，距一层地面300预留，作法详见图标02D501-2的11，13，14页

图7.4　6#楼基础接地平面图1：100

7.3　接闪器安装

在《建筑物防雷设计规范》(GB 50057—2010)中,称接闪器是外部防雷装置的组成部分,由拦截闪击的接闪杆、接闪带、接闪线、接闪网以及金属屋面、金属构件等组成。

7.3.1　避雷针(接闪杆)安装

(1)避雷针的保护范围

避雷针的保护范围,以它对直击雷所保护的空间来表示。单支避雷针的保护范围如图7.5所示。当避雷针高度 h 小于或等于 h_r 时,在距地面 h_r 处作一平行于地面的平行线;以针尖为圆心,h_r 为半径,作弧线交于平行线的 A,B 两点;以 A,B 为圆心,h_r 为半径作弧线,该弧线与针尖相交并与地面相切。从此弧线起到地面止就是保护范围。保护范围是一个对称的锥体。避雷针在 h_x 高度的 xx'平面上的保护半径,可按下列计算式确定:

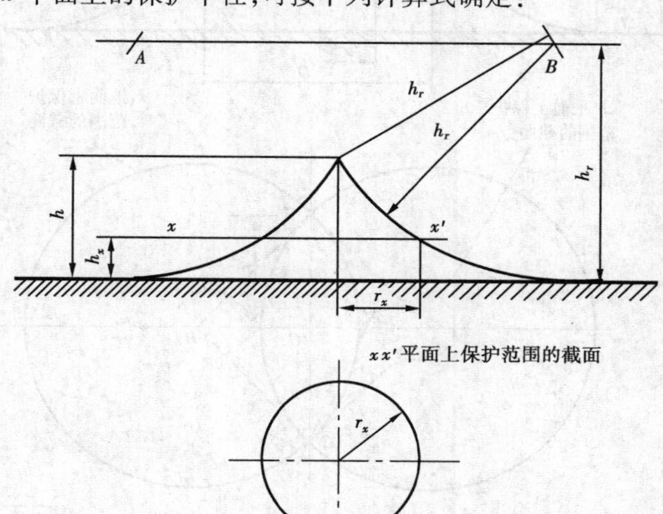

图7.5　单支避雷针的保护范围

$$r_x = \sqrt{h(2h_r - h)} - \sqrt{h_x(2h_r - h_x)} \tag{7-1}$$

$$r_0 = \sqrt{h(2h_r - h)} \tag{7-2}$$

式中　r_x—— 避雷针在 h_x 高度的 xx' 平面上的保护半径,m;

h_r—— 滚球半径,可按表7.1确定,m;

h_x—— 被保护物的高度,m;

r_0—— 避雷针在地面上的保护半径,m。

表7.1　按建筑物防雷类别布置接闪器及其滚球半径

建筑物防雷类别	滚球半径 h_r/m	避雷网网格尺寸/m
第一类防雷建筑物	30	≤5×5或≤6×4
第二类防雷建筑物	45	≤10×10或≤12×8
第三类防雷建筑物	60	≤20×20或≤24×16

当避雷针高度 h 大于 h_r 时，在避雷针上取高度 h_r 的一点代替单支避雷针针尖作为圆心，其余做法与上相同。

当需要保护的范围较大时，用一支高避雷针保护往往不如用两支比较低的避雷针保护有效，由于两针之间受到了良好的屏蔽作用，除受雷击的可能性极少外，而且便于施工和具有良好的经济效果。两支等高避雷针的保护范围，在避雷针高度 h 小于或等于 h_r 的情况下，当两根避雷针的距离 D 大于或等于 $2\sqrt{h(2h_r - h)}$ 时，应各按单支避雷针的方法确定；当 D 小于 $2\sqrt{h(2h_r - h)}$ 时，应按图 7.6 来确定。

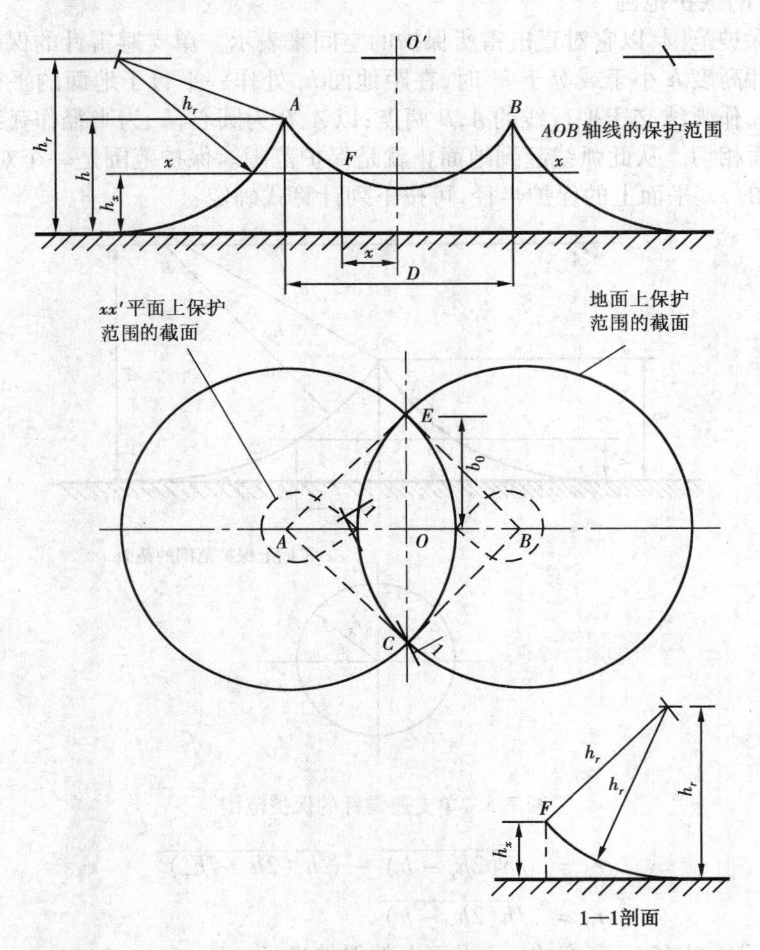

图 7.6　双支等高避雷针的保护范围

1) $AEBC$ 外侧的保护范围，按单支避雷针的方法确定。

2) C，E 点位于两针间的垂直平分线上。在地面每侧的最小保护宽度 b_0 可计算为

$$b_0 = CO = EO = \sqrt{h(2h_r - h) - \left(\frac{D}{2}\right)^2} \tag{7-3}$$

在 AOB 轴线上，距中心线任一距离 x 处，其在保护范围上边线上的保护高度 h_x 可确定为

$$h_x = h_r - \sqrt{(h_r - h)^2 + \left(\frac{D}{2}\right)^2 - x^2} \tag{7-4}$$

该保护范围上边线是以中心线距地面 h_r 的一点 O' 为圆心，以 $\sqrt{(h_r-h)^2+\left(\frac{D}{2}\right)^2}$ 为半径所作的圆弧 AB。

3）两针间 $AEBC$ 内的保护范围，ACO 部分的保护范围按以下方法确定：在任一保护高度 h_x 和 C 点所处的垂直平面上，以 h_x 作为假想避雷针，按单支避雷针的方法逐点确定（见图7.6的1—1剖面图）。确定 BCO，AEO，BEO 部分的保护范围的方法与 ACO 部分的相同。

4）确定 xx' 平面上保护范围截面的方法：以单支避雷针的保护半径 r_x 为半径，以 A，B 为圆心作弧线与四边形 $AEBC$ 相交，以单支避雷针的 (r_0-r_x) 为半径，以 E，C 为圆心作弧线与上述弧线相交，见图7.6中的粗虚线。

近年来，国外有的文献提出一种大气高脉冲电压避雷针，其特点是在传统的避雷针上部设置了一个能在针尖产生刷形放电的电压脉冲发生装置。它利用雷暴时存在于周围电场中的大气能量，按选定的频率和振幅，把这种能量转变成高电压脉冲，使避雷针尖端出现刷形放电或高度离子化的等离子区。它与雷云下方的电荷极性相反，成为放电的良好通道，从而强化了引雷作用。脉冲的频率是按照有助于消除空间电荷，保证离子化通道处于最优化状态进行选定的。这种新型避雷针拥有比传统避雷针大若干倍的保护范围，特别是在建筑物顶部的保护范围。因此，应用大气高脉冲电压避雷针进行雷击保护，可以减少避雷针的数量或降低避雷针的高度。

（2）避雷针的安装

避雷针的安装可参照全国通用电气装置标准图集执行。图7.7和图7.8分别为避雷针在山墙上安装和避雷针在屋面上安装。

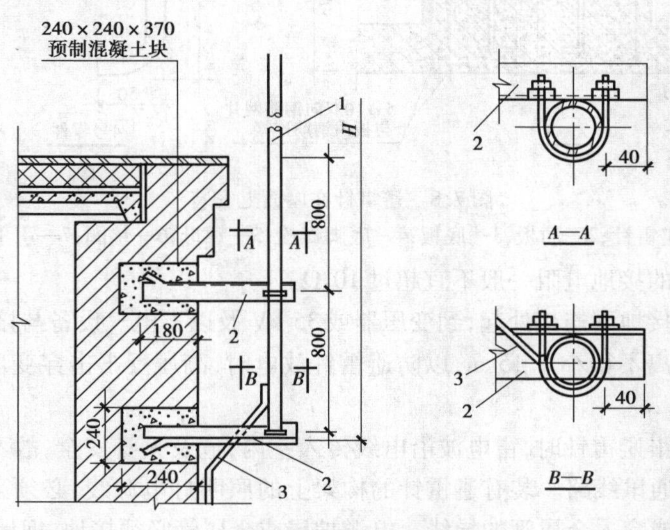

图7.7　避雷针在山墙上安装
1—避雷针；2—支架；3—引下线

其安装注意事项如下：

1）在选择独立避雷针的装设地点时，应使避雷针及其接地装置与配电装置之间保持以下规定的距离：在地面上，由独立避雷针到配电装置的导电部分以及到变电所电气设备和构架接地部分间的空间距离不应小于5 m；在地下，由独立避雷针本身的接地装置与变电所接地网间最近的地中距离一般不小于3 m；独立避雷针及其接地装置与道路或建筑物的出入口等的距离应大于3 m。

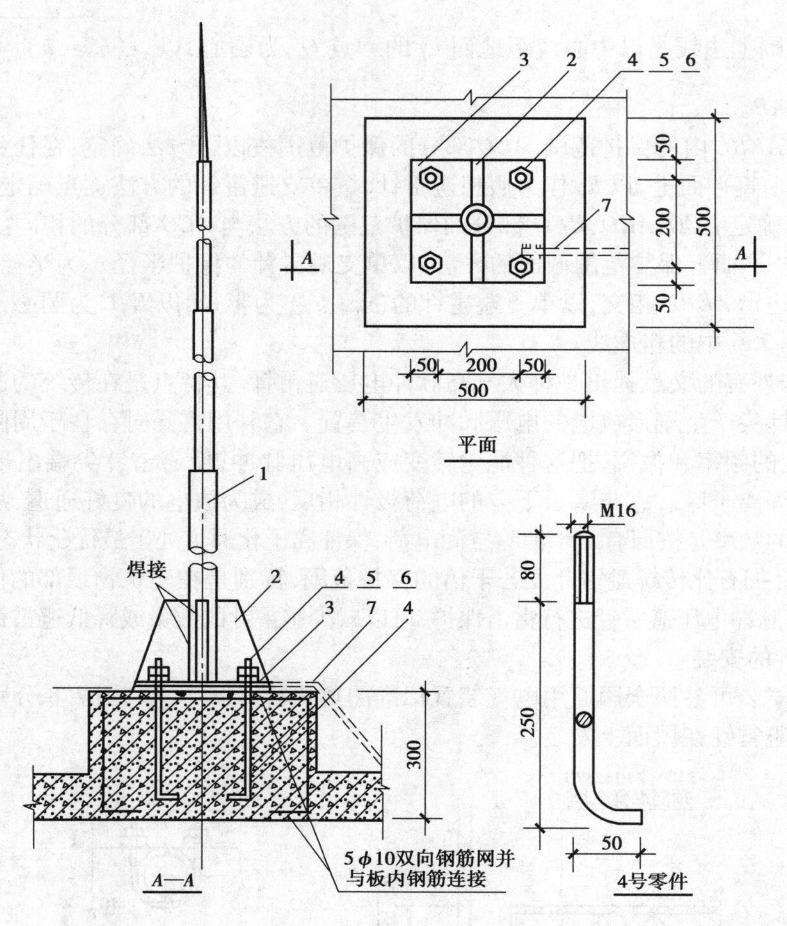

图 7.8　避雷针在屋面上安装

1—避雷针;2—肋板;3—底板;4—底脚螺栓;5—螺母;6—垫圈;7—引下线

2)独立避雷针的接地电阻一般不宜超过 10 Ω。

3)由避雷针与接地网连接处起,到变压器或 35 kV 及以下电气设备与接地网的连接处止,沿接地网地线的距离不得小于 15 m,以防避雷针放电时,高压反击击穿变压器的低压侧线圈及其他设备。

4)为了防止雷击避雷针时,雷电波沿电线传入室内,危及人身安全,故不得在避雷针构架上架设低压线路或通讯线路。装有避雷针的构架上的照明灯电源线,必须采用直埋于地下的带金属护层的电缆或穿入金属管的导线。电缆护层或金属管必须接地,埋地长度应在 10 m 以上,方可与配电装置的接地网相连或与电源线、低压配电装置相连接。

5)装有避雷针的金属筒体(如烟囱),当其厚度大于 4 mm 时,可作为避雷针的引下线;筒体底部应有对称的两处与接地体相连。

7.3.2　避雷带(接闪带)安装

所谓避雷带,就是利用小截面圆钢或扁钢做成的条形长带,作为接闪器装于建筑物易遭雷直击的部位,如屋脊、屋檐、屋角、女儿墙和山墙等。它是建筑物防直击雷较普遍采用的措施。

明装避雷带的安装可采用预埋扁钢支架或预制混凝土支座等方法，将避雷带与扁钢支架焊为一体。图7.9是避雷带在天沟、屋面、女儿墙上的安装图。当避雷带在屋脊上安装时，也可使用混凝土支座或支架固定（见图7.10）。当避雷带水平敷设时，支架间距为1 m，转弯处为0.5 m。为了使避雷带对建筑物不易遭受雷击部位也有一定的保护作用，避雷带一般应高出重点保护部位0.1 m以上。

用女儿墙压顶钢筋作暗装避雷带时，其做法如图7.11所示，当女儿墙压顶为现浇混凝土，即可用压顶板内的通长钢筋作为暗装避雷带。

7.3.3　暗装避雷网安装

暗装避雷网是利用建筑物屋面板内钢筋作为接闪装置。而将避雷网、引下线、接地装置3部分组成一个整体较密的钢铁大笼，俗称为笼式避雷网。

由于土建施工做法和构件不同，屋面板上的网格大小也不一样，现浇混凝土屋面板其网络均不大于300 mm×300 mm，而且整个现浇屋面板的钢筋都是连成一体的。如果屋顶上部有女儿墙，可同时在女儿墙上安装避雷带，与避雷网再连接成一体，这是最好的防雷措施，如图7.12所示。

由于建筑结构的体系不同，具体做法也不一样。应特别注意各层梁、柱、墙及楼（屋）面板相互之间的钢筋要做到搭接绑扎或焊接。

建筑物屋面上部，往往有很多突出物，如金属旗杆、透气管、金属天沟、铁栏杆等，这些金属导体都必须与暗装避雷网焊接成一体作为接闪装置。

对高层建筑物，一定要注意防备侧向雷击和采取等电位措施。应在建筑物首层起每3层设均压环一圈。当建筑物全部为钢筋混凝土结构，即可利用结构圈梁钢筋与柱内作为引下线的钢筋进行绑扎或焊接作为均压环。当建筑物为砖混结构但有钢筋混凝土组合柱和圈梁时，均压环做法同钢筋混凝土结构。没有组合柱和圈梁的建筑物，应每3层在建筑物外墙内敷一圈ϕ12 mm镀锌圆钢作为均压环，并与防雷装置的所有引下线连接，如图7.13所示。

建筑物高度超过30 m时，30 m及以上部分建筑物内钢构架和钢筋混凝土的钢筋互相连接，利用钢柱或钢筋混凝土柱内钢筋作为防雷装置引下线，并将30 m及以上部分外墙上的金属栏杆，金属门窗等较大金属物直接或通过金属门窗预埋铁与防雷装置连接，以防侧击雷和采取等电位措施。

钢门、窗与接地装置之间的连接导体应在钢门、窗框定位后，于墙面装饰层或抹灰层施工之前进行。连接导体应紧贴墙面敷设，并焊接于钢门、窗框的边沿上。连接导体另一端同建筑结构的圈梁或钢筋混凝土柱的预埋铁件焊接。当柱体为钢柱时，则可直接焊于钢柱上。

铝合金门、窗的做法与钢门、窗做法基本相同，连接导体一端应焊接到铝合金门、窗框的固定铁板上。

高层建筑物防雷装置施工时，必须使建筑物内部的所有金属物体，构成统一的电气通路。因此，除建筑本身的梁、柱、墙及楼板内的钢筋要互相连接外，建筑物内部的金属机械设备、电气设备及其互相连通的金属管路等，都必须构成电气的连接。

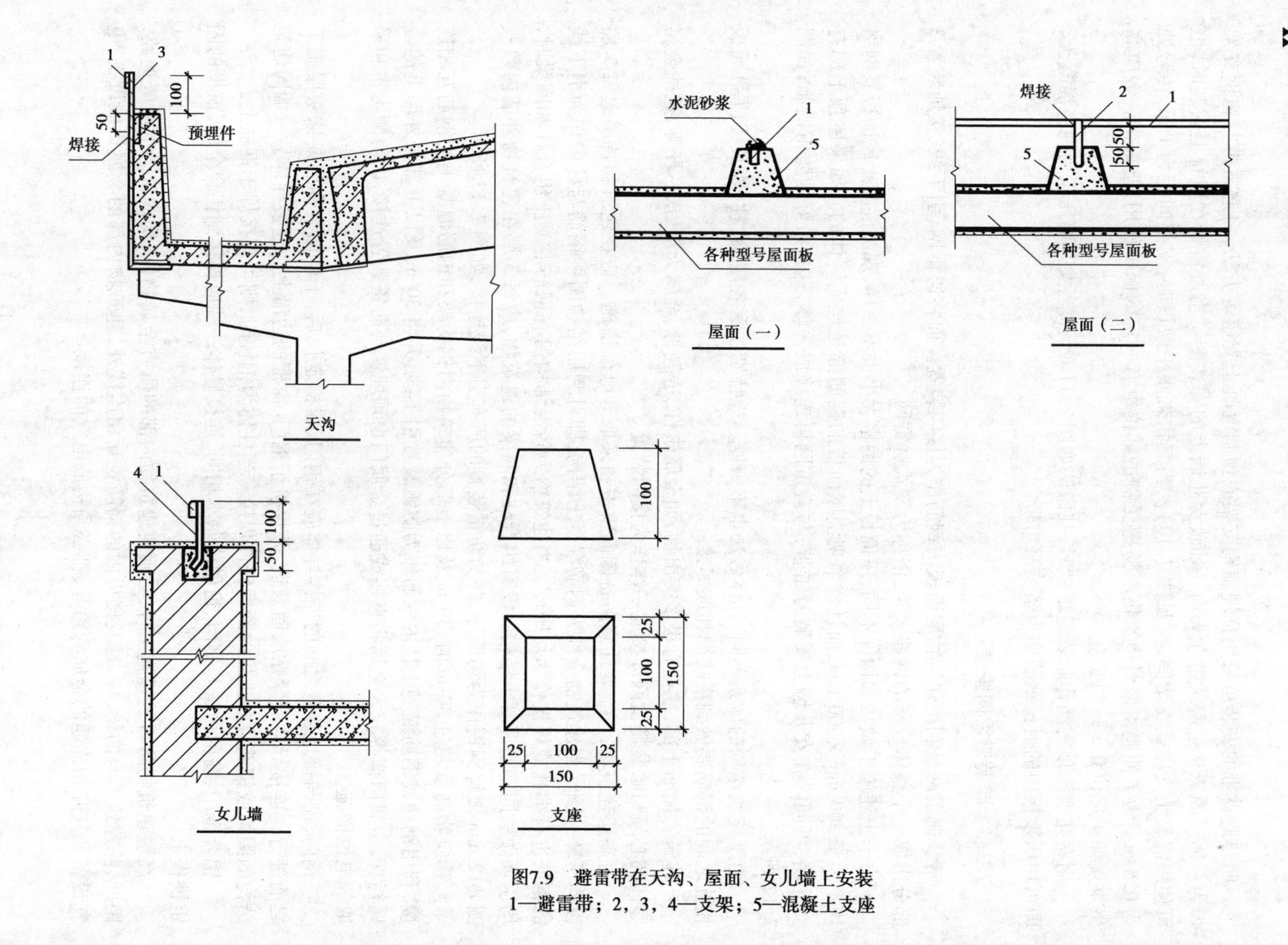

图7.9 避雷带在天沟、屋面、女儿墙上安装
1—避雷带；2，3，4—支架；5—混凝土支座

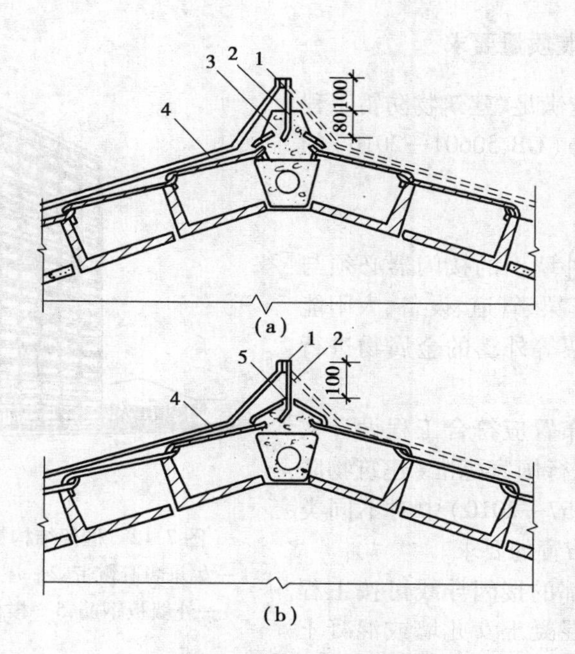

图7.10　避雷带在屋脊上安装

(a)用支座固定　(b)用支架固定

1—避雷带;2—支架;3—支座;4—引下线;5—水泥砂浆

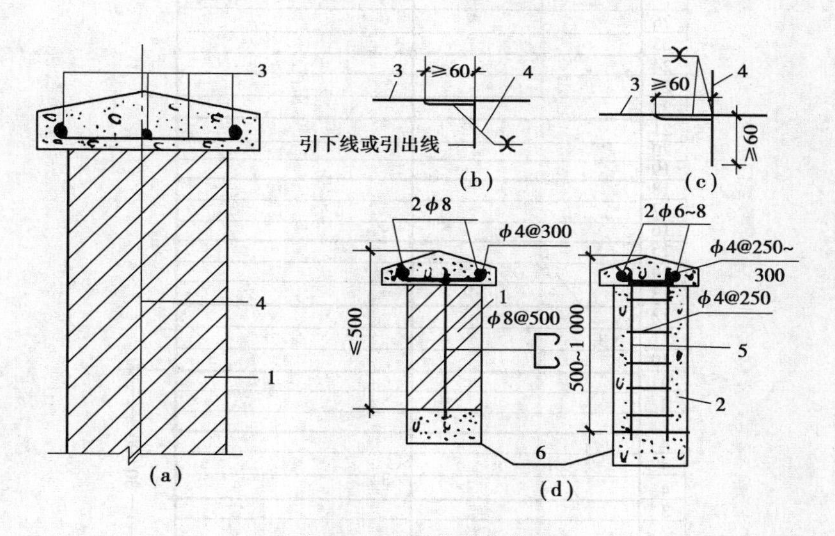

图7.11　避雷带暗装做法

(a)压顶内暗装避雷带做法　(b)压顶内钢筋引下线(或引出线)连接做法

(c)压顶上有明装接闪带时引下线与压顶内钢筋连接做法　(d)女儿墙结构图

1—砖砌体女儿墙;2—现浇混凝土女儿墙;3—女儿墙压顶内钢筋;

4—防雷引下线;5—4φ10 圆钢连接线;6—圈梁

7.3.4　接闪器安装质量要求

接闪器安装质量应满足《建筑物防雷工程施工与质量验收规范》(GB 50601—2010)的相应要求。

(1)主控项目

1)建筑物顶部和外墙上的接闪器必须与建筑物栏杆、旗杆、吊车梁、管道、设备、太阳能热水器、门窗、幕墙支架等外露的金属物进行电气连接。

2)接闪器的安装布置应符合工程设计文件的要求,并应符合现行国家标准《建筑物防雷设计规范》(GB 50057—2010)中对不同类别防雷建筑物接闪器布置的要求。

3)位于建筑物顶部的接闪导线可按工程设计文件要求暗敷在混凝土女儿墙或混凝土

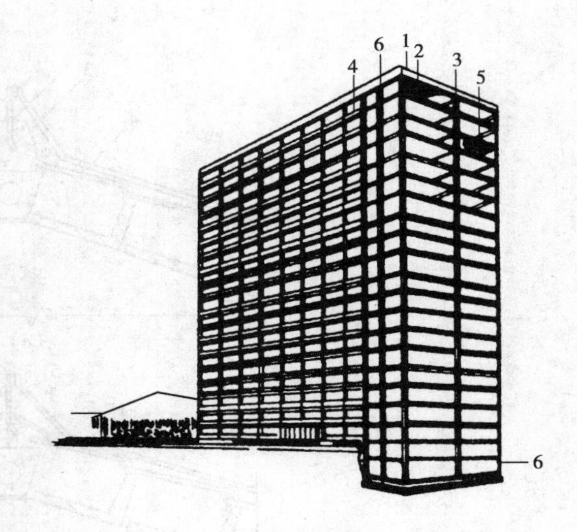

图 7.12　框架结构笼式避雷网示意图
1—女儿墙避雷带;2—屋面钢筋;3—柱内钢筋;4—外墙板钢筋;5—楼板钢筋;6—基础钢筋

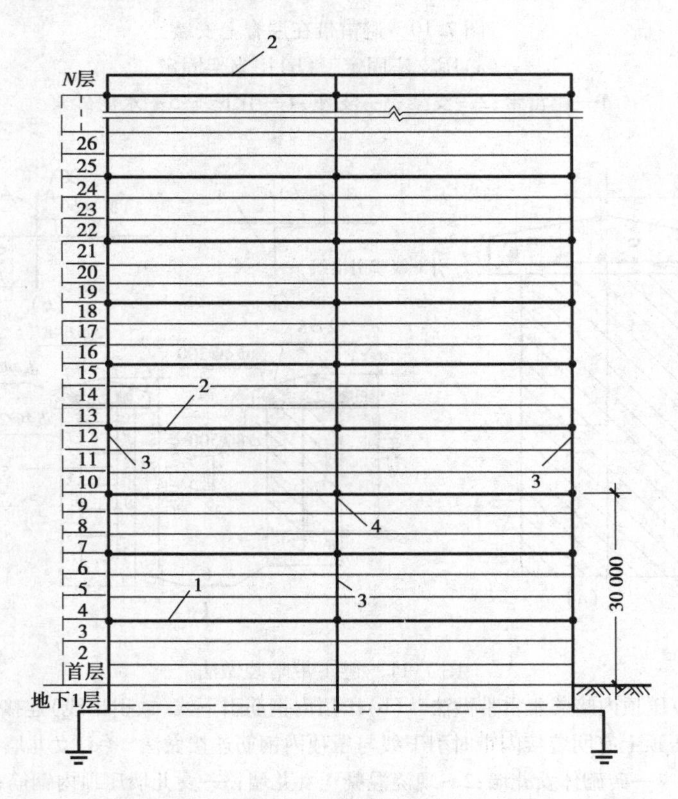

图 7.13　高层建筑物避雷带(网或均压环)引下线连接示意图
1—避雷带(网或均压环);2—避雷带(网);3—防雷引下线;4—防雷引下线与避雷带(网或均压环)的连接处

屋面内。当采用暗敷时，作为接闪导线的钢筋施工应符合现行国家标准《混凝土结构工程施工质量验收规范》(GB 50204—2011)中第 5 章的规定。高层建筑物的接闪器应采取明敷方法。在多雷区，宜在屋面拐角处安装短接闪杆。

4)专用接闪杆应能承受 0.7 kN/m^2 的基本风压，在经常发生台风和大于 11 级大风的地区，宜增大接闪杆的尺寸。

5)接闪器上应无附着的其他电气线路或通信线、信号线，设计文件中有其他电气线和通信线敷设在通讯塔上时，线路应采用直埋于土壤中的铠装电缆或穿金属管敷设的导线。电缆的金属护层或金属管应两端接地，埋入土壤中的长度不应小于 10 m。

(2)**一般项目**

1)当利用建筑物金属屋面、旗杆、铁塔等金属物做接闪器时，建筑物金属屋面、旗杆、铁塔等金属物的材料、规格应符合《建筑物防雷工程施工与质量验收规范》(GB 50601—2010)附录 B 的有关规定。

2)专用接闪杆位置应正确，焊接固定的焊缝应饱满无遗漏，焊接部分防腐应完整。接闪导线应位置正确、平正顺直、无急弯。焊接的焊缝应饱满无遗漏，螺栓的固定应有防松零件。

3)接闪导线焊接时的搭接长度及焊接方法应符合表 7.2 的规定。

表 7.2　防雷装置钢材焊接时的搭接长度及焊接方法

焊接材料	搭接长度	焊接方法
扁钢与扁钢	不应少于扁钢宽度的 2 倍	两个大面不应少于 3 个棱边焊接
圆钢与圆钢	不应少于圆钢直径的 6 倍	双面施焊
圆钢与扁钢	不应少于圆钢直径的 6 倍	双面施焊
扁钢与钢管、扁钢与角钢	紧贴角钢外侧两面或紧贴 3/4 钢管表面，上、下两侧施焊，并应焊以由扁钢弯成的弧形(或直角形)卡子或直接由扁钢本身弯成弧形或直角形与钢管或角钢焊接	

4)固定接闪导线的固定支架应固定可靠，每个固定支架应能承受 49 N 的垂直拉力。固定支架应均匀，并应符合表 7-3 的要求。

表 7.3　接闪导体和引下线固定支架的间距

布置方式	扁形导体和绞线固定支架的间距/mm	单根圆形导体固定支架的间距/mm
水平面上的水平导体	500	1 000
垂直面上的水平导体	500	1 000
地面至 20 m 处的垂直导体	1 000	1 000
20 m 处往上的垂直导体	500	1 000

7.4 引下线安装

防雷引下线是将接闪器截受的雷电流引到接地装置,引下线有明敷设和暗敷设两种。

7.4.1 明敷引下线安装

明敷引下线安装应在建筑物外墙装饰工程完成后进行。先在外墙上预埋支持卡子,然后将引下线(圆钢或扁钢)固定在支持卡子上,固定方法可为焊接、套环卡固等,如图7.14所示。支持卡子的间距为1.5~2 m。采用多根专设引下线时,在易受机械损伤处宜在各引下线距地面1.7 m至地面下0.3 m一段进行保护,并应在每一根引下线上距地面不低于0.3 m处设置断接卡,如图7.15所示。

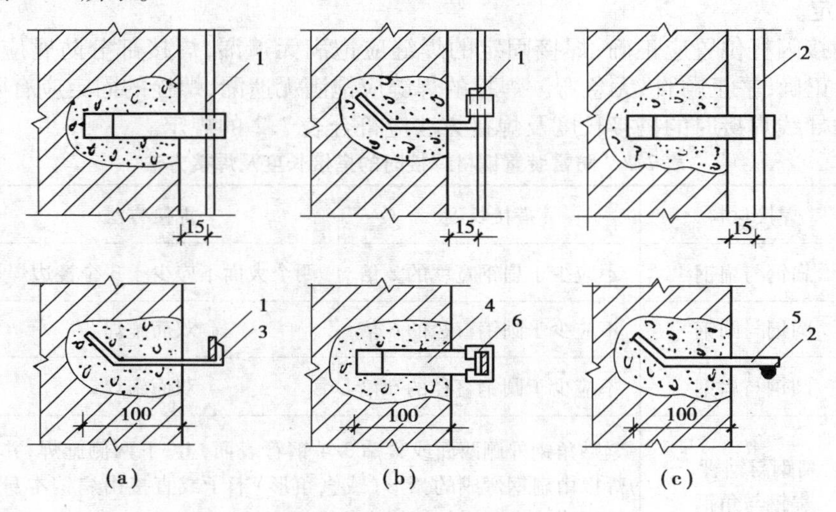

图7.14 明敷引下线固定安装

1—扁钢引下线;2—圆钢引下线;3,4,5—支架;6—套环

引下线安装中应避免形成环路,如图7.16所示;坡屋面引下线与接闪器的连接,如图7.17所示。

7.4.2 暗敷引下线安装

暗敷引下线沿砖墙或混凝土构造柱内敷设,应配合土建主体外墙(或构造柱)施工。先将圆钢或扁钢调直与接地体连接好,然后由下至上随墙体砌筑敷设至屋顶与屋顶上避雷带焊接。

利用建筑物钢筋混凝土中的钢筋作为引下线时,引下线的数量不作具体规定。一级防雷建筑物引下线间距不应大于12 m,但建筑外廓各个角上的柱筋应被利用;二级防雷建筑物引下线间距不应大于18 m,建筑物外廓各个角上的柱筋应被利用;三级防雷建筑物引下线间距不应大于25 m,建筑物外廓易受雷击的几个角上的柱子钢筋宜被利用。

利用建筑物钢筋混凝土中的钢筋作为防雷引下线时,当钢筋直径为16 mm及以上时,应利用两根钢筋(绑扎或焊接)作为一组引下线;当钢筋直径为10 mm及以上时,应利用4根钢筋(绑扎或焊接)作为一组引下线。

利用建筑物钢筋混凝土中的钢筋作为防雷引下线时,其引下线的上部(屋顶上)应与接闪

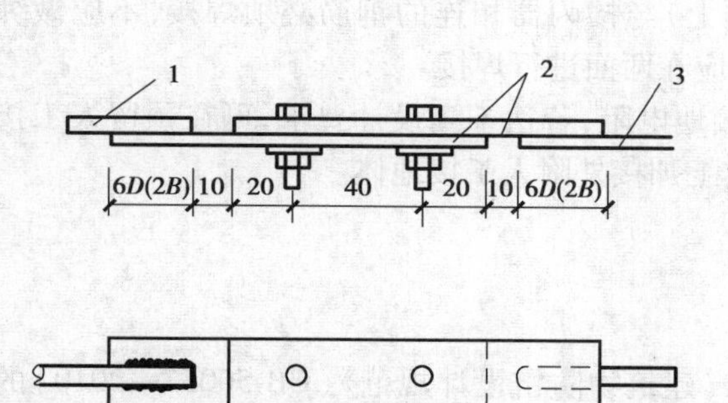

图7.15　明装引下线断接卡子安装

1—引下线；2—连接板；3—接地线

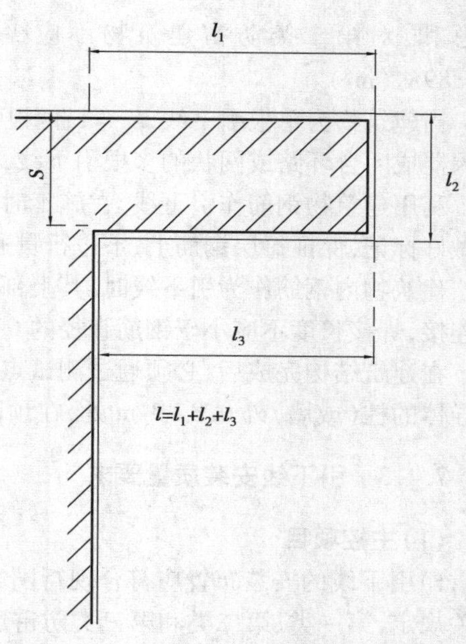

图7.16　引下线安装中避免形成小环路的安装

S—隔距；l—计算隔距的长度

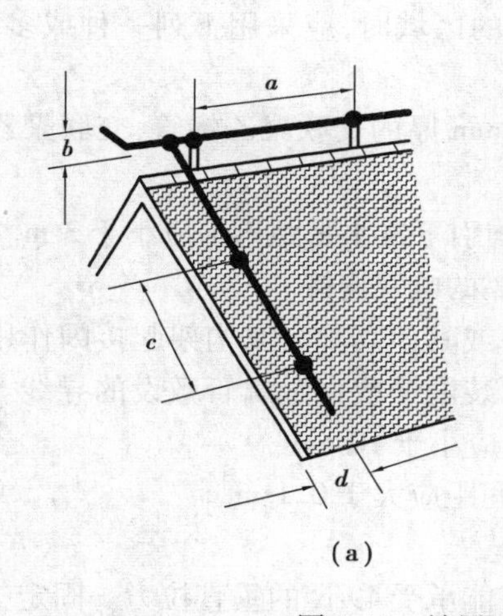

(a)

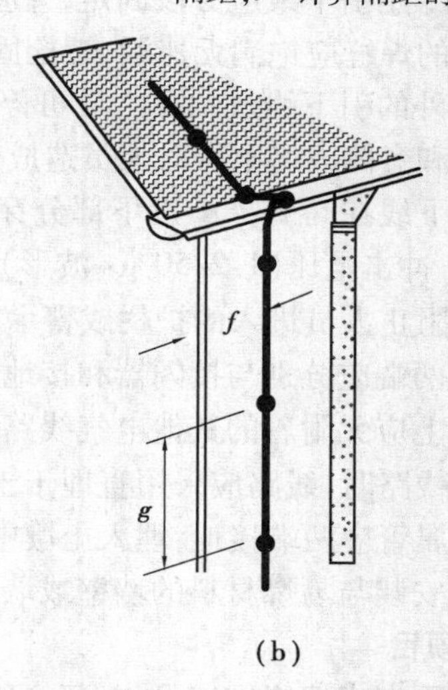

(b)

图7.17　坡屋面接闪器与引下线的安装施工

(a)坡屋顶屋脊上接闪器及屋顶引下线的安装　(b)与屋檐排水沟连接的引下线的安装

a—水平接闪导线支架的距离，取500～1 000 mm；b—水平接闪导线的翘起高度，取100 mm；c—坡面接闪导线支架的距离，取500～1 000 mm；d—接闪器与屋面边沿的距离，尽可能靠近屋面边沿；f—引下线与建筑物转角处的距离，取300 mm；g—引下线支架距离，取1 000 mm

器焊接，下部在室外地坪下0.8～1 m处焊出一根ϕ12 mm或-40×4镀锌钢导体，此导体伸出外墙的长度不宜小于1 m。

当利用建筑物基础内钢筋网作为接地体时，每根引下线在距地面0.5 m以下的钢筋表面积总和，对第二类防雷建筑物不应少于 $4.24K_c^2(m^2)$ *，对第三类防雷建筑物不应少于$1.89K_c^2(m^2)$。

当建筑物为单根引下线，$K_c=1$；两根引下线及接闪器不成闭合环的多根引下线，$K_c=0.66$；接闪器成闭合环路或网状的多根引下线，$K_c=0.44$。

利用建筑物钢筋作引下线，在施工时应配合土建施工按设计要求找出全部钢筋位置，用油漆做好标记，保证每层钢筋上、下进行贯通性连接（绑扎或焊接），直至顶层。

建筑物内钢筋作为引下线时，其上部（屋顶上）与接闪器相连的钢筋必须焊接，不应做绑扎连接，焊接长度不应小于钢筋直径的6倍，且应在两面进行焊接。

在建筑结构完成后，必须通过测试点测试接地电阻，若达不到设计要求，可在预留人工接地导体的柱（或墙）外 0.8 ~1 m 处，在预留导体上加接外附人工接地体。

7.4.3 引下线安装质量要求

(1)主控项目

1)引下线的安装布置应符合现行国家标准《建筑物防雷设计规范》(GB 50057—2010)的有关规定，第一类、第二类和第三类防雷建筑物专设引下线不应少于两根，并应沿建筑物周围均匀布设，其平均间距分别不应大于 12,18 和 25 m。

2)明敷的专用引下线应分段固定，并应以最短路径敷设到接地体，敷设应平正顺直、无急弯。焊接固定的焊缝应饱满无遗漏，螺栓固定应有防松零件（垫圈），焊接部分的防腐应完整。

3)建筑物外的引下线敷设在人员可停留或经过的区域时，应采用下列一种或多种方法，防止接触电压和旁侧闪络电压对人员造成伤害：

①外露引下线在高 2.7 m 以下部分穿不小于 3 mm 厚的交联聚乙烯管，交联聚乙烯管应能耐受 100 kV 冲击电压（1.2/50 μs 波形）。

②应设立阻止人员进入的护栏或警示牌。护栏与引下线水平距离不应小于 3 m。

4)引下线两端应分别与接闪器和接地装置做可靠的电气连接。

5)引下线上应无附着的其他电气线路，在通信塔或其他高耸金属构架起接闪作用的金属物上敷设电气线路时，线路应采用直埋于土壤中的铠装电缆或穿金属管敷设的导线。电缆的金属护层或金属管应两端接地，埋入土壤中的长度不应小于 10 m。

6)引下线安装与易燃材料的墙壁或墙体保温层间距应大于 0.1 m。

(2)一般项目

1)引下线固定支架应固定可靠，每个固定支架应能承受 49 N 的垂直拉力。固定支架的高度不宜小于 150 mm，固定支架应均匀，引下线和接闪导体固定支架的间距应符合表 7.3 的要求。

2)引下线可利用建筑物的钢梁、钢柱、消防梯等金属构件作为自然引下线，金属构件之间应电气贯通。当利用混凝土内钢筋、钢柱作为自然引下线并采用基础钢筋接地体时，不宜设置断接卡，但应在室外墙体上留出供测量用的测接地电阻孔洞及与引下线相连的测试点接头。暗敷的自然引下线（柱内钢筋）的施工应符合现行国家标准《混凝土结构工程施工质量验收规范》(GB 50204)中第 5 章的规定。混凝土柱内钢筋，应按工程设计文件要求采用土建施工的

* K_c 为分流系数。

绑扎法、螺丝扣连接等机械连接或对焊、搭焊等焊接连接。

3)当设计要求引下线的连接采用焊接时,宜采用放热焊接(热剂焊)。钢导体的焊接方法及搭接长度应符合表7.2的要求。

4)在易受机械损伤之处,地面上1.7 m至地面下0.3 m的一段接地应采用暗敷保护,也可采用镀锌角钢、刚性塑料管或橡胶等保护,并应在每一根引下线上距地面不低于0.3 m处设置断接卡连接。

5)引下线不应敷设在下水管道内,并不宜敷设在排水槽沟内。

6)引下线安装中应避免形成环路。

7.5　等电位连接安装

根据《民用建筑电气设计规范》(JGJ 16—2008)的定义,所谓等电位连接,是指为达到等电位,多处可导电部分间的电连接。《建筑物防雷设计规范》(GB 50057—2010),也将防雷等电位连接定义为:将分开的诸金属物体直接用连接导体或经电涌保护器连接到防雷装置上以减小雷电流引发的电位差。目前高层建筑比较通用的做法是:在变配电间设置总等电位端子板与接地装置连接,对于设有大量电子信息设备的建筑物,其电气、电信竖井内的接地干线应与每层楼板钢筋作等电位连接。一般建筑物的电气、电信竖井内的接地干线应每3层与楼板钢筋作等电位连接。并利用钢筋混凝土结构内钢筋设置局部等电位连接端子板,将建筑物内的各种竖向金属管道每3层与局部等电位连接端子板连接一次。使整个建筑形成一个共用接地系统,如图7.2所示。

7.5.1　等电位连接的分类

(1)总等电位连接(Main Equipotential Bonding,**简称** MEB)

总等电位连接的作用,在于降低建筑物内间接接触电击的接触电压,和不同金属部件间的电位差,并消除自建筑物外经电气线路和各种金属管道引入的危险故障电压的危害。它应通过进线配电箱近旁的总等电位连接端子板(接地母排)将下列导电部分互相连通:

1)进线配电箱的PE(PEN)母排。

2)公用设施的金属管道,如上下水、热力、煤气等管道。

3)如果可能,应包括建筑物金属结构。

4)如果做人工接地,也包括其接地极引线。

建筑物每一电源进线都应做总等电位连接,各个总等电位连接端子板应互相连通。

总等电位连接系统示例如图7.18所示。等电位连接端子板的做法如图7.19所示。

(2)辅助等电位连接

将两导电部分用导线直接作等电位连接,使故障接触电压降至接触电压限值以下,称为辅助等电位连接。

下列情况下需做辅助等电位连接:

1)电源网络阻抗过大,使自动切断电源时间过长,不能满足防电击要求时。

2)自TN系统同一配电箱供给固定式和移动式两种电气设备,而固定式设备保护电器切断电源时间不能满足移动式设备防电击要求时。

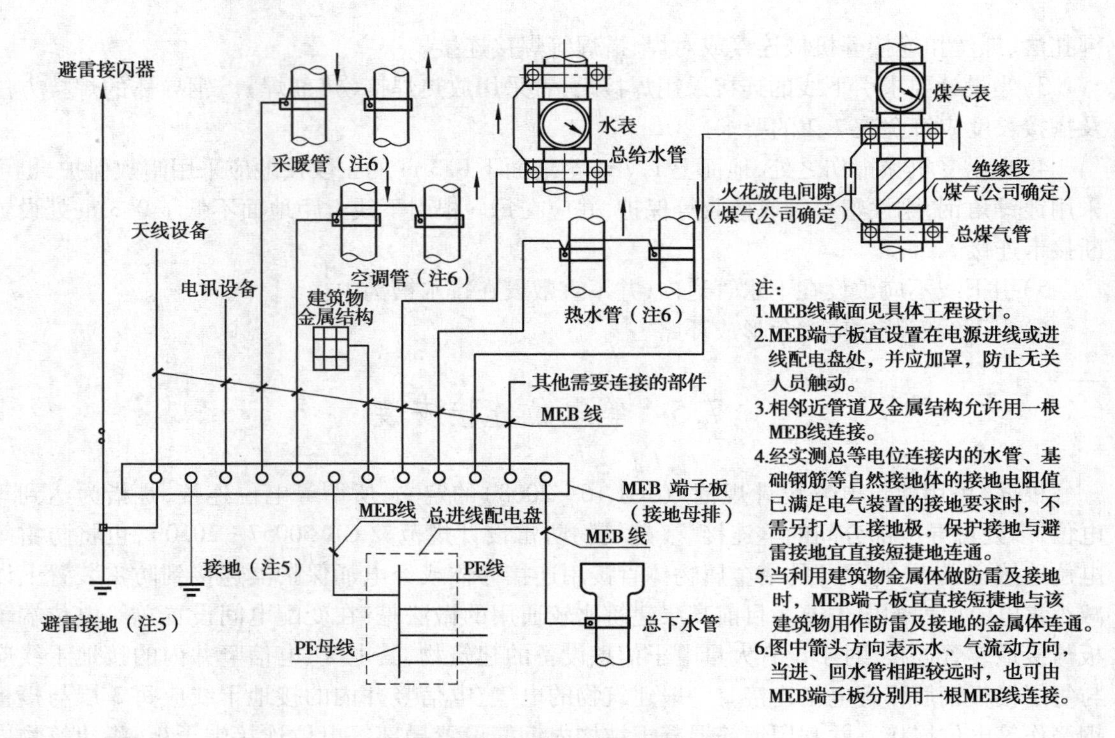

图 7.18　总等电位连接系统图示例

3)为满足浴室、游泳池、医院手术室等场所对防电击的特殊要求时。

(3)**局部等电位连接**

当需在一局部场所范围内作多个辅助等电位连接时,可通过局部等电位连接端子板将下列部分互相连通,以简便地实现该局部范围内的多个辅助等电位连接,被称为局部等电位连接。

1)PE 母线或 PE 干线。

2)公用设施的金属管道。

3)如果可能,包括建筑物金属结构。

7.5.2　等电位连接的安装要求

1)建筑物顶部和外墙上的管道、设备、旗杆、栏杆、太阳能热水器、门窗、幕墙支架等外露的金属物必须与防雷装置进行电气连接。

2)进出建筑物的金属管线应做等电位连接。

3)在建筑物入户处应做总等电位连接。建筑物等电位连接干线与接地装置应有不少于两处的直接连接。

4)建筑物内、外金属管道、构架和电缆金属外皮等长金属物的跨接,应符合现行国家标准《建筑物防雷设计规范》(GB 50057—2010)的有关规定。

5)等电位连接可采取焊接、螺钉或螺栓连接等。当采用焊接时,应符合表 7.2 的规定。

6)各种金属管道、金属门窗及卫生间等局部等电位连接可参见图 7.20、图 7.21 和图 7.22 的做法。

7)防雷等电位连接各连接部件的最小截面应符合表 7.4 的要求。

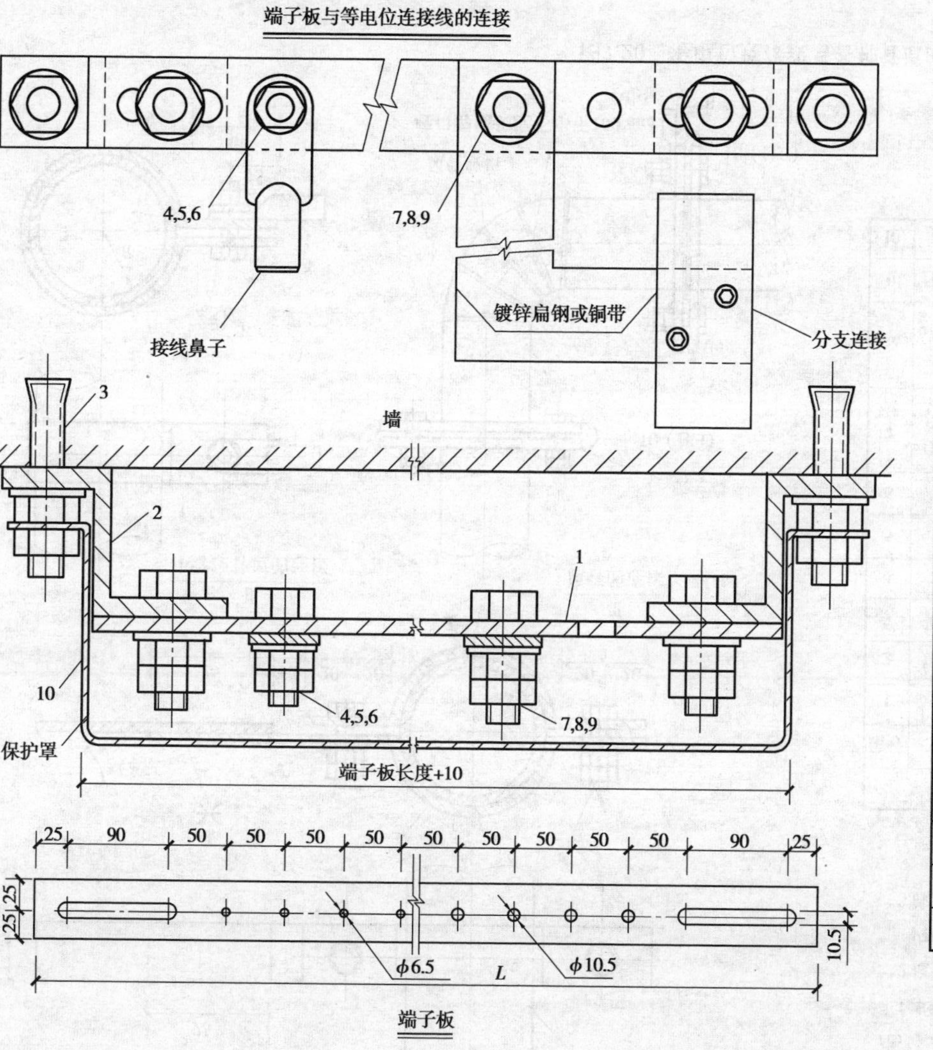

注：

1.端子板采用紫铜板，根据等电位连接线的出线数决定端子板长度。

2.端子板用于墙上明装。

端子板长度表

端子数＼板长	L/mm
2	380
3	430
4	480
5	530
每增1个	增加50

设备材料表

编号	名　称	型号及规格	单位	数量	备　注
1	端子板	厚4 mm紫铜板	个	1	
2	扁钢支架		个	2	
3	膨胀螺栓	M10×80	个	2	
4	螺栓	M6×30	个		GB 5786—1986
5	螺母	M6	个		GB 6172—1986
6	垫圈	6	个		GB 95—1985
7	螺栓	M10×30	个		GB 5786—1986
8	螺母	M10	个		GB 6172—1986
9	垫圈	10	个		GB 95—1985
10	保护罩	厚2 mm钢板	个	1	

图7.19　等电位连接端子板做法

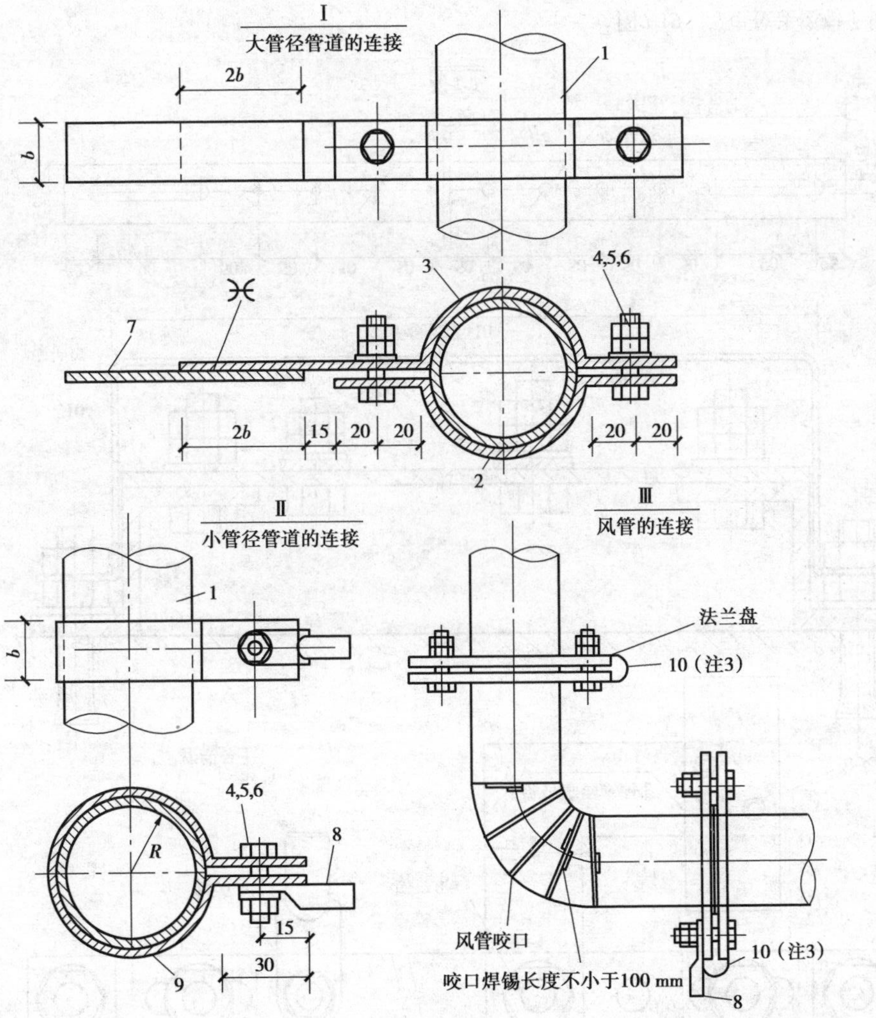
Ⅰ
大管径管道的连接
2b
b
1
3
4,5,6
7
2b
15
20
20
20
20
2
Ⅱ
小管径管道的连接
Ⅲ
风管的连接
1
b
法兰盘
10（注3）
4,5,6
R
8
15
30
9
风管咬口
咬口焊锡长度不小于100 mm
10（注3）
8

图7.20　等电位连接线与各种管道的连接

注：

1.本图适用于等电位连接线与金属管道的连接。

2.抱箍与管道接触处的接触表面应刮拭干净，安装完毕后刷防护漆，抱箍内径等于管道外径，其大小依管道大小而定。

3.施工完毕后应测试导电的连续性，导电不良的连接处应作跨接线。

设备材料表

编号	名称	型号及规格	单位	数量	备　注
1	金属管道	见工程设计			
2	短抱箍	$b\times4$　$L=\pi R+88$	个	1	镀锌扁钢或铜带
3	长抱箍	$b\times4$　$L=\pi R+2b+103$	个	1	镀锌扁钢或铜带
4	螺栓	M10×30	个		GB 5786—1986
5	螺母	M10	个		GB 6172—1986
6	垫圈	10	个		GB 95—1985
7	等电位连接线	见工程设计	个		
8	接线鼻子	见工程设计	个		
9	圆抱箍	$b\times4$　$L=2\pi R+68$	个	1	镀锌扁钢或铜带
10	跨接线	BVR-6	m		

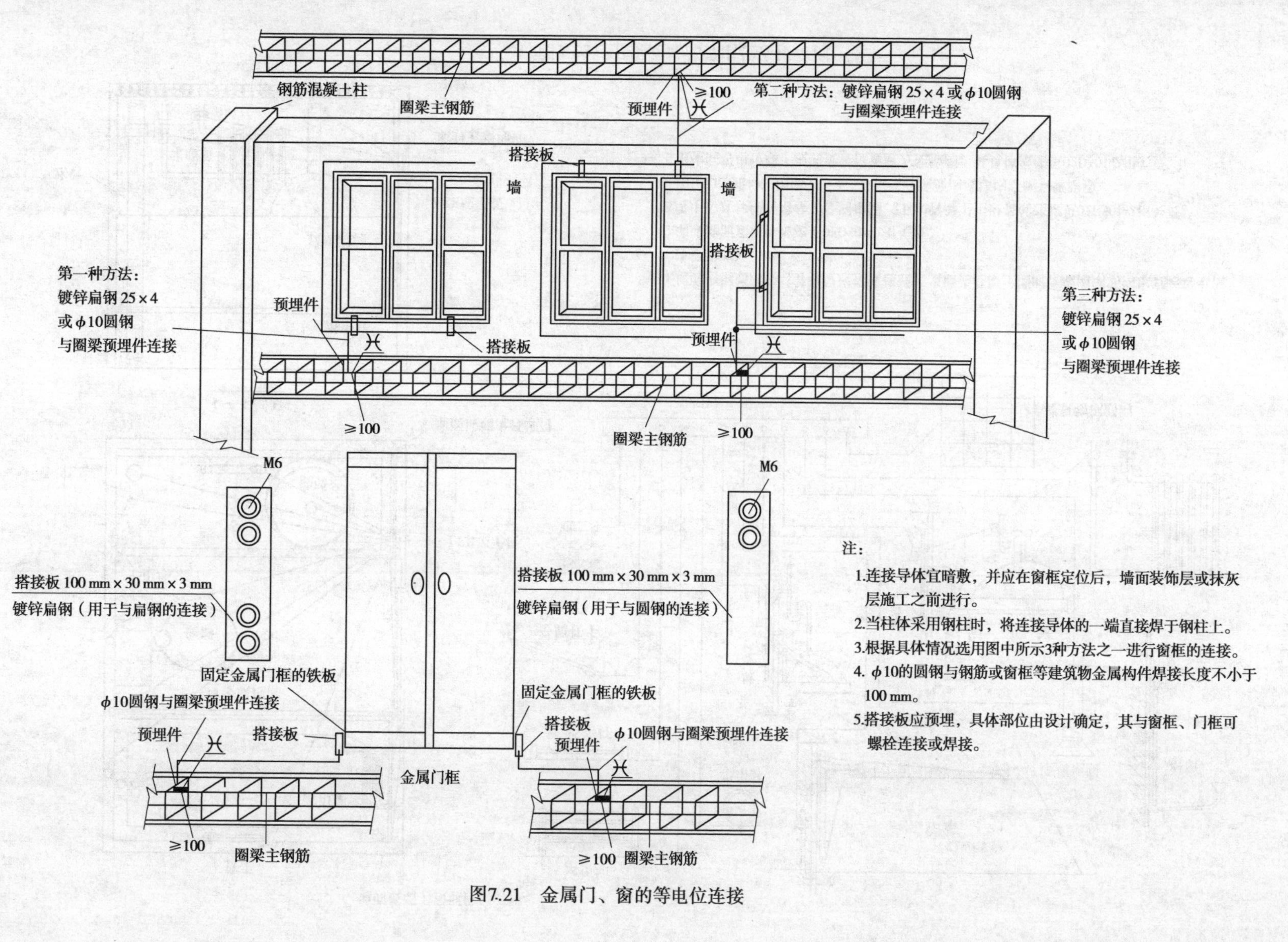

注：

1.连接导体宜暗敷，并应在窗框定位后，墙面装饰层或抹灰层施工之前进行。

2.当柱体采用钢柱时，将连接导体的一端直接焊于钢柱上。

3.根据具体情况选用图中所示3种方法之一进行窗框的连接。

4. ϕ10的圆钢与钢筋或窗框等建筑物金属构件焊接长度不小于100 mm。

5.搭接板应预埋，具体部位由设计确定，其与窗框、门框可螺栓连接或焊接。

图7.21　金属门、窗的等电位连接

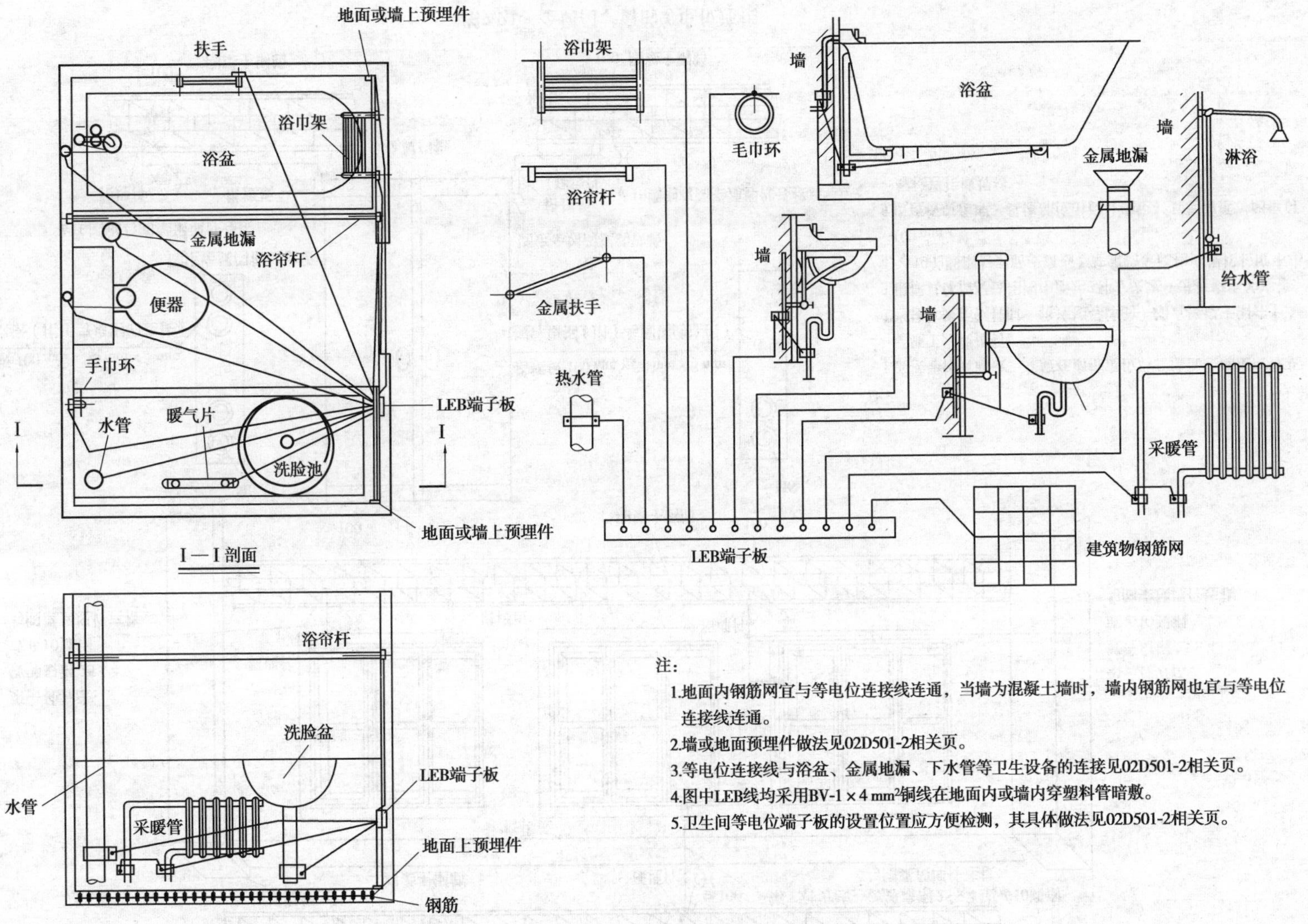

注：

1.地面内钢筋网宜与等电位连接线连通，当墙为混凝土墙时，墙内钢筋网也宜与等电位连接线连通。

2.墙或地面预埋件做法见02D501-2相关页。

3.等电位连接线与浴盆、金属地漏、下水管等卫生设备的连接见02D501-2相关页。

4.图中LEB线均采用BV-1×4 mm^{2}铜线在地面内或墙内穿塑料管暗敷。

5.卫生间等电位端子板的设置位置应方便检测，其具体做法见02D501-2相关页。

图7.22　卫生间局部等电位连接示例

表 7.4　防雷装置各连接部件的最小截面

<table>
<tr><th colspan="3">等电位连接部件</th><th>材　料</th><th>截面/mm^2</th></tr>
<tr><td colspan="3">等电位连接带(铜、外表面镀铜的钢或热镀锌钢)</td><td>铜(Cu)、铁(Fe)</td><td>50</td></tr>
<tr><td colspan="3" rowspan="3">从等电位连接带至接地装置或至各等电位连接带之间的连接导体</td><td>铜(Cu)</td><td>16</td></tr>
<tr><td>铝(Al)</td><td>25</td></tr>
<tr><td>铁(Fe)</td><td>50</td></tr>
<tr><td colspan="3" rowspan="3">从屋内金属装置至等电位连接带的连接导体</td><td>铜(Cu)</td><td>6</td></tr>
<tr><td>铝(Al)</td><td>10</td></tr>
<tr><td>铁(Fe)</td><td>16</td></tr>
<tr><td rowspan="5">连接电涌保护器的导体</td><td rowspan="3">电气系统</td><td>Ⅰ级试验的电涌保护器</td><td rowspan="5">铜(Cu)</td><td>6</td></tr>
<tr><td>Ⅱ级试验的电涌保护器</td><td>2.5</td></tr>
<tr><td>Ⅲ级试验的电涌保护器</td><td>1.5</td></tr>
<tr><td rowspan="2">电子系统</td><td>DI 类电涌保护器</td><td>1.2</td></tr>
<tr><td>其他类的电涌保护器(连接导体的截面可小于 1.2 mm^2)</td><td>根据具体情况确定</td></tr>
</table>

7.5.3　等电位连接导通性的测试

等电位连接安装完毕后应进行导通性测试,按《建筑物电气装置检验》(IEC 60364-6-61)的要求,检测等电位连接的导电性能应采用空载电压为 4 ~ 24 V 的直流或交流电源,测试电流不应小于 0.2 A。电压太低,电流太小时,测得的接触电阻增大,检测结果将不准确。当测得等电位连接端子板与等电位连接范围内的金属管道等金属体末端之间的电阻不超过 5 Ω 时,可认为等电位连接是有效的。如发现导通不良的管道连接处,应作跨接线。在投入使用后应定期作测试。

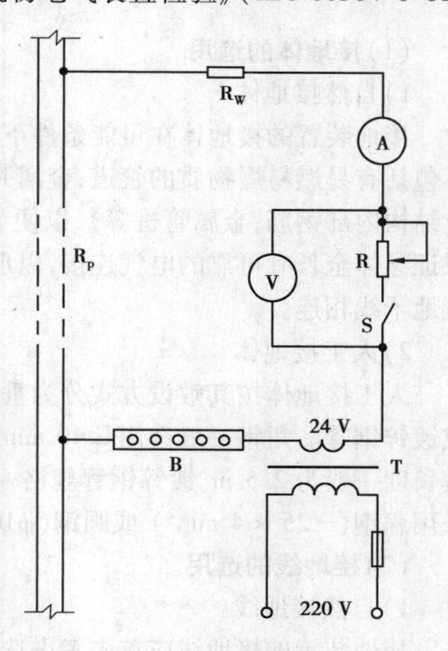

图 7.23　检测电路图

检测电路如图 7.23 所示,图中 R_p 为被测等电位连接部件(管道、结构)的阻抗,R_w 为连接导线的阻抗,R 为 120 W5 Ω 线绕可变电阻,Ⓐ为 5 A 电流表,Ⓥ为 25 V 电压表,T 为 150 VA 降压变压器,S 为单极单投开关,B 为等电位连接端子板。测时先将开关 S 断开,记下降压变压器的开路电压 U_1。然后闭合开关 S,调可变电阻 R 使电流表显示适当电流值 I,如为0.25 A,记下电压表读数 U_2($U_2 = IR$),因电压表内阻甚大于 R,得

$$U_1 = I(R + R_W + R_p) = U_2 + IR_w + IR_p$$

得
$$R_p = [(U_1 - U_2)/I] - R_W$$

如果被测的是很长的管道,可分段检测其阻抗。

等电位连接线的作用只是传递电位而不是传导故障电流,因此,不论相线多粗,等电位连接线的截面不必大于 25 mm²(铜线)。

7.6 接地装置安装

7.6.1 接地装置安装前的准备

接地装置的安装很重要,往往因为安装质量不符合要求而造成事故。因此,为了保证质量,在接地装置安装前应熟悉设计图纸、施工及验收规范;同时,为使施工程序有条不紊,还应作出行之有效的施工组织措施,并做好充分的准备工作。特别是与线路、变电所以及建筑工程同时进行时,更应该很好地组织与准备,绝不能把接地装置的安装看做是一项附属工作。否则,最后往往会因接地电阻不合格而造成返工,拖延工期,带来损失。

接地装置施工应严格按工序进行。目前已广泛应用建筑物金属结构及满足热稳定要求的混凝土结构内部的非预应力钢筋作为接地体,施工时,自然接地体底板钢筋敷设完成,应按设计要求做接地施工,并应经检查确认,做好隐蔽工程验收记录后再支模或浇捣混凝土。人工接地体应按设计要求位置开挖沟槽,打入人工垂直接地体或敷设金属接地模块(管)和使用人工水平接地体进行电气连接,并经检查确认,做好隐蔽工程验收合格记录,再覆土回填。

7.6.2 接地装置的选用

(1)接地体的选用

1)自然接地体

接地装置的接地体在可能条件下应尽量选用自然接地体(如埋设在地下的金属管道,但不包括有易燃易爆物质的管道;金属井管;与大地有可靠连接的建筑物、构筑物金属结构、混凝土结构内部钢筋;金属管桩等),以便节约钢材,降低工程成本。但在选用自然接地体时,必须保证导体全长有可靠的电气连接,以形成连续的导体,同时应采用两根以上导体在不同地点与接地干线相连。

2)人工接地体

人工接地体按其敷设方式分为垂直接地体和水平接地体。垂直接地体一般常用镀锌角钢或镀锌钢管。角钢一般选用∟40 mm×40 mm×5 mm 或∟50 mm×50 mm×5 mm 两种规格,其长度一般为 2.5 m。镀锌钢管规格一般为直径 50 mm、壁厚不小于 3.5 mm。水平接地体一般采用扁钢(−25×4 mm²)或圆钢(ϕ10 mm)。钢接地体规格不应小于表 7.5 中所列数值。

(2)接地线的选用

1)自然接地线

接地装置的接地线应首先考虑选用下列自然物:

①建筑物的金属构件(梁、柱子等)及设计规定的混凝土结构内部的钢筋。但应保证全长有可靠的连接,以形成连续的导体。因此,除在结合处采用焊接外,凡用螺栓连接或铆钉连接

的地方，都应焊接跨接线。跨接线一般采用扁钢，其截面一般不小于 100 mm^2，但作为接地支线时，可减小至 48 mm^2。

②生产用的金属结构（起重机的轨道、配电装置的构架、走廊、平台、电梯竖井、起重机与升降机的构架、运输皮带的钢梁等）。

③配线钢管。应注意钢管壁厚不应小于 1.5 mm，以免锈蚀成为不连续的导体，同时应在管接头及接线盒处采用跨接线连接。跨接线应使用圆钢或扁钢，一般钢管直径在 40 mm 以下时，用直径为 6 mm 的圆钢，钢管直径在 50 mm 以上时，用-25×4 mm^2 的扁钢。

2）人工接地线

为保证接地线有一定的机械强度，一般选用圆钢或扁钢。接地线的截面应满足热稳定的要求，由设计确定。但按机械强度的要求及连接的便利，接地线最小尺寸应符合表 7.5 的要求。

表 7.5　钢接地体和接地线的最小规格

种类规格及单位		地上		地下	
		室内	室外	交流电流回路	直流电流回路
圆钢直径/mm		6	8	10	12
扁钢	截面/mm^2	60	100	100	100
	厚度/mm	3	4	4	6
角钢厚度/mm		2	2.5	4	6
钢管管壁厚度/mm		2.5	2.5	3.5	4.5

7.6.3　人工接地装置的安装

（1）接地体的安装

1）接地体的加工

垂直接地体多使用角钢或钢管，一般应按设计所提数量和规格进行加工。通常情况下，在一般土壤中采用角钢接地体，在坚实土壤中采用钢管接地体。

为便于接地体垂直打入土中，应将打入地下的一端加工成尖形，其形状如图 7.24 所示。

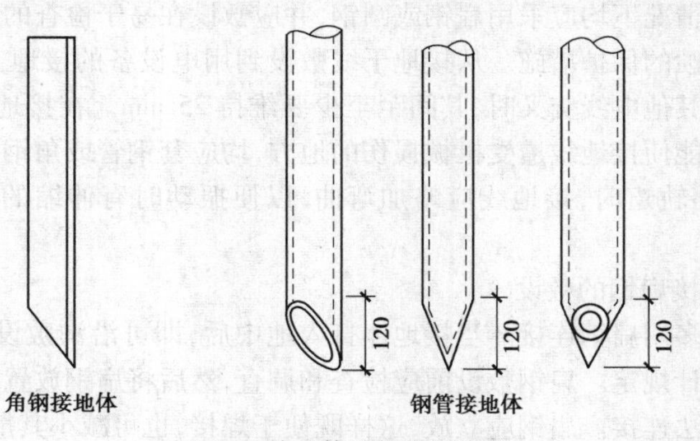

图 7.24　接地体端部加工形状

为了防止将钢管或角钢打劈,可用圆钢加工一种护管帽套入钢管端,或用一块短角钢(约长10 cm)焊在接地角钢的一端,如图7.25所示。

2)挖沟

装设接地体前,需沿接地体的线路先挖沟,以便打入接地体和敷设连接这些接地体的扁钢。由于地的表层容易冰冻,冰冻层会使接地电阻增大,且地表层容易被挖掘,会损坏接地装置。因此,接地装置须埋于地表层以下,一般埋设深度不应小于0.6 m。

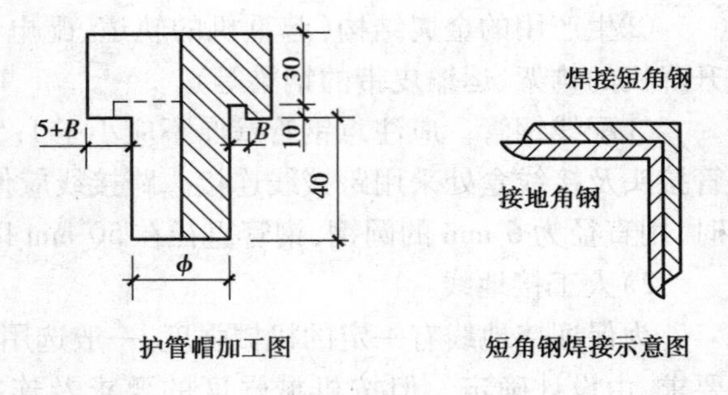

图7.25 接地钢管和角钢的加固方法

按设计规定的接地网的路线进行测量划线,然后依线开挖,一般沟深0.8~1 m,沟宽为0.5 m,沟的上部稍宽、底部渐窄,且要求沟底平整,如有石子应清除。

挖沟时如附近有建筑物或构筑物,沟的中心线与建筑物或构筑物的水平距离不宜小于1 m。

3)敷设接地体

沟挖好后应尽快敷设接地体,以防止塌方。接地体打入地中时一般采用手锤冲击,一人扶着接地体,一人用大锤打接地体顶部。使用手锤打接地体时,要求要平稳。当接地体打入土中能够自然直立时,则可以不用人扶持而继续打入。

接地体敷设步骤如下:

①按设计位置将接地体打在沟的中心线上,当打到接地体露出沟底的长度为150~200 mm(沟深0.8~1 m)时,便可停止打入,使接地体最高点距施工完毕后的地面有600 mm以上的距离。接地体间的距离按设计要求,一般为减少相邻接地体的屏蔽作用,垂直接地体的间距不宜小于其长度的2倍,水平接地体的间距应符合设计规定。当无设计规定时不宜小于5 m。

②敷设的接地体及连接接地体用扁钢,应尽量避开其他地下管道、电缆等设施。一般要求与电缆及管道等交叉时,相距应不小于100 mm,平行时应不小于300 mm。

③敷设接地体时,应保证接地体与地面保持垂直。当土壤坚硬打入困难时,可适当浇上一些水使其松软。

(2)接地线敷设

接地线在一般情况下均应采用扁钢或圆钢,并应敷设在易于检查的地方,且应有防止机械损伤及防止化学腐蚀的保护措施。从接地干线敷设到用电设备的接地支线的距离越短越好。当接地线与电缆或其他电线交叉时,其间距至少要维持25 mm。在接地线与管道、公路、铁路等交叉处及其他可能使接地线遭受机械损伤的地方,均应套钢管或角钢保护,当接地线跨越有震动的地方,如铁路轨道时,接地线应略加弯曲,以便振动时有伸缩的余地,避免断裂,如图7.26所示。

1)接地体间连接扁钢的敷设

垂直接地体间多用扁钢连接。当接地体打入地中后,即可沿沟敷设扁钢,扁钢敷设位置、数量和规格应按设计规定。扁钢敷设前应检查和调直,然后将扁钢放置于沟内,依次将扁钢与接地体用焊接的方法连接。扁钢应立放,这样既便于焊接,也可减小其散流电阻。连接方法如图7.27所示。

接地体与连接线焊好之后,经过检查确认接地体埋设深度、焊接质量、接地电阻等均符合要求后,方可将沟填平。填沟时应注意回填土中不应夹有石块和建筑垃圾等,因这些杂物会增加接地电阻。回填土应分层夯实。室外接地回填宜有 100 ~ 300 mm 高度的防沉层。为了使

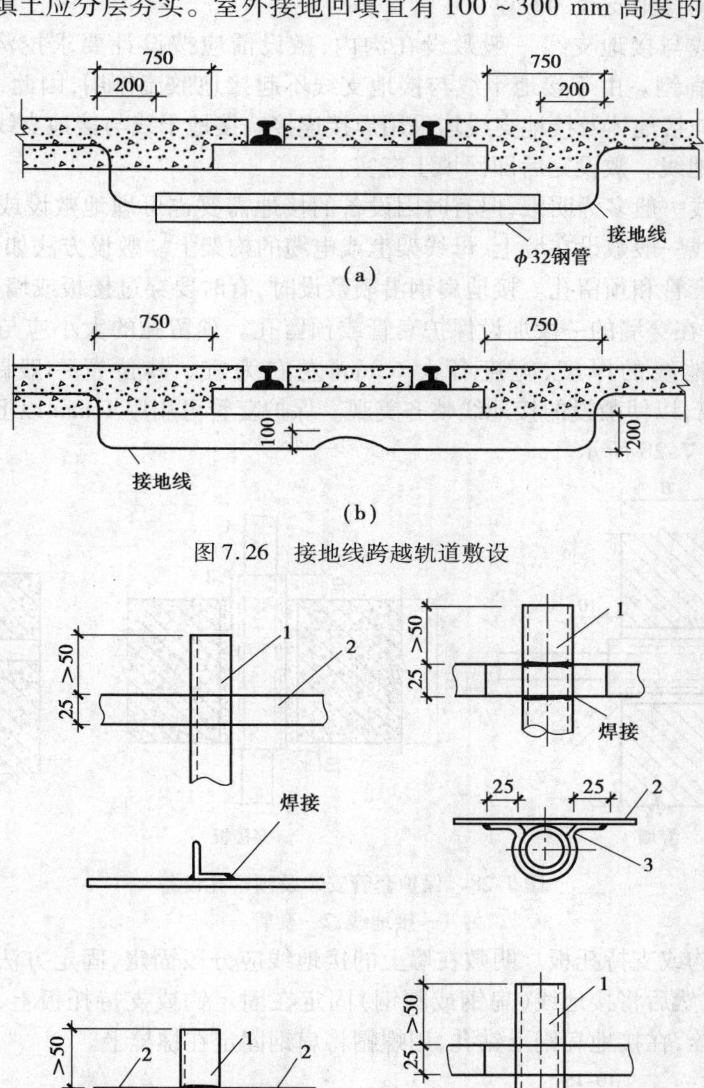

图 7.26　接地线跨越轨道敷设

图 7.27　接地体与连接扁钢的焊接

1—接地体;2—扁钢;3—卡箍

土壤与接地体互相紧密地接触,可在每层土上浇一些水。但同时应注意不要在扁钢上踩踏,以免将焊接部分损坏而影响质量。

2)接地干线与接地支线的敷设

室外接地干线与接地支线一般敷设在沟内,敷设前应按设计要求挖沟,沟深不得小于0.5 m,然后埋入扁钢。由于接地干线与接地支线不起接地散流作用,因此,埋设时不一定要立放。接地干线与接地体及接地支线均采用焊接连接。接地干线与接地支线末端应露出地面0.5 m,以便接引地线。敷设完后即回填土夯实。

室内的接地线一般多为明敷,但有时因设备的接地需要也可埋地敷设或埋设在混凝土层中。明敷的接地线一般敷设在墙上、母线架上或电缆的构架上。敷设方法如下:

①埋设保护套管和预留孔。接地扁钢沿墙敷设时,有时要穿过楼板或墙壁,为了保护接地线并便于检查,可在穿墙的一段加设保护套管或预留孔。预留孔的大小应与接地线规格相适应,一般应比接地线的厚度、宽度各大 6 mm 左右为宜。其位置一般距墙壁表面应有15 ~20 mm的距离,以使敷设的接地线整齐美观。保护套管可用厚1 mm 以上的铁皮做成方形或圆形,安装如图 7.28 所示。

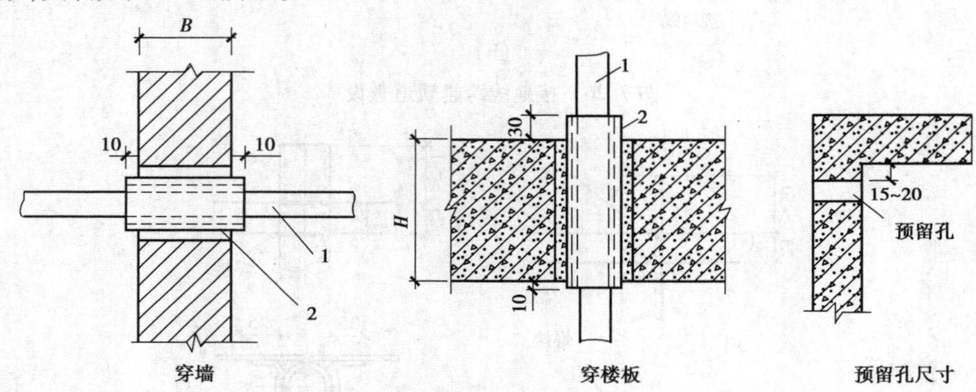

图 7.28　保护套管安装及预留孔设备

1—接地线;2—套管

②预埋固定钩或支持托板。明敷在墙上的接地线应分段固定,固定方法是在墙上埋设固定钩或支持托板,然后将接地线(扁钢或圆钢)固定在固定钩或支持托板上,如图 7.29 所示。也可埋设膨胀螺栓,在接地扁钢上钻孔,用螺帽将扁钢固定在螺栓上。

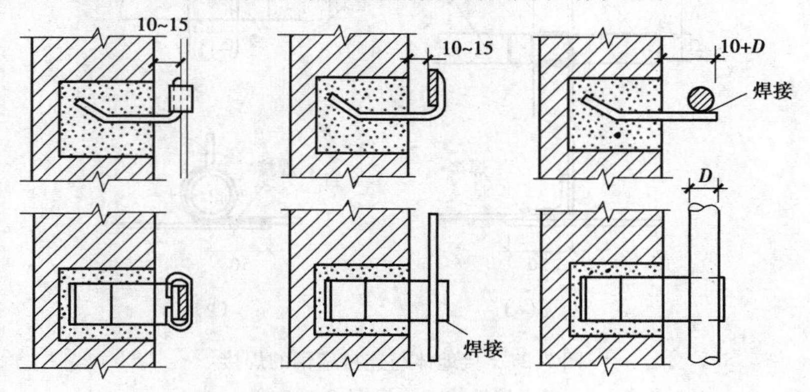

图 7.29　接地线在墙上明设固定

固定钩或支持托板的间距，水平直线部分一般为1～1.5 m，垂直部分为1.5～2 m，转弯部分为0.5 m。沿建筑物墙壁水平敷设时，与地面宜保持250～300 mm的距离，与建筑物墙壁间应有10～15 mm的间隙。

为使固定钩或支持托板埋设整齐，可在墙壁浇注混凝土时，埋入一方木作预留孔（砖墙也可在砌砖时直接将固定钩埋入）。孔深为50 mm，口径为50 mm×50 mm。混凝土干固后，将方木取出，待墙壁抹灰后即可在孔内埋设固定钩。为保证固定钩全线整齐，可事先拉一根水平线；为保证固定钩与墙壁间保持相同距离，埋设时可使用一方木作样板，如图7.30所示。

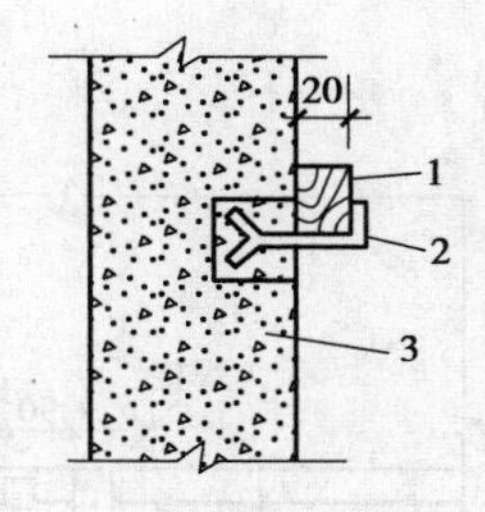

图7.30　接地线支持件的埋设

1—方木；2—固定钩；3—墙壁

③敷设接地线。当固定钩或支持托板埋设牢固后，即可将调直的扁钢或圆钢放在固定钩或支持托板内进行焊接固定。在直线段上不应有高低起伏及弯曲等现象。当接地线跨越建筑物伸缩缝、沉降缝时，应加设补偿器或将接地线本身弯成弧状，如图7.31所示。接地线过门安装如图7.32所示。

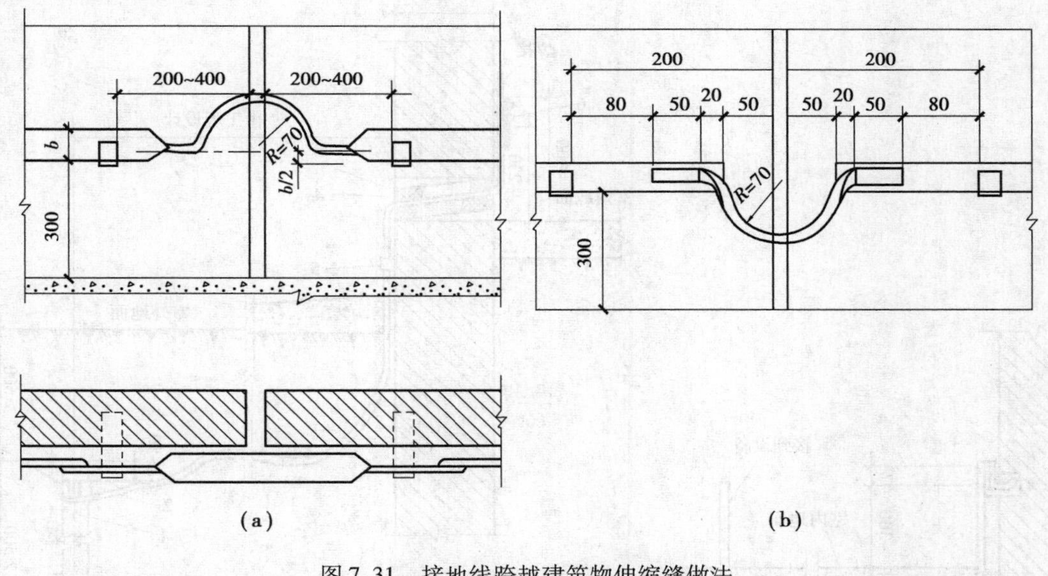

图7.31　接地线跨越建筑物伸缩缝做法

接电气设备的接地支线多埋入混凝土中，一端接电气设备，一端接距离最近的接地干线，如图7.33所示。接地支线应配合土建在浇注混凝土时埋设。应注意的是所有电气设备都应单独埋设接地线，不可将电气设备串联接地。

室外接地线引入室内的做法如图7.34所示。为了便于测量接地电阻，当接地线引入室内后，必须用螺栓与室内接地线连接。

(3)接地体(线)的连接

接地体（线）的连接一般采用搭接焊，焊接处必须牢固无虚焊。有色金属接地线不能采用焊接时，可采用螺栓连接。接地线与电气设备的连接也采用螺栓连接。

接地体（线）连接时的搭接长度为：扁钢与扁钢连接为其宽度的2倍，当宽度不同时，以窄的为准，且至少3个棱边焊接；圆钢与圆钢连接为其直径的6倍；扁钢与钢管（或角钢）焊接

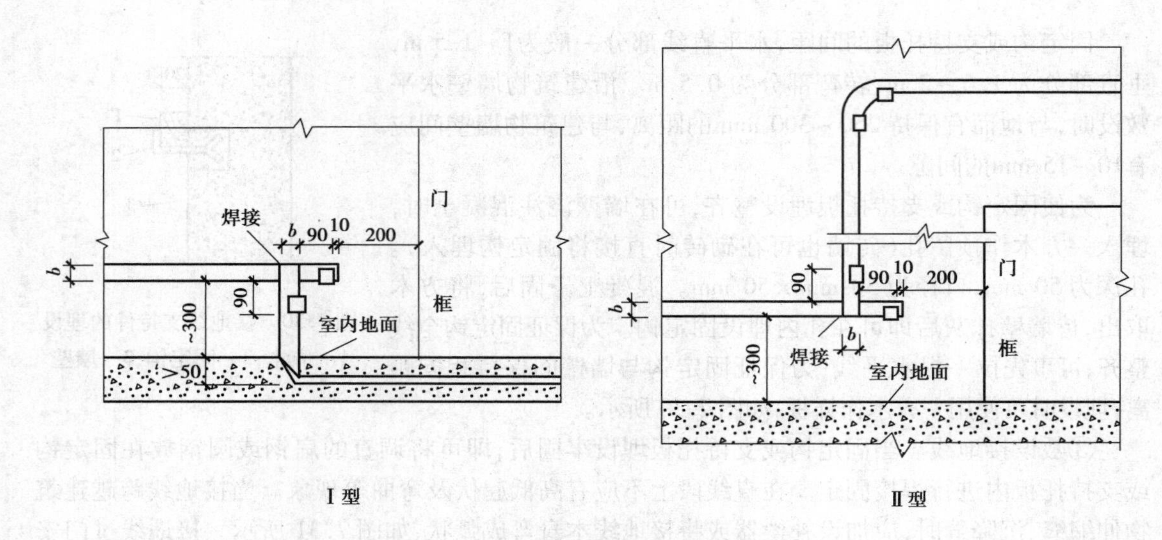

图 7.32　接地线过门安装

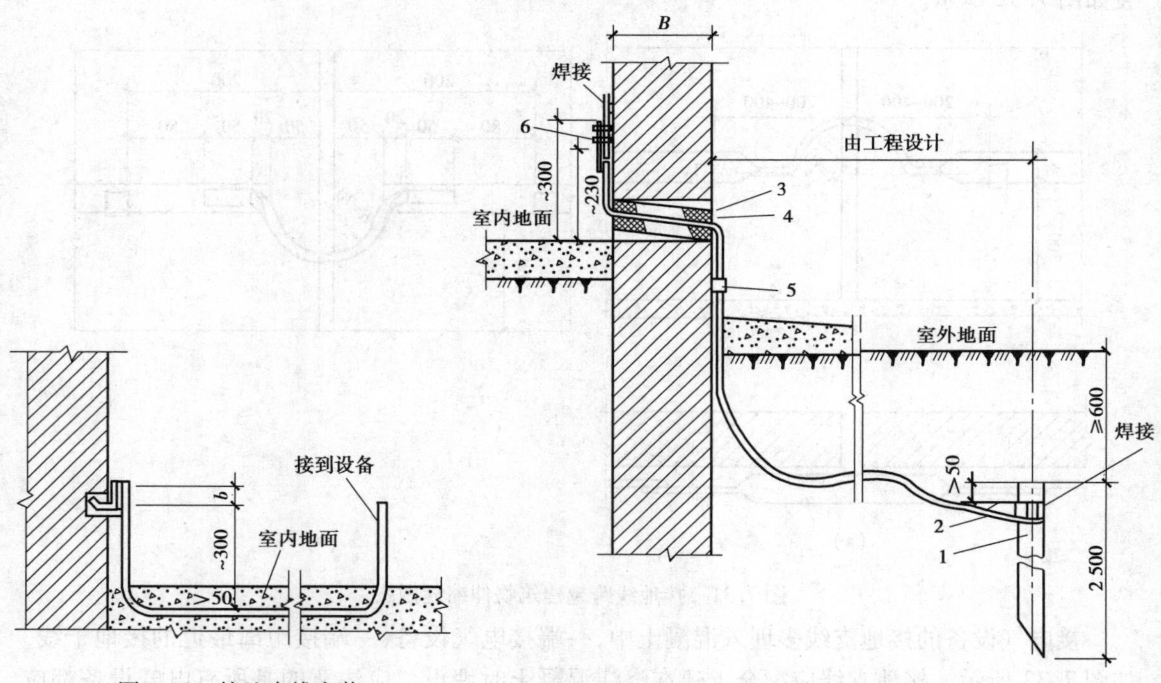

图 7.33　接地支线安装

图 7.34　室外接地线引入室内做法
1—接地体;2—接地线;3—套管;4—沥青麻丝;
5—固定钩;6—断接卡子

时,为了连接可靠,除应在其接触部位两侧进行焊接外,还应焊以由扁钢弯成的弧形(或直角形)卡子,或直接将接地扁钢本身弯成弧形(或直角形)与钢管(或角钢)焊接,参见图 7.35。

当利用各种金属构件、金属管道等作为接地线时,应保证其全长为完好的电气通路。利用串联的金属构件、金属管道作接地线时,应在其串接部位焊接金属跨接线。接地线(扁钢)和埋地管道的连接,可参见图 7.36。

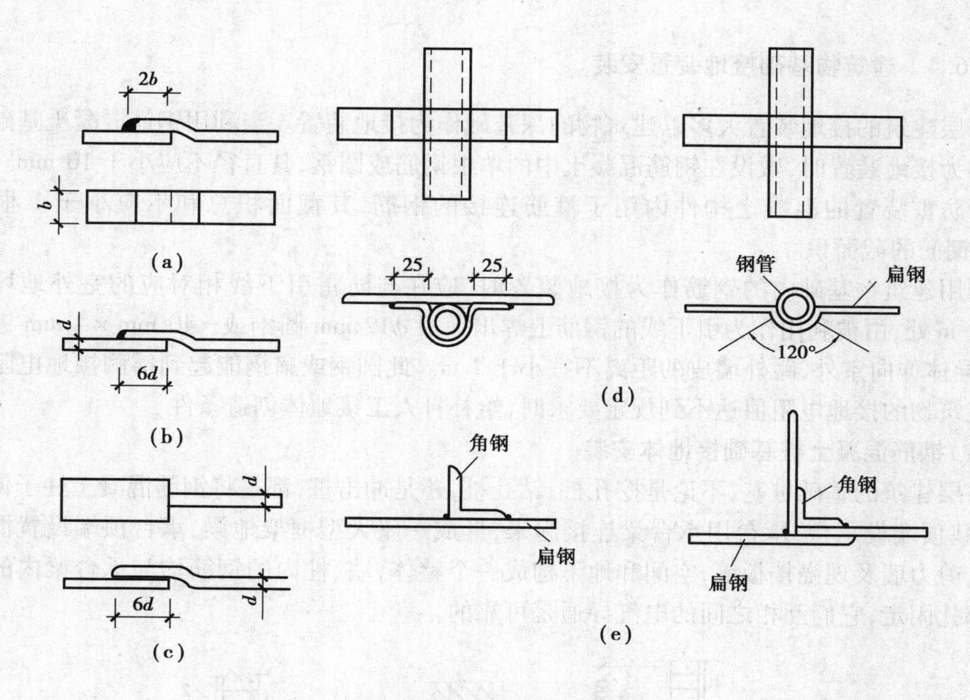

图7.35　接地体(线)的连接
(a)扁钢与扁钢连接　(b)圆钢与圆钢连接　(c)扁钢与圆钢连接
(d)钢管与扁钢连接　(e)角钢与扁钢连接

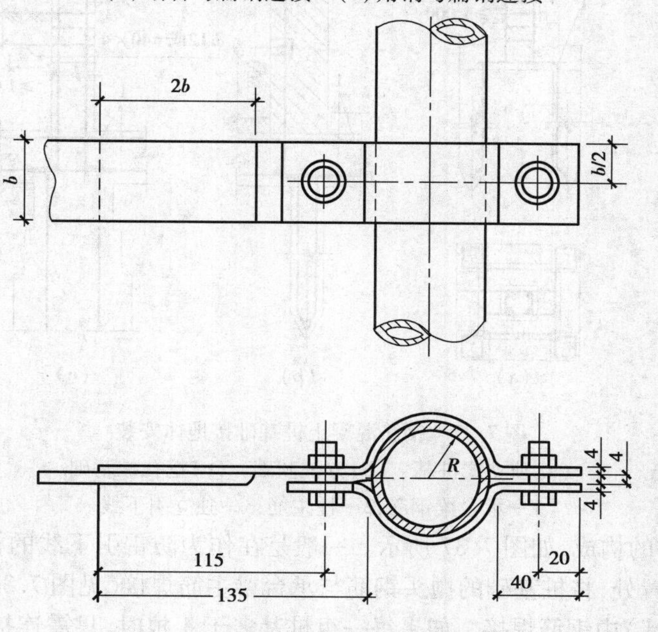

图7.36　接地线与埋地管道的连接

7.6.4 建筑物基础接地装置安装

高层建筑的接地装置大多以建筑物的深基础作为接地装置。当利用钢筋混凝土基础内的钢筋作为接地装置时,敷设在钢筋混凝土中的单根钢筋或圆钢,其直径不应小于10 mm。被利用作为防雷装置的混凝土构件内用于箍筋连接的钢筋,其截面积总和不应小于1根直径10 mm钢筋的截面积。

利用建筑物基础内的钢筋作为接地装置时,应在与防雷引下线相对应的室外地坪以下0.8~1 m处,由被利用作为引下线的钢筋上焊出一根ϕ12 mm圆钢或−40 mm×4 mm镀锌扁钢,此导体伸向室外,距外墙皮的距离不宜小于1 m。此圆钢或扁钢能起到摇测接地电阻和当整个建筑物的接地电阻值达不到规定要求时,给补打人工接地体创造条件。

(1)钢筋混凝土桩基础接地体安装

高层建筑的基础桩基,不论是挖孔桩、钻孔桩,还是冲击桩,都是将钢筋混凝土柱子伸入地中,桩基顶端设承台,承台用承台梁连接起来,形成一座大型框架地梁,承台顶端设置混凝土柱、梁、剪力墙及现浇楼板等,空间和地下构成一个整体,墙、柱内的钢筋均与承台梁内的钢筋互相绑扎固定,它们互相之间的电气导通是可靠的。

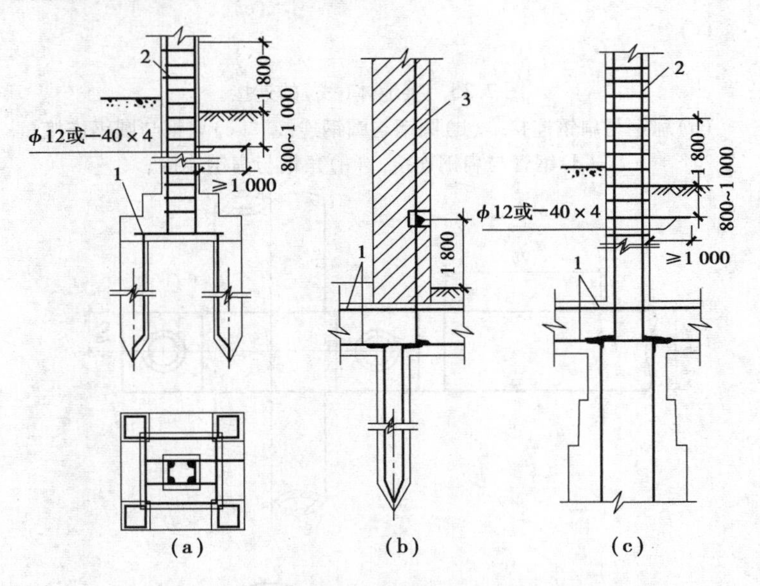

图7.37 钢筋混凝土桩基础接地体安装

(a)独立式桩基 (b)方桩基础 (c)挖孔桩基础

1—承台梁钢筋;2—柱主筋;3—独立引下线

桩基础接地体的构成,如图7.37所示。一般是在作为防雷引下线的柱子(或者剪力墙内钢筋作引下线)位置处,将桩基础的抛头钢筋与承台梁主筋焊接(见图7.38),并与上面作为引下线的柱(或剪力墙)中钢筋焊接。如果每一组桩基多于4根时,只需连接其四角桩基的钢筋作为防雷接地体。

(2)独立柱基础、箱形基础接地体安装

钢筋混凝土独立柱基础接地体,如图7.39所示。钢筋混凝土箱形基础接地体,如图7.40所示。

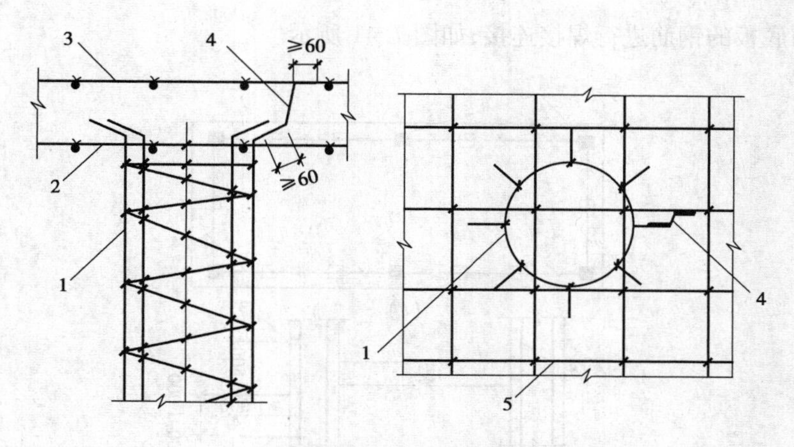

图7.38 桩基钢筋与承台钢筋的连接

1—桩基钢筋;2—承台下层钢筋;3—承台上层钢筋;4—连接导体;5—承台钢筋

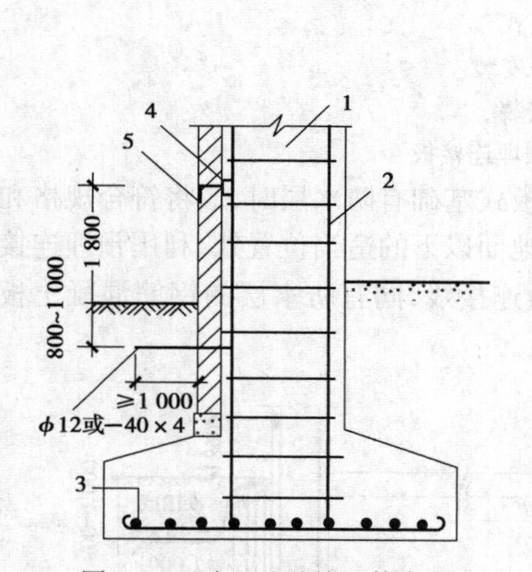

图7.39 独立基础接地体安装

1—现浇混凝土柱;2—柱主筋;

3—基础底层钢筋网;4—预埋连接板;

5—引出连接板

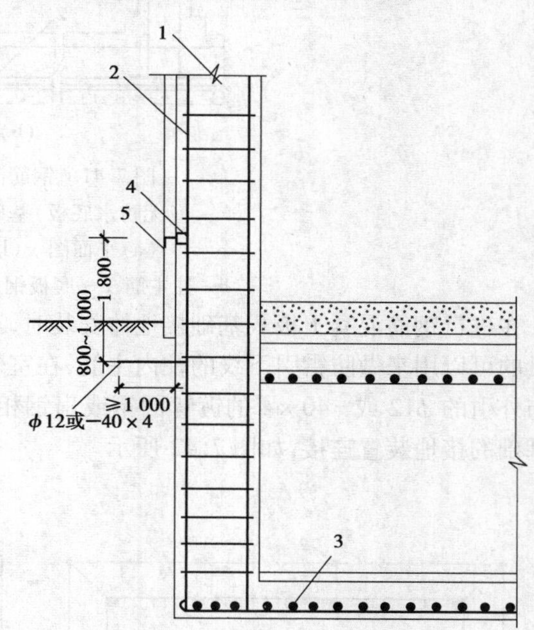

图7.40 箱形基础接地体安装

1—现浇混凝土柱;2—柱主筋;

3—基础底层钢筋网;4—预埋连接板;5—引出连接板

钢筋混凝土独立基础及钢筋混凝土箱形基础作为接地体时,应将用作防雷引下线的现浇钢筋混凝土柱内的符合要求的主筋,与基础底层钢筋网做焊接连接。

钢筋混凝土独立基础如有防水油毡及沥青包裹时,应通过预埋件和引下线,跨越防水油毡及沥青层,将柱内的引下线钢筋,垫层内的钢筋与接地柱相焊接。利用垫层钢筋和接地桩柱做接地装置。

(3)钢筋混凝土板式基础接地体安装

利用无防水层底板的钢筋混凝土板式基础做接地体,应将利用作为防雷引下线的符合规定的柱主筋与底板的钢筋进行焊接连接，如图 7.41 所示。

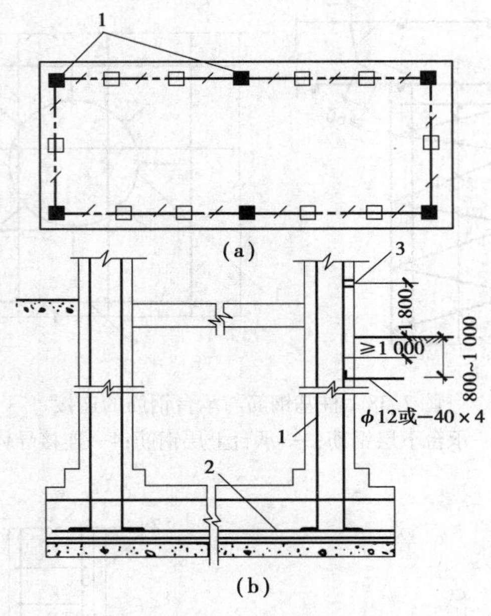

图 7.41　钢筋混凝土板式（无防水底板）基础接地体安装

（a）平面图　（b）基础安装

1—柱主筋；2—底板钢筋；3—预埋连接板

在进行钢筋混凝土板式基础接地体安装时，当遇有板式基础有防水层时，应将符合规格和数量的可以用来做防雷引下线的柱内主筋，在室外自然地面以下的适当位置处，利用预埋连接板与外引的 ϕ12 或−40×4 的镀锌圆钢或扁钢相焊接做连接线，同有防水层的钢筋混凝土板式基础的接地装置连接，如图 7.42 所示。

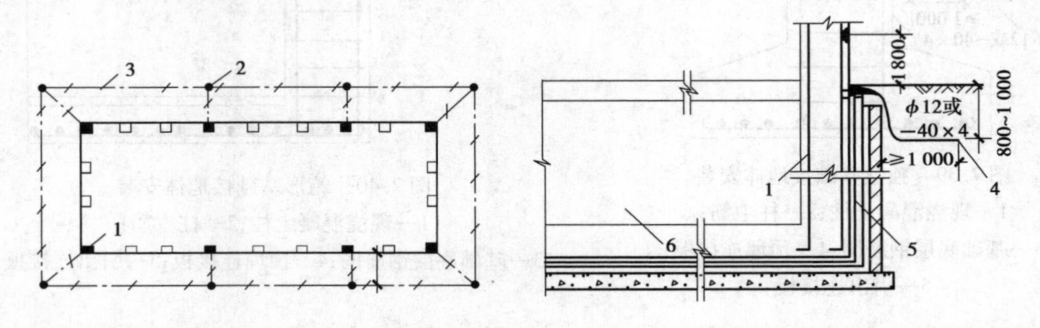

图 7.42　钢筋混凝土板式（有防水层）基础接地体安装图

1—柱主筋；2—接地体；3—连接线；

4—引至接地体；5—防水层；6—基础底板

（4）**钢筋混凝土杯形基础预制柱接地体安装**

利用钢筋混凝土杯形基础网做接地体时，对仅有水平钢筋网的杯形基础和有垂直和水平钢筋网的基础的施工方法是有区别的。

1)仅有水平钢筋网的杯形基础接地体

仅有水平钢筋网的杯形基础接地体做法,如图7.43所示。连接导体(即连接基础内水平钢筋网与预制混凝土预埋连接板的钢筋或圆钢)引出位置是在杯口一角的附近,与预制混凝土柱上的预埋连接板位置相对应。

连接导体与水平钢筋网应采用焊接做法,如在施工现场无条件焊接时,应预先在钢筋网加工场地焊好后,再运往施工现场。

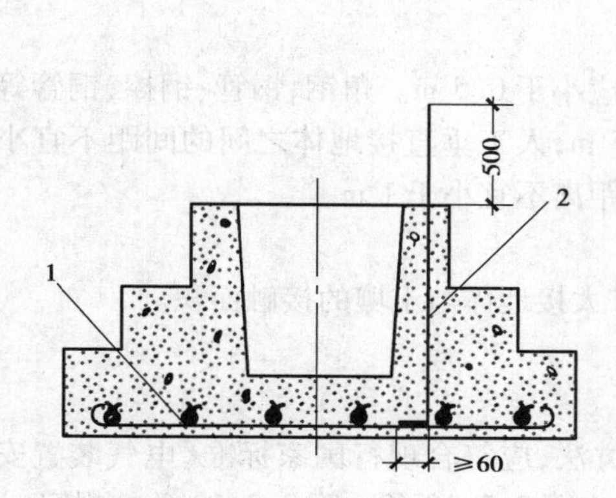

图7.43　仅有水平钢筋网的杯形基础接地体安装

1—杯形基础水平钢筋网;

2—连接导体 $\phi12$ 钢筋或圆钢

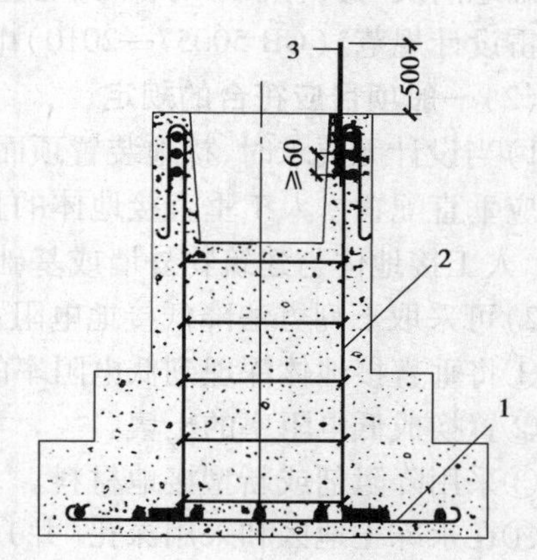

图7.44　有垂直和水平钢筋网的基础接地体安装

1—杯形基础水平钢筋网;2—垂直钢筋网;

3—连接导体 $\phi12$ 钢筋或圆钢

连接导体与柱上预埋件连接也应焊接,立柱后,将连接导体与∟63×63×5、$L=100$ 柱内预埋连接板焊接后,将其与土壤接触的外露部分用1∶3水泥砂浆保护,且保护层厚度不应小于50 mm。

2)有垂直和水平钢筋网的杯形基础接地体

有垂直和水平钢筋网的杯形基础接地体做法,如图7.44所示。与连接导体相连接的垂直钢筋,应与水平钢筋相焊接,如不能直接连接时,应采用一段不小于 $\phi10$ 的钢筋或圆钢跨接焊。如果4根垂直主筋都能接触到水平钢筋网时,应将4根垂直主筋均与水平钢筋网绑扎连接。

连接导体外露部分应同上作水泥砂浆保护。

当杯形钢筋混凝土基础底下有桩基时,宜将每一桩基的一根主筋同承台梁钢筋焊接,当不能直接连接时,可参见图7.38中的桩基钢筋与承台钢筋的连接做法,用连接导体进行连接。

7.6.5　接地装置安装质量要求

(1)主控项目应符合的规定

1)利用建筑物桩基、梁、柱内钢筋做接地装置的自然接地体和为接地需要而专门埋设的人工接地体,应在地面以上按设计要求的位置设置可供测量、接人工接地体和做等电位连接用的连接板。

2)接地装置的接地电阻值应符合设计文件的要求。

3)在建筑物外人员可经过或停留的引下线与接地体连接处3 m范围内,应采用防止跨步电压对人员造成伤害的一种或多种方法如下：

①铺设使地面电阻率不小于50(kΩ·m)的50 mm厚的沥青层或150 mm厚的砾石层。

②设立阻止人员进入的护栏或警示牌。

③将接地体敷设成水平网格。

④当工程设计文件对第一类防雷建筑物接地装置设计为独立接地时，独立接地体与建筑物基础地网及与其有联系的管道、电缆等金属物之间的间隔距离，应符合现行国家标准《建筑物防雷设计规范》(GB 50057—2010)中第4.2.1条的规定。

(2)一般项目应符合的规定

1)当设计无要求时，接地装置顶面埋设深度不应小于0.5 m。角钢、钢管、铜棒、铜管等接地体应垂直配置。人工垂直接地体的长度宜为2.5 m，人工垂直接地体之间的间距不宜小于5 m。人工接地体与建筑物外墙或基础之间的水平距离不宜小于1 m。

2)可采取下列方法降低接地电阻：

①将垂直接地体深埋到低电阻率的土壤中或扩大接地体与土壤的接触面积。

②置换成低电阻率的土壤。

③采用降阻剂或新型接地材料。

④在永冻土地区和采用深孔(井)技术的降阻方法，应符合现行国家标准《电气装置安装工程接地装置施工及验收规范》(GB 50169—2006)中第3.2.10条—第3.2.12条的规定。

⑤采用多根导体外引，外引长度不应大于现行国家标准《建筑物防雷设计规范》(GB 50057—2010)中第5.4.6条的规定。

3)当接地装置仅用于防雷保护，且当地土壤电阻率较高，难以达到设计要求的接地电阻值时，可采用现行国家标准《雷电防护第3部分：建筑物的物理损坏和生命危险》(GB/T 21714.3)—2008中第5.4.2条的规定。

4)接地体的连接应采用焊接，并宜采用放热焊接(热剂焊)。当采用通用的焊接方法时，应在焊接处做防腐处理。钢材、铜材的焊接应符合下列规定：

①导体为钢材时，焊接时的搭接长度及焊接方法要求应符合表7.2的规定。

②导体为铜材与铜材或铜材与钢材时，连接工艺应采用放热焊接，熔接接头应将被连接的导体完全包在接头里，要保证连接部位的金属完全熔化，并应连接牢固。

5)接地线连接要求及防止发生机械损伤和化学腐蚀的措施，应符合现行国家标准《电气装置安装工程接地装置施工及验收规范》(GB 50169—2006)中第3.2.7、第3.3.1和第3.3.3条的规定。

6)接地装置在地面处与引下线的连接和不同地基的建筑物基础接地施工，可按《建筑物防雷工程施工与质量验收规范》(GB 50601—2010)附录D中图示方法。

7)敷设在土壤中的接地体与混凝土基础中的钢材相连接时，宜采用铜材或不锈钢材料。

7.7 接地电阻测量及降低接地电阻的措施

接地装置施工在接地体安装完毕后应及时进行隐蔽工程检查验收并测量接地电阻。

7.7.1　接地电阻测量

测量接地电阻普遍采用接地电阻测量仪。使用方法参见第1章。所测接地电阻值必须满足设计要求。

7.7.2　降低接地电阻的措施

在高土壤电阻率地区,当接地电阻值不能满足设计要求时,则可考虑下面降低接地电阻的方法。但在实际应用中,应因地制宜,考虑原来接地装置的状况、周围地形地貌、土壤电阻率等因素,通过技术经济比较论证来合理选取,以获得最佳的降阻效果。

(1)**置换电阻率较低的土壤**

当在接地体附近有电阻率较低的土壤时常采用此法。用黏土、黑土或砂质黏土等电阻率较低的土壤,代替原有电阻率较高的土壤。置换范围是在接地体周围0.5 m以内和接地体长的1/3处。

(2)**接地体深埋**

如地层深处土壤电阻率较低时,则可采用井式或深钻式深埋接地极。一般对含砂土壤比较有效。因为含砂土壤中的砂层一般都在表面层,在地层深处的土壤电阻率较低。

在深孔(井)技术应用中,敷设深井电极应注意以下事项:

①应掌握有关的地质结构资料和地下土壤电阻率的分布,以使深孔(井)接地能在所处位置上收到较好的效果;同时要考虑深孔(井)接地极之间的屏蔽效应,以发挥深孔(井)接地作用。

②在坚硬岩石地区,可考虑深孔爆破,让降阻剂在孔底呈立体树枝状分布,以降低接地电阻。

③深井电极宜打入地下低阻地层1~2 m。

④深井电极所用的角钢,其搭接长度应为角钢单边宽度的4倍;钢管搭接宜加螺纹套拧紧后两边口再加焊。

⑤深井电极应通过圆钢(与水平电极同规格)就近焊接到水平网上,搭接长度为圆钢直径的6倍。

(3)**人工处理**

在其他方法不好采用或达不到必要的效果时,可采用人工处理的方法,即在接地体周围填充电阻率较低的物质或压力灌注降阻剂等以改善土壤传导性能;或采用新型接地装置,如电解离子接地极。

降阻剂材料的选择及施工工艺应符合下列要求:

①材料的选择应符合设计要求。

②应选用长效防腐物理性降阻剂。

③使用的材料必须符合国家现行技术标准,通过国家相应机构对降阻剂的检验测试,并有合格证件;严格按照生产厂家使用说明书规定的工艺施工。

(4)**外引式接地**

如接地体附近有导电良好的土壤及不冰冻的湖泊、河流时,可采用外引式接地。对于必须装设外引式接地的电气设备与外引式接地装置至少要有两处相连,连接线一般采用扁钢或圆钢,在特别容易锈蚀地区,则应采用软铜线,以免锈蚀。如在某一处采用外引式接地的设备较多时,可根据经济分析,决定采用单独的外引式接地,还是采用共同的外引式接地,然后再将这些设备与外引式接地装置连接起来。

外引式接地装置的降阻效果虽然比较直接,但也受到征地赔偿及外引接地网运行管理维护等因素的制约。

复习题

1. 建筑物防雷等级是怎样划分的?
2. 建筑物易受雷击的部位有哪些?
3. 什么是防雷装置?何谓外部防雷装置和内部防雷装置?
4. 简述避雷针、避雷带、避雷网等接闪器的安装方法。
5. 简述等电位连接的要求及安装方法。
6. 简述人工接地体安装方法及要求。
7. 简述明敷接地线的敷设方法及要求。
8. 简述接地体线连接方法及规定。
9. 简述利用建筑物基础内钢筋作接地装置的做法。
10. 降低接地电阻值的方法有哪些?如何选择?

第 8 章　智能建筑工程施工

8.1　智能建筑工程概述

8.1.1　智能建筑

根据《智能建筑设计标准》(GB/T 50314—2006),智能建筑是以建筑物为平台,兼备信息设施系统、信息化应用系统、建筑设备管理系统、公共安全系统等,集结构、系统、服务、管理及其优化组合为一体,向人们提供安全、高效、便捷、节能、环保、健康的建筑环境。

信息设施系统是为确保建筑物与外部信息通信网的互联及信息畅通,对语音、数据、图像和多媒体等各类信息予以接收、交换、传输、存储、检索及显示等进行综合处理的多种类信息设备系统加以组合,提供实现建筑物业务及管理等应用功能的信息通信基础设施。

信息化应用系统是以建筑物信息设施系统和建筑设备管理系统等为基础,为满足建筑物各类业务和管理功能的多种类信息设备与应用软件而组合的系统。

建筑设备管理系统是对建筑设备监控系统和公共安全系统等实施综合管理的系统。

公共安全系统是为维护公共安全、综合运用现代科学技术,以应对危害社会安全的各类突发事件而构建的技术防范系统或保障系统。

8.1.2　智能建筑工程

国家标准《建筑工程施工质量验收统一标准》(GB 50300—2001)第一次将人们一直习惯称为的"弱电工程"命名为"智能建筑工程",并与"建筑电气工程"一样,作为建筑工程的一个独立的"分部工程"。智能建筑工程的具体内容及其结构体系如图 8.1 和表 8.1 所示。

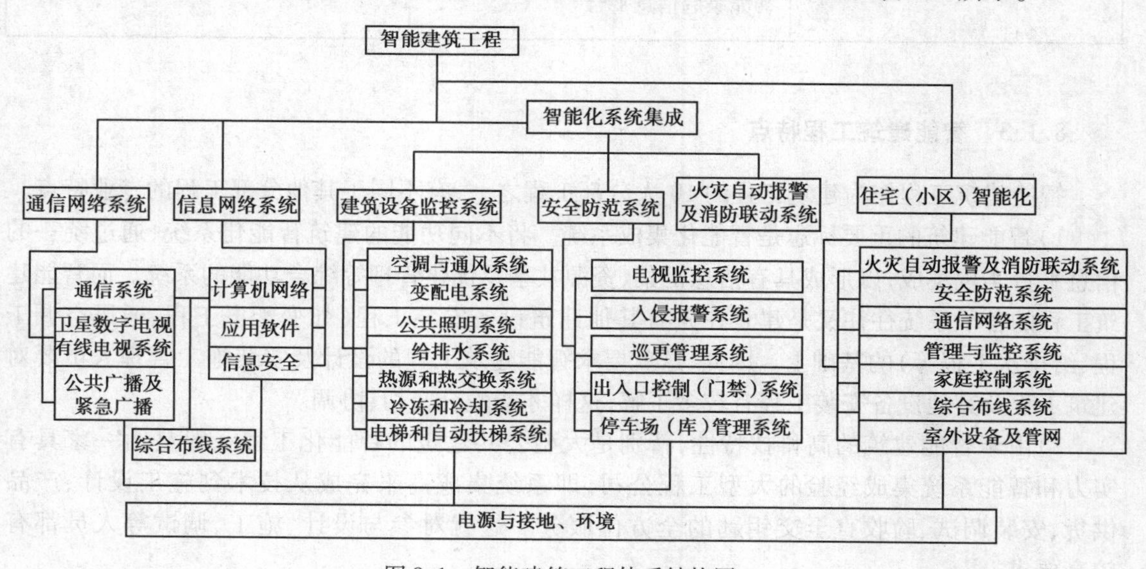

图 8.1　智能建筑工程体系结构图

表 8.1　智能建筑工程分部分项工程划分

分部工程	子分部工程	分项工程
智能建筑	通信网络系统	通信系统、卫星及有线电视系统、公共广播系统
	办公自动化系统	计算机网络系统、信息平台及办公自动化应用软件、网络安全系统
	建筑设备监控系统	空调与通风系统、变配电系统、照明系统、给排水系统、热源和热交换系统、冷冻和冷却系统、电梯和自动扶梯系统、中央管理工作站与操作分站、子系统通信接口
	火灾报警及消防联动系统	火灾和可燃气体探测系统、火灾报警控制系统、消防联动系统
	安全防范系统	电视监控系统、入侵报警系统、巡更系统、出入口控制(门禁)系统、停车管理系统
	综合布线系统	缆线敷设和终接、机柜、机架、配线架的安装、信息插座和光缆芯线终端的安装
	智能化集成系统	集成系统网络、实时数据库、信息安全、功能接口
	电源与接地	智能建筑电源、防雷及接地
	环境	空间环境、室内空调环境、视觉照明环境、电磁环境
	住宅(小区)智能化系统	火灾自动报警及消防联动系统、安全防范系统(含电视监控系统、入侵报警系统、巡更系统、门禁系统、楼宇对讲系统、住户对讲呼救系统、停车管理系统)、物业管理系统(多表现场计量及与远程传输系统、建筑设备监控系统、公共广播系统、小区网络及信息服务系统、物业办公自动化系统)、智能家庭信息平台

8.1.3　智能建筑工程特点

智能建筑工程作为建筑工程的 10 大分部工程之一,有不同于其他分部工程的专业特点。

1)智能建筑的重要标志是智能化集成系统。将不同功能的建筑智能化系统,通过统一的信息平台实现集成,以形成具有信息汇集、资源共享及优化管理等综合功能的系统。而智能建筑工程的各子系统往往又是建立在先有其他建筑设备安装工程(如变配电工程、通风空调工程、给排水工程等)的基础上。因此,这就要求智能建筑工程的设计及安装施工管理人员要对建筑工程及其他设备安装工程有较多了解,这样才能配合密切、协调。

2)由于智能建筑的高科技特性,特别是大型公共建筑的智能化工程一般是由一家具有实力和智能系统集成经验的大型工程公司,即系统集成商来完成从技术到施工设计、产品供货、安装调试、验收直至交钥匙的全方位服务。这就对参与设计、施工、调试等人员都有较高要求。

3)智能化项目一般情况都要根据现场实际及业主要求进行二次深化设计。智能化各系统设备不同生产商有不同的要求,而业主对设备选型、订货往往较晚,所订设备与当时施工状况不符,各专业工种管线配合发生问题,会造成施工混乱。

4)智能建筑工程要特别注意与其他工程的配合,如预留孔洞和预埋管线与土建工程的配合、管线施工与装饰工程的配合、各控制室的装饰与整体装饰工程的配合等。特别是各子系统之间的协调配合更为重要。如各子系统与智能设备、智能仪表之间的界面划分,以及提出切实可行的接口要求都非常重要。例如,高压开关柜接口界面采用硬接口形式,提供给智能建筑物管理系统(IBMS)的监视信号接点几组开关量信号(DI)和几组模拟量信号(AI);又如消防报警系统与IBMS系统接口界面采用软接口的通信方式。

5)工程质量构成复杂。智能化系统的工程质量是由采用的元器件、主机设备、终端、系统软件、应用软件以及安装调试等多种环节的质量综合而成,而这一系列环节又涉及多个主体,如生产制造厂家、产品供应商、安装公司、软件集成商等。

6)工程竣工验收往往是分系统单独验收,有些系统还应在投入正常运行相当长时间(1~3个月)后再进行。验收由建设单位负责组织,施工承包单位、设计单位、工程监理单位参加;有些系统验收则由建设单位申报当地主管部门进行验收,例如,火灾自动报警与消防联动系统由公安消防部门验收;安全防范系统由公安技防部门验收等。

验收所依据的标准,除《智能建筑工程质量验收规范》(GB 50339—2003)之外,还应执行各系统相应的现行国家标准。例如,《建筑电气工程施工质量验收规范》(GB 50303—2002)、《火灾自动报警系统施工及验收规范》(GB 50166—2007)、《综合布线系统工程验收规范》(GB 50312—2007)、《安全防范工程技术规范》(GB 50348—2004)等。

8.1.4　智能建筑工程施工图

智能建筑工程施工图的内容与建筑电气工程施工图基本相同,阅读方法也是一样的。熟悉智能建筑工程系统图要比电气照明系统、电气动力系统图更为重要,智能建筑工程各系统图所表示的内容比照明系统图更全面、更具体,基本反映了整个系统的组成及各设备之间的连接关系。如图8.2所示为某小区4#楼火灾自动报警系统,就详细给出了整个系统的组成及设备分布。由系统图可知,如感烟探测器分布:1层,4个;2~17层,每层3个;电梯机房,1个;地下车库,13个。带电话插孔的手动报警按钮:1~17层,每层1个;地下车库2个。消火栓报警按钮:1~17层,每层1个;地下车库16个;另外商业门面房还分别有22个和18个等。其他在此不再详述。至于设备具体安装位置,则需阅读平面图。

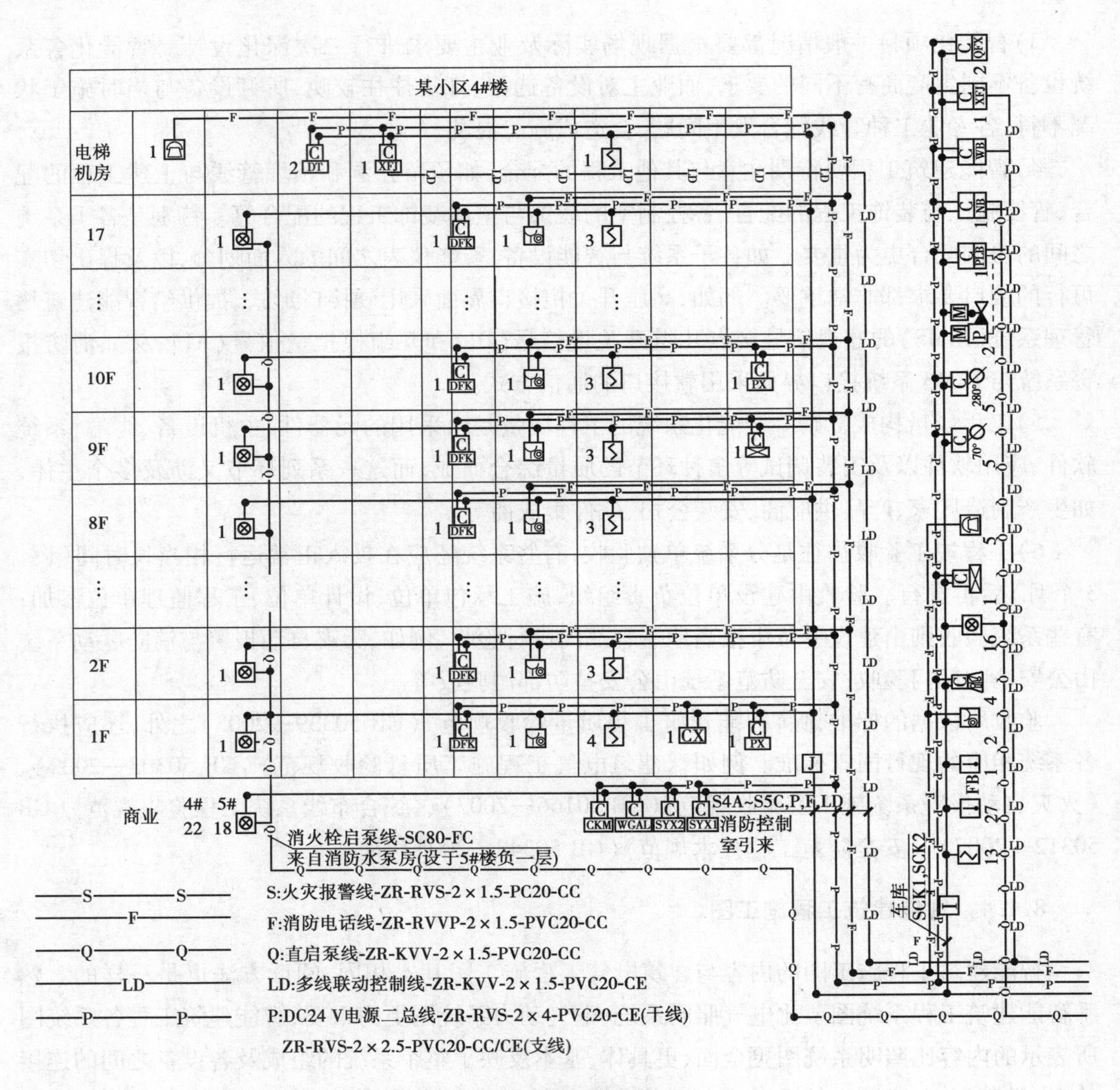

图 8.2　火灾报警系统图

8.2　火灾自动报警系统工程安装

8.2.1　火灾自动报警系统的组成

火灾自动报警系统用以监视建筑物现场的火情，当存在火患开始冒烟而还未明火之前，或者是已经起火但还未成灾之前发出火情信号，以通知消防控制中心及时处理并自动执行消防前期准备工作。又能根据火情位置及时输出联动控制信号，启动相应的消防设备进行灭火。简言之，即实现火灾早期探测、发出火灾报警信号、并向各类消防设备发出控制信号完成各项消防功能的系统。火灾自动报警系统在智能建筑中通常被作为智能建筑 3 大体系中的 BAS（建筑设备管理系统）的一个非常重要的独立的子系统。整个系统的动作，既能通过建筑物中智能系统的综合网络结构来实现，又可以在完全摆脱其他系统或网络的情况下独立工作。火灾自动报警系统一般由火灾触发器件、火灾报警装置、火灾报警控制器、消防联动控制系统等组成，如图8.3所示。整个系统的运行及火灾信息处理过程如图8.4所示。

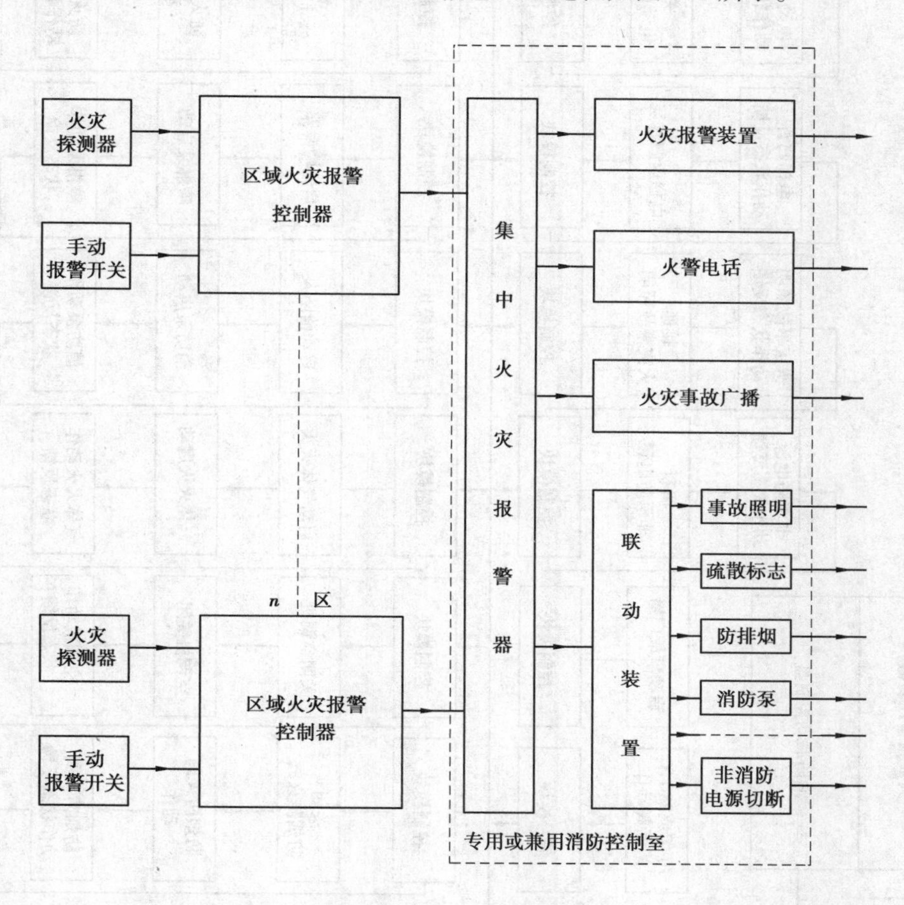

图8.3　火灾自动报警及消防联动系统示意

图8.3示出：火灾探测器和手动报警按钮通过区域报警控制器把火灾信号传入集中报警控制器，集中报警控制器接收多个区域报警控制器送入的火灾报警信号，并可判别火灾报警信号的地点和位置，通过联动控制器实现对各类消防设备的控制，从而实施防排烟、开消防泵、切断非消防电源等灭火措施；并同时进行火灾事故广播、启动火灾报警装置、打火警电话。

(1)火灾探测器

火灾探测器是能对火灾参量作出有效响应，并转化为电信号，将报警信号送至火灾报警控制器的器件。它是火灾自动报警系统最关键的部件之一。按其被测的火灾参量，常用探测器有多种类型，如表8.2所示。

1)感烟式探测器

烟雾是火灾的早期现象，利用感烟探测器就可以最早感受火灾信号，并进行火灾预报警或火灾报警，从而可以把火灾扑灭在初起阶段，防患于未然。感烟探测器就是对悬浮在大气中的燃烧和/或热解产生的固体或液体微粒敏感的火灾探测器。它分为离子感烟式和光电感烟式等。

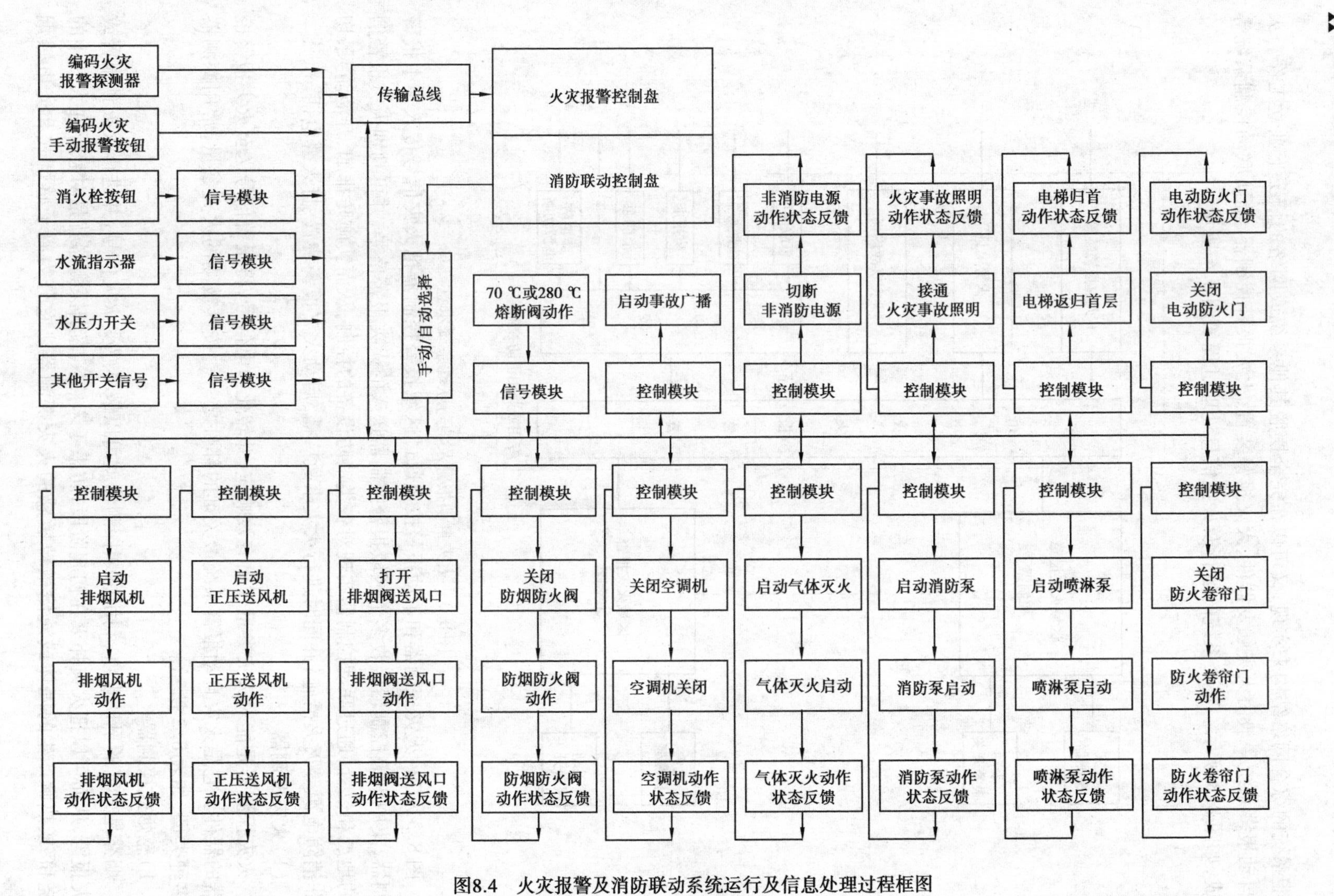

图8.4 火灾报警及消防联动系统运行及信息处理过程框图

表8.2　探测器的种类与性能

<table>
<tr><th colspan="3">火灾探测器种类名称</th><th colspan="2">探测器性能</th></tr>
<tr><td rowspan="2">感烟式探测器</td><td rowspan="2">点型</td><td>离子感烟式</td><td colspan="2">及时探测火灾初期烟雾，报警功能较好。可探测微小颗粒（油漆味、烤焦味，均能反应并引起探测器动作；当风速大于 10 m/s 时不稳定，甚至引起误动作）</td></tr>
<tr><td>光电感烟式</td><td colspan="2">对光电敏感。宜用于特定场合。附近有过强红外光源时可导致探测器不稳定；其寿命较前者短</td></tr>
<tr><td rowspan="11">感温式探测器</td><td colspan="2">缆式线型感温电缆</td><td rowspan="11">火灾早、中期产生一定温度时报警，且较稳定。凡不可采用感烟探测器，非爆炸性场所，允许一定损失的场所选用</td><td>不以明火或温升速率报警，而是以被测物体温度升高到某定值时报警</td></tr>
<tr><td rowspan="4">定温式</td><td>双金属定温</td><td rowspan="4">它只以固定限度的温度值发出火警信号，允许环境温度有较大变化而工作比较稳定，但火灾引起的损失较大</td></tr>
<tr><td>热敏电阻</td></tr>
<tr><td>半导体定温</td></tr>
<tr><td>易熔合金定温</td></tr>
<tr><td rowspan="3">差温式</td><td>双金属差温式</td><td rowspan="3">适用于早期报警，它以环境温度升高率为动作报警参数，当环境温度达到一定要求时，发出报警信号</td></tr>
<tr><td>热敏电阻差温式</td></tr>
<tr><td>半导体差温式</td></tr>
<tr><td rowspan="3">差定温式</td><td>膜盒差定温式</td><td rowspan="3">具有感温探测器的一切优点，比较稳定，允许一定爆炸场所</td></tr>
<tr><td>热敏电阻差定温式</td></tr>
<tr><td>半导体差定温式</td></tr>
<tr><td rowspan="2">感光式探测器</td><td colspan="2">紫外线火焰式</td><td colspan="2">监测微小火焰发生，灵敏度高，对火焰反应快，抗干扰能力强</td></tr>
<tr><td colspan="2">红外线火焰式</td><td colspan="2">能在常温下工作。对任何一种含碳物质燃烧时产生的火焰都能反应。对恒定的红外辐射和一般光源（如：灯泡、太阳光和一般的热辐射，X，γ 射线）都不起反应</td></tr>
<tr><td colspan="3">可燃气体探测器</td><td colspan="2">探测空气中可燃气体含量超过一定数值时报警</td></tr>
<tr><td colspan="3">复合型探测器</td><td colspan="2">它是全方位火灾探测器，综合各种长处，使用于各种场合，能实现早期火情的全范围报警</td></tr>
</table>

离子感烟探测器是利用放射性物质放射出的高能量射线使局部空间的空气电离，电离状态下的空气在外加电压作用下形成离子电流。当火灾产生的烟雾及燃烧生成物进入电离空间时，离子电流将发生变化。电流的变化就转换成声光信号或其他信号，从而达到报警的目的。

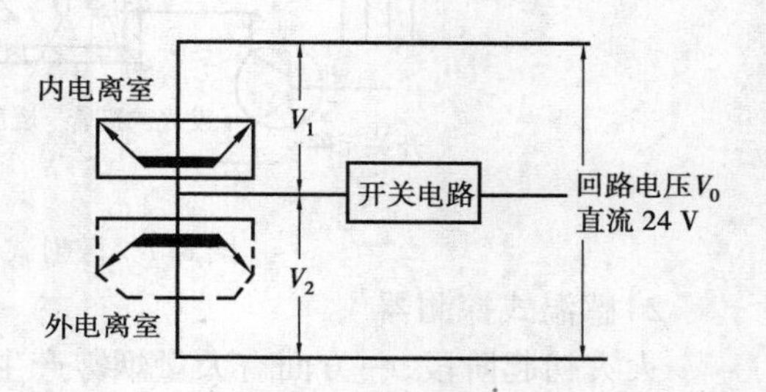

图8.5　离子感烟探测器的结构示意

离子感烟探测器由放射源、内电离室、外电离室及电子电路等组成（见图8.5）。内外电离室相串联，内电离室是不允许烟雾等燃烧物进入的，外电离室是允许烟雾燃烧物进入的。采用内外电离室串联的方法，是为了减小环境温度、湿度、气压等自然条件的变化对离子电流的影响，提高稳定性,防止误动作。

光电感烟式探测器有遮光式和散射光式两种。遮光式感烟探测器主要是由一个电光源(灯泡或发光二极管)和一个相对应的光敏元件。它们组装在一个烟雾可以进入而光线不能进入的特制暗箱内(见图8.6)。电光源发出的光通过透镜聚成光束照到光敏元件上,光敏元件把接收到的光能转换成电信号,以使整个电路维持正常工作状态。当有烟雾进入,存在于光源与光敏元件之间时,到达光敏元件上的光能将显著减弱。这样光敏元件把光能强度减弱的变化转化为突变的电信号,突变信号经过电子放大电路适当的放大之后,就送出火灾报警信号。

散射式感烟探测器的结构特点是,多孔的暗箱必须能够阻止外部光线进入箱内,而烟雾粒子却可以自由进入。在这个特制的暗箱内,也有一个电光源和一个光敏元件,它们分别设置在箱内特定的位置上(见图8.7)。在正常状态(没烟雾)时,光源发出的光不能到达光敏元件上,故无光敏电流产生,探测器无输出信号。当烟雾存在并进入暗箱后,光源发出的光经烟雾粒子反射及散射而到达光敏元件上,于是产生光敏电流,经电子放大电路放大后输出报警信号。

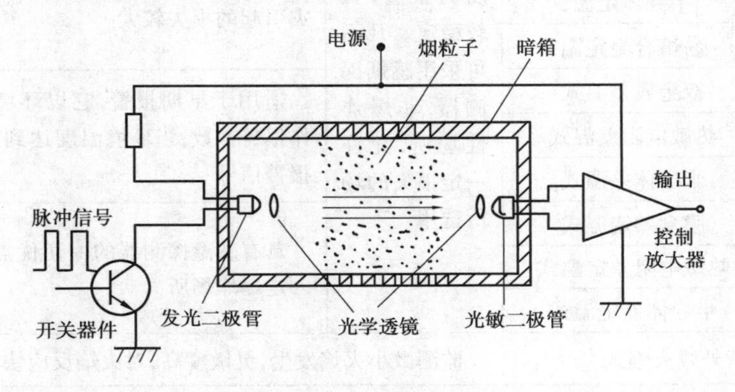

图8.6 遮光式光电感烟探测器结构原理示意

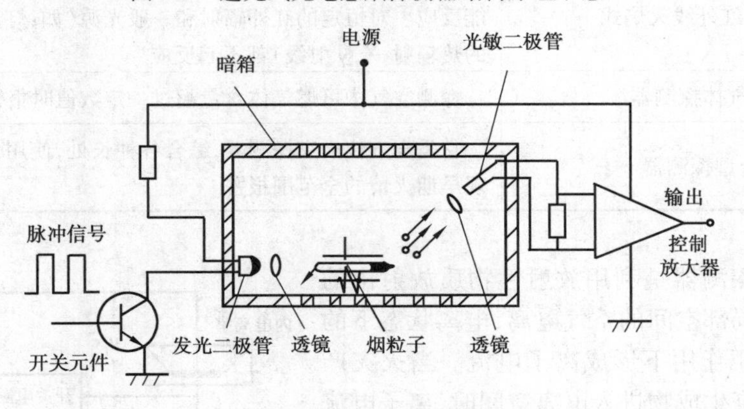

图8.7 散射式光电感烟探测器原理示意

2)感温式探测器

火灾初起阶段,一方面有大量烟雾产生,另一方面必然释放出热量,使周围环境的温度急剧上升。因此,用对热敏感的元件来探测火灾的发生也是一种有效的手段。特别是那些经常存在大量粉尘、烟雾、水蒸气的场所,无法使用感烟探测器,只有用感温探测器才比较合适。

感温探测器就是对温度和/或升温速率和/或温度变化响应的火灾探测器。主要有两类:

一类为定温式探测器，即随着环境温度的升高，探测器受热至某一特定温度时，热敏元件就感应产生出电信号。另一类是差温式探测器（差动式），即当环境温升速率超过某一特定值时，便感应产生出电信号。也有将两者结合起来的，称为差定温探测器。

定温式探测器按敏感元件的特点，可分两种：一种为定点型，即敏感元件安装在特定位置上进行探测，如双金属型、热敏电阻型等；另一种为线型（又称分布型），即敏感元件呈线状分布，所监视的区域为一条线，如热敏电缆型。

机械定温式探测器在吸热罩中嵌有一小块低熔点合金或双金属片作为热敏元件，当温度达到规定值后，金属熔化使顶杆弹出而接通接点或是双金属片受热变形推动接点闭合，发出报警信号。电子定温探测器是由基准电阻和热敏电阻串联组成感应元件，它们相当于感烟式探测器的内外电离室，当探测空间温度上升至规定值时，两电阻交接点电压变化超过报警阈值，发出报警信号。

差温式探测器按其工作原理，分为机械式和电子式两种。机械差温式探测器的工作原理是：金属外壳感温室内气体温度缓慢变化时，所引起的膨胀量从泄气孔慢慢地溢出，其中的波纹片无反应；当感温室内气体受温度的剧烈升高而迅速膨胀时，不能从泄气孔立即排出，感温室内的气体压力升高，从而推动波纹片使接点闭合发出报警信号。电子差温探测器是由热敏电阻和基准热敏电阻组成感应元件，后者的阻值随环境温度缓慢变化，当探测空间温度上升的速度超过某一定值时，两电阻交接点的电压超阈部分经处理后发出报警信号。

电子式差定温探测器在当前火灾监控系统中用得较普遍。它是由定温、差温两组感应元件组合而成。

3）感光式探测器

感光探测器也称为光辐射探测器，它能有效地检测火灾信息之一——光，以实现报警。其种类主要有红外感光探测器和紫外感光探测器。它们分别是利用红外线探测元件和紫外线探测元件，接收火焰自身发出的红外线辐射和紫外线辐射，产生电信号报告火警。

4）可燃气体探测器

严格来讲，可燃气体探测器并不是火灾探测器，它既不探测烟雾、温度，又不探测火光这些火灾信息。它是在消防（火灾）自动监控系统中帮助提高监测精确性和可靠性的一种探测器。在石油工业、化学工业等的一些生产车间，以及油库、油轮等布满管道、接头和阀门的场所，一旦可燃气体外泄且达到一定浓度，遇明火立即会发生燃烧和爆炸。因而，在存在可燃气体泄漏而又可能导致燃烧和爆炸的场所，应增设可燃气体探测器。当可燃气体浓度达到危险值时，应给出报警信号，以提高系统监控的可靠性。

从监控系统应用考虑，用得较多的是半导体可燃气体探测器。它是由对某些可燃气体十分敏感的半导体气敏元件和相应的电子电路组成，具有较高的灵敏度。它主要用于探测氢、一氧化碳、甲烷、乙醚、乙醇、天然气等可燃气体。

（2）火灾报警控制器

根据国家标准《火灾报警设备专业术语》（GB/T 4718—2006）中的定义，火灾报警控制器是作为火灾自动报警系统的控制中心，能够接收并发出报警信号和故障信号，同时完成相应的显示和控制功能的设备。火灾报警控制器具有下述功能：

1）能接收探测信号，转换成声、光报警信号，指示着火部位和记录报警信息。

2）可通过火警发送装置启动火灾报警信号或通过自动消防灭火控制装置启动自动灭火

设备和消防联动控制设备。

3)自动地监视系统的正确运行和对特定故障给出声光报警(自检)。

火灾报警控制器可分为区域报警控制器和集中报警控制器两种。区域报警控制器接收火灾探测区域的火灾探测器送来的火警信号,可以说是第一级的监控报警装置,其主要组成基本单元有声、光报警单元、记忆单元、输出单元、检查单元及电源单元。这些单元都是由电子电路组成的基本电路。

集中报警控制器用作接收各区域报警控制器发送来的火灾报警信号,还可巡回检测与集中报警控制器相连的各区域报警控制器,有无火警信号、故障信号,并能显示出火灾的区域、部位及故障区域,并发出声、光报警信号。是设置在建筑物消防中心(或消防总控制室)内的总监控设备,它的功能比区域报警控制器更全。具有部位号指示、区域号指示、巡检、自检、火警音响、时钟、充电、故障报警及稳压电源等基本单元。

总线制火灾报警控制器,采用了计算机技术、传输数字技术和编码技术,大大提高了系统报警的可靠性,同时也减少了系统布线数量。它分为二总线制、三总线制和四总线制3种。

火灾报警控制器种类很多,国内常用分类方法可参见图8.8。目前工程使用较多的是总线制火灾报警控制器,它与探测器采用总线(少线)方式连接。所有探测器均并联或串联在总线上(一般总线数量为2~4根),具有安装、调试、使用方便,工程造价较低的特点。

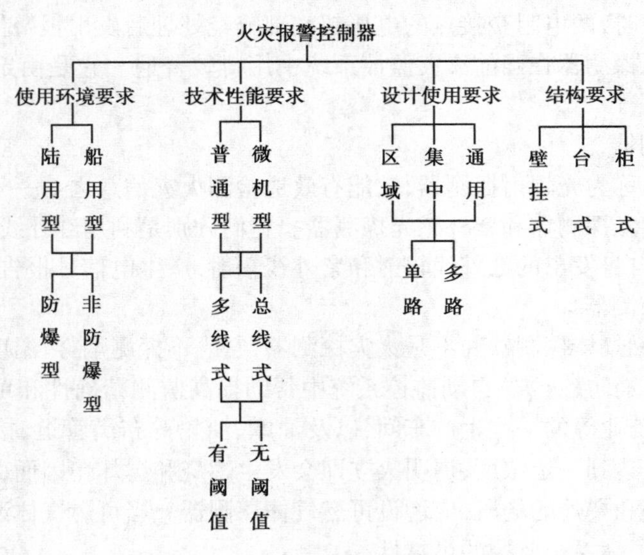

图8.8　火灾报警控制器的分类

(3)**联动控制器**

联动控制器与火灾报警控制器配合,通过数据通信,接收并处理来自火灾报警控制器的报警点数据,然后对其配套执行器件发出控制信号,实现对各类消防设备的控制。

1)联动控制器的基本功能:

①能为与其直接相连的部件供电。

②能直接或间接启动受其控制的设备。

③能直接或间接地接收来自火灾报警控制器或火灾触发器件的相关火灾报警信号,发出声、光报警信号。声报警信号能手动消除,光报警信号在联动控制器设备复位前应予保持。

2)在接收到火灾报警信号后,能完成下列功能:

①切断火灾发生区域的正常供电电源,接通消防电源。

②能启动消火栓灭火系统的消防泵,并显示状态。

③能启动自动喷水灭火系统的喷淋泵,并显示状态。

④能打开雨淋灭火系统的控制阀,启动雨淋泵并显示状态。

⑤能打开气体或化学灭火系统的容器阀,能在容器阀动作之前手动急停,并显示状态。

⑥能控制防火卷帘门的半降、全降,并显示其状态。

⑦能控制平开防火门,显示其所处的状态。

⑧能关闭空调送风系统的送风机、送风口,并显示状态。

⑨能打开防排烟系统的排烟机、正压送风机及排烟口、送风口、关闭排烟机、送风机,并显示状态。

⑩能控制常用电梯,使其自动降至首层。

⑪能使受其控制的火灾应急广播投入使用。

⑫能使受其控制的应急照明系统投入工作。

⑬能使受其控制的疏散、诱导指示设备投入工作。

⑭能使与其连接的警报装置进入工作状态。

对于以上各功能,应能以手动或自动两种方式进行操作。

3)当联动控制器设备内部、外部发生下述故障时,应能在100 s内发出与火灾报警信号有明显区别的声光故障信号。

①与火灾报警控制器或火灾触发器件之间的连接线断路(断路报火警除外)。

②与接口部件间的连线断路、短路。

③主电源欠压。

④给备用电源充电的充电器与备用电源之间的连接线断路、短路。

⑤在备用电源单独供电时,其电压不足以保证设备正常工作时。

对于以上各类故障,应能指示出类型,声故障信号应能手动消除(如消除后再来故障不能启动,应有消声指示),光故障信号在故障排除之前应能保持。故障期间,非故障回路的正常工作不受影响。

4)联动控制器设备应能对本机及其面板上的所有指示灯、显示器进行功能检查。

5)联动控制器设备处于手动操作状态时,如要进行操作,必须用密码或钥匙才能进入操作状态。

6)具有隔离功能的联动控制器设备,应设有隔离状态指示,并能查寻和显示被隔离的部位。

7)联动控制设备应具有电源转换功能。当主电源断电时,能自动转换到备用电源;当主电源恢复时,能自动转回到主电源。主、备电源应有工作状态指示。主电源容量应能保证联动控制器设备在最大负载条件下,连续工作4 h以上。

(4)**短路隔离器**

短路隔离器是用于二总线火灾报警控制器的输入总线回路中,安置在每一个分支回路(20~30只探测器)的前端,当回路中某处发生短路故障时,短路隔离器可让部分回路与总线隔离,保证总线回路其他部分能正常工作。

(5)底座与编码底座

底座是火灾报警系统中专门用来与离子感烟探测器、感温探测器配套使用的。在二总线制火灾报警系统中为了给探测器确定地址,通常由地址编码器完成,有的地址编码器设在探测器内,有的设在底座上,有地址编码器的底座称编码底座。通常一个编码底座配装一只探测器,设置一个地址编码。特殊情况下,一个编码底座上也可带1~4个并联子底座。

(6)输入模块

输入模块是二总线制火灾报警系统中开关量探测器或触点型装置与输入总线连接的专用器件。其主要作用和编码底座类似。与火灾报警控制器之间完成地址编码及状态信息的通信。根据不同的用途,输入模块根据不同的报警信号分为以下4种:

1)配接消火栓按钮、手动报警按钮、监视阀开/关状态的触点型装置的输入模块。

2)配缆式线型定温电缆的输入模块。

3)配水流指示器的输入模块。

4)配光束对射探测器的输入模块。

有的消火栓按钮、手动报警按钮自己带有地址编码器,可以直接挂在输入总线上,而不需要输入模块。输入模块需要报警控制器对它供电。

(7)输出模块

输出模块是总线制可编程联动控制器的执行器件,与输出总线相连。提供两对无源动合、动断转换触点和一对无源动合触点,来控制外控消防设备(如警铃、警笛、声光报警器、各类控制阀门、卷帘门、关闭室内空调、切断非消防电源、火灾事故广播喇叭切换等)的工作状态。外控消防设备(除警铃、警笛、声光报警器、火灾事故广播喇叭等以外)应提供一对无源动合触点,接至联动控制器的返回信号线,当外控消防设备动作后,动合触点闭合,设备状态通过信号返回端口送回控制主机,主机上状态指示灯点亮。

(8)外控电源

外控电源是联动控制器的配套产品,它专为被控消防设备(如警铃、警笛、声光报警器、各类电磁阀及DC24V中间继电器等)供电的专用电源。外控电源的使用可避免被控设备的动作对火灾报警控制系统主机工作的干扰,同时也减轻了主机电源不必要的额外负担。

(9)手动报警按钮

手动报警按钮是由现场人工确认火灾后,手动输入报警信号的装置。有的手动报警按钮内装配有手报输入模块,其作用是与火灾报警控制器之间完成地址及状态信息(手报按钮开关的状态)编码与译码的二总线通信。另外,根据功能需要,有的手动报警按钮带有电话插孔(可与消防二线电话线配套使用)。

消火栓按钮与手动报警按钮一样,由现场人工确认火灾后,手动输入报警信号的装置。消火栓按钮安装在消火栓箱内,通常和消火栓一起使用。按下消火栓按钮一则把火灾信号送到报警控制主机,同时可以直接启动消防泵。

(10)声光报警器

声光报警器一般安装在现场,火警时可发出声、光报警信号。其工作电压由外控电源提供,由联动控制器的配套执行器件(继电器盒、远程控制器或输出控制模块)中的控制继电器来控制。

(11)警笛、警铃

警笛、警铃与声光报警器一样安装在现场,火警时可发出声报警信号(变调音)。同样由联动控制器输出控制信号驱动现场的配套执行器件完成对警笛、警铃的控制。

(12)消防广播

消防广播又称火灾事故广播。其特点如下:

1)通过现场编程,火灾时,消防广播能由联动控制器通过其执行件(继电器盒、远程控制器或控制模块)实施着火层及其上、下层3层联动控制。

2)消防广播扩音机与所连接的火灾事故广播扬声器之间,应满足阻抗匹配(定阻抗输出)、电压匹配(定压输出)和功率匹配。

3)消防广播的输出功率应大于保护面积最大的、相邻3层扬声器的额定功率总和,一般以其1.5倍为宜。

4)当火灾事故广播与广播音响系统合用广播扬声器时,发生火灾时由联动控制器通过其执行件实现强制切换到火灾事故广播状态。

(13)消防电话

消防专用电话应为独立的消防通信网络系统。消防控制室应设置消防专用电话总机,总机选用共电式人工电话总机或调度电话总机。建筑物中关键及重要场所应设置电话分机,分机应为免拨号式的,摘下受话器即可呼叫通话的电话分机。

消防电话可为多线制或总线制系统。

1)多线制电话一般与带电话插孔的手动报警按钮配套使用,使用时只需将手提式电话分机的插头插入电话插孔内即可向总机(消防控制室)通话。

2)分机可向总机报警通话,总机也可呼叫分机通话。

3)总线制电话,电话分机与电话总机的联络通过二总线实现,每个电话分机由地址模块辅以相应地址号。总机根据分机地址号与防护区的分机通信。

8.2.2　联动控制系统

当火灾报警控制器接收到火灾探测器发出的火警电信号后,发出声、光报警信号,并向联动控制器发出联动通信信号。联动控制器即对其配套执行器件发出控制信号,实现对消防设备的控制。其控制的对象主要是灭火系统和防火系统。

(1)室内消火栓系统

在建筑物各防火分区(或楼层)内均设置消火栓箱,内装有消火栓按钮,在其无源触点上连接输入模块,构成由输入模块设定地址的报警点,经输入总线进入火灾报警控制系统,达到自动启动消防泵的目的。

消火栓按钮与手动报警按钮不同,除了发出报警信号还有启动消防泵的功能。消火栓按钮安装在消火栓箱内,当打开消火栓箱门使用消火栓时,才能使用消火栓按钮报警。并自动启动消防泵以补充水源,供灭火时使用,如图8.9所示。

当发生火灾时,打开消火栓箱门,按下消火栓按钮报警,火灾报警控制器接收到此报警信号后,一方面发出声光报警指示,显示并记录报警地址和时间,另一方面同时将报警点数据传送给联动控制器经其内部逻辑关系判断,发出控制执行信号,使相应的配套器件中的控制继电器动作自动启动消防泵。

（2）**水喷淋灭火系统**

自动喷水灭火系统类型较多，主要有湿式喷水灭火系统（水喷淋系统）、干式喷水灭火系统、预作用喷水灭火系统、雨淋灭火系统及水幕系统等。其中，水喷淋灭火系统是应用最广泛的自动喷水灭火系统，如图 8.10 所示。

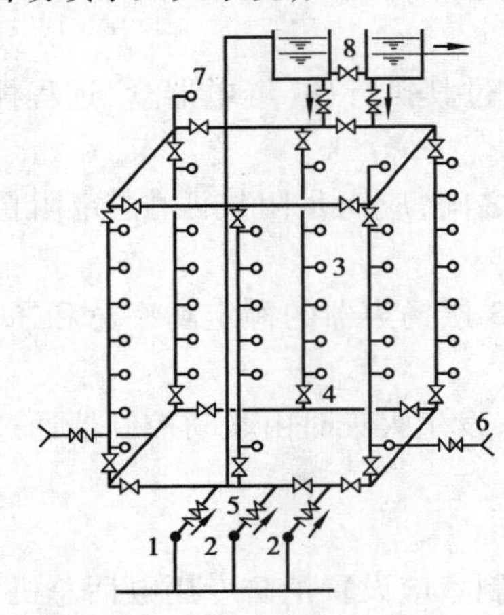

图 8.9　室内消火栓系统图

1—生活泵；2—消防泵；3—消火栓；
4—阀门；5—单向阀；6—水泵接合器；
7—屋顶消火栓；8—高位水箱

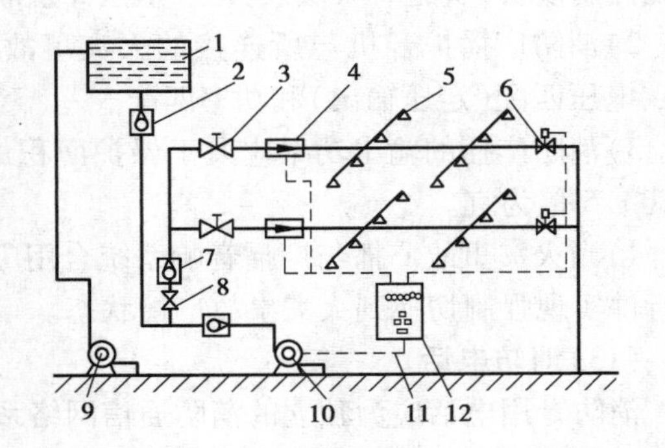

图 8.10　水喷淋灭火系统示意图

1—屋顶水箱；2—逆止阀；3—截止阀；
4—水流指示器；5—水喷淋头；6—放水试验电磁阀；
7—湿式报警阀；8—闸阀；9—生活水泵；
10—喷淋水泵；11—控制电路；12—报警箱

水喷淋灭火系统由闭式感温喷头、管道系统、水流指示器、湿式报警阀、压力开关及喷淋水泵等组成，与火灾报警系统配合，构成自动水喷淋灭火系统。在水流指示器和压力开关上连接输入模块，即构成报警点（地址由输入模块设定），经输入总线进入火灾报警控制系统，从而达到自动启动喷淋泵的目的。湿式喷水灭火系统的特点是在报警阀前后管道内均充满有一定压力的水。当发生火灾后，闭式感温喷头处达到额定温度值时，感温元件自动释放（易熔合金）或爆裂（玻璃泡），压力水从喷水头喷出，管内水的流动，使水流指示器动作而报警。由于自动喷水而引起湿式报警阀动作，总管内的水流向支管，当总管内水压下降到一定值时，使压力开关动作而报警。火灾报警控制器接收到水流指示器和压力开关的报警信号后，一方面发出声光报警提示值班人员，并记录报警地址和时间；另一方面同时将报警点数据传递给联动控制器，经其内部设定的逻辑控制关系判断，发出控制执行信号，使相应的配套器件中的控制继电器动作，控制启动喷淋泵，以保证压力水从喷头持续均匀地喷泻出来，达到灭火的目的。

（3）**排烟系统控制**

高层建筑均设置机械排烟系统，当火灾发生时利用机械排烟风机抽吸着火层或着火区域内的烟气，并将其排至室外。当排烟量大于烟气生成量时，着火层或着火区域内就形成一定的负压，可有效地防止烟气向外蔓延扩散，故又称为负压机械排烟。

一般情况下，烟气在建筑物内的自由流动路线是着火房间→走廊→竖向梯、井等向上伸展。排烟方式有自然排烟法、密闭防烟法和机械排烟法。机械排烟分为局部排烟和集中排烟两种不同系统。局部排烟是在每个房间和需要排烟的走道内设置小型排烟风机，适用于不能设置竖向烟道的场所；集中排烟是把建筑物分为若干系统，每个系统设置一台大容量的排烟风机。系统内任何部位着火时所生成的烟气,通过排烟阀口进入排烟管道,由排烟风机排至室外。排烟风机、排烟阀口应与火灾报警控制系统联动。

当火灾发生时,着火层感烟火灾探测器发出火警信号,火灾报警控制器接收到此信号后,一方面发出声光报警信号,并显示及记录报警地址和时间;另一方面同时将报警点数据传递给联动控制器,经其内部控制逻辑关系判断后,发出联动信号,通过配套执行器件自动开启所在区域的排烟风机,同时自动开启着火层及其上、下层的排烟阀口。

同消防水泵的控制类似,对排烟风机同样应有启动、停止控制功能和反馈其工作状态(运行、停机)的功能。

某些排烟阀口的动作采用温度熔断器自动控制方式,熔断器的动作温度目前常用的有70 ℃和280 ℃两种,即有的排烟阀口在温度达到70 ℃时能自动开启,并作为报警信号,经输入模块输入火灾报警控制系统,联动开启排烟风机;有的排烟阀口在温度达到280 ℃时能自动关闭,并作为报警信号,经输入模块输入火灾报警控制系统,联动停止排烟风机。

(4)正压送风系统控制

正压送风防烟方式主要用在高层建筑中作为疏散通道的楼梯间及其前室和救援通道的消防电梯井及其前室。其工作机理是:对要求烟气不要侵入的地区采用加压送风的方式,以阻挡火灾烟气通过门洞或门缝流向加压的非着火区或无烟区,特别是疏散通道和救援通道,这将有利于建筑物内人员的安全疏散逃生和消防人员的灭火救援。正压送风机可设在建筑物的顶部或底部,或顶部和底部各设一台。正压送风口在楼梯间或消防电梯井通常每隔2~3层设一个,而在其前室各设置一个。正压送风口的结构形式分常开和常闭式两种。正压送风机应与火灾报警控制系统和常闭式正压送风口联动。

当火灾发生时,着火层感烟火灾探测器发出火警信号,火灾报警控制器接收到此信号后,一方面发出声光报警信号,并显示及记录报警地址和时间;另一方面同时将报警点数据传递给联动控制器,经其内部控制逻辑关系判断后,发出联动控制信号,通过配套执行件自动开启正压送风机,并同时自动控制开启着火层及其上、下层的正压送风口。其中联动控制器对正压送风机的控制原理及接线方式与排烟风机类似。

(5)防火阀、排烟阀、正压送风口的控制

防火阀要与中央空调、新风机联动,排烟阀与排烟风机联动,正压送风口与正压送风机联动,而且均要求实现着火层及其上、下层联动。同一层内几种装置并存时,均要求同时动作(或相互间隔时间尽可能短)。一般来说,配备此类防火设备的系统均采用联动控制器及其输出模块进行控制,并应在消防控制室显示其状态信号(动作信号)。模块必须连接在阀口的无源动合触点上。

(6)中央空调机、新风机及其控制

高层建筑中通常设置有中央空调机或新风机,平时用以调节室温或提供新鲜空气,火灾发生时应及时关闭中央空调机或新风机。在空调、通风管道系统中,各楼层有关部位均设置有防火阀,平时均处于开启状态,不影响空调和通风系统的正常工作。当火灾发生时,为了防止火势沿管道蔓延,必须及时关闭防火阀。中央空调机或新风机应与火灾报警控制系统和防火阀联动。

整个报警及联动控制过程与排烟风机、排烟阀口类似,联动控制器对中央空调机、新风机的控制原理及接线方式也与排烟风机类似。

(7)**电梯及其迫降控制**

高层建筑中均设置有普通电梯与消防电梯。在火灾发生时,均应安全地自动降到首层,并切断其自动控制系统。若消防队需要使用消防电梯时,可在电梯轿厢内使用专用的手动操盘来控制其运行。

电梯迫降的联动控制过程为,当火灾报警控制器接收到探测点的火警信号后,在发出声光报警指示及显示(记录)报警地址与时间的同时,将报警点数据送至联动控制器,经其内部控制逻辑关系判断后,发出联动执行信号,通过其配套执行件自动迫降电梯至首层,并返回显示迫降到底的信号。

(8)**防火卷帘及其控制**

防火卷帘在建筑物中通常用来分隔防火分区,建筑物中门洞宽度较大的场所,如商场、营业厅等,一般也要设置防火卷帘,有的还同时要求具有防烟性能。根据设计规范要求,防火卷帘两侧宜设感烟、感温火灾探测器组及其报警、控制装置,且两侧应设置手动控制按钮及人工升、降装置。

防火卷帘的联动控制过程如图8.11所示。当火灾发生时,感烟火灾探测器动作报警,经火灾报警控制系统联动控制防火卷帘下降到距地1.5 m处;感温火灾探测器再动作报警,经火灾报警控制系统联动控制其下降到底。防火卷帘的动作状态信号(包括下降到1.5 m处和下降到底)均返回到消防控制室显示出来,可采用联动控制器及其输出模块进行控制,状态信号经输出模块反馈返回至主机上显示,一般在感温探测器动作后,还应联动水幕系统(如设计有)电磁阀,启动水幕系统对防火卷帘做降温防火保护。

防火卷帘电气控制电路如图8.12所示。平时卷帘门卷起,并用电锁锁住,当发生火灾时,卷帘门按上述控制程序分两步下放:

1)当火灾初期产生烟雾时,感烟探测器报警,致使消防中心控制器上的继电器1KA动作闭合,中间继电器KA1线圈通电动作:

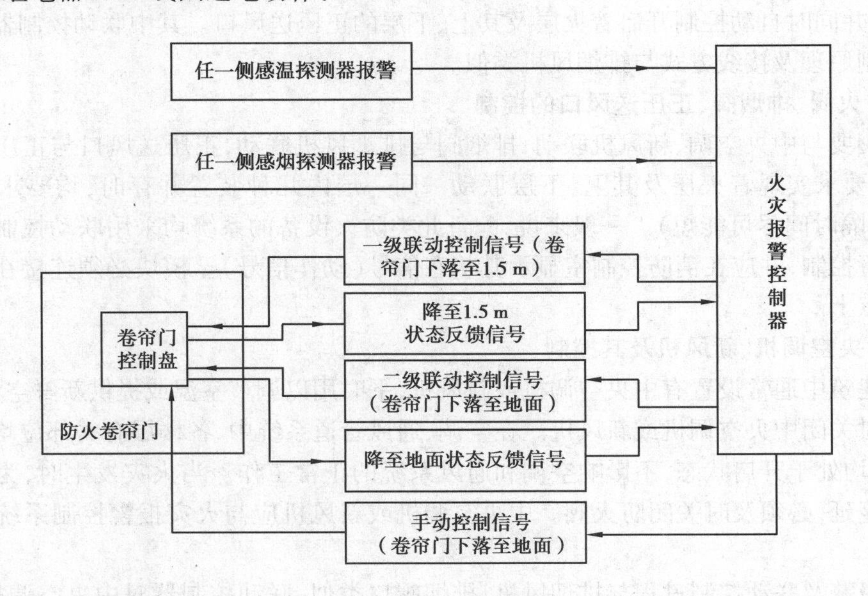

图8.11　防火卷帘控制程序

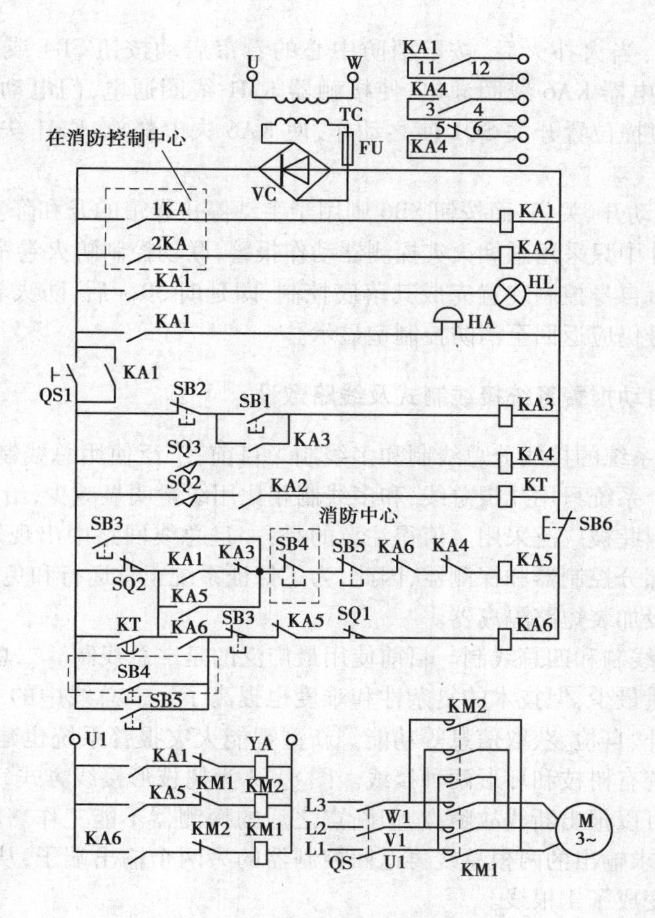

图8.12 防火卷帘电气控制

①使信号灯 HL 亮,发出光报警信号。

②电警笛 HA 响,发出声报警信号。

③$KA1_{11\text{-}12}$号触头闭合,给消防中心一个卷帘启动信号(即 $KA1_{11\text{-}12}$号触头与消防中心信号灯相接)。

④将开关 QS1 的常开触头短接,全部电路通以直流电。

⑤电磁铁 YA 线圈通电,打开锁头,为卷帘门下降作准备。

⑥中间继电器 KA5 线圈通电,将接触器 KM2 线圈接通,KM2 触头动作,门电动机反转卷帘下降,当卷帘下降到距地 1.5 m 定点时,位置开关 SQ2 受碰撞而动作,使 KA5 线圈失电,KM2 线圈失电,门电动机停,卷帘停止下放(现场中常称中停),这样既可隔断火灾初期的烟,也有利于灭火和人员逃生。

2)当火势增大,温度上升时,感温探测器报警,消防中心控制器上的继电器 2KA 动作闭合,使中间继电器 KA2 线圈通电,其触头动作,使时间继电器 KT 线圈通电。经延时(30 s)后,其触点闭合,使 KA5 线圈通电,KM2 又重新通电,门电动机又反转,卷帘继续下放。当卷帘落地时,碰撞位置开关 SQ3 使其触点动作,中间继电器 KA4 线圈通电,其动断触头断开,使 KA5 失电释放,又使 KM2 线圈失电,门电动机停止。同时 $KA4_{3\text{-}4}$号、$KA4_{5\text{-}6}$号触头将卷帘门完全关闭信号(或称落地信号)反馈给消防中心。

卷帘上升控制:当火扑灭后,按下消防中心的卷帘启动按钮 SB4 或现场就地卷起按钮 SB5,均可使中间继电器 KA6 线圈通电,使接触器 KM1 线圈通电,门电动机正转,卷帘上升。当上升到顶端时,碰撞位置开关 SQ1 使之动作,使 KA6 失电释放,KM1 失电,门电动机停止,上升结束。

开关 QS1 用手动开、关门,而按钮 SB6 则用于手动停止卷帘的升和降。

目前,有些设计中只采用感烟火灾探测器动作报警,联动控制防火卷帘下降到离地 1.5 m 处,然后由防火卷帘自身控制装置完成其落底控制,即延时 30 s 后,防火卷帘自动下降到底。此时,动作状态信号仍应返回至消防控制室显示。

8.2.3 火灾自动报警系统接线制式及线路敷设

火灾自动报警系统的接线分总线制和多线制。目前,广泛使用总线制。总线制系统采用地址编码技术,整个系统只用几根总线,和多线制相比用线量明显减少,给设计、施工及维护带来了极大的方便,因此被广泛采用。值得注意的是:一旦总线回路中出现短路问题,则整个回路失效,甚至损坏部分控制器和探测器,因此,为了保证系统正常运行和免受损失,必须采取短路隔离措施,如分段加装短路隔离器。

总线制有二总线制和四总线制。目前使用最广泛的是二总线制。二总线制是一种最简单的接线方式,用线量最少,但技术的复杂性和难度也提高了。二总线中的 G 线为公共地线,P 线则完成供电、选址、自检、获取信息等功能。新型智能火灾报警系统也建立在二总线的运行机制上,二总线系统有树枝和环形两种接线。图 8.13 为树枝形接线方式,这种方式应用广泛,若接线发生断线,可以报出断线故障点,但断点之后的探测器不能工作。图 8.14 为环形接线方式。这种系统要求输出的两根总线再返回控制器的另两个输出端子,从而构成环形。对控制器而言,这时就变成了 4 根线。

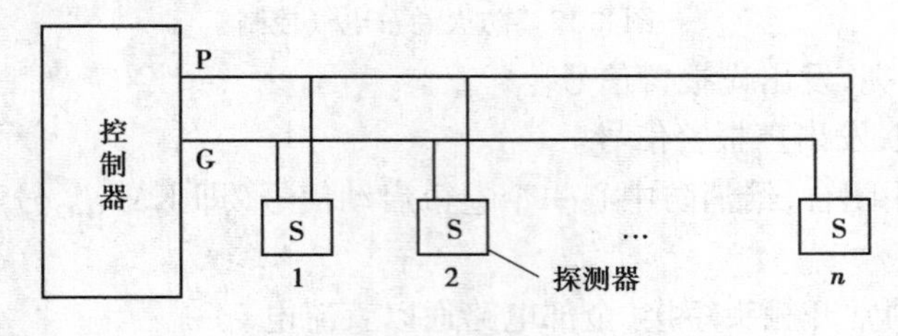

图 8.13 二总线制树枝形接线

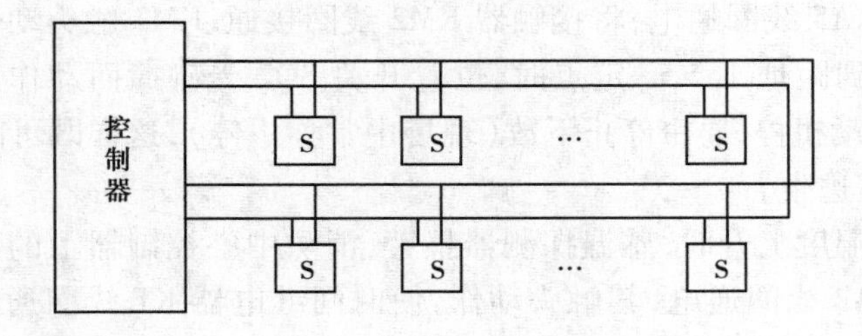

图 8.14 二总线制环形接线

火灾自动报警系统的传输线路应采用金属管、经阻燃处理的硬质塑料管或封闭式线槽保护,配管、配线应遵守现行《建筑电气工程施工质量验收规范》(GB 50303—2002)的有关规定和《智能建筑工程质量验收规范》(GB 50339—2003)、《火灾自动报警系统设计规范》(GB 50116—2008)、《火灾自动报警系统施工及验收规范》(GB 50166—2007)的有关规定。

火灾自动报警系统的传输线路和50 V以下供电的控制线路,应采用电压等级不低于交流250 V的铜芯绝缘导线或铜芯电缆。采用交流220/380 V的供电和控制线路应采用电压等级不低于交流500 V的铜芯绝缘导线或铜芯电缆。导线线芯截面的选择,除满足自动报警装置技术条件的要求外,还应满足机械强度的要求,导线或电缆线芯最小截面不应小于表8.3的规定。

表8.3　铜芯绝缘导线和铜芯电缆的线芯最小截面

序　号	类　别	线芯的最小截面积/mm^2
1	穿管敷设的绝缘导线	1.00
2	线槽内敷设的绝缘导线	0.75
3	多芯电缆	0.50

消防控制、通信和报警线路采用暗敷设时,宜采用金属管或经阻燃处理的硬塑料管保护,并应敷设在不燃烧体(主要指混凝土层)的结构层内,保护层厚度不宜小于30 mm。当采用明敷设时,应采用金属管或金属线槽保护,并应对金属管或金属线槽采取防火保护措施。采用经阻燃处理的电缆时,可不穿金属管保护,但应敷设在电缆竖井或吊顶内有防火保护措施的封闭式线槽内。但不同系统、不同电压等级、不同电流类别的线路,不应穿在同一管内或线槽的同一槽孔内。导线在管内或线槽内,不应有接头或扭结。导线的接头,应在接线盒内焊接或用端子连接。

在吊顶内敷设各类管路和线槽时,宜采用单独的卡具吊装或支撑物固定。一般线槽的直线段应每隔1~1.5 m设置吊点或支点,吊杆直径不应小于6 mm。线槽接头处、线槽走向改变或转角处以及距接线盒0.2 m处,也应设置吊点或支点。

从接线盒、线槽等处引到探测器底座盒、控制设备盒、扬声器箱的线路均应加金属软管保护。

火灾探测器的传输线路,应根据不同用途选择不同颜色的绝缘导线或电缆。正极"+"线应为红色,负极"-"线应为蓝色或黑色。同一工程中相同用途的导线颜色应一致,接线端子应有标号。

8.2.4　火灾探测器安装接线

(1)探测器的接线方式

探测器的接线端子数是由探测器的具体电子电路决定的,有两端、三端、四端或五端的,出厂时都已经设置好。一般就功能来说,有这样几个出线端:电源正极,记为"+"端,+24 V(或+18 V);电源负极或接地(零)线,记为"-"端;火灾信号线,记为"×"(或"S")端;检查线,用以确定探测器与报警装置(或控制台)间是否断线的检查线,记为"J"端,一般分为检入线J_R和检出线J_C。

探测器的接线端子一般以三端子和五端子为最多,如图8.15所示。但并非每个端子一定要有进出线相连接,工程中通常采用3种接线方式,即两线制、三线制、四线制,如图8.16—图8.18所示。

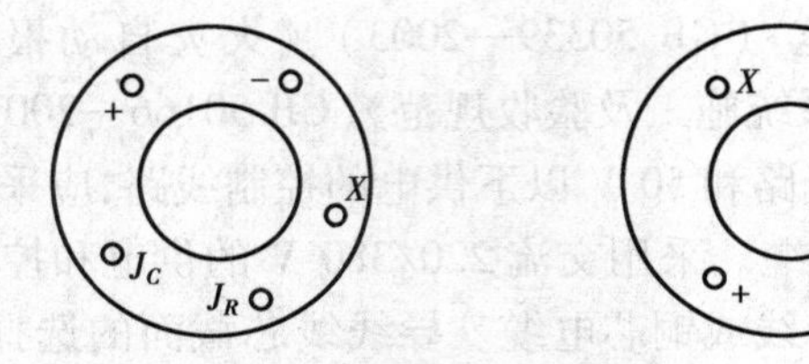

图 8.15 探测器出线端示意图

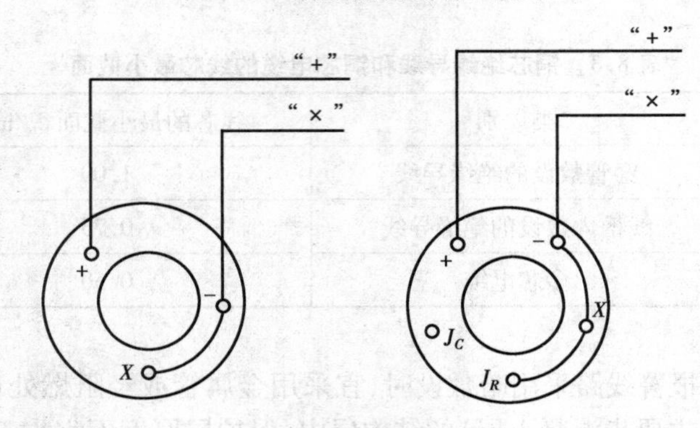

图 8.16 探测器两线制出线形式

(2)探测器的安装

探测器的外形结构随制造厂家不同而略有差异,但总体形状大致相同。一般随使用场所不同,在安装方式上主要有嵌入式和露出式两种。为了方便用户辨认探测器是否动作,探测器有带(动作)确认灯和不带确认灯之分。探测器的确认灯,应面向便于人员观察的主要入口方向。

探测器安装一般应在穿线完毕,线路检验合格之后即将调试时进行。探测器安装应先进行底座安装,安装时,要按照施工图选定的位置,现场定位画线。在吊顶上安装时,要注意纵横成排对称,内部接线紧密,固定牢固美观。并应注意参考探测器的安装高度限制及其保护半径。

探测器的安装高度是指探测器安装位置(点)距该保护区域地面的高度。为了保证探测器在监测中的可靠性,不同类型的探测器其安装高度都有一定的范围限制,如表 8.4 所示。

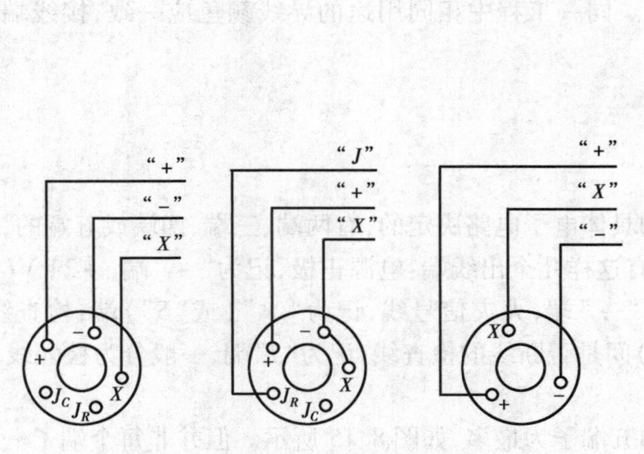

图 8.17 探测器三线制出线形式

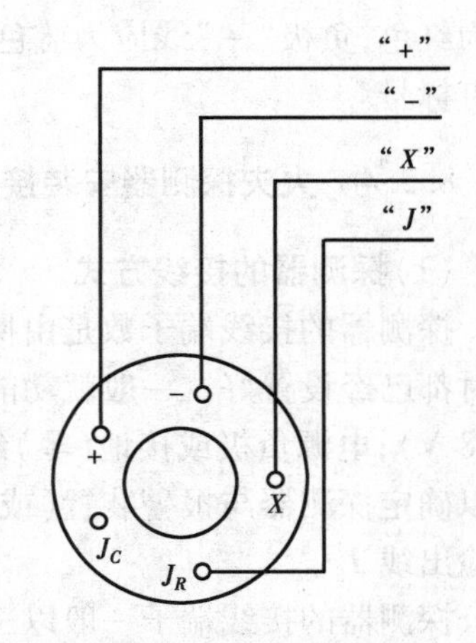

图 8.18 探测器四线制出线形式

表8.4 安装高度与探测器种类的关系

安装高度H/m	感烟探测器	感温探测器			感光探测器
		一级	二级	三级	
$12<H\leqslant20$	不适合	不适合	不适合	不适合	适　合
$8<H\leqslant12$	适　合	不适合	不适合	不适合	适　合
$6<H\leqslant8$	适　合	适　合	不适合	不适合	适　合
$4<H\leqslant6$	适　合	适　合	适　合	不适合	适　合
$H\leqslant4$	适　合	适　合	适　合	适　合	适　合

探测器的保护面积主要受火灾类型、建筑结构特点及环境条件等因素影响。从表8.5可以看出：

1）当探测器装于探测区域不同坡度的顶棚上时，随着顶棚坡度的增大，烟雾沿斜顶向屋脊聚集，使得安装在屋脊（或靠近屋脊）的探测器感受烟或感受热气流的机会增加。因此，探测器的保护半径也相应地加大。

表8.5 探测器的保护面积和保护半径

火灾探测器的种类	地面面积S/m²	安装高度H/m	探测器的保护面积A和保护半径R					
			$\theta\leqslant15°$		$15°<\theta\leqslant30°$		$\theta>30°$	
			A/m²	R/m	A/m²	R/m	A/m²	R/m
感烟探测器	$S\leqslant80$	$H\leqslant12$	80	6.7	80	7.2	80	8.0
	$S>80$	$6<H\leqslant12$	80	6.7	100	8.0	120	9.9
		$H\leqslant6$	60	5.8	80	7.2	100	9.0
感温探测器	$S\leqslant30$	$H\leqslant8$	30	4.4	30	4.9	30	5.5
	$S>30$	$H\leqslant8$	20	3.6	30	4.9	40	6.3

注：θ为屋顶坡度。

2）当探测器监测的地面面积$S>80\ \mathrm{m}^2$时，安装在其顶棚上的感烟探测器受其他环境条件的影响较小。房间越高，火源同顶棚之间的距离越大，则烟均匀扩散的区域越大。因此，随着房间高度增加，探测器保护的地面面积也增大。

3）随着房间顶棚高度增加，能使感温探测器动作的火灾规模明显增大。因此，感温探测器需按不同的顶棚高度选用不同灵敏度等级。较灵敏的探测器，宜使用于较大的顶棚高度上。

4）感烟探测器对各种不同类型的火灾，其敏感程度有所不同。因而难以规定感烟探测器灵敏度等级与房间高度的对应关系。但考虑到火灾初期房间越高烟雾越稀薄的情况，当房间高度增加时，可将探测器的感烟灵敏度等级调高。

探测器安装前应进行下列检验：

①探测器的型号、规格是否与设计相符合。

②改变或代用探测器是否具备审查手续和依据。

③探测器的接线方式、采用线制、电源电压同设计选型设备,施工线路敷线是否相符合,配套使用是否吻合。

④探测器的出厂时间、购置到货的库存时间是否超过规定期限。对于保管条件良好,在出厂保修期内的探测器可采取5%的抽样检查试验。对于保管条件较差和已经越期的探测器必须逐个进行模拟试验检查,不合格者不得使用。

探测区域内的每个房间应至少设置一只探测器。探测器安装应符合下列要求:

1)探测器距墙壁或梁边的水平距离应大于0.5 m,且在探测器周围水平距离0.5 m内不应有遮挡物。

2)在有空调的房间内,探测器要安装在距空调送风口1.5 m以外的地方,并宜接近回风口安装。探测器至多孔送风顶棚孔口的水平距离,不应小于0.5 m。

3)如果探测区域内有隔梁,探测器安装在梁上时(一般不安装在梁上),其探测器下端到安装面必须在0.3 m以内,如图8.19所示。

4)当房屋顶部有热屏障时,感烟探测器下表面至顶棚的距离应当符合表8.6的规定。

5)探测器宜水平安装,如必须倾斜安装时,其安装倾斜角 α 不应大于45°,否则应加装平台安装探测器,如图8.20所示。所谓"安装倾斜角",是指探测器安装面的法线与房间重垂线间的夹角。显然,安装倾斜角 α 等于屋顶坡度 θ。

表8.6　感烟探测器下表面距顶棚(或屋顶)的距离

探测器安装高度 H/m	感烟探测器下表面距顶棚(或屋顶)的距离/mm					
	顶棚(或屋顶)坡度 θ					
	$\theta \leqslant 15°$		$15° < \theta \leqslant 30°$		$\theta > 30°$	
	最小	最大	最小	最大	最小	最大
$H \leqslant 6$	30	200	200	300	300	500
$6 < H \leqslant 8$	70	250	250	400	400	600
$8 < H \leqslant 10$	100	300	300	500	500	700
$10 < H \leqslant 12$	150	350	350	600	600	800

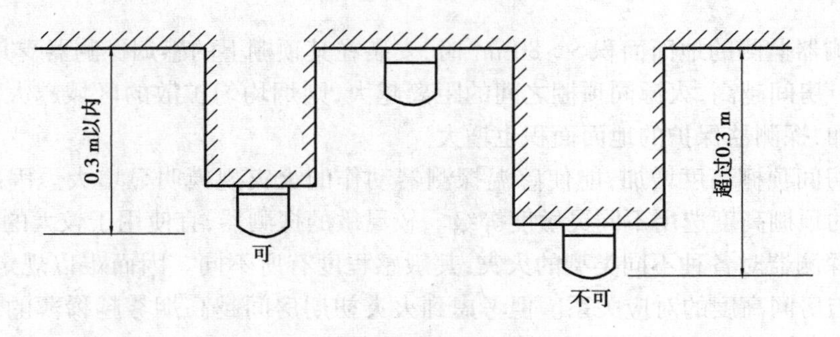

图8.19　探测器在梁上安装示意图

6)在宽度小于3 m的内走廊顶棚上安装探测器时,宜居中布置。感温探测器的安装间距不应超过10 m,感烟探测器的安装间距不应超过15 m。探测器至端墙的距离不应大于探测器安装间距的一半。

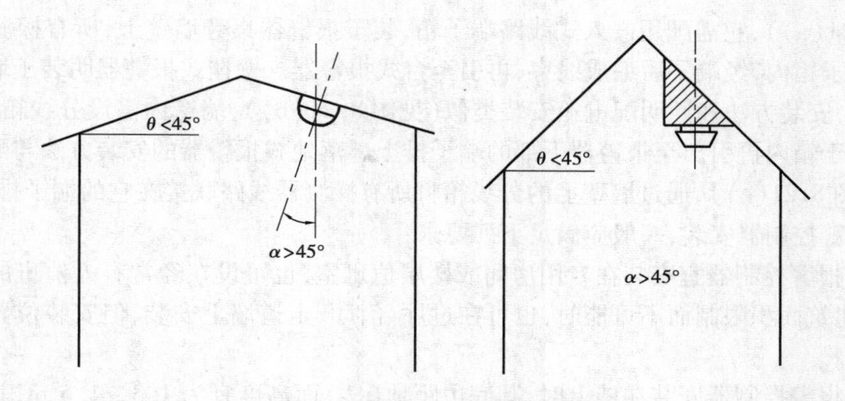

图8.20　探测器安装倾斜角示意图

7)探测器的底座应固定牢靠，与导线连接必须可靠压接或焊接。当采用焊接时，不应使用带腐蚀性的助焊剂。底座的外接导线，应留有不小于150 mm的余量，且在其端部应有明显标志。探测器的"+"线应为红色，"-"线应为蓝色，其余线应根据不同用途采用其他颜色区分。但同一工程中相同用途的导线颜色应一致。探测器底座的穿线孔宜封堵，安装完毕后的探测器底座应采取保护措施。

8.2.5　手动报警按钮及其他装置的安装

(1)手动报警按钮的安装

一般手动火灾报警按钮应安装在公共活动场所的出入口明显处和便于操作的部位。当安装在墙上时，其底边距地(楼)面高度宜为1.3~1.5 m，安装应牢固，不得倾斜。

手动火灾报警按钮的外接导线，应留有不小于150 mm的余量，且在其端部应有明显标志。

(2)模块安装

同一报警区域内的模块宜集中安装在金属箱内。模块(或金属箱)应独立支撑或固定，安装牢固，并应采取防潮、防腐蚀等措施。

模块的连接导线应留有不小于150 mm的余量，其端部应有明显标志。

模块隐蔽安装时，在安装处应有明显的部位显示和检修孔。

(3)火灾应急广播扬声器和火灾警报装置安装

火灾应急广播扬声器和火灾警报装置安装应牢固可靠，表面不应有破损。

火灾光警报装置应安装在安全出口附近明显处，距地面1.8 m以上。光警报器与消防应急疏散指示标志不宜在同一面墙上，安装在同一面墙上时，距离应大于1 m。

扬声器和火灾声警报装置宜在报警区域内均匀安装。

(4)消防电话安装

消防电话、电话插孔、带电话插孔的手动报警按钮宜安装在明显、便于操作的位置；当在墙面上安装时，其底边距地(楼)面高度宜为1.3~1.5 m。

消防电话和电话插孔应有明显的永久性标志。

8.2.6　火灾报警控制器安装

区域报警控制器和集中报警控制器分为台式、壁挂式和落地式3种。台式报警器设于桌上(见图8.21(a)),它需配用嵌入式线路端子箱,装于报警器桌旁墙壁上,所有探测器线路均先集中于端子箱内,经端子后编成线束,再引至台式报警器。壁挂式报警器明装于墙壁上或嵌入墙内暗设,安装方法和照明配电箱安装类似(见图8.21(b)),墙壁内需设分线箱,所有探测器线路汇集于箱内再引出至报警器下部的端子排上。落地式报警器的安装方法与配电屏的安装相同(见图8.21(c)),通过墙壁上的分线箱将所有探测器线路联接在它的端子排上。

火灾报警控制器安装,一般应满足下列要求:

1)火灾报警控制器宜安装在专用房间或楼层值班室,也可设在经常有人值班的房间或场所,如确因建筑面积限制而不可能时,也可在过厅、门厅、走道墙上安装,但安装位置应能确保设备的安全。

2)火灾报警控制器安装在墙上时,其底边距地(楼)面高度宜为1.3~1.5 m,其靠近门轴的侧面距墙不应小于0.5 m,正面操作距离不应小于1.2 m;落地安装时,其底边应高出地坪100~200 mm。控制器安装应横平竖直,固定牢固。安装在轻质墙上时,应采取加固措施。

3)引入火灾报警控制器的电缆或导线,应符合下列要求:配线应整齐,避免交叉,并应固定牢靠;电缆芯线和所配导线的端部,均应标明编号,并与图纸一致,字迹清晰不易退色;端子板的每个接线端上,接线不得超过2根;电缆芯和导线,应留有不小于200 mm的余量;导线应绑扎成束;导线引入线管、线槽后,应将管口、槽口封堵。

4)控制器的主电源应有明显的永久性标志,并应直接与消防电源连接,严禁使用电源插头。控制器与其外接备用电源之间应直接连接。

5)控制器的接地应牢固,并有明显的永久性标志。

消防联动控制器的安装按上述要求执行。

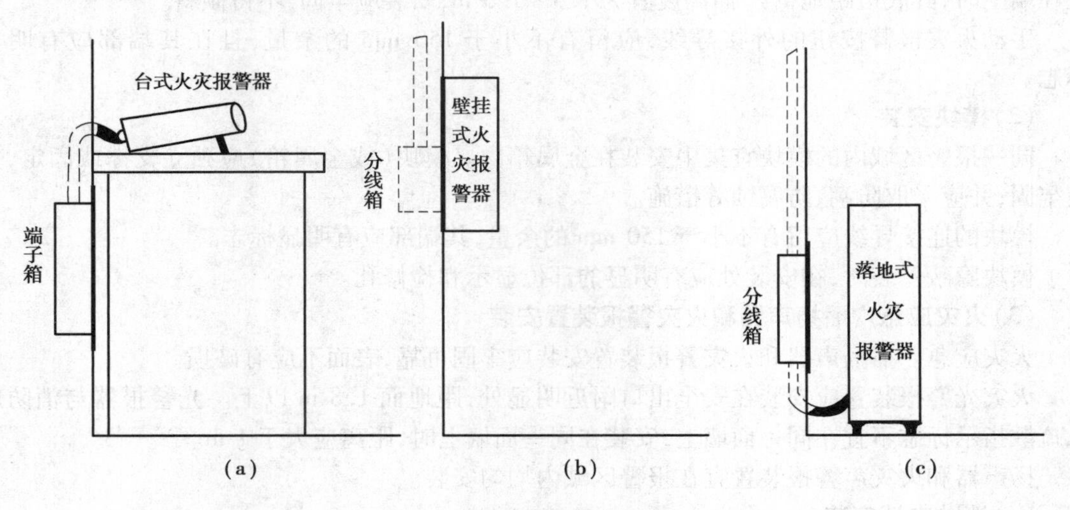

图8.21　火灾报警控制器安装示意图
(a)台式　(b)壁挂式明装　(c)落地式

8.2.7　火灾自动报警系统调试

火灾自动报警系统的调试应在建筑内部装修和系统施工结束后按《火灾自动报警系统施工及验收规范》(GB 50166—2007)第4章的要求,由调试单位编制调试程序,并按调试程序进行。

火灾自动报警系统调试,应先分别对区域报警控制器、集中报警控制器、火灾警报装置和消防联动控制器、消防电气控制装置、消防设备应急电源、消防应急广播设备、消防电话、传输设备、防火卷帘控制器、消防应急灯具控制装置等设备逐个进行单机通电检查,正常后方可进行系统调试。

调试前要按设计要求查验设备的规格、型号、数量;检查系统线路通畅情况,对于错线、开路、短路以及虚焊应及时纠正处理。应具备竣工图,设计变更记录,绝缘电阻、接地电阻测试记录以及隐蔽工程的验收记录等。

调试包括下列内容:

1)检查火灾自动报警系统的主电源和备用电源,应能自动转换,并有工作指示,主电源的容量应能保证所有联动控制设备在最大负荷下连续工作4 h以上。

2)火灾自动报警控制器调试。调试前先切断火灾报警控制器的所有外部控制连线,并将任一个总线回路的火灾探测器以及该总线回路上的手动火灾报警按钮等部件连接后,再接通电源。并按现行国家标准《火灾报警控制器》(GB 4717—2005)有关要求对火灾报警控制器进行下列功能检查:

①火灾报警控制器自检功能和操作级别。

②使控制器与探测器之间的连线断路和短路,控制器应在100 s内发出故障信号(短路时发出火灾报警信号除外);在故障状态下,使任一非故障部位的探测器发出火灾报警信号,控制器应在1 min内发出火灾报警信号,并应记录火灾报警时间;再使其他探测器发出火灾报警信号,检查控制器的再次报警功能。

③检查消音和复位功能。

④使控制器与备用电源之间的连线断路和短路,控制器应在100 s内发出故障信号。

⑤检查屏蔽功能。

⑥使总线隔离器保护范围内的任一点短路,检查总线隔离器的隔离保护功能。

⑦使任一总线回路上不少于10只的火灾探测器同时处于火灾报警状态,检查控制器的负载功能。

⑧检查主、备电源的自动转换功能,并在备电工作状态下重复⑦的检查。

⑨检查控制器特有的其他功能。

依次将其他回路与火灾报警控制器相连接,重复以上②、⑥、⑦条的检查。

3)火灾探测器的调试。点型感烟、感温火灾探测器调试应采用专用的检测仪器或模拟火灾的方法,逐个检查每只火灾探测器的报警功能,探测器应能发出火灾报警信号。对于不可恢复的火灾探测器应采取模拟报警方法逐个检查其报警功能,探测器应能发出火灾报警信号。当有备品时,可抽样检查其报警功能。

目前,国内外对探测器的定量试验只在生产工厂、消防电子产品检测中心和消防科研院所进行,在安装施工现场一般作定性试验。鉴于目前施工现场大多没有专用检查设备,可利用报警控制器代替,让报警控制器首先接出一个回路开通,接上探测器底座,然后利用报警控制器的自检、报警等功能,对探测器进行单体试验。

4)消防联动控制器调试。消防联动控制器的调试应按现行国家标准《消防联动控制系统》(GB 16806—2006)的相关规定进行。

将消防联动控制器与火灾报警控制器、任一回路的输入/输出模块及该回路模块控制的受控设备相连接,切断所有受控现场设备的控制连线,接通电源。按现行国家标准《消防联动控制系统》(GB 16806—2006)的有关规定检查消防联动控制系统内各类用电设备的各项控制、接收反馈信号(可模拟现场设备启动信号)和显示功能。

使消防联动控制器分别处于自动工作和手动工作状态,检查其状态显示,并进行下列功能检查,控制器应满足相应要求:

①消防联动控制器的自检功能和操作级别。

②消防联动控制器与各模块之间的连线断路和短路时,消防联动控制器应能在 100 s 内发出故障信号。

③消防联动控制器与备用电源之间的连线断路和短路时,消防联动控制器应能在 100 s 内发出故障信号。

④检查消音、复位功能。

⑤检查屏蔽功能。

⑥使总线隔离器保护范围内的任一点短路,检查总线隔离器的隔离保护功能。

⑦使至少 50 个输入/输出模块同时处于动作状态(模块总数少于 50 个时,使所有模块动作),检查消防联动控制器的最大负载功能。

⑧检查主、备电源的自动转换功能,并在备电工作状态下重复⑦的检查。

5)对系统内其他受控部件依次按相应国家标准规定进行调试,在无相应国家标准或行业标准时,宜按产品生产企业所提供的调试方法分别进行。

6)火灾自动报警系统性能调试。将所有经调试合格的各项设备、系统按设计连接组成完整的火灾自动报警系统,按国家标准《火灾自动报警系统设计规范》(GB 50116—2008)的有关规定和设计的联动逻辑关系检查系统的各项功能。

①控制消防泵的启、停及主泵、备泵转换试验 1 ~ 3 次,并能显示工作及故障状态。

②控制喷淋泵的启、停及主泵、备泵转换试验 1 ~ 3 次,并能显示工作及故障状态。显示报警阀、信号闸阀及水流指示器的工作状态,并进行末端放水试验。

③对泡沫及干粉系统应能控制系统的启、停 1 ~ 3 次及显示工作状态。

④对有管网的卤代烷、二氧化碳系统应能紧急启动及切断试验 1 ~ 3 次,经延时后关闭与其联动的防火阀、防火门窗,停止空调机及落下防火幕等动作试验 1 ~ 3 次。

⑤消防联动控制设备在接到火灾报警信号后,应在 3 s 内发出联动控制信号,并按有关逻辑关系试验 1 ~ 2 次下列功能:

a. 切断着火层及相邻层的非消防电源,接通应急灯及标志灯。

b. 控制电梯全部停于首层,接收其反馈信号,并显示其状态。

c. 疏散通道上的防火卷帘在感烟探测器动作后,卷帘下降至 1.8 m,待感温探测器动作后,卷帘下降到底,防火分隔用防火卷帘在火灾探测器动作后卷帘下降到底,接收其反馈信号,并显示其状态。

d. 控制常开防火门的关闭,接收其反馈信号,并显示其状态。

e. 控制停止有关部位的空调机,关闭电动防火阀接收其反馈信号,并显示其状态。

f. 启动有关部位防烟、排烟机及排烟阀,接收其反馈信号,并显示其状态。

g. 开启着火层及相邻层的正压送风口,接收其反馈信号,并显示其状态。

h. 控制着火层及相邻层的应急广播投入工作。

7）对所有有现场控制功能的系统，均应在现场试验1～2次。

8）留有和BAS系统接口的系统，要和BAS系统联动1～3次。

9）火灾自动报警系统在连续运行120 h无故障后，按国家标准《火灾自动报警系统施工及验收规范》（GB 50166—2007）的规定填写调试记录，做好系统竣工验收的准备工作。

8.3　有线电视系统工程安装

有线电视采用同轴电缆、光缆或其组合作为信号传输介质，传输图像信号、声音信号和控制信号，故称为有线电视或电缆电视。由于这些信号在封闭的线缆中传输，信号传输过程中不向空间辐射电磁波，故又称为闭路电视系统，以区别于电视台无线传播的开路电视系统。

8.3.1　有线电视系统的组成

有线电视系统主要由信号源接收系统（天线）、前端系统、干线传输系统和用户分配网络组成，如图8.22所示。

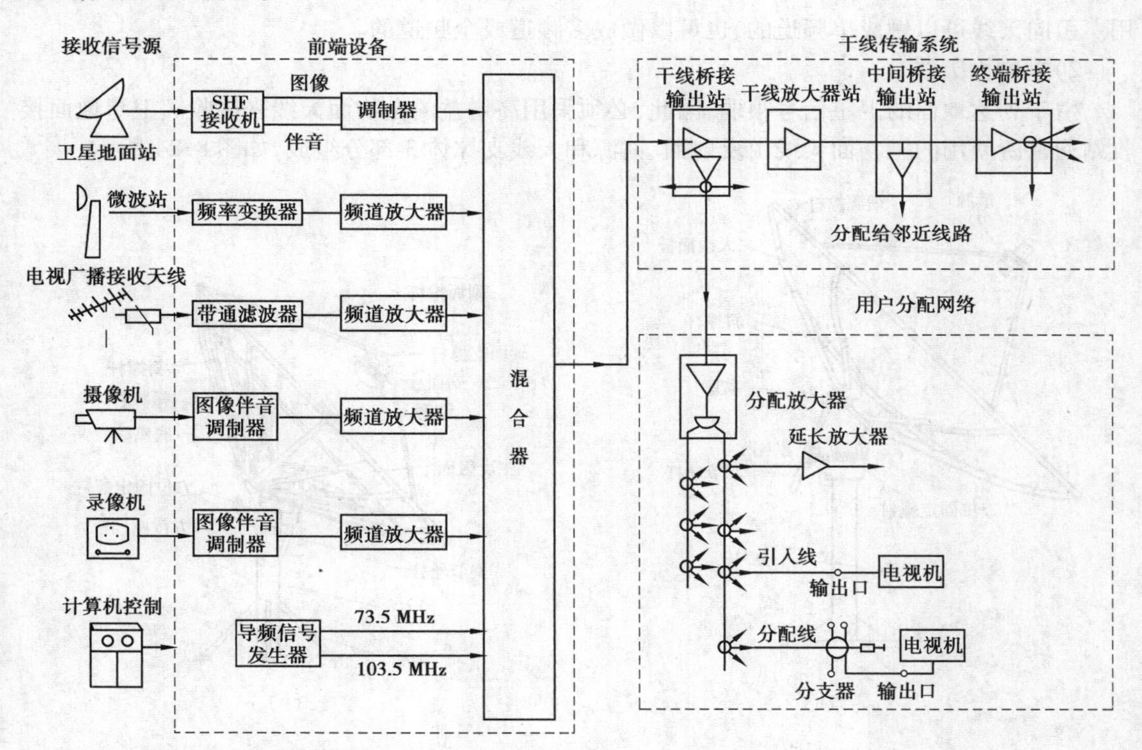

图8.22　有线电视系统的基本组成

（1）接收天线

接收天线为获得地面无线电视信号、调频广播信号、微波传输电视信号和卫星电视信号而设立，对C波段微波和卫星电视信号大多采用抛物面天线；对VHF，UHF电视信号和调频信号大多采用引向天线（八木天线）。天线性能的高低对系统传送的信号质量起着重要的作用，因此常选用方向性强、增益高的天线，并将其架设在易于接收、干扰少、反射波少的位置。

1)引向天线

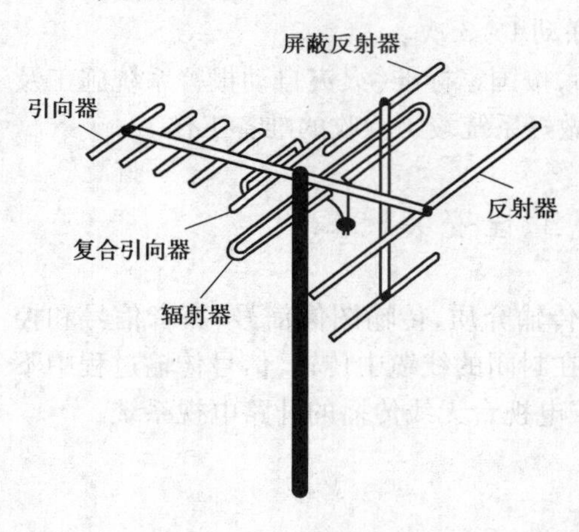

图 8.23　VHF 引向天线结构外形示意

引向天线为 CATV 系统中最常用的天线，它由一个辐射器（即有源振子或称馈电振子）和多个无源振子组成，所有振子互相平行并在同一平面上，结构如图 8.23 所示。在有源振子前的若干个无源振子，统称为引向器。在有源振子后的一个无源振子，称为反射振子或反射器。引向器的作用是增大对前方电波的灵敏度，其数量越多越能提高增益。但数目也不宜过多，数目过多对天线增益的继续增加作用不大，反而使天线通频带变窄，输入阻抗降低，造成匹配困难。反射器的功能是减弱来自天线后方的干扰波，而提高前方的灵敏度。

引向天线具有结构简单、质量轻、架设容易、方向性好、增益高等优点，因此得到广泛的、大量的应用。引向天线可以做成单频道的，也可以做成多频道或全频道的。

2)抛物面天线

由于到达地面的卫星信号很弱，因此，必须采用高增益的抛物面天线来接收。卫星地面接收站通常所使用的抛物面天线由反射面、馈源和天线支撑体 3 部分组成，如图 8.24 所示。

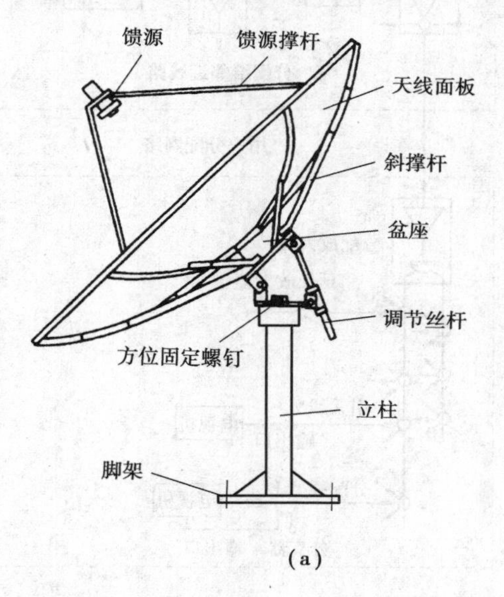

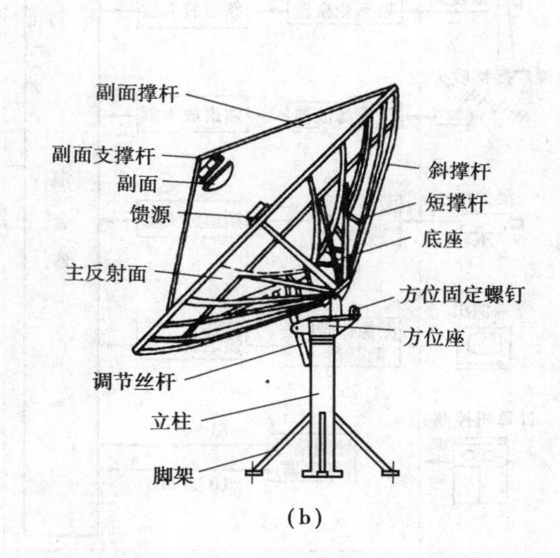

图 8.24　抛物面天线
(a)前馈式　(b)后馈式

①天线反射面

通常用铝材或钢材等金属材料制成抛物面的形状，也有用加入金属或碳质导电体的强化玻璃纤维板做成的抛物面。它利用电磁波的反射特性，将从星体上向下发射的电磁波集中于抛物面的焦点上，从而使焦点处的功率束密度达到最大。

②天线馈源

馈源的作用是使被反射面所反射收集到的电磁波能最大限度地转换并为高频头所吸收。通常馈源安装在抛物面的焦点处(因为该处能量密度最大)(见图8.24(a)),这种结构的天线称为前馈式天线。如图8.24(b)所示的形式称为后馈式天线。在后馈式天线上,馈源并不安装在抛物面的焦点上,而安装在抛物面焦点上的是一凸形的反射体,称为副反射体。它使被抛物面反射收集到的电磁波在其焦点上被副反射体再次反射,而馈源安装在凸形副反射体的焦点处,即在前馈式天线上,电磁波经一次反射就被馈源吸收,而在后馈式天线上电磁波经过两次反射才被馈源吸收,故后馈式天线馈源所能得到的信号能量密度更大。尽管后馈式在安装、调试时较为复杂,但由于其天线增益高、接收效果好,仍然被广泛采用。

馈源通过其内部的极化转换器将信号转换成高频头能接收的模式信号,并通过波导管与高频头相连。

③天线支撑体

天线支撑体主要是用来固定天线的抛物面,并使抛物面轴线的方位角和俯仰角符合设计要求,从而保证接收天线对准所接收的星体。

(2)前端系统

前端设备主要包括天线放大器、混合器和干线放大器等。

天线放大器的作用是提高接收天线的输出电平和改善信噪比,以满足处于弱场强区和电视信号阴影区共用天线电视传输系统主干线放大器输入电平的要求。天线放大器有宽频带型和单频道型两种,通常安装在离接收天线1.2 m左右的天线竖杆上。

干线放大器安装于干线上,主要用于干线信号电平放大,以补偿干线电缆的损耗,增加信号的传输距离。因为电缆有两个衰减特性,即衰减量与频率的平方根成正比;衰减量随温度升高而增加,温度每升高1 ℃,衰减量约增加0.2%(dB)。因此,要补偿干线电缆的损耗,就要求干线放大器上有增益控制和斜率控制的功能。一般用于干线比较短的小规模系统中的干线放大器采用手动增益控制和斜率均衡,并加上温度补偿的方法来实现增益控制。对于大型CATV系统,则要采用高性能的干线放大器,具有自动增益控制和自动斜率控制的功能。

混合器是将所接收的多路信号混合在一起,合成一路输送出去,而又不互相干扰的一种设备。使用它可以消除因不同天线接收同一信号而互相叠加所产生的重影现象。混合器按有无增益分为无源混合器和有源混合器,CATV系统大多采用无源混合器。无源混合器又可分为滤波器式和宽带传输线变压器式两大类。混合器还按输入信号的路数,可分为二混合器、三混合器、五混合器等。

(3)传输分配网络

分配网络分为有源及无源两类:无源分配网络只有分配器、分支器和传输电缆等无源器件,其可连接的用户较少。有源分配网络增加了线路放大器,因而其所接的用户数可以增多。

分配器用于分配信号,将一路信号等分成几路。常见的有二分配器、三分配器、四分配器。分配器的输出端不能开路或短路,否则会造成输入端严重失配,同时还会影响到其他输出端。

分支器用于把干线信号取出一部分送到支线里去,它与分配器配合使用可组成形形色色的传输分配网络。因在输入端加入信号时,主路输出端加上反向干扰信号时,对主路输出则无影响。故分支器又称定向耦合器。

线路放大器是用于补偿传输过程中因用户增多、线路增长后的信号损失的放大器,多采用

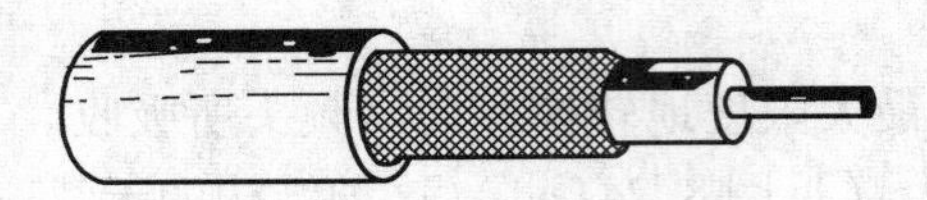

图 8.25　同轴电缆外形

全频道放大器。线路放大器对频带内的增益偏差一般要求为 ±0.25 dB，这样当多个放大器联用时，在整个频段内高端与低端的增益差将不会太大。

在传输分配网络中均用同轴电缆作为馈线，它是提供信号传输的通路，分为主干线、干线、分支线等。主干线接在前端与传输分配网络之间；干线用于分配网络中信号的传输；分支线用于分配网络与用户终端的连接。电视用同轴电缆从内至外结构为铜单线导体、气体发泡聚乙烯绝缘、铝塑复合薄膜、镀锡丝编织层和聚氯乙烯护套所组成，外形如图 8.25 所示。同轴电缆不能与有强电流的线路并行敷设，也不能靠近低频信号线路，如广播线和载波电话线。

在有线电视系统中均使用特性阻抗为 75 Ω 的同轴电缆。常用国产同轴电缆主要技术性能指标见表 8.7。

(4)**用户终端**

有线电视系统的用户终端为供给电视机电视信号的接线器，又称为用户接线盒，如图 8.26 所示。用户接线盒有单孔盒和双孔盒之分。单孔盒仅输出电视信号，双孔盒既能输出电视信号又能输出调频广播的信号。

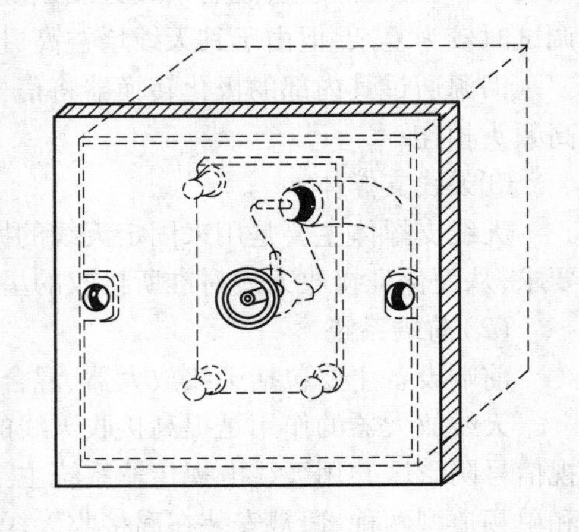

图 8.26　用户终端盒

8.3.2　有线电视系统的安装

有线电视系统的安装主要包括天线安装、系统前端放大设备安装、线路敷设和系统防雷接地等。系统的安装质量对保证系统安全正常的运行起着决定性的作用。因此，系统安装必须认真筹划、充分准备、合理安排。

(1)**系统安装施工应具备的条件**

施工单位必须持有系统安装施工的施工执照。工程设计文件和施工图纸齐全，并经会审批准。施工人员应全面熟悉有关图纸和了解工程特点、施工方案、工艺要求、施工质量标准等。在施工之前应做好充分的施工准备工作：施工所需设备、器材准备齐全；预埋线管、支撑件及预留孔洞、沟、槽、基础等应符合设计要求；施工区域内应具备顺畅施工的条件等。

(2)**接收天线安装**

接收天线应按设计要求组装，并应平直牢固。天线竖杆基座应按设计要求安装，可用场强仪收测和用电视接收机收看，确定天线的最优方位后，将天线固定。

天线的固定底座是由铸铁铸造加工而成，它有 4 个地脚螺栓孔。安装时，应在底座下面预制混凝土基座，混凝土基座应与混凝土屋面同时浇灌，4 个地脚螺栓宜与楼房的顶面钢筋焊接在一起，并与接地网接通，如图 8.27 所示。

表 8.7 常用国产同轴电缆主要技术性能指标

型号		内导体		绝缘		外导体	护套		绝缘电阻不小于/(MΩ·km)	试验电压不低于/kV	阻抗/Ω	电容/(pF·m^{-1})	衰减不大于dB/100 m			适用性
		结构	外径/mm	结构	外径/mm		结构	外径/mm					30/MHz	200/MHz	800/MHz	
SYFV	-75-5	1/1.14	1.14	发泡聚乙烯	5.05	铜编织双层	聚氯乙烯(白色)	7.2			75 ±5	≯60	4.2	10.6	26	楼内支线
SYFA	-75-7	1/1.5	1.5		6.08			9.4			75 ±3	≯60	2.8	7.2	19	支线或干线
	-75-9	1/1.88	1.88		8.6			11.5			25 ±3	≯60		7	17	干线
SDVD藕状电缆	-75-5-5	1/1.0	1.0	半空气聚乙烯	4.8 ±0.2	铝箔纵包外加铜线编织	聚氯乙烯	6.8 ±0.3	1 000	4	75 ±3	60	4.10	11.0	22.5	楼内支线
	-75-7-5	1/1.5	1.5		7.3 ±0.3			10 ±0.3				60	2.60	7.60	16.9	支线或干线
	-75-9-5	1/1.9	1.9		9.0 ±0.3			12 ±0.4				60	2.05	5.90	12.9	干线
SYKV藕状电缆	-75-5-5	1/1.0	1.0	半空气聚乙烯	4.8 ±0.2	铝箱纵包外加铜线编织双层	聚氯乙烯	7.0 ±0.3	1 000	1	75 ±3	57	4.10	11.0	22.9	楼内支线
	-75-9-7	1/2.0	2.0		9.0 ±0.3			12.4 ±0.4				53	2.10	5.9	13.0	支线或干线
SYLV	-75-5-1	6/1.0	1.0	藕芯	4.8		聚氯乙烯	6.1	≥2×10^4	1.2	75 ±3	55		10.3	21.2	楼内支线
SYLA	-75-7	1/1.6	1.6		7.3			10.2		2	75 ±2	54		6.7	13.9	支线或干线
SYDY	-75-4.4		1.2	竹管	8.3						75		4.3	8.2	16.0	架空,管道
	-75-9.5		2.6		14.0								1.4	4.3	8.6	
SIZV	-75-5		1.2	竹管	5.3	铜丝	聚氯乙烯	ϕ7.3					4.5	11	22	楼内支线
	-75-5-A		1.2		5.3	铝塑		ϕ7.3					3.5	8.5	17	
SIDV	-75-5		1.13	藕芯	5.4	铜丝	聚氯乙烯	ϕ7.4					4.7	12.5	28	楼内支线
	-75-5-A		1.13		5.4	铝丝		ϕ7.4					3.5	9	18.5	

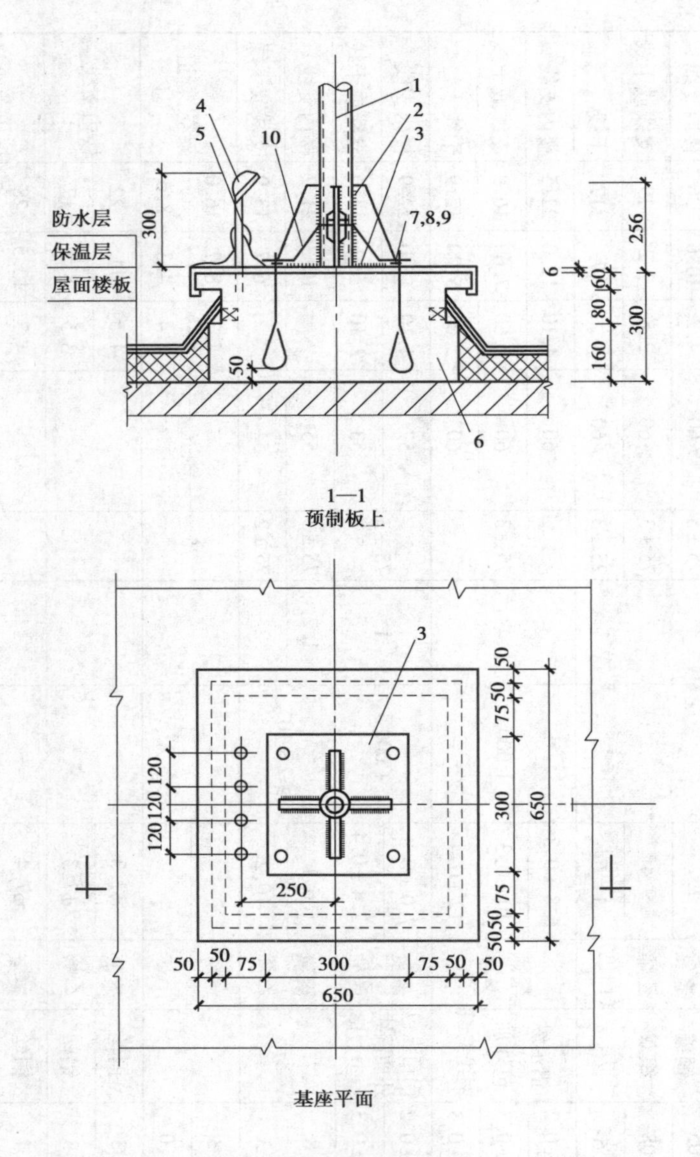

图 8.27　天线基座安装

1—竖杆;2—肋板;3—底板;4—防水弯头;5—馈线管;
6—混凝土基座;7—地脚螺栓;8—螺母;9—垫圈;10—接地引下线

天线竖杆拉线的地锚必须与建筑物连接牢固,不得将拉线固定在屋面透气管、水管等构件上。拉线与竖杆的夹角一般应为30°~45°,拉线间夹角为120°等分安装,在竖杆上的固定点应低于最底层天线300 mm,各根拉线受力应均匀。

天线应根据生产厂家的安装说明书,在地面组装好后,再安装于竖杆合适位置上。天线与地面应平行安装,其馈电端与阻抗匹配器、馈线电缆、天线放大器的连接应正确、牢固、接触良好。安装完备的天线如图8.28所示。

(3)**前端设备安装**

前端的设备(如频道放大器、衰减器、混合器、宽带放大器、电源和分配器等)多集中布置在一个铁箱内,俗称前端箱。前端箱一般分箱式、台式、柜式3种。箱式前端宜挂墙安装,明装于前置间内时，箱底距地 1.2 m，暗装时为 1.2～1.5 m，明装于走道等处时，箱底距地 1.5 m，暗装时为 1.6 m，安装方法如图 8.29 所示。各部尺寸见表 8.8。台式前端可以安装在前置间内的操作台桌面上，高度不宜小于 0.8 m，且应牢固。柜式前端宜落地安装在混凝土基础上面，如同落地式动力配电箱的安装。

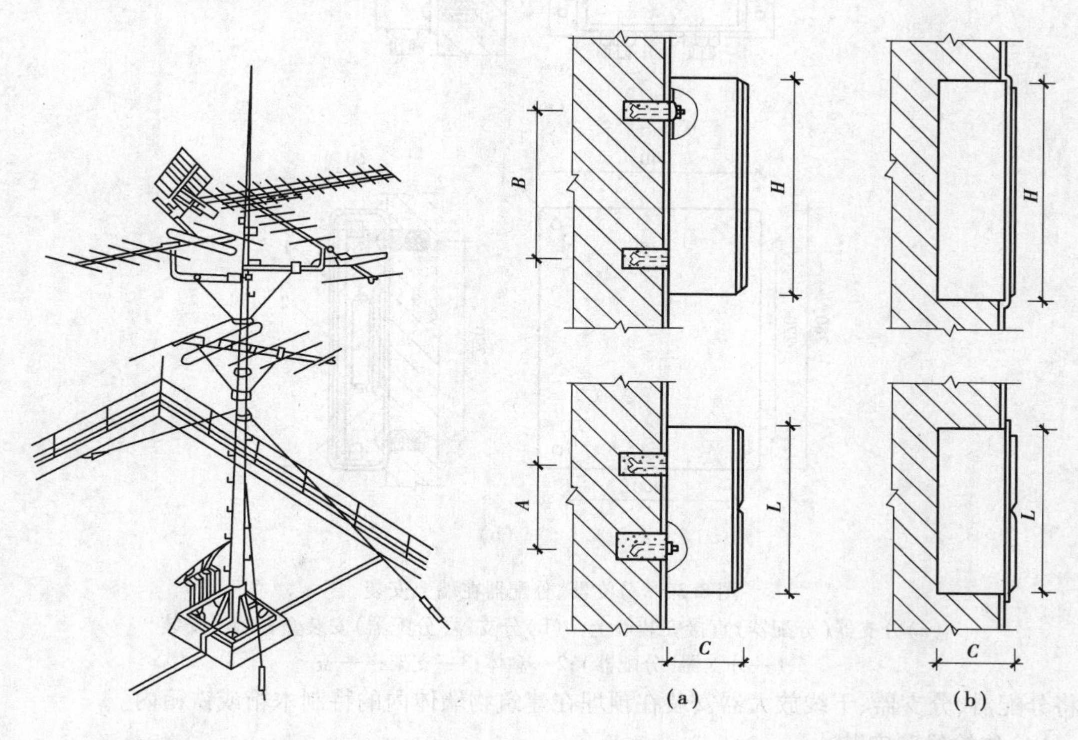

图 8.28　天线安装架设图

图 8.29　前端箱安装方法

(a)明装　(b)暗装

表 8.8　前端箱安装各部尺寸

前端箱型号	明(暗)箱外形尺寸/mm			安装孔尺寸/mm		暗箱留洞尺寸/mm		
	L	*H*	*C*	*A*	*B*	宽	高	深
Ⅰ	370	670		250	530	380	680	
Ⅱ	520	470	140 (240)	380	330	530	480	140 (240)
Ⅲ	600	800		460	600	605	810	

箱内接线应正确、牢固、整齐、美观，并应留有适当裕度，但不应有接头，箱内各设备间的连接及设备的进出线均应采用插头连接。

分配器、分支器、干线放大器分明装和暗装两种方法。明装是与线路明敷设相配套的安装方式，多用于已有建筑物的补装，其安装方法是根据部件安装孔的尺寸在墙上钻孔，埋设塑料胀管，再用木螺丝固定，如图 8.30 所示。安装位置应注意防止雨淋。电缆与分支器、干线放大器、分配器的连接一般采用插头连接，且连接应紧密牢固。

新建建筑物的 CATV 系统，其线路多采用暗敷设，分配器、分支器、干线放大器也应暗装。

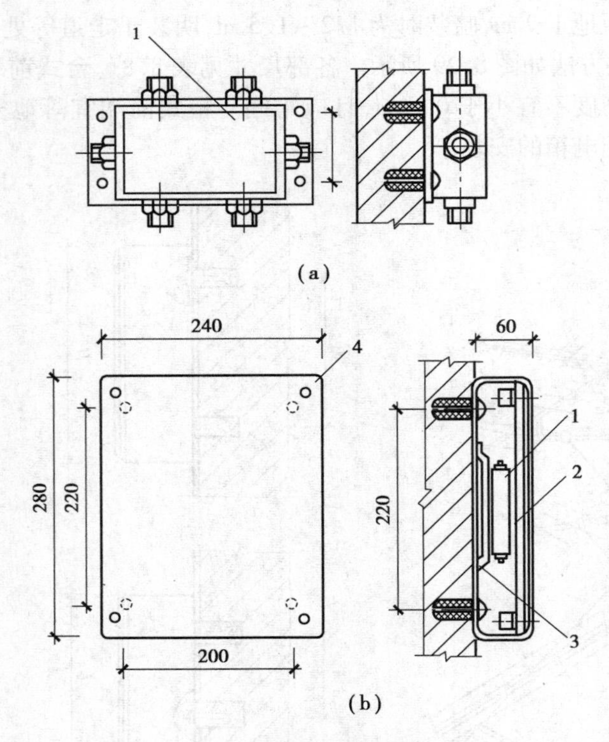

图 8.30　分支器、分配器在墙上安装

(a)分支器(分配器)直接安装墙上　(b)分支器(分配器)安装盒在墙上安装

1—分支器(分配器);2—盒体;3—支架;4—盖

即将分配器、分支器、干线放大器安装在预埋在建筑物墙体内的特制木箱或铁箱内。

(4)**传输线路安装**

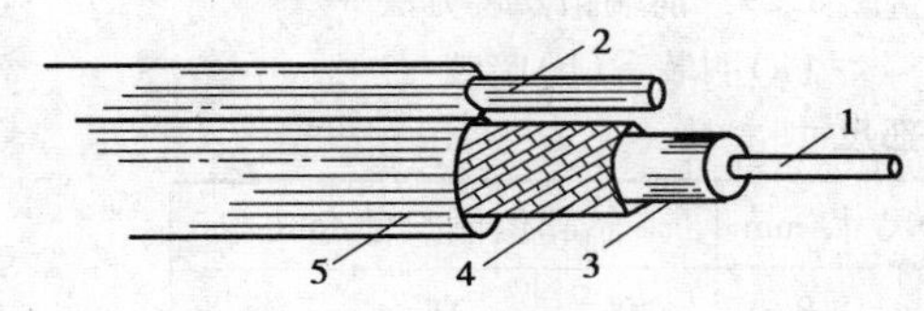

图 8.31　自承式同轴电缆

1—导体;2—自承线;3—聚乙烯介质;

4—铜编织带;5—聚乙烯外护套

在 CATV 系统中,常用的传输线是同轴电缆。同轴电缆的敷设分为明敷设和暗敷设两种。其敷设方法可参照现行电气装置安装工程施工及验收规范进行,并应完全符合《有线电视系统工程技术规范》(GB 50200—94)的要求。

当支线或用户线采用自承式同轴电缆(见图 8.31)时,电缆的受力应在自承线上。用户线进入房屋内可穿管暗敷,也可用卡子明敷在室内墙壁上,或布放在吊顶上。不论采用何种方式,都应做到牢固、安全、美观。走线应注意横平竖直。

(5)**用户盒安装**

用户盒分明装和暗装。明装用户盒可直接用塑料胀管和木螺丝固定在墙上。暗装用户盒应在土建施工时就将盒及电缆保护管埋入墙内,盒口应和墙面保持平齐,待粉刷完墙壁后再穿电缆,进行接线和安装盒体面板,面板可略高出墙面。

用户盒距地高度:宾馆、饭店和客房一般为 0.2 ~ 0.3 m,住宅一般为 1.2 ~ 1.5 m,或与电源插座等高,但彼此应相距 50 ~ 100 mm。接收机和用户盒的连接应采用阻抗为 75 Ω、屏蔽系数高的同轴电缆,长度不宜超过 3 m。

8.3.3　有线电视系统的调试

系统的调试应依据设计图中系统各部分有关的电平设计值或系统各部分的载噪比、交互调比的指标分配值来进行。并应满足现行国家标准及行业标准的规定。其调试顺序:接收天线→前端设备→干线传输网络→支线及用户分配网络。

(1)接收天线的调试

将接收天线分别按系统设计时选点的方向,对准电视发射塔。再用场强仪或电平表监测天线输出电平,应符合设计要求。并用电视机监测图像质量。调试时,可以转动天线位置寻找最佳点。若天线输出电平与设计相差甚远,信号明显减弱时,应检查天线是否匹配,馈线的连接及天线方向是否正确等。

调整中,首先应注意天线输出有无重影,如果无论怎样转动方向都摆脱不了重影的影响,就应考虑升高天线或改换天线。

(2)前端设备调试

前端设备是整个系统的心脏部分。前端的调试主要是对其各部位、各频道信号电平的逐个测试。先用场强仪测量各电视频道的输出电平,并同时用彩色电视监视器收看各频道信号的质量。调整各频道信号源的输出电平,使其与前端输入电平的设计值相符合。再逐个调试每一个频道上的频道放大器或频道滤波器的衰减量,使各个频道的输出电平达到频道放大器的最大输出电平或设计电平。

一般用八木天线接收单频道信号后送给带 AGC 控制的频道放大器。对这类频道放大器的调试应用场强仪摸清电视场强每天不同时间(早、中、晚)的变化引起的天线输出电平的变化规律,求出一天内的平均输出电平值,然后断开天线,用电视信号发生器送出该频道的这个平均电平值到此频道放大器的输入端,将 AGC 控制调节到中点,反复调节放大器的增益控制器和输出控制器,使频道放大器输出电平达到设计要求。

各频道信号逐个调试好后,即可接入频道混合器,混合成一路总信号输出。将场强仪与前端总输出口相连接,在上述调试的基础上,微调各频道的设备、部件的增益控制,使各频道的输出电平与设计值要求达到基本一致。若接上混合器后某一、二个频道电平下降很多,或微调单元频道作用不大,可检测混合器是否良好。

(3)干线传输网络的调试

干线传输网络是一个有源分配网络。调试的目的就是将前端的输入信号,按设计的要求分配馈送到各用户区域。调试的主要对象就是干线放大器。调试是在干线检查无误后进行的,从前端后第一个干线放大器开始,到干线的最末一个放大器,逐台进行。

调试时应先调测放大器的输入电平。由于实际的干线电缆长度与设计值常有差异,所以实际到达放大器的输入电平也与设计值不同。为保证系统的设计指标,应视实际情况调整放大器输入衰减和斜率均衡控制,若输入取样信号电平过高,可加入适当值的 75 Ω 固定衰减器或均衡器。使实际进入放大器的信号电平达到设计要求,如过低则应检查干线上电源电压是否正常或部件有否接触不良现象。

干线放大器输出电平的调试,可用场强仪接到放大器输出端,检测其输出电平。调整干线放大器的手动增益控制及手动斜率控制,使放大器取样频道的最高频道和最低频道的输出电平等于设计值,且使两者间电平差也符合设计要求。如调整放大器本身的控制钮不能最后解决问题,可再次适当调整输入信号的衰减值和均衡值为补偿,使输出电平略呈倾斜状。

干线放大器的输入输出电平按系统设计要求逐台调试好后,应在最末一级放大器输出端用分支器耦合一个 70 dB 左右的电平值送到电视监视器观看实际效果。若图像上出现了交互调、雪花噪扰以及其他干扰时应及时分析原因和尽快解决。

(4)**支线及用户分配网络的调试**

支线及用户分配网络的调试工作直接关系到每一用户终端输出口电平和图像的质量。可参照干线传输网络的调试方法,按设计的电平值对支线上的延长放大器的输入、输出电平从先到后逐台调试。对分支线上穿插安装的用户分配放大器要事先检测其输入路径上相关的分支分配器之间的连接,器件与电缆的连接必须完好,到达该放大器的信号电平应与设计值相差不大,方可对放大器进行常规性调试。由于在实际的用户分配网络中,所用的同轴电缆长度与设计值估计有出入,有时出入还很大。另外,在系统设计时,各分支器、分配器的插入损耗与分支分配损耗均取为标准值,而实际上器件的各项损耗值与标准值有大小不同的偏差,这两种出入和偏差累计叠加后,设计值与实际值就差得更远了,故很可能造成用户放大器的输入电平过高或过低的现象。其电平过高会使放大器过载失真,若过低又会使载噪比差,用户电平下降,屏幕上产生雪花噪扰。同时其输入路径上其他分支分配器所提供的用户输出的电平会相应出现太高或特别低的情况,对这部分用户分配网络的调试不宜随便加衰减器或放大器来解决,而应该通过调换不同分支、分配损耗参数的分支器或分配器来调整其各部位的输入电平,补偿上述原因带来的较大偏差;必要时也可以改变分配方式,以保证用户分配放大器和用户获得尽可能均衡的合适电平。

在用户分配部分,只要分支、分配器或串接单元连接无误,就可以对用户终端输出口进行电平测量和用电视机直接收看。主要测量各用户端最高和最低两个频道的电平值是否基本达到设计要求。若大部分达不到设计值,则应仔细检测输入电平,或对分配放大器重新调试;若只有少数几户达不到要求,则应摸清规律,对这几户的用户盒、用户线、分支线、分支器等相关器件进行检查测量,找出故障部位,予以解决。

(5)**系统统调**

在对系统各部分调试完成之后,将前端设备、干线传输网络、支线及用户分配网络全部开通进行统调,在有代表性的用户点用场强仪测量其终端输出口电平,同时用电视机收看各频道图像,进行主观评价。其主要性能技术指标应符合表 8.9 的规定,电视图像质量的主观评价应不低于 4 分。

统调时,前端所有工作频道和导频信号全部开通,并传送高质量的信号源信号(如卫星节目等),对未开播的电视台信号,可用电视信号发生器的图像信号来代替。用场强仪检测前端输出的各个频道的电平均应符合设计值。

若用户终端输出口的电平值与电平差达不到技术指标规定值时,应根据设计图,查看前端、干线、支线等的调试记录,并分析原因,如果是系统各部分调试时积累误差造成的,应酌情考虑重新微调,或修改设计,或更换某个部件,直至达到设计要求为止。

若测量电平及电平差已达到要求,但图像主观评价不过关,则应分清是属于设计失误,还是设备器件的质量问题,还是调试不当产生的。必要时需从前端开始重新用彩色电视监视器逐个对每台放大器的输入输出信号进行收测和主观评价,直至找到原因或故障部件为止。如属设计失误,通过审核验算后,从前端起适当降低有关部分信号电平,则图像质量即可改善。

电平测量和主观评价都符合设计要求后，系统的调试工作即可全部结束，正式验收投入使用。

表8.9　有线电视主要技术指标

序号	项目名称	测试频道	主观评测标准
1	系统输出电平（dBμV）	系统内的所有频道	60～80
2	系统载噪比	系统总频道的10%且不少于5个，不足5个全检，且分布于整个工作频段的高、中、低段	无噪波，即无“雪花干扰”
3	载波互调比	系统总频道的10%且不少于5个，不足5个全检，且分布于整个工作频段的高、中、低段	图像中无垂直、倾斜或水平条纹
4	交扰调制比	系统总频道的10%且不少于5个，不足5个全检，且分布于整个工作频段的高、中、低段	图像中无移动、垂直或斜图案，即无“窜台”
5	回波值	系统总频道的10%且不少于5个，不足5个全检，且分布于整个工作频段的高、中、低段	图像中无沿水平方向分布在右边一条或多条轮廓线，即无“重影”
6	色/亮度时延差	系统总频道的10%且不少于5个，不足5个全检，且分布于整个工作频段的高、中、低段	图像中色、亮信息对齐，即无“彩色鬼影”
7	载波交流声	系统总频道的10%且不少于5个，不足5个全检，且分布于整个工作频段的高、中、低段	图像中无上下移动的水平条纹，即无“滚道”现象
8	伴音和调频广播的声音	系统总频道的10%且不少于5个，不足5个全检，且分布于整个工作频段的高、中、低段	无背景噪声，如咝咝声、哼声、蜂鸣声和串音等

8.4　扩声和音响系统工程安装

随着电子技术、计算机技术的发展，智能建筑中的扩声、音响系统也逐渐向数字化、智能化方向发展，但组成系统的基本单元是不变的，系统的基本结构也是不变的。

8.4.1　扩声和音响系统的类型与特点

在民用建筑工程中，扩声音响系统大致有以下5类：

1）面向公众区（如广场、车站、码头、商场、教室等）和停车场等的公共广播系统。这种系统主要用于语言广播，因此清晰度是首要问题。而且这种系统往往平时进行背景音乐广播，在出现灾害或紧急情况时，又可切换成紧急广播。

2）面向宾馆客房的广播音响系统。这种系统包括客房音响广播和紧急广播，通常由设在客房中的床头柜放送。客房广播含有收音机的调幅(AM)和调频(FM)广播波段和宾馆自播的背景音乐等多个可供自由选择的波段,每个广播均由床头柜扬声器播放。在紧急广播时,客房广播即自动中断,只有紧急广播的内容强切传到床头柜扬声器,这时无论选择器在任何位置或关断位置,所有客人均能听到紧急广播。

3)以礼堂、剧场、体育场馆为代表的厅堂扩声系统。这是专业性较强的厅堂扩声系统,它不仅要考虑电声技术问题,还要涉及建筑声学问题,两者须统筹兼顾,不可偏废。这类厅堂往往有综合性多用途的要求,不仅可供会场语言扩声使用,还常作文艺演出等。对于大型现场演出的音响系统,功率少则几十千瓦,多的达数百千瓦,故要用大功率的扬声器系统和功率放大器,在系统的配置和器材选用方面有一定的要求,还应注意电力线路的负荷问题。

4)面向歌舞厅、宴会厅、卡拉 OK 厅等的音响系统。这类场所与前一类相似,也属厅堂扩声系统,且多为综合性的多用途群众娱乐场所。因其人流多,杂声或噪声较大,故要求音响设备有足够的功率,较高档次的还要求有很好的重放效果,故应配置专业音响器材。并且因为使用歌手和乐队,故要配置适当的返听设备,以便让歌手和乐手能听到自己的音响,找准感觉。对于歌舞厅和卡拉 OK 厅,还要配置相应的视频图像系统。

5)面向会议室、报告厅等的广播音响系统。这类系统一般也设置由公共广播提供的背景音乐和紧急广播两用的系统,但因有其特殊性,故也常在会议室和报告厅(或会场)单独设置会议广播系统。对要求较高或国际会议厅,还设有诸如同声传译系统、会议讨论表决系统以及大屏幕投影电视等的专用视听系统。

综上所述,对于各种大楼、宾馆及其他民用建筑物的扩声音响系统,基本上可以归纳为 3 种类型:

①公共广播系统。它包括背景音乐和紧急广播功能,平时播放背景音乐或其他节目,出现火灾等紧急事故时,强切转换为报警广播,这种系统中的广播用传声器(话筒)与向公众广播的扬声器一般不处在一个房间内,故无声反馈的问题,并以定压式传输方式为其典型系统。

②厅堂扩声系统。这种系统使用专业音响设备,并要求有大功率的扬声器系统和功放,由于演讲或演出用的传声器与扩声用的扬声器同处一个厅堂内,故存在声反馈乃至啸叫的问题,且因其距离较短,所以系统一般采用低阻直接传输方式。

③专用的会议系统。它虽也属于扩声系统,但有其特殊要求,如同声传译系统等。

8.4.2 扩声音响系统的组成

前述不管哪一种扩声音响系统,它的基本组成可分为 4 个部分:节目源设备、信号的放大和处理设备、传输线路和扬声器系统。《厅堂扩声系统设计规范》(GB 50371—2006)中称扩声系统包括设备和声场。其主要过程是:将声信号转换为电信号,经放大、处理、传输,再转换为声信号还原于所服务的声场环境。主要设备包括传声器、音源设备、调音台、信号处理器、功率放大器及扬声器系统。

按音响设备构成方式,扩声音响系统基本上有两种:一种是以前置放大器(或 AV 放大器)为中心的广播音响系统,如图 8.32 所示;另一种是以调音台为中心的专业音响系统,如图8.33 所示。

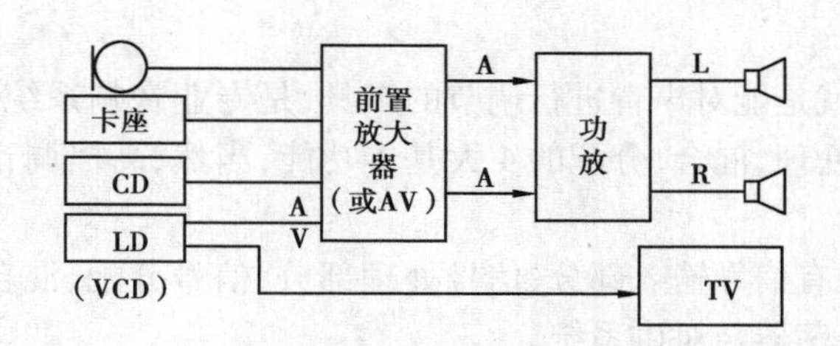

图8.32 以前置放大器(或AV放大器)为中心的扩声音响系统

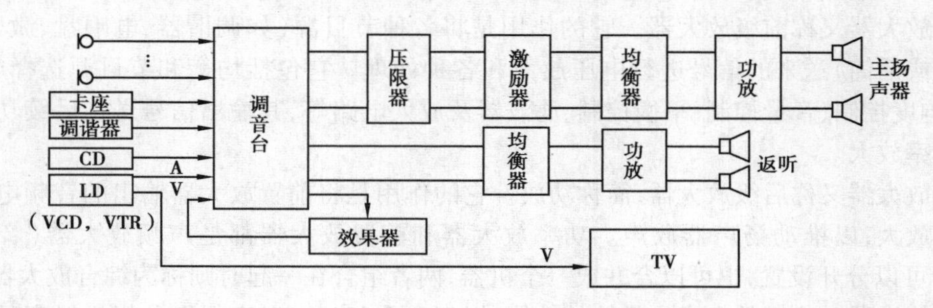

图8.33 以调音台为中心的专业音响系统

8.4.3 常用音响设备

音响设备基本上可分为3类:第一类是音源设备。音源是指声音的来源,主要有传声器、卡座、调谐器、CD唱机及影碟机和录像机的音频输出。第二类是信号放大和处理设备,对音源信号进行放大、加工、处理和调整。包括前置放大器、功率放大器、调音台、频率均衡器、压缩限制器、延时器、混响器等。第三类是扬声器系统,是将功率放大器送来的电信号还原成声音信号的设备,是典型的电声转换设备。

(1)**传声器**

传声器俗称话筒,也称麦克风。它是一种将声音信号转换为相应电信号的电声换能器件。根据换能原理,目前用得最多的有动圈式传声器、电容式传声器、驻极体式及压电式传声器等。根据电信号传输方式,它可分为有线话筒和无线话筒。

(2)**卡座**

磁带录音机是利用磁带进行录音和放音的电声设备。它是一种常用的音源设备。在音响系统中常用一种称为录音座(又称卡座)的录音设备。其功能与磁带录音机一样,性能指标一般比普通录音机高,但不能独立工作,需配合其他音响设备共同工作,如与调谐器、调音台、功放和音响一起组成音响系统。

(3)**AM/FM 调谐器**

专为接收无线广播的调幅(AM)、调频(FM)信号的音响设备。它不能单独工作,需与其他音响设备共同工作,如与录音卡座、调音台、功放、音响一起组成音响系统。目前,数字调谐器已为广播音响系统广泛使用。

(4)**激光唱机**

激光唱机称CD唱机,是音响系统中的常用音源设备。CD唱机是使用纤细激光束拾取唱片声音信号的小型数字音响系统。

(5)调音台

顾名思义,调音台就是能对声音进行调节的工具,是专业音响系统中最重要的设备之一,具有对声音进行放大、处理、混合、分配的4大基本功能,当然,高档调音台还能与计算机配合完成很多工作。

调音台的基本组成有信号输入部分、信号处理部分、信号分配、混合部分、控制系统、监听系统、信号显示系统、振荡器与对讲系统。

(6)前置放大器和功率放大器

前置放大器又称前级放大器。它的作用是将各种节目源(如调谐器、电唱盘、激光唱机、录音卡座或话筒)送来的信号进行电压放大和各种处理。它包括均衡和节目源选择电路、音调控制、响度控制、音量控制、平衡控制、滤波器及放大电路等,其输出信号送往后续功率放大器进行功率放大。

功率放大器又称后级放大器,简称功放。它的作用是将前置放大器输出的音频电压信号进行功率放大,以推动扬声器放声。功率放大器和前置放大器都是声频放大器(音频放大器),两者可以分开设置,也可以合并成一个机器,两者组合在一起时则称为综合放大器。

前置放大器对改善整个音响系统的性能,提高音质、音色,以高保真的指标对音频信号进行切换、放大、处理并传递到功放级,具有极为重要的作用。它的地位和重要性相当于调音台。也就是说,在设计和选用音响系统设备时,采用了前置放大器就不必再用调音台,反之,如果采用了调音台就不必再选用前置放大器。但从结构、性能以及功能来说,前置放大器要比调音台简单些。

(7)频率均衡器

频率均衡器是用来精确校正频率特性的音响设备,在现场演出、歌舞厅、厅堂扩声、音响节目制作等方面均有应用。

它的主要作用是:

①校正音响设备产生的频率畸变,能补偿各种节目信号中欠缺的频率成分,又能抑制过重的频率成分。

②校正室内声学共振特性产生的频率畸变,弥补建筑声学的结构缺陷。

③抑制声反馈,改善厅堂扩声质量。

④修饰和美化音色,提高音质和音响效果。

(8)压缩器、限制器和扩展器

压缩器和限制器,简称压限器。它能够对声源信号进行自动控制,使其工作在正常的范围内,具有压缩和限制两个功能。扩展器和压缩器一样,也是一种增益随输入电平变化而变化的放大器。压限器、扩展器广泛用在专业音响系统中,通过压限器可以压缩信号动态范围,防止过饱和失真,并能有效保护功放和音箱;压限器、扩展器的配合使用可以降低噪声电平,提高信号传输通道的信噪比。

(9)延迟器和混响器

为了改善和美化音色并能产生各种特殊的音响效果。需要在扩声系统中加入人工混响器和延迟器。

在较大的礼堂中开会,除原声声源(演讲)外,还有不少音箱,经放大的原声声源通过音箱发声形成辅助声源,原声声源和辅助声源与听众的距离不同,后排听众就先听到后场距离近的音箱发声，再听到前场的音箱发声，最后才能听到原始声音，听众听到这几个声音有时间差，若时间差大于50 ms（两个声源距离大于17 m），会因这些不同时到达的声音而破坏清晰度，严重影响听音质量。如果在后场放大器放大之前加入延迟器，精确调整其延迟时间，使前排音箱和后场音箱发出的声音同时到达后排听众，消除声音到达的时间差，改善了扩声效果。

在家庭、教室和会议室等普通房间听音乐，其效果远比不上在音乐厅听音乐，其原因很多，涉及建筑声学、室内声学等。其基本原因是在音乐厅欣赏音乐，人们可以充分感受到乐队演奏的宽度感、展开感和音域的空间感、包围感，总称临场感觉。主要是人们在音乐厅听音乐时，除了能听到乐队演奏的直射声外，还附有丰富的近次反射声和混响声。而在普通房间听音乐，缺少的正是近次反射声和混响声。为了提高在普通房间听音乐的效果，可以利用延迟器来产生早期反射声的效果，再加上经混响器产生的混响声，然后输入调音台与输入的原始声混合。只要把它们三者之间的比例调整恰当，就可以使原来比较单调的原始声获得像在音乐厅那样的演出临场感效果。

（10）**扬声器系统**

扬声器系统通常由扬声器、分频器和音箱组成。扬声器将音频电能转换成相应的声能，是唯一电声转换的器件。但至今还没有哪一种扬声器能完美地重放整个音频频段的声音。往往要用几只扬声器分段实现对几赫兹到几十千赫兹信号的重放。这就要根据不同频率用分频器将整段音域分成几个不同的频段，如高、中、低音段。再分别用适合高、中、低音段重放的几个扬声器实现对高、中、低音段的重放。

音箱的功能之一就是提高扬声器电声转换效率。

8.4.4　扩声设备的安装

扩声设备的安装包括扬声器的布置方式、系统线路敷设和音控室内布局3个方面。

（1）**扬声器的布置和安装**

扬声器的布置方式有分散布置、集中布置和混合布置3种，应根据建筑功能、体形、空间高度及观众席设置等因素来确定。

1）扬声器或扬声器组宜采用集中布置方式的情况：

①当设有舞台并要求视听效果一致时。

②当受建筑体形限制不宜分散布置时。

2）扬声器或扬声器组宜采用分散式布置方式的情况：

①当建筑物内的大厅净高较高，纵向距离长或者大厅被分隔成几部分使用时，不宜集中布置的。

②厅内混响时间长，不宜集中布置的。

3）扬声器或扬声器组宜采用混合方式布置的情况：

①对眺台过深或设楼座的剧院，宜在被遮挡的部分布置辅助扬声器系统。

②对大型或纵向距离较长的大厅，除集中设置扬声器系统外，宜分散布置辅助扬声器系统。

③对各方向均有观众的视听大厅，混合布置应控制声程差和限制声级，必要时应采取延时措施，避免双重声。

4）扬声器的安装。一般纸盆扬声器装于室内应带有助声木箱。安装高度一般在办公室内距地面 2.5 m 左右或距顶棚 200 mm 左右；宾馆客房、大厅内安装在顶棚上，吸顶或嵌入；车间内视具体情况而定，一般距地面为 3 ~5 m；室外安装高度一般为 4 ~5 m。安装位置应考虑音响声音，纸盆扬声器在墙壁内暗装时，预留孔位置应准确，大小适中。助声箱随扬声器一起安装在预留孔中，应与墙面平齐。挂式扬声器采用塑料胀钉和木螺钉直接固定在墙壁上，应平正、牢固。在建筑物吊顶上安装，应将助声箱固定在龙骨上。

声柱的布局和安装指向对音响效果影响较大，布置不当时，可能存在声影区或产生啸叫。一般采用集中式布置，如布置在厅堂的镜框式台口附近以使听众视听保持一致。声柱安装时应与装饰施工密切配合，选择最有利的安装位置，可安装在镜框式台口的正中上方或台口两侧与眉幕上端相齐处。采用分散式布置方法是将小声柱或扬声器安装在厅堂两侧，其角度向同一方向稍为倾斜向下，安装高度可在 3 m 左右，如图 8.34 所示。

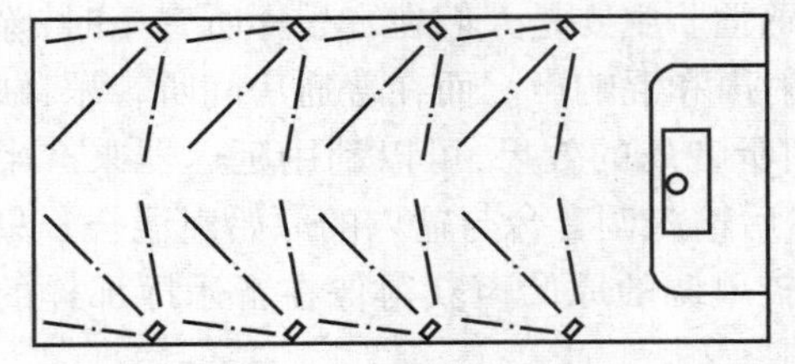

图 8.34　厅堂内分散式布置扬声器的安装

声柱只能竖直安装，不能横放安装。安装时，应先根据声柱安装方向、倾斜度制作支架，依据施工图纸预埋固定支架，再将声柱用螺栓固定在支架上，应保证固定牢固、角度方位正确。

(2) **线路敷设**

扩声系统的馈电线路包括音频信号输入、功率输出传送和电源供电 3 大部分。为防止与其他系统之间的干扰，首先应选择好导线。

1) 音频信号输入

话筒输出必须使用专用屏蔽软线与调音台连接，如果线路较长（10 ~50 m），应使用双芯屏蔽软线作低阻抗平衡输入连接。中间设有话筒转接插座的，必须接触特性良好。

长距离连接的话筒线（超过 50 m）必须采用低阻抗（200 Ω）平衡传送的连接方法。最好采用有色标的 4 芯屏蔽线，对角线对并接穿钢管敷设。

调音台及全部周边设备之间的连接均需采用单芯（不平衡）或双芯（平衡）屏蔽软线连接。

2) 功率输出的馈电

功率输出的馈电系指功放输出至扬声器箱之间的连接电缆。

厅堂、舞厅和其他室内扩声系统均采用低阻抗（8 Ω，有时也用 4 Ω 或 16 Ω）输出。一般采用截面为 2 ~6 mm^2 的软发烧线穿管敷设。发烧线的截面积决定于传输功率的大小和扬声器的阻尼特性要求。通常要求馈线的总直流电阻（双向计算长度）应小于扬声器阻抗的 1/100 ~ 1/50。如扬声器阻抗为 8 Ω，则馈线的总直流电阻应小于 0.08 ~0.16 Ω。馈线电阻越小，扬声器的阻尼特性越好，低音越纯，力度越大。

宾馆客房多套节目的广播线应以每套节目敷设一对馈线，而不能共用一根公共地线，以免节目信号间的干扰。

室外扩声、体育场扩声、大楼背景音乐和宾馆客房广播等由于场地大，扬声器箱的馈电线路长，为减少线路损耗通常不采用低阻抗连接，而使用高阻抗定电压传输（70 V 或 100 V）音频功率。从功放输出端至最远端扬声器负载的线路损耗一般应小于 0.5 dB。馈线宜采用穿管的双芯聚氯乙烯绝缘多股软线。

3)电源供电

扩声系统的供电电源与其他用电设备相比,用电量不大,但最怕被干扰。为尽量避免灯光、空调、水泵、电梯等用电设备的干扰,建议使用变压比为1:1的隔离变压器,此变压器的次级任何一端都不与初级的地线相联。总用电量小于10 kVA时可使用220 V单相电源供电。用电量超过10 kVA时,功率放大器应使用三相电源,然后在三相电源中再分成3路220 V供电,在3路用电分配上应尽量保持三相平衡。如果电压变化过大,可使用自动稳压器。

4)线路敷设

线路敷设应采用导线穿钢管敷设。其敷设要求应符合现行国家标准《建筑电气工程施工质量验收规范》(GB 50303—2002)。

8.4.5　公共广播系统

公共广播系统广泛用于工矿企业、车站、机场、码头、商场、学校、宾馆、大楼、旅游景点等。它的特点是服务区域大,传输距离远,信息内容以语言为主兼用音乐,话筒与扬声器不在同一房间,故没有声反馈问题。为减少传输线功率损耗,一般多采用70 V或100 V的定电压传输,或用调频方式进行多路广播传输。按其用途一般可分为:

①业务性宣传广播。

②服务性广播,满足以欣赏性音乐、背景音乐或服务性管理和插播公共寻呼。

③火灾事故广播和突发性事故的紧急广播。

当今公共广播系统都把前述3项用途集于一身,既能播放背景音乐,又能作业务宣传和寻呼广播,还能作为火灾事故的应急广播。这是一种通用性极强的广播系统,它虽然也属于扩声音响系统,但它具有不同于其他扩声音响系统的功能和技术要求。

(1)公共广播系统的功能及技术要求

1)播放背景音乐和插播寻呼广播

背景音乐的作用是掩盖公共场所的环境噪声,创造一种轻松愉快的气氛。背景音乐都是单声道播放的,通常在不同区域需播放不同的节目内容。例如,宾馆中的西餐厅需放送外国音乐,中餐厅需播放中国民俗音乐等,这些优雅的乐曲在优美环境烘托下使人舒心陶醉。在客房中,则需要多套节目让不同爱好的宾客自由选择。因此,背景音乐的节目一般应设有5套节目可同时放送。背景音乐服务区的平均声压级要求不高,为60~70 dB,但声场要求均匀。

由于各服务区内的环境噪声不同,因此要求背景音乐的声压级也应不同,为此在各服务区应设有各自的音量控制器,可供方便调节。

背景音乐中插播寻呼广播时,应设有"叮咚"或"钟声"等提示音,以提醒公众注意。

2)紧急广播

过去紧急广播系统与火灾报警系统结合在一起作为一个独立系统,但后来发现由于紧急广播系统长期不用使其可靠性大成问题,往往平时试验时没有问题,但在正式使用时便成了哑巴。因此,现在都把该系统与背景音乐集成在一起,组成通用性极强的公共广播系统。这样既可节省投资,又可使系统始终处于完好运行状态。

紧急广播系统必须具备以下功能:

①优先广播权功能。发生火灾时,消防广播信号具有最高级的优先广播权,即利用消防广播信号可自动中断背景音乐和寻呼找人广播。

②选区广播功能。当大楼发生火灾报警时,为防止混乱,只向火灾区及其相邻的区域广播,指挥撤离和组织救火事宜,一般是向 $n \pm 1$ 层选区广播。这个选区广播功能应有自动选区和人工选区两种,确保可靠执行指令。

③强制切换功能。播放背景音乐时各扬声器负载的输入状态通常各不相同,有的处于小音量状态,有的处于关断状态,但在紧急广播时,各扬声器的输入状态都将转为最大全音量状态,即通过遥控指令进行音量强制切换。

④消防值班室必须备有紧急广播分控台,此分控台应能遥控公共广播系统的开机、关机,分控台话筒具有优先广播权,分控台具有强切权和选区广播权等。

如图 8.35 所示为某大型公共建筑广播系统图。广播室在消防控制室内,广播系统与消防广播共用,平时作为办公区及公共区域背景音乐广播和公共广播,发生火灾时可以自动强切到消防广播。

由图 8.35 可知,该建筑广播系统有一声源柜,5 种音源信号经放大、切换、调整、控制、分配,最后分 15 路将信号传输至各层扬声器。各层扬声器的数量在系统图上有准确的表示。例如,16.6 m 夹层共设有 14 个扬声器,编号为 N11-1—N11-14。图 8.36 就是相对应的 16.6 m 夹层广播平面图,它准确反映了 16.6 m 夹层 14 个扬声器的布置位置。由图可知,这 14 个扬声器主要是安装在公共走道的顶棚上,所用导线为 BV-2 ×1.5,穿钢管敷设。所有扬声器都是接在这两根线上,方便简单,没有导线的变化,安装施工也比较简单。

(2)公共广播系统扬声器配接

公共广播系统多采用定电压传输,各扬声器负载都采用并联连接。其配接原则是:扬声器输入电压(即扩音机或输送变压器的输出电压)不得高于扬声器的额定工作电压。扬声器的额定工作电压可以根据扬声器的标称阻抗和标称功率算出。

8.4.6 会议系统

会议系统是双向的声音交换系统。它不同于公共广播系统,只是一种单纯声音的重放系统,是一种单向的系统。而会议系统的每个会议终端在该系统中都同时兼任两种角色,收听时用耳机(喇叭)还原声音信号,发言时用传声器作为声源,是具有双向讨论、表决、同声翻译等多种功能的声音处理系统。它由声音、图像、屏幕显示、计算机管理及控制系统组成,又称电子会议系统。

(1)电子会议系统的种类与组成

会议系统按需要有各种不同的功能,最主要的有以下 3 种:

1)会议讨论系统

会议讨论系统或称多方会议系统。一个有多方参加的研讨会、谈判会,与会人员都需要即席发言。会议讨论系统就可以满足所有参加讨论的人,都能在其座位上方便地使用传声器进行发言的需求。

会议讨论系统通常由中央控制单元、主席单元、代表单元等部分组成。主席单元、代表单元多配有话筒和耳机,由中央控制机完成对话筒实现多种灵活的控制与管理,主席机除具备代表机的一般功能外,还有优先发言、关断代表单元传声器和中止代表发言的控制功能。代表机设有电子开关,可根据程序或主席机的允许控制自己的发言话筒。代表单元采用总线连接方式,布线简单,施工方便。

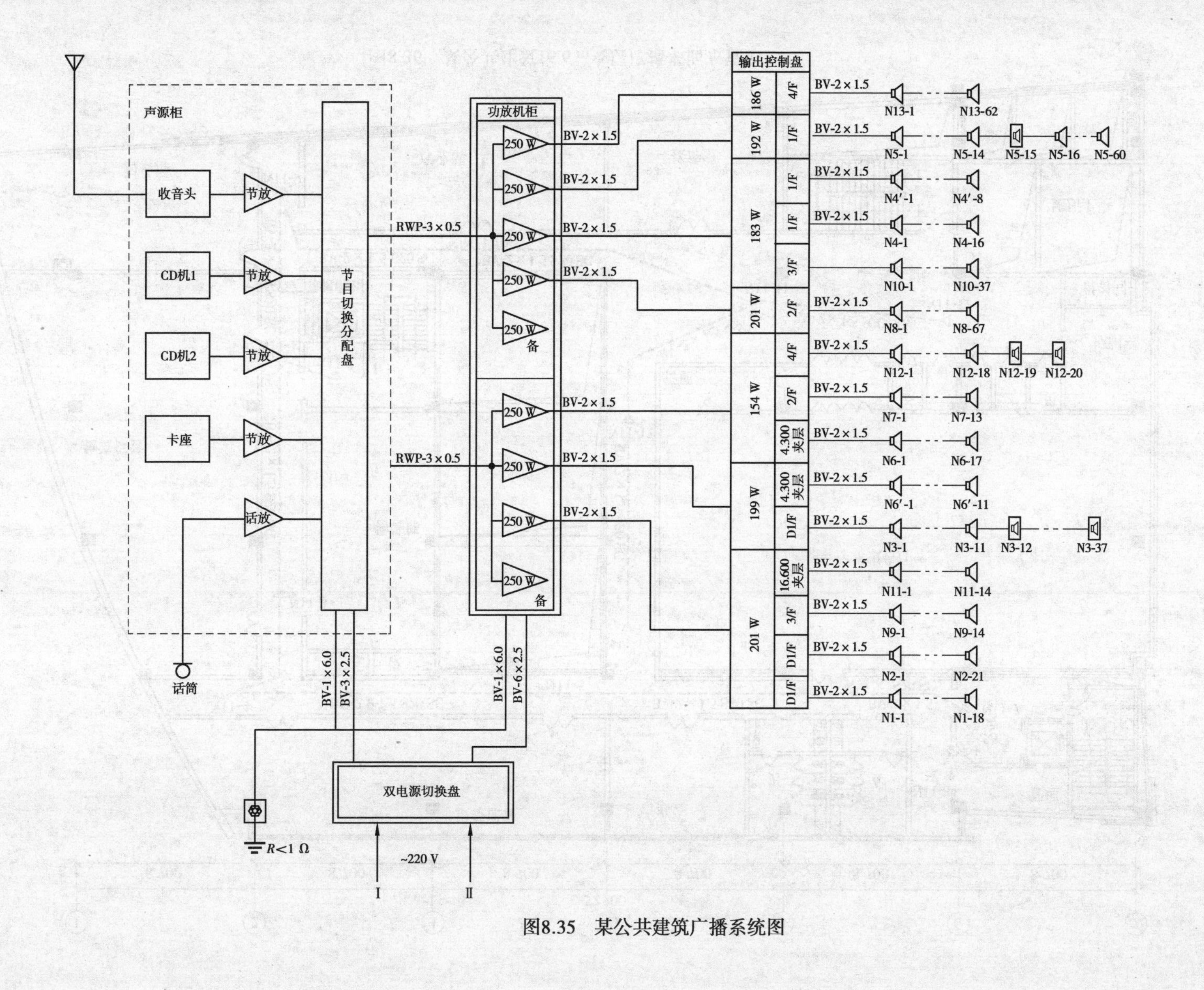

图8.35　某公共建筑广播系统图

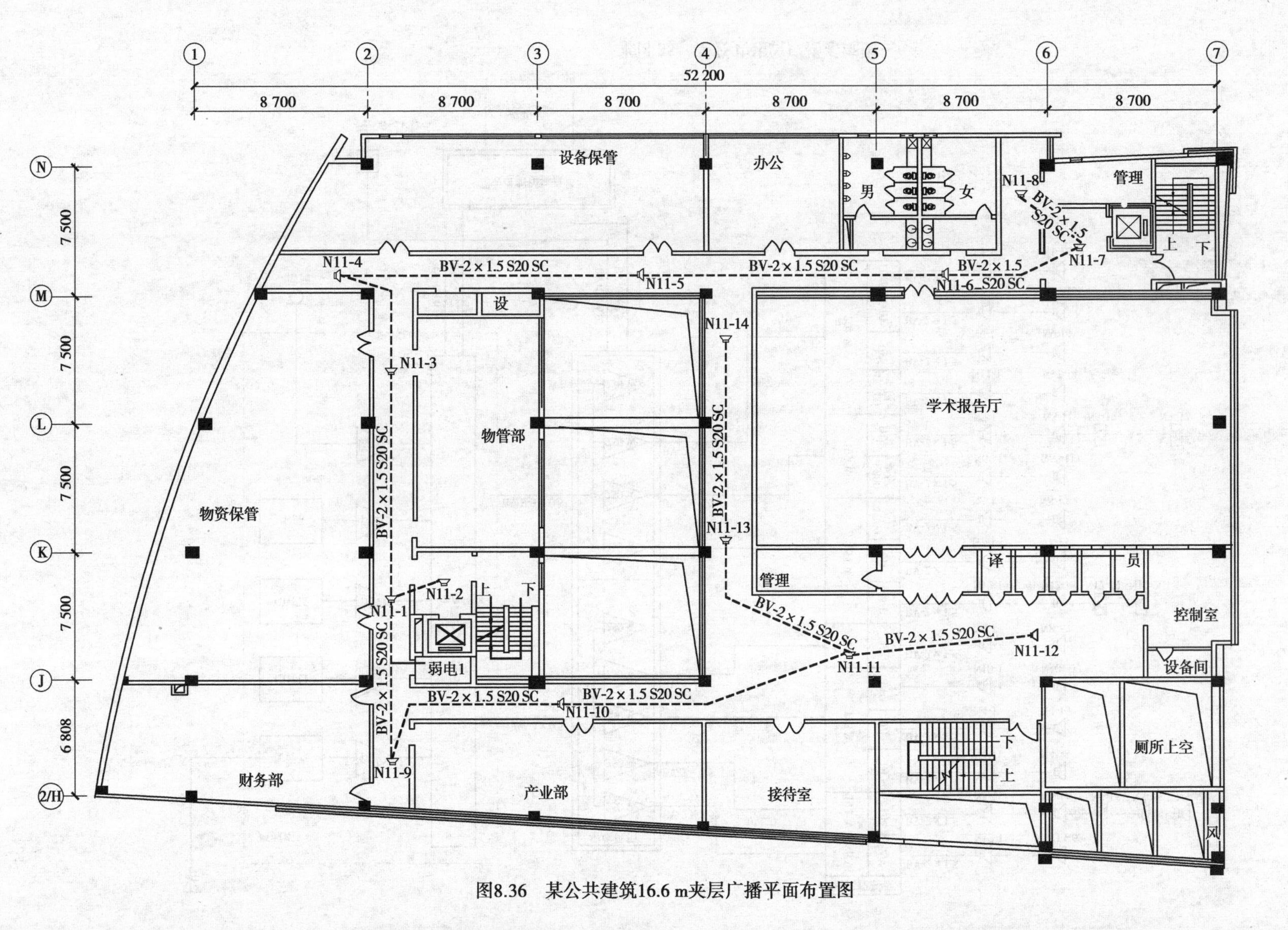

图8.36 某公共建筑16.6 m夹层广播平面布置图

会议讨论系统有以下3种控制方式：

①手动控制。主席单元和代表单元通过总线连接起来，当某一代表需要发言时，可把自己面前的转换开关扳到“发言”位置，他的话筒即进入工作状态，而其耳机（或扬声器）则同时被切断，以减少声反馈干扰。发言者的声音经过放大器放大送入总线，使其他代表单元的扬声器都能放出声音。代表发言结束后，再将转换开关扳到“收听”位置，使话筒关闭，同时耳机（或扬声器）进入工作状态。

②半自动控制。这种控制也称为声音控制。它利用发言者的声音自动控制单元机的工作状态。当与会代表对着某一代表单元的话筒讲话时，该单元的接收单元（耳机或扬声器）自动关断；讲话停止后，该单元的传声器通道会自动关断。这种控制方式同样具有主席优先的控制功能。由于这种控制方式的结构不太复杂，操作比较方便，故适于中、小型会议室使用。

③全自动控制。全自动控制即计算机控制。代表单元的与会代表发言由计算机控制。发言者可采取即席提出“请求”，经主席允许后发言；也可以采取先申请“排队”，然后由计算机控制，按“先入先出”的原则逐个等候发言。

2）会议同声传译系统

同声传译系统是为了适应国际会议上使用多个国家语言的会议翻译系统，是将发言者的语言（原语）同时由译员翻译，并传送给与会者的设备系统。

①同声传译系统按译语的传输方式，可分为有线式和无线式两类。而无线式又可分为感应天线式和红外线式两种，其中以红外线式较为先进。如图8.37所示为同声传译系统基本组成。

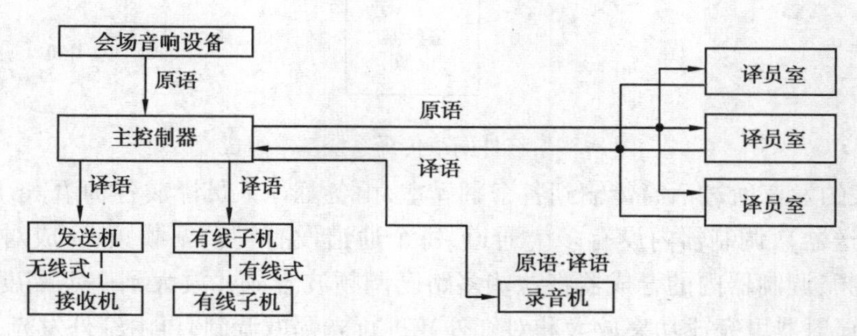

图8.37　同声传译系统基本组成框图

a.有线式就是与会者的发言经译员翻译后用相应的管线传送到主席单元、代表单元。一种译语使用一根通道，N种译语使用N根通道，每根通道又是一种译语的一个分配系统，将译语通过多芯电缆分送给主席单元、代表单元、输出接口和录音系统。对于每一种语言都有相应的译员室、放大器及其分配网络。在主席单元、代表单元有多种语言的选择开关，供与会者选择，并设有音量调节器以调节聆听音量。原语与公共广播的输入接口相连，实现通常的会场扩声。有线式同声传译系统如图8.38所示。

b.感应天线式同声传译系统是一种无线传输系统。发射机先将放大后的译语调制到高频载波上，放大后送发射天线，发射天线一般可安装在地板内或天花板内，为一环形线，译语以高频调制的电磁波向外辐射。发射机将不同语言的译语调制到不同的频段上，所以一台发射机可以同时发射多种不同的译语信号，供与会者选择。与会者使用位于环形天线辐射范围内的接收机，接收发射机发送的载有译语的电磁波信号。解调后，还原出译语信号。感应天线式

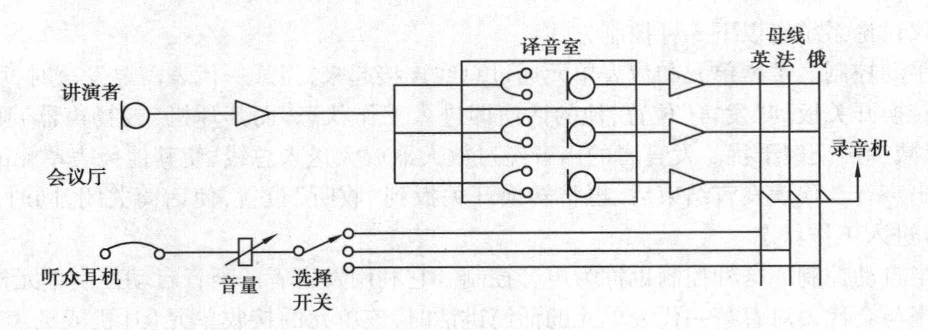

图 8.38　有线式同声传译系统

同声传译系统的优点是不需要连接电缆,安装较简便,可以实现天线圈定区域内稳定、可靠的信号传输。

c.红外线式同声传译系统是利用红外辐射器代替环形天线,用红外光作为载波进行译语的传送。它具有安装使用简便、失真小、频响宽、保密性和抗干扰强等优点。

红外传输方式的基本内容包括红外光的产生、调制、辐射以及红外光的接收与解调等。红外线式同声传译系统主要由调制器、辐射器、接收机及电源等组成,如图 8.39 所示。

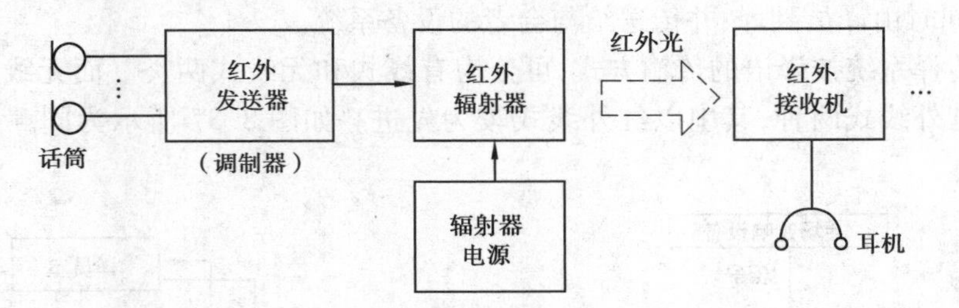

图 8.39　红外同声传译系统基本组成

会议代表的发言通过话筒传输到各个翻译室,由各翻译人员译成各种语言,用电缆送到调制器(又称发送器),调制器内设有多个通道,每个通道设有一个副载频,完成对一路语言(一种语言)的调频,调制器内的合成器将这些多路已调频波合成并放大到一定幅度,由电缆输送给辐射器,在辐射器里完成功率放大和对红外光进行光幅度调制,再由红外发光二极管阵列向室内辐射已被调制的红外光。电源用于辐射器的供电。

红外接收机位于听众席上,其作用是从接收到的已调红外光中解调出音频信号,它的组成除了前端的光电转换部分以外,实际上是一台长波调频超外差式接收机。红外接收机设有波道选择,以选择各路语言,由光电转换器检出调频信号,再经混频、中放、鉴频,还原成音频信号由耳机传送给与会听众。

②同声传译系统按翻译过程来分,可分为 1 次翻译(直接翻译)和 2 次翻译两种形式。图 8.37 实际上就是直接翻译系统。直接翻译对译员有较高的要求,要能听懂多种语言。2 次翻译方式是将发言人的讲话先经第一译音员翻译成 2 次译音员都熟悉的一种语言,然后由 2 次译音员再转译成另一种语言。由此可知,2 次翻译对译音员要求低一些,一般只要胜任两种语言就可以了。但是,它与 1 次翻译相比,译出时间较长,并且翻译质量会有所下降。

3)会议表决系统

会议表决系统是一个与分类表决终端网络连接的中心控制数据处理系统,是会议系统中唯一与音频无关的控制系统。它由安装在主席单元、代表单元的选择按钮、表决控制模块和表决结果显示系统组成。每个表决单元设有3种可能选择的按钮，即同意、反对、弃权。中央控制器装有表决控制程序。由主席单元或工作人员选择和启动表决程序。与会代表按下表决按钮，表决控制模块计算、累计表决结果，送显示系统显示。

显示系统通常由计算机显示器、主席单元、代表单元上的液晶显示器和供所有代表观看的大型显示器组成。

(2)同声传译系统工程示例

某艺术中心豪华型会议厅，面积370 mm^2，具有300个座位，要求有4种语言的同声传译系统。该厅使用的两个辐射器，安装在前方左右两侧约高8 m的天花板上，朝向听众席。系统安装敷线如图8.40所示。由图8.40可知，该系统线路全是使用钢管在吊顶内敷设，施工是很方便的。完全按建筑电气工程室内配线要求。应该说明的是，图8.40中译员室处在后面，从同声翻译角度是不理想的，因为译员距主席台较远，看不清发言者的口型变化，即翻译时不能跟着发言节奏变化。译员室最好设在主席台前附近两侧。

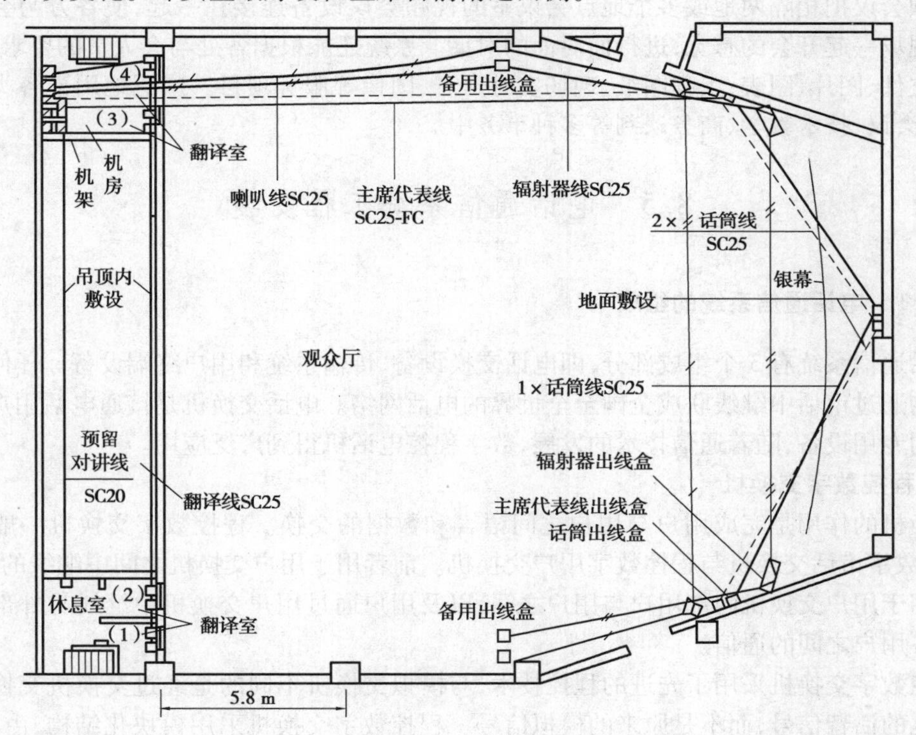

图8.40　某会议厅红外同声传译系统安装敷线示例

图8.41是图8.40所用同声传译系统。所用发送机为飞利浦公司生产的LBB3020/07型，有0~6这7个频道，各频道载波频率为55，95，135，175，215，255，295 kHz(频道间隔40 kHz)，4种语言只要用其中4个频道传送即可，载波输出为2.4 V_{PP}。红外辐射器为LBB3021/01型，信号输入为0.8~5 V_{PP}(1 kΩ)，红外辐射输出功率>15 W。接收机为LBB3029/07型，频道与发送机相对应，接收所需要的红外光强为4 mW/m^2。

(3)视频会议系统

视频会议系统是一种互动式的多媒体通信。它利用图像处理技术、计算机技术及通信技

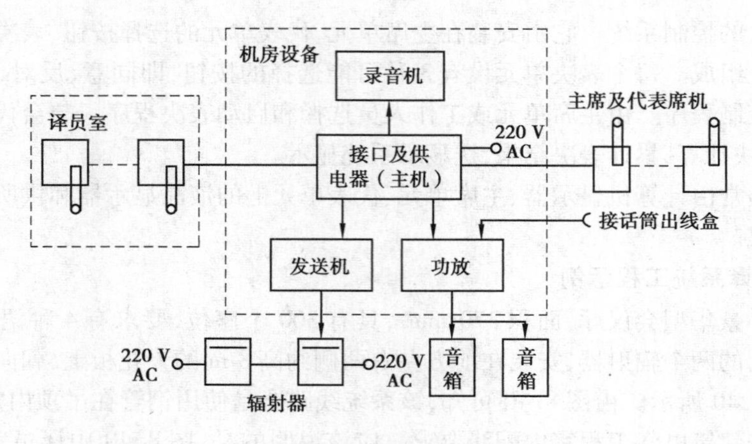

图 8.41　红外同声传译系统框图

术，进行点与点之间或多点之间双向视频、音频、数据等信息的实时通信。

视频会议把相隔两地或多个地点会议室的视频会议设备连接在一起，使各方与会人员有如身临现场一起开会的感觉，进行面对面的对话。系统还能根据各处与会人员的要求，向与会方提供文件、图片、图表、工程图纸、现场实时声音、图像等服务项目。广泛地用于各类行政会议、科研会议、技术教学、商务谈判等多种事务中。

8.5　电话通信系统工程安装

8.5.1　电话通信系统的组成

电话通信系统有 3 个组成部分，即电话交换设备、传输系统和用户终端设备。任何建筑内的电话均通过市话中继线联成全国至全世界的电话网络。电话交换机是接通电话用户之间通信线路的专用设备，随着通信技术的发展，数字程控电话机得到广泛应用。

(1)程控数字交换机

交换机的作用是完成用户与用户之间语言和数据的交换。程控数字交换机一般分为两类，程控数字市话交换机与程控数字用户交换机。前者用于用户交换机之间中继线的交换，而后者则用于用户交换机内部用户与用户之间，以及用户通过用户交换机中继线与外部电话交换网上各用户之间的通信。

程控数字交换机采用了先进的程控技术，与模拟交换机不同的是经过交换机交换的信号是数字化的话音信号，而不是原来的模拟信号。程控数字交换机采用模块化结构，由机箱、模块、控制计算机等硬件和相关的数据、程序等软件组成。其基本框图如图 8.42 所示。

用户程控数字交换机除了具有机关、企业或事业单位内部通信的功能外，还可通过出、入中继线实现单位内部用户和公用电话网上的用户与其他单位交换机用户之间的信息交换。而此时用户信息的交换需要通过公用电话网上电话局的交换机帮助完成。

程控用户交换机的中继方式一般有 4 种，即全自动直拨中继方式、半自动中继方式 DOD1 + BID、人工中继方式及混合中继方式。

(2)传输线路

电话通信系统的传输线路通常采用音频电缆、光缆或采用综合布线系统。

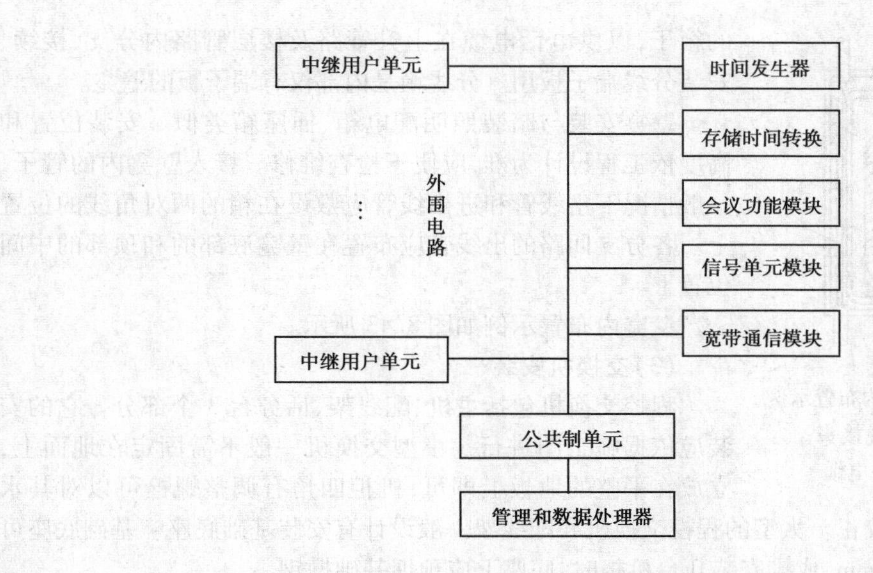

图8.42 程控数字交换机的基本框图

(3)**电话机**

电话机是主要的用户终端设备,当然还有传真机、计算机等也是用户终端设备。这些终端设备一般不列入工程,而由用户自备。

电话机的种类比较多,有拨号盘式电话机、脉冲按键式电话机、双音多频(DTMF)按键式电话机、多功能电话机等,而且还在不断发展。用户选购电话机应根据使用环境,与其功能要求相适应,一般办公室、住宅、公用电话服务站等普遍选用按键式电话机,应注意的是,当需要配合程控电话交换机时,应选用双音频按键电话机。

8.5.2 设备安装

(1)**电话机安装**

一般为维护、检修和更换电话机方便,电话机不直接与线路接在一起,而是通过接线盒与电话线路连接。电话机两条引线无极性区别,可任意连接。

新建建筑内电话线路多为暗敷,电话机接至墙壁式出线盒。这种接线盒有的需将电话机引线接入盒内接线柱上,有的则用插头插座连接。墙壁出线盒的安装高度一般距地300 mm,若为墙壁式电话,出线盒安装高度可为1.3 m。

(2)**分线箱(盒)在墙壁上安装**

分线箱(盒)在墙上安装,分为明装和暗装两种。明装适用于线路明敷,暗装适用于线路暗敷。

1)明装

分线箱在墙上明装与照明配电箱在墙上明装方法类同。要求安装牢固、端正,底部距地面一般不低于2.5 m。分线箱(盒)安装好后,应写上配线区编号、分线箱(盒)编号及其线序。编号应和图纸中编号一致,书写工整、清晰。

2)暗装

暗装的分线箱、接头箱、过路箱都统称为壁龛。它是设置在墙内的木质或铁质的长方体形

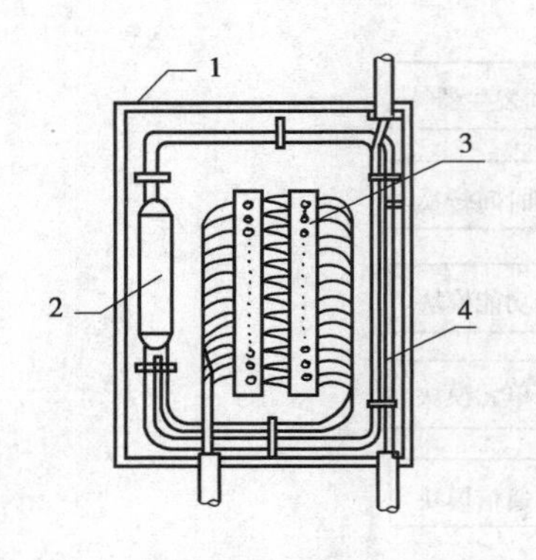

图 8.43　壁龛内结构布置示例
1—箱体;2—电缆接头;
3—端子板;4—电缆

的箱子,以供电话电缆在上升管路及楼层管路内分支、接续、安装分线端子板用。分线箱是内部仅有端子板的壁龛。

壁龛安装与暗装照明配电箱、插座箱类似。安装位置和高度依工程设计为准,应便于检查维修。接入壁龛内的管子,一般情况下主线管和进出线管应敷设在箱的两对角线的位置上。各分支回路的出线管应布置在壁龛底部的和顶部的中间位置上。

壁龛内布置示例如图 8.43 所示。

(3)**交换机安装**

程控交换机包括主机、配线架、话务台 3 个部分。它的安装应依据施工图进行。小型交换机一般不需固定在地面上,立放在平整的地板上即可,机柜四角有调整螺栓可以对其水平度和垂直度进行校正。大型的程控交换机和配线架一般设计有安装基础底座。基础底座可高出地面 100 ~200 mm,成排安装几台机柜时,底座上应预埋基础槽钢。

配线架安装应先安装垂直件,将垂直件调整垂直后,再安装水平件和斜拉件。

话务台是由微电脑组成的智能终端机,具有局线、分机状态显示灯,以及分机通话号码显示器。话务台一般设置在电话值机房,可以直接放置在专用平台上。台架安装应整齐,机台边缘成一直线,相邻机台应紧密靠拢,台面安装应保持水平,衔接处应看不出高低不平现象。

8.5.3　线缆敷设

楼内电话线缆和光缆的敷设可穿管、线槽等。敷设方法与其他室内线路类似,可参见第 2 章。

8.5.4　系统调试

系统调试程序和内容不同的程控交换机有所差异,但一般测试项目大致相同。

(1)**线路检查**

检查外部线路是否存在混接、短路、断路等现象,对线路中存在的故障进行排除。电话电缆的敷设、接续应符合现行《市内电话线路工程施工及验收技术规范》(YDJ 38—85)的要求。

检查各分线箱、交接箱内电缆配线是否正确,接线是否符合要求。在接线时,有时不预先编制外部电话号码与主机内码对应表,而是随接线随记录,这些接线记录是给主机输入电话号码的关键依据,调试检查时应重点查对,做到准确无误。检查对接线与编号是否一致,编号应清晰明显。

(2)**电源测试**

测试交流稳压电源一次侧电压、二次侧电压;测量充电机一、二次侧电压;测量蓄电池单个电压,其各项电压值均应满足设计和设备本身技术要求。

(3)**接地测试**

测量系统接地电阻符合设计要求,各设备接地良好。

(4)**交换机调试**

1)硬件测试

交换机通电前,应测量主电源电压,确认正常后,方可进行通电测试。

①各种硬件设备必须按厂家提供的操作程序,逐级加上电源。

②设备通电后,检查所有变换器的输出电压均应符合规定。

③各种外围终端设备齐全、自测正常。

④各种告警装置应工作正常。

⑤时钟装置应工作正常,精度符合要求。

⑥装入测试程序,通过人机命令或自检,对设备进行测试检查,确认硬件系统无故障。

2)主机开通

3)系统设定流程图

经检测,系统的各显示、测量数值均为正常时,说明主机可以工作,电源完好,具备进行系统设定的条件。系统设定流程。

4)系统初始化

有些交换机在使用前必须先进行系统初始化操作,否则系统不能正常工作。初始化操作后,系统即为原始设定状态,这时用户可根据需要再做其系统设定。如果系统设定出错,导致机器不能正常运行,也可以做初始化操作。

5)系统设定与显示

各项参数及工作状态可通过话务台设定,多数设定都必须先按下主机“SET ENABLE”程序锁定开关,才能由话务台进行系统设定,待全部参数设定完后,释放该开关。

6)分机功能调试

调试分机如下功能和参数:分机直拨分机,分机拨话务台,热线,分机拨外线,分机内线驻留,分机代接分机,分机代另一分机拨外线后转接,分机代接局线,分机保留转移,分机轮流和两路外线通话,分机插话,指定局线出局,勿打扰的设定和解除,跟随转移,分机记忆线转移,联号的设定,会议电话,定时叫醒的设定和解除,分机不拨号时限,自动回叫时间,铃声区别等。

7)话务台功能调试

应对下列功能逐个进行调试:呼叫分机,呼叫外线,应答局线,应答内线,转接,重呼,保留,回叫应答,强拆,代接分机,话务台监听分机通话,话务台缩位拨号,夜间服务等。

8)计费系统的设定与操作

设定计费范围以及计费输出的打印格式及内容。

9)数据输入及修改

10)显示操作与打印

各种程控交换机所具有的基本功能是一样的,操作也基本相同,只是数据显示有些格式方面的差异。在进行调试之前,须详细阅读所调试程控交换机的用户技术手册等调试资料,以便掌握正确的调试方法。

经过检查调试确认无误后,即可进行试运转,试运转时间不少于3个月。

8.6　安全防范系统工程安装

现代建筑中安全防范系统一般包括入侵报警系统、视频安防监控系统、出入口控制(门禁)系统、巡更管理系统、停车场管理系统和访客对讲系统。

8.6.1　入侵报警系统

入侵报警系统是利用传感器技术和电子信息技术探测并指示非法进入或试图非法进入设防区域的行为、处理报警信息、发出报警信息的电子系统或网络。一般由探测器、传输系统和报警控制器组成。

(1)**探测器**

探测器是用来探测入侵者移动或其他动作的电子和机械部件所组成的装置。通常由传感器和信号处理器组成。

传感器是一种物理量的转化装置,通常把压力、振动、声响和光强等物理量,转换成易于处理的电量(电压、电流和电阻等)。

信号处理器是把传感器转换成的电量进行放大、滤波和整形处理,使它成为一种合适的信号,能在系统的传输通道中顺利地传送,通常把这种信号称为探测电信号。

探测器按其所探测物理量的不同,可分为:微波探测器、红外探测器、激光探测器、开关式探测器、振动探测器、声探测器等。

1)微波探测器

微波探测器是利用微波能量的辐射及探测技术构成的探测器,按工作原理又可分为微波移动探测器和微波阻挡探测器两种。

微波移动探测器是利用频率为300~300 000 MHz(通常为10 000 MHz)的电磁波对运行目标产生的多普勒效应构成的微波报警装置。所谓多普勒效应是指在辐射源(微波探头)与探测目标有相对运动时,接收的回波信号频率会发生变化的现象。一般微波移动探测器由探头和控制两部分组成,其探头组成方框图如图8.44所示。

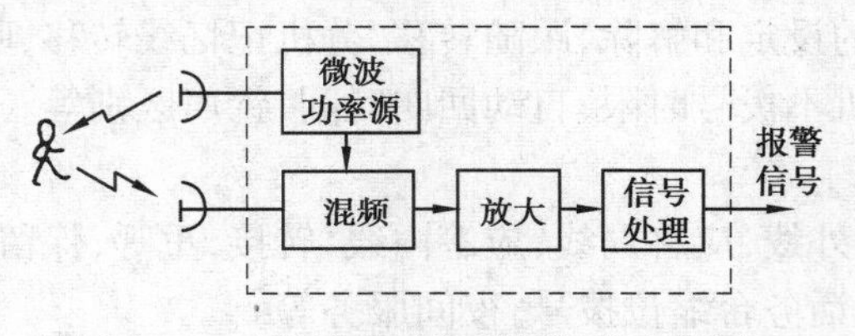

图8.44　微波移动探测器探头方框图

微波阻挡探测器由微波发射机、微波接收机和信号处理器组成,使用时将发射天线和接收天线相对放置在监控场地的两端,发射天线发射微波束直接送达接收天线。当没有运动物体遮断微波波束时,微波能量被接收天线接收,发出正常工作信号;当有运动目标阻挡微波束时,接收天线接收到的微波能量减弱或消失,此时就产生报警信号。

2)超声波探测器

工作方式与微波探测器类似,只是使用的不是微波而是超声波。

3)红外线探测器

是利用红外线的辐射和接收技术构成的报警装置。根据其工作原理可分为主动式和被动式两种类型。

主动式红外探测器是由收、发装置两部分组成。发射装置向装在几米甚至几百米远的接收装置发射一束红外线，当被遮断时，接收装置即发出报警信号，因此，它也是阻挡式探测器。

发射装置通常由多谐振荡器、波形变换电路、红外光管和光学透镜组成。振荡器产生脉冲信号，经波形变换及放大后控制红外发光管产生红外脉冲光线，通过聚焦透镜将红外光变为较细的红外光束，射向接收器。接收装置由光学透镜、红外光电管、放大整形电路、功率驱动器及执行机构等组成。光电管将接收到的红外光信号转变为电信号，经整形放大后推动执行机构启动报警设备。

被动式红外探测器不向空间辐射能量，而是依靠接收人体发生的红外辐射来进行报警。

4)双技术防盗探测器(双鉴探测器)

各种探测器都有其优点，但也各有其不足。例如，超声波、红外、微波3种单技术探测器因环境干扰及其他因素会出现误报警的情况。为了减少探测器的误报，人们提出互补双技术方法，即把两种不同探测原理的探测器结合起来，组成所谓双技术的组合探测器，又称双鉴探测器。

5)开关入侵探测器

开关入侵探测器是由开关传感器与相关的电路组成的，如用微动开关组成的探测器安装在门柜和窗框上，门、窗关闭，微动开关在压力作用下，开关接通；门、窗打开，微动开关失去压力作用，开关断开。开关与报警电路接在一起，从而发出报警信号。

6)振动入侵探测器

当入侵者进入设防区域，引起地面、门窗的振动，或入侵者撞击门、窗和保险柜，引起振动，发出报警信号的探测器称振动入侵探测器。它分为压电式振动探测器和电动式振动探测器两种。

7)声控探测器

声控探测器是用声传感器把声响信号变换成电信号，经前置音频放大，送到报警控制器，经功放、处理后发出报警信号。也可将报警控制器输出的报警信号经放大推动喇叭和录音机，以便监听和录音。

(2)传输通道

探测器电信号的传输通道通常分为有线和无线。有线是指探测器电信号通过双绞线、电话线、电缆或光缆向控制器或控制中心传输。无线则是对探测电信号先调制到专用的无线电频道由发送天线发出，控制器或控制中心的无线接收机将无线电波接收下来后，解调还原出报警信号。

(3)控制器

报警控制器由信号处理器和报警装置组成。报警信号处理器是对信号中传来的探测电信号进行处理，判断出电信号中"有"或"无"情况，并输出相应的判断信号。若探测电信号中含有入侵者入侵信号时，则信号处理器发出报警信号，报警装置发出声或光报警，引起防范工作人员的警觉，反之，若探测电信号中无入侵者的入侵信号，则信号处理器送出"无情况"的信号，报警器不发出声光报警信号。智能型的控制器还能判断系统出现的故障，及时报告故障性质及位置等。

(4)控制中心(报警中心)

通常为了实现区域性的防范，即把几个需要防范的小区，联网到一个警戒中心，一旦出现危险情况，可以集中力量打击犯罪分子。控制中心通常设在市、区公安保卫部门。

(5)入侵报警系统工程示例

如图 8.45 所示为某建筑 1～4 层入侵报警系统图，初步反映了该系统的组成、设备的分布及系统连接情况。其图形符号含义如表 8.10 和附录Ⅰ中的附表Ⅰ.5 所示。

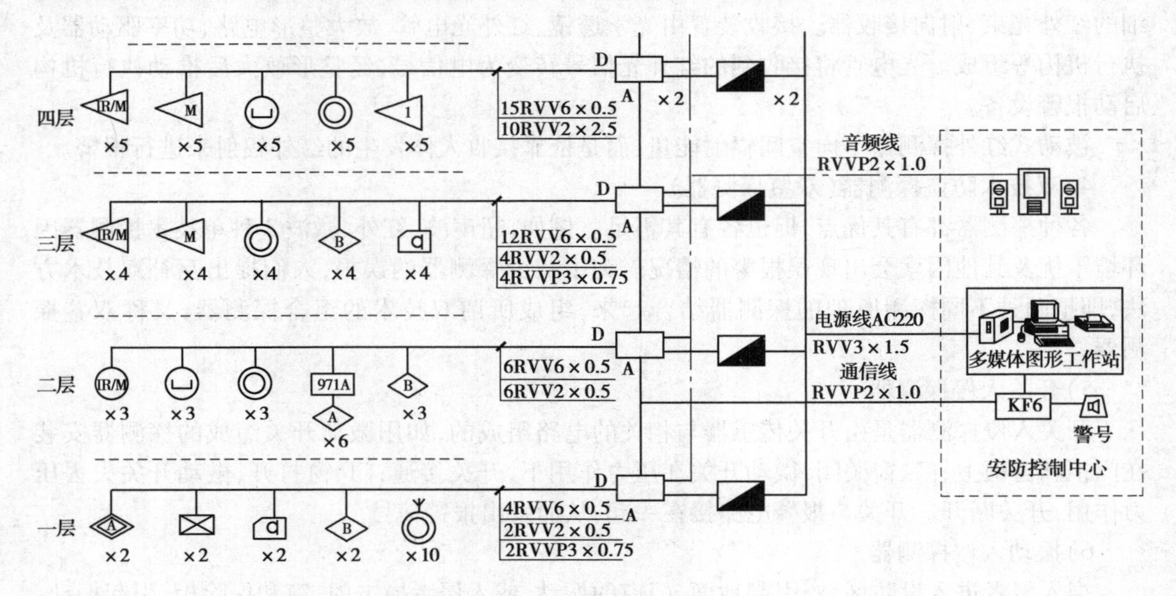

图 8.45　某建筑 1—4 层入侵报警系统图(示例)

表 8.10　图 8.45 用部分图形符号含义

序　号	符　号	说　明	序　号	符　号	说　明
1	IR/M	吸顶双鉴探测器	7		声控探测器(声音复核装置)
2	IR/M	双鉴探测器	8	D P A	收集器(防区扩展模块) A—报警主机 P—巡更点 D—探测器
3	A	电子振动探测器	9		电源
4	A	振动探测器	10	KF6	联动模块
5	971A	振动分析仪	11		警号
6		栅栏探测器	12		无线巡更按钮

由图 8.45 可知,该系统的组成情况如下:

1)系统概况

由图 8.45 可知,该建筑防盗报警系统在 1 ~4 层布防。1 层共设置 8 个探测点,其中有 2 个电子振动探测器、2 个栅栏探测器、2 个声控探测器、2 个玻璃破碎探测器。另外,还有 10 个无线巡更按钮。各探测器将探测信号送至收集器,再送至安防控制中心。

2 层设置有 3 个双鉴探测器、3 个门磁开关、3 个紧急按钮开关、3 个玻璃破碎探测器、1 个振动分析仪连接 6 个振动探测器,共 18 个探测点。

3 层共 20 个探测点,4 层共 25 个探测点。

1 ~3 层每层安装 1 台收集器和 1 台电源,4 层因探测点较多,安装 2 台收集器及配套电源。

2)系统配线情况

各层收集器电源由控制室 UPS 提供,使用 RVV3 ×1.5 塑料绝缘软线,收集器至控制主机通信线采用 RVVP2 ×1.0 线。

收集器到双鉴探测器、吸顶双鉴探测器、玻璃破碎探测器、红外探测器、微波探测器、电子振动探测器均使用 RVV6 ×0.5 线或 RVV4 ×0.5 线;到振动探测器、紧急按钮、门磁开关、栅栏探测器均使用 RVV2 ×0.5 线;声控探测器采用 RVVP3 ×0.75 线;警号采用 RVVP3 ×0.75 线。

例如,四层有 5 个双鉴探测器、5 个微波探测器、5 个红外探测器,用 15 根 RVV6 ×0.5 线;有 5 个门磁、5 个紧急按钮,因此,用 10 根 RVV2 ×0.5 线。其他各层均如此阅读。

3)线路敷设及设备安装

从系统图上,已知应该用多少导线以及所用导线的规格型号,至于线路的敷设及设备安装则应主要阅读施工平面图,应根据设计和现场实际情况决定线路敷设途径和敷设部位,以及设备的准确安装位置。线路敷设方式应按设计要求采用线槽或管子敷设,且应满足现行国家标准《建筑电气工程施工质量验收规范》(GB 50303—2002)的有关规定。

8.6.2　视频安防监控系统

闭路电视监控系统是采用摄像机对被控现场进行实时监视的系统,是安全技术防范系统中的一个重要组成部分,尤其是近年来计算机、多媒体技术的发展使得这种防范技术更加先进。

(1)视频监控系统的组成

闭路电视监控系统根据其使用环境、使用部门和系统的功能而具有不同的组成方式,无论系统规模的大小和功能的多少,一般监控系统由摄像、传输、控制、图像处理与显示等 4 个部分组成,如图 8.46 所示。

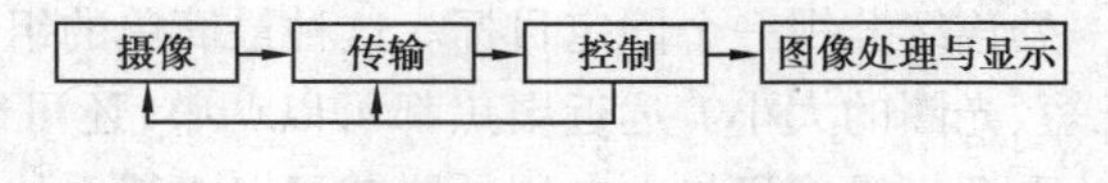

图 8.46　视频监控系统的组成

1)摄像部分

摄像部分的作用是把系统所监视的目标,即把被摄物体的光、声信号变成电信号,然后送入系统的传输分配部分进行传送。摄像部分的核心是电视摄像机,它是光电信号转换的主体设备,是整个系统的眼睛,为系统提供信号源。

2)传输部分

传输部分的作用是将摄像机输出的视频(有时包括音频)信号馈送到中心机房或其他监视点。控制中心的控制信号同样通过传输部分送到现场,以控制现场的云台和摄像机工作。

传输分配部分的组成主要有:

①馈线。传输馈线有同轴电缆(以及多芯电缆)、平衡式电缆、光缆。

②视频电缆补偿器。在长距离传输中,对长距离传输造成的视频信号损耗进行补偿放大,以保证信号的长距离传输而不影响图像质量。

③视频放大器。视频放大器用于系统的干线上,当传输距离较远时,对视频信号进行放大,以补偿传输过程中的信号衰减。具有双向传输功能的系统,必须采用双向放大器,这种双向放大器可以同时对下行和上行信号给予补偿放大。

3)控制部分

控制部分的作用是在中心机房通过有关设备对系统的现场设备(摄像机、云台、灯光、防护罩等)进行远距离遥控。

控制部分的主要设备有集中控制器和微机控制器。

4)图像处理与显示部分

图像处理是指对系统传输的图像信号进行切换、记录、重放、加工及复制等功能。显示部分则是使用监视器进行图像重放,有时还采用投影电视来显示其图像信号。图像处理和显示部分的主要设备有视频切换器、监视器和录像机。

视频切换器能对多路视频信号进行自动或手动切换,输出相应的视频信号,使一个监视器能监视多台摄像机信号。

监视器的作用是把送来的摄像机信号重现成图像。在系统中,一般需配备录像机,尤其在大型的监控系统中,录像系统还应具备如下功能:在进行监视的同时,可以根据需要定时记录监视目标的图像或数据,以便存档;根据对视频信号的分析或在其他指令控制下,能自动启动录像机,如果设有伴音系统时,应能同时启动。系统应设有时标装置,以便在录像带上打上相应时标,将事故情况或预先选定的情况准确无误的录制下来,以备分析处理。

随着计算机技术的发展,图像处理、控制和记录多由计算机完成,计算机的硬盘代替了录像机,完成对图像的记录。

(2)视频监控系统的监控形式

视频监控系统的监控形式一般有以下4种方式:

1)摄像机加监视器和录像机的简单系统。这是最简单的组成方式。一台摄像机和一台监视器组成的方式用在一处连续监视一个固定目标。这种最简单的组成方式也可增加一些功能,如摄像镜头焦距的长短、光圈的大小。远近聚焦都可以调整,还可以遥控电动云台的左右上下运动和接通摄像机的电源。摄像机加上专用外罩就可以在特殊的环境条件下工作。这些功能的调节都是靠控制器完成的。

2)摄像机加多画面处理器监视录像系统。如果摄像机不是一台,而是多台,选择控制的功能不是单一的,而是复杂多样的,通常选用摄像机加多画面处理器监视录像系统。

3)摄像机加视频矩阵主机监视录像系统。

4)摄像机加硬盘录像监视录像系统。

(3)视频监控系统的现场设备

在系统中,摄像机处于系统的最前端,它将被摄物体的光图像转变为电信号——视频信号,为系统提供信号源。因此,它是系统中最重要的设备之一。

1)摄像机

①摄像机分类。摄像机种类很多,从不同的角度可分为多种类型。

按颜色划分有彩色摄像机和黑白摄像机两种。按摄像器件的类型划分有电真空摄像器件(即摄像管)和固体摄像器件(如CCD器件、MO器件)两大类。

②摄像机的性能指标。主要是指它的清晰度、灵敏度和信噪比。摄像机的供电电源通常是:交流供电220 V;直流供电12 V或24 V。

③摄像机镜头。按其功能和操作方法有常用镜头和特殊镜头两大类。常用镜头又分为定焦距(固定)镜头和变焦距镜头;特殊镜头又分为广角镜头和针孔镜头。

2)云台

云台分手动云台和电动云台两种。手动云台又称为支架或半固定支架。手动云台一般由螺栓固定在支撑物上,摄像机方向的调节有一定的范围,调整方向时可松开方向调节螺栓进行。电动云台内装两个电动机:一个负责水平方向的转动,另一个负责垂直方向的转动。云台与摄像机配合使用可扩大监视范围、提高摄像机的效率。

3)防护罩

摄像机作为电子设备,其使用范围受使用环境条件的限制。为了能使摄像机在各种条件下使用,就要使用防护罩。防护罩按其功能和使用环境可分室内型防护罩和室外型防护罩。室内型防护罩的主要功能是保护摄像机,能防尘、通风,有防盗、防破坏功能。室外防护罩的主要功能有防尘、防晒、防雨、防冻、防结露和防雪,能通风。室外防护罩一般配有温度继电器,在温度高时自动打开风扇冷却,低时自动加热。

4)解码器

解码器的主要功能是对摄像机的电动云台和变焦镜头进行控制,即电动云台上、下、左、右的旋转;变焦镜头光圈大小、聚焦远近、变倍长短的控制。有时还能对摄像机电源的通/断进行控制。

(4)控制中心控制设备与监视设备

1)视频信号分配器

将一路视频信号(或附加音频)分成多路信号,供给多台监视器或其他终端设备使用。有时还兼有电压放大功能。

2)视频切换器

为了使一台监视器能监视多台摄像机信号,就需要使用视频切换器。它除了具有扩大监视范围,节省监视器的作用外,有时还可用来产生特技效果,如图像混合、分割画面、特技图案、叠加字幕等处理。

3)视频矩阵主机

视频矩阵主机是视频监控系统中的核心设备,对系统内各设备的控制均是从这里发出和控制的。其主要功能是:视频分配放大、视频切换、时间地址符号发生、专用电源等。有的视频矩阵主机采用多媒体计算机作为主体控制设备。

有的视频矩阵主机还带有报警输入接口,可以接收报警探测器发出的报警信号,并通过报警输出接口去控制相关设备可同时处理多路控制指令,供多个使用者同时使用系统。

4)多画面处理器

在多个摄像机的视频监控系统中,为了节省监视器和图像记录设备往往采用多画面处理设备,使多路图像同时显示在一台监视器上,并用一台图像记录设备(如录像机、硬盘录像机)进行记录。多画面处理器可分为单工、双工和全双工3种类型。全双工多画面处理器是常用的画面处理器。

5)长时间录像机

长时间录像机,也称长延时录像机,还称为时滞录像机。这种录像机的主要功能和特点是可以用一盘180 min的普通录像带,录制长达12,24,48 h,甚至更长时间的图像内容。

6)硬盘录像机

硬盘录像机用计算机取代了原来模拟式的视频监控系统的视频矩阵主机、画面处理器、长时间录像机等多种设备。

硬盘录像机把模拟的图像转化成数字信号,故也称数字录像机。它以MPEG图像压缩技术实时地储存于计算机硬盘中,存储容量大,安全可靠,检索图像快速。每个硬盘容量可达80 GB,可以通过扩展增加硬盘,增大系统存储容量,可以连续录像几十天以上。

硬盘录像机还可通过串行通信接口连接现场解码器,对云台、摄像机镜头及防护罩进行远距离控制。

7)监视器

监视器是视频监控系统的终端显示设备,它用来重现被摄体的图像,最直观反映了系统质量的优劣,因此监视器也是系统的主要设备。

监视器按图像回放分,有黑白监视器和彩色监视器;专用监视器与收/监两用监视器(接收机);有显像管式监视器和投影式监视器等。从性能和质量级别上分有广播级监视器、专业级监视器、普通级监视器(收监两用机)。

(5)视频监控系统信号的传输

视频监控系统中信号传输的方式通常由信号传输距离、控制信号的数量等因素确定。当监控现场与控制中心较近时采用视频图像、控制信号直接传输的方式。视频图像直接传输选用特性阻抗为75 Ω同轴电缆以不平衡的方式进行传输,系统简单、失真小、噪声低,是视频监控系统首选方式。当传输距离达到几百米时,宜增加电缆均衡器或电缆均衡放大器。

控制信号的直接传输常用多芯控制电缆对云台、摄像机进行多线制控制,也有通过双绞线采用编码方式进行控制。

当监控现场与控制中心较远时,视频图像、控制信号采用射频、微波或光纤传输方式,随着计算机技术和网络技术的发展,越来越多采用计算机局域网实现闭路电视监控信号的远程传输。

射频传输是将摄像机输出的图像信号经调制器调制到射频段，以射频方式传输。射频传输常用在同时传输多路图像信号而布线相对容易的场所。

微波传输是将摄像机输出的图像信号和对摄像机、云台的控制信号调制到微波段，以无线发射的方式进行传输。微波传输常用在布线困难、传输距离更远的场所。

光纤传输是将摄像机输出的图像信号和对摄像机、云台的控制信号转换成光信号通过光纤进行传输，光纤传输的高质量、大容量、强抗干扰性是其他传输方式不可比拟的。

采用计算机局域网传输的方式是将图像信号和控制信号作为一个数据包，在局域网内的任何一台普通 PC 机通过分控软件就能调看任何一台摄像机输出的图像并对其进行控制。

(6)视频监控系统示例

如图 8.47 所示为某建筑视频监控系统图，将视频监控系统的摄像部分、传输部分和控制室部分全部反映了出来，可以参照表 8.11 给出的图形符号，阅读图 8.47 了解该系统的详细组成。

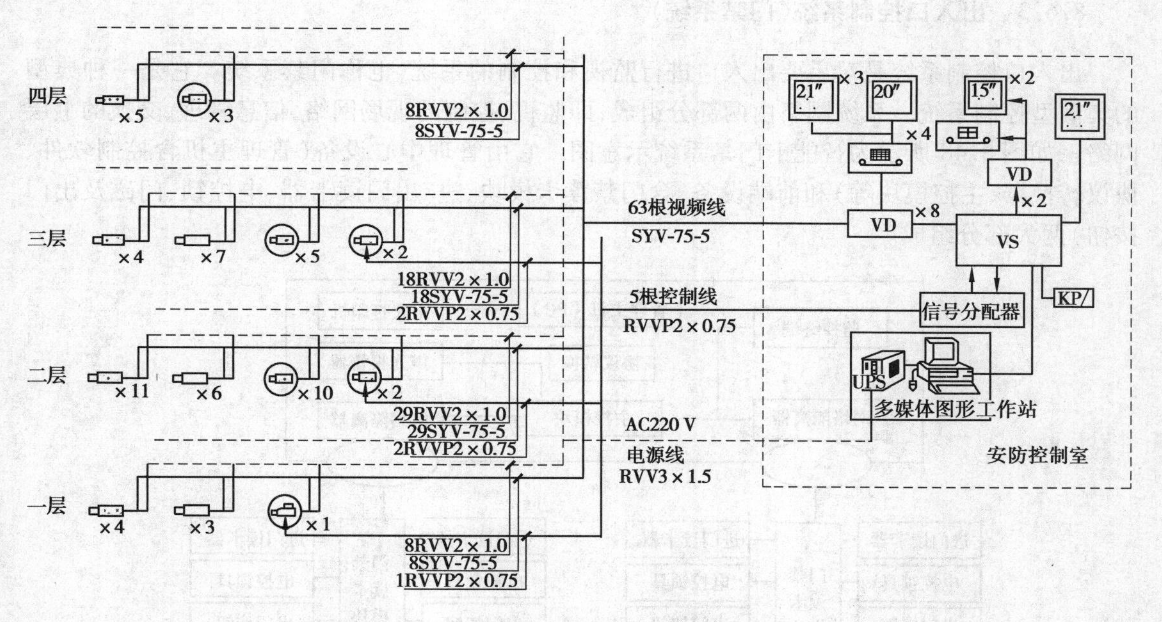

图 8.47　某建筑视频监控系统图示意

表 8.11　图 8.47 中图形符号含义

图形符号	说　明	图形符号	说　明
	彩色摄像机		黑白摄像机
	彩色半球摄像机		室内彩色一体化摄像机
	室外黑白一体化摄像机	信号分配器	信号分配器

续表

图形符号	说　明	图形符号	说　明
VD	视频分配器	VS	矩阵切换主机
	数字硬盘录像机(16 画面分割)	KP	控制键盘
	数字硬盘录像机(4 画面分割)	15″	15″彩色监视器
20″	20″黑白监视器	21″	21″彩色监视器

8.6.3　出入口控制系统(门禁系统)

出入口控制系统是对重要出入口进行监视和控制的系统,也称门禁系统。它是一种典型的集散型控制系统。系统网络由两部分组成,即监视、控制的现场网络,信息管理、交换的上层网络。如图 8.48 所示为智能卡门禁系统示意图。它由管理中心设备(管理主机含控制软件、协议转换器、主控模块等)和前端设备(含门禁读卡模块、进/出门读卡器、电控锁、门磁及出门按钮)两大部分组成。

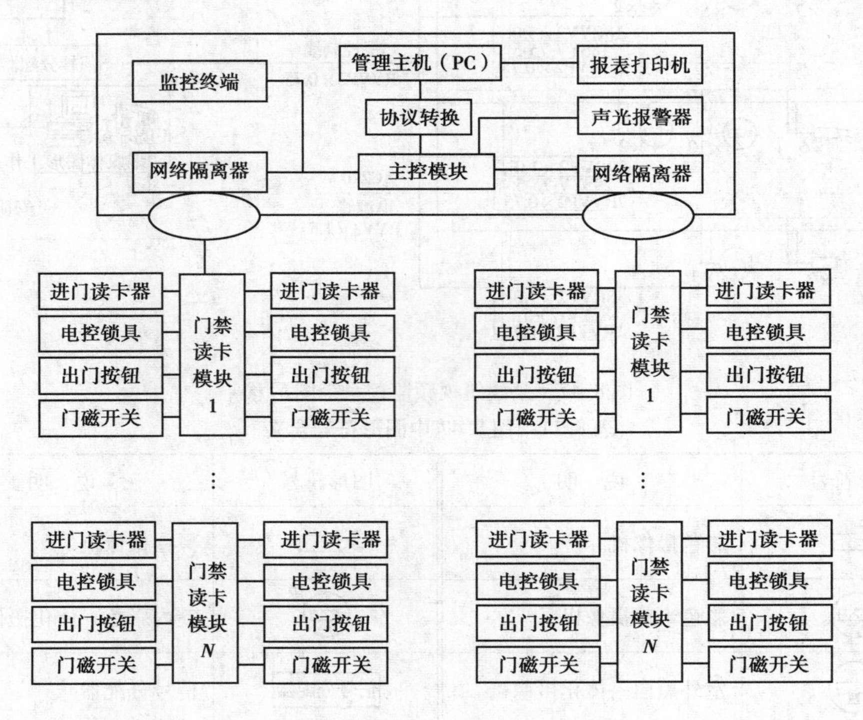

图 8.48　智能卡门禁系统示意图

系统根据门禁工作站设定的门禁管理模式和相关软件,通过现场设备,进行管理。读卡器直接连在现场控制模块上,用来读取卡信息。当持卡人刷卡后,读卡器就会向现场控制器(门禁读卡模块)传送该智能卡数据,由现场控制器(门禁读卡模块)进行身份比较、识别,如果该卡有效,现场控制器通过输出接口输出门锁打开信号,开启出入口通道。同时在门禁系统工作站上记录和显示持卡人的资料,如持卡人的姓名、区域、刷卡时间等。此时,该持卡人即可进入该区域。反之,该卡无效,门禁系统工作站同样会记录读卡信息并会根据设定发出其他动作如报警,提醒保安人员注意。系统采取总线控制方式,现场控制模块之间通常采用RS485通信,与系统工作站之间采用RS485/RS232转换器,现场数据传送到多媒体计算机中。

如图8.49所示为某建筑门禁系统安装工程示例。以此例来说明门禁系统的组成。图8.49有双门读卡模块和单门读卡模块。主控模块到各层读卡模块采用五类非屏蔽双绞线。读卡模块到读卡器、门磁开关、出门按钮、电控锁所用导线及设备安装,如图8.50所示。

(1)**主控模块**

主控模块是系统中央处理单元,连接各功能装置和控制装置,具有集中监视、管理、系统生成及诊断等功能。通过协议转换连接多媒体电脑。与之相连接的声光报警器能及时提醒管理人员系统出现的不正常情况。报文打印机可根据需要随时打印系统运行状况,记录报警发生时间、地点。

(2)**读卡模块**

门禁读卡模块是安装在现场的一个直接数字控制器。其数字输入接口连接现场读卡器,数字输出接口连接现场被控设备,如电控锁、或消防、电视监控等联动设备。每个读卡模块可连接多台感应读卡器,控制多个门的开/关。一个感应读卡器占一个数字输入接口。如门禁管理系统只要求进门读卡时,一个门配置一个数字输入(DI)接口,如门禁管理系统要求进/出门读卡时,则一个门配置两个数字输入(DI)接口,同时配置1个继电器输出(DO)接口连接电控锁,一个输入(DI)接口供门磁开关,用以检测门的开/关状态。如需要也可配置几个输出接口供与其他系统联动用。门禁读卡模块通过总线与其他门禁读卡模块相连。

(3)**门禁读卡器**

在智能卡门禁系统里为一个读卡器,通过刷卡控制开门,也可以是一个数字键盘,输入密码控制开门,或同时通过刷卡和输入密码控制开门。如果系统设置进/出门读卡的话,则在室内和室外都需要安装读卡器。进门读卡的系统只在室外安装读卡器,室内安装出门按钮(见图8.50),要出门时按一下出门按钮,控制电控锁打开门。应根据不同类型、不同材质的门,选择不同类型的锁具。

(4)**门磁开关**

门磁开关在系统中用来检测门的开/关状态。门磁开关与门禁读卡模块相连,其状态通过总线传到中央控制器。

(5)**专用电源**

专用电源负责对门禁读卡模块、门禁读卡器、功能扩展模块及电控锁等提供电源。

8.6.4　楼宇对讲系统

楼宇对讲系统现已成为智能住宅小区最基本的安全防范措施,一般可分为可视与非可视两种。可视对讲系统住户能看到来访者的图像。

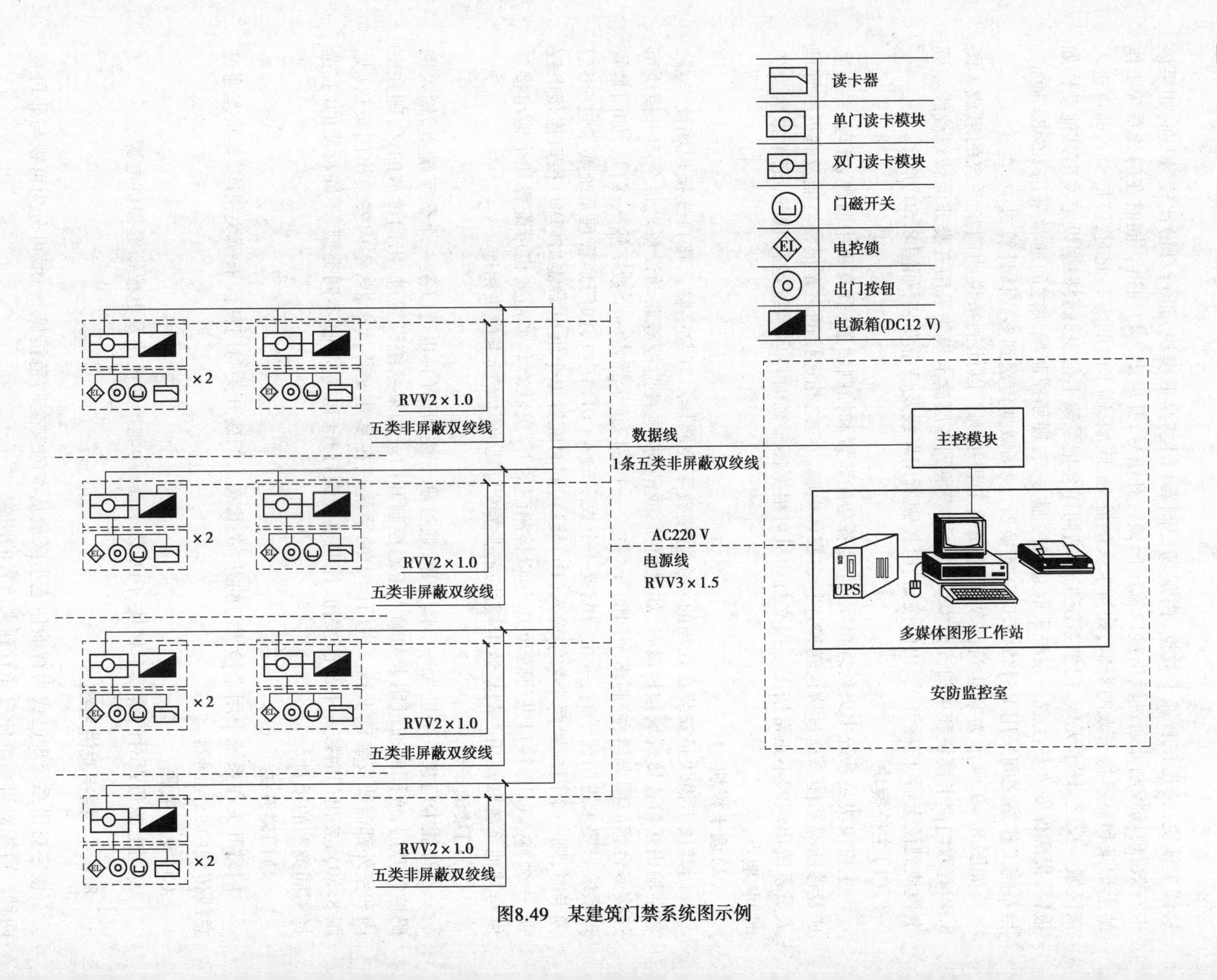

图8.49 某建筑门禁系统图示例

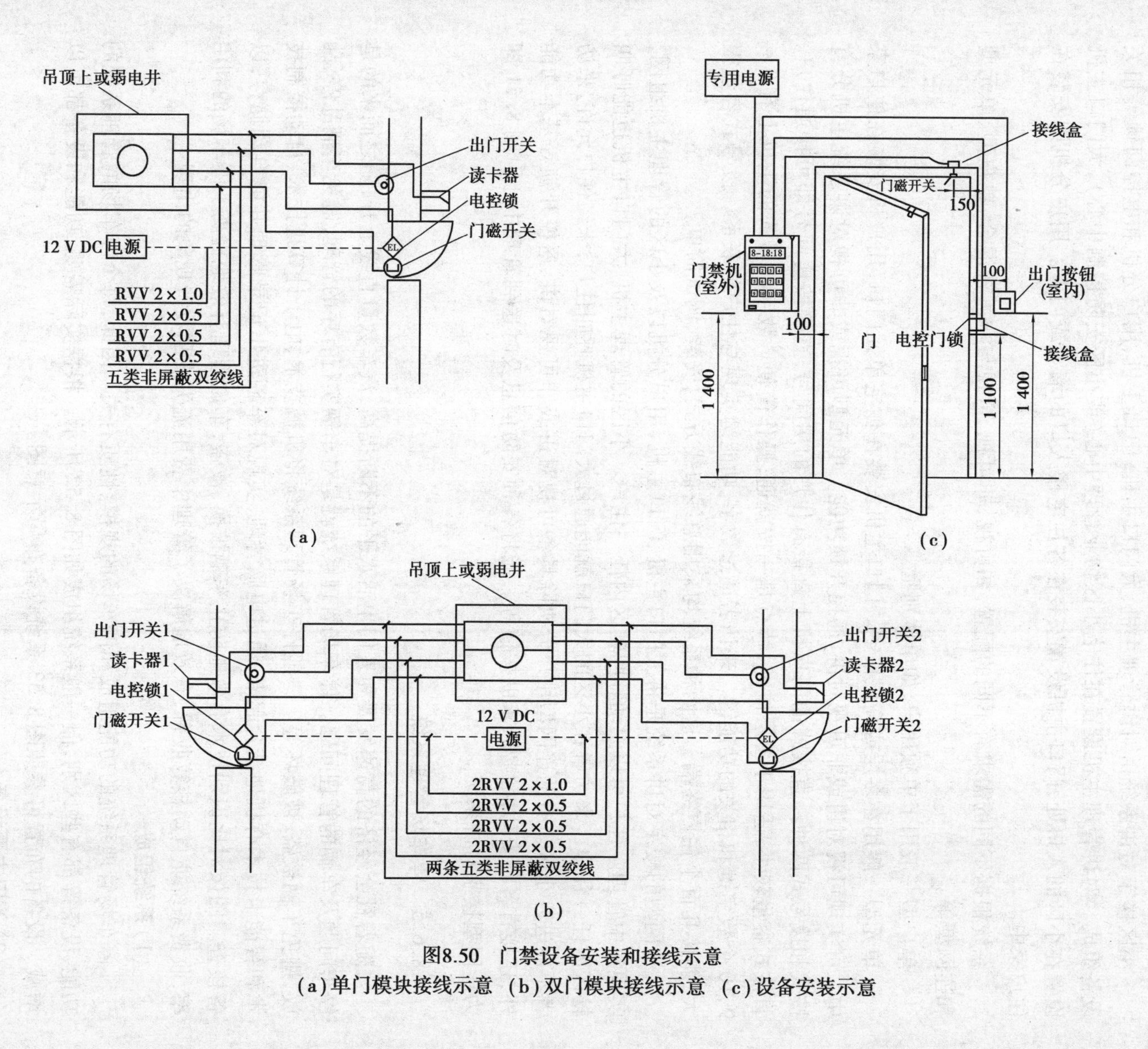

图8.50　门禁设备安装和接线示意

(a)单门模块接线示意　(b)双门模块接线示意　(c)设备安装示意

小区楼宇对讲系统由对讲管理主机、大门口主机、门口主机、用户分机和电控门锁等相关设备组成。对讲管理主机设置在住宅小区物业管理中心(或小区安防控制中心),大门口主机设置在小区的入口处,门口主机设置安装在各住宅楼入口的墙上或门上。用户分机则安装在住户家中。

系统根据不同的需求有不同的配置,如可视、非可视、可视与非可视混合、单户型、单元型和连网型等。

单户型一般用于单独用户,如单体别墅。

单元型一般用在多层或高层住宅。门口主机安装在住宅单元门口,用户机安装在住户家中。可实现可视对讲或非可视对讲、遥控开锁功能。单元型可视或非可视对讲系统主机分直按式和拨号式两种。直按式的门口机上直接有住户的房间号,直接按房间号即可接通住户。直按式容量较小,适用于多层住宅,特点是一按就通,操作简便。数字拨号式的主机上有0~9,10个数字键和相关的功能键。来访者通过数字、功能键实现与住户的联系。拨号式容量很大,能接几百个住户终端。这两种系统均采用总线布线方式,安装、调试简单。

连网型的楼宇对讲系统是将大门口主机、门口主机、用户分机以及小区的管理主机组网,实现集中管理。住户可以主动呼叫辖区内任一住户。小区的管理主机、大门口主机也能呼叫辖区内任一住户。来访者在小区的大门口就能通过大门口主机呼叫住户,未经住户允许,来访者不能进入小区。有的连网型用户分机除具备可视对讲或非可视对讲、遥控开锁等基本功能外,还接有各种安防探测器、求助按钮等。能将各种安防信息及时送到管理中心。图8.51即为连网型楼宇对讲系统。

8.6.5 停车场管理系统

随着社会经济的高速发展和人们生活水平的不断提高,汽车数量直线上升,随之而来的是停车问题及车辆的管理问题。停车场管理系统就是对车辆实行有序的管理,避免车辆乱停、乱放,避免车辆被盗、被破坏等。一般停车场管理系统将机械技术、电子计算机技术、自动控制技术和智能卡技术有机地结合起来,通过电脑管理,实现对车辆进出记录管理并能自动储存,以备核查。图像对比识别技术有效地防止车辆被换、被盗,车位管理有效地提高了停车场的利用率,收费系统能自动核算收费,有效地解决了管理中费用流失或乱收费现象的出现。

(1)系统组成

停车场管理系统的功能组成和停车场的规模、性质有关。因此,每个停车场的管理系统的功能、设备等都有些区别,但一般系统组成如图8.52所示。根据实际需要,功能和设备都可以增减。设备的布置可参照图8.53系统设备布局示意图。

(2)入口主要设备

入口主要设备有车辆检测器、读卡器、自动挡车道闸、彩色摄像机及电子显示屏等。

1)车辆检测器

车辆检测器用来检测进入小区的车辆,常有两种形式:

①地感线圈。地感线圈埋在入口车道的地底下,地感线圈通电后,在线圈周围产生一电磁场,当有车辆进入入口车道,地感线圈周围电磁场产生变化,变化的磁场经放大、判断后成为车辆进入的识别信号。车辆检测器在车辆道闸两旁安装。

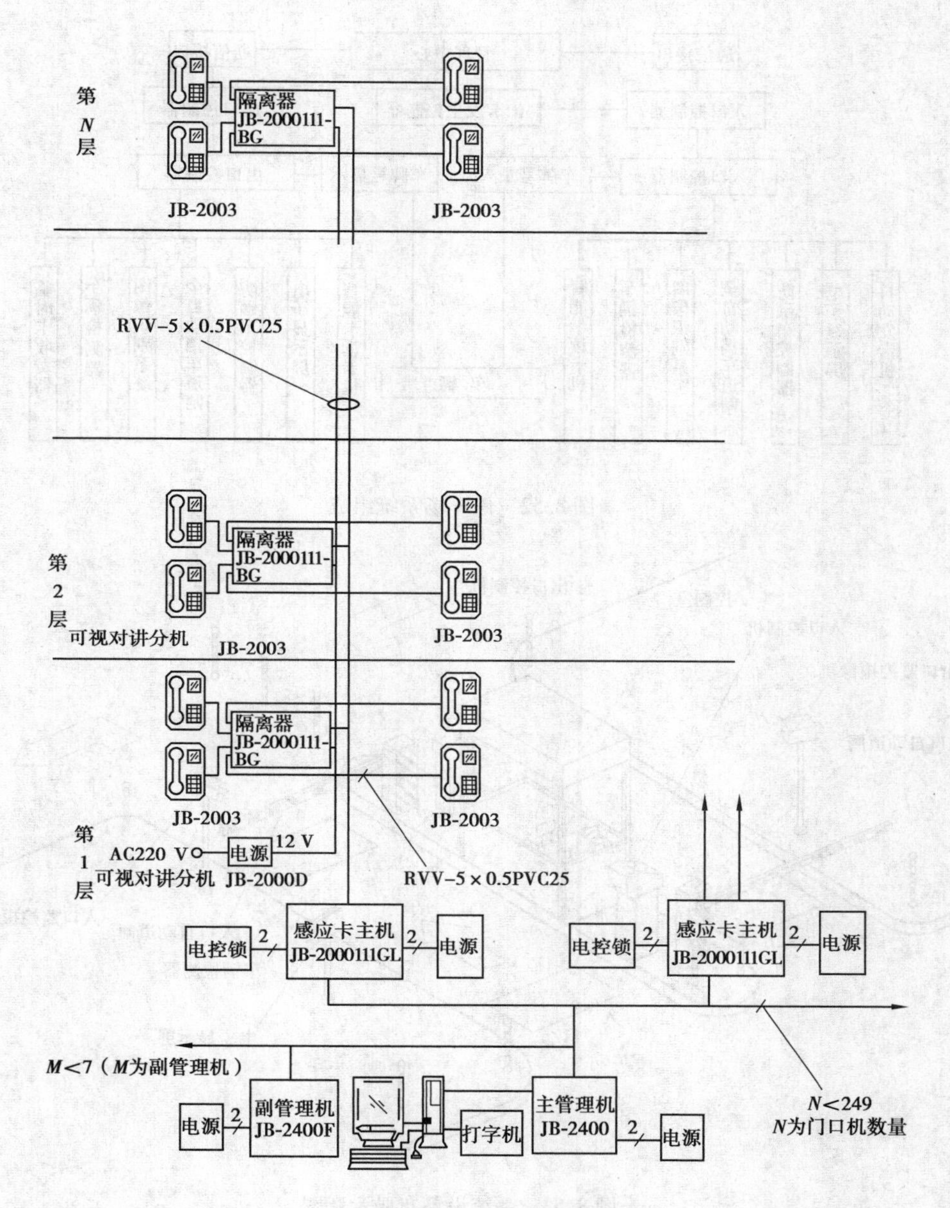

图 8.51　连网型的楼宇对讲系统示意图

②光电车辆检测器。光电车辆检测器安装在入口车道两旁，光电车辆检测器由发射、接收两部分组成，没有车辆时接收机接收发射机发射的红外光，当有车辆进入时，车辆阻断红外光线，接收机发出车辆进入的识别信号。同样光电车辆检测器也需在车辆道闸两旁安装两组。

入口车辆检测器检测到车辆进入信号后，能自动触发临时卡发卡器，准备给临时用户发卡。

2）非接触式读卡器

读卡器对驾驶人员送入的卡片进行解读，入口控制器根据卡片上的信息，判断卡片是否有效。读卡器一般为非接触式读卡器，驾驶员可以离开读卡器一定距离刷卡，方便使用。

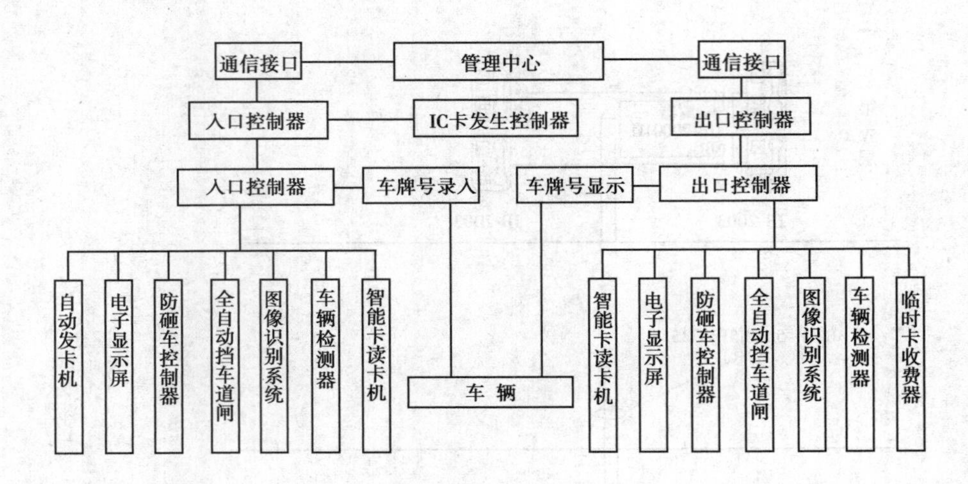

图 8.52　停车场系统组成

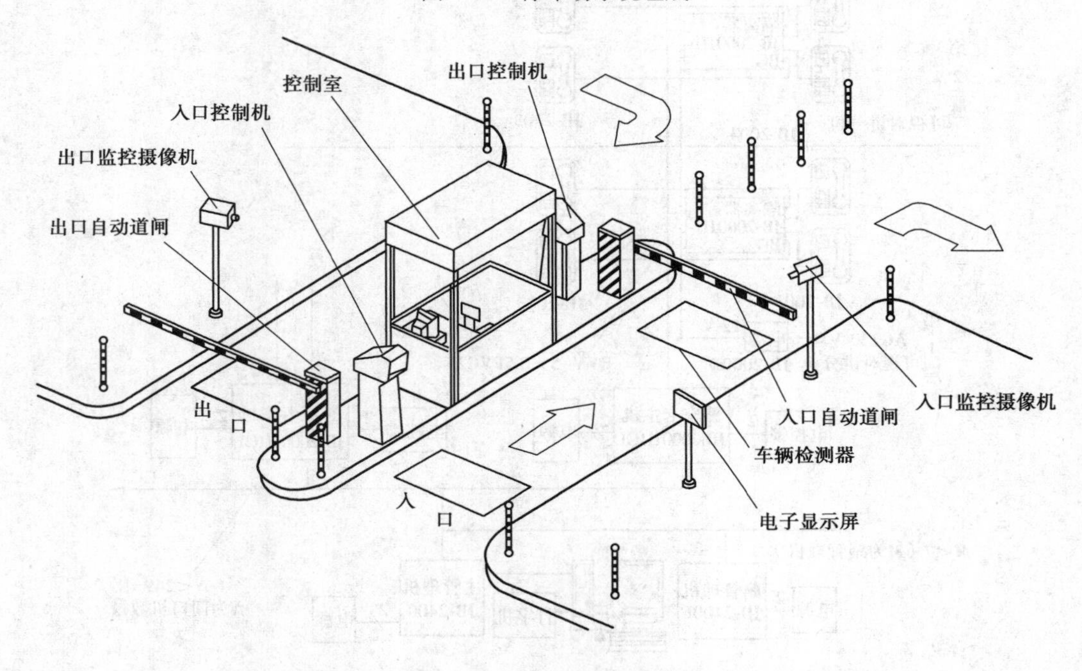

图 8.53　系统设备布局示意图

系统有以下 5 种卡片类型：

①授权卡。它是生产厂商在系统出厂时随系统提供。授权卡在停车场管理系统中具有最高权限，在使用授权卡登记进入系统后，可以制作操作人员的操作卡，执行 IC 卡管理、查询、报表管理、备份数据等系统所有的操作。

②操作卡（管理卡）。它是收费操作管理人员的工作卡。收费操作员、管理人员在工作时持该卡在系统中登记后才能操作系统，而且只能在操作人员、管理人员相应的权限内工作。

③月租卡（固定卡）。它是系统授权发行的一种 IC 卡，该卡按月或按一定时期内交纳停车费用并在有效的时间段内享受在该停车场停车的权利。

④储值卡。它是系统授权发行的一种 IC 卡，车主预先交纳一定数额的现金并在卡中给予

记录,在车主使用该停车场时,发生的费用从卡中扣除,方便了车主的使用。

⑤临时卡。它是系统授权发行的一种 IC 卡,是临时或持无效卡的车主到该停车场停车时的出入凭证。车主在停车场停车发生的停车费用必须支付现金,并在出场时将卡交回。

如卡片有效,入口控制器将车辆进入的时间(年、月、日、时、分)、卡的类别、编号及允许停车位置等信息储存在入口控制器的存储器内,通过通信接口送到管理中心。此时自动挡车道闸升起、车辆放行。车辆驶过入口道闸后的感应线圈,道闸放下,阻止下一辆车进库。如果卡片无效,则禁止车辆驶入,并发出告警信号。

读卡器有防潜回功能,防止一张卡驶入多辆车辆。

发卡器给临时外来车辆发放临时卡。外来车辆通过临时卡进入停车场。入口控制器记录车辆进入时间、车型,作为车辆出场时收费的依据。

3)自动挡车道闸

自动挡车道闸受入口控制器控制,入口控制器确认卡片有效,自动挡车道闸升起。车辆驶过,道闸放下。自动挡车道闸有自动卸荷装置,方便手动操作;自动挡车道闸具有闸具平衡机构,运行轻快、平稳;自动挡车道闸具有防砸车控制系统,能有效地防止因意外原因造成道闸砸车事故;自动挡车道闸受到意外冲击,会自动升起、以免损坏道闸机和道闸。

4)彩色摄像机

车辆进入停车场时,自动启动摄像机,摄像机记录下车辆外形、车牌号等信息,存储在电脑里,供识别用。停车场选用具有宽动态范围、多倍分段式微调帧累积功能的摄像机。照度不够时能自动启动照明灯光。

5)电子显示屏

电子显示屏实时信息滚动显示,如显示车位利用情况、车位租用费用等。电子显示屏采用 LED 发光管显示,确保亮度。电子显示屏微机控制,编程简单、可靠。电子显示屏采用模块化结构,维修,更换方便,且不影响系统的运行。

(3)**出口主要设备**

出口主要设备大部分和入口相同,车辆离开车位时,车位探测器将车辆移动信息传送到图像识别系统,图像识别摄像机记录下出场车辆的外形、色彩与车牌信号,并送入电脑,与车辆在入口时的信息比较。

出场车辆驶到出口时,车辆检测器检测外出车辆,读卡器接收读卡控制,对于使用固定卡、储值卡用户,读卡器识读卡片,并核对出场车辆的图像信号,经图像识别无误,识读有效,升起自动道闸,允许车辆驶出停车场,否则道闸关闭。读卡器具有防潜回功能,可防止持卡的用户在车辆不入场的情况下多次开车出场。读卡器识读到临时卡时,经图像识别后,出口控制器输出停车信息,在电子显示屏上显示停车时间、收费费率、停车管理费用等信息。车主交清费用后,启动道闸开车出场。出口控制器将收费信息、车位减少信息回送到控制中心电脑,记忆保存以备后查。并将新的车位信息送到进口的电子显示屏上,供进入车辆观察使用。

(4)**管理中心**

管理中心主要由功能强大的 PC 机和打印机等外围设备组成。管理中心通过总线与现场设备连接,交换管理数据。管理中心对停车场运行数据统计、分档、保存;对停车收费账目进行管理;统计、打印每班、每天、每月的收费报表。管理中心的 CRT 具有很强的图形显示功能,能实时显示停车库平面图、泊车位的实时占用、出入口开/闭状态及通道上车辆运行等情况,便于停车场的综合管理与调度。图像识别进一步提高了系统的安全性。

管理中心软件及功能:

友好的中文操作界面,菜单显示每个操作步骤,并有详细的提示。

强大的数据处理功能,可以对发卡系统发行的各种卡进行综合管理,如IC卡发行、IC卡充值、IC卡延期、IC卡挂失等查询和打印报表。

可实时监控停车场运行情况,完成对停车场的统一管理,如进出口的管理,车位统计、显示管理,图像识别系统管理等。

完善的财务统计功能,费率设置、变更方便(按时间、时段、工作日、节假日),自动完成计费、收费功能,自动完成各类报表(班报表、日报表、月报表、年度报表)制作。

严格的分级(权限)管理制度,使各级操作者责、权分明。

模块式的程序设计,方便系统功能的增减。系统软件升级简单易行,提高了系统的适应性。

管理计算机具有外部接口,网络扩展性强,可以实现实时通信,并可连通其他管理系统。

系统的自维护功能,使故障的查找与排除更为便捷。

8.6.6 安全防范系统工程管线的敷设

安全防范系统室内管线敷设应符合《建筑电气工程施工质量验收规范》(GB 50303—2002)和《安全防范工程技术规范》(GB 50348—2004)的有关规定。综合布线系统的线缆敷设应符合《综合布线系统工程设计规范》(GB 50311—2007)的规定。

报警线路应采取穿金属管保护,并宜暗敷在非燃烧体结构或吊顶里,其保护层厚度不应小于30 mm;当必须明敷时,应在金属管上采取防火保护措施。

系统中探测信号传输线,图像、声音复核传输线,不得与照明线、电力线同线槽、同出线盒、同连接箱安装。过路箱(盒)一般作暗配线时电缆管线的转接或接续用,箱内不应有其他管线穿过。

安全防范工程中视频信号的传输,如果传输距离较短,宜用同轴电缆传输视频基带信号的视频传输方法。系统的功能遥控信号采用多芯线直接传输的方法。微机控制的大系统,可将遥控信号进行数据编码,以一线多传的总线方式传输。而同轴电缆暗敷时,一般宜穿钢管,需弯曲时,弯曲半径宜大于管外径的15倍。同轴电缆应一线到位,中间无接头。

光纤敷设规定可参见综合布线一节。光缆敷设前,应对光纤进行检查,光纤应无断点,其衰耗值应符合设计要求。敷设光缆时,其牵引端头应作好技术处理,可采用自动控制牵引力的牵引机进行牵引,牵引力应加在加强芯上,且牵引力不应超过150 kg,牵引速度宜为10 m/min,一次牵引直线长度不宜超过1 km。光缆弯曲处,其最小弯曲半径应大于光缆外径的20倍。光纤接头的预留长度不应小于8 m。

8.6.7 安全防范系统设备安装

(1)摄像机及镜头的安装

摄像机在安全防范系统中应用最广泛。摄像机的下部有一个安装固定的螺孔,在标准的支、吊架及各种云台、防护罩内均设置有固定摄像机的螺钉。

摄像机的安装必须在土建、装修工程结束后,各专业设备安装基本完毕,在已有一个安全、

整洁的环境的条件下,方可安装摄像机。其安装要点如下:

1)准备安装的摄像机必须经接电检测和粗调,处于正常工作状态后,方可安装。

2)从摄像机引出的电缆宜留有1 m的余量,不得影响摄像机的转动。摄像机的电缆和电源线均应固定,并不得用插头承受电缆的自重。

3)摄像机安装位置应符合设计要求,一般宜安装在监视目标附近不易受到外界损伤的地方,且不应影响附近现场工作人员的正常活动。安装高度,室内离地不宜低于2.5 m,以2.5～5 m为宜;室外离地不宜低于3.5 m,以3.5～10 m为宜。电梯轿厢内的摄像机应安装在门上方的左或右侧,并能有效监视电梯厢内乘员面部特征。

4)摄像机镜头要避免强光直射,应避免逆光安装;若必须逆光安装时,应选择将监视区的光对比度控制在最低限度范围内。因为电视再现图像其对比度所能显示的范围仅为(30～40):1,当摄像机在其视野内明暗反差较大时,就会出现想看的暗部却看不清。此时,对摄像机的设置及其方向、照明条件应充分考虑并加以改善。

5)电视监控工程中,如何在最佳的摄像机安装位置上取得最佳的摄像景物效果?其答案就是选择合适的镜头。

6)摄像机及其配套装置,如镜头、防护罩、支架、雨刷等,安装应牢固,运转应灵活,应注意防破坏,并与周边环境相协调。

7)在强电磁干扰环境下,摄像机安装应与地绝缘隔离。

8)信号线和电源线应分别引入,外露部分用软管保护,并不影响云台的转动。

(2)云台、解码器安装

云台是一种安装在摄像机支撑物上的工作台,用于摄像机与支撑物之间的连接,必须安装牢固,且保证转动时无晃动。云台具有上下左右旋转运动的功能,使固定其上的摄像机能完成定点监视或扫描全景观察功能;同时提供有预置位,以控制旋转扫描范围。

手动云台又称为支架或半固定支架。摄像机调节方向时松开方向调节螺栓进行调节,一般水平方向可调15°～30°,垂直方向可调±45°,调好后旋紧螺栓,摄像机的方向就固定下来了。

电动云台是在控制电压的作用下,作水平和垂直转动,水平旋转角不小于0°～270°,有的产品可达360°;垂直旋转角一般为±45°,不同产品的俯仰角不等。

云台一般安装在标准吊、支架上或自制的台架上(见图8.54)。悬挂式手动云台主要安装在天花板上,但须固定在天花板上面的承重主龙骨上或平台上。横壁式手动云台安装在垂直的柱、墙面上。半固定式手动云台则安装于平台或凸台上。电动云台重是手动云台重的几倍,其支持支、吊架要安装牢固可靠,并应考虑电动云台的转动惯性,在其旋转时不应发生抖动现象。云台安装时应按摄像监视范围来决定云台的旋转方位,其旋转死角应处在支、吊架和引线电缆的一侧。并应保证云台的转动角度范围能满足系统设计要求。电动云台在安装前应在安装现场根据产品技术指标做单机试验,确认各项技术性能符合设计要求后,方可进行安装。

解码器应安装在云台附近或吊顶内(但须留有检修孔)。

(3)防护罩

为了保证摄像机工作的可行性,延长其使用寿命,必须给摄像机配装具有多种特殊性保护措施的外罩,称为防护罩。

摄像机在特殊环境下工作所用的防护罩有水下、防尘、防电磁及防高温、防低温等多种类

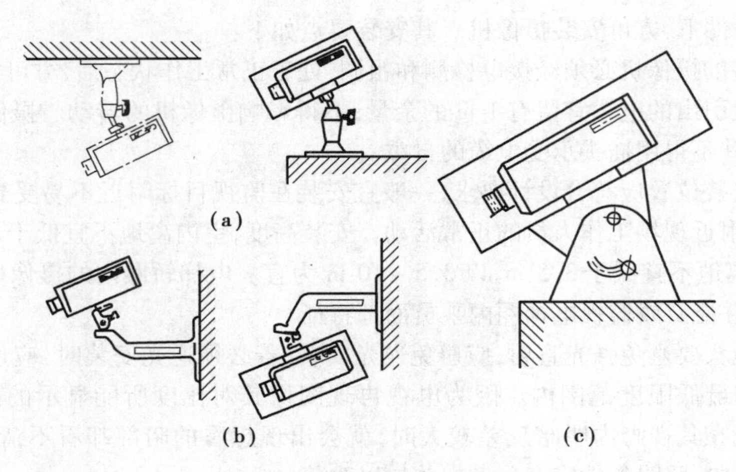

图 8.54 手动云台的安装

(a)悬挂式 (b)横壁式 (c)半固定式

型,但安装方法大同小异,都可以用螺栓将防护罩直接安装在云台上或支、吊架上。

(4)**监控台、柜安装**

为了观察和监视方便,经常把监视器、视频切换器、控制器等设计在一个或几个监控台、柜上,安装在集中监视控制室进行各种监视工作。监控台、柜的安装,应在各视频电缆、控制电缆敷设完毕,电源线引入室内,接地线已敷设完毕,室内地面施工结束,粉刷和装饰工程完毕后进行。

监控台、柜一般可不与地面连接固定,放置在地面上即可。但操作台应保持水平,立面应保持垂直,安装应平稳牢固、便于操作维护。若监控台、柜重量较轻,为避免移位,也可以加膨胀螺栓固定。

监控台应放置在便于监视的位置,监视器不要面向窗户,以免阳光射入,影响图像质量。当不可避免时,应采取避光措施。监控台、柜背面距墙应保持0.8 m以上间距,以便于检修;正面与墙的净距不应小于1.2 m,侧面与墙或其他设备的净距,主要走道不小于1.5 m,次要走道不小于0.8 m。

监控台、柜安装就位后,可以按照设备装配图,将监视器、控制器和视频切换器装入监控台、柜的相应位置,并应用螺钉固定。安装时应注意调整各设备位置,以保证各按钮、开关均能灵活方便操作。最后根据监控台、柜配线图进行配接线。配接线应准确、整齐、连接可靠。引入电源线并对台、柜体进行可靠接地。控制室内所有线缆应根据设备安装位置设置电缆槽和进线孔,排列、捆扎整齐,编号,并有永久性标志。

(5)**探测器的安装**

各类探测器的安装位置应根据产品特性、警戒范围要求和环境影响等来确定,探测器底座和支架固定牢固。导线连接应牢固可靠,外接部不得外露,并留有适当余地。不同类型的探测器各有其特点。

1)微波移动探测器的安装

①微波对非金属物质的穿透性可能造成误报警,因此,微波探测器应严禁对着被保护房间的外墙、外窗安装。同时,在安装时应调整好微波报警传感器的控制范围及其指向。通常是将报警传感器悬挂在距地面1.5~2 m高处,探头稍向下俯视,使其指向地面,并把探测覆盖区限

定在所要保护的区域之内。要注意,无论探测器装在什么地方,均应尽可能地覆盖出入口。

②微波探测器探头不应对着大型金属物体或具有金属镀层的物体(如金属档案柜),否则这些物体可能会将微波辐射能反射到外墙或外窗的人行道上或马路上,当有行人或车辆经过时,经它们反射回的微波信号又可能通过这些金属物体再次反射给探头,而引起误报。

③同一室内需要安装两台以上微波探测器时,它们之间的微波发射频率应有所差异(一般相差25 MHz以上),且不要相对放置,以防交叉干扰,产生误报警。

④微波探测器的探头不应对准可能会活动的物体,如门帘、窗帘、电风扇、排气扇或门窗等可能会振动的部位,以避免产生误报。

2)微波阻挡探测器的安装

通常情况下,微波阻挡探测器使用L型托架安装在墙上或桩柱上,收、发机之间应有清晰的视线;为保证工作的可靠性,应开拓一个供微波墙占用的无任何障碍物和干扰源的带状区域,特别要避免中间有较大的金属物体。

3)红外探测器安装

被动式红外探测器根据警戒视场探测模式,可直接安装在墙上、天花板上或墙角,其布置安装原则如下:

①安装位置应使探测器具有最大的警戒范围,使可能的入侵者都能处于红外警戒的光束范围之内。

②要使入侵者的活动有利于横向穿越光束带区,这样可提高探测灵敏度。

③探测器可以安装在墙面或墙角,安装高度多为2~2.5 m,但要注意探测器的窗口(透镜)与警戒的相对角度,防止"死角"。

4)超声波探测器安装

安装超声波探测器时,要注意使发射角对准入侵者最有可能进入的场所。要求安装超声波报警器的房间应有较好的密封性和隔音性能,控制区内不应有大容量的空气流动,门窗应关闭。收、发机不应靠近空调器、排风扇、风机、暖气等。

由于超声波是以空气作为传输介质的,因此,空气的温度和相对湿度会影响超声波探测灵敏度。

5)紧急按钮安装。紧急按钮的安装应隐蔽,便于操作。安装方法与开关、插座安装类似。

(6)防盗报警控制器的安装

报警控制器是接收探测电信号后,经判断有无险情的神经中枢。因此,控制器一般是设置在保安值班室或相应的安全保卫部门。24 h均有人值班。控制器的操作、显示面板应避开阳光直射,房内无高温、高湿、尘土、腐蚀气体,不受振动、冲击等影响。

控制器可安装在墙上或落地安装。安装在墙上时,其底边距地不应小于1.5 m;落地安装时,其底边宜高出地面100~200 mm。安装应牢靠,不得倾斜。当安装在轻质隔墙上时,应采取加固措施。控制器的接地应牢固,接地电阻符合要求,且有明显标志。

控制器的主电源引入线应直接与电源连接,严禁使用电源插头。引入控制器的电缆或电线应做到:

1)配线整齐、固定牢靠、避免交叉。

2)所有导线的端部均应标明编号,且字迹清晰、不易退色、与图纸一致。

3)与端子板连接,每个接线端不得超过2根线。

4)导线应绑扎成束,电缆芯线与导线应留有不小于200 mm的余量。

(7)**访客对讲设备的安装**

可视对讲系统的主机(门口机)可安装在单元防护门上或墙体主机预埋盒内,对讲主机操作面板的安装高度距地面1.5 m为宜,操作面板应面向访客,便于操作。电源箱通常安装在防盗铁门内侧墙壁,距离电控锁不宜太远(10 m以内)。电源箱正常工作时不可倒放或侧放,否则容易损坏蓄电池。

调整可视对讲主机内置摄像机的方位和视角于最佳位置,对不具备逆光补偿的摄像机,宜做环境亮度处理。

可视对讲系统室内分机及各楼层接线盒安装更为简单。室内分机可安装在室内任何位置,但一般多装在用户门口附近墙上,安装应牢固,安装高度离地1.4~1.6 m。这样既方便开门,又简化了分机的布线。

联网型(可视)对讲系统的管理机宜安装在监控中心内,或小区出入口的值班室内,安装应牢固、稳定。

(8)**出入口控制(门禁系统)系统设备安装**

1)各类识读装置的安装高度离地不宜高于1.5 m,安装应牢固。

2)感应式读卡机在安装时应注意可感应范围,不得靠近高频、强磁场。

3)锁具安装应符合产品技术要求,安装应牢固,启闭应灵活。

(9)**停车库(场)管理设备安装**

1)读卡机(IC卡机、磁卡机、出票读卡机、验卡票机)与挡车器安装。

①安装应平整、牢固,与水平面垂直,不得倾斜。

②读卡机与挡车器的中心间距应符合设计要求或产品使用要求。

③宜安装在室内;当安装在室外时,应考虑防水及防撞措施。

2)感应线圈安装:

①感应线圈埋设位置与埋设深度应符合设计要求或产品使用要求。

②感应线圈至机箱处的线缆应采用金属管保护,并固定牢固。

3)信号指示器安装:

①车位状况信号指示器应安装在车道出入口的明显位置。

②车位状况信号指示器宜安装在室内;安装在室外时,应考虑防水措施。

③车位引导显示器应安装在车道中央上方,便于识别与引导。

8.6.8 系统调试

系统调试应依据国家标准《安全防范工程技术规范》(GB 50348—2004)的规定进行。调试前做好充分的准备工作,检查工程施工质量,完善处理施工中所出现的问题;检查供电设备的电压、极性、相位等。

先对各种有源设备逐个进行通电检查,工作正常后再按分系统逐一分别进行系统调试。

各分系统调试应依据相应的国家标准进行,在此只给出各相应标准的名称,不再详述调试程序和要求。

1)报警系统调试依据。《入侵报警系统技术要求》(GA/T 368—2001)、《防盗报警控制器通用技术条件》(GB 12663—2001)及现行入侵探测器系列标准。

2)视频监控系统调试依据。《视频安防监控系统技术要求》(GA/T 367—2001)、《民用闭路监视电视系统工程技术规范》(GB 50198—1994)。

3)出入口控制系统调试依据。《出入口控制系统技术要求》(GA/T 394—2002)。

4)访客(可视)对讲系统调试依据。《楼宇对讲电控防盗门通用技术条件》(GA/T 72—2005)、《黑白可视对讲系统》(GA/T 269—2001)、《防盗报警控制器通用技术条件》(GB 12663—2001)。

系统调试结束后,按要求完成调试报告。调试报告经建设单位认可后,系统进入试运行。试运行1个月以上,再进行系统检验。

8.6.9 系统检验

安全防范系统工程试运行1个月后,在竣工验收前,应由国家或行业授权的法定检验机构,对系统设备的安装、施工质量和系统功能、性能、系统安全性和电磁兼容等项目进行检验。

检验项目和检验要求应符合《安全防范工程技术规范》(GB 50348—2004)的规定。检验合格后,并出具检验报告。

接下来才能组织工程的正式验收。

8.7 建筑设备监控系统工程安装

8.7.1 系统概述

建筑设备监控系统,又称为建筑设备自动化系统(buil ding auto mation system),简称BAS。是将建筑物或建筑群内的空调与通风、变配电、照明、给排水、热源与热交换、冷冻和冷却及电梯和自动扶梯等系统,以集中监视、控制和管理为目的构成的综合系统。

智能化建筑内大量的电气设备、空调设备和给排水设备等,其特点是多而散。多,即数量多,需要监视、测量和控制的对象多。散,即这些设备分散在各个楼层和各个角落。对其进行监视、测量、控制和管理,工作量极大。通过建筑设备自动化系统实现对建筑物内上述设备的监控与管理,可以节约能源和人力资源,确保设备的安全运行。

(1)系统的组成及其功能

建筑设备自动化系统是基于现代控制理论中分布式控制理论而设计的集散型系统,是一个具有集中操作、管理和分散控制功能的综合监控系统。整个网络共分3级,上层一级为一台PentiumⅡ微机工作站,中层一级为若干台区域智能分站(即DDC),下面一级为若干末端设备,包括各种温度、湿度、压力、流量、水位、电压、电流、功率、功率因数等传感器和变送器以及阀门、风门、湿度调节阀等多种执行器件。对建筑物内大多数设备进行全面有效的监控和管理,如对空调系统、冷冻机组、变配电的高低压回路、给排水回路、各种水泵、照明回路等的状态监测和启停控制,对电梯系统的状态监测和故障报警。

1)空调机组自控功能

空调机组的控制是根据回风温度传感器所检测的温度,并将该温度送往智能分站和设定的温度相比较,用比例加积分、微分控制,输出相应的控制电压信号以调节电动调节阀动作,使回风温度保持在所设定的温度范围内;根据湿度传感器所检测的回风管内的湿度并将该湿度送往智能分站与设定的湿度相比较,控制加湿器的动作,使送风湿度保持在所需要的范围内。

控制方案中所有设定点均可调。控制方案包括:

①风机启动和停止的控制。

②根据出口温度的设定点调节冷水/热水电动阀来控制室温,并具有冬、夏换季功能。

③在夏季可通过冷水盘管达到除湿的作用。除此之外,系统还将监测以下参数:过滤网阻报警,电气联锁停车报警,室外温度、湿度监测。

2)新风机组控制功能

①控制方案中的所有设定点均可调,比例和控制死区的设定将在现场决定。

②风机的启动和停止的控制。

③根据送风温度调控电动调节阀。

④控制和显示新风机组的启停及状态、故障和压差报警。

⑤新风机组风机的启停受负载风机盘管投入运行台数的控制,系统具有参数和最佳启停时间设定的功能。

⑥根据送风湿度和室外新风湿度进行湿度调节。

⑦电气联锁停车报警。

3)冷水系统的控制功能

冷水系统由冷水机组、冷冻水泵、冷却水泵、冷却塔和旁路系统组成。

①自控系统对冷水系统的控制方案

a.冷水机组的独立控制。

b.冷水机组的均匀开停控制。

c.冷水机组的最优化开停控制。

d.紧急状态下的控制。如果冷水机组的自动控制系统失灵,冷水系统可以设定为手动方式控制,由手动按钮进行开停控制。

e.旁路控制。旁路控制是根据进、出冷水的差压来控制旁路阀,以维持阀门两边的压差。

f.控制原理。冷却塔与冷水机组自控系统分别由冷却塔和冷水机组成,其自控工作原理如下:

冷水机与冷却水泵以一对一方式运行,由 DDC 程序或手动启动,冷水机组投入运行的顺序为:冷却水泵→风扇→冷水泵延时启动→冷水机启动。关停机时,顺序相反。冷水机供回水的温度,决定冷水机的启/停。当温度高于设定值时,第一台冷水机启动,DDC 控制根据供回水温度对冷水总流量进行计算,从而实现冷水机优化投入运行的台选控制,控制顺序如前所述。通过对供回水压力测量,DDC 控制调节旁通水阀,当供水温度低于某一设定值时开大旁通水阀,当回水温度高于某一设定值时关小旁通水阀。根据冷却水供水温度启/停冷却塔风扇。当冷却水供水温度低于某一设定值时,关停冷却塔风扇,系统通过 DDC 的优化控制达到使冷却塔与冷水机组系统节能的目的。

②控制方式

a.冷水机组的群控功能:根据负荷自动启停冷水机组,并具有设定和修改冷水机组启停顺序的功能。

b.水泵控制:当旁通流量达到一台泵流量时,关停一台水泵;当压差低于设定值时开启水泵,并显示冷冻水泵、冷却水泵的运行状态和故障报警。

c.冷却塔风机的启停控制,以及风机运行状态显示和故障报警。

d. 对冷水机、冷却水泵、冷冻水泵、冷水塔风机的启停顺序进行逻辑控制。

e. 冷水机组停机时，关闭冷水机组的冷冻水双位电动阀，并关停相应的冷冻水泵，显示各冷水机组的冷冻供回水供回温度以及冷水机组的状态和故障报警。

4）供热系统自控功能

供热系统将监测泵的启停状态报警和供回水的温度。热交换系统的控制是根据压差传感器测量的热水泵两端的压力，控制旁通水阀的开度，保持所设定的压差值。热水温度是通过调节蒸汽阀的开度实现的。

5）给排水系统的自控方式和说明

依据系统要求，对给排水系统的设备运行状态进行监视、故障报警和启停控制，自动切换备用水泵，对水泵、水箱、关键阀门和水池（水箱）的水位进行监视、报警及故障提示，对给排水系统进行节能控制。

6）变配电系统

对高低压控制柜切换开关的电压、电流、功率、功率因数、频率的数值进行统计、过限报警以及状态监视；对变压器的设备进行温度监视，对系统进行节能控制，交连开关的切换状态监视，以及动力设备联动控制，报警和负荷记录分析，对租户的用电量进行自动统计计量。

7）照明系统

可以将建筑物内照明设备按需分成若干组别，以时间区域程序来设定开/关，以达到节能效果。当建筑物内有事件发生时，照明设备组作出相应的联动配合。如火警时，联动照明系统关闭，打开应急灯；当有保安报警时，相应区域的照明灯开启。

8）电梯系统

联接与电梯系统的网络通信，对其进行集中监测和管理。通过系统管理中心，以图形方式显示电梯的运行状态，当电梯发生故障时，向系统管理中心报警；建立电梯运行档案和维护档案，对系统自动作出维护工作。

9）消防、喷淋系统

对消防、喷淋系统的设备进行运行状态、故障报警、状态检测和管理。通过系统管理中心，以图形方式显示其运行状态，当发生故障时，向系统管理中心报警；建立设备运行档案和维护档案，对系统自动作出维护工作。

（2）**系统工程实例**

为方便理解系统的组成，给出图8.55某建筑BAS系统图（部分），进一步领会集散型控制系统的含义。同时，也相应地给出了该系统负一层设备的平面布置，如图8.56所示为某建筑BAS系统负一层平面图。

该系统为集散型控制系统。监控中心设在地下一层，系统采用总线式开放结构，现场总线通信协议，并设两条总线。通信线路采用屏蔽双绞线。网络控制器与现场控制器之间通过现场总线连接。

监控中心设有两台工作站电脑，通过图形化的界面为用户提供良好的操作平台；通过数据存储和备份处理，为用户提供系统运行记录和分析手段；通过自动报警处理流程和输出，为用户提供及时有效的报警管理功能；通过排定和修改设备的工作程序及参数，收集和分析采样数据，实现节能运行。

由图8.55可知，中心机房（BAS工作站）、变配电室、直燃机房、水泵房、空调机房等都设

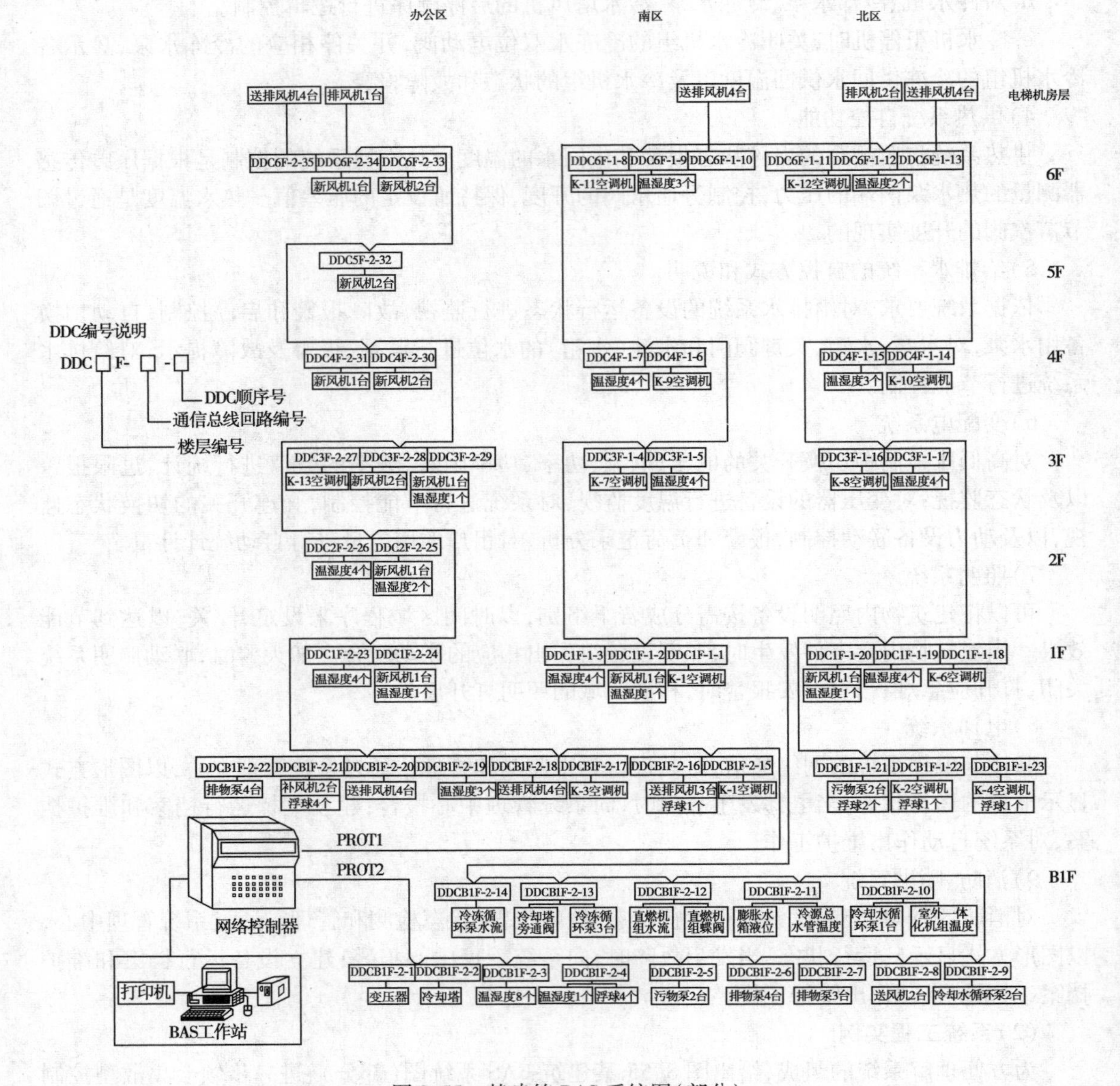

图 8.55　某建筑 BAS 系统图(部分)

在负一层,这些位置被监控设备最多。而这些设备及现场 DDC 的具体布置,可从与之相对应的图 8.56 反映出来。

图 8.56 反映了中心机房以及直燃机房、水泵房、变配电室、空调机房内设备的平面布置位置,中心机房到现场 DDC 及被控设备间线路的敷设均采用线槽、PVC 管在顶棚内、墙内、地坪内敷设。DDC 分布如下:K-3 空调机房,装置两台 DDC,即 DDCB1F-2-17～18。K-1 空调机房亦装置两台 DDC,即 DDCB1F-2-15～16。直燃机组机房,装置 4 台 DDC,即 DDCB1F-2-11～14。水泵房,装置 8 台 DDC,即 DDCB1F-2-3～10。低压配电室,装置 2 台 DDC,即 DDCB1F-2-1～2。所有这些 DDC 接至设备上各种传感器、控制开关、阀门等的导线都采用镀锌钢管配线。

为了保证图面清晰,设计者将导线的用途及规格型号采用代号标注在图面上,即保证图面清晰,又减少了标注量。所采用代号的含义见表8.12。例如,K-3空调机至DDCB1F-2-17间线路标出3BJ,$2R_1$,$2R_2$,即可从表8.12中查出导线用途及规格型号。

平面图中只给出了DDC至BAS控制中心之间的导线走向和敷设方法、敷设部位,而DDC至传感器、阀门、控制开关等之间导线则要根据现场设备实际安装位置决定敷设途径和部位,所以平面图上未画出。但所用导线规格型号、数量我们可根据各被监控设备的监控原理图和表8.12及DDC和被控设备的接线图决定。

阅读建筑设备监控系统施工平面图的主要目的就是进行线路的敷设、DDC的安装和现场设备的安装。

表8.12　BAS系统用导线标注代号

序　号	导线用途		导线规格、型号	标注代号
1	DDC通信线		RVSP2×1.0	LAN1
2	DDC电源线	主干	3×BV2.5	DY
		分支	RVV3×1.5	DY
3	网关通信线		RVVSP2×1.0	LAN3
4	照明控制通信线		非屏蔽5类线(UTP5)	LAN2
5	故障报警、液位开关、滤网报警		2×BV1.0	BJ
6	手/自动状态、运行状态、水流状态		2×BV1.0	ZT
7	开关控制		RVV2×1.0	KZ
8	温湿度传感器、流量计、阀门驱动器		RVVP2×1.0+RVV2×1.0	R2
9	水管温度传感器、压差开关		RVVP2×1.0	R1

8.7.2　系统工程安装

建筑设备监控系统是利用电子技术、计算机技术和通信技术对建筑物内的机电设备进行集中监视和管理,分散控制的综合系统。系统的施工安装有以下3部分:

①现场设备安装。现场需要安装的设备有传感器、执行器和被控设备等。

传感器包括温度、湿度、压力、压差、流量、液位传感器等。施工时,要与相关专业配合,如在管道、设备上开孔,在设备内安装。设备安装完成后要注意保护。

执行器包括各种风门、阀门驱动器。执行器安装在管道阀门、风道风门处。通过执行器实现对风门、阀门开度的调节。

被控设备为电动阀、电磁阀、电动风阀、水泵、风机等机电设备。被控设备或被控设备的控制配电箱、动力箱与现场直接数字控制器连接,实现设备状态的检测和启动/停止的控制。

②现场直接数字控制器(DDC)安装。DDC通常安装在被控设备机房中(如冷冻站、热交换站、水泵房、空调机房等)。最好就近安装在被控设备附近。如水泵、空调机、新风机、通风机附近墙上用膨胀螺栓安装。

③线路敷设。所有现场设备通过线缆与DDC相连,现场传感器输入信号与DDC之间的

连接线缆可采用2芯或3芯,每芯截面积规格大于0.75 mm² 的 RVVP 或 RVV 屏蔽或非屏蔽铜芯聚氯乙烯绝缘、聚氯乙烯护套圆形连接软电缆。

DDC 与现场执行机构之间的连接线缆可采用2芯或4芯(如需供电),每芯截面积规格大于0.75 mm² 的 RVVP 或 RVV 屏蔽或非屏蔽铜芯聚氯乙烯绝缘、聚氯乙烯护套圆形连接软电缆。DDC 之间、DDC 与控制中心间通常用2芯 RVVP 或3类以上的非屏蔽双绞线连接。进出 DDC 线缆应采用金属管、金属线槽保护。

总之,施工安装的依据是设计文件和现行国家标准《智能建筑工程质量验收规范》(GB 50339—2003)、《建筑电气工程施工质量验收规范》(GB 50303—2002)的相关规定。

(1)系统施工安装对建筑工程的要求

建筑设备监控系统安装前,建筑工程应具备下列条件:

①已完成机房、弱电电缆竖井的建筑施工。

②预埋管及预留孔已完成施工并符合设计要求。

③空调与通风设备、给排水设备、动力设备、照明控制箱、电梯等设备已安装就位,并应预留好设计文件中要求的控制信号接入点。

(2)温度传感器安装

温度传感器用于测量室内、室外、风管、水管的温度。因此,温度传感器包括风管、水管温度传感器,室内、室外温度传感器,千万不能用错。按传感器使用的敏感材料又分1 kΩ 镍薄膜、1 kΩ 铂薄膜、1 kΩ 和100 Ω 铂等效平均值及20 kΩNTC 非线性热敏电阻等类型。

温度传感器输出按温度变化的电阻值变化或再由放大单元转换成与温度变化成比例的0~10 VDC 或4~20 mA 的输出信号。因此,选择温度传感器需与 DDC 模拟输入通道的特性相匹配。

通常根据被测介质的性质、温度范围、传感器的安装长度、精度和价格选用适用于监控要求的温度传感器。

1)室内/外温度传感器的安装

①室内温度传感器不应安装在阳光直射的地方,应远离室内冷/热源,如暖气片、空调机出风口。远离窗、门直接通风的位置。如无法避开则与之距离不应小于2 m。

②室内温度传感器安装要求美观,多个传感器安装距地高度应一致,高度差不应大于1 mm,同一区域内高度差不应大于5 mm。

③室外温度传感器安装应有遮阳罩,避免阳光直射,应有防风雨防护罩,远离风口、过道。避免过高的风速对室外温度检测的影响。

④选用 RVV 或 RVVP2×1.0 线缆连接现场 DDC。

2)水管温度传感器的安装

①水管型温度传感器不宜在焊缝及其边缘上开孔和焊接安装。水管温度传感器的开孔与焊接应在工艺管道安装时同时进行,并且必须在工艺管道的防腐和试压前进行。

②水管型温度传感器的感温段宜大于管道口径的1/2,应安装在管道的顶部。安装在便于调试、维修的地方。

③水管温度传感器的安装不宜选择在阀门等阻力件附近和水流流束死角和振动较大的位置。

④选用 RVV 或 RVVP2×1.0 线缆连接现场 DDC。

3)风管温度传感器的安装

①传感器应安装在风速平稳,能反映风温的位置。

②传感器的安装应在风管保温层完成后,安装在风管直管段或应避开风管死角的位置。

③风管型温度传感器应安装在便于调试、维修的地方。

④选用 RVV 或 RVVP2 ×1.0 线缆连接现场 DDC。

温度传感器至 DDC 之间应尽量减少因接线电阻引起的误差,对于 1 kΩ 铂温度传感器的接线总电阻应小于 1 Ω。对于 NTC 非线性热敏电阻传感器的接线总电阻应小于 3 Ω。

(3)湿度传感器的安装

湿度传感器用于测量室内、室外和风管的相对湿度。

湿度传感器在不同的相对湿度情况有不同的精度,因此应根据不同的需要选用不同的湿度传感器。通过根据被测介质的湿度范围、场所、精度及价格进行选择,应满足 BAS 监控的要求。其输出信号通常为 4 ~ 20 mA 或 0 ~ 10 V DC,应注意与 DDC 模拟输入通道的特性相匹配。

1)室内/外湿度传感器的安装

①室内湿度传感器不应安装在阳光直射的地方,应远离室内冷/热源,如暖气片、空调机出风口。远离窗、门直接通风的位置。如无法避开,则与之距离不应小于 2 m。

②室内湿度传感器安装要求美观,多个传感器安装距地高度应一致,高度差不应大于 1 mm,同一区域内高度差不应大于 5 mm。

③室外湿度传感器安装应有遮阳罩,避免阳光直射,应有防风雨防护罩,远离风口、过道。避免过高的风速对室外湿度检测的影响。

④选用 RVV 或 RVVP3 ×1.0 线缆连接现场 DDC。

2)风管湿度传感器的安装

①传感器应安装在风速平稳,能反映风温的位置。

②传感器的安装应在风管保温层完成后,安装在风管直管段或应避开风管死角的位置。

③风管型湿度传感器应安装在便于调试、维修的地方。

④选用 RVV 或 RVVP3 ×1.0 线缆连接现场 DDC。

(4)压差开关的安装

1)风压压差开关的安装

风压压差开关通常用来检测空调机过滤网堵塞、空调机风机运行状态。安装时应注意以下 6 点:

①风压压差开关安装时,应注意安装位置,宜将压差开关的受压薄膜处于垂直位置。如需要,可使用 L 形托架进行安装,托架可用铁板制成。

②风压压差开关安装时,应注意压力的高、低。过滤网前端接高压端、过滤网后端接低压端。空调机风机的出口接高压端、空调机风机的进风口接低压端,如图 8.57 所示。

③风压压差开关应安装在便于调试、维修的地方。

④风压压差开关不应影响空调器本体的密封性。

⑤导线敷设可选用 DG20 电线管及接线盒。并用金属软管与压差开关连接。

⑥选用 RVV 或 RVVP2 ×1.0 线缆连接现场 DDC。

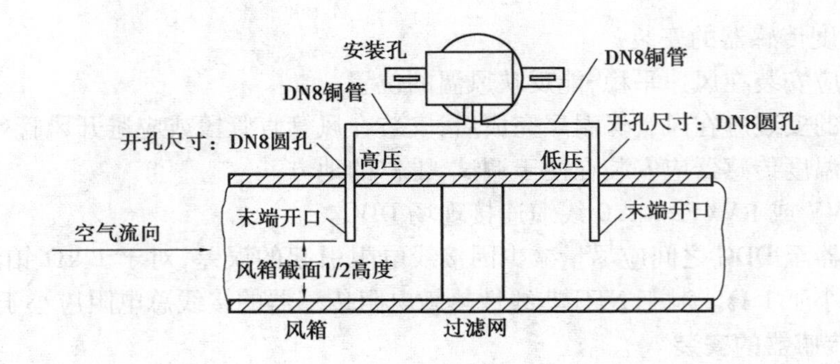

图 8.57　风压压差开关安装示意图

2）水压压差开关的安装

水压压差开关通常用来检测管道水压差，如测量分、集水器之间的水压差，用其压力差来控制旁通阀的开度。安装时，应注意以下 4 点：

①水压压差开关应安装在管道顶部、便于调试、维修的位置。

②水压压差开关不宜在焊缝及其边缘上开孔和焊接安装。水压压差开关的开孔与焊接应在工艺管道安装时同时进行，并且必须在工艺管道的防腐和试压前进行。

③水压压差开关宜选在管道直管部分，不宜选在管道弯头、阀门等阻力部件的附近，水流流束死角和振动较大的位置。水压压差开关安装应有缓冲弯管和截止阀，最好加装旁通阀。

④选用 RVV 或 RVVP3 ×1.0 线缆连接现场 DDC。

(5)压力传感器的安装

压力传感器通常用来测量室内、室外、风管、水管的空气或水的压力。安装时，应注意以下 7 点：

①压力传感器应安装在便于调试、维修的位置。

②室内、室外压力传感器宜安装在远离风口、过道的地方，以免高速流动的空气影响测量精度。

③风管型压力传感器应安装在风管的直管段，即应避开风管内通风死角和弯头。风管型压力传感器的安装应在风管保温层完成之后。

④水管压力传感器不宜在焊缝及其边缘上开孔和焊接安装。水管压力传感器的开孔与焊接应在工艺管道安装时同时进行，并且必须在工艺管道的防腐和试压前进行。

⑤水管压力传感器宜选在管道直管部分，不宜选在管道弯头、阀门等阻力部件的附近，水流流束死角和振动较大的位置。

⑥水管压力传感器应加接缓冲弯管和截止阀，如图 8.58 所示。

⑦选用 RVV 或 RVVP3 ×1.0 线缆连接现场 DDC。

(6)水流开关的安装

水流开关通常用来检测水管中水流状态。安装时要注意以下 5 点：

①水流开关应安装在便于调试、维修的地方。

②水流开关应安装在水平管段上，垂直安装。不应安装在垂直管段上，如图 8.59 所示。

③水流开关不宜在焊缝及其边缘上开孔和焊接安装。水流开关的开孔与焊接应在工艺管道安装时同时进行，并且必须在工艺管道的防腐和试压前进行。

④水流开关安装应注意水流叶片与水流方向。水流叶片的长度应大于管径的 1/2。

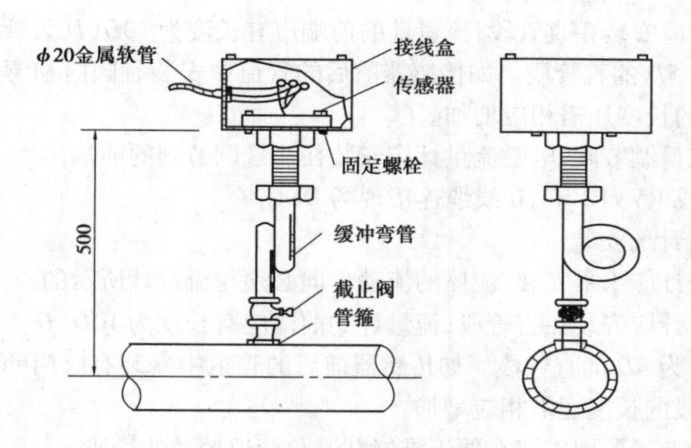

图8.58 水管压力传感器安装示意图(单位:mm)

⑤选用 RVV 或 RVVP2 ×1.0 线缆连接现场 DDC。

(7)**防霜冻开关的安装**

防霜冻开关用来保护空调机盘管防止意外冻坏。安装时,应注意以下3点:

①防霜冻开关的感温铜管应由附件固定在空调箱内,不可折弯、不能压扁,尤其是感温铜管的根部。

②防霜冻开关的感温铜管应由附件固定空调机盘管前部。

③选用 RVV 或 RVVP2 ×1.0 线缆连接现场 DDC。

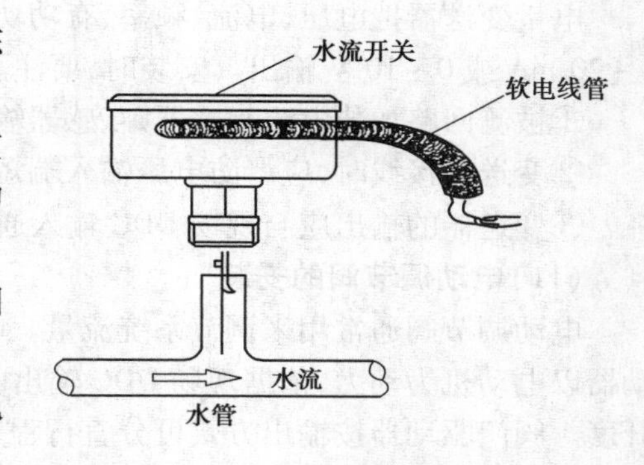

图8.59 水流开关安装示意图

(8)**空气质量传感器的安装**

空气质量传感器用来检测室内 CO_2,CO 或其他有害气体含量。以0~10 V直流输出信号或者以继电器输出开/关信号。空气质量传感器安装在能真实反映被监测空间的空气质量状况的地方。安装时,应注意以下6点:

①探测气体比空气质量轻,空气质量传感器应安装在房间、风管的上部。

②探测气体比空气质量重,空气质量传感器应安装在房间、风管的下部。

③风管型空气质量传感器安装应在风管保温层完成之后。

④风管型空气质量传感器应安装在风管的直管段,应避开风管内通风死角。

⑤空气质量传感器应安装在便于调试、维修的地方。

⑥选用 RVV 或 RVVP3 ×1.0 线缆连接现场 DDC。

(9)**流量传感器的安装**

流量传感器用来测量系统流量,配合系统温度的变化,换算出系统的冷/热负荷。常用的流量传感器有电磁式和涡轮式两种。电磁式流量传感器是基于电磁感应定律的流量测量仪表。涡轮式流量传感器是基于涡轮转速的流量测量仪表。

1)电磁流量计的安装

①电磁流量计应安装在无电磁场干扰的场所。

②电磁流量计应安装在直管段，流量计的前端应有长度为10*D*（*D* 为管径）的直管，流量计的后端应有长度为5*D* 的直管段。如传感器前后的管道中安装有阀门和弯头等影响流量平稳的设备，则直管段的长度还需相应增加。

③系统如有流量调节阀，电磁流量计应安装在流量调节阀的前端。

④选用 RVV 或 RVVP3 ×1.0 线缆连接现场 DDC。

2）涡轮式流量计的安装

①涡轮式流量计应水平安装，流体的流动方向必须与流量计所示的流向标志一致。

②涡轮式流量计应安装在直管段，流量计的前端应有长度为10*D*（*D* 为管径）的直管，流量计的后端应有长度为5*D* 的直管段。如传感器前后的管道中安装有阀门和弯头等影响流量平稳的设备，则直管段的长度还需相应增加。

③涡轮式流量变送器应安装在便于维修并避免管道振动的场所。

④选用 RVV 或 RVVP3 ×1.0 线缆连接现场 DDC。

（10）电量变送器的安装

电量变送器把电压、电流、频率、有功功率、无功功率、功率因数及有功电能等电量转换成 4～20 mA 或 0～10 V 输出。安装时，要注意以下 3 点：

①被测回路加装电流互感器，互感器输出电流范围应符合电流变送器的电流输入范围。

②变送器接线时，应严防电压输入端短路和电流输入端开路。

③变送器的输出应与现场 DDC 输入通道的特性相匹配。

（11）电动调节阀的安装

电动调节阀通常用来调节系统流量。电动调节阀通常由阀体和阀门驱动器组成。阀门驱动器以电动机为动力，依据现场 DDC 输出的 0～10 V DC 电压、或 4～20 mA 电流控制阀门的开度。阀门驱动器按输出方式可分直行程、角行程和多转式 3 种类型，分别同直线移动的调节阀、旋转的蝶阀、多转式调节阀配合工作。安装时，应注意以下 11 点：

①电动调节阀应在工艺管道安装时同时进行，并且必须在工艺管道的防腐和试压前进行。

②电动调节阀应垂直安装于水平管道上，尤其对大口径电动阀不能有倾斜。

③电动调节阀一般安装在回水管上。

④电动调节阀阀体上的水流方向应与实际水流方向一致。

⑤电动调节阀阀旁应装有旁通阀和旁通管路。

⑥电动调节阀应有手动操作机构，手动操作机构应安装在便于操作的位置。

⑦电动调节阀阀位指示装置安装在便于观察的位置。

⑧电动调节阀安装应留有检修空间，如图 8.60 所示。

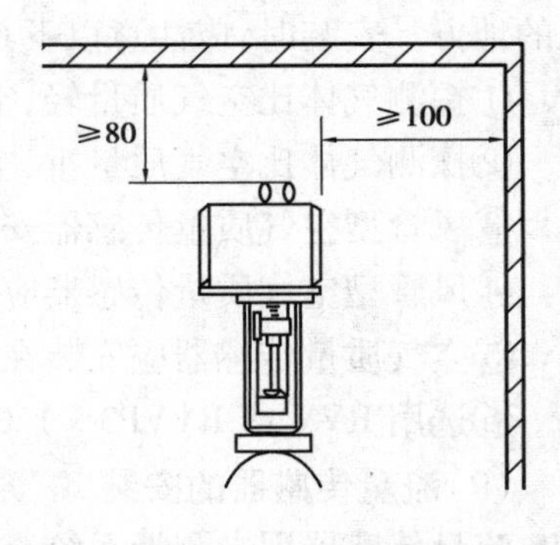

图 8.60　电动调节阀检修空间（单位：mm）

⑨电动调节阀的行程、关阀的压力、阀前/后压力必须满足设计和产品说明书的要求。

⑩电动调节阀阀门驱动器的输入电压、工作电压应与 DDC 的输出相匹配。

⑪选用 RVV 或 RVVP3 ×1.0 线缆连接现场 DDC。

(12)**电磁阀的安装**

电磁阀是利用线圈通电后,产生电磁吸力,提升活动铁芯,带动阀塞运动,控制阀门开/关。电磁阀开/关控制无电机、变速器等机械转动部件,因此,它可靠性强,响应速度快。安装时,应注意以下11点:

①电磁阀应在工艺管道安装时同时进行,并且必须在工艺管道的防腐和试压前进行。

②电磁阀应垂直安装于水平管道上,尤其对大口径电磁阀不能有倾斜。

③电磁阀一般安装在回水管上。

④电磁阀阀体上的水流方向应与实际水流方向一致。

⑤电磁阀阀旁应装有旁通阀和旁通管路。

⑥电磁阀应有手动操作机构,手动操作机构应安装在便于操作的位置。

⑦电磁阀阀位指示装置安装在便于观察的位置。

⑧电磁阀安装应留有检修空间,参照图8.60。

⑨电磁阀的行程、关阀的压力、阀前/后压力必须满足设计和产品说明书的要求。

⑩电磁阀阀门驱动器的输入电压、工作电压应与DDC的输出相匹配。

⑪选用RVV或RVVP3×1.0线缆连接现场DDC。

(13)**电动风阀的安装**

电动风阀用来调节控制系统风量、风压。电动风阀由风阀和风阀驱动器组成。风阀驱动器根据风阀的大小来选择。电动风阀提供辅助开关和反馈电位器,能实时显示风阀的开度。安装时,应注意以下5点:

①电动风阀与风阀驱动器连接的轴杆应伸出风阀阀体80 mm以上,风阀驱动器与风阀轴的连接应牢固。

②风阀驱动器上的开闭箭头的方向应与风门开闭方向一致。

③风阀驱动器应与风阀轴垂直安装。风阀驱动器的输出力矩必须满足风阀转动的需要。

④风阀驱动器的工作电压、输入电压应与DDC的输出相匹配。

⑤选用RVV或RVVP3×1.0线缆连接现场DDC。

(14)**风机盘管温控器、电动阀的安装**

风机盘管温控器、电动阀用来控制现场的温度。

1)风机盘管电动阀的安装

①风机盘管电动阀阀体水流箭头方向应与水流实际方向一致。

②风机盘管电动阀应安装于风机盘管的回水管上。

③风机盘管电动阀与回水管连接应有软接头,以免风机盘管的振动传到系统管线上。

2)风机盘管温控器的安装

①温控开关与其他开关并列安装时,距地面高度应一致,高度差不应大于1 mm;与其他开关安装于同一室内时,高度差不应大于5 mm。

②温控开关外形尺寸与其他开关不一样时,以底边高度为准。

③温控开关输出电压应与风机盘管电动阀的工作电压相匹配。

(15)**现场控制器DDC的安装**

DDC通常安装在被控设备机房中(如冷冻站、热交换站、水泵房、空调机房等)。最好就近安装在被控设备附近。例如,水泵、空调机、新风机、通风机附近墙上用膨胀螺栓安装。

①DDC 与被监控设备就近安装。

②DDC 距地 1 500 mm 安装。

③DDC 安装应远离强电磁干扰。

④DDC 的数字输出宜采用继电器隔离，不允许用 DDC 数字输出的无源触点直接控制强电回路。

⑤DDC 的输入、输出接线应有易于辨别的标记。

⑥DDC 安装应有良好接地。

⑦DDC 电源容量应满足传感器、驱动器的用电需要。

8.7.3 系统调试

(1)系统调试必须具备的条件

1)BAS 系统的全部设备包括现场的各种阀门、执行器、传感器等全部安装完毕，线路敷设和接线全部符合设计图纸的要求。

2)BAS 系统的受控设备及其自身的系统不仅安装完毕，而且单体或自身系统的调试应完全结束，并运行状况良好；同时其设备或系统的测试数据必须满足自身系统的工艺要求，如空调系统中的冷水机组其单机运行必须正常，而且其冷量和冷冻水的进出口压力、进出口水温等必须满足空调系统的工艺要求。

3)检查 BAS 与各系统的联动、信息传输和线路敷设等必须满足设计要求。

(2)系统调试程序与内容

BAS 系统的调试通常可参照如图 8.61 所示的程序进行。

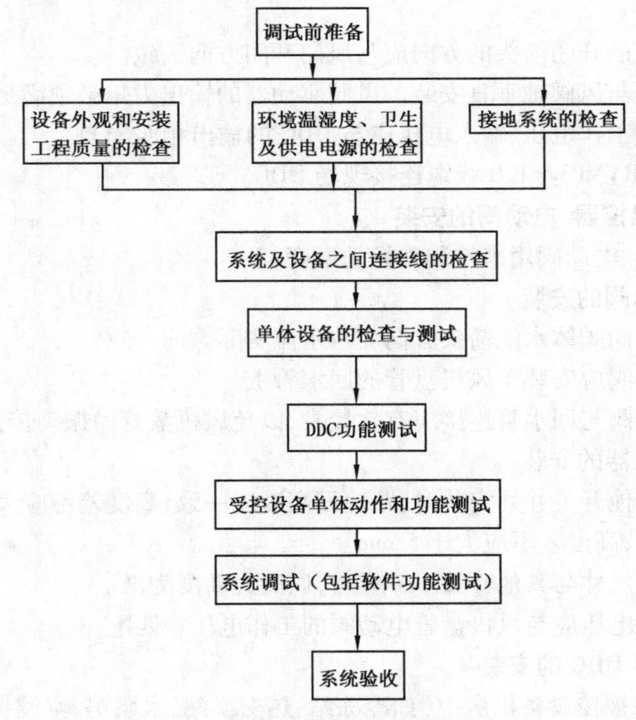

图 8.61 BAS 系统调试程序内容

具体调试方法及要求按现行国家标准、设计文件及设备技术性能指标进行逐一测试，即对传感器、执行器、控制器及系统功能（包括系统联动功能）进行现场测试。

工程调试完成经与工程建设单位协商后可投入系统试运行，在系统试运行连续投运时间超过 1 个月后，即可进行系统检测。

8.7.4　系统检测

建筑设备监控系统的检测应以系统功能和性能检测为主，同时对现场安装质量、设备性能及工程实施过程中的质量记录进行抽查和复核。

系统检测应依据工程合同技术文件、施工图设计文件、设计变更审核文件、设备及产品的技术文件进行。系统检测的内容应依据建筑物的要求和建设方的需求，视工程实际情况而定。

检测的方法为：在工作站或现场控制器改变设定值或状态，或人为改变现场测控点状态时，记录被控设备动作情况和响应时间；在工作站或现场控制器改变时间设定表，记录被控设备启停情况。

（1）空调与通风系统功能检测

建筑设备监控系统应对空调系统进行温湿度及新风量自动控制、预定时间表自动启停、节能优化控制等控制功能进行检测。应着重检测系统测控点（温度、相对湿度、压差和压力等）与被控设备（风机、风阀、加湿器及电动阀门等）的控制稳定性、响应时间和控制效果，并检测设备连锁控制和故障报警的正确性。

（2）变配电系统功能检测

建筑设备监控系统应对变配电系统的电气参数和电气设备工作状态进行监测，检测时应利用工作站数据读取和现场测量的方法对电压、电流、有功（无功）功率、功率因数、用电量等各项参数的测量和记录进行准确性和真实性检查，显示的电力负荷及上述各参数的动态图形能比较准确地反映参数变化情况，并对报警信号进行验证。

对高低压配电柜的运行状态、电力变压器的温度、应急发电机组的工作状态、储油罐的液位、蓄电池组及充电设备的工作状态、不间断电源的工作状态等参数，应全部检测，并应 100% 合格。

（3）公共照明系统功能检测

建筑设备监控系统应对公共照明设备（公共区域、过道、园区和景观）进行监控，应以光照度、时间表等为控制依据，设置程序控制灯组的开关，检测时应检查控制动作的正确性，并检查其手动开关功能。

（4）给排水系统功能检测

建筑设备监控系统应对给水系统、排水系统和中水系统进行液位、压力等参数检测及水泵运行状态的监控和报警进行验证。检测时，应通过工作站参数设置或人为改变现场测控点状态，监视设备的运行状态，包括自动调节水泵转速、投运水泵切换及故障状态报警和保护等项是否满足设计要求。

（5）热源和热交换系统功能检测

建筑设备监控系统应对热源和热交换系统进行系统负荷调节、预定时间表自动启停和节能优化控制。检测时应通过工作站或现场控制器对热源和热交换系统的设备运行状态、故障等的监视、记录与报警进行检测，并检测对设备的控制功能。

核实热源和热交换系统能耗计量与统计资料。

(6)冷冻和冷却水系统功能检测

建筑设备监控系统应对冷水机组、冷冻冷却水系统进行系统负荷调节、预定时间表自动启停和节能优化控制。检测时,应通过工作站对冷水机组、冷冻冷却水系统设备控制,以及运行参数、状态、故障等的监视、记录与报警情况进行检查,并检查设备运行的联动情况。

核实冷冻水系统能耗计量与统计资料。

(7)电梯和自动扶梯系统功能检测

建筑设备监控系统应对建筑物内电梯和自动扶梯系统进行监测。检测时,应通过工作站对系统的运行状态与故障进行监视,并与电梯和自动扶梯系统的实际工作情况进行核实。检测应100%合格。

(8)建筑设备监控系统与子系统(设备)间的数据接口功能检测

建筑设备监控系统与带有通信接口的各子系统以数据通信的方式相联时,应在工作站监测子系统的运行参数(含工作状态参考数和报警信息),并和实际状态核实,确保准确性和响应时间符合设计要求;对可控的子系统,应检测系统对控制命令的响应情况。

系统接口测试应保证接口性能100%符合设计要求,实现系统承包商所提交的接口规范规定的各项功能,不发生兼容性及通信瓶颈问题,并保证系统接口的制造和安装质量。

(9)中央管理工作站与操作分站功能检测

对建筑设备监控系统中央管理工作站与操作分站功能进行检测时,应主要检测其监控和管理功能,检测时应以中央管理工作站为主,对操作分站主要检测其监控和管理权限以及数据与中央管理工作站的一致性。

应检测中央管理工作站显示和记录的各种测量数据、运行状态、故障报警等信息的实时性和准确性,以及对设备进行控制和管理的功能,并检测中央站控制命令的有效性和参数设定的功能,保证中央管理工作站的控制命令被无冲突地执行。

应检测中央管理工作站数据的存储和统计(包括检测数据、运行数据)、历史数据趋势图显示、报警存储统计(包括各类参数报警、通信报警和设备报警)情况、中央管理工作站存储的历史数据时间应大于3个月。

应检测中央管理工作站数据报表生成及打印功能,故障报警信息的打印功能。

应检测中央管理工作站操作的方便性,人机界面应符合友好、汉化、图形化要求,图形切换流程清楚易懂,便于操作。对报警信息的显示和处理应直观有效。

应检测操作权限,确保系统操作的安全性。

以上功能应全部满足设计要求。

(10)系统可维护功能检测

应检测应用软件的在线编程(组态)和修改功能,在中央站或现场进行控制器或控制模块应用软件的在线编程(组态)、参数修改及下载,全部功能得到验证为合格。

设备、网络通信故障的自检测功能,自检必须指示出相应设备的名称和位置,在现场设置设备故障和网络故障,在中央站观察结果显示和报警,输出结果正确且故障报警准确者为合格。

(11)系统可靠性检测

系统运行时,启动或停止现场设备,不应出现数据错误或产生干扰,影响系统正常工作。检测时,采用远动或现场手动启/停现场设备,观察中央站数据显示和系统工作情况,工作正常的为合格。

切断系统电网电源,转为UPS供电时,系统运行不得中断。电源转换时系统工作正常的为合格。

中央站冗余主机自动投入时,系统运行不得中断;切换时系统工作正常的为合格。

(12)**现场设备性能测试**

1)传感器精度测试,检测传感器采样显示值与现场实际值的一致性;依据设计要求及产品技术条件,按设计总数的10%进行抽测。

2)控制设备及执行器性能测试,包括控制器、电动风阀、电动水阀及变频器等,主要测定控制设备的有效性、正确性和稳定性;测试核对电动调节阀在零开度、50%和80%的行程处与控制指令的一致性及响应速度;测试结果应满足合同技术文件及控制工艺对设备性能的要求。

全部检测完毕,应根据现场配置和运行情况对网络的标准化、开放性、系统的冗余配置、系统的可扩展性以及节能措施等做出是否满足设计要求的评测,并做出结论是否合格。

8.7.5 系统竣工验收

竣工验收应在系统正常连续投运时间超过3个月后进行。

由建设单位组织施工承包单位、设计单位、工程监理单位等参加共同进行检查,检查内容一般应包括以下内容:

1)工程实施及质量控制检查。

2)系统检测合格。

3)运行管理队伍组建完成,管理制度健全。

4)运行管理人员已完成培训,并具备独立上岗能力。

5)竣工验收文件资料完整。文件资料应包括以下内容:

①工程合同技术条件。

②竣工图纸。包括设计说明、系统结构图、各子系统控制原理图、设备布置及管线平面图、控制系统配电箱电气原理图、相关监控设备电气接线图、中央控制室设备布置图、设备清单、监控点(I/O)表等。

③系统设备产品说明书。

④系统技术、操作和维护手册。

⑤设备及系统测试记录。包括设备测试记录、系统功能检查及测试记录、系统联动功能测试记录。

6)系统检测项目的抽检和复核应符合设计要求。

7)观感质量验收应符合要求。

以上验收检查项目全部符合要求,即为竣工验收合格。

8.8 综合布线系统工程安装

8.8.1 综合布线系统的组成

建筑物的综合布线系统(PDS),又称结构化布线系统(SCS),是1985年美国电话电报公司(AT&t)贝尔实验室首先推出的,一种模块化的,高度灵活性的智能建筑布线网络。它主要作为建筑物的公用通信配套设施,用于建筑物和建筑群内语音、数据、图像信号的传输。它彻底打破了数据传输和语音传输的界限,使这两种不同的信号在一条线路中传输,从而为综合业务数据网络(ISDN)的实施提供了传输保证。综合布线的优越性就在于它具有兼容性、开放性、灵活性、模块化、扩充性、经济性的特点。

综合布线系统为开放式网络拓扑结构,由6个子系统组成。即工作区子系统、配线子系统、干线子系统、建筑群子系统、设备间子系统、管理子系统。它是6个独立的子系统。其基本构成及其总体结构如图8.62、图8.63所示。

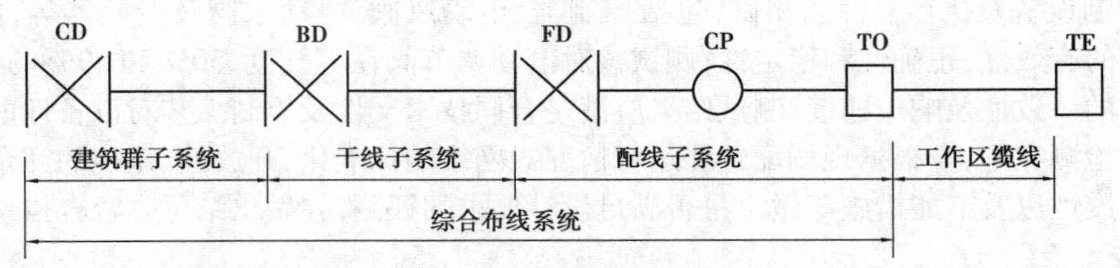

图8.62 综合布线系统基本构成

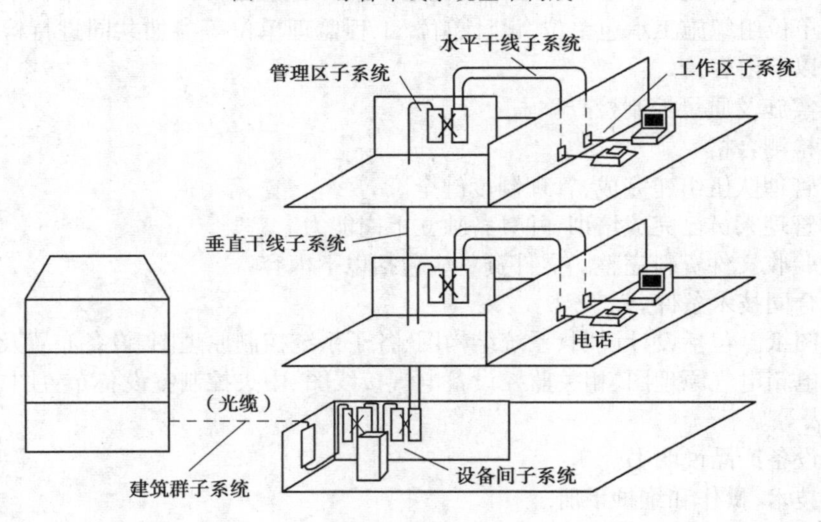

图8.63 综合布线系统总体结构图

(1)工作区子系统

一个独立的需要设置终端设备的区域宜划分为一个工作区(如办公室)。工作区子系统由配线子系统的信息插座模块(TO)延伸到终端设备处的连接缆线及适配器组成。工作区内的每一个信息插座均宜支持电话机、数据端、电视机及监视器等终端设备的连接和安装。

(2)水平(配线)子系统

水平子系统是由每一个工作区的信息插座模块、信息插座模块至电信间配线设备(FD)的配线电缆和光缆、电信间的配线设备及设备缆线及跳线等组成。它的功能是将干线子系统线路延伸到用户工作区,是计算机网络信息传输的重要组成部分,采用星形拓扑结构,每个信息点均需连接到管理子系统,由UTP线缆构成。其最大长度不应超过90 m。楼层配线设备由各种接线块(如模拟接线模块、数据接线模块、光纤接线模块等)、网络设备(如复分接设备、光/电转换设备、集线器等)及各类跳线模块和跳线等组成。这些设备集装在配线架或配线柜中,配线架可在楼层配线小间中挂墙安装，配线柜则可落地安装。

(3)干线(垂直)子系统

干线子系统通常是由设备间(如计算机房、程控交换机房)至电信间的干线电缆和光缆，安装在设备间的建筑物配线设备(BD)及设备缆线和跳线等组成。其功能主要是把各分层配线架与主配线架相连。用主干电缆提供楼层之间通信的通道，使整个布线系统组成一个有机的整体。

垂直干线子系统结构采用分层星型拓扑结构，每个楼层配线间均需采用垂直主干线缆连接到大楼主设备间。垂直主干采用25对大对数线缆时，每条25对大对数线缆对于某个楼层而言是不可再分的单位。垂直主干线缆和水平系统线缆之间的连接需要通过楼层管理间的跳线来实现。

(4)设备间子系统

设备间是在每幢建筑物的适当地点进行网络管理和信息交换的场地。设备间主要安装建筑物配线设备。电话交换机、计算机主机设备及入口设施也可与配线设备安装在一起。总之设备间子系统是一个集中化设备区，连接系统公共设备，如PBX、局域网(LAN)、主机、建筑自动化和保安系统，及通过垂直干线子系统连接至管理子系统。

设备间子系统是大楼中数据、语言垂直主干线缆端接的场所，也是建筑群来的线缆进入建筑物端接的场所；更是各种数据语言主机设备及保护设施的安装场所。一般设备间子系统宜设在建筑物中部或在建筑物的一、二层，位置不应远离电梯，而且为以后的扩展留有余地，不宜设在顶层或地下室。建议建筑群来的线缆进入建筑物时应有相应的过流、过压保护设施。

(5)管理子系统

管理应对工作区、电信间、设备间、进线间的配线设备、缆线、信息插座模块等设施按一定的模式进行标识和记录。

在综合布线系统中对管理子系统的理解和定义上各个标准和厂商都有所差异，单从布线的角度来看，称为楼层配线间或电信间是合理的，也形象化；但从综合布线系统最终应用——数据、语音网络的角度去理解，称为管理子系统更合理。它是综合布线系统区别于传统布线系统的一个重要方面，更是综合布线系统灵活性、可管理性的集中体现。因此，在综合布线系统中称为管理子系统。

管理子系统设备在楼层配线房间，是水平系统电缆端接的场所，也是主干系统电缆端接的场所；由大楼主配线架、楼层分配线架、跳线、转换插座等组成。用户可以在管理子系统中更改、增加、交接、扩展线缆，用以改变路由。应采用合适的线缆路由和调整件组成管理子系统。

管理子系统提供了与其他子系统连接的手段，使整个布线系统与其连接的设备和器件构成一个有机的整体。调整管理子系统的交接则可安排或重新安排线路路由，因而传输线路能够延伸到建筑物内部各个工作区。它是综合布线系统灵活性的集中体现。

管理子系统3种应用：水平/干线连接；主干线系统互相连接；入楼设备的连接。线路的色标标志管理可在管理子系统中实现。

(6)建筑群子系统

建筑群子系统由连接多个建筑物之间的主干电缆和光缆、建筑群配线设备(CD)及设备缆线和跳线组成。

当学校、部队、政府机关、住宅小区的建筑物之间有语音、数据、图像等相连的需要时，由两个及以上建筑物的数据、电话、视频系统电缆就组成建筑群子系统。它包括大楼设备间子系统配线设备、室外线缆等。

除以上6个子系统外,《综合布线系统工程设计规范》(GB 50311—2007)提出:综合布线系统工程宜按7个部分设计,即增加进线间部分。进线间就是在每幢建筑物的适当地点进行网络管理和信息交换的场地。设备间主要安装建筑物配线设备。电话交换机、计算机主机设备及入口设施也可与配线设备安装在一起。

8.8.2 综合布线系统的部件

综合布线系统是由各个相对独立的部件组成,了解每个部件的功能是合理配置系统的基础。综合布线系统的部件通常由传输媒介、连接件和信息插座组成。

(1)传输媒介

综合布线系统常用的传输媒介有双绞线和光缆。

1)双绞线(双绞电缆)

双绞线是由两根绝缘导线按一定节距互相扭绞而成。按其有无外包覆屏蔽层又分为非屏蔽双绞线(UTP)和屏蔽双绞线(STP),如图8.64(a)、(b)所示。其中,最常用的是非屏蔽双绞线。

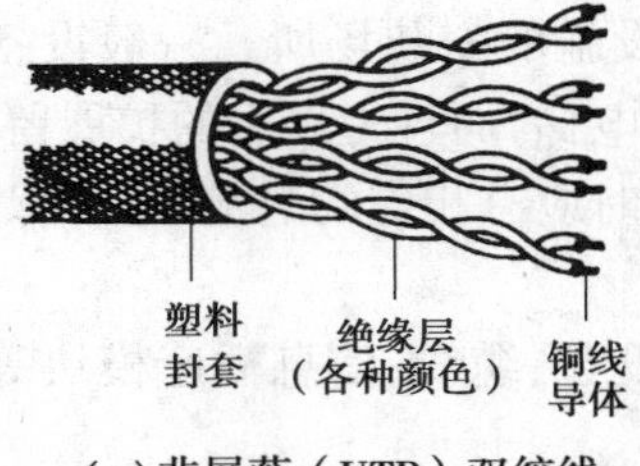

(a)非屏蔽(UTP)双绞线

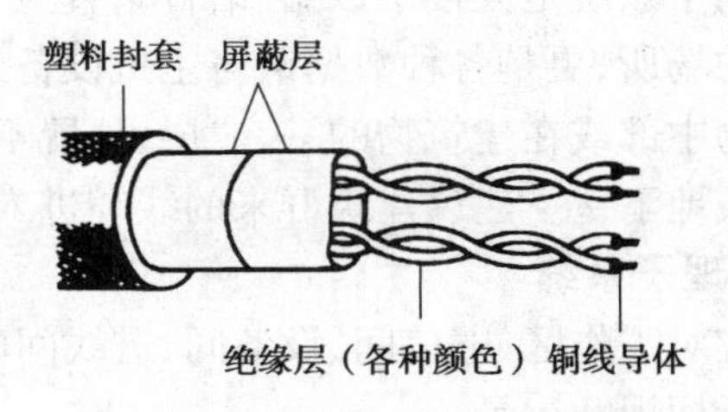

(b)屏蔽(STP)双绞线

图8.64 双绞线结构图

双绞电缆是由多对双绞线外包缠护套组成的(常用的双绞电缆是由4对双绞线电缆),其护套称为电缆护套。电缆护套可以保护双绞线免遭机械损伤和其他有害物体的损坏,提高电缆的物理性能和电气性能,屏蔽双绞电缆与非屏蔽电缆一样,只不过在护套层内增加了金属层。

双绞线按其电气特性的不同有下面8类:

一类线:主要用于传输语音(一类标准主要用于1980年代初之前的电话线缆),不同于数据传输。

二类线:传输频率为1 MHz,用于语音传输和最高传输速率4 Mbit/s的数据传输,常见于使用4 Mbit/s规范令牌传递协议的旧的令牌网。

三类线:指目前在ANSI和EIA/TIA568标准中指定的电缆,该电缆的传输频率16 MHz,用于语音传输及最高传输速率为10 Mbit/s的数据传输主要用于10BASE-T。

四类线:该类电缆的传输频率为20 MHz,用于语音传输和最高传输速率16 Mbit/s的数据传输,主要用于基于令牌的局域网和10BASE-T/100BASE-T。

五类线:该类电缆增加绕线密度,外套一种高质量的绝缘材料,传输频率为100 MHz,用于语音传输和最高传输速率为10 Mbit/s的数据传输,主要用于100BASE-T和10BASE-T网络。这是最常用的以太网电缆。

超五类线:超五类线具有衰减小,串扰少,并且具有更高的衰减与串扰的比值(ACR)和信噪比(Structural Return Loss)、更小的时延误差,性能得到很大提高。超五类线主要用于4 兆位以太网(1 000 Mbit/s)。

六类线:该类电缆的传输频率为 1 ~250 MHz,六类布线系统在 200 MHz 时综合衰减串扰比(PS-ACR)应该有较大的余量,它提供 2 倍于超五类的带宽。六类布线的传输性能远远高于超五类标准,最适用于传输速率高于 1 Gbit/s 的应用。六类与超五类的一个重要的不同点在于:改善了在串扰以及回波损耗方面的性能,对于新一代全双工的高速网络应用而言,优良的回波损耗性能是极重要的。六类标准中取消了基本链路模型,布线标准采用星形的拓扑结构,要求的布线距离为:永久链路的长度不能超过 90 m,信道长度不能超过 100 m。

七类线是一种 8 芯屏蔽线,每对都有一个屏蔽层(一般为金属箔屏蔽),然后 8 根芯外还有一个屏蔽层(一般为金属编织丝网屏蔽),称独立屏蔽双绞线 STP。它适用于高速网络的应用,提供高度保密的传输,支持未来的新型应用,有助于统一当前网络应用的布线平台,使得从电子邮件到多媒体视频的各种信息,都可以在同一套高速系统中传输。

最高传输频率达 600/1 000 MHz 以上。但接口与现在的 RJ-45 不兼容。七类线有很多标准现在还没有规范,正在修订中。

2)光纤线缆

光缆即光纤线缆,其结构如图 8.65 所示。光纤是光导纤维的简称,它是用高纯度玻璃材料及管壁极薄的软纤维制成的新型传导材料。光纤一般分为多模光纤和单模光纤两种。单模光纤和多模光纤可以从纤芯的尺寸大小来简单的判别。纤芯的直径只有传递光波波长几十倍的光纤是单模,特点是芯径小包皮厚;当纤芯的直径比光波波长大几百倍时,就是多模光纤,特点是芯径大包皮薄。多模光纤是光纤里传输的光模式多,管径愈粗其传输模式愈多。由于传输光模式多,故光传输损耗比单模光纤大,一般约为 3 dB/km(对于 $\lambda = 0.8\ \mu m$),宜作较短距离传输。单模光纤传输的是单一模式,具有频带宽、容量大、损耗低(传输距离远)的优点,对 $\lambda = 1.3\ \mu m$,其损耗小于 0.5 dB/km,故宜作长距离传输。但单模光纤因芯线较细(内外径为 3 ~10 μm/125 μm),故其连接工艺要求高,价格也贵。而多模光纤因芯线较粗,连接较容易,价格也便宜。

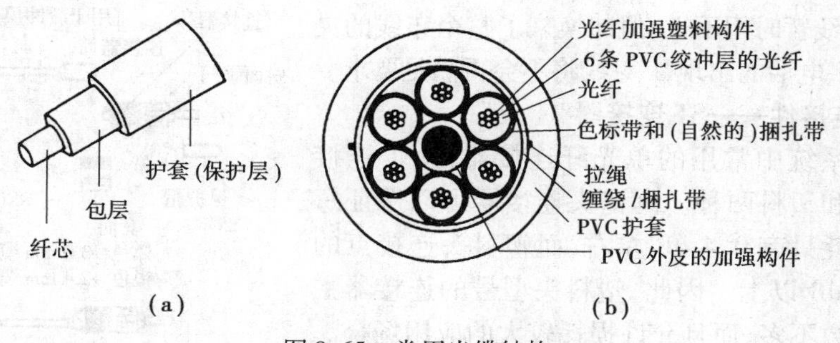

图 8.65　常用光缆结构

(a)光纤的结构　(b)多束 LGBC 光缆结构

总之,光纤的分类有两种:

①按波长划分

a. 0.85 μm 波长区(0.8 ~0.9 μm)。

b. 1.3 μm 波长区(1.25 ~1.35 μm)。

c. 1.5 μm 波长区(1.53 ~1.58 μm)。

其中,0.85 μm 波长区为多模光纤通信方式,1.5 μm 波长区为单模光纤通信方式,1.3 μm

波长区有多模和单模两种。综合布线系统常用0.85 μm和1.3 μm两种。

②按纤芯直径分

a. 50 μm缓变型多模光纤。

b. 62.5 μm缓变、增强型多模光纤。

c. 8.3 μm突变型单模光纤。

目前,各公司生产的光纤的包层直径均为125 μm。其中,62.5/125 μm光纤被推荐应用于所有的建筑综合布线系统,即其纤芯直径为62.5 μm,光纤包层直径为125 μm。在建筑物内的综合布线系统大多采用62.5/125 μm多模光纤。它具有光耦合效率较高、光纤芯对准要求不太严格、对微弯曲和大弯曲损耗不太灵敏等特点,为EIA/TIA568标准所认可,并符合FDDI标准。有关光纤的传输特性如表8.13所示。

表8.13 光纤的传输特性(25±5 ℃)

波长/μm	最大衰减/$(dB \cdot km^{-1})$	最低信息传输能力/(MHz·km)	光纤类型	带宽/$(MHz \cdot km^{-1})$
0.85	3.75	160	多模	160
1.3	1.5	500	单模	500

(2)**信息插座**

综合布线可采用不同类型的信息插座和插头的接插软线。这些信息插座和带有插头的接插软线相互兼容。信息插座类型有多种多样,有3类信息插座模块,支持16 Mbit/s信息传输,适合语音应用;5类信息插座模块,支持155 Mbit/s信息传输,适合语音、数据、视频应用;还有超5类信息插座模块、千兆位信息插座模块、光纤插座模块等。但目前综合布线普遍使用的是8针模块化信息插座(RJ45)。8针模块化信息插座是为所有的综合布线推荐的标准信息插座。它的8针结构为单一信息插座配置提供了支持数据、语音、图像或三者的组合所需的灵活性。例如,电话机只用一对线,信息插座(RJ45)安装4对线,其中3对线暂时用不上,但却换来了整个布线的灵活性。随着数字电话的出现,1对线将不会再满足要求。

(3)**光纤连接件——ST连接器**

综合布线系统中常用的单光纤连接器是ST连接器。它分陶瓷和塑料两种。陶瓷头连接器可以保证每个连接点的损耗只有0.4 dB左右,而塑料头连接点的损耗则在0.5 dB以上。因此,塑料头型号的连接器主要用于连接次数不多,而且允许损耗较大的应用场合。

常用ST型标准连接器由连接器体、套筒、缆支持、扩展器帽及保护帽组成,如图8.66所示。

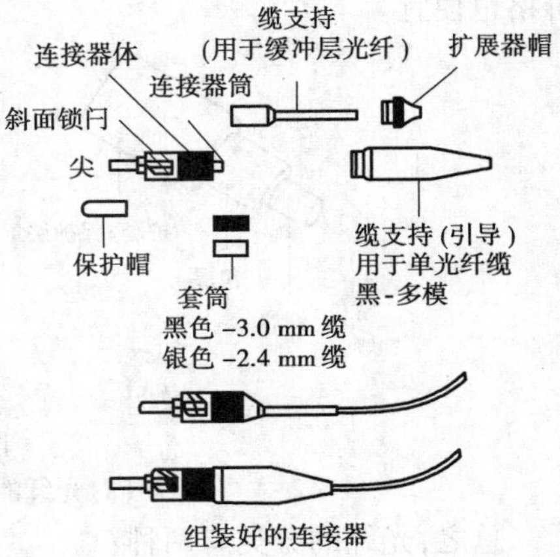

图8.66 ST型标准连接器组成

(4)**配线架**

综合布线系统一般在每层楼都设有一个楼层配线架,配线架上放置各种模块以连接主干电缆和配线电缆。

配线架分楼层配线架(FD),大楼配线架(BD),群楼配线架(CD)。它们通过电缆连接各子系统,也是实现综合布线灵活性的关键。图8.67为电缆配线架,图8.68为光缆配线架。

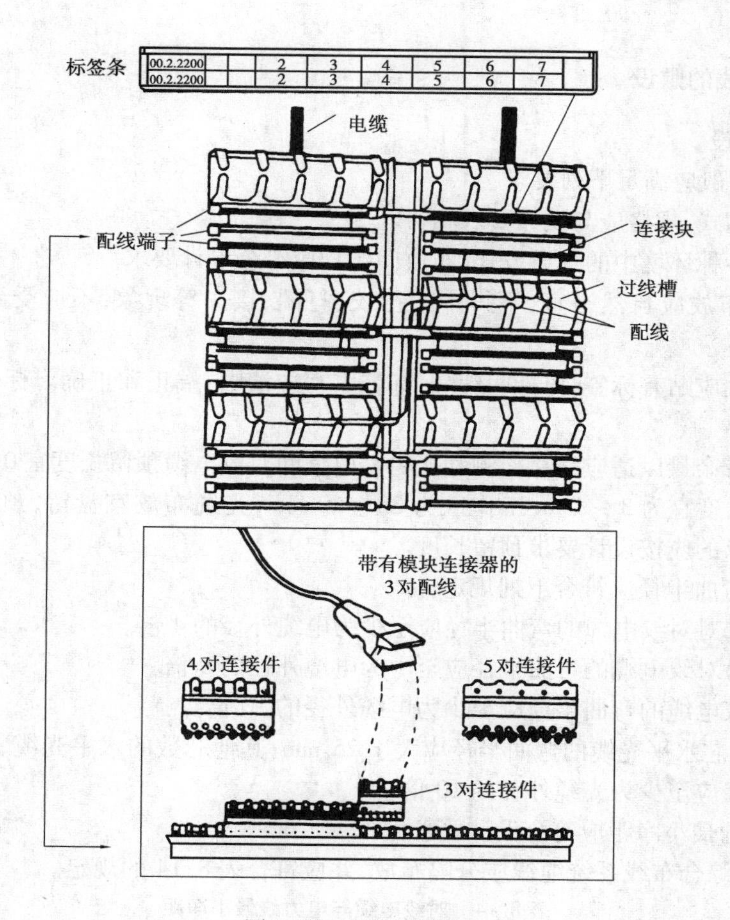

图8.67　电缆配线架

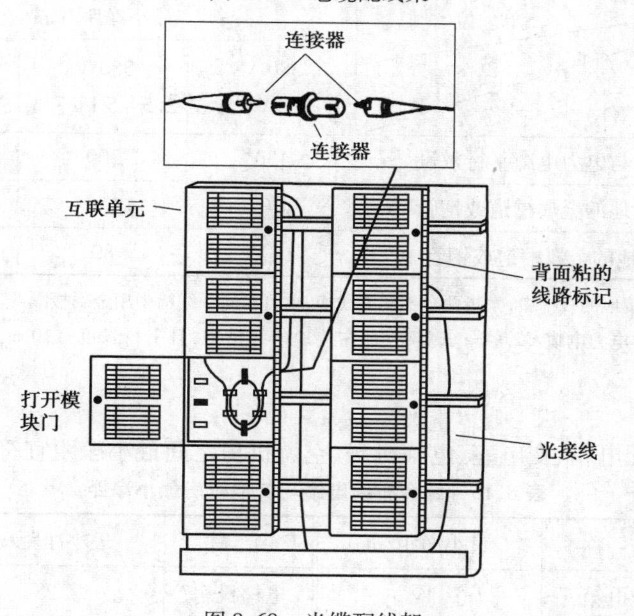

图8.68　光缆配线架

8.8.3　缆线的敷设

(1)缆线敷设

缆线敷设一般应满足下列要求:

1)缆线的型式、规格应与设计要求相符。

2)缆线在各种环境中的敷设方式、布放间距均应符合设计要求。

3)缆线的布放应自然平直,不得产生扭绞、打圈、接头等现象,不应受到外力的挤压和损伤。

4)缆线两端应贴有标签,应标明编号,标签书写应清晰、端正和正确。标签应选用不易损坏的材料。

5)缆线应有余量以适应终接检测和变更。电信间对绞电缆预留长度宜0.5 ~2 m,设备间对绞电缆预留长度宜为3 ~5 m,工作区为30 ~60 mm;光缆布放宜盘留,预留长度宜为3 ~5 m,有特殊要求的应按设计要求预留长度。

6)缆线的弯曲半径应符合下列规定:

①非屏蔽4 对对绞电缆的弯曲半径应至少为电缆外径的4 倍。

②屏蔽4 对对绞电缆的弯曲半径应至少为电缆外径的8 倍。

③主干对绞电缆的弯曲半径应至少为电缆外径的10 倍。

④2 芯或4 芯水平光缆的弯曲半径应大于25 mm;其他芯数的水平光缆、主干光缆和室外光缆的弯曲半径应至少为光缆外径的10 倍。

7)缆线间的最小净距应符合设计要求:

①电源线、综合布线系统缆线应分隔布放,并应符合表8.14 的规定。

表8.14　对绞电缆与电力线最小净距

单位 / 范围 / 条件	最小净距/mm		
	380 V <2 kV · A	380 V 2.5 ~5 kV · A	380 V >5 kV · A
对绞电缆与电力电缆平行敷设	130	300	600
有一方在接地的金属槽道或钢管中	70	150	300
双方均在接地的金属槽道或钢管中*	10**	80	150

注:* 双方都在接地的线槽中,系指两个不同的线槽,也可在同一线槽中用金属板隔开。

** 当380 V 电力电缆 <2 kV · A,双方都在接地的线槽中,且平行长度≤10 m 时,最小间距可为10 mm。

②综合布线与配电箱、变电室、电梯机房、空调机房之间最小净距宜符合表8.15 的规定。

表8.15　综合布线电缆与其他机房最小净距

名　称	最小净距/m	名　称	最小净距/m
配电箱	1	电梯机房	2
变电室	2	空调机房	2

③建筑物内电、光缆暗管敷设与其他管线最小净距见表 8.16 的规定。

表 8.16　综合布线缆线及管线与其他管线的间距

管线种类	平行净距/mm	垂直交叉净距/mm
避雷引下线	1 000	300
保护地线	50	20
热力管(不包封)	500	500
热力管(包封)	300	300
给水管	150	20
煤气管	300	20
压缩空气管	150	20

④综合布线缆线宜单独敷设,与其他弱电系统各子系统缆线间距应符合设计要求。

⑤对于有安全保密要求的工程,综合布线缆线与信号线、电力线、接地线的间距应符合相应的保密规定。对于具有安全保密要求的缆线应采取独立的金属管或金属线槽敷设。

8)屏蔽电缆的屏蔽层端到端应保持完好的导通性。

(2)**预埋线槽和暗管敷设缆线**

预埋线槽和暗管敷设缆线应符合下列规定:

1)敷设线槽和暗管的两端宜用标志表示出编号等内容。

2)预埋线槽宜采用金属线槽,预埋或密封线槽的截面利用率应为 30% ~50%。

3)敷设暗管宜采用钢管或阻燃聚氯乙烯硬质管。布放大对数主干电缆及 4 芯以上光缆时,直线管道的管径利用率应为 50% ~60%,弯管道应为 40% ~50%。暗管布放 4 对对绞电缆或 4 芯及以下光缆时,管道的截面利用率应为 25% ~30%。

(3)**设置缆线桥架和线槽敷设缆线**

设置缆线桥架和线槽敷设缆线应符合下列规定:

1)密封线槽内缆线布放应顺直,尽量不交叉,在缆线进出线槽部位、转弯处应绑扎固定。

2)缆线桥架内缆线垂直敷设时,在缆线的上端和每间隔 1.5 m 处应固定在桥架的支架上;水平敷设时,在缆线的首、尾、转弯及每间隔 5 ~10 m 处进行固定。

3)在水平、垂直桥架中敷设缆线时,应对缆线进行绑扎。对绞电缆、光缆及其他信号电缆应根据缆线的类别、数量、缆径、缆线芯数分束绑扎。绑扎间距不宜大于 1.5 m,间距应均匀,不宜绑扎过紧或使缆线受到挤压。

4)楼内光缆在桥架敞开敷设时应在绑扎固定段加装垫套。

(4)**采用吊顶支撑柱**

作为线槽在顶棚内敷设缆线时,每根支撑柱所辖范围内的缆线可以不设置密封线槽进行布放,但应分束绑扎,缆线应阻燃,选用缆线应符合设计要求。

(5)**建筑群子系统**

采用架空、管道、直埋、墙壁及暗管敷设电、光缆的施工技术要求应按照本地网通信线路工程验收的相关规定执行。

8.8.4 光纤的连接与端接

光纤的连接与电缆的连接是完全不同的。光纤的纤芯是石英玻璃,光信号是封闭在由光纤包层所限制的光波导管里进行传输,所以,光纤的接续,就像自来水管和煤气管道不允许水和煤气由于连接处有缝隙而向外泄露那样,光纤的接续也不能使光信号从光纤的接续处辐射出来,即在接续时,要特别注意使两根待接续的光纤的纤芯端面处理的平整一致,并使芯轴对准。这里特别要强调的是,如果不把两根光纤的芯轴调整在一条三维的空间的直线上,就难以连接出合格的接头。因为所接续的光纤,其芯径比头发丝还细,只有 8.3 ~ 100 μm,接续不好就会产生很大的损耗。导致光纤连接衰耗的原因很多,但主要可概括成两个方面:一是光纤制造技术上的差异引起的;二是操作技术不当引起的。其主要原因如表 8.17 所示。

表 8.17 光纤连接损耗的原因

原因			图示	制造方面	操作方面
操作不当	待连接光纤位置放得不好	光纤间有轴偏 光纤间有空隙 光纤轴有倾斜			涂覆层未去干净位置放置不当
	光纤端面处理不好	端面倾斜 端面不平整 端面粗糙			切断不良及端面处理不好等
光纤参数不一致	芯径不同 相对折射率不同 不圆度			芯径有偏差 相对折射率不同 芯径控制不好	
菲涅尔反射					

光纤连接常用的技术有两种:一种是拼接技术,另一种是端接技术。

(1)**光纤的拼接技术**

将两段断开的光纤永久性地连接起来的拼接技术有两种:一种是熔接技术,另一种是机械拼接技术。

光纤的熔接技术是用光纤熔接机进行高压放电使待接续光纤端头熔融,合成一段完整的光纤。这种方法接续损耗小(一般小于 0.1 dB),而且可靠性高。

光纤的机械拼接是通过一套管将两根光纤的纤芯校准,以确保部位的准确吻合。机械拼接有两项主要技术:一是单股光纤的微面处理技术,二是抛光加箍技术。

(2)**光纤的端接技术**

光纤端接所使用的连接器应适用不同类型的光纤匹配,并使用色码来区分不同类型的光纤。对光纤连接器的主要要求是插入损耗小,体积小,装拆重复性好,可靠性高及价格便宜。

在所有的单工终端应用中,综合布线系统均使用 ST 连接器,单根光纤的连接方式如图 8.69所示。

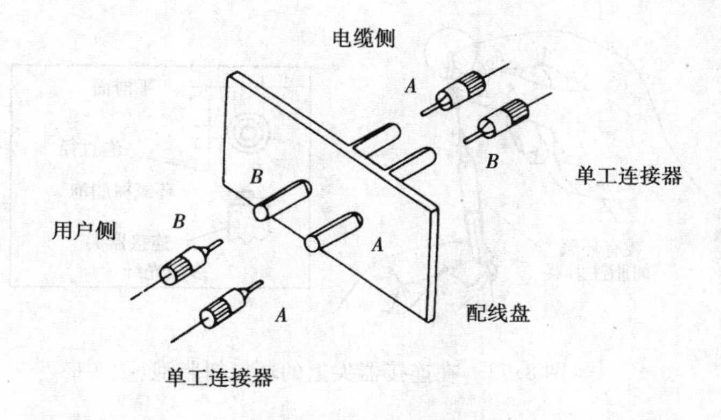

图8.69　单工连接极性图

下面介绍ST标准连接器的安装方法。

1)在光缆的末端环切外护套

将外护套滑出,如图8.70(a)、(b)所示。

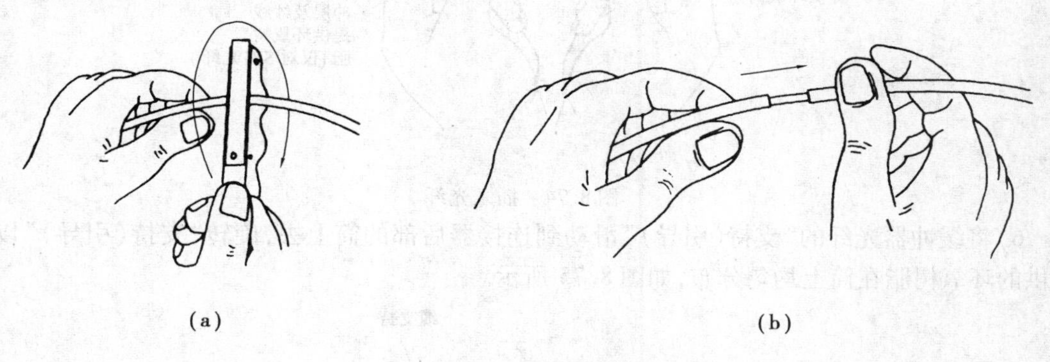

图8.70　剥电缆护套

(a)环切光缆外护套　(b)光缆外护套滑出

2)剥掉外护套,套上扩展帽及缆支持,如图8.71所示。

3)预留光纤长度,如图8.72所示。

4)将环氧树脂注入连接器,直到一个大小合适的泡出现在连接器陶瓷尖头上平滑部分为止,如图8.73所示。

5)通过连接器的背部插入光纤,轻轻地旋转连接器,使之位于连接器孔的中央,如图8.74所示。

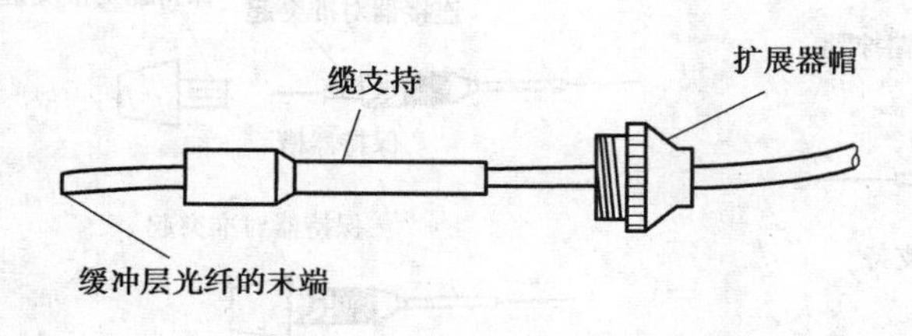

图8.71　缆支持及帽的安装

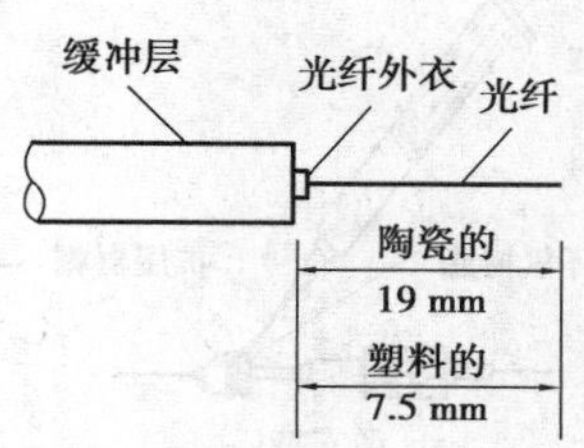

图8.72　预留光纤长度

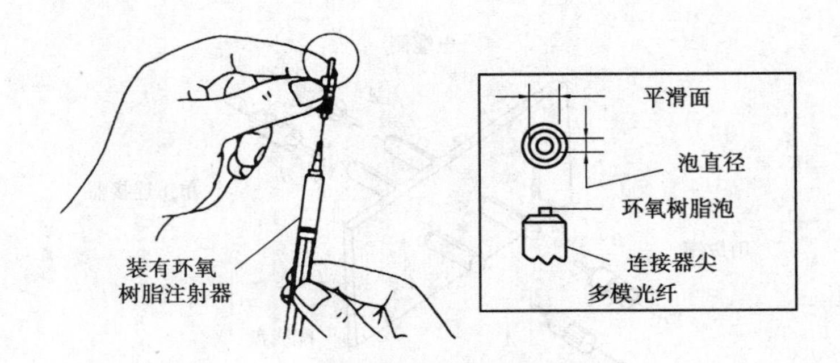

图 8.73　在连接器尖上的环氧树脂泡

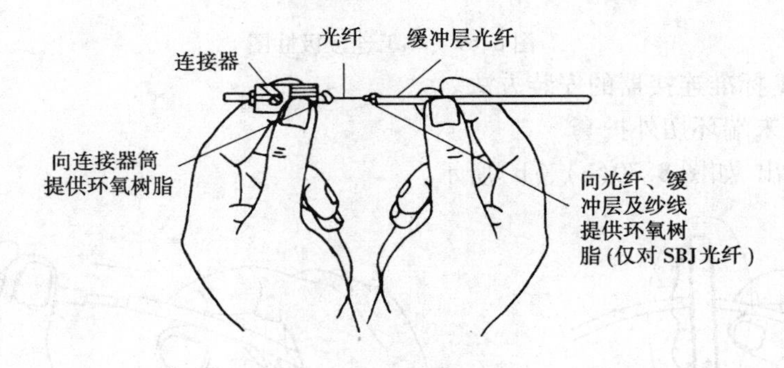

图 8.74　插入光纤

6)将缓冲器光纤的"支持(引导)"滑动到连接器后部的筒上去,旋转"支持(引导)"以使提供的环氧树脂在筒上均匀分布,如图 8.75 所示。

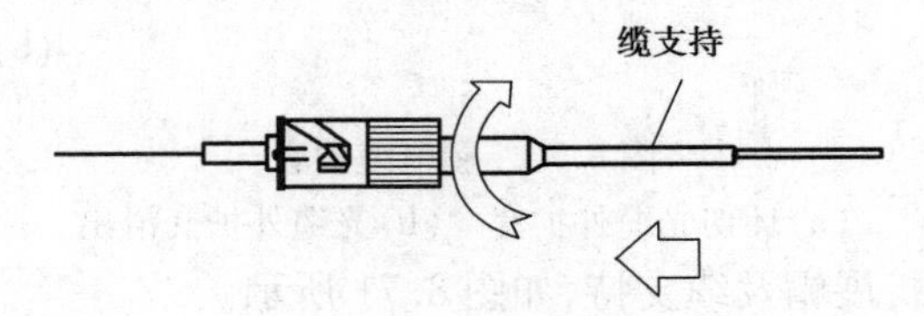

图 8.75　组装缆支持

7)往扩展器帽的螺纹上注射一滴环氧树脂,将扩展帽滑向缆"支持(引导)",并将扩展帽通过螺纹拧到连接器体中去,确保光纤就位,如图 8.76 所示。

8)往连接器上加保持器,如图 8.77 所示。

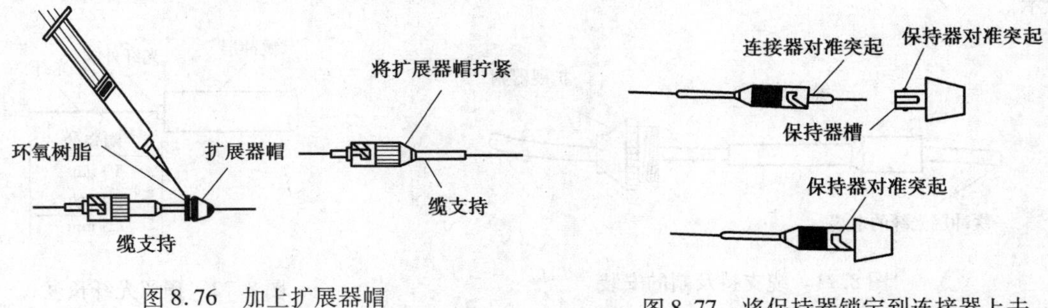

图 8.76　加上扩展器帽

图 8.77　将保持器锁定到连接器上去

在烘烤箱端口中烘烤环氧树脂 10 min,冷却后将连接器组件打磨平齐,连接组装如图8.78 所示。

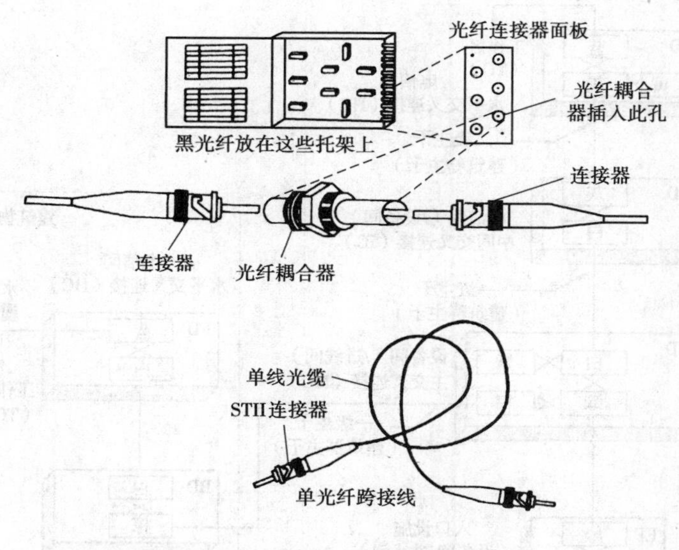

图 8.78　光纤连接器组装示意图

8.8.5　对绞电缆的终接

缆线在终接前,必须核对缆线标志内容是否正确,缆线中间不应有接头,终接处必须牢固、接触良好。对绞电缆与连接器件连接应认准线号、线位色标,不得颠倒和错接。色标的规定及应用场合宜符合图 8.79 的要求。

对绞电缆终接应符合下列要求:

1)终接时,每对对绞线应保持扭绞状态,扭绞松开长度对于 3 类电缆不应大于 75 mm;对于 5 类电缆不应大于 13 mm;对于 6 类电缆应尽量保持扭绞状态,减小扭绞松开长度。

2)对绞线与 8 位模块式通用插座相连时,必须按色标和线对顺序进行卡接。插座类型、色标和编号应符合图 8.80 的规定。两种连接方式均可采用,但在同一布线工程中两种连接方式不应混合使用。

3)7 类布线系统采用非 RJ45 方式终接时,连接图应符合相关标准规定。

4)屏蔽对绞电缆的屏蔽层与连接器件终接处屏幕罩应通过紧固器件可靠接触,缆线屏蔽层应与连接器件屏蔽罩 360°圆周接触,接触长度不宜小于 10 mm。屏蔽层不应用于受力的场合。

5)对不同的屏蔽对绞线或屏蔽电缆,屏蔽层应采用不同的端接方法。应对编织层或金属箔与汇流导线进行有效的端接。

6)每个 2 口 86 面板底盒宜终接 2 条对绞电缆或 1 根 2 芯/4 芯光缆,不宜兼做过路盒使用。

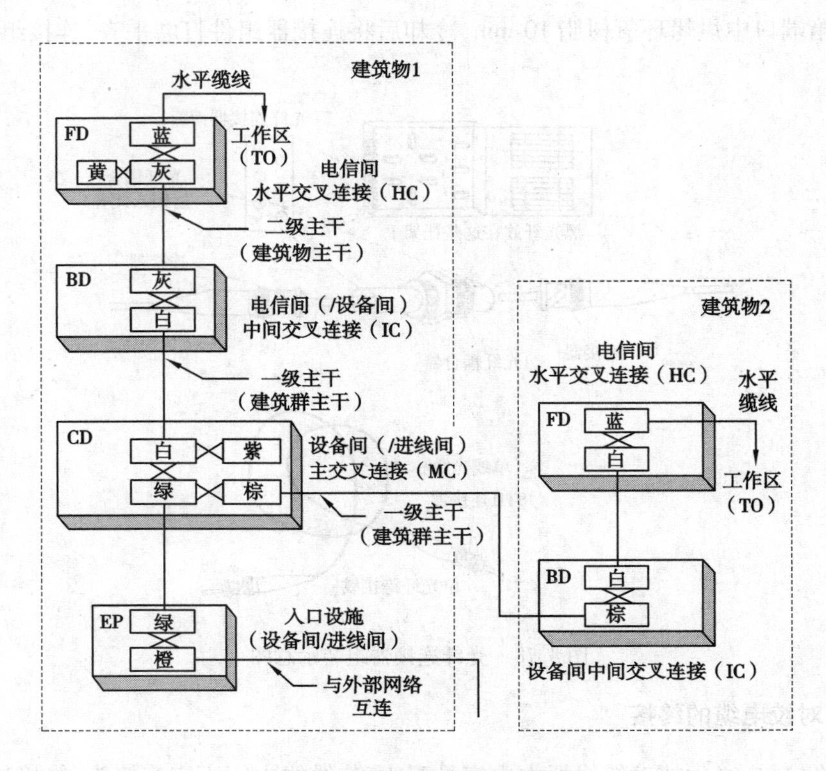

图 8.79　色标应用位置示意

橙色——用于分界点，连接入口设施与外部网络的配线设备。

绿色——用于建筑和分界点，连接入口设施与建筑群的配线设备。

紫色——用于与信息通信设施（PBX、计算机网络、传输等设备）连接的配线设备。

白色——用于连接建筑物内主干缆线的配线设备（一级主干）。

灰色——用于连接建筑物内主干缆线的配线设备（二级主干）。

棕色——用于连接建筑群主干缆线的配线设备。

蓝色——用于连接水平缆线的配线设备。

黄色——用于报警、安全等其他线路。

红色——预留备用。

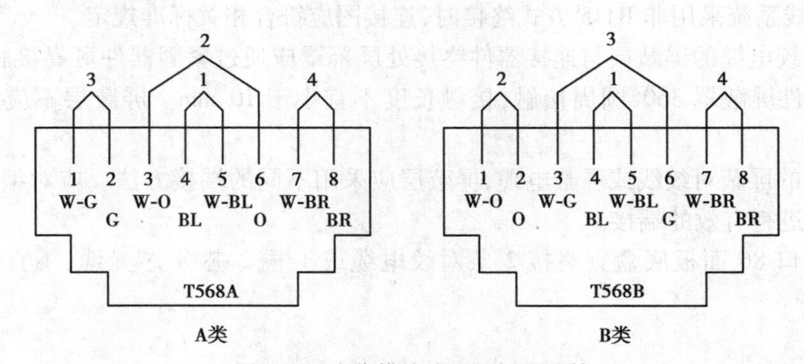

图 8.80　8 位模块式通用插座连接

G（Green）—绿；BL（Blue）—蓝；BR（Rrown）—棕；W（White）—白；O（Orange）—橙

8.8.6　设备安装

1）机柜、机架安装的要求：

①机柜、机架安装完毕后，垂直偏差度应不大于3 mm。机柜、机架安装位置应符合设计要求。

②机柜、机架上的各种零件不得脱落或碰坏，漆面不应有脱落及划痕，各种标志应完整、清晰。

③机柜、机架、配线设备箱体、电缆桥架及线槽等设备的安装应牢固，如有抗震要求时，应按施工图的抗震设计进行加固。

2）各类配线部件安装的要求：

①各部件应完整，安装就位，标志齐全。

②安装螺栓必须拧紧，面板应保持在一个平面上。

3）信息插座模块的安装要求

①安装在活动地板或地面上，应固定在接线盒内，插座面板采用直立和水平等形式；接线盒盖可开启，并应具有防水、防尘、抗压功能。接线盒盖面应与地面齐平。

② 信息插座模块、多用户信息插座集合点配线模块安装位置和高度应符合设计要求。

③ 信息插座模块明装底盒的固定方法根据施工现场条件而定。

④信息插座底盒同时安装信息插座模块和电源插座时，间距及采取的防护措施应符合设计要求。

⑤固定螺钉需拧紧，不应产生松动现象。

⑥各种插座面板应有标志，以颜色、图形、文字表示所接终端设备业务类型。

⑦工作区内终接光缆的光纤连接器件及适配器安装底盒应具有足够的空间，并应符合设计要求。

4）电缆桥架及线槽的安装要求

①桥架及线槽的安装位置应符合施工图规定，左右偏差不应超过50 mm。

②桥架及线槽水平度每米偏差不应超过2 mm。

③垂直桥架及线槽应与地面保持垂直，垂直度偏差不应超过3 mm。

④线槽截断处及两线槽拼接处应平滑、无毛刺。

⑤吊架和支架安装应保持垂直，整齐牢固，无歪斜现象。

⑥金属桥架及线槽节与节间应接触良好，安装牢固。

⑦采用吊顶支撑柱布放缆线时，支撑点宜避开地面沟槽和线槽位置，支撑应牢固。

5）其他安装要求

安装机柜、机架、配线设备屏蔽层及金属管、线槽使用的接地体应符合设计要求，就近接地，并应保持良好的电气连接。

复习题

1. 何谓智能建筑？

2. 简述智能建筑工程内容及特点。

3. 简述火灾自动报警系统的组成。

4. 常用火灾探测器有哪几种类型？分别阐述它们的工作原理和结构。
5. 简述火灾自动报警系统的接线制式。
6. 火灾探测器的安装有哪些要求？
7. 火灾报警控制器具有哪些功能？有几种安装方式？有哪些具体要求？
8. 试述火灾自动报警系统调试的内容。
9. 简述有线电视系统的组成。
10. 有线电视系统常用哪几类天线？试述其安装调试方法和要求。
11. 试述前端设备的安装及调试方法。
12. 简述有线电视系统的统调方法及性能指标要求。
13. 扩声音响系统的组成及常用音响设备。并简述它们的功能。
14. 扩声音响系统的安装包括哪些主要内容？
15. 简述公共广播系统的功能和技术要求。
16. 简述电话通信系统的组成。
17. 简述程控数字交换机的功能。
18. 简述电话通信系统调试内容。
19. 建筑安全防范系统一般包括哪些系统？
20. 何谓入侵报警系统？探测器有哪些种类？
21. 简述视频监控系统、门禁系统、楼宇对讲系统及停车场管理系统的组成。
22. 简述安全防范系统设备安装要求。
23. 简述建筑设备监控系统的组成及各系统控制功能。
24. 简述建筑设备监控系统调试程序。
25. 简述建筑设备监控系统竣工验收前系统检测的主要内容。
26. 简述综合布线系统的结构组成。
27. 综合布线系统使用哪几种线缆？
28. 简述综合布线系统的应用范围。
29. 简述综合布线系统安装内容及技术要求。

附　录

附录 I　常用图形符号

附表 I.1　功能性文件用图形符号

（摘自《建筑电气工程设计常用图形和文字符号》(09DX001)）

序号	符　号	说　明
1	⎓	直流　Direct current　示例:2/M = 200/100 V
2	～	交流　Alternating current
3	3/N ~ 400/230 V 50 Hz	交流三相带中性线 400 V（相线和中性线间的电压为 230 V）,50 Hz
4	3/N ~ 50 Hz/TN-S	交流三相,50 Hz,具有一个直接接地点且中性线与保护导体全部分开的系统
5	+	正极　Positive polarity
6	–	负极　Negative polarity
7	N	中性(中性线)　Neutral
8	M	中间线　Mid-wire
9	⏚	接地、地一般符号　Earth
10		连线、连接、连接组(导线、电缆、电线、传输通路)　Conductor Connection Group of conductors
11		三根导线　Three connections
12	3	三根导线　Three connections
13		柔性连接　Flexible connection
14		屏蔽导体　Screened conductor
15		绞合导线　Twisted connection　示出两根　Two connections shown
16		阴接触件(连接器的)、插座　Female contact(of a socket or pulg), Socket
17		阳接触件(连接器的)、插头　Male contact(of a socket or plug),Plug
18		插头和插座　Plug and socket
19		接通的连接片　Connecting link,closed
20		断开的连接片　Connecting link,open

续表

序号	符　号	说　明
21		电阻器,一般符号　Resistor,general symbol
22		电容器,一般符号　Capacitor,general symbol
23		极性电容器,如电解电容　Polarized capacitor,for example electrolytic
24		电器感 Iuductor　线圈 Coil　绕组 Winding　扼流圈 Choke 若表示带磁芯的电感器可以在该符号上加一条平行线;若磁芯有间隙,这条线可断开画 If it is desired to show that the inductor has a magentic core, a single line may be added parallel to the symbol. The line may be annotated to indicate non-magnetic materials; it may be interrupted to indicate a gap in the core.
25		电机一般符号　Machine,general symbol "★"用下述字母之一代替: G 发电机 Generator GS 同步发电机 Synchronous generator M 电动机 Motor MS 同步电动机 Synchronous motor
26	形式 1	双绕组变压器　Transformer with two windings
27	形式 2	瞬时电压的极性可以在形式 2 中表示 The instantaneous voltage polarities may be indicated in form 2 of the symbol.
28	形式 1	星形-三角形连接的三相变压器　Three-phase transformer,connection star-delta
29	形式 2	
30	形式 1	电压互感器 Voltage transformer
31	形式 2	
32		三绕组电压互感器 Voltage transformer,with three windings
33	形式 1	电流互感器　Current transformer 脉冲变压器　Pulse transformer
34	形式 2	
35		具有两个铁芯,每个铁芯有一个二次绕组的电流互感器 Current transformer with two cores with one secondary winding on each core
36		一个铁芯具有两个二次绕组的电流互感器 Current transformer with two secondary winding on one core
37		隔离开关　Disconnector(isolator)
38		具有中间断开位置的双向隔离开关 Two-way disconnector(isolator) with off-position in the centre
39		负荷开关(负荷隔离开关) Switch-disconnector(on-load isolating switch)

续表

序号	符 号	说 明
40		具有由内装的测量继电器或脱扣器触发的自动释放功能的负荷开关 Switch-disconnector with automatic tripping initiated by a built-in measuring relay or release
41		断路器 Circuit breaker
42		熔断器式开关(GB/T 200.18-92 同义词:熔断器式刀开关) Fuse-switch
43		熔断器式隔离开关 Fuse-disconnector(GB/T 2900.18—92 为熔断器式隔离器)
44		熔断器式负荷开关 Fuse switch-disconnector(GB/T 2900.18—92 为熔断器式隔离开关)
45		接触器 Contactor 接触器的主动合触头 Main make contact of a contactor
46		接触器 Contactor 接触器的主动断触头 Main break contact of a contactor
47		熔断器一般符号 Fuse, general symbol
48		火花间隙 Spark gap
49		避雷器 Surge diverter Lightning arrester
50		动合(常开)触点 Make contact 开关的一般符号 This symbol may also be used as the general symbol for a switch
51	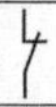	动断(常闭)触点 Break contact
52	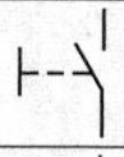	手动操作开关一般符号 Manually operated switch, general symbol
53	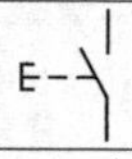	具有动合触点且自动复位的按钮开关 Push-button switch make contact and automatic return
54	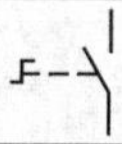	具有动合触点但无自动复位的旋转开关 Turn-switch with make contact without automatic return
55	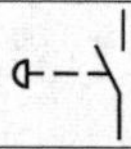	具有动合触点且自动复位的蘑菇头式的按钮开关 Push-button switch, type"mushroom-head",key by operation
56	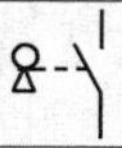	具有动合触点钥匙操作的按钮开关 Push-button switch, key by operation
57	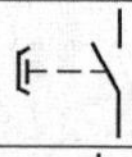	带有防止无意操作保护的具有动合触点的按钮开关 Push-button switch, protected against unintentional operation
58	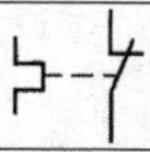	热继电器,动断触电 Thermal relay or relrase,break contact
59	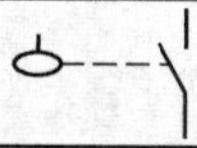	液位控制开关,动合触点 Actuated by liquid level switch, make contact

续表

序号	符　号	说　明
60		液位控制开关,动断触点 Actuated by liquid level switch, break contact
61	形式 1	操作器件一般符号　Operating device, general symbol
62	形式 2	继电器线圈一般符号　Relay coil, general symbol
63	形式 1	具有两个独立绕组的操作器件的组合表示法
64	形式 2	Operating device with two separate windings, attached representation
65		热继电器的驱动器件 Themal relay,operating device
66	V	电压表　Voltmeter
67	A	电流表　Ammeter
68	var	无功功率表　Varmeter
69	cosφ	功率因数表　Power-factor meter
70	W	记录式功率表　Recording wattmeter
71	Wh	电度表(瓦时计)　Watt-hour meter
72	Wh	复费率电能表,示出二费率 Multi-rate watt-hour meter, two-rate shown
73	varh	无功电度表　Var-hour meter
74		灯,一般符号　Lamp, general symbol 信号灯,一般符号　Signal lamp, general symbol 如果要求指示颜色,则在靠近符号处标出下列代码: RD—红　red YE—黄　yellow GN—绿　green BU—蓝　blue WH—白　white 如果要求指示灯类型,则在靠近符号处标出下列代码: Ne—氖　neon Xe—氙　xenon Na—钠气　sodium vapour Hg—汞　mercury I—碘　iodine IN—白炽　incandescent EL—电发光　electroluminescent ARC—弧光　arc FL—荧光　fluorescent IR—红外线　infra-red UV—紫外线　ultra-violet LED—发光二极管　light emitting diode

续表

序号	符 号	说 明
75		闪光型信号灯 Signal lamp, flashing type
76		电喇叭 Horn
77		电铃 Bell
78		报警器 Siren
79		蜂鸣器 Buzzer

附表 I.2 位置文件用图形符号

序号	符 号	说 明
80		连接、连接 Connection 连线组 Group of connections 示例: 导线 conductor 电线 line 电缆 cable 传输通路 transmission path
81		中性线 Neutral conductor
82		保护线 Protective conductor
83	PE	保护接地线 Protective earthing conductor
84		保护线和中性线共用线 Combined protective and neutral conductor
85		示例:具有中性线和保护线的三相配线 Three-phase wiring with neutral conductor and protective conductor
86		向上配线 Wiring going upwards
87		向下配线 Wiring going downwards
88		垂直通过配线 Wiring passing through vertically
89	LP	避雷线 Earth wire, ground-wire 避雷带 Strap type lightning protect 避雷网 Network of lightning conduct
90	·	避雷针 Lightning rod
91		配电中心 Distribution centre 示出 5 路馈线 The symbol is shown with five wirings.
92	☆	符号就近标注种类代号“☆”,表示的配电柜(屏)、箱、台: 种类代码 AP,表示为动力配电箱 Power distribution board 种类代码 APE,表示为应急电力配电箱 Emergency power distribution board 种类代码 AL,表示为照明配电箱 Lighting distribution board 种类代码 ALE,表示为应急照明配电箱 Emergency lighting distribution board

续表

序号	符　号	说　明
93		盒(箱)一般符号　Box, general symbol
94		连接盒　Connection box 接线盒　Junction box
95	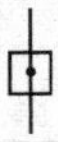	用户端　供电输入设备　示出带配线　Consumers terminal　Service entrance equipment　The symbol is shown with wiring.
96		电动机启动器一般符号　Motor starter, general symbol
97		星-三角启动器　Star-delta starter
98		自耦变压器式启动器　Starter with auto-transtormer
99		(电源)插座,一般符号　Socket outlet(power),general symbol Receptacle outlet(power),general symbol
100	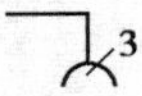	(电源)多个插座示出3个 Multiple socket outlet(power)The symbol is shown with three outlets.
101	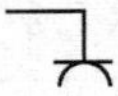	带保护接点(电源)插座 Socket outlet(power) with protective contact
102		根据需要可在"★"处用下述文字区别不同的插座: 1P—单相(电源)插座 3P—三相(电源)插座 1C—单相暗敷(电源)插座 3C—三相暗敷(电源)插座 1EX—单相防爆(电源)插座 3EX—三相防爆(电源)插座 1EN—单相密闭(电源)插座 3EN—三相密闭(电源)插座
103		
104	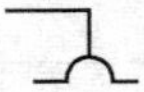	带护板的(电源)插座 Socket outlet (power) with shutter
105	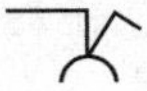	带单极开关的(电源)插座 Socket outlet (power) with single-ploe switch
106		带联锁开关的(电源)插座 Socket outlet (power) with interlocked switch
107		具有隔离变压器的插座 Socket outlet (power) with isolating transformer 示例:电动剃刀用插座　for exampie:shaver outlet
108		开关一般符号　Switch, general symbol
109		根据需要"★"可用下述文字标注在图形符号旁边,以区别不同类型的开关: C—暗装开关 EX—防爆开关 EN—密闭开关

续表

序号	符 号	说 明
110		带指示灯的开关 Switch with pilot light
111		单极限时开关 Period limiting switch, single pole
112		两控单极开关 Two-way single pole switch
113		中间开关 Intermediate switch 等效电路图 Equivalent circuit diagram
114		调光器 Dimmer
115		单极拉线开关 Pull-cord single pole switch
116	◎	按钮 Push-button 根据需要“★”可用下述文字标注在图形符号旁边,以区别不同类型的开关: 2—2 个按钮单元组成的按钮盒 3—3 个按钮单元组成的按钮盒 EX—防爆型按钮 EN—密闭型按钮
117	◎★	
118		带有指示灯的按钮 Push-button with indicator lamp
119		钥匙开关 Key-operated switch 看守系统装置 Watchman's system device
120	⊗	灯一般符号 Lamp, general symbol 如果要求指出灯光源类型,则在靠近符号处标出下列代码: Na—钠气 Hg—贡 I—碘 IN—白炽 ARC—弧光 FL—荧光 IR—红外线 UV—紫外线 MH—金属卤化物灯 Metal halide lamp HI—石英灯 Halogen incandescent lamp

续表

序号	符　号	说　明
121	⊗★	如需要指出灯具种类,则在"★"位置标出数字或下列字母: W—壁灯　Wall lamp C—吸顶灯　Ceiling lamp R—筒灯　Recessed down lights EN—密闭灯　Enclosed lamp EX—防爆灯　Explosion-proof lamp G—圆球灯　Globe lamp P—吊灯　Pendant lamp L—花灯　Lustre, chandelier LL—局部照明灯　Local lighting lamp SA—安全照明　Safety lighting ST—备用照明　Standby lighting
122		荧光灯,一般符号　Fluorescent lamp, general symbol
123		发光体,一般符号　Luminaire, general symbol 示例:三管荧光灯　Luminaire with three fluorescent tubes
124	5	五管荧光灯　Luminaire with five fluorescent tubes
125		二管荧光灯　Luminaire with two fluorescent tubes
126	★	如需要指出灯具种类,则在"★"位置标出下列字母: EN—密闭灯　Enclosed lamp
127	★	EX—防爆灯　Explosion-proof lamp
128		投光灯,一般符号 Projector, general symbol
129		聚光灯　Spot light
130		泛光灯　Flood light
131		在专用电路上的事故照明灯 Emergency lighting luminaire on special circuit
132		自带电源的事故照明灯 Self-contained emergency lighting luminaire
133		时钟　Time clock 时间记录器　Time recorder
134		电锁　Electric lock
135	M	电动阀　Electrical Valve
136	M	电磁阀　Solenoid Valve
137	±	风机盘管　Fan-coil unit

附表Ⅰ.3 通信系统及综合布线系统

序号	符 号	说 明
138		自动交换设备 Automatic switching equipment 需指出自动交换设备的类型时,可在"★"处加注下列字母: SPC—程控交换机 Program controlled exchange PABX—程控用户交换机 C—集团电话主机
139	★	
140	MDF	总配线架 Main distribution frame
141	DDF	数字配线架 Digital distribution frame
142	ODF	光纤配线架 Fiber distribution frame
143	VDF	单频配线架 Single-Frequency distribution frame
144	IDF	中间配线架 Mid distribution frame
145	FD	楼层配线架 Floor distributor
146		综合布线配线架(用于概略图) Cross connect, premises distribution (overview diagram)
147		电话机,一般符号 Telephone set, general symbol
148		分线盒的一般符号 Junction box, general symbol 可加注:$\frac{N-B}{C} \Big| \frac{d}{D}$ 其中:N—编号 B—容量 C—线序 d—现有用户数 D—设计用户数
149	简化形	
150		分线箱的一般符号 Junction box, general symbol 示例:分线箱(简化形加标注) 加注同148
151	简化形	
152		壁龛分线箱 Built-injunction box 示例:分线箱(简化形加标注) 加注同148
153	简化形 W	

续表

序号	符　号	说　明
154		架空交接箱　Overhead cross connection box
155		落地交接箱　Floor cross connection box
156		壁龛交接箱　Builtin-in cross connection box
157	TP	电话出线座　Telephone outlet holder
158		电话插座的一般符号　Socket outlet（teleconmmunications）, general symbol 可用以下的文字或符号区别不同插座： TP—电话　Telephone FX—传真　Facsimile M—传声器　Microphone —扬声器　Loudspeaker FM—调频　Frequency modulation TV—电视　Television
159	形式 1 nTO	信息插座　Telecommunications outlets n 为信息孔数量，例如： TO—单孔信息插座　1-Telecommunications outlets 2TO—二孔信息插座　2-Telecommunications outlets 4TO—四孔信息插座　4-Telecommunications outlets 6TO—六孔信息插座　6-Telecommunications outlets nTO—n 孔信息插座　n-Telecommunications outlets
160	形式 2 nTO	

附表 I.4　火灾报警与消防控制系统

序号	符　号	说　明
161	★	需区分火灾报警装置“★”用下述字母代替： C—集中型火灾报警控制器　Gentral fire alarm control unit Z—区域型火灾报警控制器　Zone fire alarm control unit G—通用火灾报警控制器　General fire alarm contral unit S—可燃气体报警控制器　Combustible gas alarm control unit

续表

序号	符 号	说 明
162	★	需区分火灾控制、指示设备"★"用下述字母代替: RS—防火卷帘门控制器 Electrical control box for fire-resisting rolling shutter RD—防火门磁释放器 Megnetic releasing device for fire-resisting I/O—输入/输出模块 I/O module O—输出模块 Output module I—输入模块 Input module P—电源模块 Power supply module T—电信模块 Telecommunication module SI—短路隔离器 Short eireuit isolator M—模块箱 Module box SB—安全栅 Safety barrier D—火灾显示盘 Fire display panel FI—楼层显示盘 Floor indicator CRT—火灾计算机图形显示系统 Computer fire figure displaying system FPA—火警广播系统 Public-fire alarm address system MT—对讲电话主机 The main telephone set for two-way telephone
163	CT	缆式线型定温探测器 Cable line type fixed temperature detector
164		感温探测器 Heat detector
165	N	感温探测器 (非地址码型) Heat detector (non-addressable code type)
166		感烟探测器 Smoke detector
167	N	感烟探测器 (非地址码型) Smoke detector (non-addressble code type)
168	EX	感烟探测器 (防爆型) Smoke detector (explosion-proof type)
169		感光火灾探测器 Flame detector
170		气体火灾探测器 (点式) Gas detector (point type)
171		复合式感烟感温火灾探测器 Combination detector, smoke and heat
172		复合式感光感烟火灾探测器 Combination detector, flame and smoke
173		点型复合式感光感温火灾探测器 Combination detector, flame and neat

续表

序号	符　号	说　明
174		手动火灾报警按钮　Manual station
175		消火栓起泵按钮　Pump starting button in bydrant
176		水流指示器　Flow switch
177	P	压力开关　Pressure switch
178		报警阀　Alarm valve
179		防火阀(需表示风管的平面图用)　Fire-resisting damper
180		防火阀(70 ℃熔断关闭)　Fire-resisting damper (shut off 70 ℃)
181		防烟防火阀(24 V 控制,70 ℃熔断关闭) Smoke control/fire-resisting damper (open w/24 V electric control, shut off 70 ℃)
182		防火阀(280 ℃熔断关闭)　Fire-resisting damper (shut off 280 ℃)
183		防烟防火阀(24 V 控制,280 ℃熔断关闭) Smoke control/fire-resisting damper (open w/24 V electric control, shut off 280 ℃)
184		增压送风口
185	SE	排烟口
186		火灾报警电话机(对讲电话机)　Speaker-phone(or two-way telephone)
187		火灾电话插孔(对讲电话插孔)　Jack for two-way telephone
188		带手动报警按钮的火灾电话插孔　Jack for two-way telephone with manual station
189		火警电铃　Alarm bell
190		警报发声器　Alarm soumder
191		火灾光警报器　Alarm illuminated signal
192		火灾声、光警报器　Audio-visuol five alam
193		火灾警报扬声器　Fire alarm loudspeaker
194	IC	消防联动控制装置　Integrated fire control device
195	AFE	自动消防设备控制装置　Device for controlling automatic fire equipments
196	EEL	应急疏散指示标志灯　Emergency exit indicating luminaires

续表

序号	符 号	说 明
197	EEL	应急疏散指示标志灯(向右) Emergency exit indicating luminaires (right)
198	EEL	应急疏散指示标志灯(向左) Emergency exit indicating luminaires (left)
199	EL	应急疏散照明灯 Emergency escape indicating sign luminaires
200		消火栓 Hydrant

附表Ⅰ.5 安全防范系统

序号	符 号	说 明
201		电视摄像机 Television camera
202		带云台的电视摄像机 Television camera with pan/till unit
203	R	球形摄像机 Round camera
204	R	带云台的球形摄像机 Round camera with pan/till unit
205	OH	有室外防护罩的电视摄像机 Television camera with outdoor housing
206	OH	有室外防护罩的带云台的摄像机 Television camera with outdoor housing and pan/till unit
207		彩色电视摄像机 Colour television camera
208		带云台彩色摄像机 Colour television camera with pan/till unit
209		电视监视器 Television monitor
210		彩色电视监视器 Colour television monitor
211		读卡器 Card reader
212		保安巡逻打卡器
213		紧急脚挑开关 Deliberately-operated device (foot)
214		紧急按钮开关 Deliberately-operated device (manual)
215		门磁开关 Magnetically-operated protective switch
216	B	玻璃破碎探测器 Glass-break detector (surface contact)
217	IR	被动红外入侵探测器 Passive infrared intrusion detector
218	M	微波入侵探测器 Microwave intrusion detector

续表

序号	符　号	说　明
219	IR/M	被动红外/微波双技术探测器　IR/M dual-technology detector
220		楼寓对讲电控防盗门主机 Mains control module for flat intercom electrical control door
221		对讲电话分机　Interphone handset
222	EL	电控锁　Electro mechanical lock
223		可视对讲机　Video entry security intercom
224		可视对讲户外机
225		声、光报警箱　Alarm box
226	MR	监视立柜
227	MS	监视墙屏

附表Ⅰ.6　有线电视系统

序号	符　号	说　明
228		天线，一般符号　Antenna, general symbol 带矩形波导馈线的抛物面天线 Parabolic antenna, shown with rectangulay waveguide feeder
229		有当地天线引入的前端　Head end with local antenna 示出一个馈线支路　The symbol is shown with one branch feeder 馈线支路可从圆的任何点画出 Branch feeders may be drawn from any convenient point on the circle.
230		无当地天线引入的前端　Head end without loccal antenna 示出一个输入和一个输出通路 The symbol is shown with one input and one output trunk feeder
231		放大器，一般符号。中继器一般符号　Amplifier, general symbol, Repeater, general symbol 三角形指向传输方向　The triangle is pointed in the direction of transmission.
232		彩色电视接收机　Colour television receiver
233		分配器，两路，一般符号　Splitter, two-way, general symbol
234		三路分配器　Splitter, three-way
235		四路分配器　Splitter, four-way

续表

序号	符 号	说 明
236	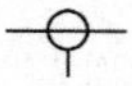	信号分支,一般符号 Single tap-off, general symbol
237	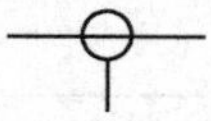	用户分支器 Subscriber's tap-off 示出一路分支 The symbol is shown with a single tap-off on line.
238	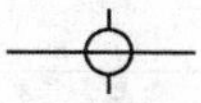	用户二分支器 Subscriber's tap-off, two-way
239		用户四分支器 Subscriber's tap-off, four-way
240		系统出线端 System outlet
241		匹配终端 Matched termination
242	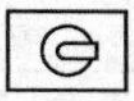	视盘放像机 Video disc player

附表Ⅰ.7 服务性广播及厅堂扩声系统

序号	符 号	说 明
243		传声器,一般符号 Microphone, general symbol
244	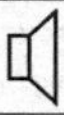	扬声器,一般符号 Loudspeaker, general symbol
245	 ★	需要注明扬声器的形式时,在符号附近注"★"用下述文字标注: C—吸顶式安装型扬声器 Loudspeaker, ceiling mounted type R—嵌入式安装型扬声器 Loudsperaker, flush type W—壁挂式安装型扬声器 Loudspeaker, wall mounted type
246		扬声器箱、音箱、声柱 Loudspeaker box, Sound clumn
247	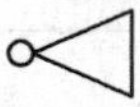	高音号筒式扬声器
248		调谐器、无线电接收机 Tuner, redio receiver
249		放大器 Amplifier
250	 ★	需指出放大器设备的种类时,在符号处就近"★"用下述字母替代标注: A—扩大机 Audio amplifler PRA—前置放大器 Preamplifier AP—功率放大器 Power amplifier

附表Ⅰ.8 建筑设备自动化系统

序号	符 号	说 明
251		温度传感元件 Measuring transducer, temperature

续表

序号	符　号	说　明
252		压力传感元件　Measuring transducer, pressure
253		流量传感元件　Measuring transducer, flowrate
254		湿度传感元件　Measuring transducer, humidity
255		液位传感元件　Measuring transducer, level
256	FE *	流量测量元件(*为位号)　Measuring component, flowrate
257	FT *	流量变送器(*为位号)　Transdu'cer, flowrate
258	LT *	液位变送器(*为位号)　Transdu'cer, level
259	PT *	压力变送器(*为位号)　Transdu'cer, pressure
260	TT *	温度变送器(*为位号)　Transdu'cer, temperature
261	MT *	湿度变送器(*为位号)　Transdu'cer, humidity
262	A/D	模拟/数字变换器　Converter, A/D
263	D/A	数字/模拟变化器　Converter, D/A
264	BAC	建筑自动化控制器　Building automation control
265	DDC	直接数字控制器　Direct digital control (DDC)
266	GM	燃气表　Gas meter
267	WM	水表　Water meter
268		对开式多叶调节阀　Open multi-blade regulating valve
269	M	电动对开多叶调节阀　Electric operated open multi-blade regulating valve
270		三通阀　Three-way valve
271		加湿器　Humidifer
272	M	电动碟阀　Electrically butterfly valve
273		风机　Fan
274		冷却塔　Cooling tower
275		冷水机组　Cool water aggregate
276		热交换器　Heat exchanger

附表Ⅰ.9 线路

序号	符 号	说 明
277	F	电话线路或电话电路 Telephone line or circuit
278	T	数据传输线路 Transmission of data line
279	V	视频通路(电视) Telecommunication-line, video channel (television)
280	R	射频线路 Telecommunication-line, radio frequency
281	GCS	综合布线系统线路 GCS line
282	B	广播线路 Broadcast line
283		永久接头 Permanent joint
284	~	线路电源器件 Ling power unit 示出交流型 AC type shown
285		线路电源接入点 Power feeding injection point
286		光纤或光缆一般符号 Optical fibre or optical fibre cable, general symbol

附录Ⅱ 常用电气设备基本文字符号

附表Ⅱ.1 常用电气设备基本文字符号

（摘自《建筑电气工程设计常用图形和文字符号》(09DX001)）

序号	设备、装置和元器件种类	设备、装置和元器件名称	基本文字符号	
			单字母	多字母
001	组件及部件	调节器 Regulator	A	
002		放大器 Amplifier		
003		电能计量柜 Electric energy measuring cabinet		AM
004		高压开关柜 HV switchgear		AH
005		交流配电屏(柜) AC switchgear		AA
006		直流配电屏 DC switchgear 直流电源柜 DC power supply cabinet		AD
007		电力配电箱 Power distribution board		AP
008		应急电力配电箱 Emergency power distribution board		APE
009		照明配电箱 Lighting distribution board		AL
010		应急照明配电箱 Emergency lighting distribution board		ALE
011		电源自动切换箱(柜) Power automatic transfer board		AT
012		并联电容器屏(柜、箱) Shunt capacitor cubicle		ACC
013		控制箱(屏、柜、台、柱、站) Control box		AC
014		信号箱(屏) Signal box (panel)		AS
015		接线端子箱 Terminal board		AXT
016		保护屏 Protection panel		AR
017		励磁屏(柜) Excitation board		AE
018		电度表箱 Watt hour meter box		AW
019		插座箱 Socket box		AX
020		操作箱 Operated box		
021		插接箱(母线槽系统) Connection box		ACB
022		火灾报警控制器 Fire alarm controller		AFC
023		数字式保护装置 Digital protection equipment		ADP
024		建筑自动化控制器 Building automation controller		ABC
025	非电量到电量变换器或电量到非电量变换器	光电池、扬声器、送话器 Photoelectric cell Loudspeaker Microphone	B	
026		热电传感器 Thermoelectric transducer		
027		模拟和多级数字 Analogue and multiple-step data		
028		压力变换器 Pressure transducer		BP
029		温度变换器 Temperature transducer		BT
030		速度变换器 Velocity transducer		BV
031		旋转变换器(测速发电机) Rotation transducer (tachogenerator)		BR
032		流量测量传感器 Measuring transducer for flowrate		BF
033		时间测量传感器 Measuring transducer for time		BTI
034		位置测量传感器 Measuring transducer for position		BQ
035		湿度测量传感器 Measuring transducer for humidity		BH
036		液位测量传感器 Measuring transducer for level		BL
037	电容器	电容器 Capacitor	C	

续表

序号	设备、装置和元器件种类	设备、装置和元器件名称	基本文字符号	
			单字母	多字母
038	存储器件	磁带记录机 Magnetic tape recorder	D	
039		盘式记录机 Disk recorder		
040	其他元器件	发热器件 Heating device	E	EH
041		照明灯 Lamp for lighting		EL
042		空气调节器 Ventilator		EV
043		电加热器 Electrical heater		EE
044	保护器件	过电压放电器件 Over voltage discharge device	F	
045		避雷器 Arrester		
046		限压保护器件 Voltage threshold protective device		FV
047		熔断器 Fuse		FU
048		跌开式熔断器 Open-type fuse		FU
049		半导体器件保护用熔断器 Fuse for the protection of semiconductor device		FF
050	发电机、电源	同步发电机 Synchronous generator	G	GS
051		异步发电机 Asynchronous generator		GA
052		蓄电池 Battery		GB
053		柴油发电机 Diesel-engine generator		GD
054		不间断电源 Uninterrupted power system (UPS)		GU
055	信号器件		H	
056		声响指示器 Acoustical indicator		HA
057		光指示器 Optical indicator		HL
058		指示灯 Indicator lamp		HL
059		电铃 Bell		HA
060		蜂鸣器 Buzzer		HA
061		红色指示灯 Indicator lamp, red		HR
062		绿色指示灯 Indicator lamp, green		HG
063		黄色指示灯 Indicator lamp, yellow		HY
064		蓝色指示灯 Indicator lamp, blue		HB
065		白色指示灯 Indicator lamp, white		HW
066	继电器	瞬时接触继电器 Instantaneous contactor relay	K	KA
067		双稳态继电器 Bistable relay		KL
068		闭锁接触继电器 Latching contactor relay		KL
069		簧片继电器 Reed relay		KR
070		延时有或无继电器(时间继电器) Time-delay all-or-nothing relay (time delay relay)		KT
071		电流继电器 Current relay		KC
072		电压继电器 Voltage relay		KV
073		信号继电器 Signal relay		KS
074		差动继电器 Differential relay		KD
075		功率继电器 Power relay		KP

续表

序号	设备、装置和元器件种类	设备、装置和元器件名称	基本文字符号 单字母	基本文字符号 多字母
076	继电器	方向继电器 Directional relay	K	KD
077		接地继电器 Earth-fault relay		KE
078		相位比较继电器 Phase comparator relay		KPC
079		失步继电器 Out of step relay		KOS
080		频率继电器 Frequency relay		KF
081		瓦斯保护继电器 Buchholz protection relay		KB
082		热(过载)继电器 Thermal (over-load) relay		KH
083		温度继电器 Temperature relay		KTE
084		压力继电器 Pressure relay		KPR
085		液流继电器 Flow relay		KFI
086		半导体继电器(同义词:固态继电器) Semiconductor relay		KSE
087	电感器、电抗器	感应线圈 Induction coil	L	
088		电抗器(并联和串联) Reactors (shunt and series)		
089		消弧线圈 Arc-superession coil		LA
090		滤波电抗器 Filtration reactor		LF
091	电动机	电动机 Motor	M	
092		同步电动机 Synchronous motor		MS
093		可做发电机或电动机用的电机 Machine capable of use as a generator or motor		MG
094		力矩电动机 Torque motor		MT
095		直流电动机 Direct current motor		MD
096		多速电动机 Multi-speed motor		MM
097		异步电动机 Asynchronous motor		MA
098		笼型感应电动机 Cage induction motor		MC
099		绕线转子感应电动机 Wound-rotor induction motor		MW
100		直线伺服电动机 Linear servo motor		ML
101		伺服电动机 Servo motor		MS
102		步进电动机 Stepping motor; Stepper motor; Step motor		MST
103	测量设备 试验设备	指示器件 Indicating devices	P	
104		记录器件 Recording devices		
105		积算测量器件 Integrating measuring devices		
106		信号发生器 Signal generator		
107		电流表 Ammeter		PA
108		电压表 Voltmeter		PV
109		(脉冲)计数器 (Pulse) Counter		PC
110		电度表 Watt hour meter		PJ
111		记录仪器 Recording instrument		PS
112		时钟、操作时间表 Clock, Operating time meter		PT
113		无功电度表 Var-hour meter		PJR

续表

序号	设备、装置和元器件种类	设备、装置和元器件名称	基本文字符号	
			单字母	多字母
114	测量设备 试验设备	最大需用量表 Watt hour meter with maximum demand indicator	P	PM
115		有功功率表 Watt meter		PW
116		功率因数表 Power-factor meter		PPF
117		无功电流表 Reactive current ammeter		PAR
118		频率表 Frequency meter		PF
119		相位表 Phase meter		PPA
120		转速表 Tachometer		PT
121		同步指示器 Synchronoscope		PS
122	电力电路的开关器件	断路器 Circuit-breaker	Q	QF
123		电动机保护开关 Motor protection switch		QM
124		隔离开关 Disconnector（isolator）		QS
125		真空断路器 Vacuum circuit-breaker		QV
126		漏电保护断路器 Residual current circuit breaker		QR
127		负荷开关 Switch；Load-breaking switch		QL
128		接地开关 Earthing switch		QE
129		开关熔断器组(同义词:负荷开关) Switch-fuse		QFS
130		熔断器式开关(同义词:熔断器式刀开关) Fuse-switch		QFS
131		隔离开关 Switch-disconnector		QS
132		有载分接开关 On-load tap-changer		QOT
133		转换开关 Change-over switch		QCS
134		倒顺开关(同义词:双向开关) Two direction switch		QTS
135		接触器 Contactor		QC
136		启动器 Starter		QST
137		综合启动器 Combined starter		QCS
138		星-三角启动器 Star-delta starter		QSD
139		自耦减压启动器 Auto-transformer starter		QTS
140		转子变阻式启动器 Rheostatic rotor starter		QR
141		鼓形控制器 Drum controller		QD
142	电阻	电阻器 Resistor	R	
143		变阻器 Rheostat		
144		电位器 Potentiometer		RP
145		测量分路表 Measuring shunt		RS
146		热敏电阻器 Resistor with inherent variability dependent on the temperature		RT
147		压敏电阻器 Resistor with inherent variability dependent on the voltage		RV
148		启动变阻器 Starting rheostat		RS
149		频敏变阻器 Frequency sensitive rheostat		RF
150		调速变阻器 Speed regulating rheostat		RSR
151		励磁变阻器 Field rheostat		RFI

续表

序号	设备、装置和元器件种类	设备、装置和元器件名称	基本文字符号	
			单字母	多字母
152	控制、记忆、信号电路的开关器件选择器	控制开关　Control switch	R	SA
153		选择开关　Selector switch		SA
154		按钮开关　Push-button		SB
155		液体标高传感器　Liquid level sensor		SL
156		压力传感器　Pressure sensor		SP
157		位置传感器(包括接近传感器)　Position sensor(including proximity-sensor)		SQ
158		转数传感器　Rotation sensor		SR
159		温度传感器　Temperature sensor		ST
160		电压表切换开关　Voltmeter change-over switch		SV
161		电流表切换开关　Ammeter change-over switch		SA
162		位置开关(接近开关、限位开关)Position switch(proximity switch, limit switch)		SQ
163	变压器	电流互感器　Current transformer	T	TA
164		控制电路电源用变压器　Transformer for control citcuit supply		TC
165		电力变压器　Power transformer		TM
166		磁稳压器　Magnetic stabilizer		TS
167		电压互感器　Voltage transformer		TV
168		整流变压器　Rectifier transformer		TR
169		隔离变压器　Isolating transformer		TI
170		照明变压器　Lighting tansformer		TL
171		有载调压变压器　Transformer fitted with O. L. T. C		TLC
172		配电变压器　Distribution transformer		TD
173		试验变压器　Testing transformer		TT
174	调制器变换器	鉴频器　Discriminator	U	
175		解调器　Demodulator		
176		变频器　Frequency changer		
177		编码器　Coder		
178		变流器　Converter		
179		逆变器　Inverter		
180		整流器　Rectifier		
181	电子管晶体管	气体放电管　Gas-discharge tube	V	
182		二极管　Diode		
183		控制电路用电源的整流器　Rectifier for control circuit supply		VC
184	传输通道波导天线	导线　Conductor	W	
185		电缆　Cable		
186		母线　Busbar		WB
187		抛物线天线　Parabolic aerial		
188		电力线路　Power line		WP

续表

序号	设备、装置和元器件种类	设备、装置和元器件名称	基本文字符号	
			单字母	多字母
189	传输通道 波导 天线	照明线路 Lighting line	W	WL
190		应急电力线路 Emergency power line		WPE
191		应急照明线路 Emergency lighting line		WLE
192		控制线路 Control line		WC
193		信号线路 Signal line		WS
194		封闭母线槽(包括插接式封闭母线槽) Sealed bus channel		WB
195		滑触线 Trolley wire		WT
196	端子 插头 插座	连接插头和插座 Connecting plug and socket	X	
197		接线柱 Clip		
198		电缆封端和接头 Cable sealing end and joint		
199		连接片 Link		XB
200		插头 Plug		XP
201		插座 Socket		XS
202		端子板 Terminal board		XT
203		信息插座 Telecommunication outlet		XTO
204	电气操作的机械器件	气阀 Pneumatic valve	Y	
205		电磁阀 Electromagnetically operated valve		YV
206		电动阀 Motor operated valve		YM
207		防火阀 Fire-resostomg damper		YF
208		排烟阀 Smoke exhaust damper		YS
209		电磁锁 Electromagnetic lock		YL
210		跳闸线圈 Trip coil		YT
211		合闸线圈 Closing coil		YC
212		气动执行器 Pneumatically operated actuator		YPA
213		电动执行器 Electrically operated actuator		YE
214	终端设备、混合变压器、滤波器、均衡器、限幅器	网络 Network	Z	
215				
216				

附录Ⅲ 常用辅助文字符号

附表Ⅲ.1 常用辅助文字符号

（摘自《电气技术中的文字符号制订通则》（GB7159））

序 号	文字符号	名 称	英文名称
1	A	电流	Current
2	A	模拟	Analog
3	AC	交流	Alternating current
4	A AUT	自动	Automatic
5	ACC	加速	Accelerating
6	ADD	附加	Add
7	ADJ	可调	Adjustability
8	AUX	辅助	Auxiliary
9	ASY	异步	Asynchronizing
10	B BRK	制动	Braking
11	BK	黑	Black
12	BL	蓝	Blue
13	BW	向后	Backward
14	C	控制	Control
15	CW	顺时针	Clockwise
16	CCW	逆时针	counter clockwise
17	D	延时（延迟）	Delay
18	D	差动	Differential
19	D	数字	Digital
20	D	降	Down, Lower
21	DC	直流	Direct current
22	DEC	减	Decrease
23	E	接地	Earthing
24	EM	紧急	Emergency
25	EX	防爆	Explosion proof
26	F	快速	Fast
27	FB	反馈	Feedback
28	FM	调频	Frequency modulation

续表

序 号	文字符号	名 称	英文名称
29	FW	正,向前	Forward
30	GN	绿	Green
31	H	高	High
32	HV	高压	High voltage
33	IB	仪表箱	Instrument box
34	IN	输入	Input
35	INC	增	Increase
36	IND	感应	Induction
37	L	左	Lefi
38	L	限制	Limiting
39	L	低	Low
40	LA	闭锁	Latching
41	M	主	Main
42	M	中	Medium
43	M	中间线	Mid-wire
44	M MAN	手动	Manual
45	MAX	最大	Maximum
46	MIN	最小	Minimum
47	MC	微波	Microwave
48	N	中性线	Neutral
49	OFF	断开	Open,off
50	ON	闭合	Close, on
51	OUT	输出	Output
52	P	压力	Pressure
53	P	保护	Protection
54	PE	保护接地	Protective earthing
55	PEN	保护接地与中性线共用	Protective earthing neutral
56	PU	不接地保护	Protective unearthing
57	R	记录	Recording
58	R	右	Right
59	R	反	Reverse
60	RD	红	red

续表

序　号	文字符号	名　称	英文名称
61	R RST	复位	Reset
62	RES	备用	Reservation
63	RUN	运转	Run
64	S	信号	Signal
65	ST	启动	Start
66	S SET	置位,定位	Setting
67	SAT	饱和	Saturate
68	STE	步进	Stepping
69	STP	停止	Stop
70	SYN	同步	Synchronizing
71	T	温度	Temperature
72	T	时间	Time
73	TE	无噪声(防干扰)接地	Noiseiess earthing
74	UPS	不间断电源	Uninterruptable power suupplies
75	V	真空	Vacuum
76	V	速度	Velocity
77	V	电压	Voltage
78	WH	白	White
79	YE	黄	Yellow

附录Ⅳ 建筑电气与智能建筑工程常用国家标准图集

附表Ⅳ.1 建筑电气与智能建筑工程常用国家标准图集

序号	图集号	图集名称
1	D101-1～7	电缆敷设(2002 年合订本)
2	07SD101-8	电力电缆井设计与安装
3	03D103	10 kV 及以下架空线路安装
4	06D105	电缆防火阻燃设计与施工
5	04D201-3	室外变压器安装
6	03D201-4	10/0.4 kV 变压器室布置及变电所常用设备构件安装
7	D202-1～2	备用电源(2002 年合订本)
8	04D202-3	集中型电源应急照明系统
9	D203-1～2	变配电所二次接线(2002 年合订本)
10	D301-1～3	室内管线安装(2004 年合订本)
11	D302-1～3	双电源切换及母线分段控制接线图(2002 年合订本)
12	01D303-3	常用水泵控制电路图
13	D303-2～3	常用电机控制电路图(2002 年合订本)
14	02D501-2	等电位联结安装
15	03D501-3	利用建筑物金属体做防雷及接地装置安装
16	D501-1～4	防雷与接地安装
17	99(07)D501-1	建筑物防雷设施安装
18	03D602-1	变配电系统智能化系统设计
19	03D603	住宅小区建筑电气设计与施工
20	D701-1～3	封闭式母线及桥架安装
21	04D701-3	电缆桥架安装
22	D702-1～3	常用低压电气设备及灯具安装(2004 年合订本)
23	03D702-3	特殊灯具安装
24	06SD702-5	电气设备在压型钢板、夹心板上安装
25	D703-1～2	液位测量与控制(2002 年合订本)
26	D800-1～3	民用建筑电气设计与施工(2008 年合订本)上

续表

序号	图集号	图集名称
27	D800-4 ~5	民用建筑电气设计与施工(2008 年合订本)中
28	D800-6 ~8	民用建筑电气设计与施工(2008 年合订本)下
29	08X101-3	综合布线系统工程设计与施工
30	02X201-1	空调系统控制
31	03X201-2	建筑设备监控系统设计安装
32	04X501	火灾报警及消防控制
33	03X502	空气采样早期烟雾探测系统
34	06SX503	安全防范系统设计与安装
35	99X601	住宅智能化电气设计施工图集
36	03X602	智能家居控制系统设计施工图集
37	09X700(上)	智能建筑弱电工程设计与施工(上册)2009 年合订本
38	09X700(下)	智能建筑弱电工程设计与施工(下册)2009 年合订本
39	03X801-1	建筑智能化系统集成设计图集
40	09DX001	建筑电气工程设计常用图形和文字符号
41	06DX008-1	电气照明节能设计
42	06DX008-2	电气设备节能设计
43	04DX101-1	建筑电气常用数据

附录Ⅴ 建筑电气与智能建筑工程施工常用标准、规范

附表Ⅴ.1 建筑电气与智能建筑工程施工常用标准、规范

序号	标准号	标准名称
1	GB 50016—2010	建筑设计防火规范
2	GB 50045—2005	高层民用建筑设计防火规范
3	GB 50057—2010	建筑物防雷设计规范
4	GB 50198—1994	民用闭路监视电视系统工程技术规范
5	GB 50200—1994	有线电视系统工程技术规范
6	JGJ 16—2008	民用建筑电气设计规范
7	GB 50148—2010	电气装置安装工程电力变压器、油浸电抗器、互感器施工及验收规范
8	GB 50149—2010	电气装置安装工程母线装置施工及验收规范
9	GB 50150—2006	电气装置安装工程电气设备交接试验标准
10	GB 50166—2007	火灾自动报警系统施工及验收规范
11	GB 50168—2006	电气装置安装工程电缆线路施工及验收规范
12	GB 50169—2006	电气装置安装工程接地装置施工及验收规范
13	GB 50170—2006	电气装置安装工程旋转电机施工及验收规范
14	GB 50171—1992	电气装置安装工程盘、柜及二次回路结线施工及验收规范
15	GB 50194—1993	建设工程施工现场供用电安全规范
16	GB 50254—1996	电气装置安装工程低压电器施工及验收规范
17	GB 50257—1996	电气装置安装工程爆炸和火灾危险环境电气装置施工及验收规范
18	GB/T 16571—1996	文物系统博物馆安全防范工程设计规范
19	GB 50116—2008	火灾自动报警系统设计规范
20	GB/T 50314—2006	智能建筑设计标准
21	GB 50311—2007	综合布线系统工程设计规范
22	GB 50312—2007	综合布线系统工程验收规范
23	GB 50300—2001	建筑工程施工质量验收统一标准
24	GA 308—2001	安全防范系统验收规则
25	GA/T 367—2001	视频安防监控系统技术要求
26	GA/T 368—2001	入侵报警系统技术要求
27	GB 12663—2001	防盗报警控制器通用技术条件
28	GB 50303—2002	建筑电气工程施工质量验收规范
29	GB 50339—2003	智能建筑工程质量验收规范
30	GB 50348—2004	安全防范工程技术规范
31	GB 50601—2010	建筑物防雷工程施工与质量验收规范

参考文献

[1] 杨光臣,杨波,等.怎样阅读建筑电气与智能建筑工程施工图[M].北京:中国电力出版社,2007.
[2] 秦兆海,周鑫华.智能楼宇技术设计与施工[M].北京:清华大学出版社,2003.
[3] 建筑电气工程相关施工验收规范.